TRAITÉ

DE

PHYSIOLOGIE.

TOME IX.

LIBRAIRIE DE J.-B. BAILLIÈRE.

PHYSIOLOGIE DU SYSTÈME NERVEUX, ou Recherches et Expériences sur les diverses classes d'appareils nerveux, les mouvemens, la voix, la parole, les sens et les facultés intellectuelles, par J. MULLEY, professeur d'anatomie et de physiologie à l'université de Berlin, traduite de l'allemand sur la *troisième édition*, par A.-J.-L. JOURDAN, accompagnée de 80 figures intercalées dans le texte, et de 4 planches gravées. 2 forts vol. in-8". 16 fr.

ŒUVRES COMPLÈTES D'AMBROISE PARÉ, revues et collationnées sur toutes les éditions, avec les variantes, ornées de 217 planches et du portrait de l'auteur; accompagnées de notes historiques et critiques, et précédées d'une introduction sur l'origine et les progrès de la chirurgie en Occident, du sixième au seizième siècle, et sur la vie et les ouvrages d'Ambroise Paré, par J.-F. MALGAIGNE. Paris; 18:0, 3 vol. grand in-8° sur jésus-vélin à 2 colonnes. *Ouvrage complet.* 36 fr.

TRAITÉ DE L'ENTÉRITE FOLLICULEUSE (fièvre typhoïde), par C.-P. FORGET, professeur de clinique médicale à la faculté de Strasbourg, président des jurys médicaux, membre de l'Académie royale de médecine. Paris, 1841, in-8° de 850 pages. 9 fr.

TRAITÉ CLINIQUE DES MALADIES DU CŒUR, précédé de recherches nouvellds sur l'anatomie et la physiologie de cet organe, par J. BOUILLAUD, professeur de clinique médicale à la Faculté de Paris, membre de l'Académie royale de médecine. *Deuxième édition, considérablement augmentée.* Paris, 1841, 2 forts vol. in-8°, avec 8 planches gravées. 16 fr.

TRAITÉ PRATIQUE DU RHUMATISME ARTICULAIRE et de la loi de coïncidence des inflammations du cœur avec cette maladie, par J. BOUILLAUD. Paris, 1840, in-8°. 7 fr. 50 c.

MÉMOIRES ET OBSERVATIONS D'ANATOMIE, DE PHYSIOLOGIE ET DE CHIRURGIE, par FR. RIBES, médecin en chef de l'hôtel royal des Invalides, membre de l'Académie royale de médecine. Paris, 1841, 2 vol. in-8° avec 9 planches. 15 fr.

TRAITÉ DES NÉVRALGIES, par F.-L.-I. VALLEIX, médecin du bureau central des hôpitaux, etc. Paris, 1841, in-8°.

DE L'IRRITATION ET DE LA FOLIE, ouvrage dans lequel les rapports du physique et du moral sont établis sur les bases de la médecine physiologique, par F.-J.-V. BROUSSAIS, professeur à la Faculté de médecine de Paris, etc. *Deuxième édition, entièrement refondue.* Paris, 1839, 2 vol. in-8°. 15 fr.

DE L'HOMME ANIMAL, par le docteur F. VOISIN, médecin de l'hospice de Bicêtre. Paris, 1839, 1 vol. in-8°. 7 fr. 50 c.

DU TRAITEMENT MORAL DE LA FOLIE, par F. LEURET, médecin de l'hospice de Bicêtre. Paris, 1840, in-8°. 6 fr. 50 c.

LES FORÇATS CONSIDÉRÉS SOUS LE RAPPORT PHYSIOLOGIQUE, MORAL ET INTELLECTUEL, observés au bagne de Toulon, par H. LAUVERGNE, médecin en chef de la marine et de l'hôpital des forçats de Toulon. Paris, 1841, in-8°. 7 fr.

DE LA FOLIE, considérée dans ses rapports avec les questions médico-judiciaires, par C.-C.-H MARC, premier médecin du roi, membre de l'Académie de médecine. Paris, 1840, 2 vol. in-8°. 15 fr.

COSSON, imprimeur de l'Académie royale de médecine,
rue Saint-Germain-des-Prés, 9.

TRAITÉ

DE

PHYSIOLOGIE

CONSIDÉRÉE

COMME SCIENCE D'OBSERVATION,

PAR G. F. BURDACH,

PROFESSEUR A L'UNIVERSITÉ DE KOENIGSBERG ,

avec des additions de MM. les professeurs

BAER , E. BURDACH , DIEFFENBACH , MEYER , J. MULLER , RATHKE ,
SIEBOLD , VALENTIN , WAGNER ,

Traduit de l'allemand , sur la deuxième édition ,

PAR A.-J.-L. JOURDAN ,

MEMBRE DE L'ACADÉMIE ROYALE DE MÉDECINE.

TOME NEUVIÈME.

PARIS ,

CHEZ J.-B. BAILLIÈRE ,

LIBRAIRE DE L'ACADÉMIE ROYALE DE MÉDECINE,
RUE DE L'ÉCOLE DE MÉDECINE , 17;
A LONDRES, CHEZ H. BAILLIÈRE, 219, REGENT-STREET.

1841.

AVIS DE L'ÉDITEUR.

En publiant le volume dont nous donnons ici la traduction, M. Burdach annonce son intention formelle de ne pas aller plus loin. « Lorsque je commençai cet ouvrage, dit-il, je songeai à l'instabilité des choses humaines, à l'incertitude de la vie et de la santé, à l'incertitude des positions sociales, à l'inconstance même des déterminations de la volonté, en un mot à l'impossibilité de calculer d'avance tous les obstacles qui pourraient s'opposer à l'achèvement d'une si vaste entreprise. Aussi ne m'en suis-je jamais considéré que comme un simple coopérateur, espérant quesi le public prenait intérêt à l'œuvre, d'autres pourraient le continuer dans le même esprit, s'il ne m'était pas donné de le conduire moi-même à sa fin. » L'âge auquel M. Burdach est parvenu, lui faisant craindre de ne pas arriver au terme, il aime mieux déposer la plume, après avoir complété l'histoire des fonctions de la vie organique, que de se hasarder à commencer celle des fonctions de la vie animale, sans espoir légitime d'achever une exposition qui lui imposerait encore de longues et pénibles recherches. La *Physiologie du système nerveux*, par M. J. Muller, dont nous avons publié la traduction l'année dernière, comble heureusement cette lacune, et en faisant passer encore dans notre langue, l'*Histoire du genre humain* par M. Prichard, la meilleure et la plus complète que l'on possède aujourd'hui, nous aurons entièrement rempli le cadre que M. Burdach s'était tracé dans l'origine. La réunion de ces trois ouvrages présentera, sous une forme systématique, l'ensemble des faits et des théories ayant trait à l'histoire de la vie, spécialement dans l'espèce humaine. De là résultera un vaste traité, qui non seulement deviendra le guide des médecins dans leur carrière pratique, puisque personne ne conteste qu'il n'y a pas de médecine possible sans physiologie qui lui serve de base, mais encore dirigera les physiologistes dans leurs travaux; car si les monographies agrandissent le cercle des sciences, les ouvrages généraux, en présentant le tableau exact des acquisitions qu'elles ont faites à une époque donnée, signalent par cela même les points qui demandent encore d'être éclaircis, ou sur lesquels les hommes spéciaux doivent plus particulièrement porter leurs investigations.

Paris 15 janvier 1841.

DE LA PHYSIOLOGIE

CONSIDÉRÉE

COMME SCIENCE D'OBSERVATION.

Section II.

DE LA FORMATION DU SANG.

PREMIÈRE DIVISION.

DES PHÉNOMÈNES GÉNÉRAUX DE LA FORMATION DU SANG.

§ 895. Toutes les formations organiques, tous les produits de la nutrition et de la sécrétion, procèdent du suc vital, qui, parvenu à un certain degré de développement, apparaît sous une forme spéciale, celle de sang (§ 661). De là résulte que le sang se décompose pendant le cours de la vie (§ 774 et suiv., 875), que même la décomposition qu'il subit ne s'arrête jamais (§ 876), et qu'en conséquence il doit aussi se reproduire à chaque instant. Mais, tandis que la nutrition et la sécrétion sont un travail de ségrégation qui fait sortir le multiple de l'unité, et transforme un produit général ou commun en produits particuliers et divers (§§ 777, 778, 5°; 885; 894, 2°), l'hématose, au contraire, a pour but de créer une seule et unique substance avec des matériaux différens, et, en réunissant ensemble des produits spéciaux, de leur imprimer le cachet de la généralité. Cette opération embrasse deux actes distincts : l'un extérieur, mécanique, par lequel les substances aptes à produire le sang sont transportées d'espaces spéciaux qui les logent dans l'espace commun du système vasculaire ; l'autre intérieur, chimico-dynamique, par lequel ces substances hétérogènes sont converties en la substance homogène du sang.

L'admission de substances déterminées devant servir à une formation également déterminée, suppose, dans l'organisme, la faculté d'attirer à lui la matière et de la transformer. Cette faculté représente ce qu'il y a de commun ou de général dans l'acte de la production du sang, puisqu'elle se manifeste par des actions simples, identiques dans les points les plus divers de l'organisme. Elle est donc la base ou le fondement de l'hématose proprement dite (§ 940).

Ainsi, la partie mécanique de cette opération générale consiste en ce qu'une matière quelconque pénètre dans le sang. Mais comme le sang se trouve dans des espaces clos, nulle matière ne peut parvenir jusqu'à lui qu'à la condition d'avoir un mode d'expansion analogue au sien, d'être à l'état fluide (liquide où aériforme), et comme cette accession est en rapport avec l'aptitude dont l'organisme jouit de se maintenir et conserver lui-même, elle doit être déterminée par celui-ci, et dépendre de son pouvoir attractif. L'activité en vertu de laquelle un corps attire des liquides à lui et dans sa propre substance, s'appelant absorption, on donne le même nom à la faculté que tous les êtres organisés possèdent de recevoir des liquides dans l'intérieur de leur corps et dans leur suc vital. Ici, toutefois, l'absorption est de deux sortes ; l'*absorption* proprement dite, qu'on pourrait aussi appeler *insorption,* celle qui consiste à admettre une substance étrangère venue du dehors (§§ 896-909) ; et la *résorption*, celle qui consiste à reprendre les substances qui ont été produites aux dépens du sang (§§ 910-916).

CHAPITRE PREMIER.

De l'absorption.

ARTICLE I.

De l'admission de substances étrangères dans le corps.

§ 896. Deux circonstances nous procurent la conviction qu'une absorption a eu lieu : l'une est la diminution et la disparition d'une matière mise en contact avec l'organisme (en

supposant qu'il soit certain qu'elle n'a point été évaporée, enlevée ou reportée ailleurs), comme par exemple l'abaissement
du niveau du liquide dans lequel une plante végète, comparé
à un autre liquide, de même nature, qui se trouve placé au
milieu de circonstances parfaitement identiques, la présence
d'un végétal exceptée; l'autre est le changement survenu dans
l'organisme à la suite d'un pareil contact, et qu'on ne peut
attribuer à nulle autre cause. Parmi les changemens matériels
de ce genre se rangent l'augmentation du volume, par exemple
le renflement des cellules mises à nu sur la tranche d'une
plante plongée dans l'eau, ou celle du poids, par exemple,
d'un homme à la suite d'un bain chaud. Lorsqu'une substance
facile à reconnaître par ses qualités spéciales, et qui ne se
rencontre pas habituellement dans l'organisme, a été absorbée, on peut la découvrir, soit dans le système vasculaire
lui-même, soit dans les liquides sécrétés et dans les tissus où
elle a été éliminée (§ 865), et Pereira (1), entre autres, a
donné la liste des médicamens que l'on retrouve ainsi dans les
sécrétions. Mais ici la certitude présente un grand nombre
de degrés, car la couleur, l'odeur et la saveur sont fort sujettes à induire en erreur. Certaines substances ne se font pas
reconnaître par leurs propriétés mêmes, mais seulement par
les modifications qu'elles impriment aux qualités des sécrétions, comme l'essence de térébenthine par l'odeur de violette qu'elle communique à l'urine. Des caractères plus
certains que ceux qui frappent d'eux-mêmes les sens,
sont ceux que font naître certains réactifs, comme la détona-
tion du salpêtre par la combustion, la couleur de rouge-brun
que la rhubarbe prend par la potasse caustique, le bleuisse-
ment du cyanure de potassium par l'acide chlorhydrique et
le chlorure de fer, la teinte rouge de cerise foncé que le sulfocyanure de potassium prend par le chlorure de fer, celle
de brun-noir que le plomb acquiert par l'acide sulfhydrique, etc. Cependant, si l'on ne découvre point la substance
étrangère, on ne doit pas conclure de là, en toute assurance,
qu'elle n'a point été absorbée. Des quantités très-faibles, par

(1) Froriep, *Notizen*, t. XLVIII, p. 249.

exemple, de cyanure de potassium, même lorsqu'on les mêle immédiatement avec le sang, ne sont point décelées dans ce liquide par les réactifs, et si Wetzlar (1) est parvenu à les reconnaître dans l'urine, en ajoutant de l'acide chlorhydrique et du chlorure de fer à ce liquide, et agitant le mélange avec un tube, de manière à obtenir la précipitation de l'acide urique, entraînant avec lui le cyanure de fer, il est d'autres cas pour lesquels nous ne connaissons aucun moyen d'arriver à un pareil résultat.

L'époque à laquelle on fait l'examen joue ici un grand rôle; car la substance étrangère peut n'être pas encore arrivée à l'endroit où on la cherche; elle peut aussi en être déjà partie, ou avoir été rendue méconnaissable par son mélange avec des substances organiques qui se sont combinées avec elle, ou qui l'ont décomposée. Ainsi, par exemple, on trouve bien plus fréquemment les substances étrangères dans les liquides sécrétés que dans le sang, et dans le sérum que dans le sang entier. Souvent aussi on ne parvient pas à concevoir ce qu'elles ont pu devenir. Wetzlar (2) a examiné pendant quatre jours toutes les évacuations après une prise d'un gros de cyanure de potassium, et l'urine ne lui a fourni que quatre grains de bleu de Prusse, les excrémens, la sueur, le mucus nasal et la salive n'offrant pas la moindre trace des cinquante-six autres grains.

§ 897. D'autres preuves de l'accomplissement de l'absorption sont fournies par l'état vital qui résulte de là. En effet, quand des substances qui ne sont point aptes à être assimilées, à fournir des parties intégrantes de la masse organique, en un mot à contribuer au maintien ou à la conservation de l'organisme, entrent en contact avec un organe, sous une forme appropriée et en quantité nécessaire, elles produisent des changemens dans l'activité d'autres organes ou dans tout l'ensemble de la vie. Plus ces changemens sont considérables, quant à l'intensité, et particuliers, quant à leur nature, plus

(1) *Diss. de materiarum, imprimis kali Borussici, in organismum transitu.* Marbourg, 1821, in-8, p. 21.

(2) *Loc cit.*, p. 24.

l'expérience a confirmé qu'ils surviennent à la suite d'impressions déterminées , plus aussi nous sommes certain qu'ils sont déterminés par ces dernières , et qu'on ne doit pas les considérer comme de simples contingences. D'après cela, ce sont les empoisonnemens qui fournissent les preuves les plus fortes.

I. Mais il s'agit de reconnaître si le transport de l'action d'un organe sur un autre est de nature matérielle ou dynamique.

1° Comme l'organisme est un , qu'il ne forme qu'un seu tout , et que , par conséquent , toutes ses parties agissent mutuellement les unes sur les autres , l'action des substances étrangères peut être une impression purement locale, qui ne devient générale, ou , en d'autres termes , ne s'étend à d'autres organes que d'une manière médiate, et par ses conséquences ; c'est-à-dire, qu'elle peut consister en un changement matériel de l'organe immédiatement atteint , mais faire par là que le changement survenu dans l'activité vitale de cet organe, entraîne à sa suite, en vertu de l'enchaînement des fonctions, un changement dans le reste de l'organisme. Par exemple, que l'action de la peau vienne à être modifiée par un bain froid ou par un bain chaud, il en résulte une modification correspondante dans l'activité vitale des organes internes. Mais ce qui caractérise ce mode d'action, c'est que les changemens qui surviennent dans l'ensemble de la vie, varient, et quant au degré, et même quant à leur nature, suivant que la substance étrangère a été mise en contact immédiat avec tel ou tel organe. Ainsi, un sel neutre, porté dans le canal intestinal, détermine, par les évacuations qu'il provoque alors, un tout autre état de l'organisme que celui auquel il donne lieu quand il a été mis en rapport avec les tégumens extérieurs , dont il a rendu la sécrétion plus active.

2° Si l'action générale dépend ici de la nature spécifique de l'organe immédiatement atteint, il y a d'autres cas où elle est déterminée par la nature spécifique de la substance étrangère, celle-ci, avec quelque partie du corps qu'elle se trouve mise en contact immédiat, occasionant toujours des changemens identiques dans l'ensemble de la vie. Ainsi, le mercure produit le même état morbide dans la sphère plastique, qu'il ait été porté dans le canal intestinal, ou dans les poumons, ou à la peau; et quand l'alcool pénètre, soit dans les poumons, soit dans la plèvre, le péritoine, la vessie, soit enfin dans le tissu cellulaire, il plonge la vie animale dans le même état que si c'était l'estomac qui l'eût reçu (1). L'arsenic et autres poisons analogues déterminés, lorsqu'on les administre à l'intérieur, causent une inflammation du tube digestif et des accidens pareils à ceux qu'on observe dans cette espèce de maladie, de quelque cause qu'elle puisse dépendre. Mais bien que cette action locale doive toujours être prise en considération, on ne peut cependant point la considérer comme ce qu'il y a d'essentiel dans l'empoisonnement, puisque l'arsenic, par exemple, tue également quand on l'emploie de toute autre manière, et que, d'après les expériences de Hunter, Home et Brodie (2), son introduction dans une plaie faite à la peau entraîne une gastrite, tout aussi bien que son ingestion dans l'estomac. Ici donc la substance étrangère elle-même agit sur les organes éloignés, et celui avec lequel elle est mise en rapport immédiat, ne sert que comme point de transition.

3° En pareil cas, l'action sur l'ensemble de la vie ne s'accomplit qu'après un laps de temps déterminé par la nature de la substance étrangère, et l'on peut la prévenir pendant cette période, pourvu que celle-ci ne soit pas trop courte. Ainsi, par exemple, un poison peut demeurer sans effet quand on le fait sortir du corps, qu'on l'enchaîne par une combinaison chimique, qu'on détruit ou qu'on sépare du restant de l'organisme la partie sur laquelle il a été porté, ou enfin qu'on l'empêche de pénétrer en exerçant une compression au-dessus du point sur lequel il a été appliqué.

4° La substance étrangère agit aussi avec une intensité différente, suivant que l'organe touché immédiatement par elle, est plus ou moins approprié à la laisser entrer et pénétrer. L'extrait de noix vomique, par exemple, peut occasioner le tétanos et la mort, de quelque manière qu'on l'em-

---

(1) Ségalas, dans *Archives générales*, t. XII, p. 104.
(2) Reil, *Archiv fuer die Physiologie*, t. XII, p. 229.

ploie ; mais, d'après les expériences de Ségalas (1), il a tué des Chiens en peu de secondes, lorsqu'on l'injectait dans les poumons, à la dose de deux grains, tandis que, porté dans la vessie, à celle de deux gros, il ne déterminait le tétanos qu'au bout d'un quart d'heure, en sorte que, sous le point de vue de la perméabilité, la vessie serait aux poumons, pour ce qui concerne ce cas, dans le rapport d'environ 1 : 200.

5° L'action des substances étrangères doit donc être transmise du lieu d'application à tout l'ensemble de la vie par un tissu conducteur ; elle suppose donc un système universel, qui, d'un côté, conduit dans une direction déterminée, et d'un autre côté représente l'expression totale d'un côté déterminé de la vie. Mais il n'y a que deux systèmes de ce genre ; le système nerveux, qui, en ce qui concerne la propagation dynamique, forme, dans ses points centraux le foyer de la vie animale ; le système vasculaire, qui, dans les vaisseaux, un est simple conducteur, et qui, dans la masse du sang, constitue le centre de la vie plastique (§ 660, 3° ; 770). La question se présente donc de savoir si les substances étrangères agissent sur l'ensemble de la vie, par propagation dynamique, au moyen des nerfs, ou par transition matérielle dans le système vasculaire, et nous avons ici à nous occuper surtout des poisons qui affectent immédiatement la vie animale.

II. Voici ce que l'expérience enseigne sous ce rapport :

1° L'affection de l'activité nerveuse peut être purement locale. La belladone, appliquée sur l'œil, détermine la dilatation de la pupille et le trouble de la vie, sans provoquer d'autres accidens. De même, l'application de l'*arca concamerata* sur les lèvres, et l'action de la vapeur de l'acide cyanhydrique concentré sur les doigts, n'ont occasioné dans ces parties qu'une sensation d'engourdissement prolongée pendant plusieurs heures. L'opium et le ticunas, mis en rapport avec la face interne de l'intestin des Lapins, ont paralysé les muscles intestinaux de suite, et avant d'avoir fait naître d'autres accidens (2). Le nerf d'une cuisse de Grenouille détachée du

(1) Ségalas, *loc. cit.*, p. 108.
(2) Christison, *Abhandlung ueber die Gifte*, p. 3.

corps ayant été plongé dans de la dissolution d'opium, il perdit son irritabilité dans toutes les portions immergées, mais non dans celles qui n'étaient point en contact avec le liquide (1). Des nerfs d'un animal vivant ayant été frottés avec du venin de Vipère, ils prirent une teinte foncée, et les parties musculaires environnantes s'enflammèrent un peu, sans que la vie éprouvât de trouble appréciable.

2° Les poisons, mis en contact immédiat avec des portions dénudées du système nerveux, n'agissent pas du tout, ou du moins exercent une action incomparablement plus faible que quand on les applique sur la plupart des autres parties molles. Au contraire, ils ne tuent jamais plus rapidement, et à plus faible dose, que quand on les mêle immédiatement avec le sang, et alors ils déterminent dans la vie animale les mêmes effets spécifiques qu'en toute autre circonstance. Suivant Fontana, le ticunas frotté sur des nerfs ne causa pas la mort (2). Il en a été de même du venin de la Vipère (3) et de l'eau distillée de laurier-cerise, d'après le même auteur (4); de l'acide cyanhydrique, selon Wedemeyer (5); de la fausse angusture, d'après Emmert (6); de l'upas tieuté, suivant Orfila (7); de l'upas antiar, d'après le même (8); de l'huile empyreumatique de tabac, selon Macartney (9); de la strychnine, suivant Bouillaud (10) et Muller (11), etc. Emmert (12) met, sous ce rapport, les nerfs en parallèle avec les tendons et les os. Si Hubbard (13) a vu l'application de l'acide cyanhydrique,

(1) Muller, *Physiologie du système nerveux*, trad. par A. J. L. Jourdan, Paris, 1840, t. I, p. 64.

(2) *Ueber das Viperngift*, p. 306.

(3) *Ibid.*, p. 191.

(4) *Ibid.*, p. 317.

(5) *Physiologische Untersuchungen ueber das Nervensystem*, p. 240, 244.

(6) Meckel, *Deutsches Archiv*, t. I, p. 177.

(7) *Traité des poisons*, Paris, 1827, t. II, P. I, p. 345.

(8) *Ibid.*, t. II, P. II, p. 3.

(9) *Ibid.*, t. I, P. II, p. 251.

(10) *Archives générales de médecine*, t. X, p. 463.

(11) *Physiologie*, t. I, p. 234.

(12) *Tuebinger Blaetter*, t. I, p. 88.

(13) Gerson, *Magazin der auslœndischen Literatur*, t. V, p. 154.

ou de l'extrait de noix vomique, sur les nerfs, se trouvant dans leur situation naturelle, et non séparés de leur entourage, donner lieu à l'empoisonnement, les détails même de l'expérience annoncent que les parties entourantes avaient pris part à l'effet produit. Le venin de la Vipère (1), l'opium (2) et l'huile empyreumatique de tabac (3), appliqués au cerveau, sont demeurés sans effet, tandis que, d'après Orfila (4), il s'en manifestait un de suite en portant de l'upas antiar dans la substance de ce viscère, et que l'upas tieuté déterminait le tétanos des membres antérieurs ou des membres postérieurs lorsqu'il était mis en rapport soit avec la portion cervicale, soit avec la portion abdominale de la moelle épinière (5). Le venin de la Vipère a causé la mort plus rapidement après avoir été injecté dans les veines, qu'après avoir été introduit dans des plaies : ainsi, il a tué de cette manière des Lapins en deux minutes (6), et un centième de grain a suffi pour produire le même effet sur des Pigeons (7). Le ticunas a causé la mort instantanément (8). Des observations analogues ont été faites par rapport à l'acide cyanhydrique (9), à la digitale (10), à la belladone (11), à la ciguë (12), à l'upas, à la noix vomique, à la fève de saint Ignace (13), etc. Trois grains d'opium injectés dans les veines ont suffi pour faire périr des Chiens, tandis qu'il en a fallu jusqu'à cent vingt grains, introduits dans l'estomac, pour amener le même résultat (14); et, dans le premier

---

(1) Fontana, *loc. cit.*, p. 109.

(2) Nysten, dans Orfila, *loc. cit.*, t. I, P. II, p. 145.

(3) Macartney, dans Orfila, *loc. cit.*, p. 251.

(4) *Loc. cit.*, t. II, P. II, p. 3.

(5) *Ibid.*, t. II, P. I, p. 314.

(6) Fontana, *loc. cit.*, p. 180.

(7) *Ibid.*, p. 162.

(8) *Ibid.*, p. 306.

(9) Orfila, *loc. cit.*, t. II, P. I, p. 187.

(10) *Ibid.*, p. 273.

(11) *Ibid.*, p. 239.

(12) *Ibid.*, p. 290.

(13) *Ibid.*, p. 330.

(14) Westrumb, *Physiologische Untersuchungen ueber die Einsaugungskraft der Venen*, p. 44.

cas, outre les symptômes spécifiques pendant la vie, on a observé la même réplétion des vaisseaux cérébraux qu'après l'administration du poison à l'intérieur (1). Il a fallu aussi moins d'alcool injecté dans les veines pour produire, dans un plus court espace de temps, une ivresse analogue à celle que ce liquide détermine lorsqu'il est mis en contact avec l'estomac · (2). Des quantités considérables d'alcool, qui peuvent donner lieu à une décomposition manifeste du sang, et diverses autres substances douées d'une action analogue (alcalis, acides, sels neutres, sels terreux), agissent avec plus de force et même plus vite lorsqu'on les introduit immédiatement dans le système vasculaire; mais c'est là une particularité dont nous n'avons point à nous occuper ici. Du reste, la puissance des poisons narcotiques de la part desquels on ne connaît aucune action chimique sur le sang, se manifeste en raison inverse de la quantité de ce liquide, de sorte qu'elle devient plus forte à la suite d'une saignée, et plus faible après une injection d'eau dans les veines (3).

3° Pour qu'une partie serve à l''introduction de substances vénéneuses, elle n'a pas besoin de tenir au reste du corps par des nerfs, mais il faut qu'elle communique avec lui par des vaisseaux.

Le venin de la Vipère a tué des animaux quand on l'introduisait dans des membres dont les nerfs étaient liés ou coupés (4). Du woorora, porté dans une plaie à la patte antérieure, après la section du plexus brachial, produisit les effets qui lui sont propres, avec tout autant de rapidité qu'à l'ordinaire (5). Il en fut de même pour la fausse angusture (6); et l'acide cyanhydrique, appliqué sur les pattes de derrière, complétement paralysées par la section de la partie thoracique de la moelle épinière, causa l'empoisonnement tout aussi bien

---

(1) Orfila, *loc. cit.*, t. II, P. I, p. 135.
(2) *Archives générales*, t. XII, p. 105.
(3) *Ibid.*, t. XIII, p. 105.
(4) Fontana, *loc. cit.*, p. 191, 200.
(5) Reil, *Archiv*, t. XII, p. 183.
(6) Orfila, *loc. cit.*, t. II, P. I, p. 339.

que si le système nerveux eût été intact (1). La section des nerfs pneumo-gastriques, ou de la moelle épinière, ne mit aucun obstacle à l'action des poisons narcotiques, ou de l'alcool, portés dans les poumons (2) ou dans l'estomac (3), quoique Dupuy et Breschet prétendent n'avoir pas observé d'empoisonnement dans ce dernier cas.

D'un autre côté, l'effet d'un poison ne se propage point au reste de l'économie, lorsque la circulation est arrêtée dans les parties qui se trouvent en contact avec lui. Ainsi, la fausse angusture (4), le woorora (5), l'acide cyanhydrique (6), et d'autres substances vénéneuses (7), n'ont déterminé aucun effet général quand on avait suspendu la circulation, à l'aide d'une ligature ou du tourniquet, dans le membre auquel ils étaient appliqués. Le même phénomène a eu lieu avec la strychnine, après la ligature des veines (8); avec l'acide cyanhydrique et la fausse angusture, après celle de l'aorte ventrale (9); avec l'opium, après la section des troncs vasculaires (10). Cependant, quelques animaux mordus aux pattes par des Vipères succombèrent, quoique toutes les parties molles eussent été coupées jusqu'à l'os (11), ou les artères liées ou coupées (12).

Toutes les fois qu'après la section des nerfs et des autres parties molles, une partie du corps tenait encore au reste par ses vaisseaux, l'upas (13), l'opium et l'acide cyanhydrique (14)

---

(1) Wedemeyer, *loc. cit.*, p. 241.

(2) *Archives générales*, t. X, p. 129, t. XIII, p. 108.

(3) *Ibid.*, t. XII, p. 105, 109. — Muller, *Physiologie*, t. I, p. 234.

(4) Orfila, *loc. cit.*, t. II, P. I, p. 3.

(5) *Ibid.*, t. II, P. II, p. 9.

(6) Wedemeyer, *loc. cit.*, p. 245.

(7) *Archives générales*, t. X, p. 12.

(8) *Ibid.*, t. XII, p. 109.

(9) Orfila, *loc. cit.*, t. II, P. I, p. 3, 339.

(10) Monro, *Observations on the structure and functions of the nervous system*, Edinburg, 1783, in-fol., p. 34.

(11) Fontana, *loc. cit.*, p. 200.

(12) *Ibid.*, p. 206.

(13) Meckel, *Deutsches Archiv*, t. II, p. 253.

(14) Christison, *loc. cit.*, p. 12.

agissaient sur l'ensemble de la vie comme ils le font chez des animaux intacts. Au contraire, l'action de l'opium n'avait pas lieu quand la partie ne communiquait plus avec le tronc que par ses nerfs (1).

4° Enfin, l'aptitude des différens organes à servir de point de transition pour les poisons qui attaquent la vie animale, n'est pas en raison du nombre de leurs nerfs, mais en proportion de celui des vaisseaux qu'ils reçoivent et de leur pouvoir absorbant. Ainsi, on a vu que le ticunas n'agit point sur l'ensemble de la vie quand on l'applique à l'œil, qu'il l'intéresse peu quand on l'introduit dans l'estomac, mais qu'il l'affecte avec une grande violence quand on le porte dans des plaies (2). De même, la vie générale est affectée avec plus de force lorsque l'upas (3), la laitue vireuse (4), la belladone (5), la digitale (6), la ciguë (7), la noix vomique et la fève de saint Ignace (8) pénètrent dans le tissu cellulaire ou dans la cavité de la plèvre, que quand ils sont reçus par l'estomac, si riche en nerfs.

5° L'action sur la vie générale est déterminée aussi par les organes centraux du système nerveux. Suivant Fontana, le venin de la Vipère agit peu ou point sur des Grenouilles décapitées, ou dont la moelle épinière a été coupée (9); et son action est moins prompte sur les Lapins ou les Poules dont, après la décapitation, on entretient la circulation par une respiration artificielle, que chez les mêmes animaux à l'état normal (10). Brodie a aussi observé dans ce dernier cas, sur des Chiens, une accélération des battemens du cœur produite par le woorora ou l'infusion de tabac, tandis

---

(1) Muller, *Handbach der Physiologie*, t. I, p. 233.
(2) Fontana, *loc. cit.*, p. 290.
(3) Orfila, *loc. cit.*, t. II, P. II, p. 3.
(4) *Ibid.*, p. 191.
(5) *Ibid.*, p. 239.
(6) *Ibid.*, p. 273.
(7) *Ibid.*, p. 290.
(8) *Ibid.*, p. 330.
(9) *Loc. cit.*, p. 200.
(10) *Ibid.*, p. 218.

que chez les animaux non décapités ces substances réduisent
le cœur au repos (1). Emmert s'est surtout attaché à faire
ressortir le rôle que joue ici la moelle épinière (2). L'upas,
introduit dans le tissu cellulaire de la cuisse, déterminait le
tétanos alors même que le cerveau avait été isolé par la section de la moelle au-dessous du crâne ; mais il ne le provoquait pas quand on détruisait la moelle immédiatement après
l'introduction du poison, quoique la circulation persistât encore pendant dix minutes. Si le tétanos était déjà survenu, il
cessait dans les pattes de devant lorsqu'on détruisait la portion pectorale de la moelle, et dans celles de derrière, quand
on détruisait la portion ventrale du cordon (3). Ségalas a fait
des observations analogues sur la strychnine (4).

6° De tout ce qui vient d'être dit, il suit donc que les poisons qui agissent en affectant la vie animale, portent atteinte
aux fonctions du système nerveux dans les parties touchées
immédiatement par eux ; mais qu'outre ce trouble local ils ne
déterminent pas d'effet général lorsqu'ils ne parviennent point
dans le sang par absorption. Une fois mêlés avec le sang, ils
peuvent le modifier de telle sorte qu'il devienne incapable de
servir à l'entretien de la vie, et que son influence, comme
condition générale de la vie (§§ 746, 774, 5°), soit soustraite
à l'organisme. Mais ces poisons peuvent aussi agir sur les organes auxquels ils arrivent avec le sang, et par exemple pa-
ralyser le cœur, ou surtout affecter les parties centrales du
système nerveux. Plusieurs faits parlent en faveur de cette
dernière opinion, émise par Emmert. De la strychnine, injectée dans les veines d'un animal dont l'aorte ventrale était
liée, ne détermina le tétanos que dans les pattes de devant,
et non dans celles de derrière (5) ; et de l'opium, injecté dans
la carotide, causa la mort à petite dose, tandis qu'il en fallut
une plus grande dose pour produire le même effet par l'in-

(1) Reil, *Archiv*, t. XII, p. 166.
(2) *Tuebinger Blætter*, t. I, p. 103.
(3) Orfila, *loc. cit.*, t. II, P. I, p. 313.
(4) *Archives générales*, t. XII, p. 109.
(5) *Ibid.*, t. XII, p. 108.

jection dans une artère crurale ou une veine jugulaire (1).
Mais certains poisons n'ont pas besoin d'être conduits au cerveau et à la moelle épinière par la voie ordinaire de la circulation : ils déploient leur action dès qu'ils ont pénétré dans le
sang, soit qu'ils s'y répandent en substance suivant toutes les
directions (§ 716, 2°), soit qu'ils en infectent la masse. Ainsi,
quelques secondes suffisent pour que l'acide cyanhydrique,
versé dans la bouche, détermine la mort. L'upas et la strychnine n'agissent jamais avec plus de violence que quand on les
injecte dans les veines (2), et le woorora agit avec tout autant de rapidité, qu'on l'introduise dans la carotide, dans
l'artère crurale, ou dans la veine jugulaire (3).

ARTICLE II.

Des organes de l'absorption.

§ 898. Toute substance organique, en général, est apte à
attirer les fluides mis en contact avec elle et à s'en imbiber ;
mais il n'y a que les organes de la vie plastique qui possèdent
en outre la faculté de propager au loin les fluides dont ils se
sont pénétrés, et de les conduire à la masse du suc vital. Ces
organes forment deux séries.

I. Organes ectoplastiques.

Les organes ectoplastiques, qui sont destinés au conflit avec
le monde extérieur, et qui constituent le système cutané
(§ 784), occupent le premier rang parmi ceux qui jouissent
de cette faculté.

Comme l'absorption, chez les végétaux, se confond avec la
nutrition, il en sera question plus loin (§ 947).

Chez les animaux, l'absorption a lieu :

I. Par la peau.

1° La peau absorbe l'eau, ainsi que les substances nutritives qui s'y trouvent mêlées ; et, bien qu'il n'y ait pas un seul

(1) Orfila, *loc. cit.*, t. I, P. II, p. 145.
(2) *Ibid.*, t. II, Pl. I, p. 330.
(3) Christison, *loc. cit.*, p. 16.

animal chez lequel elle serve exclusivement à cette fonction (§ 947, 3°), elle y prend cependant une grande part chez beaucoup d'animaux des classes inférieures. Les animaux invertébrés nus, qui se sont ridés dans l'air sec, se gonflent dans l'eau, comme par exemple les Filaires (1), les Distomes (2), les Échinorhynques (3), etc., et les Rotatoires totalement desséchés y reviennent même à la vie. Les Limaçons fuient la sécheresse et recherchent l'air humide. Un de ces animaux, du poids de trois cent cinquante-huit grains, devint, suivant Spallanzani (4), plus pesant de deux cent cinquante-deux grains après avoir été plongé dans l'eau, et reperdit ensuite de son poids à l'air sec. Selon Nasse (5), des Limaces, pesant cent dix-sept à cent quarante-quatre grains, qu'on renferma dans du papier humide, acquirent quarante grains en une demi-heure; et des Limaçons de jardin, qui pesaient près de soixante grains, s'accrurent de trois grains dans l'espace d'un quart d'heure. Les Grenouilles maigrissent rapidement au sec, et ne tardent pas à reprendre leur précédent volume dans l'eau, quoiqu'elles ne boivent pas (6). Un de ces Batraciens, du poids de cinq cent soixante-six grains, perdit à l'air, suivant Edwards (7), quatre-vingt-cinq grains en vingt-et-une heures, et acquit ensuite dans l'eau cent soixante-cinq grains en quatre heures. Une Grenouille, du poids de douze cent quatre-vingt-quatorze grains, que Bluff (8) avait mise sous du papier gris sec, y devint plus légère de cent quatre grains dans l'espace de trente-six heures, puis acquit de nouveau cent trois grains en trois heures sous du papier gris mouillé.

La peau humaine absorbe aussi l'eau, quoique beaucoup plus faiblement. Collard de Martigny (9) tint ses mains plon-

---

(1) Treviranus, *Die Erscheinungen des Lebens*, t. I, p. 508.
(2) Mehlis, *Observationes anatomicæ de distomate*, Gottingue, 1825, in-fol., p. 11.
(3) Rudolphi, *Physiologie*, Berlin, 1828, t. II, P. II, p. 266.
(4) *Mémoires sur la respiration*, Paris, 1803, p. 137.
(5) *Untersuchungen zur Physiologie und Pathologie*, t. I, p. 482.
(6) Treviranus, *Biologie*, t. IV, p. 289.
(7) *De l'influence des agens physiques sur la vie*, Paris, 1824, p. 596.
(8) *Diss. de absorptione cutis*, p. 22.
(9) *Archives générales*, t. X, p. 304; t. XI, p. 79.

gées dans l'eau pendant une demi-heure, et les essuya ensuite avec une serviette, qui se chargea de vingt-six grains
de liquide ; le vase était devenu plus léger de cent quatre
grains qu'un autre tout semblable, et rempli d'eau à la même
hauteur ; donc, déduction faite des vingt-six grains demeurés
adhérens aux mains, soixante-dix-huit grains de liquide
avaient été absorbés ; et quoique l'évaporation eût été accrue
par la chaleur des mains, cependant elle avait dû, somme
totale, diminuer par suite de la diminution de la surface du
liquide. Lorsque le même expérimentateur tenait le creux de
sa main à la base d'un entonnoir plein d'eau et uni à un tube
de verre recourbé, il le trouvait, au bout d'une heure et
demie, gonflé comme il aurait pu l'être par l'action d'une
ventouse, et il éprouvait quelque peine à le détacher : un
vide s'était donc produit, et l'eau s'était abaissée dans le
tube.

Dans trente-trois expériences faites (1) sur le changement
que le poids du corps humain éprouve après un bain de trois
à quatre heures, Séguin a toujours constaté une diminution.
La perte, terme moyen, était comme il suit :

Température.	Dans le bain.	A l'air libre.	Proportion.
10 degrés.	819 grains.	2255 grains.	:: 1 : 2,75
18 —	1525 —	3171 —	:: 1 : 2,07
28 —	1005 —	3088 —	:: 1 : 3,07

D'après cela, le corps perdait infiniment moins dans le
bain qu'à l'air, soit que le milieu humide diminuât l'exhalation, soit que l'absorption compensât en partie la perte éprouvée. Séguin admettait la première de ces deux hypothèses,
et prétendait que l'exhalation pulmonaire elle-même est diminuée, dans le bain, par l'humidité de l'air. Mais, d'après
ses propres expériences, cette exhalation s'élève, dans les
circonstances ordinaires, à sept grains par minute (§ 816, 4°),
par conséquent à seize cent quatre-vingts grains en quatre
heures, et à coup sûr elle doit être plutôt accrue que diminuée dans un bain chaud, en raison de l'état du système

(1) Meckel, *Deutsches Archiv*, t. III, p. 586.

sanguin. D'un autre côté, Dill (1) a constaté la réalité de l'absorption, que Kaauw(2) avait déjà démontrée. Un jeune homme, qui habituellement perdait six cents grains, dans l'espace d'une demi-heure, par l'effet de la transpiration, devint plus pesant de trente grains après une demi-heure de séjour dans un bain à 24 degrés R., et de soixante après être resté un quart d'heure dans un autre bain à 28 degrés. Un homme, dont la transpiration s'élevait à deux cent quarante grains en vingt minutes, n'avait pas changé de poids après être demeuré le même laps de temps dans un bain à 31 degrés; de sorte qu'ici l'exhalation et l'absorption s'étaient contrebalancées. Berthold (3) était devenu plus pesant de cent quatre-vingts grains après un bain à la température de 22 degrés, prolongé pendant un quart d'heure; en sorte que si l'on évalue, d'après la mesure précédente, son exhalation pulmonaire à cent cinq grains, il avait absorbé deux cent quatre-vingt-cinq grains d'eau; en suivant le même calcul, sa peau absorba, dans un bain à 28 degrés, deux cent soixante-seize grains en un quart d'heure, sept cent vingt-cinq en trois quarts d'heure, et neuf cent trente en une heure. Madden (4) a également observé une augmentation du poids de son corps par l'effet d'un bain d'une demi-heure, pendant lequel il respirait l'air du dehors à l'aide d'un tube traversant la fenêtre.

Collard de Martigny (5) a trouvé, dans les expériences précédemment citées, que le bouillon et le lait étaient absorbés comme l'eau; d'où il suit que la peau peut remplacer, jusqu'à un certain point, les organes digestifs. On sait que beaucoup de marins, privés d'eau potable, ont soulagé leur soif en s'enveloppant le corps de linges imbibés d'eau de mer. Currie prétendait que; dans ce cas comme dans le bain, l'effet produit dépendait uniquement de la diminution de la transpiration, puisque la soif cesse aussi pendant le bain quoique le poids du corps n'augmente pas, et qu'en consé-

---

(1) *Nouv. biblioth. médic.*, 1826, t. IV, p. 404.
(2) Haller, *Elem. physiolog.*, t. V, p. 88.
(3) Muller, *Archiv*, 1838, p. 178.
(4) *Medico-chirurgical review*, t. XXXIV, p. 187.
(5) *Archives générales*, t. XI, p. 84.

quence il ne s'opère pas d'absorption. Mais, outre qu'il avait perdu de vue que la transpiration continue dans le bain, il s'est réfuté lui-même par une de ses observations. En effet, un homme qui ne pouvait avaler une seule goutte de liquide, à cause d'un squirrhe obstruant l'œsophage, fut mis à l'usage non seulement de lavemens nourrissans, mais encore de bains d'eau et de lait; après chaque bain, il se sentait plus fort et n'éprouvait plus de soif; il perdait en outre, par les urines et les évacuations alvines, plus que ne le comportaient les lavemens, et plus aussi que le montant de la diminution du poids de son corps. Dans un cas analogue, Cruiskshank a observé que les bains tièdes éteignaient la soif et rétablissaient la sécrétion urinaire, auparavant nulle. Van Mons (1) parle d'un malade du même genre, dont la vie fut prolongée pendant quelque temps par des éponges imbibées de bouillon qu'on lui appliquait sur diverses parties du corps.

2° L'absorption de substances étrangères à l'organisme se démontre de plusieurs manières :

a. Par la diminution que ces substances éprouvent dans leur quantité lorsqu'elles sont demeurées quelque temps en contact avec la peau. Séguin (2), ayant plongé son bras pendant une heure dans une masse d'eau de dix livres à 18 degrés, et tenant en dissolution deux scrupules de sublimé, trouva ensuite qu'un à deux grains du sel avaient été absorbés. Ayant laissé de la scammonée, du calomélas, de la gomme-gutte, du tartre stibié et du sel alembroth, de chaque soixante-douze grains, appliqués sur son bas-ventre, au moyen d'un verre de montre qui couvrait chacune de ces substances, il reconnut qu'au bout de dix heures la déperdition était d'un quart de grain pour la scammonée, deux tiers de grain pour le calomélas, un grain pour la gomme gutte, cinq pour le tartre stibié, et dix pour le dernier sel (3).

b. Par l'action spécifique que les substances étrangères, mises en contact avec la peau, exercent sur la vie. Ainsi, un

---

(1) Meckel, *Archiv fuer Anatomie,* 1827, p. 502.
(2) *Loc. cit.,* t. III, p. 593.
(3) *Ibid.,* p. 597.

empoisonnement a lieu par l'application du virus syphilitique aux lèvres ou au gland, ou par l'effet de l'arsenic en poudre répandu sur la peau de la tête. Les frictions avec le mercure déterminent la salivation ; et celles avec les cantharides, l'ardeur d'urine. Les purgatifs, les anthelmintiques et autres médicamens, agissent aussi, lors même qu'on les emploie à l'extérieur, ce dont Haller (1), Sœmmering (2) et autres, ont réuni plusieurs exemples.

c. Par la découverte qu'on fait quelquefois dans le sang des substances mises en rapport avec la peau. Autenrieth et Zeller (3), Schubarth (4) et Buchner, en soumettant à la distillation le sang d'animaux auxquels on avait fait des frictions mercurielles, ont retrouvé une petite quantité de ce métal, quoique Rhades, Abele et Gnuschke n'aient pu parvenir à en constater ainsi la présence. Lebkuchner (5) a trouvé du chlorure de barium dans le sang de Lapins qui avaient subi des frictions avec ce sel. Cantu (6) et Bennerscheidt (7) ont découvert de l'iode dans le sang de malades qui avaient fait usage de cette substance en frictions. Après un bain de pied, à l'eau duquel on avait ajouté du cyanure de potassium, Westrumb (8) a trouvé ce sel dans le sang tiré de la cuisse par des ventouses ; et après l'immersion du bras dans une décoction de rhubarbe, il a également reconnu celle-ci dans le sang (9). Bluff (10) a constaté la présence de l'acide cyanhydrique dans le sang de Moineaux et de Chiens chez lesquels il en avait frictionné le dessous des ailes aux premiers, et la peau rasée de la poitrine aux seconds. Jacobson (11) a aussi retrouvé du cya-

---

(1) *Loc. cit.*, t. V, p. 85-88.

(2) *Gefaesslehre*, p. 529.

(3) Reil, *Archiv*, t. VIII, p. 228.

(4) Horn, *Neues Archiv*, 1823, t. II, p. 419.

(5) *Archives générales*, t. VII, p. 424.

(6) *Journal de chimie méd.*, t. II, p. 291.

(7) *Ibid.*, t. IV, p. 383.

(8) Meckel, *Archiv fuer Anatomie*, 1827, p. 506.

(9) *Ibid.*, p. 508.

(10) *Loc. cit.*, p. 23.

(11) *Bull. des sc. méd.* de Férussac, t. XVII, p. 331.

nure de potassium dans le sang de Limaçons sur le corps desquels il en avait appliqué.

d. Enfin, par la possibilité qu'on a quelquefois de reconnaître dans les sécrétions la présence de substances absorbées par la peau, ce dont il a déjà été rapporté précédemment quelques exemples (§ 865, 2°, 8°, 11°). Ajoutons encore que si Rousseau (1) n'a rien remarqué d'insolite dans l'urine, après l'action de la vapeur d'essence de térébenthine sur la peau, et si, en conséquence, il a nié l'absorption par les tégumens extérieurs, d'autres expériences ont conduit à un résultat inverse. Bradner Stuart (2) se baigna pendant deux heures et demie dans une infusion saturée de garance, et découvrit ensuite cette dernière dans l'urine, qui se colora en rouge vif par l'addition du carbonate de potasse; la rhubarbe et le curcuma s'annoncèrent de la même manière dans l'urine, après un bain dans une infusion de ces substances ; l'expérimentateur ayant porté pendant une heure et demie un emplâtre d'ail sous les aisselles, ainsi qu'à la face interne des cuisses et aux chevilles, avec le soin de respirer au moyen d'un tube allant dans la rue et fixé à la bouche et au nez par un emplâtre agglutinatif, son haleine et son urine exhalèrent, au bout de quelques heures, l'odeur spécifique de l'ail. Sewall (3) a également reconnu, par l'addition de la potasse à l'urine, la coloration particulière de la rhubarbe et de la garance, après avoir tenu pendant quelque temps ses pieds et ses mains plongés dans une infusion de ces substances.

II. Des vapeurs épandues dans l'atmosphère sont absorbées sans qu'on puisse déterminer au juste quelle part revient à la peau ou aux poumons.

1° D'après les observations d'Edwards (4), les Grenouilles et les Cabiais ne perdent rien de leur poids dans l'air humide, et, comme en pareil cas, leur transpiration, toute diminuée qu'elle est, ne saurait cependant être entièrement suspendue,

---

(1) Reil, *Archiv,* t. VIII; p. 383.
(2) Méckel, *Deutsches Archiv,* t. I, p. 151.
(3) *Ibid.,* t. II, p. 446.
(4) *Loc. cit.,* p. 259, 362.

il faut qu'une absorption égale à l'exhalation soit la cause qui fait que leur poids demeure le même. Les animaux qui vivent sous terre ou dans des cavernes périssent très-promptement dans l'air sec.

Assez souvent, le corps humain augmente rapidement de poids sans qu'il ait été pris d'alimens. Fontana était devenu plus pesant de quelques onces après une promenade par un temps humide, quoique, durant ce laps de temps, il eût été soumis à l'action d'un purgatif, et un matin, Home trouva son poids plus considérable que la veille au soir, bien qu'il eût sué durant la nuit. Keil absorba, dans l'espace d'une nuit, dix-huit onces de l'humidité atmosphérique, et Lining huit onces en deux heures et demie (1). Gorter estime cette absorption, pendant la nuit, de deux à six onces (2). On conçoit, d'après cela, pourquoi nous buvons moins et rendons davantage d'urine lorsque le temps est humide. C'est peut-être aussi en partie à cette cause qu'il tient que, dans les climats humides, le corps soit bouffi et plus riche en liquides aqueux. Le phénomène est surtout très-prononcé dans le diabète. Ainsi, pour citer seulement quelques exemples, Dill (3) a observé un diabétique qui, pendant toute une année, rendit chaque jour plus d'urine qu'il ne prenait d'alimens solides et liquides ; chez un autre, la quantité de l'urine dépassa de cent quarante livres, durant cinq semaines, celle des alimens et des boissons ; comme ce sujet maigrit beaucoup, une partie de la perte doit être mise sur le compte de la décomposition qu'éprouvèrent les solides organiques ; mais la diminution du poids de son corps n'ayant été que de vingt-sept livres durant cet espace de temps, il n'en faut pas moins que cent treize livres aient été puisées dans l'atmosphère. Boerhaave a observé aussi des cas d'hydropisie dans lesquels les malades ne buvaient presque pas, quoiqu'ils rendissent une grande quantité d'urine et qu'ils enflassent de plus en plus.

2° Quant à ce qui concerne les substances étrangères, on

---

(1) Edwards, *loc. cit.*, p. 364.
(2) Haller, *loc. cit.*, t. V, p. 89.
(3) *Nouv. bibl. médic*, 1826, t. IV, p. 404.

sait que dormir dans un lieu où se trouve beaucoup d'eau-
de-vie, produit un état analogue à l'ivresse et le mal de tête.
La salivation se manifeste fréquemment chez ceux qui se
tiennent d'habitude dans la chambre de malades soumis à
l'usage des frictions mercurielles. D'après Bichat, les personnes habitant des appartemens nouvellement peints à l'huile,
rendent de l'urine exhalant une odeur de violette, due à l'huile
de térébenthine dont les peintres se servent pour délayer les
couleurs (1). Les vents de l'anatomiste qui reste au milieu de
cadavres en putréfaction, ont une odeur cadavéreuse, et ce
phénomène avait lieu chez Bichat, alors même que, se bouchant le nez, il disséquait en respirant à l'aide d'un tube prolongé hors de la fenêtre, en sorte qu'ici la peau seule pouvait
absorber. Il n'est pas rare qu'un homme qui pile pendant
long-temps du jalap, se trouve purgé, effet auquel peut, à la
vérité, contribuer la poussière avalée avec la salive ; mais
Rochefort (2) a observé le même phénomène après un long
séjour au voisinage d'un grand amas de feuilles de séné.

III. Les poumons absorbent également.

1° Et d'abord, ils absorbent de l'eau à l'état liquide. Déjà
Haller (3) admettait qu'un peu d'humidité peut pénétrer dans
le larynx, pendant la déglutition, sans provoquer la toux. Les
modernes ont injecté de l'eau dans les poumons, par la trachée-
artère, chez un grand nombre d'animaux ; lorsque ce liquide
était en quantité considérable, il rendait la respiration difficile et le pouls faible ; mais les animaux ne tardaient pas à se
remettre, preuve incontestable que l'eau avait été absorbée.
Ainsi, des Chats ont supporté deux onces d'eau, d'après
Goodwin ; des Chiens un verre plein, selon Ségalas (4) ; des
Chevaux, plus de deux pintes, suivant Gohier. Mayer (5) est
parvenu à injecter peu à peu quatre onces et demie de liquide
à des Lapins, dans l'espace de vingt-quatre heures. Desault,
par inadvertance, injecta un jour du bouillon dans les pou-

(1) *Recherches physiolog. sur la vie*, p. 301.
(2) Schreger, *Beitræge zur Cultur der Saugaderlehre*, p. 201.
(3) Haller, *loc. cit.*, t. VI, p. 89.
(4) Froriep, *Notizen*, t. IV, p. 285.
(5) Meckel, *Deutsches Archiv*, t. III, p. 494.

mons, au lieu de l'estomac, sans que le malade en éprouvât de graves accidens (1).

2° Des substances étrangères sont également absorbées par les poumons, ainsi que l'attestent les effets qu'elles produisent sur l'ensemble de la vie. Lorsque Piollet se plongeait la tête dans la vapeur de l'esprit-de-vin, il était saisi d'ivresse (2). Au dire de Magendie (3), la strychnine, injectée dans les poumons, tue promptement les animaux. Si l'on fait respirer de l'acide cyanhydrique à un Cabiai, il tombe sur-le-champ dans un état de mort apparente, puis revient à lui quand on lui tient ensuite de l'ammoniaque sous le nez (4). La plupart des principes contagieux, et même tous, suivant Magendie (5), sont absorbés par les organes respiratoires. Le cyanure de potassium, après avoir été injecté dans les poumons, se laisse reconnaître dans le sang, comme l'attestent les observations de Mayer (6), de Seiler (7) et de Piollet (8). Enfin, les substances étrangères, absorbées de cette manière, ont été retrouvées aussi dans l'urine (§ 865, 3°), dans la bile (§ 865, 2°) et autres sécrétions, ou même dans des parties solides, notamment par Mayer (9) et Piollet.

IV. L'absorption a lieu dans l'appareil digestif.

1° Les organes digestifs absorbent de l'eau et des substances alimentaires. C'est ce que prouvent non-seulement les effets sur la vie, mais encore la disparition bien manifeste de ces liquides. Magendie ayant lié le pylore à des Chiens, leur fit boire de l'eau pure, ou mêlée avec diverses substances, dont, au bout d'une heure, il ne retrouva plus aucune trace dans l'estomac. Tiedemann et Gmelin ont observé que des sub-

(1) Magendie, *Leçons sur les phénomènes physiques de la vie*. Paris, 1836, t. I, p. 31.

(2) *Bulletin* de Férussac, t. VII. p. 220.

(3) *Loc. cit.*, t. I, p. 31.

(4) *Ibid.*, p. 132.

(5) *Ibid.*, p. 69.

(6) Meckel, *Deutsches Archiv*, t. V, p. 47.

(7) *Zeitschrift für Natur-und Heilkunde*, t. II, p. 387.

(8) *Loc. cit.*

(9) Meckel, *Deutsches Archiv*, t. III, p. 498 ; t. V, p. 47.

stances colorantes et autres se perdent peu à peu dans le trajet du canal intestinal. Les excrémens qui font un long séjour
dans l'intestin, durcissent de plus en plus. Quand on arrête la
diarrhée, les matières fécales deviennent dures, et les lavemens ne procurent souvent alors que des évacuations solides.

2° Les substances étrangères absorbées ont souvent été
trouvées dans le sang; par exemple, la rhubarbe par Westrumb (1); l'indigo par Tiedemann et Gmelin; diverses
substances odorantes par Denis (2); le cyanure de potassium par Tiedemann et Gmelin, Seiler et Ficinus (3),
Mayer (4), Westrumb (5) et Home (6); le sulfate de fer
par Tiedemann et Gmelin; le plomb par les mêmes expérimentateurs; l'iode par Cantu (7); l'acide sulfurique
par Bouchardat (8). Ségalas (9), a vu le sang plus épais
chez des animaux, dans l'estomac desquels il avait injecté de
l'alcool, et Arnold (10) l'a trouvé plus liquide chez d'autres
qui avaient pris du sel ammoniac. Des exemples de passage
de substances étrangères dans les liquides sécrétés et les
parties solides, ont été cités plus haut (§ 865, I, II, 1°, 6°,
12°, VI, VII). Haller en rapporte également (11).

II. Organes entoplastiques.

§ 897. Les organes entoplastiques, ceux qui sont destinés
au conflit intérieur (§ 781), absorbent également des substances étrangères, pour les conduire dans le sang.

1° Lorsqu'on injecte de l'air, du pus (12) ou d'autres liquides

---

(1) *Ibid.*, t. VII, p. 528.
(2) *Rech. sur le sang*, p. 82.
(3) *Loc. cit.*, t. II, p. 384.
(4) Meckel, *Deutsches Archiv*, t. III, p. 487; t. VI, p. 39.
(5) *Ibid.*, t. VII, p. 529-534.
(6) *Philos. Trans*, 1811, p. 163.
(7) *Journal de chimie médic.*, t. II, p. 291.
(8) *Annales d'hygiène publique, et de méd. légale*, t. XVII. p. 372.
(9) *Archives générales*, t. XII, p. 105.
(10) Tiedemann, *Zeitschrift fuer Physiologie*, t. II, p. 134.
(11) *Loc. cit.*, t. VII, p. 56-61.
(12) Magendie, *Journal*, t. II, p. 7.

dans le tissu cellulaire, et qu'on bouche l'ouverture, ces substances disparaissent en peu de temps. Le cyanure de potassium, introduit dans le tissu cellulaire, a été retrouvé bientôt après dans le sang (1). De la teinture d'aloës, qu'on avait largement employée en application sur des os cariés, a rendu les déjections alvines plus abondantes (2). Du cyanure de potassium porté sous la peau, a dénoté ensuite sa présence dans les parties solides et dans les humeurs sécrétées (3). Le même sel et l'osmazome mêlé avec lui, ont apparu dans l'urine (4), l'haleine a exhalé l'odeur du camphre que Magendie avait introduit dans le tissu cellulaire chez des Chiens, et celle de l'essence de térébenthine que Wedemeyer avait injectée dans des trajets fistulaires qu'un malade portait au dos (5).

2° Des liquides étrangers qu'on insinue dans les sacs séreux disparaissent promptement. En ce qui concerne le péritoine, ce fait a été observé par Haller (6) pour l'eau et le vin, par Christison (7) pour l'acide oxalique, et par Hering (8) pour diverses substances. Le sang, injecté dans l'arachnoïde cérébrale, ne tarde pas non plus à disparaître, et s'échappe en partie par l'urine (9). De la strychnine portée dans la plèvre (10) et de l'huile essentielle d'amandes amères étendue sur la tunique péritonéale du foie ou de l'intestin (11), ont donné lieu en peu de temps aux symptômes d'empoisonnement qui leur sont propres. Lebkuchner (12) a retrouvé dans le sang le cyanure de potassium injecté dans la cavité abdominale. Des exemples du passage de certaines substances étrangères dans les sécrétions, ont été cités précédemment (§ 865,

(1) Férussac, *Bulletin des sc. médic.*, t. IV, p. 54.
(2) Schreger, *loc. cit.*, p. 201.
(3) Foderà, *Recherches sur l'absorption et l'exhalation*, p. 48.
(4) Magendie, *Journal*, t. VIII, p. 206.
(5) *Loc. cit.*, p. 447.
(6) *Loc. cit.*, t. VI, p. 343.
(7) *Loc. cit.*, p. 11.
(8) Meckel, *Deutsches Archiv*, t. IV, p. 498-533.
(9) Burdach, *Vom Baue des Gehirns*, t. III, p. 9.
(10) Magendie, *Leçons sur les phénomènes de la vie*, t. I, p. 21.
(11) Foderà, *loc. cit.*, p. 20.
(12) *Archives générales*, t. VII, p. 424.

4°, 7°), et d'autres de résorption de matériaux organiques seront rapportés plus loin (§ 910).

III. Vaisseaux absorbans.

§ 900. Chez les animaux privés de sang, l'absorption s'accomplit dans toute la substance organique indistinctement ; mais, lorsqu'il y a une circulation, elle est exercée par certains tissus élémentaires des organes, par les vaisseaux efférens. En effet, le courant centripète qui règne dans ces vaisseaux annonce tout aussi bien la tendance à la réunion, qu'un courant centrifuge dénote celle à la ségrégation, à la séparation du sang (§§ 775, 777). Cette direction centripète est tellement inséparable de l'idée d'une absorption, que, déjà dès les temps les plus anciens et chez les peuples les plus grossiers, l'application d'une ligature entre le tronc et le point lésé était usitée, dans le cas de blessures empoisonnées, pour prévenir l'action du venin sur la vie générale. Comme, partout où l'organisation a pris un grand degré de développement, les fonctions sont divisées et réparties à des organes divers, aux veines qui, chez les invertébrés, ne servent qu'à ramener le suc vital, s'adjoint, chez les vertébrés, le système des vaisseaux lymphatiques, dont les racines n'ont aucune connexion avec le système sanguin, mais dont les extrémités s'abouchent dans les veines. D'après la loi générale du développement organique, ces vaisseaux constituent un système de plus en plus distinct dans les différentes classes d'animaux vertébrés. Ce sont, chez les Poissons, des canaux simples, dilatés d'espace en espace, qui forment des plexus en s'anastomosant les uns avec les autres, et qui, indépendamment de l'embouchure de leur tronc principal dans une veine antérieure, communiquent encore avec d'autres veines par des branches nombreuses. Chez les Reptiles, ces canaux présentent des valvules, rares à la vérité, et joignant mal, de manière qu'on parvient sans peine à faire passer l'injection des troncs dans les branches. Chez les Oiseaux, la plupart forment encore des plexus, mais qui, au col, sont développés, par l'effet de leur concentration, de l'annexion de plusieurs vaisseaux sanguins, et de l'addition d'un tissu cellulaire tant intérieur qu'enveloppant, en organes particuliers connus sous le nom de glandes, ou plus exactement de ganglions lymphatiques (§ 783, 14°), et auxquels Krause (1) donne celui de nœuds lymphatiques. Chez les Mammifères, ces ganglions sont plus nombreux, plus développés, et les connexions avec le système veineux n'ont point autant d'étendue.

I. Le plus petit des troncs lymphatiques reçoit les vaisseaux lymphatiques de la tête, du cou, de la poitrine et du bras droit : il s'abouche dans la réunion des veines jugulaire et brachiale droites. Le tronc principal, ou le canal thoracique, qui s'abouche avec les veines correspondantes du côté gauche, est formé par la réunion des vaisseaux lymphatiques du reste du corps. Quelquefois le petit tronc semble manquer, et le grand recevoir tous les lymphatiques de l'économie. Au reste, de même que le système, considéré dans son entier, offre d'innombrables variétés, de même aussi les deux troncs sont assez souvent divisés à leur embouchure dans les veines. Quant à savoir si le système lymphatique communique encore sur d'autres points avec les veines, c'est une question anatomique qui ne manque pas d'importance pour la physiologie.

1° Lippi avait prétendu non seulement que les lymphatiques communiquent librement avec les veines par leurs racines, mais encore qu'ils s'abouchent fréquemment avec elles sur leur trajet, et qu'en particulier ils s'ouvrent dans les veines honteuse interne, rénale, porte, azygos et cave. Mais il a été prouvé, spécialement par Fohmann (2), Panizza (3) et Lauth (4), que de pareilles communications de vaisseaux lymphatiques libres ont bien lieu chez les Poissons, les Reptiles et les Oiseaux, mais qu'elles n'appartiennent point aux Mammifères, et que Lippi a dû prendre de petites branches veineuses pour des lymphatiques. Ce n'est pas à dire pour cela qu'une disposition de ce genre ne puisse exister à titre de variété, car Wut-

(1) *Handbuch der menschlichen Anatomie*, t. I, p. 29.
(2) *Das Saugadersystem der Wirbelthiere*, t. I, p. 4.
(3) *Osservazioni antropo-zootomico-fisiologiche*, Pavia, 1830, in-fol. p. 68.
(4) *Essai sur les vaisseaux lymphatiques*, Strasbourg, 1824.

zer (1) en cite des exemples, et dit avoir vu lui-même un
canal thoracique qui s'ouvrait dans la veine azygos, mais
qui était bouché à sa partie supérieure.

2° Meckel l'ancien (2) a vu les injections passer des ganglions lymphatiques de l'estomac dans la veine gastro-épi-
ploïque gauche, et de ceux du cou et des aisselles dans les
veines jugulaires et sous-clavières ; il a même fait représenter
plusieurs vaisseaux lymphatiques allant de ganglions aux veines
de l'estomac (3). Plus tard (4), Meckel jeune a remarqué que
les vaisseaux qui se rendent des ganglions lymphatiques dans
des troncs veineux étaient des branches veineuses, et en conséquence il a admis qu'une communication immédiate existe entre les deux ordres de vaisseaux dans l'intérieur même de ces
ganglions, attendu que le liquide amené à ceux-ci, quoiqu'il
pénètre plus facilement dans les vaisseaux efférens, peut cependant être poussé aussi dans des veines par l'effet de la
pression. Abernethy (5) croyait avoir vu, dans les ganglions
mésentériques de Cétacés, des ouvertures béantes de vaisseaux sanguins ; et chez d'autres animaux, il avait chassé de
l'air des ganglions lymphatiques dans des veines ; mais ce dernier phénomène n'avait lieu, suivant lui, qu'à la faveur de
vaisseaux lymphatiques efférens. Fohmann réfuta l'hypothèse
d'orifices béans dans l'intérieur des ganglions lymphatiques (6),
ainsi que celle de vaisseaux lymphatiques efférens allant aboutir à des veines, et soutint au contraire, d'après de nombreuses recherches, que les vaisseaux lymphatiques s'abouchent, ou en partie, ou même en totalité, avec des veines dans
l'intérieur des ganglions. Ainsi, chez l'homme surtout, des
injections passèrent des vaisseaux lymphatiques du mésentère

---

(1) Muller, *Archiv*, 1834, p. 311.

(2) *Diss. de vasis lymphaticis*, p. 11, 16.

(3) *Nova experim. et observ. de finibus venarum*, Berolini, 1772, p. 5.

(4) *G. T. Sœmmering decem lustra post gradum doctoris gratulatur
Meckel*. Léipzick, 1828. pl. IV.

(5) Reil, *Archiv*, t. II, p. 235.

(6) *Mém. sur les communications des vaisseaux lymphatiques avec les
veines*, Liége, 1832, in-4, p. 13.

dans des veines (1). La même chose eut lieu chez des Chiens,
où les lymphatiques sortant des ganglions mésentériques
réunis en pancréas d'Aselli, sont moitié moins volumineux
que les afférens (2), chez des Chevaux (3) et chez des bêtes à
cornes (4). Fohmann a fait des observations analogues sur les
ganglions lymphatiques des membres (5); mais il a rencontré
aussi des cas dans lesquels l'injection passait des lymphatiques
dans des veines seulement, et où l'on ne pouvait découvrir
aucun vaisseau efférent : tel était le cas de quelques ganglions
mésentériques de l'homme (6), du Chien (7), du Chat (8) et de
la Martre (9), et de quelques glandes axillaires de l'homme et
du Chien (10). Fohmann prétendit surtout que, chez le Phoque,
les glandes mésentériques et bronchiques ne fournissent que
des veines et point de vaisseaux lymphatiques (11). Lauth a fait
des remarques du même genre (12); il a soutenu que les
lymphatiques s'abouchent en partie avec des veines dans l'intérieur des ganglions, et qu'il leur arrive quelquefois de s'y
jeter en entier dans le système veineux, sans qu'alors les
ganglions fournissent aucun vaisseau efférent (13). Panizza s'en
tient davantage à ses observations, qui lui ont montré les injections passant des ganglions lymphatiques les plus divers
de l'homme dans les veines voisines, par l'intermédiaire de
branches veineuses efférentes (14). Rossi (15), Amussat (16),

(1) *Anatomische Untersuchung ueber die Vorbindung der Saugadern
mit den Venen*, p. 25.

(2) *Ib.*, p. 35.

(3) *Ib.*, p. 55.

(4) *Ib.*, p. 58.

(5) *Ib.*, p. 30, 39.

(6) *Ib.*, p. 32.

(7) *Ib.*, p. 36.

(8) *Ib.*, p. 41.

(9) *Ib.*, p. 43.

(10) *Ib.*, p. 40.

(11) *Ib.*, p. 44.

(12) *Loc. cit.*, p. 35.

(13) *Neues Handbuch der praktischen Anatomie*, t. II, p. 238.

(14) *Osservazioni fisiologiche*, p. 42-47.

(15) *Archives générales*, t. X, p. 439.

(16) *Ib.*, t. XIV, p. 111.

Mayo (1) et Luchtmans (2) ont également observé ces faits.

II. Déjà Stenson, Kaauw et plusieurs autres, avaient vu des liquides passer de certains lymphatiques dans diverses veines ; mais Haller (3) suspectait la justesse de leurs observations, et les croyait fondées uniquement sur des variétés de structure ou sur des erreurs, attendu que la nature semble s'être proposé de prolonger le séjour du chyle et de la lymphe dans leurs vaisseaux, en appliquant partout ces derniers aux veines immédiatement, tout en les faisant aller jusqu'au canal thoracique, qui longe bien aussi les troncs veineux, mais ne s'y abouche pas, et s'ouvre seulement dans la veine sous-clavière.

1° S'il y avait des communications multiples, il serait à peine possible que les injections des vaisseaux lymphatiques réussissent jamais complétement, car le mercure passerait dans les veines, qui sont plus amples ; et, en effet, on ne parvient guère à remplir le canal thoracique qu'en le liant lui ou l'artère sous-clavière ; cependant il est de règle que l'injection, poussée par un lymphatique quelconque, parvienne dans ce canal.

2° Le passage des lymphatiques aux veines, dans l'intérieur des ganglions, bien qu'on l'ait fréquemment observé, n'est donc qu'un fait exceptionnel, et n'a lieu qu'autant que l'écoulement de la lymphe par les lymphatiques efférens éprouve de l'obstacle. Ainsi Antommarchi (4), quand il augmentait la pression, déterminait ordinairement la déchirure des vaisseaux lymphatiques, plutôt que de faire passer le mercure des ganglions dans les veines ; et quand ce dernier effet avait lieu, le métal s'introduisait souvent aussi dans des artères (5). Il en est donc ici comme des injections, qui passent quelquefois d'un ordre de canaux dans un autre (§ 877, 11°). Mayo, par exemple (6), a poussé de l'encre de l'artère mé-

---

(1) *Outlines of human physiology*, p. 160.
(2) Froriep, *Notizen*, t. XLI, p. 183.
(3) *Loc. cit.*, t. I, p. 172-180.
(4) *Bulletin des sc. méd.* de Ferussac, t. XVIII, p. 161.
(5) *Ib.*, p. 8.
(6) *Outlines of human physiology*, p. 160.

sentérique d'un Chien dans les veines et les lymphatiques du mésentère, et de l'artère hépatique dans les lymphatiques du foie.

3° Une déchirure peut avoir lieu en pareil cas, et elle est d'autant plus probable, que le mercure, une fois qu'il commence à passer dans les veines, coule ensuite tout à coup et très-facilement, même des vaisseaux lymphatiques qu'il avait remplis jusqu'alors (1). Hewson n'observa ce passage, sur les cadavres humains, que dans des ganglions lymphatiques malades (2); et Mascagni ne le considère, aussi bien qu'Astley Cooper (3), que comme un effet de la déchirure. Antonmarchi (4) et Biancini (5) ont même constaté qu'il se faisait alors une extravasation; et Biancini a vu que, quand il avait lié les vaisseaux lymphatiques sortant d'un ganglion, le mercure s'écoulait, par une rupture de ce genre, tant dans des veines que dans des artères.

4° Quoique des observateurs fort attentifs n'aient pas remarqué d'extravasation, la pression a bien pu suffire pour faire passer le mercure à travers les minces parois des lymphatiques et des veines adossés les uns aux autres, de même qu'il est facile de chasser les injections des artères pulmonaires dans les bronches (6).

5° En tout cas, on n'a point encore démontré anatomiquement de continuité entre un vaisseau lymphatique et une veine dans l'intérieur d'un ganglion. Albert Meckel (7) n'a pu le faire, quoiqu'il fût parvenu à déterminer le passage de l'injection dans une veine à travers un ganglion mésentérique.

6° Si les vaisseaux lymphatiques communiquaient avec le système vasculaire par d'autres points que leurs troncs, le liquide devrait s'écouler sans obstacle après la ligature de ces derniers; mais on n'observe rien de semblable : bien au con-

---

(1) Hildebrand, *Anatomie*, t. III, p. 116.
(2) *Experimental inquiries*, t. III, p. 153.
(3) Rosenmuller, *Beitræge fuer die Zergliederungskunst*, t. I, p. 69.
(4) *Loc. cit.*, t. XVIII, p. 165.
(5) *Ib.*, t. XXI, p. 2.
(6) Hildebrand, *Anatomie*, t. III, p. 115.
(7) Meckel, *Archiv fuer Anatomie*, 1828, p. 172.

traire, il s'opère alors une distension contre nature, et enfin une rupture (§ 907, 4°).

7° Le motif décisif pour admettre un passage immédiat, serait l'absence de tous vaisseaux lymphatiques sortant des ganglions mésentériques du Phoque; mais Rosenthal (1) a prouvé qu'il y en avait même chez cet animal. Knox (2) a reconnu aussi qu'ils existaient, qu'ils se continuaient sans interruption jusqu'au tronc commun des lymphatiques, qu'on les rencontrait également dans le Dauphin; que l'union avec les veines, admise par Abernethy chez la Baleine, n'avait pas lieu, et que l'injection ne passait dans les veines qu'autant que la putréfaction s'était déjà emparée des parties. Le passage du mercure dans les veines peut aussi avoir dépendu de ce que, par une circonstance quelconque, les vaisseaux lymphatiques efférens étaient devenus imperméables.

8° Les nombreux abouchemens des vaisseaux lymphatiques dans les veines, qu'on aperçoit chez les animaux vertébrés des classes inférieures, ne sont pas un motif suffisant pour admettre que le même état de choses a lieu chez les Mammifères, où la concentration plus grande du système lymphatique s'annonce par le développement plus prononcé des ganglions.

Ainsi, nous sommes finalement ramenés à l'opinion de Haller, qu'un abouchement normal des lymphatiques, ailleurs que dans les veines jugulaire et sous-clavière, n'est ni démontré, ni même vraisemblable, mais qu'on peut le rencontrer de temps en temps parmi les innombrables variétés de ce système.

§ 901. La substance organique, en général, possède la perméabilité, et l'extrême délicatesse des parois, dans les racines des vaisseaux efférens, fait que cette propriété y doit être portée à un haut degré; de sorte qu'il est à peine possible de se refuser à croire que chaque sorte de ces vaisseaux admet aussi une substance quelconque dans son intérieur. Maintenant il y a deux faits indubitables, savoir : que les

(1) Froriep, *Notizen*, t. II, p. 5.
(2) *Ib.*, t. VIII, p. 49-53.

vaisseaux lymphatiques de l'intestin charient le chyle qui a été produit par la digestion aux dépens des matières alimentaires, et que les veines des poumons charient aussi le sang métamorphosé par l'admission de substances provenant de l'atmosphère. Mais ces vaisseaux lymphatiques et veineux sont semblables, quant aux points essentiels, à ceux d'autres organes; en conséquence, les deux ordres de vaisseaux peuvent participer partout à l'absorption, quoique chacun d'eux soit plus spécialement apte à absorber dans certains organes et par rapport à certaines substances. Comme l'opinion la plus simple et la plus générale est celle qui tranche le plus sûrement les questions, j'éprouvais le désir d'en rester là. Cependant, je dois reproduire ici les faits et les assertions qui tendent à établir le pouvoir absorbant des lymphatiques et des veines, tant pour faire ressortir ce qu'il y a encore d'admissible dans le théorème précédent, que pour obtenir quelques indices propres à dévoiler les lois de l'absorption, et pour compléter l'exposé historique ou littéraire du sujet.

Les anciens ne connaissaient qu'un passage immédiat des matières dans le sang; mais, après la découverte du système lymphatique, la plupart des physiologistes attribuèrent l'acte de l'absorption aux deux classes de vaisseaux efférens. L'opinion qui représente les lymphatiques comme présidant seuls à cette opération, ne se développa qu'à l'époque où l'on acquit des notions anatomiques plus étendues sur leur compte. Guillaume Hunter, Cruikshank et Mascagni, furent ceux surtout qui la firent prévaloir. Enfin, Magendie refusa aux lymphatiques toute participation à l'absorption, celle du chyle exceptée. Parmi les physiologistes modernes, on n'en compte qu'un petit nombre, Prochaska, par exemple (1), qui attribuent le pouvoir absorbant aux deux classes de vaisseaux efférens. Dans la discussion qui s'est élevée à ce sujet, les deux partis se sont tenus sur un terrain très-mouvant; ce qu'enseigne l'observation simple de la nature a souvent été interprété d'une manière toute arbitraire; et parmi les réponses

(1) *Bemerkungen ueber den Organismus des menschlichen Kœrpers.* Vienne, 1810, p. 54.

diverses que la nature faisait aux questions qu'on lui soumettait dans les expérimentations, chacun n'a regardé comme décisives que celles qui s'accordaient avec l'opinion embrassée d'avance par lui. Lorsqu'il arrivait de retrouver des substances étrangères, ici dans des veines, et là dans des lymphatiques seulement, chacun des partis érigeait en preuve le fait qui lui était favorable, et feignait d'ignorer ou révoquait en doute le fait contraire. Ce qui prouve combien peu de telles observations isolées sont propres à élucider définitivement la question, c'est qu'il n'est pas rare de rencontrer, dans les liquides sécrétés, les substances étrangères dont on n'aperçoit aucun vestige ni dans les veines, ni dans les lymphatiques, quoiqu'elles aient dû passer par l'un ou par l'autre de ces deux systèmes de vaisseaux. Elles peuvent, chez certains individus et dans certaines conditions de la vie, être absorbées ou par les veines, ou par les lymphatiques, ou par les uns et les autres, et être rapidement entraînées dans les produits des sécrétions, ou subir, dans la lymphe et le sang, un enveloppement et une neutralisation tels, qu'il n'y ait plus ensuite possibilité de les reconnaître dans ces liquides. Les aperçoit-on dans le sang, elles peuvent y avoir été portées soit par le canal thoracique, soit, comme le pense Fohmann (1), par des branches qui s'abouchent avec les veines dans l'intérieur des ganglions lymphatiques. Les rencontre-t-on dans le système lymphatique, elles peuvent s'y être déposées du sang ; car Hering (2), ayant injecté du cyanure de potassium dans la veine jugulaire de Chevaux qui étaient morts environ un quart d'heure après l'opération, a trouvé ce sel dans le canal thoracique, mais non dans les ganglions, de sorte qu'il semblait être arrivé immédiatement au lieu où les réactifs décelaient sa présence ; et même chez un Cheval qu'on fit périr, une minute après l'injection, en lui soufflant de l'air dans les veines et lui coupant la moelle allongée, le cyanure existait dans le canal thoracique, de telle sorte qu'on était en droit de se demander s'il

***

(1) *Anatomische Untersuchung*, p. 82.

(2) Tiedemann, *Zeitschrift fuer Physiologie*, t. III, p. 93, 102, 105, 108, 115.

n'y aurait pas aussi certains cas où une substance étrangère pourrait pénétrer dans d'autres vaisseaux, après la mort, par le fait d'une simple imbibition.

§ 902. Quant à ce qui concerne d'abord les organes digestifs :

I. La probabilité d'une absorption par les veines a été établie de plusieurs manières.

1° De ce que le sang de la veine porte ne se coagule point, Boerhaave avait conclu qu'il doit avoir reçu quelque chose de l'intestin. Walter prétendait (1) que sa coagulabilité lui a été enlevée par l'addition de la lymphe et du chyle. Mais la sécrétion des sucs gastriques et intestinaux, et sa rétention dans la rate, peuvent être déjà suffisantes pour lui faire subir une modification considérable ; et comme la lymphe et le chyle sont coagulables, l'adjonction de ces liquides ne saurait le dépouiller de sa coagulabilité.

2° L'excédant de diamètre des veines intestinales sur les artères (2) ne prouve rien non plus ; car Haller (3) a fait voir que la différence n'est pas plus considérable à l'intestin qu'ailleurs ; et si les veines sont généralement plus amples que les artères, c'est la conséquence de leur plus grande extensibilité, de la plus grande lenteur avec laquelle le sang y coule. Ce phénomène ne peut point provenir de l'absorption, comme il a déjà été démontré précédemment (§ 700, 3°).

3° Un argument de plus grand poids en faveur de la participation des veines à l'absorption, est celui qu'on tire du peu de capacité du canal thoracique. Haller (4) évalue le diamètre de ce conduit à une ligne carrée, et calcule d'après cela que, quand bien même on supposerait la marche du liquide aussi rapide dans le système lymphatique que dans les veines, c'est-à-dire de soixante-six pieds par minute, le canal thoracique ne pourrait pas laisser passer plus de cinq quarts

(1) *Von der Einsaugung und der Durchkreuzung der Sehnerven.* Berlin, 1794, p. 38.

(2) *Ibid.*, p. 40.

(3) *Loc. cit.*, t. VII, p. 64.

(4) *Ibid.*, p. 66.

de livre par heure, tandis qu'il y a des cas où l'on boit, dans l'espace d'un petit nombre d'heures, douze à seize livres d'eau minérale, dont la plus grande partie sort par les voies urinaires. A la vérité, ces calculs ne sont pas décisifs non plus, car le cours du liquide peut très-bien s'accélérer quand l'absorption s'exerce avec une force insolite; et si, dans l'exemple cité, on boit quatre livres d'eau par heure sans rendre plus d'une livre d'urine, il est très-possible que les trois autres livres soient encore contenues en partie dans les nombreux vaisseaux sanguins, en partie dans le canal intestinal; cependant, nous accorderons volontiers que l'eau peut être absorbée immédiatement par les veines (comp., § 866, II), ce que Denis, entre autres, admet pour la presque totalité de la boisson.

4° Le passage immédiat de substances étrangères dans les veines est encore rendu probable par la promptitude avec laquelle ces substances manifestent les effets qui leur sont propres. Il a déjà été parlé précédemment (§ 866, 4°) des Chevaux dans les sécrétions desquels peuvent apparaître, avant même qu'une minute se soit écoulée, certaines substances qu'on a mêlées à leur sang; mais si le cyanure de potassium et la rhubarbe, avalés par des Chiens, se sont montrés, le premier au bout de deux minutes, et la seconde au bout de cinq, dans l'urine (§ 866, 2°); si Wetzlar a trouvé dans sa propre urine le cyanure au bout de dix minutes, et la rhubarbe au bout d'un quart d'heure (1); si enfin cinq à six minutes ont suffi pour que l'odeur d'un lavement camphré se transmît à l'haleine, etc., il est bien difficile de croire que ces substances aient fait le trajet, en un laps si court de temps, par la voie du système lymphatique. On en peut dire autant de l'acide cyanhydrique, qui, par exemple, tua des Chiens en trois à huit secondes; de la strychnine, dont l'action commence à être sensible au bout d'un quart de minute (2), etc.

(1) *Diss. de materiarum nonnullarum, imprimis kali Borussici, in organismum transitu.* Marbourg, 1821, p. 30.

(2) Christison, *Abhandlung ueber die Gifte*, p. 10.

5° Kaauw, en comprimant l'estomac ou l'intestin rempli d'eau, a vu le liquide passer dans les veines (1). De même, mais en sens inverse, les liquides injectés dans les veines ou les artères pénètrent quelquefois dans les voies digestives (2). Mais les injections se glissent aussi de la même manière dans toutes les autres cavités du corps (3). Ces deux cas sont purement exceptionnels, et reposent ou sur un déchirement, ou sur la pénétrabilité des vaisseaux capillaires.

6° Un argument bien moins valable encore en faveur de l'absorption par les veines, était celui qu'on tirait des corps celluleux ou caverneux (§ 278, 3°).

7° Enfin, si les animaux sans vertèbres n'ont pas de vaisseaux lymphatiques, il ne suit point de là que les veines absorbent chez les vertébrés, puisque beaucoup d'invertébrés manquent de vaisseaux sanguins, et par conséquent absorbent sans veines.

II. Passons aux observations qui ont été faites sur le contenu des vaisseaux efférens, par rapport aux substances introduites du dehors.

1° Si, comme l'a prouvé entre autres Mayer (4), on a de très-bonne heure aperçu, dans le pancréas, des vaisseaux lymphatiques pleins de chyle, auxquels on a donné le nom de veines lactées, il est très-douteux qu'on ait reconnu avant Aselli qu'ils constituent un ordre à part de vaisseaux; loin de là, on admettait généralement que le chyle est absorbé par les veines intestinales, qui le conduisent au foie. Aselli lui-même ne s'écarta que d'un pas de cette opinion, en faisant aboutir à la veine porte les vaisseaux lymphatiques de l'intestin découverts par lui; et ce ne fut qu'en poursuivant cette découverte que Bartholin parvint à démontrer que ce n'est pas dans le foie, mais bien dans le canal thoracique qu'est conduit le chyle. Cependant quelques auteurs, par exemple Walæus (5), demeurèrent fidèles à l'opinion d'Aselli;

(1) Haller, *loc. cit.*, t. VI, p. 153; VII, p. 48..
(2) *Ibid.*, p. 62, 137.
(3) *Ibid.*, t. II, p. 450; t. VII, p. 48.
(4) Meckel, *Deutsches Archiv*, t. III, p. 485.
(5) Th. Bartholin, *Anatomia reformata*, p. 560.

tandis que d'autres, comme Boerhaave, firent conduire une partie du chyle au canal thoracique par les vaisseaux lymphatiques, et une autre au foie par les veines intestinales. Mais plusieurs observateurs, et quelques-uns même de ceux qui ne reconnaissaient pour normale que la première de ces deux voies, croyaient avoir quelquefois trouvé du chyle aussi dans la veine porte ou dans ses racines. Ici se rangent, outre Bils, Swammerdam, Glisson (1), etc., J. F. Meckel l'ancien (2), qui a fait cette remarque spécialement dans l'invagination des intestins; Tiedemann, qui a vu des stries blanches, analogues au chyle, dans le sang de la veine porte du Cheval et du Chien; Fohmann (3), qui a remarqué quelque chose de semblable chez un suicidé, mais qui prétend aussi (4) que le phénomène a constamment lieu, chez les Chevaux, après la digestion, dans les veines qui sortent des ganglions lymphatiques du mésentère; enfin, Mayer (5), qui a remarqué un liquide blanc grisâtre dans les veines des parois intestinales d'un vieillard mort d'hydrothorax quelques heures après avoir mangé, mais qui n'en a découvert aucun vestige, ni dans les vaisseaux lymphatiques, ni dans les veines du mésentère. Cependant, le rôle important, et tout particulier, que joue le chyle, fait qu'il n'est pas vraisemblable que ce liquide soit admis dans les vaisseaux efférens sans distinction, puisque le système lymphatique le modifie peu à peu et rapproche sa nature de celle du sang. Lorsque Oudemann (6) liait les vaisseaux lymphatiques de l'intestin, de manière qu'ils ne pussent plus recevoir de chyle, ce dernier ne passait cependant point dans les veines. Peut-être, dans quelques-uns des cas qui ont été relatés précédemment, le chyle s'était-il répandu dans tout le sang, et

---

(1) Haller, *loc. cit.*, t. VII, p. 63.

(2) *Diss. de vasis lymphaticis.* Berlin, 1757, p. 13.

(3) *Anatomische Untersuchung ueber die Verbindung der Saugadern mit den Venen.* Heidelberg, 1821, p. 29.

(4) *Mém. sur les communications des vaiss. lymph. avec les veines.* Liége, 1832, p. 6.

(5) *Zeitschrift fuer Physiologie*, t. I, p. 333.

(6) *De venarum, præcipue mesaraicarum, fabrica et actione.* Groningue, 1794, p. 107.

avait-il été conduit à la veine porte par les veines intestinales. Il est possible aussi que, comme le conjecture Mayer (1),
le chyle, en certaines circonstances, ne pénètre dans les veines
qu'après la mort, lorsque les affinités spéciales de la substance
organique viennent à s'éteindre (§ 634, 10°). Au reste, on n'a
jamais démontré que le liquide blanc, mêlé au sang de la veine
porte, fût du chyle, tandis qu'il est bien constant que la couleur blanche du sang dépend surtout d'une graisse qu'il contient à l'état de liberté.

2° Des faits plus certains sont ceux qui établissent que les
propriétés de substances introduites dans les organes digestifs se montrent dans les vaisseaux efférens de l'une ou de
l'autre espèce.

a. Flandrin prétend que, chez les Chevaux, le sang veineux
de l'intestin grêle a une saveur herbacée, tandis que celui
du gros intestin en a une âcre et un peu alcaline. Cette assertion est trop isolée pour qu'on puisse y attacher beaucoup
de poids.

b. Hallé, Flandrin, Magendie (2), Tiedemann, Westrumb (3), Krimer (4), Lawrence et Coates (5), Fran-
chini (6), n'ont jamais pu retrouver les matières colorantes
végétales dans le canal thoracique; mais ils les ont découvertes en partie dans le sang, notamment celui de la veine
porte. Ce pourrait bien être par erreur que Viridet et Mattei
attribuent la couleur rougeâtre du chyle aux betteraves
rouges dont les animaux avaient été nourris (7). Lister (8),
Lower (9), Hunter, Haller (10), Blumenbach, Ducachet (11),

---

(1) *Loc. cit.*, p. 334.
(2) *Précis de physiologie*, t. II, p. 157, 182.
(3) Meckel, *Deutsches Archiv*, t. VII, p. 528, 534, 539.—*Physiologische Untersuchungen ueber die Einsaugungskraft der Venen*, p. 25, 34.
(4) *Physiologische Untersuchungen*, p. 10.
(5) *Bulletin des sc. méd.* de Férussac, t. I, p. 54.
(6) *Ibid.*, t. III, p. 21.
(7) Westrumb, *Physiologische Untersuchungen*. Hanovre, 1825, p. 14.
(8) *Philos. Trans.*, t. XIII, p. 6.
(9) *Ibid.*, t. XXII, p. 996.
(10) *Elem. physiolog.*, t. VI, p. 164, 207; t. VII, p. 62.
(11) *Archives générales*, t. II, p. 270.

ont prétendu avoir trouvé dans le chyle la couleur bleue de
l'indigo et du tournesol. On a objecté qu'à jeun les vaisseaux
lymphatiques ont une teinte bleuâtre ; mais, en concluant que
ces observateurs ont pu être induits par là en erreur, on les
accuse d'un impardonnable défaut d'attention. Cependant Seiler et Ficinus (1) ont reconnu très-distinctement la couleur de
la garance et du curcuma dans le chyle, moins sensiblement
celle de l'indigo. Haller et Félix (2) ont aussi vu se vider des
lymphatiques qui avaient admis du pigment bleu.

c. Aucun des observateurs qui viennent d'être cités n'a
reconnu l'odeur du camphre, du musc, de l'assa-fœtida, de
l'alcool, des huiles essentielles et des huiles empyreumatiques
dans le système lymphatique, même lorsqu'elle se faisait
sentir d'une manière bien prononcée dans le sang. Mazzi
prétend néanmoins avoir, comme autrefois Hunter, distingué
celle du musc dans la lymphe (3).

d. Le cyanure de potassium a été trouvé quelquefois dans
le sang seul, et non dans le chyle, notamment par Westrumb (4) ; il l'a été fréquemment, dans l'un et l'autre liquide, par Tiedemann et Gmelin, Seiler et Ficinus (5)
Foderà (6), Macneven (7), Lauth (8) et Heusinger (9).
Les médecins de Philadelphie l'ont parfois retrouvé dans le
chyle et l'urine, mais non dans le sang (10). Lawrence et
Coates ne l'ont constaté dans le sang ou dans les sécrétions
qu'après qu'il s'était montré à la partie supérieure du canal
thoracique (11). Tiedemann et Gmelin ont reconnu la présence

---

(1) *Zeitschrift fur Natur und Heilkunde*, t. II, p. 382, 384, 387, 401.
(2) Haller, *loc. cit.*, t. VII, p. 227.
(3) Foderà, *Recherches sur l'absorption*, p. 46.
(4) *Loc. cit.*, p. 25. — Meckel, *Deutsches Archir*, t. VII, p. 529, 530,
532, 534.
(5) *Loc. cit.*, p. 370.
(6) *Rech. sur l'absorption*, p. 55.
(7) *Archives générales*, t. III, p. 269.
(8) *Essai sur les vaisseaux lymphatiques*, p. 61.
(9) *Handbuch der Physiologie*, t. II, p. 250.
(10) Froriep, *Notizen*, t. III, p. 70 ; 34e et 40e exp.
(11) *Ibid.*, t. IV, p. 163.

du sulfocyanure de potassium et du chlorure de barium dans le chyle et le sang.

e. Suivant Westrumb (1), le sulfate de fer n'a paru que dans le sang et l'urine ; mais Tiedemann et Gmelin l'ont quelquefois aperçu aussi dans le chyle. Ces deux derniers expérimentateurs n'ont trouvé le plomb et le mercure que dans le sang, tandis que Seiler et Ficinus ont constaté la présence des deux métaux dans le chyle et dans le sang (2).

3° Quoique les détails précédens prouvent déjà l'incertitude de quelques expériences, elle ressort encore davantage des cas où les substances étrangères apparaissaient évidemment dans les liquides sécrétés, bien qu'on ne pût les découvrir ni dans le chyle ni dans le sang, ce que Tiedemann et Gmelin ont éprouvé avec le cyanure de potassium, le musc, la gomme-gutte et l'essence de térébenthine ; Westrumb avec l'iode (3), et les médecins de Philadelphie avec le cyanure de potassium (4). Ces derniers n'ont pu retrouver ni dans le sang, ni dans le chyle, l'assa-fœtida par le moyen duquel un Chien avait été plongé dans la stupeur, et Westrumb n'a pas été plus heureux avec le sublimé dont il s'était servi pour mettre à mort un Lapin.

III. Des faits plus décisifs sont ceux qui se rapportent à des cas dans lesquels les uns et les autres des vaisseaux efférens étaient devenus imperméables.

1° La tuméfaction et l'induration des ganglions lymphatiques du mésentère entraînent ordinairement à leur suite l'amaigrissement et la fièvre hectique. Mais Sœmmering a fait voir que les voies du chyle ne sont pas réellement bouchées, qu'elles sont seulement dans un état de relâchement et d'atonie. Quoique Walter (5) allègue en faveur de l'absorption par les veines mésaraïques, qu'on trouve quelquefois les ganglions du mésentère durs comme des pierres, et

---

(1) *Loc. cit.*, p. 23.
(2) *Loc. cit.*, p. 360, 375.
(3) *Loc. cit.*, p. 24.
(4) Froriep, *Notizen*, t. III, p. 71 ; 36e exp
(5) *Von der Einsaugung*, p. 47.

les vaisseaux lymphatiques de cet organe obstrués par une matière caséiforme, il n'a pas démontré que cette désorganisation s'étendît au mésentère entier, qu'elle ne se fût point développée dans les derniers temps de la vie, et que ce fût elle qui avait entraîné la mort ; outre que l'obstruction dont il parle peut ne s'être établie que pendant ou après la mort, par l'effet de la coagulation.

2° Browne Cheston (1) a trouvé, en ouvrant le cadavre d'un homme, la partie supérieure du canal thoracique tellement pleine de substance osseuse, que ni l'air ni le mercure ne pouvaient parvenir dans la partie inférieure. Chez un sujet réduit au dernier degré d'émaciation, et dont les vaisseaux n'étaient pas complètement vides de sang. Nasse (2) et Krimer (3) ont vu le tronc lymphatique gauche oblitéré par une formation tuberculeuse fort étendue. Rust (4) l'a également vu converti en une masse sarcomateuse, dans deux cas où l'amaigrissement était considérable. Nul doute qu'en pareille circonstance la fièvre hectique et la mort eussent été amenées par l'imperméabilité du canal thoracique ; mais les recherches précises d'Astley Cooper (5) et de Wutzer (6), expliquent comment la vie a pu se maintenir encore quelque temps, malgré un tel état de choses. Le premier a vu, dans trois cas d'occlusion sarcomateuse de la partie inférieure du canal thoracique, des vaisseaux lymphatiques monter de la région lombaire, et aller s'ouvrir dans la portion libre de ce conduit ; l'autre a remarqué, chez un sujet atteint d'obstruction de la partie supérieure du canal, des anastomoses entre la partie inférieure et la veine azygos. Comme nous avons vu (§ 864) qu'il se forme fréquemment de nouveaux canaux là où l'organisme en a besoin, il serait fort possible que ces voies insolites ne se fussent développées qu'après l'oblitération de la route normale.

(1) *Philos. Trans*, 1780, p. 323.
(2) *Leichenœffungen*. Bonn, 1821, p. 150.
(3) *Versuch einer Physiologie des Bluts*. Leipsick, 1823, p. 83.
(4) Horn, *Neues Archiv*, 1815, p. 731.
(5) Rosenmuller, *Beitræge fuer die Zergliederungskunst*, t. I, p. 48-57.
(6) Muller, *Archiv fuer Anatomie*, 1834, p. 315.

3° Flandrin, l'adversaire de la faculté absorbante du système lymphatique, ayant lié le canal thoracique gauche, sur douze Chevaux, ne vit périr qu'un seul de ces animaux au bout de trois jours ; les autres survécurent deux à six semaines, époque à laquelle, les ayant mis à mort, il n'observa de dilatation, ni dans le canal du côté droit, ni dans celui du côté gauche, sur lequel la ligature avait été appliquée. De même, Leuret et Lassaigne (1) ont lié le canal thoracique, sur un Chien, sans que la nutrition en souffrît. Ordinairement, cette opération, qui empêche le chyle d'arriver au sang, fait périr ces animaux dans le même laps de temps que la soustraction des alimens (§ 935, II.); par exemple, un Chien, au bout de quatorze jours, comme l'a vu Duverney (2), ou de douze, comme l'a observé Krimer (3), l'animal ayant commencé par maigrir beaucoup. Astley Cooper (4) a reconnu, dans des expériences de ce genre, sur des Chiens, que la mort avait eu lieu, dans un cas, au bout de quarante-huit heures, à cause de la rupture du canal thoracique, dans deux autres cas, au cinquième ou au sixième jour, et dans neuf, au bout de dix jours ; mais un des Chiens ne succomba pas, et, après l'avoir mis à mort, on trouva qu'une branche du canal gauche, sur la partie supérieure duquel la ligature avait été appliquée, allait s'aboucher avec celui du côté droit. Du reste, Cooper a remarqué que les Chiens qui avaient pris des alimens avant la ligature, périssaient plus tôt que les autres. Dupuytren (5) a fait des expériences analogues sur des Chevaux ; chez ceux qui avaient succombé cinq à six jours après la ligature, il ne put jamais faire passer le mercure de la partie inférieure du canal thoracique dans la veine sous-clavière ; mais quelques-uns se rétablirent, et ceux-là offrirent, après avoir été tués, des branches par lesquelles le canal thoracique communiquait avec des veines.

(1) *Recherches sur la digestion*, Paris, 1825, p. 480.
(2) *Hist. de l'Ac. des sc.*, 1675, p. 260.
(3) *Versuch einer Physiologie des Blutes*, p. 87.
(4) *Loc. cit.*, p. 58-67.
(5) Magendie, *Journal de physiologie*, t. I, p. 21.

4° La ligature du canal thoracique n'empêche pas la strychnine, selon Magendie (1), ou l'acétate de morphine, suivant Westrumb (2), de causer la mort, comme à l'ordinaire, lorsqu'on les introduit dans l'estomac ou le rectum. Home a trouvé la rhubarbe (3), Mayer le cyanure de potassium (4), et Westrumb l'une et l'autre substances (5), dans le sang et l'urine d'animaux dans l'estomac desquels on les avait introduites après avoir lié le canal thoracique.

5° Magendie a fourni une preuve plus concluante encore en faveur de l'absorption des poisons par les veines intestinales. Il tira de l'abdomen d'un Chien une portion de l'intestin grêle, coupa les lymphatiques gorgés de chyle, ainsi que tous les vaisseaux sanguins, à l'exception d'une artère et d'une veine, enleva tout le tissu cellulaire qui entourait ces dernières, sépara l'anse intestinale du reste du canal, y introduisit de l'ipo ou de la strychnine, puis la rentra dans le bas-ventre, après l'avoir liée et entourée d'un linge ; l'action du poison se manifesta au bout de quelques minutes, quoique la portion d'intestin avec laquelle cette substance avait été mise en contact, ne tînt plus au reste du corps que par une artère et une veine. Ségalas a développé davantage encore cette preuve (6). Ayant traité une anse d'intestin de la même manière, en épargnant les vaisseaux lymphatiques, et liant les artères et les veines, ou seulement les veines, ou coupant les veines et laissant écouler le sang qu'elles contenaient, il n'observa aucun phénomène d'empoisonnement ; mais lorsque les veines avaient été liées, et qu'il enlevait la ligature au bout d'une heure, peu de minutes suffisaient pour que l'action de la substance vénéneuse se prononçât. Lutzenburg (7) isola l'estomac de manière à ce qu'il ne tînt plus au corps que par une artère et

---

(1) *Journal de physiologie*, t. I, p. 23.
(2) *Physiologische Untersuchungen*, p. 47.
(3) *Lectures on comparative anatomy*, t. I, p. 281.
(4) Meckel, *Deutsches Archiv*, t. III, p. 496.
(5) *Loc. cit.*, p. 25.
(6) Magendie, *Journal*, t. II, p. 119.
(7) Gerson, *Magazin*, t. XVII, p. 100.

une veine, et il y introduisit du cyanure de potassium, qu'il retrouva ensuite dans le sang de la veine porte. D'un autre côté, Hunter, ayant empli de lait une anse d'intestin d'un Chien vivant, lia cette anse, ainsi que ses vaisseaux sanguins, et la reporta dans la cavité abdominale : au bout d'une demi-heure, il vit les vaisseaux lymphatiques gorgés de lait, et les veines vides. D'autres observateurs, auxquels cette expérience n'a point réussi, présument que Hunter a pris pour du lait le chyle qui s'était formé durant ce laps de temps. Cependant on peut aussi objecter à ceux qui cherchent à prouver la faculté absorbante des veines par des expériences sur les poisons, que les poisons narcotiques n'ont pas toujours besoin d'être conduits par des vaisseaux spéciaux pour déterminer des effets généraux ; du moins, les médecins de Philadelphie assurent-ils qu'après la ligature soit de la veine cave seule (1), soit de cette veine et du canal thoracique simultanément (2), la strychnine et l'acide cyanhydrique introduits dans l'intestin, tuent, la première en vingt-trois minutes, l'autre en sept à quinze. Enfin, il ressort des observations détaillées précédemment que Magendie, Mayo (3) et autres vont trop loin, en prétendant que les lymphatiques des organes digestifs ne pompent que du chyle, et ne peuvent absorber rien autre chose.

§ 903. On peut en dire autant de l'assertion de Magendie (4), qui prétend que, dans d'autres organes aussi, l'absorption par les veines est seule prouvée, et non celle par les vaisseaux lymphatiques. Déjà de soi-même il semble inadmissible que le système lymphatique, qui absorbe évidemment dans le canal intestinal, ne partage point cette fonction avec les veines dans d'autres parties du corps.

I. Ce qui rend vraisemblable que la plus grande part appartient réellement aux veines dans l'absorption pulmonaire, c'est la rapidité avec laquelle les substances inspirées passent dans

---

(1) Froriep, *Notizen*, t. III, p. 72, 47e et 49e exp.
(2) *Ib.*, p. 73, 53e et 54e exp.
(3) *Outlines of human physiology*. Londres, 1833, p. 164.
(4) *Loc. cit.*, p. 190.

les sécrétions (§ 866, 3°). Ainsi Piollet (1) a remarqué qu'il suffit de quelques minutes pour que l'urine acquière l'odeur de violette quand on a respiré la vapeur de l'essence de térébenthine, et pour que les flatuosités abdominales en exhalent une fétide après l'inspiration des vapeurs putrides. Ayant injecté du cyanure de potassium dans les poumons, il le retrouva au bout de soixante-et-dix secondes dans le cœur gauche, et au bout de deux minutes seulement dans le cœur droit; chez un autre animal, ce sel passa en quatre minutes dans l'artère crurale, en sept dans la veine jugulaire, et en dix dans les cavités droites du cœur. Mayer (2) l'a vu, au bout de deux à cinq minutes dans le cœur gauche, puis après dans le cœur droit, et plus tard encore dans le canal thoracique. Lebkuchner (3) l'a rencontré, au bout de deux minutes, dans l'aorte : il n'était encore parvenu ni dans la veine cave, ni dans le canal thoracique. Des observations analogues ont été faites par Foderà (4), Westrumb (5), Lawrence et Coates (6). Mais quand le canal thoracique avait été lié, Foderà reconnaissait aussi le sel dans les ganglions des bronches, de sorte qu'il paraît être absorbé ici également par les vaisseaux lymphatiques. Du reste, Lebkuchner ne l'a remarqué une fois que dans les sécrétions des sacs séreux, sans pouvoir le découvrir dans le sang, le chyle, ni l'urine.

II. Quels sont les vaisseaux qui accomplissent l'absorption dans la peau et le tissu cellulaire sous-jacent?

1° Nous pouvons le conclure des résultats de certaines expérimentations. Mascagni éprouvait un gonflement des glandes inguinales lorsqu'il était resté pendant quelques heures dans un bain de pied. Collard de Martigny (7), ayant laissé ses mains plongées durant deux heures et demie dans de l'eau

---

(1) *Bulletin des sc. méd.* de Férussac, t. VII, p. 221.
(2) Meckel, *Deutsches Archiv*, t. III, p. 496.
(3) *Archives générales*, t. VII, p. 424.
(4) *Loc. cit.*, p. 64.
(5) *Physiologische Untersuchungen*, p. 40.
(6) *Bulletin des sc. méd.* de Férussac, t. I, p. 54.
(7) *Archives générales*, t. XI, p. 79.

chaude, remarqua une tuméfaction non-seulement des veines de la main et du bras (ce qui pouvait dépendre de l'attitude et de la chaleur), mais encore, des glandes axillaires. Certaines substances âcres, mises en contact avec la peau couverte ou dépouillée de son épiderme, ou avec une plaie superficielle, provoquent un état inflammatoire des vaisseaux lymphatiques partant de ce point, qui paraissent alors comme autant de lignes gonflées, rouges et douloureuses, à la peau ; plus fréquemment encore il s'ensuit une tuméfaction douloureuse des ganglions lymphatiques les plus voisins. Ainsi les glandes axillaires se gonflent au bras sur lequel on a pratiqué l'inoculation, ou dont la main a reçu quelque blessure pendant la dissection d'un cadavre en putréfaction : des bubons surviennent quand l'infection syphilitique est la conséquence de l'acte vénérien, et les ganglions de l'aisselle se gonflent s'il s'agit d'une nourrice qui ait été infectée par l'enfant qu'elle allaite : un vésicatoire qui agit trop profondément affecte tels ou tels ganglions suivant le point avec lequel il a été mis en rapport : Autenrieth et Zeller (1) ont remarqué que les frictions mercurielles prolongées rendaient, chez les animaux, les ganglions lymphatiques plus rouges et beaucoup plus gros du côté où on les pratiquait, que du côté opposé, etc. L'explication que Magendie donne de ces phénomènes (2), pour maintenir son hypothèse de l'absorption par les seules veines, est tellement forcée, qu'on ne saurait l'admettre.

2° On n'a quelquefois retrouvé que dans le système lymphatique seul les substances étrangères qui avaient été mises en contact avec la peau ou son tissu cellulaire. Une personne qui s'était fait saigner du pied, eut un vaisseau lymphatique blessé, par lequel il s'écoulait continuellement de la lymphe : Schreger (3) fit couvrir la plaie d'une ventouse sèche, et plonger le pied dans de l'eau musquée ou dans du lait, ou frotter les orteils avec de l'essence de térébenthine ; au bout de quelque temps, l'odeur ou la couleur de ces substances se

(1) Reil, *Archiv*, t. VIII, p. 220.
(2) *Précis de physiologie*, t. II, p. 189.
(3) *De functione placentae uterinae*. Erlangue, 1799, p. 10, 14.

faisait remarquer dans la lymphe fournie par le vaisseau ouvert, et non dans le sang tiré d'une veine cutanée. Lorsque les membres rasés d'un jeune Chien étaient demeurés pendant quelque temps plongés dans du lait ou dans une dissolution de nitre, le lait ou le nitre se trouvait dans la lymphe du membre, mais non dans le sang (1). La même chose avait lieu quand, après avoir pratiqué une plaie à la patte d'un Chien, on la lui faisait tenir pendant une heure dans de l'eau imprégnée de musc (2). Foderà a reconnu dans le canal thoracique d'un Lapin le cyanure de potassium qu'il avait introduit sous la peau (3). Les médecins de Philadelphie (4), ainsi que Lawrence et Coates ont fait la même remarque sur d'autres animaux, et Muller (5) a constaté la présence du cyanure dans la lymphe d'une Grenouille dont il avait tenu les pattes plongées pendant deux heures dans une dissolution de ce sel.

3° Quelquefois la substance étrangère apparaît tant dans le canal thoracique que dans les veines. C'est ce qui eut lieu pour le plomb que Seiler et Ficinus avaient appliqué en cataplasme sur la jambe d'un Cheval (6), ou employé en bain tiède chez deux Chiens (7), et au cyanure de potassium, dont Westrumb (8) laissa une dissolution chaude en contact pendant une demi-heure avec l'abdomen d'un Chien, qu'il avait rasé et frictionné avec une teinture étendue de cantharides.

4° Dans d'autres cas, la lymphe n'a offert à Ficinus et Seiler (9) aucune trace de plomb, ni à Westrumb (10) nul vestige du cyanure de potassium expérimenté sous forme d'onguent ou de bain.

5° Mais des expériences multipliées ont prouvé que les

(1) *Ib.*, p. 16.
(2) *Ib.*, p. 24.
(3) *Rech. sur l'absorption*, p. 48.
(4) Froriep, *Notizen*, t. III, p. 72, 44e exp.
(5) *Handbuch der Physiologie*, t. I, p. 263.
(6) *Zeitschrift fuer Natur und Heilkunde*, t. II, 363.
(7) *Ib.*, p. 366.
(8) Meckel, *Archiv fuer Anatomie*, 1827, p. 531.
(9) *Loc. cit.*, p. 358.
(10) *Loc. cit.*, 1827, p. 534.—*Physiologische Untersuchungen*, p. 25.

narcotiques et les poisons animaux analogues tuent par leur passage immédiat dans le sang. Fontana a vu la morsure de la Vipère être mortelle pour des animaux même auxquels on avait coupé le canal thoracique en travers (1). Emmert s'est convaincu (2) que l'action d'un poison est arrêtée par la ligature des vaisseaux sanguins du membre avec lequel on le met en contact, mais non par celle des vaisseaux lymphatiques. Brodie (3) introduisit du woorora dans une plaie faite à la patte de plusieurs animaux ; l'empoisonnement eut lieu quand le canal thoracique était lié ; la ligature des vaisseaux sanguins de la patte en empêchait la manifestation, qui se prononçait lorsqu'on détachait la ligature, pourvu toutefois qu'elle ne fût pas restée plus d'une heure en place. Les expériences de Magendie et Delille (4) ont été plus décisives encore : si l'on coupe la cuisse d'un Chien, en ne laissant subsister que l'artère et la veine, qu'on dépouille chacun de ces vaisseaux de tout le tissu cellulaire ambiant, ou qu'on les coupe, en rétablissant la communication entre les deux bouts par le moyen d'un tuyau de plume inséré dans l'un et dans l'autre, l'ipo, porté dans une plaie faite à la jambe, déploie ses effets toxiques tout comme à l'ordinaire. En suivant le même procédé, Lawrence et Coates (5) ont retrouvé dans le sang de la partie supérieure de la veine le cyanure de potassium qu'ils avaient introduit dans le tissu cellulaire du bout de la patte. Varnière (6) a constaté aussi que quand il introduisait de la strychnine dans une plaie à la patte, et liait la veine, le sang tiré de la portion du vaisseau comprise entre la plaie et la ligature, déterminait les effets toxiques de cet alcali chez un autre animal dans les veines duquel il le transfusait.

III. Quant à ce qui concerne les sacs séreux, la rapidité avec lesquelles les substances qu'on y introduit apparaissent dans les sécrétions (§ 866, 2₀), ou causent la mort par em-

(1) *Loc. cit.*, 208.
(2) *Tuebinger Blaetter*, t. I, p. 92.
(3) Reil, *Archiv*, t. XII, p. 184.
(4) *Journal de physiol.*, t. I, p. 24.
(5) Froriep, *Notizen*, t. I, p. 54.
(6) Christison, *Abhandlung ueber die Gifte*, p. 13.

poisonnement, annonce une absorption par les veines. Ainsi, l'ipo, porté dans la cavité pectorale ou abdominale, selon Magendie et Delille, empoisonne tout aussi vite après la ligature du canal thoracique qu'avant; cette ligature ne retarde pas non plus, suivant les médecins de Philadelphie (1), le passage du cyanure de potassium dans le sang ; ces derniers expérimentateurs ont même retrouvé le sel dans les veines, et non dans le système lymphatique, chez un animal dont le canal thoracique avait été lié (2); mais d'autres expériences le leur ont fait apercevoir tant dans le sang que dans le chyle (3). Lawrence et Coates ont reconnu que le cyanure de potassium injecté dans la cavité abdominale, n'exigeait pas plus de deux à cinq minutes pour se manifester à la partie supérieure du canal thoracique, mais qu'il se montrait toujours plus tard dans les veines, et qu'en faisant périr les animaux par l'écoulement de tout leur sang, on n'empêchait pas son absorption d'avoir lieu, bien qu'elle s'accomplît alors avec plus de lenteur. L'encre ou toute autre liqueur colorée, introduite dans la cavité pectorale ou ventrale, passe dans les vaisseaux lymphatiques des parois, comme l'ont vu Mascagni, Ontyd (4) et Lauth (5).

IV. Schreger (6) ayant rempli de lait chaud la vessie d'un Chien, après avoir pratiqué la ligature des vaisseaux, retrouva, au bout de vingt-quatre minutes, le lait dans les vaisseaux lymphatiques, et non dans les veines.

ARTICLE III.

De la manière dont s'accomplit l'absorption.

§ 904. Si le corps organique représente un tout particulier, doué de spontanéité, et se formant soi-même, une telle nature semble impliquer qu'il soit strictement délimité, quant au

---

(1) Froriep, *Notizen*, t. III, p. 70.
(2) *Ib.*, p. 68 ; 22ᵉ exp.
(3) *Ib.*, p. 24, 28, 29, 35, 41.
(4) *Diss. de causâ absorptionis per vasa lymphatica.* Leyde, 1795, p. 25.
(5) *Essai sur les vaisseaux lymphatiques.* Strasbourg, 1824, p. 60.
(6) *De functione placentæ uterinæ.* Erlangue, 1799, p. 19.

monde extérieur, et qu'il ait un intérieur qui ne communique par aucune issue avec l'espace du dehors. Cette concentration en soi-même est indiquée aussi par la pénétrabilité(§ 461, II ; 833), qualité essentielle à sa substance, qui rend possible le passage dans des espaces divers des matériaux nécessaires à la réparation de ses pertes continuelles. Nous avons reconnu aussi que, dans les productions qui s'accomplissent aux dépens du sang, le passage à travers des parois est nécessaire, non pas seulement comme voie, mais encore comme moyen de transformation (§ 877). Nous devons donc présumer d'avance que les substances qui arrivent dans le sang, pour servir ensuite aux diverses formations organiques, ne parviennent dans le système vasculaire que par pénétration.

I. L'analogie des corps organisés inférieurs parle en faveur de cette hypothèse.

1° Les plantes acotylédones sont composées de cellules closes, plus ou moins uniformes, dont l'eau destinée à les nourrir pénètre les parois. Les racines des végétaux absorbent presque exclusivement par leurs extrémités, qui sont les productions les plus récentes, celles dans lesquelles la vie a le plus d'énergie ; mais ces extrémités se composent également de cellules closes, qui seulement sont ici plus petites, plus serrées les unes contre les autres, à parois plus minces, plus transparentes et plus aptes à absorber que partout ailleurs. Ces cellules closes peuvent seules accomplir la nutrition par l'effet de l'absorption ; car celle-ci ne dure pas long-temps aux surfaces mises à nu par l'instrument tranchant, et le seul moyen de l'y prolonger un peu, est d'enlever à plusieurs reprises la couche la plus extérieure. La question n'est pas encore parfaitement décidée de savoir si les stomates, surtout aux feuilles, ne font qu'exhaler, ou absorbent aussi : il n'y en a point dans les plantes aquatiques, où l'absorption ne peut, en conséquence, s'effectuer qu'à travers l'épiderme ; mais lorsqu'on en trouve, ce ne sont que des vides entre des cellules closes, dont la paroi doit également être pénétrée par le liquide absorbant (1).

(1) Raspail, *Physiologie végétale*, Paris, 1837. t. I, p. 297, 304.

2° Chez les Insectes et autres animaux articulés, on ne trouve ni vaisseaux lymphatiques ni veines qui puissent s'emparer du chyle ; celui-ci pénètre à travers la membrane muqueuse, et plus tard à travers la tunique muqueuse de l'intestin, pour parvenir de là dans le vaisseau dorsal et dans le corps adipeux.

II. Si maintenant nous tournons nos regards vers l'homme et les animaux rapprochés de lui, nous voyons que les injections passent quelquefois de la cavité d'une membrane muqueuse, par exemple, de la vessie ou des vésicules séminales, dans des veines (1) ; plus fréquemment encore, le liquide passe des veines dans quelqu'une de ces cavités, notamment celle de l'intestin (2). On avait conclu de là que les racines des veines se terminent par des orifices béans, et Magendie (3) croit encore à la possibilité que de tels orifices existent dans la substance des divers organes, comme Tiedemann présume que l'intestin possède des veines absorbantes spéciales qui ne s'unissent avec les veines chargées de charrier du sang, qu'après avoir parcouru un certain trajet. Mais, de même qu'il est bien démontré que le système vasculaire représente un tout clos de toutes parts, de même aussi Gendrin (4) a prouvé, relativement au canal intestinal, que chaque racine de veine est la continuation immédiate d'un capillaire artériel, continuité qu'on rend évidente, dans les villosités intestinales, en liant, sur un animal vivant, la veine porte, dont les racines prennent alors une couleur violette lorsqu'on injecte de l'acide oxalique par les artères. La pénétrabilité des parois vasculaires pour des substances venant du dehors a déjà été établie (§ 833 9°). Quand Magendie (5) répandait de la strychnine sur la veine jugulaire débarrassée de toutes ses connexions et isolée par le moyen d'une carte glissée au-dessous d'elle, les phénomènes de l'empoisonnement se manifestaient avec non moins de rapidité que sous l'influence de

(1) Meckel, *Nova experimenta*, p. 17, 49, 55, 66.
(2) Haller, *loc. cit.*, t. VI, p. 62, 137 ; t. VII, p. 47.
(3) *Précis de physiol.*, t. II, p. 211.
(4) *Hist. des inflammations*, t. I, p. 506.
(5 *Journal de physiologie*, t. I, p. 9.

tout autre mode d'application, et l'expérimentateur remarquait ensuite que la surface interne de la veine laissait une impression d'amertume sur la langue ; fait que ne saurait détruire le caractère négatif des expériences de Hubbard (1), qui n'a point obtenu le même résultat.

III. A l'égard des racines des vaisseaux lymphatiques, Leeuwenhoek n'avait déjà pu y découvrir d'orifices béans, ce qui l'avait porté à admettre que ces vaisseaux s'emplissent par imbibition. Si, depuis, plusieurs anatomistes, Mascagni, par exemple, ont soutenu l'existence de ces orifices, ils n'alléguaient souvent d'autre motif que la pénétration des liquides, obtenue en ayant recours à la pression, argument qui doit être mis de côté depuis que l'on connaît mieux la pénétrabilité de la substance organique. D'ailleurs, Fohmann n'a pu parvenir, en employant une pression modérée, à exprimer le mercure des racines des vaisseaux lymphatiques chez les Poissons, où l'absence des valvules rend cependant si facile de déterminer un mouvement rétrograde. Les recherches faites avec le plus grand soin par les modernes, ont renversé l'hypothèse d'orifices béans. Deux difficultés seulement s'élèvent encore contre celle de parois closes et pénétrables; l'une, que les vaisseaux lymphatiques qui ont été déchirés, n'en absorbent pas moins vivement, comme dans les plaies et les ulcères ; l'autre, que le chyle, le sang et le pus sont absorbés malgré leurs globules, et que des dépôts terreux ont été trouvés par Sœmmering et Desgenettes (2) dans les ganglions lymphatiques bronchiaux des tailleurs de pierre. Cependant, l'admission d'une imbibition normale ne détruit pas la possibilité de la pénétration dans les vaisseaux lymphatiques déchirés, et d'ailleurs, il resterait à savoir si ces derniers ne se resserrent point en arrière des vésicules à leurs extrémités devenues accidentellement libres. On ignore encore si les globules du chyle pénètrent dans les lymphatiques, ou s'ils s'y produisent (§ 950, 6°). Ceux du sang et du pus peuvent s'introduire dans les lymphatiques déchirés, et peut-être s'y

(1) Froriep, *Notizen*, t. IV, p. 461.
(2) Schreger, *loc. cit.*, p. 238.

forment-ils aux dépens du sang et du pus parvenus à l'état liquide. Enfin, si les dépôts terreux qu'on a trouvés dans les poumons n'étaient pas des produits morbides, et s'ils provenaient réellement de la poussière inspirée, il est possible qu'à l'instar d'autres substances étrangères pénétrées dans l'organisme, celle-ci se fût frayée, pour parvenir dans les vaisseaux, une voie qui eût ensuite disparu par cicatrisation.

1° Les racines des vaisseaux lymphatiques sont, d'après Fohmann (1) , Breschet et Panizza (2) , des canaux clos, situés plus près de sa surface que les capillaires sanguins, ayant un diamètre supérieur à celui de ces derniers, dépourvus de valvules, formant des réseaux par leurs nombreuses anastomoses, et représentant presque partout, chez les Poissons, de petits sacs ou de petites cellules sans ouverture (3). Ces racines libres ont été constatées, sur le corps de l'Homme, dans les épiploons, et notamment dans les villosités intestinales, par Lauth (4) et Krause (5).

2° Les villosités intestinales, organes plus particulièrement dévolus aux Mammifères, sont des replis et des excroissances de la membrane muqueuse, ayant la forme tantôt de lames étroites, tantôt de cylindres arrondis à l'extrémité, longs d'un cinquième de ligne à une ligne entière , couverts d'épithélium comme tout le reste de la membrane muqueuse, et dont Henle (6) nous a fait connaître la texture. Chacune de ces villosités, comme l'ont enseigné Lieberkuhn (7), et d'après lui Dœllinger (8), reçoit trois à cinq branches artérielles, qui, en se divisant et se réunissant un grand nombre de fois, forment un réseau dans la membrane muqueuse de l'appendice, et se concentrent enfin en une, rarement en deux veines, sortant

---

(1) *Mém. sur les communicat. des vaisseaux lymphat. avec les veines*, p. 44.
(2) *Osservazioni antropo-zootomico-fisiologiche*, p. 70.
(3) Fohmann , *Das Saugadersystem der Wirbelthiere*, p. 33.
(4) *Neues Handbuch der praktischen Anatomie*, t. II, p. 236.
(5) *Handbuch der praktischen Anatomie* , t. I, p. 28, 795.
(6) *Symbolæ ad anatomiam villorum intestinalium* , Berlin , 1837, in-8.
(7) *Diss. de fabricâ et actione villorum intestinorum*, p. 3.
(8) Dieffenbach, *Diss. de regeneratione et transplantatione*, p. 15.

de ce dernier. De même, il sort un vaisseau lymphatique de chaque villosité cylindrique, comme l'avait également découvert Leeuwenhoek (1), et chacune de celles qui ont la forme lamelleuse en fournit deux, d'après Henle (2). Ces vaisseaux gagnent à angle droit le réseau de lymphatiques qui, suivant Fohmann (3), entoure l'intestin, en manière d'anneau, entre la membrane musculeuse et la tunique muqueuse, tandis qu'un autre réseau de vaisseaux plus gros, à parois plus minces, dirigés obliquement dans le sens de la longueur, et souvent pleins de chyle, existe entre la tunique musculeuse et la péritonéale. Quant à savoir si les vaisseaux lymphatiques se trouvent déjà dans l'intérieur de la villosité, ou s'ils ne commencent qu'à sa base, c'est une question que Rudolphi (4), Dœllinger (5) et Heusinger (6) regardent comme indécise encore. Hewson (7) prétend que ces vaisseaux forment, à l'instar des artères, un réseau dans la membrane muqueuse d'une villosité. Suivant Muller (8), ce sont des vaisseaux ayant entre eux de nombreuses anastomoses irrégulières, et qui commencent en cul-de-sac. Breschet veut qu'ils forment des anses. Krause (9) a vu un vaisseau lymphatique, du diamètre de 0,0138 ligne, et plein de chyle, naître de plusieurs racines, les unes entrelacées en plexus, les autres libres et isolées, mais n'atteignant pas jusqu'à la surface de la villosité, dans l'axe de laquelle toutes marchaient à travers le réseau des vaisseaux sanguins ; leur diamètre était au moins de 0,0070 ligne. Suivant Dœllinger (10), les villosités se composent d'une substance molle, pultacée, grenue, qui absorbe l'eau avec avidité, et se gonfle à mesure qu'elle en pompe. Mais on y a parfois aussi remarqué des espaces vides, obser-

(1) *Loc. cit.*, p. 26.
(2) *Anatomische Untersuchung*, p. 26.
(3) *Anatomisch-physiologische Abhandlungen*, p. 87.
(4) *Loc. cit.*, p. 21.
(5) *Dans sa trad. allem. de la Physiologie* de Magendie, t. II, p. 163.
(6) *Experimental inquiries*, t. III, p. 170.
(7) *Handbuch der Physiologie*, t. I, p. 255.
(8) Muller, *Archiv*, 1837, p. 5.
(9) *Loc. cit.*, p. 21.
(10) *Loc. cit.*, p. 48, 51.

vation faite en particulier par Rudolphi (1) sur un Moineau, où les villosités étaient entièrement creuses et vides, et sur une Souris, où le canal qui en parcourait la longueur commençait par une dilatation conique, au voisinage du sommet. Muller (2) a vu des excavations pleines de chyle dans quelques villosités de bêtes à cornes, de Brebis et de Lapins ; mais rien de semblable ne s'est offert à lui chez les Chiens, les Chats et les Cochons. D'après cela, il est très-croyable que quand le vaisseau lymphatique qui parcourt l'axe de la villosité, se trouve affaissé sur lui-même, la masse molle qui l'entoure le rend invisible, mais que, quand il se remplit, il devient apparent sous la forme d'une vésicule. Henle (3) reconnaît aussi que ces sortes d'excavations sont la lumière du vaisseau lymphatique, et il considère la villosité comme un appendice qui s'étend du réseau lymphatique à la face externe de la membrane muqueuse, qui, par conséquent, est revêtu de cette dernière et d'épithélium. Lieberkuhn (4), qui a le premier découvert les vides dont il s'agit ici, et qui les désigne sous le nom d'ampoules ou de vésicules ovalaires, les regardait également comme des racines dilatées de vaisseaux lymphatiques; mais il les supposait pleins d'une substance spongieuse ou de tissu cellulaire, se fondant principalement, pour appuyer cette hypothèse, sur les cas où il avait trouvé dans leur intérieur une matière analogue à du lait caillé. Bœhm (5) a remarqué aussi, dans les cadavres des cholériques, des cavités pleines de graisse liquide, qui semblaient être divisées par des cloisons. Il est donc encore permis de conjecturer que, dans ces cas, une infiltration du tissu cellulaire avait eu lieu.

Lieberkuhn, qui admettait entre les artères et les veines une communication à la faveur de laquelle un liquide ténu, sortant des artères, se mêle au chyle, tandis que le reste du sang passe dans les veines (5), dit aussi avoir vu la

(1) *Loc. cit.*, p. 253.

(2) *Loc. cit.*, p. 35.

(3) *Loc. cit.*, p. 13.

(4) *Die kranke Darmschleimhaut in der asiatischen Cholera.* Berlin, 1838, p. 50.

(5) *Loc. cit.*, p. 22.

vésicule s'ouvrir, à l'extrémité de la villosité, par un et rarement par plusieurs orifices. Hewson, Cruikshank, Sheldon (1), Hedwig et autres ont également cru à des orifices béans chargés d'opérer l'absorption dans l'intestin, tandis que Rudolphi (2) et Albert Meckel (3) n'ont pu observer rien de semblable. Ce qui réfute complétement l'existence de ces ouvertures, c'est que, d'après les dernières recherches, les racines des vaisseaux lymphatiques ne s'étendent pas jusqu'à la surface des villosités. Les petites fossettes que Muller (4) a découvertes sur ce point, ne se rencontrent pas partout, et d'ailleurs elles ne sont certainement pas des ouvertures de vaisseaux. Si, d'après les observations de Bœhm (5), les gouttelettes de graisse dont il a été parlé plus haut arrivaient quelquefois, par des conduits noueux, à trajet irrégulier, jusqu'à la tranche de la villosité coupée en travers, si ordinairement elles sortaient par un ou plusieurs points du sommet de cette expansion, ce qui avait lieu, sans l'emploi de nulle pression, lorsqu'on versait un peu de potasse caustique sur la surface de la villosité, on ne saurait conclure de là que celle-ci soit garnie d'orifices béans ; car des ouvertures assez amples pour que le liquide contenu dans les vaisseaux lymphatiques s'écoulât beaucoup plus facilement par elles que par la tranche, seraient, sans le moindre doute, accessibles au sens de la vue. Ce n'est pas une preuve plus concluante que celle qu'on a tirée d'expériences où l'on prétend avoir vu l'eau chaude, injectée par le canal thoracique, repousser le chyle des vaisseaux qui en étaient gorgés dans l'intestin (6).

3° Les mêmes réflexions s'appliquent à la transsudation du mercure par la peau, qui a lieu lorsqu'après avoir empli les vaisseaux lymphatiques de ce métal, on les comprime en dirigeant l'effort vers leurs racines. Ce phénomène avait conduit

(1) *The history of the absorbant system.* Londres, 1784, p. 37.
(2) *Loc. cit.*, p. 88.
(3) Meckel, *Deutsches Archiv*, t. V, p. 165.
(4) *Loc. cit.*, p. 254.
(5) *Loc. cit.*, p. 54.
(6) Leuret et Lassaigne, *Recherches sur la digestion*, Paris, 1825, p. 68.

Haase (1) à considérer les ouvertures des follicules sébacés comme les orifices des lymphatiques. Eichhorn (2), en admettant des orifices béans, qu'il place dans les cellules du chorion et dans les ampoules lymphatiques (3), semble se mettre en contradiction avec lui-même, puisqu'il décrit ces ampoules comme des cavités closes (4). Les recherches les plus récentes, spécialement celles de Breschet (5), ont appris que les vaisseaux lymphatiques de la peau forment, sur la couche superficielle du tissu de Malpighi, des réseaux d'où ne surgit aucun ramuscule à extrémités libres, et qu'on ne parvient jamais que quand la pression détermine des ruptures, à faire sortir le mercure contenu dans ces réseaux par la face externe de l'épiderme.

4° Les injections poussées par le conduit biliaire (6), le canal déférent (§ 567, 9°), les uretères (7), les conduits galactophores (8), pénètrent quelquefois dans les vaisseaux lymphatiques, et Panizza (9) assure même qu'il est plus facile de les y faire parvenir par ces conduits muqueux que par les vaisseaux sanguins. Mais cette particularité ne démontre pas plus l'existence d'orifices béans que ne le fait le passage d'un liquide des vaisseaux sanguins dans les mêmes conduits (§ 877, 11°), ou dans les canaux sécrétoires (§ 786, 3°). Les canaux sécrétoires sont appliqués immédiatement sur leurs vaisseaux, de sorte que les parois des uns et des autres se trouvent confondues en une membrane mince, à travers laquelle le passage peut avoir lieu facilement (10). Ainsi Muller a remarqué (11)

---

(1) *De vasis cutis et intestinorum absorbentibus.* Leipsick, 1836, p. 14.
(2) Meckel, *Archiv fuer Anatomie,* 1827, p. 117.
(3) *Ib.*, p. 122.
(4) *Ib.*, p. 50.
(5) *Le système lymphatique, considéré sous les rapports anatomique, phys. et pathologique,* Paris, 1836, p. 29, 30.
(6) Haller, *Elem. physiolog.,* t. I, p. 166. — J. F. Meckel, *Nova experimenta,* p. 55.
(7) Haller, *loc. cit.,* t. I, p. 166.
(8) Meckel, *Nova experimenta,* p. 17-46.
(9) *Osservazioni,* p. 41.
(10) Hildebrandt, *Anatomie,* t. III, p. 103.
(11) *Handbuch der Physiologie,* t. I, p. 257.

que les injections poussées dans les canaux galactophores ne passent dans les lymphatiques que quand les canaux eux-mêmes ne s'emplissent pas, c'est-à-dire quand il se fait une extravasation, et que ce qui rend le passage si aisé, c'est que les vaisseaux lymphatiques ont plus d'ampleur que les vaisseaux capillaires et même que les extrémités en cul-de-sac des canaux sécrétoires.

5° Du mercure épanché dans le tissu cellulaire remplit quelquefois les lymphatiques les plus déliés, comme l'ont observé Cruikshank, Haase et Sœmmerring (1), quoique les liquides injectés dans des cavités spacieuses ne s'introduisent pas aisément dans des canaux étroits; de sorte qu'on ne peut considérer le passage en question que comme le résultat d'une tension des vaisseaux lymphatiques, déterminée par l'expansion du tissu cellulaire (2). Mais, de tous les tissus élémentaires, le cellulaire est celui qui possède au plus haut degré la pénétrabilité (§ 781, 4°) : il enveloppe partout les vaisseaux lymphatiques, de manière qu'un liquide absorbé par lui peut facilement pénétrer dans ces vaisseaux, et c'est sans doute ainsi principalement que s'effectue le passage sur les points où les lymphatiques ne sont pas placés dans le voisinage immédiat de l'injection. Nous pouvons donc dire, avec Treviranus (3) qu'à proprement parler, c'est le tissu cellulaire seul qui absorbe, et que les vaisseaux lymphatiques ne font que recevoir ce qui est déjà contenu dans ses mailles. Blainville (4) le considère comme le siége d'un phénomène d'hygroscopicité. A ses yeux, le cours des humeurs n'est que le mouvement du liquide absorbé, devenu plus fort et continu, et le vaisseau lui-même est une grande maille du tissu cellulaire. Dœllinger (5) raisonne dans le même sens, lorsqu'il attribue au tissu cellulaire la première attraction du liquide, qui s'unit ensuite avec les humeurs coulant dans son intérieur.

(1) *Gefœsslehre*, p. 497.

(2) Hildebrand, *Anatomie*, t. III, p. 404.

(3) *Vermischle Schriften*, t. I, p. 127.

(4) D'Héré, *De la nutrition dans la série des animaux*, Paris, 1826, p. 117.

(5) *Grundzuege der Physiologie*, t. I, p. 96.

Fohmann (1), et quelques autres physiologistes, en regardant le tissu cellulaire lui-même comme une aggrégation de vaisseaux lymphatiques (§ 830, 4°), ne font que prendre une autre voie pour arriver au même résultat.

ARTICLE IV.

Des forces qui président à l'absorption.

I. **Causes de l'absorption.**

§ 905. Loin que l'influence des forces générales de l'univers soit exclue de la vie organique, elle est au contraire le moyen que la nature emploie pour réaliser l'idée qui fait la base de l'organisme, et lui imprimer un caractère plus tranché de détermination (§ 476). D'après cette manière de voir, dont la justesse est démontrée par tous les phénomènes vitaux, l'essence de l'absorption repose sur la pénétrabilité que toute matière, en général, possède, bien qu'à degrés divers, et qui se présente ici sous une forme déterminée par l'idée de l'organisme. Cette vérité a été reconnue depuis longtemps; Cruikshank, entre autres, définit l'absorption une transsudation due à l'attraction que des vaisseaux capillaires exercent, mais en vertu de lois qui ne sont pas seulement celles de la physique, et Wedemeyer (2) la considère comme une opération qui s'accomplit d'après des lois physiques, sous l'empire de la vie. Si l'habitude de rapporter les phénomènes physiques aux observations qui peuvent être faites avec les appareils des physiciens, poussait à ne voir que de la capillarité dans l'attraction qui entre en jeu pendant l'absorption, on pourrait être tenté de regarder cette dernière comme un acte tout-à-fait différent des phénomènes physiques, attendu qu'elle ne s'accomplit pas d'après les mêmes lois que l'attraction des tubes capillaires ; en effet, ceux-ci, par exemple, n'attirent pas l'humidité de l'air, circonstance dont Ontyd se sert (3) pour attribuer un caractère purement vital à l'absorp-

(1) *Mém. sur les communications des vaiss. lymphatiques*, p. 6.
(2) *Untersuchung ueber den Kreislauf*, p. 454.
(3) *Diss. de causá absorptionis*, p. 17.

tion, bien que la substance, tant inorganique qu'organique,
mais privée de la vie, possède la faculté hygroscopique. Si
des sachets chauds de son ou de farine, qu'on applique sur
des tumeurs aqueuses, s'imbibent d'humidité au bout de
quelque temps, l'action vitale ne prend évidemment qu'une
part fort restreinte à la production de cet effet; d'un autre
côté les tissus organiques s'imprègnent, indépendamment de la
vie, de l'humidité avec laquelle ils sont mis en contact (§ 833).
Mais l'absorption complète, c'est-à-dire le transport vers le
sang par des voies organiques, est un phénomène vital, qui se
manifeste aussi après la mort, en vertu de la vie partielle
(§ 634, VI), mais qui alors marche avec beaucoup plus
de lenteur (1), ne dure pas long-temps (2), et, en général, ne
s'observe que par exception à la règle (3).

1° L'exhalation a lieu d'après des lois physiques (§ 882, III),
et persiste après la mort (§ 634, 7°), mais s'accomplit avec infiniment plus d'énergie sous l'influence de la vie (§ 882, IV).
L'absorption se trouve dans un cas analogue. Elle peut être
vive, même sans que le tissu soit sec, sans que les vaisseaux
soient vides, ni aussi grêles que des tubes capillaires; car,
comme la vie consiste en une activité non interrompue
(§ 473, 9°), et que tous les détails en sont liés d'une manière
intime avec l'ensemble, il résulte de là une mobilité plus
grande et un courant continuel; à l'ingestion, qui ne s'interrompt point un seul instant, correspond une admission qui ne
connaît pas non plus d'interruption; la substance introduite
ne reste pas fixée aux points qu'elle a touchés d'abord, mais
se répand plus loin; car chaque tissu communique aux autres
le liquide qu'il a reçu, et ne cesse d'absorber que quand le
système entier est saturé.

2° L'absorption suppose, entre le tissu qui reçoit et le liquide destiné à être admis, une affinité qui se manifeste par
l'attraction, et qui se continue ensuite dans l'adhérence
(§ 833, II), l'imbibition et la pénétration. Un échange tendant à

(1) Froriep, *Notizen*, t. IV, p. 164.
(2) Lauth, *Essai sur les vaiss. lymph.*, p. 63.
(3) Ontyd, *loc. cit.*, p. 27.

mettre l'intérieur et l'extérieur en équilibre, se manifeste dans le conflit des poumons et de la peau avec l'atsmosphère (§§ 839, 2°; 841, 882), mais n'entraîne pas de toute nécessité un mode quelconque de pénétration, puisque l'excédant de force attractive peut se trouver du côté des tissus organiques. Nous avons vu que les organes de la génération et leurs produits (§§ 239, 274, 2°; 289, 4°; 290, 2°; 328), comme aussi le sang (§§ 440, 7°; 758-762), et ses divers principes constituans (§ 881), sont déterminés par une attraction spécifique, et d'après cela seul nous pouvons déjà supposer qu'une attraction également spécifique entre aussi en jeu dans l'absorption. En effet, la peau et les poumons sont principalement destinés à admettre la matière inorganique (air et eau), les organes digestifs le sont davantage à absorber la matière organique, et dans l'état normal beaucoup de substances étrangères traversent le canal intestinal sans être absorbées, de même que, parmi les principes constituans de la bile et de l'urine, il n'y a que ceux qui appartiennent en commun à l'organisme entier, qui soient ramenés dans le sang. Nous reconnaissons donc une affinité élective, en vertu de laquelle des organes différens n'absorbent que des substances déterminées, pour le maintien de la vie. Mais comme la faculté de veiller à sa propre conservation n'est pas illimitée, il peut aussi s'introduire des substances nuisibles. C'est ce qui arrive, par exemple, chez les végétaux (§ 865, I.), comme Wiegmann, entre autres, l'a démontré à l'aide des réactifs chimiques (1) ; mais, d'après Saussure, les substances les plus vénéneuses sont précisément celles qui se trouvent le plus dans ce cas, parce qu'elles anéantissent la faculté de n'absorber que ce qui est approprié à la nature de la plante; et si l'on en croit Towers (2), les végétaux n'absorbent des substances étrangères que quand ils sont mal portans et cessent de croître. Il est très-possible également que, dans le corps animal, les poisons plongent dans un état morbide les parties avec lesquelles ils entrent en contact immédiat, qu'ils en détruisent les rapports naturels

(1) *Ueber das Einsaugungsvermœgen der Pflanzen*, Marbourg, 1828.
(2) *Ann. de sc. nat.*, IIe série, Botanique, Paris, 1836, t. VI, p. 293.

d'affinité, et que leur absorption ait lieu à la faveur de ce changement. Cependant ce n'est là, dans la plupart des cas, qu'une pure supposition, et la rapidité avec laquelle un grand nombre de poisons sont admis, loin de justifier l'hypothèse de semblables préliminaires, rend au contraire très-vraisemblable qu'elle dépend d'une affinité avec la matière organique, affinité par laquelle s'explique aussi l'atteinte profonde et immédiate que porte à cette dernière l'action des acides concentrés ou des alcalis caustiques. La loi générale, non seulement de l'affinité, mais de l'attraction et de l'absorption qui reposent sur cette propriété, est la coïncidence d'une diversité dans les traits particuliers avec une ressemblance dans les caractères généraux, ou, en d'autres termes, celle de la différence et de l'identité (§ 261, 3o); mais, bien que cette loi ait une application générale, nous ne pouvons cependant point la démontrer dans tous les cas spéciaux, et par exemple il nous est impossible d'expliquer avec son secours pourquoi la graisse qui nage sur l'eau est repoussée par le verre et attirée par l'étain, tandis que le liége se comporte d'une manière inverse. Nous devons donc nous en tenir aux résultats de l'expérience à l'égard des rapports d'affinité qui déterminent l'absorption, sans qu'il s'ensuive de là aucune atteinte portée à l'autorité de la loi générale. Ainsi, laissant de côté la faculté absorbante du tissu cellulaire (§ 902, 7o) et de la substance organique privée de vaisseaux, telle qu'elle existe dans l'œuf (§§ 200, 3o; 461), examinons la question de savoir si les lymphatiques et les veines, les parois et le contenu des vaisseaux, montrent des différences dans leurs rapports d'affinité.

3o D'abord la disposition des racines prouve que les veines, prolongemens immédiats des artères, sont principalement destinées à ramener le sang, tandis que les lymphatiques, qui naissent aux diverses surfaces par des réseaux libres, le sont surtout à s'emparer des substances qui doivent être introduites dans le sang; qu'en conséquence ils président, dans les circonstances normales, à l'absorption, et que ce n'est pas sans raison qu'on leur donne le nom de vaisseaux absorbans.

4o Si nous passons en revue les observations qui ont été citées précédemment (§ 902), nous trouvons que le chyle et l'eau passent dans les vaisseaux lymphatiques, la plupart du temps, et peut-être même toujours, que les sels s'y introduisent souvent, qu'il est rare d'y retrouver les matières colorantes, les odeurs et les oxides métalliques, enfin qu'on n'y rencontre jamais la plupart des poisons, dont il n'y a que les veines seules qui s'emparent. Les vaisseaux lymphatiques ont donc une affinité spéciale pour les substances susceptibles d'être converties en principes constituans normaux du sang, tandis que tout ce qui porte un caractère étranger à l'organisme est absorbé principalement par les veines, comme l'ont déjà reconnu Grimaud (1), Tiedemann, Fohmann (2), Krimer (3), Collard de Martigny (4), Westrumb (5), Mayo (6), Muller (7) et autres. Mais Westrumb (8) et Brugmans (9) ont émis des opinions problématiques en disant : le premier, que les vaisseaux lymphatiques n'admettent les substances résistantes à l'assimilation qu'autant qu'ils sont dans un état de maladie ou d'irritation contre nature ; et le second, que l'absorption par eux du virus variolique est le résultat de l'inflammation à laquelle ce virus donne lieu ; car une affinité naturelle avec la substance animale peut rendre les lymphatiques capables d'attirer aussi à eux certains poisons animaux. Mais si l'on se place au point de vue téléologique, on peut fort bien dire que les substances homologues passent dans le système lymphatique, pour être transformées et assimilées dans son intérieur, tandis que les substances hétérogènes s'introduisent dans les veines afin que, transmises aux artères, elles soient promptement éliminées de l'organisme par la voie des sécrétions. L.-C. Treviranus assure que le camphre, les matières colo-

(1) *Cours complet de physiologie*, Paris, 1818, t. II, p. 257.
(2) *Das Saugadersystem der Wirbelthiere*, p. 8.
(3) *Versuch einer Physiologie des Blutes*, p. 80.
(4) Magendie, *Journal de physiologie*, t. VIII, p. 205.
(5) Meckel, *Archiv fuer Anatomie*, 1827, p. 530.
(6) *Anatomical and physiological commentaries*, cah. 2, Londres, 1823, p. 44.
(7) *Handbuch der Physiologie*, t. I, p. 264.
(8) *Loc. cit.*, p. 533.
(9) Ontyd, *loc. cit.*, p. 58.

rantes, etc., ne pénètrent que dans le tissu tubuleux du bois, et jamais dans les conduits intercellulaires, qui n'admettent que des substances affines (1). D'après une observation de Doubray (2), un végétal se débarrasse par excrétion de la substance vénéneuse qu'il a absorbée : la moitié des racines d'un *Pelargonium* ayant été plongée dans une dissolution de chromate de plomb, on retrouva ensuite ce sel dans l'eau distillée au sein de laquelle avait été immergée l'autre moitié des racines.

5° C'est la force attractive des parois qui agit dans les vaisseaux lymphatiques, tandis que, dans les veines, c'est celle du sang qu'elles contiennent. Weber (3) a le premier établi cette proposition, dont il s'est servi pour prouver, surtout d'après les expériences d'Emmert (4), que les veines n'admettent les poisons qu'autant qu'elles sont pleines de sang, au lieu que les lymphatiques absorbent même dans l'état de vacuité. Emmert avait déjà reconnu la force attractive du sang pour les poisons (5), à la démonstration de laquelle ont servi les observations de Magendie (6), qui a vu la strychnine pénétrer aussi dans des artères. Nous ne pouvons donc point admettre, avec G.-R. Treviranus (7), que l'état de réplétion des veines par le sang qui y coule sans cesse, s'oppose à ce qu'elles absorbent.

6° Comme, en outre, des substances hétérogènes sont prises aussi par les veines dans des parties séparées de l'organisme et mortes, nous pouvons considérer l'absorption veineuse comme une opération physique reposant sur les rapports chimiques de la masse du sang, tandis que l'absorption des lymphatiques tient à l'attraction vivante de leurs parois,

---

(1) *Vom inwendigen Bau der Gewaechse*, p. 15.

(2) Froriep, *Notizen*, t. XLV, p. 204.

(3) *De pulsu, resorptione, auditu et tactu*, p. 15. — Hildebrandt, *Anatomie*, t. III, p. 114.

(4) *Tuebinger Blætter*, t. II, p. 82.—Meckel, *Deutsches Archiv*, t. I, p. 176.

(5) *Tuebinger Blaetter*, t. II, p. 88.

(6) *Journal de physiologie*, t. I, p. 40.

(7) *Die Erscheinungen und Gesetze des Lebens*, t. I, p. 343.

comme l'a déjà dit Lauth (1). Poiseuille (2), ayant injecté du cyanure de potassium dans le rectum d'une Souris, et promené un pinceau imbibé d'une dissolution de péracétate de fer à la surface d'une portion du mésentère, vit, au bout de quelques secondes, des îlots noirâtres et de forme très-irrégulière circuler dans les veines, parallèlement, auxquelles on découvrait des vaisseaux lymphatiques noirâtres et sans mouvement; ici l'acétate de fer paraît avoir été absorbé par le sang des veines et par les parois seulement des lymphatiques. Dans les végétaux aussi, l'absorption semble être déterminée par l'affinité des parois celluleuses pour les substances extérieures ; car lorsqu'on retranche les extrémités des racines, ou qu'on coupe la tige en travers, on voit pénétrer indistinctement toutes sortes de substances, tandis que, quand les parties sont intactes, il y a des substances absorbées en plus grande quantité que d'autres. Comme les sels métalliques détruisent la composition normale des parois vasculaires, ils changent aussi l'affinité et la force attractive de ces parois, en sorte que des matériaux hétérogènes et vénéneux peuvent alors pénétrer.

II. Circonstances desquelles l'absorption dépend.

§ 906. L'absorption dépend de diverses circonstances ; comme elle, la quantité et la nature du contenu des vaisseaux lymphatiques sont sujettes à des variations considérables.

I. En général, une substance est absorbée avec d'autant plus de facilité, qu'elle est plus liquide, et que par conséquent elle éprouve moins de peine à pénétrer le tissu ; qu'elle est plus apte à entrer en combinaison avec les sucs organiques, et à devenir partie constituante du sang ; enfin qu'elle exalte davantage la vitalité de l'organe avec lequel a lieu son contact, et qu'elle accroît à un plus haut degré l'expansion des parois de ses vaisseaux lymphatiques. L'huile grasse n'est ni miscible avec la lymphe, ni stimulante : aussi résiste-

(1) *Nouveau Manuel de l'anatomiste.* Paris, 1836, in-8.
(2) Breschet, *Le système lymphatique,* p. 244.

t-elle à l'absorption ; Ségalas (1) et Hering (2), après en avoir injecté dans la cavité abdominale d'un animal, l'ont retrouvée encore au bout de quatre à dix jours, sans qu'elle eût diminué d'une manière sensible ; elle prévient l'ivresse, en s'opposant à ce que les liquides alcooliques soient absorbés dans les organes digestifs ; employée en frictions, elle ne sert que comme véhicule d'autres substances, à raison de ses qualités émollientes. L'eau et les dissolutions de sels neutres sont absorbées assez facilement. Les liquides animaux le sont bien mieux, mais toutefois à un degré qui varie en raison de leurs autres rapports avec l'organisme ; le suc salivaire ou gastrique est, d'après les expériences de Brera, un excellent véhicule pour les substances qu'on veut administrer en frictions ; dans les expériences de Collard de Martigny (3). la peau absorba le bouillon plus promptement que l'eau, et le lait avec plus de lenteur ; dans celles de Bluff (4), des Grenouilles, que la transpiration avait rendues plus légères, reprirent beaucoup plus tard leur ancien poids sous du papier gris imbibé de lait que sous le même papier trempé d'eau. Les acides et les substances qui contiennent du tannin diminuent l'absorption; les substances volatiles, en déterminant l'expansion, la favorisent. Ce n'est qu'avec des restrictions qu'il faut admettre l'assertion de Hering (5) et de Westrumb (6), que les substances excitantes sont absorbées avec plus de rapidité que les substances douces, et avec d'autant plus de promptitude qu'elles jouissent à un plus haut degré de la faculté d'exciter. D'après les observations rapportées par Haller (7), le vin injecté dans la cavité péritonéale paraît être absorbé infiniment plus tard que l'eau, et quand Magendie (8) dit que l'absorption de l'eau-de-vie, celle surtout de l'éther, s'accom-

(1) Magendie, *Journal*, t. IV, p. 286.
(2) Meckel, *Deutsches Archiv*, t. IV, p. 522.
(3) *Archives générales*, t. XI, p. 84.
(4) *Diss. de absorptione cutis.* Berlin, 1835, p. 22.
(5) Meckel, *Deutsches Archiv*, t. IV, p. 533.
(6) Meckel, *Archiv fuer Anatomie*, 1827, p. 518.
(7) *Elem. physiol.*, t. VI, p. 343.
(8) *Leçons sur les phén. de la vie*, t. I, p. 26.

plit avec plus de rapidité que celle de l'eau, et que la même chose semble avoir lieu pour les substances âcres et caustiques, comparées à celles qui sont de nature douce (1), il ne faut sans doute entendre cela que de la pénétration dans les veines. Outre que les circonstances concurrentes rendent difficile de bien apprécier ce qui a lieu, nous en sommes réduits aux faits tout nus pour les substances que nous ne connaissons que d'après leurs effets spécifiques ; tel est le cas, par exemple, du virus de la rage comparé au venin de la Vipère ; le premier demeure inactif lorsqu'on excise la plaie, une ou plusieurs heures même encore après la morsure, tandis que peu de minutes suffisent, à l'égard du second, pour que l'amputation de la partie blessée soit inutile.

II. La force du pouvoir absorbant des divers organes est déterminée principalement par l'abondance de leurs vaisseaux, la laxité de leur tissu et la faculté conductrice des parties qui les couvrent. Mais le degré d'importance d'une partie, relativement à l'ensemble de la vie, n'est pas non plus sans influence à cet égard ; certains organes absorbent quelques substances avec plus de rapidité que d'autres. La situation elle-même semble jouer ici son rôle, car il y a des poisons qui agissent d'autant plus vite que la partie avec laquelle on les met en rapport est plus rapprochée du haut du corps.

1° Les tissus entoplastiques, le tissu cellulaire et les sacs séreux, se placent au premier rang, puisqu'ils absorbent sans interruption pendant toute la durée de la vie (§ 940, 1°). D'après Magendie (2), ces tissus absorbent avec plus de force que d'autres, et la plèvre tient le premier rang parmi eux, ce qu'il fait dépendre à tort de ce qu'elle reçoit plus de vaisseaux sanguins, proportionnellement, que le péritoine. Christison (3) rapporte que la même quantité d'acide oxalique qu'on peut faire avaler à un Chien, sans compromettre son existence, le tue en moins d'un quart d'heure lorsqu'on l'injecte dans la cavité abdominale. Cependant il faut faire entrer

(1) *Précis de physiologie*, t. II, p. 231.
(2) *Leçons sur les phén. de la vie*, t. I, p. 28.
(3) *Abhandlung ueber die Gifte*, p. 30.

en ligne de compte qu'ici le poison n'est point mêlé avec autant d'autres liquides, ni soumis à une élaboration aussi active que dans les organes digestifs. Si plusieurs poisons agissent avec plus d'intensité dans les plaies que de toute autre manière, cette différence tient probablement en partie à la même cause, et à ce que la substance pénètre d'une manière immédiate dans le sang.

2° Après les tissus mentionnés dans le paragraphe précédent viennent les membranes muqueuses, et ici nous rencontrons un fait remarquable, c'est que celles d'entre ces membranes qui appartiennent aux appareils sensoriels, absorbent certains poisons narcotiques avec plus de rapidité qu'aucune autre portion du corps; ainsi l'acide cyanhydrique, mis en contact avec la conjonctive, cause presque instantanément la mort (1), et Brodie (2) assure que son action se développe avec plus de promptitude sur la langue que dans l'estomac. Magendie (3) attribue ce phénomène à l'absence du mucus isolant. Cependant, tout ce qu'il nous est permis de faire, c'est de considérer le mucus comme un demi-conducteur, qui, lorsqu'il n'a pas trop de densité, et ne forme point de couches trop épaisses, possède la faculté de s'imbiber, comme le reconnaissent Tiedemann et Gmelin. L'abondance des filets nerveux et le voisinage du cerveau peuvent fort bien aussi ne point être étrangers aux phénomènes de ce genre. Les poumons absorbent sans cesse, pendant la respiration, des gaz qu'ils transmettent immédiatement au sang; aussi les substances étrangères qu'on introduit dans les bronches sont-elles prises avec une grande facilité par les veines, de sorte que, d'après les expériences de Ségalas (4), l'alcool injecté dans ces conduits occasione l'ivresse avec tout autant de promptitude que s'il avait été porté dans l'estomac. De là vient encore que les poisons narcotiques agissent avec infiniment plus de force sur la membrane muqueuse bronchique que sur toute au-

(1) Wedemeyer, *Physiologische Untersuchungen*, p. 236.
(2) Reil, *Archiv*, t. XII, p. 162.
(3) *Leçons sur les phén. de la vie*, t. I, p. 42.
(4) *Archives générales*, t. XII, p. 104.

tre; deux grains d'extrait de noix vomique, introduits par Séga-
las(1) dans les poumons, donnèrent lieu aux symptômes de l'empoisonnement au bout de quelques secondes, tandis que deux
gros de cette substance portés dans la vessie ne produisirent
le même effet qu'au bout de vingt minutes ; il suffisait, pour
amener la mort, par les poumons, d'une quantité d'extrait qui
n'empoisonnait pas par l'estomac, ni même par les sacs séreux ;
enfin, son action était plus rapide par cette voie que par celle
de l'injection dans les veines, ce qui dépendait incontestablement de ce qu'ici on le faisait passer dans le système de la
veine cave, tandis que là les veines pulmonaires le portaient
de suite dans le système aortique.

3° Séguin (2) n'obtenait que peu ou point d'effet de l'application externe d'une dissolution de sublimé ou de tartre stibié,
lorsque l'épiderme était intact ; aussi considérait-il cette
membrane comme un obstacle à l'absorption, comme une
sorte de vernis, dont la résistance ne peut être vaincue que
par la force de l'afflux du sang dans la transpiration. Des poisons violens, par exemple, l'acide cyanhydrique, la bave des
Chiens enragés, etc., demeurent sans action toutes les fois
qu'ils entrent en rapport avec l'épiderme à l'état d'intégrité ;
lorsqu'au contraire on inocule le virus variolique à la peau
dépouillée de son enveloppe protectrice, l'infection a lieu, et,
dans la méthode dite endermique, la quinine, la strychnine,
la morphine, l'émétine, l'aloès, la scille, etc., produisent les
mêmes effets spécifiques sur l'ensemble de l'organisme, que
quand on les administre à l'intérieur, quelquefois même les
provoquent à un plus haut degré. Mais, quand l'épiderme a
été détaché au moyen de l'eau bouillante, ce phénomène n'a
plus lieu, d'après Magendie (3), parce que la peau, resserrée
sur elle-même au point de ressembler à de la corne et par
conséquent à la membrane épidermique, ne peut plus absorber avec autant de vivacité ; de même, l'absorption diminue,
si l'épiderme a été détruit par l'ammoniaque, ou si la peau,

_____

(1) Magendie, *Journal*, t. IV, p. 284.
(2) Meckel, *Deutsches Archiv*, t. III, p. 590.
(3) *Leçons sur les phén. de la vie*, t. I, p. 52.

mise à nu, est demeurée exposée au contact de l'air, qui en
a opéré la dessiccation. Cependant l'épiderme n'est qu'une
enveloppe protectrice, qui oppose des difficultés à la pénétration des substances étrangères dans l'organisme, sans pour
cela la rendre impossible. Il s'imbibe (§ 797) surtout de liquides aqueux, comme on peut s'en convaincre sur les cors et
durillons, qu'un bain chaud ramollit; et l'on sait que les tissus
cornés en général, les poils en particulier (§ 797), absorbent,
de sorte qu'ils prennent quelquefois une teinte verte chez les
ouvriers en cuivre (1), et qu'on peut alors en extraire de
l'oxide de cuivre (2), car les poils paraissent avoir une grande
affinité pour cet oxide; j'ai trouvé les cheveux colorés en vert
par lui sur un cadavre qui fut tiré de terre long-temps après
l'époque à laquelle il avait été inhumé la tête couverte d'orne-
mens en cuivre. La peau des Lézards absorbe vivement,
malgré les écailles dont elle est garnie (3). Sœmmerring (4),
ayant détaché un lambeau d'épiderme à l'aide d'un vésicatoire, le tendit sur l'orifice d'un verre plein d'eau distillée, et
l'appareil resta long-temps en place sans que le liquide diminuât par l'effet de l'évaporation. Mais, si l'épiderme oppose à
la sortie des liquides des obstacles qui sont à la vérité moins
grands lorsque cette membrane conserve ses connexions organiques avec la peau, et dont le sang affluant peut alors triompher avec facilité, il n'en gêne pas l'entrée à beaucoup près
autant; quand Magendie (5) emplissait d'eau un lambeau de
peau disposé en manière de bourse, avec l'épiderme tourné en
dehors, celui-ci se détachait par l'effet de la transsudation du
liquide, qui venait se réunir à sa surface, tandis que, quand
on retournait la bourse, et plaçait l'épiderme en dedans, l'eau
était bientôt évaporée. L'épiderme délicat des lèvres absorbe
avec une grande activité. Cette membrane n'est sans doute

(1) Hildebrandt, *Anatomie*, t. I, p. 202.
(2) *Archives générales*, t. X, p. 477.
(3) Nysten, *Recherches de physiologie pathologiques*, Paris, 1811, in-8,
p. 307.
(4) *Denkschriften der Akad. zu Muenchen*, t. VII, p. 254.
(5) *Leçons*, t. I, p. 91.

pas pénétrable au même degré sur les autres points du corps, mais elle n'en laisse pas moins partout passer les liquides, les vapeurs et les gaz, lorsque le contact dure long-temps (§ 898, II).

III. L'absorption varie suivant l'état dans lequel se trouve l'organisme.

1° Elle est modifiée d'abord par la quantité des liquides de cet organisme; chaque corps attire l'humidité avec d'autant plus de force que lui-même en contient moins. Dutrochet laissa une plante exposée à l'air jusqu'à ce qu'elle eût perdu 0,15 de son poids par l'exhalation, puis il la plongea dans de l'eau, où, pendant chacune des quatre premières heures, elle absorba vingt grains et en exhala huit; plus tard, l'absorption fut de neuf grains et demi par heure, et l'évaporation de neuf; enfin, lorsque la plante eut recouvré son poids primitif, l'absorption et l'exhalation se firent à peu près équilibre l'une à l'autre. Nous avons vu (§ 840) qu'il se sépare d'autant plus de substance du sang, que ce liquide en a admis davantage, et que ce qu'il reçoit correspond aussi aux pertes qu'il a antérieurement éprouvées. D'après les expériences d'Edwards (1), les Grenouilles absorbent l'eau avec d'autant plus d'avidité qu'elles en avaient auparavant perdu davantage par la transpiration; l'absorption n'est jamais plus considérable qu'au commencement; après quoi elle diminue dans la même proportion que l'animal se rapproche de son poids primitif; mais, en général, la perte se répare de cette manière avec plus de rapidité qu'elle n'avait eu lieu. L'absorption est donc en raison inverse de la quantité de sang qui existe dans le corps. Les expériences de Magendie (2) et de Vernière (3) ont appris que la strychnine, introduite dans la cavité pectorale des Chiens, demeurait sans action lorsqu'on avait déterminé une sorte de pléthore factice en injectant beaucoup d'eau dans les veines, qu'au contraire elle agissait avec une promptitude extraordinaire quand on avait diminué la quan-

(1) *Influence des agens physiques*, p. 99.
(2) *Journal de physiologie*, t. I, cah. 4.
(3) Christison, *loc. cit.*, p. 41.

tité du sang par une saignée, et qu'enfin l'effet rentrait dans les proportions ordinaires lorsqu'au sang tiré de la veine on substituait une égale quantité d'eau. Voilà pourquoi aussi Prévost et Dumas ont trouvé le sang très-aqueux proportion-nellement chez les animaux qui avaient subi d'abondantes saignées, car le vide qui s'était établi dans les vaisseaux avait accru l'absorption de substances aqueuses. La soustraction des alimens entraîne naturellement des conséquences analo-gues à celles de la diminution immédiate de la quantité du sang ; c'est ce qui fait qu'on est plus exposé à l'infection après avoir jeûné, que les médicamens déploient une plus grande efficacité chez les malades qu'on condamne en même temps aux tourmens de la faim, et qu'en certaines circonstances les purgatifs et les vomitifs activent la digestion et la nutrition. Un vaisseau lymphatique isolé doit également obéir à cette loi ; aussi Muller (1) a-t-il remarqué, sur un intestin de Bre-bis détaché du corps, que les vaisseaux lactés qui en prove-naient ne tardaient pas à s'emplir de nouveau quand il les avait vidés par des frictions exercées suivant la direction des valvules. Seulement, c'était aller trop loin que de considérer, avec Riolan et Glisson, l'absorption en général comme un effet de la pression atmosphérique sur le vide produit par l'exhalation, ou de la comparer, comme faisait Aselli, à la suc-cion des Sangsues.

2º Le degré d'activité vitale exerce ici une influence essen-tielle. Nasse (2) a observé que des Limaçons qui avaient perdu depuis un sixième jusqu'à un tiers de leur poids, par l'expo-sition à un air sec, absorbaient peu durant les premiers mo-mens de leur immersion dans l'eau, tant qu'ils étaient épuisés, et que l'absorption ne commençait à se faire activement chez eux que quand ils avaient commencé à recouvrer leur énergie. Par un phénomène analogue, un verre de vin donné à un jo-kei, qui avait été mis au régime des courses, activa tellement chez lui la faculté d'absorber dans l'atmosphère, qu'en une heure de temps son poids augmenta de trente onces (3). Car-

(1) *Handbuch der Physiologie*, t. I, p. 251.
(2) *Untersuchungen zur Physiologie*, t. I, p. 482.
(3) Meckel, *Archiv fuer Anatomie*, 1827, p. 493.

penter rapporte un autre fait du même genre (1). L'absorption s'accomplit aussi d'une manière plus active quand la circulation se fait rapidement, et que le sujet a beaucoup d'excitabilité. Mayer (2) a observé que la ligature de l'aorte ventrale arrêtait plutôt qu'elle ne favorisait l'absorption des substances étrangères dans les poumons, parce qu'elle remplissait outre mesure les organes thoraciques de sang. Schnell (3), après avoir pratiqué cette même ligature, reconnut que l'antiar, introduit dans une plaie faite à la cuisse, n'était point absorbé par les veines; mais, la ligature ayant été détachée au bout de huit heures, les effets du poison ne tardèrent pas à se prononcer. Lorsque l'activité vitale d'un organe est plus excitée que celle des autres, cet organe absorbe aussi d'une manière plus vive, ce dont on peut donner une explication en partie mécanique, puisque l'exaltation de la turgescence rend la tension des parois des vaisseaux capillaires plus considérable et le cours du sang plus accéléré ; mais une partie enflammée, dans laquelle le sang ne circule pas, absorbe moins.

3° Enfin, la direction momentanée de la vie a aussi une grande portée. La peau et les poumons absorbent moins pendant que les vaisseaux lymphatiques du canal intestinal déploient davantage d'activité, et l'on court moins risque d'être infecté après avoir pris un peu de nourriture que quand on se trouve à jeun. Les passions déprimantes accroissent aussi l'aptitude à l'infection, parce qu'elles affaiblissent la résistance vitale, et font prédominer la direction centripète des humeurs.

IV. Plusieurs circonstances accessoires influent sur l'absorption.

1° Telle est d'abord la compression agissant du dehors. De même qu'on peut, en comprimant une portion d'intestin gorgée de liquide, faire passer celui-ci dans les vaisseaux lymphatiques (4), de même aussi les mouvemens péristalti-

(1) Froriep, *Neue Notizen*, t. III, p. 180.
(2) Meckel, *Deutsches Archiv*, t. V, p. 43.
(3) Westrumb, *Physiologische Untersuchungen*, p. 51.
(4) Muller. *Handbuch der Physiologie*, t. 1, p. 251.

ques du canal intestinal favorisent incontestablement l'absorption pendant la vie, quoiqu'elle ne puisse pas dépendre d'eux,
comme l'admettait Boerhaave, attendu qu'elle s'accomplit
tout aussi bien dans des organes où nulle espèce de mouvement ne saurait influer sur elle. Les frictions exercées sur la
peau sont les plus puissans moyens de faciliter l'absorption,
et la pression de l'atmosphère favorise le cours des humeurs
de dehors et dedans (§ 726, 7°), par conséquent aussi la
fonction absorbante, en même temps qu'elle apporte des restrictions à l'exhalation (§ 839, 5°). La pommade stibiée faisait naître peu ou point de pustules, quand Westrumb (1)
l'avait recouverte d'une ventouse. Si l'on introduit du cyanure de potassium, avec de la strychnine, de la morphine ou
de l'arsenic, dans une plaie, et qu'on applique ensuite une
ventouse sur celle-ci, on ne voit se manifester aucun symptôme d'empoisonnement, et le cyanure ne se retrouve ni
dans le sang, ni dans aucun autre liquide (2).

2° Comme la chaleur détermine en général l'expansion et
favorise la réunion des corps qui ont de l'affinité les uns pour
les autres, comme, par conséquent, un linge même qui trempe
par l'un de ses bouts dans de l'eau chaude, s'imbibe davantage qu'un autre qu'on laisse pendre dans de l'eau froide (3),
et comme la tige des plantes attire une plus grande quantité
de liquide quand elle est frappée par la chaleur du soleil, de
même aussi l'absorption est favorisée par la chaleur dans le
corps des animaux, et c'est en partie à cette circonstance qu'il
tient que les maladies contagieuses se répandent davantage
pendant la saison chaude.

3° Suivant Foderà (4), le galvanisme favorise l'absorption,
quoique l'on ne l'en puisse pas considérer non plus comme la
cause essentielle (5).

(1) Meckel, *Archiv fuer Anatomie*, 1827, p. 527.
(2) *Ib.*, 1828, p. 109-119.
(3) Magendie, *Leçons*, t. I, p. 27.
(4) *Rech. sur l'absorption*, p. 36.— *Journal de* Magendie, t. III, p. 35.
(5) Dutrochet, *l'Agent immédiat du mouvement vital*, Paris, 1828, p.
180.—*Mémoires sur l'anatomie et la physiol. des végétaux et des animaux*,
Paris, 1837, t. I, p. 442.

ARTICLE V.

Du mouvement des liquides absorbés.

§. 907. Le mouvement du contenu des vaisseaux lymphatiques à l'état d'intégrité, ne devient visible que quand ce
contenu n'est pas transparent et incolore comme les canaux
qui le renferment. Aussi, l'a-t-on depuis long-temps observé
sur le chyle, les vaisseaux qui sont pleins de ce liquide se vi-
dant et perdant leur turgescence sous les yeux de l'observateur, et successivement de distance en distance (1).

1° La rapidité du courant varie beaucoup, et il est difficile
d'en déterminer le terme moyen (§ 902 , 3°). Cruiksbank a
vu, chez un Chien, le chyle parcourir quatre pouces en une
seconde, ce qui ferait vingt pieds par minute. Magendie obtint du canal thoracique ouvert d'un Chien, une demi-once
de chyle en cinq minutes (2); celui d'un Lapin qui était resté
vingt-quatre heures sans manger, en donna neuf grains en dix
minutes à Collard de Martigny, et celui d'un autre, cinq
grains en sept minutes (3). Il ne faut pas perdre de vue
néanmoins que, dans ces expériences, la pression de l'atmosphère sur les vaisseaux lymphatiques mis à nu et l'ouverture
du canal thoracique étaient des circonstances mécaniques qui
devaient accélérer le cours du liquide, que par conséquent
on ne saurait tirer de là aucune conclusion certaine relativement à ce qui arrive dans l'état normal. Lorsque Magendie (4) avait vidé les lymphatiques du cou , en exerçant une
compression sur eux, une demi-heure s'écoulait quelquefois
avant qu'ils fussent pleins de nouveau, et parfois aussi ils demeuraient vides.

2° Le courant se dirige à travers les valvules. C'est ce
qu'on déduit de la structure de ces dernières, de la manière
dont s'écoule le liquide contenu dans les vaisseaux lymphati-

(1) Haller, *Elem. physiol.*, t. I, p. 165, t. VII, p. 200, 227.
(2) *Précis de physiol.*, t. II, p. 164.
(3) *Journal* de Magendie, t. VIII, p. 176.
(4) *Précis de physiol.*, t. II, p. 200.

ques que l'on comprime ou qu'on blesse, et du gonflement qu'ils offrent au dessous d'une ligature appliquée sur leur trajet. Le canal thoracique s'abouche, avec une valvule empêchant la rétrogradation de la lymphe, dans l'angle que font les veines jugulaire et sous-clavière, de manière que le liquide qui en sort se trouve entraîné suivant la diagonale des deux courans de sang qui marchent à la rencontre l'un de l'autre (1). On a quelquefois poussé des injections du tronc vers les racines, et plusieurs physiologistes, notamment Darwin, se sont fondés là-dessus pour admettre qu'un mouvement rétrograde a souvent lieu aussi pendant la vie, et expliquer certains phénomènes, entre autres la rapidité avec laquelle diverses substances passent des organes digestifs dans les voies urinaires. Mais ce n'est que par une exception rare qu'on parvient à pousser les injections en ce sens, et d'après Sœmmerring (3), une colonne de mercure haute de trente-trois pouces ne fut pas capable de surmonter la résistance des valvules d'un vaisseau lymphatique. Quand on réussit par force à déterminer un pareil mouvement rétrograde, les valvules les plus voisines sont les seules qui cèdent, et le reflux ne s'étend pas bien loin (3). Au reste, les Poissons n'ont de valvules complètes qu'aux embouchures dans les veines; leurs vaisseaux lymphatiques n'offrent ailleurs, surtout aux endroits où ils forment des dilatations et des plexus, que de légers étranglemens, qui en tiennent lieu (4).

3° Les alternatives de compression auxquelles les vaisseaux lymphatiques sont exposés de la part des muscles qui les entourent, doivent avoir de l'influence sur le courant du liquide, sans cependant jouer un rôle essentiel à cet égard. Les observations de Ramdohr et de Rengger nous ont appris que, chez les Insectes, le mouvement péristaltique de l'organe digestif fait sortir le chyle amassé entre ses membranes; les vaisseaux lymphatiques d'une portion d'intestin doivent également se

(1) Sœmmerring, *Gefæsslehre*, p. 507.
(2) *Ib.*, p. 499.
(3) Haller, *Elem. physiolog.*, t. I, p. 251.
(4) Fohman, *Das Saugadersystem der Wirbelthiere*, t. I, p. 43.

vider par l'effet des contractions de cet organe, et se remplir pendant qu'a lieu son relâchement. Cependant Lieberkuhn(1), qui explique ainsi l'absorption du chyle, a remarqué que cette alternative de déplétion et de réplétion n'a lieu que quand l'animal est déjà épuisé, et que tant qu'il jouit d'une grande énergie vitale, le courant ne présente point d'interruptions (§ 714, 4°). D'ailleurs le chyle coule même lorsque l'intestin est tranquille, et après la mort (2). C'est ce que Poiseuille a vu, sur une Souris, avec le secours du microscope (3) : à chaque contraction de l'intestin, le chyle coulait plus rapidement par saccades, sans que pour cela le mouvement du sang changeât. Barry (4) admet que les gaz contenus dans les intestins font avancer le chyle dans les vaisseaux lymphatiques; une pareille hypothèse supposerait un dégagement copieux et tout-à-fait anormal de gaz. Le mouvement des muscles abdominaux peut favoriser le cours du liquide, de même que Magendie a vu (5) le chyle couler plus vite du canal thoracique ouvert quand on comprimait le ventre avec la main; mais l'écoulement a lieu lorsque la cavité abdominale est ouverte (6). Il se peut aussi que, pendant l'inspiration, la partie inférieure du canal thoracique soit comprimée par le diaphragme et la supérieure dilatée, et qu'un effet inverse ait lieu pendant l'expiration (7), sans que cette circonstance ait rien d'essentiel, puisqu'elle ne se rencontre pas chez les animaux qui sont privés de diaphragme. De même, les vaisseaux lymphatiques accompagnent les veines de préférence aux artères, et à la peau, comme dans une foule d'autres points, ils ne sont point exposés à des pressions intermittentes.

4° Chez les végétaux, l'absorption des racines et l'ascension de la sève augmentent lorsque les feuilles exhalent davantage, par conséquent sous l'influence d'un air sec et chaud; mais,

(1) *De fabric. et act. villorum intestinorum*, p. 22-26.
(2) Haller, *loc. cit.*, t. VII, p. 232.
(3) Breschet, *Le système lymphatique*, p. 244.
(4) Froriep, *Notizen*, t. XVII. p. 198.
(5) *Précis de physiol.*, t. II, p. 164.
(6) Haller, *loc. cit.*, t. VII, p. 234.
(7) *Ib.*, p. 236.

vers le milieu de la journée, quand l'exhalation est parvenue au plus haut degré, et qu'elle est portée au point que l'activité vivante en souffre, la sève ne monte plus, comme l'attestent les observations de Hales et de Dutrochet (1). De même, l'évacuation continuelle du canal thoracique, dont le liquide est entraîné par le courant du sang veineux, favorise le cours de la lymphe dans tout le système lymphatique, sans en être une condition essentielle. Lorsque cette évacuation vient à être interrompue par la stase du sang dans le système des veines caves (2), ou par la ligature de la veine sous-clavière (3), du canal thoracique (4), ou d'un vaisseau lymphatique (5), le liquide qui afflue sans cesse des racines détermine un gonflement au dessous de l'obstacle, et si ce dernier est placé à la partie supérieure du canal thoracique, il en résulte quelquefois que le conduit crève (6). Astley Cooper (7) a observé cette rupture à la portion abdominale du canal thoracique (citerne de Pecquet), non seulement après une ligature, mais encore, chez des Chiens, pendant une formation abondante de chyle, alors même qu'il se contentait de comprimer la partie supérieure pendant quelques minutes. Il attribue cet effet à la plus grande minceur proportionnelle des parois de la partie inférieure. Mais, comme cette portion supporte la pression d'une colonne de mercure haute de plus de deux pieds sans se rupturer, il suit de là que la force propulsive doit être plus considérable encore dans les vaisseaux lymphatiques. Nous voyons donc ici quelque chose d'analogue à ce qui se passe dans l'absorption par les points lacrymaux, qui continue malgré un obstacle à la descente des larmes dans le nez, en sorte que le sac lacrymal éprouve une distension anormale.

5° La force propulsive des vaisseaux lymphatiques se ma-

(1) *L'Agent immédiat du mouvement vital*, p. 72. — *Mémoires sur les végétaux et les animaux*, t. I.

(2) Haller, *Elem. physiol.*, t. VII, p. 207.

(3) Westrumb, *Physiologische Untersuchungen*, p. 47.

(4) Haller, *loc. cit.*, t. II, p. 15.

(5) Valentin, *Repertorium*, t. II, p. 244.

(6) Haller, *loc. cit.*, t. VII, p. 229. — Krimer, *Versuch einer Physiologie des Blutes*, p. 87.

(7) Rosenmuller, *Beitræge fuer die Zergliederungskunst*, t. I, p. 66.

nifeste d'une manière immédiate, quand on pique ces conduits
au dessous d'une ligature ; car alors le liquide qu'ils contiennent jaillit, en décrivant souvent une arcade de plusieurs
pouces, comme l'ont observé Tiedemann, Westrumb (1)
et autres. Tiedemann a vu aussi le canal thoracique se resserrer à l'air de près d'une moitié de son diamètre ; Fohmann (2) et Breschet (3) ont remarqué un phénomène analogue sur les lymphatiques du mésentère, et Valentin sur ceux
du cou.

6° Ces phénomènes pourraient dépendre des propriétés
mécaniques du tissu. En effet, les parois des vaisseaux lymphatiques, malgré leur délicatesse et leur grande extensibilité,
possèdent une cohésion si forte, que, comme l'ont fait voir
Sheldon (4) et autres, ils surpassent les vaisseaux sanguins
sous ce rapport, et supportent la pression d'une colonne de
mercure sous le poids de laquelle ces derniers se rompraie
à diamètre égal et même près de quatre fois plus conside
ble(5). La cohésion est surtout très-puissante dans les lymphati
ques des extrémités inférieures ; elle est plus faible dans ceux
des membres supérieurs, et moins prononcée que partout ailleurs dans ceux des viscères (6). Mais les phénomènes en question cessent trop promptement après la mort pour qu'on
puisse supposer qu'ils dépendent uniquement de la force mécanique. Tiedemann s'en est convaincu ; ayant lié, sur un
Cheval, le canal thoracique, qui avait lancé le chyle avec
force immédiatement après la mort, il retrouva ce conduit
plein au bout d'une heure et demie, mais le chyle ne s'en
écoulait plus qu'avec lenteur. La même chose a été observée
par Fohmann chez les Chiens (7) et les Poissons (8), par Bres-

---

(1) *Physiologische Untersuchungen*, p. 47.
(2) *Anatomische Untersuchung ueber die Saugadern*, p. 33.
(3) *Le système lymphatique*, p. 73.
(4) *History of absorbent system*, p. 27.
(5) Hildebrandt, *Anatomie*, t. III, p. 97.
(6) Breschet, *Le système lymphatique*, Paris, 1836, p. 74.
(7) *Anatomische Untersuchung*, p. 33.
(8) *Das Saugadersystem*, p. 43.

chet sur les lymphatiques du mésentère des Chiens (1). Magendie aussi (2) croit vraisemblable que ces vaisseaux se resserrent au moment de la mort, parce qu'il les a presque toujours trouvés vides chez les animaux qui venaient d'être tués. Mascagni dit bien avoir vu le mercure s'écouler et les parois des lymphatiques s'affaisser lorsqu'il venait à léser des préparations conservées depuis long-temps; mais ce n'est point là une objection qui puisse empêcher d'admettre une force vivante de contractilité.

7° Muller (3) a découvert, chez les Grenouilles, les Crapauds, les Salamandres et les Lézards, des cœurs lymphatiques, dont Panizza (4) a reconnu l'existence en même temps que lui, et qui ont été trouvés aussi peu de temps après chez les Pythons par Weber (5) et Valentin (6). Ce sont des dilatations vésiculeuses, qui chassent la lymphe dans les veines par des pulsations particulières, au nombre de soixante par minute chez les Grenouilles, leur tunique médiane, c'est-à-dire celle qu'on observe entre l'enveloppe celluleuse extérieure et la membrane commune des vaisseaux, étant formée de fibres musculeuses marquées de rides transversales, comme celles du cœur, et contournées en divers sens. Il y a aussi des valvules à l'entrée et à la sortie de ces dilatations. D'après cela, on ne peut méconnaître leur analogie avec le système sanguin, dont la tunique moyenne se compose de fibres, qui, au cœur, sont développées en masses douées d'une grande énergie motrice, tandis que, dans les vaisseaux, elles le sont si incomplétement qu'elles ressemblent au tissu tendineux.

8° Cruikshank, Sheldon (7) et Schreger, se fondant principalement sur la structure du canal thoracique des Chevaux, disaient la tunique moyenne des vaisseaux lymphatiques formée de fibres musculaires. D'autres anatomistes, parmi les-

---

(1) *Loc. cit.*, p. 72.
(2) *Précis élémentaire de physiologie*, t. II, p. 201.
(3) *Archiv fuer Anatomie*, 1834, p. 58, 296.
(4) *Ib.*, p. 304.
(5) *Ib.*, 1835, p. 538.
(6) *Repertorium*, t. 1, p. 294.
(7) *History of the absorbent system*, p. 26.

quels comptent encore Fohmann (1) et Henle (2), n'ont pu se convaincre de l'existence de ces fibres, et Henle dit que celles qu'il a aperçues étaient dues à du tissu cellulaire. Mais Valentin (3), dont l'autorité ne saurait être mise en doute ici, a trouvé, tant sur le canal thoracique de l'homme et du Cheval, que même sur les vaisseaux lymphatiques, outre des filamens de tissu cellulaire, des fibres musculaires, qui ressemblent beaucoup à celles des veines, et qui, à l'instar de ces dernières, marchent pour la plupart dans le sens de la longueur du vaisseau, car elles ne font que s'anastomoser ensemble, de distance en distance, par le moyen de fibres obliques. Il n'a pas constaté l'existence, admise par Mojon (4), de fibres annulaires contenues dans les valvules, et auxquelles s'inséreraient ces fibres longitudinales.

9° Haller a vu (5) les vaisseaux lymphatiques se contracter au contact de l'acide sulfurique, mais non par l'effet du chlorure d'antimoine. Suivant Valentin, l'action de l'acide chlorhydrique fumant ou de la potasse caustique les réduit sur-le-champ, dans toute leur longueur, en un filament grêle. On ne sait pas encore au juste si c'est là un effet purement chimique, comme le prétend Tiedemann, en se fondant sur ce qu'il a également vu des lymphatiques conservés depuis un an dans l'esprit-de-vin, se resserrer sur eux-mêmes. Cependant le resserrement que ces vaisseaux éprouvent à l'air paraît devoir être rapporté plutôt à une irritation qu'à la pression atmosphérique. On assure aussi que le contact de l'eau chaude ou de l'alcool affaibli détermine une contraction, mais tellement lente qu'on n'en peut apercevoir que le résultat, sans qu'il soit possible de distinguer le mouvement lui-même (6). Valentin n'a obtenu aucun effet par l'irritation mécanique avec la pointe d'un scalpel ; mais Sheldon a remarqué, sur un

(1) *Das Saugadersystem der Wirbelthiere*, p. 43.
(2) *Symbolæ ad anatomiam villorum intestinalium*, p. 1.
(3) *Repertorium*, t. II, p. 242.
(4) Froriep, *Notizen*, t. XII, p. 257.
(5) *Opera minora*, t. I, p. 379. — *Elem. physiol.*, t. I, p. 465 ; t. VII, p 234.
(6) Hildebrandt, *Anatomie*, t. III, p. 97.

Chien vivant, que de gros lymphatiques, après s'être fortement remplis par une pression soutenue pendant quelque
temps, se contractaient avec énergie, et jusqu'au point d'effacer complétement leur lumière (1). Enfin, dans une expérience faite par Muller (2), le canal thoracique d'une Chèvre ouverte vivante ne se contracta pas immédiatement sous
l'influence d'une forte pile galvanique ; mais, au bout de
quelque temps, le point sur lequel on avait opéré parut rétréci, et il présentait çà et là des étranglemens presque imper-
ceptibles. Nous reconnaissons dans tout cela des phénomènes
semblables à ceux qu'offrent les vaisseaux sanguins (§ 734,
736, 737), des mouvemens vivans, qui sont produits par le
raccourcissement de fibres particulières, de telle manière
cependant que les mouvemens sont plus soutenus, plus lents,
moins apparens, et les fibres plus incomplètes, plus analogues
au tissu tendineux ou cellulaire, que là où il se développe un
foyer du sang doué d'une vitalité supérieure, c'est-à-dire,
que dans le cœur. Ainsi, la force motrice des lymphatiques
doit, comme celle des vaisseaux sanguins (§ 732), avoir de
l'influence sur la marche du liquide que ces canaux renferment, sans cependant en être la cause, qui dépend de la tension vivante des parois à l'égard du contenu (§ 748, 1°).

10° Chez les Végétaux, où le tissu ne possède pas de motilité propre, l'ascension de la sève, comme l'a fait voir Dutrochet surtout (3), ne dépend pas de l'attraction des branches et des feuilles, mais de l'absorption continuelle qu'opèrent les extrémités des racines, qui sont entretenues par-là
dans un état de turgescence ; car lorsqu'on coupe par exemple une branche de vigne au printemps, le suintement de la
sève par le bout qui communique avec la racine continue sans
interruption, tandis que tout mouvement de sève cesse aussitôt dans l'autre bout. Maintenant, un vaisseau lymphatique
qu'on lie se gonfle au dessous de la ligature, par l'effet du
courant dont le point de départ est à ses racines, et l'on voit,

(1) *Loc. cit.*, p. 27.
(2) *Handbuch der Physiologie*, t. I, p. 265.
(3) *L'Agent immédiat du mouvement vital*, p. 73, 159.

comme l'ont remarqué, entre autres, Magendie (1) et Collard de Martigny (2), que le cours du chyle est plus ou moins rapide, suivant que la production de ce liquide a lieu en plus ou moins grande abondance. Nous devons donc chercher dans l'absorption continuelle des racines la cause essentielle du mouvement du chyle et de la lymphe. Déjà Haller (3) présumait que le chyle est reçu par attraction dans les vaisseaux lymphatiques, et qu'il est poussé en avant par chaque nouvelle onde ainsi provoquée. La force de succion des racines a été aussi reconnue, comme cause du courant dans le système lymphatique, par Mascagni, de concert avec la contractilité ; par Hewson (4) et Haase (5), conjointement avec la force musculaire ; enfin par Treviranus (6) et Muller (7) d'une manière tout-à-fait générale.

11° Carus (8) fait jouer le rôle de cause à une tendance spontanée de la lymphe vers le centre organique du corps. Mais, nous ne connaissons que l'âme qui ait le pouvoir de se déterminer elle même ; la matière n'est provoquée au mouvement, ou à toute autre manifestation d'activité, que par une sollicitation extérieure. Ce que l'on peut très-bien admettre, c'est que l'attraction qui occasione la première absorption, conserve encore son efficacité, dans les parois des vaisseaux lymphatiques, pendant le cours ultérieur du liquide, de telle sorte que chaque point de ces parois attire constamment une nouvelle onde, et abandonne au point situé immédiatement après celle qui est demeurée jusque-là en contact avec lui, comme les sucs d'une plante passent d'une cellule dans l'autre. Il serait possible que les valvules favorisassent ainsi la progression, de même que, chez les végétaux, l'ascension de la sève est favorisée par les nœuds,

(1) *Précis élémentaire*, t. II, p. 164.
(2) *Journal de Magendie*, t. VIII, p. 488.
(3) *Elem. physiolog.*, t. VII, p. 234.
(4) *Experimental inquiries*, t. III, p. 189.
(5) *De vasis cutis et intestinorum absorbentibus*, p. 22.
(6) *Die Erscheinungen des organischen Lebens*, t. I, p. 346.
(7) *Handbuch der Physiologie*, t. I, p. 269.
(8) Meckel, *Deutsches Archiv*, t. III, p. 449.

dont le tissu cellulaire résulte d'une agglomération de vésicules ayant chacune, d'après Dutrochet (1), leur endosmose
particulière, qui les rend but d'affluxion et origine d'impulsion.

12° (Chez un animal mis à mort pendant le cours de la digestion, le chyle continue de se porter des intestins vers la
veine jugulaire, tant que le corps conserve sa chaleur ; car si
on lie le canal thoracique au dessus du diaphragme, sans
ouvrir la cavité abdominale, il se gonfle considérablement
au dessous de la ligature (2), et, dès qu'on le pique en cet
état, laisse jaillir son contenu sous la forme d'une arcade. Ce
jaillissement du chyle ne permet pas de douter que le canal
thoracique possède une certaine contractilité ; mais celle-ci
ne paraît arriver à jouer un rôle important qu'après une distension extraordinaire, car non seulement le chyle contenu
dans le canal, au dessus de la ligature, n'est point chassé
dans la veine, mais encore lorsqu'on pratique la section transversale du conduit à quelque distance au dessus du lien, à
peine s'écoule-t-il quelques gouttes de liquide, et le vaisseau demeure même toujours médiocrement rempli quand, on
le tient dans une situation horizontale. Il serait assez difficile
de déterminer si ce gonflement du canal thoracique au dessous de la ligature, dont on n'aperçoit plus, d'ailleurs, aucune trace après le refroidissement du cadavre, doit être
attribué à ce que la chylification continue encore, ou seulement à la contraction des vaisseaux lymphatiques. J'adopte-
rais volontiers la première de ces deux hypothèses, parce
qu'autrement il faudrait attribuer aux petits lymphatiques
une contractilité très-forte et dépassant de beaucoup celle
de leur tronc commun : car, tandis que le canal thoracique
coupé en travers ne se vidait jamais sur le cadavre tenu dans
une position droite, je voyais le chyle affluer vers la citerne,
alors même qu'ayant étendu le corps sur la surface ventrale,
je mettais ce réservoir à découvert par l'enlèvement des ver-

(1) *L'Agent immédiat du mouvement vital*, p. 171. — *Mémoires sur les
végét. et les anim.*, Paris, 1837, t. I.
(2) Il parvient dans les Chiens jusqu'à un diamètre de trois lignes.

tèbres, et cela de telle sorte que la citerne, après avoir été presque entièrement vidée, au moyen d'une piqûre, reparaissait entièrement pleine au bout de quelques minutes, cas dans lequel le liquide avait évidemment dû être poussé de bas en haut. L'embouchure du canal dans la veine jugulaire n'est pas seulement close, comme on sait, par une valvule qui s'oppose à la pénétration du sang : elle paraît aussi limiter beaucoup l'écoulement du chyle lui-même, qui exige peut-être, pour s'accomplir, une certaine attraction exercée par le courant sanguin. Ce qui semble l'établir, c'est qu'après avoir lié le canal pour recueillir le chyle, je n'avais plus besoin ensuite de recourir à la ligature, et que l'expérience suivante est demeurée sans résultat ; ayant l'espoir d'obtenir beaucoup de chyle et de lymphe sans ouvrir les cavités pectorale et abdominale, je fis périr un Chien en lui tirant tout son sang, je fixai un tube de verre à la veine jugulaire interne, complétement vide, après en avoir lié toutes les branches, ainsi que le tronc et la veine sous-clavière, et je suspendis le cadavre par les pattes de derrière ; au bout d'une demi-heure, à peine avais-je recueilli cinq ou six gouttes de chyle) (1).

CHAPITRE II.

Des changemens que subissent les substances étrangères absorbées.

I. Fluidification.

§ 908. Les substances étrangères subissent des changemens que l'organisme détermine en elles, soit avant leur absorption, soit après (§ 909). Le premier cas arrive quand il a été absorbé une substance organique solide qui est capable de s'assimiler au sang, et qui, pour pouvoir s'introduire à cet effet dans les vaisseaux, doit nécessairement commencer par acquérir la forme fluide. Non seulement les organes digestifs, dont il ne peut point encore être question ici, mais encore d'autres espaces du corps animal opèrent, par le moyen du liquide sécrété dans leur intérieur, la

(1) Addition d'Ernest Burdach.

fluidification de la substance nutritive admise en eux, afin que l'absorption puisse ensuite s'emparer d'elle. Le liquide fluidifiant peut être le produit d'une sécrétion ou normale ou modifiée sous le rapport de ses qualités, et devenue ainsi plus active, par l'irritation que la substance étrangère a déterminée (§§ 848-855). Ainsi la fluidification peut ou se borner à la prise d'un autre état de cohésion, ou consister de plus en une transformation de substance.

1° Les sacs séreux sont, généralement parlant, peu aptes à modifier des corps étrangers solides de cette manière, pour ensuite les absorber, attendu que de pareilles irritations portent un trop grand trouble dans leur activité vitale, et les enflamment. Pierce Smith introduisit deux embryons et trois œufs de Souris dans le bas-ventre d'un Chat ; au bout de seize heures, l'animal étant mort, il ne restait plus qu'un morceau de substance osseuse de la grosseur d'une tête d'épingle : ayant porté de la viande, du foie, etc., dans la cavité abdominale de Chats, il n'en retrouva plus aucune trace au bout de quelque temps, à moins qu'il n'y eût eu, parmi ces substances, des portions d'os, qui d'ailleurs semblaient avoir été érosées : il ne resta non plus, au bout de soixante heures, qu'une petite quantité de substance osseuse d'une cuisse de Grenouille qu'il avait ainsi introduite renfermée dans une bourse de toile. Hering (1) introduisit une demi-once de viande hachée dans l'abdomen d'un Lapin : quatorze heures après, il la trouva attachée aux intestins par un liquide plastique épanché ; chez un autre Lapin, la viande, du poids d'un gros, était, au bout de trente-six heures, fixée de la même manière, d'un gris pâle, molle, facile à déchirer, pleine de suc, plus légère de quatre grains, et entourée d'une matière caséiforme, qui avait des réactions acides ; de la chair de mouton crue, s'élevant à deux gros, était ramollie après neuf journées de séjour dans la cavité abdominale d'un Chien ; elle avait une couleur vert jaunâtre, comme du pus, une saveur aigre, des réactions acides, et ne pesait plus qu'un gros ; d'un gros de viande, introduite dans le ventre d'un autre

(1) Meckel, *Deutsches Archiv*, t. IV, p. 500.

Chien, il ne restait plus, au troisième jour, qu'une petite quantité de liquide puriforme, épais, acide, et d'odeur désagréable : une inflammation considérable et un épanchement de liquide plastique se voyaient aux alentours. De la viande que Krimer (1) introduisit dans le ventre d'une Grenouille, avait pâli et s'était arrondie sur les bords pendant l'espace de deux jours.

2° Les substances organiques solides sont fluidifiées et absorbées dans le tissu cellulaire, sans exciter une inflammation aussi considérable. D'après les expériences de Smith, il faut peu de temps pour dissoudre de la viande qui a été insérée entre la peau et les muscles des Chats. Hood (2) glissa des languettes de viande, du poids de quinze à vingt grains, sous la peau de divers Chiens ; le mouton cuit était, au bout de treize heures, en partie dissous et en partie fibreux ; du mouton cru, porté dans la même plaie, était totalement dissous, sept heures après, et converti en une masse comme savonneuse ; au bout de douze heures, un morceau de viande crue était réduit en un liquide pultacé du côté qui touchait aux muscles, et le reste ressemblait à de la viande cuite : d'ailleurs, la viande était plus profondément attaquée lorsqu'on avait eu soin de la couper suivant la direction des fibres. Jameson (3) recommande de pratiquer la ligature des artères avec de minces bandelettes de cuir; il a reconnu que ces bandelettes étaient devenues aussi minces que du papier en six jours, sur une Brebis, et que, chez une autre, elles s'étaient réduites en bouillie dans l'espace de trois semaines; chez un Chien, elles étaient également converties en une bouillie jaune au bout de vingt-cinq jours, et dans d'autres cas, il avait suffi de neuf jours pour les faire disparaître jusqu'aux nœuds, qui eux-mêmes étaient convertis en bouillie.

(J'ai fait à ce sujet les observations suivantes :

3° Un morceau de blanc d'œuf durci, taillé en cône, et pesant douze grains, fut introduit, sur le côté du ventre d'un

(1) *Versuch einer Physiologie des Blutes*, p. 57.
(2) *Analytic physiology*, p. 166.
(3) Froriep, *Notizen*, t. XVII, p. 249.

Lapin, entre la peau et les muscles ; la plaie extérieure, longue de sept à huit lignes, fut réunie par un point de suture ; elle était cicatrisée au bout de vingt-quatre heures. Le troisième jour, je tuai l'animal. Le morceau de blanc d'œuf avait conservé sa forme, mais il était un peu ramolli partout, et d'une couleur sale, brunâtre ; il rougissait les couleurs bleues végétales, était couvert d'un peu de coagulum blanc à sa surface, et avait perdu un grain et demi de son poids. La même expérience, prolongée pendant huit jours, ne donna pas d'autre résultat.

4° Deux morceaux taillés en cône, l'un de carotte jaune, l'autre de pomme de terre crue, furent glissés sous la peau ; huit jours après, aucun d'eux n'avait subi de changement ; seulement, ils étaient couverts de lymphe plastique, qui en augmentait le poids de deux grains ; ils n'exerçaient point de réaction acide.

5° Les mêmes expériences, faites avec de la viande et du pain, donnèrent le même résultat. Au bout de huit jours, les deux morceaux étaient enveloppés de lymphe plastique, imbibés de liquide, et par conséquent devenus plus mous ; ils rougissaient aussi un peu les couleurs bleues végétales, mais ils n'avaient rien perdu de leur poids.

6° Un morceau de bois mou, ayant la même forme que les substances employées dans les expériences précédentes, fut introduit de la même manière sous la peau d'un Lapin ; mais l'organisme ne voulut pas souffrir un corps qui lui était si étranger ; il survint de l'inflammation, la suture se déchira, et l'application des bandelettes agglutinatives ne put empêcher la sortie du morceau de bois.

7° On fit manger une carotte jaune à un Lapin qui avait faim, et on le tua ensuite. L'estomac fut trouvé distendu par une pelote alimentaire, colorée en verdâtre à sa surface, tandis que le centre conservait la couleur jaune pure de la carotte. On prit douze grains de cette dernière portion, et on les introduisit sous la peau d'un Lapin, au moyen d'une incision longue d'un demi-pouce. Au bout de huit jours, non-seulement le tout était revêtu extérieurement de lymphe plastique, mais encore il s'en était épanché entre les fragmens de la carotte ; ceux-ci avaient pris une teinte verte , et rougissaient fortement le tournesol. On n'en put pas déterminer exactement le poids , mais il ne paraissait point avoir diminué.

8° Supposant que la formation de lymphe plastique , dans les expériences précédentes , avait été déterminée uniquement par le volume des morceaux introduits et par l'hémorragie qu'on ne saurait éviter en pareil cas , je répétai les expériences avec des morceaux plus petits , et en évitant , autant que possible , tout épanchement de sang. On ne fit à la peau qu'une incision de trois lignes , et après que le léger saignement qui eut lieu fut complétement tari , on creusa une petite cavité entre la peau et les muscles , à l'aide d'une sonde boutonnée ; l'introduction de la substance qu'on se proposait de faire absorber fut enfin facilitée de beaucoup par un petit tube de verre. Voici quels résultats on obtint ainsi. Un petit morceau d'albumine , pesant un grain , était si complètement absorbé au bout de quatre jours , qu'on ne pouvait reconnaître l'endroit où il avait été placé qu'à un léger trouble laiteux et à la condensation du tissu cellulaire. Un petit fragment de carotte rouge , du même poids , fut retrouvé , le huitième jour , sous la forme d'un grumeau , long seulement d'une ligne , et formé d'une masse onctueuse , ayant une couleur verte foncée. Enfin un faisceau musculaire sec , ayant trois quarts de ligne de long et pesant deux grains , était entièrement ramolli au bout de huit jours , et réduit en un grand nombre de parcelles ayant à peine une demi-ligne de long.

9° Une languette de cuir mou , épaisse d'une ligne et demie, fut ramollie dans l'eau , tordue en fil , et séchée de manière à pouvoir être aisément passée , au moyen d'une aiguille , à travers un pli de la peau , sur le côté du ventre d'un Lapin. Afin d'avoir un terme de comparaison, on passa un fil ordinaire à travers un repli de la peau du côté opposé. Les deux fils furent coupés immédiatement à leur entrée et à leur sortie. Au bout de quatorze jours, celui de lin était entourée d'une couche si épaisse de lymphe plastique , qu'il représentait un cordon de plus de deux lignes de diamètre ; l'autre , au contraire , était converti en un filament très-mou , d'une ligne et demie seulement d'épaisseur, d'une couleur livide, et ayant tout-à-fait l'apparence d'une petite veine pleine de sang.

10° On pratiqua une ponction au ventre d'un Chien, à l'aide d'un trois-quarts, et l'on glissa, par la canule, un petit morceau de viande dans la cavité abdominale. Probablement l'opération avait blessé les intestins, car l'animal mourut au bout de trois jours. On trouva les intestins adhérens par places, au moyen de lymphe plastique, et le morceau de viande, également entouré de cette lymphe, tenait aux parois abdominales. On fit alors, sur un autre Chien, une incision d'un pouce et demi de long, à travers les tégumens du bas-ventre, on introduisit la canule d'un trois-quarts dans la plaie, et l'on s'en servit pour glisser dans la cavité abdominale un morceau de viande, pesant douze grains, et coupé suivant la direction des fibres, puis un cylindre de pomme de terre crue ayant le même poids. L'animal parut peu souffrir : il fut tué au bout de huit jours. Le morceau de viande était réduit à ses fibres isolées, qui elles-mêmes se trouvaient éparses dans la cavité ventrale, de sorte qu'on ne put en déterminer le poids ; mais toutes étaient brunes et très-cassantes. Nulle part on n'aperçut de lymphe plastique. Le cylindre de pomme de terre semblait peu changé : ses deux bouts étaient seulement un peu arrondis ; il n'avait pas diminué de poids) (1).

II. Transformation.

§ 909. 1° Les végétaux absorbent, dans le sol, de l'eau, qui ne contient point de matières organiques, ou du moins qui en renferme très-peu, et qui jamais n'est chargée des principes constituans propres à chaque plante ; mais ces principes se manifestent à mesure que le suc s'élève dans le corps du végétal. Wahlenberg a observé ce phénomène sur le *Tetracera potatoria*, et Saussure sur la vigne. Knignt a remarqué que la sève de l'érable était presque insipide à la partie inférieure du tronc, où sa pesanteur spécifique ne dépassait point 1004, tandis qu'à la hauteur de sept pieds cette même pesanteur était de 1008, et qu'à celle de douze elle était de

(1) Addition d'Ernest Burdach.

1012 ; la saveur sucrée augmentait dans la même proportion. Quelque chose d'analogue a lieu dans toutes les autres plantes (1). Si les liquides absorbés ici se métamorphosent pendant leur trajet, et incontestablement par le contact des parois qui les renferment, cette circonstance suffit pour faire présumer une semblable transformation dans le système lymphatique. Sheldon avait déjà remarqué que les tortuosités des vaisseaux lymphatiques semblent l'annoncer, puisqu'elles allongent le trajet que les liquides ont à parcourir (2). Somme totale, le courant marche avec beaucoup de lenteur dans ces vaisseaux, et si le chyle coule plus rapidement, il ne faut pas perdre de vue que l'absorption n'est nulle part plus active que dans l'intestin, ni à aucune autre époque plus énergique que pendant la digestion. Pour parvenir des orteils, par exemple, dans le sang, la lymphe est obligée de s'élever jusqu'au sommet de la cavité pectorale, quoiqu'il y ait partout des vaisseaux sanguins dans son voisinage, et le canal thoracique n'a pas plus d'une à deux lignes de diamètre, bien que le système, considéré dans son ensemble, soit probablement plus spacieux que celui des veines (3). Cette lenteur avec laquelle les vaisseaux lymphatiques conduisent leur contenu au lieu de sa destination, ne saurait être sans but.

2° Ajoutons encore que, chez les animaux vertébrés inférieurs, ces vaisseaux présentent des dilatations et des plexus qui, chez les Mammifères, deviennent des ganglions, par leur rapprochement, leur division en branches plus déliées, leurs anastomoses plus nombreuses, et l'intervention d'une enveloppe de tissu cellulaire (§ 783). Les anciens physiologistes, qui assignaient pour usage à ces ganglions de faciliter le cours du liquide, étaient certainement dans l'erreur ; ils le ralentissent bien au contraire, et l'on en demeure convaincu, comme l'a démontré Haller (4), lorsqu'on réfléchit

---

(1) Treviranus, *Physiologie der Gewaechse*, t. I, p. 415. — *Nouveau système de physiologie végétale*, par F. V. Raspail. Paris, 1837, t. II, p. 28 et suiv.

(2) *The history of the absorbent system*, p. 44.

(3) Hildebrandt, *Anatomie*, t. III, p. 98.

(4) *Elemen. physiol.*, t. II, p. 192 ; t. VII, p. 239.

non-seulement au mécanisme de leur structure (§§ 711, 3°; 725, 2°; 726, 4°; 727, 5°), mais encore à ce fait bien connu des anatomistes, que l'injection des lymphatiques contenus dans leur intérieur présente toujours plus ou moins de difficulté. Il ne saurait être question ici d'une endosmose accélératrice (1).

3° Une circonstance démontre combien les ganglions sont essentiels; c'est leur fréquence. Mascagni n'a jamais vu de lymphatique qui n'en eût traversé quelqu'un. En remontant des membres au tronc, leur nombre augmente avec celui des vaisseaux, de manière, par exemple, qu'on en trouve deux ou trois à la malléole interne, quatre à cinq au genou, huit ou dix à l'aine (2); et dans la grande voie d'introduction des substances étrangères, le mésentère, leur nombre dépasse cent, de sorte que le chyle est obligé d'en traverser successivement plusieurs placés à la suite les uns des autres.

4° Comme des ramifications, à parois extrêmement minces, de vaisseaux sanguins et lymphatiques se trouvent en contact immédiat dans les ganglions, il est vraisemblable que les liquides contenus dans les deux ordres de vaisseaux se mettent en communication ensemble. Haller (3), Mascagni et Haase (4) étaient déjà très-disposés à croire qu'un liquide sécrété du sang s'y mêle avec la lymphe, quoique d'ailleurs ils ne partageassent pas l'opinion de Nuck, qui donnait pour but à ce mélange d'atténuer et d'étendre la lymphe (5). Il serait possible aussi que quelque chose passât des vaisseaux lymphatiques dans les vaisseaux sanguins, conjecture parmi les partisans de laquelle on compte non seulement ceux qui admettent la continuité des deux ordres de vaisseaux (§ 900, 2°), mais encore Weber (6), qui ne croit pas à cette continuité. Le principal motif sur lequel ils se fondent, est que les vaisseaux lymphatiques ne grossissent point pendant leurs cours, que

(1) Dutrochet, *L'Agent immédiat*, p. 196. — *Mémoires*, etc., t. I.
(2) Mayo, *Outlines of human physiology*, p. 158.
(3) *Loc. cit.*, t. I, p. 186; t. VII, p. 244.
(4) *Loc. cit.*, p. 24.
(5) Haller, *Elem. physiol.*, t. I, p. 192; t. VII, p. 238.
(6) Hildebrandt, *Anatomie*, t. III, p. 119.

par conséquent leur contenu doit diminuer. Cependant cette dernière conclusion ne semble pas découler nécessairement des prémisses, puisque l'absorption ne s'exerce ordinairement qu'avec beaucoup de lenteur, qu'en conséquence les vaisseaux lymphatiques ne contiennent pas, la plupart du temps, beaucoup de liquide, et que, du reste, ils sont fort extensibles. Meckel (1) pensait que les parties aqueuses passent du système lymphatique dans les veines, par des ouvertures béantes, afin de perfectionner la lymphe. Cette opinion a contre elle que la lymphe ayant pour unique destination de former du sang, son perfectionnement aux dépens de ce dernier liquide n'aurait aucun but. D'un autre côté, en supposant, comme le fait Weber, que la portion achevée de la lymphe pénètre dans les veines à travers les parois, la question de savoir si les vaisseaux lymphatiques s'abouchent ou non avec les veines dans leurs ganglions, n'a aucun sens physiologique. Dans une telle incertitude, nous nous en tiendrons à la proposition établie par Weber (2), savoir, que la lymphe et le sang réagissent l'un sur l'autre dans les ganglions, à peu près comme le font l'air et le sang dans les poumons; et nous laisserons indécis, avec Breschet (3), le problème ayant pour objet de déterminer si le sang y donne ou s'il y reçoit, n'oubliant pas non plus de dire qu'il serait fort possible que l'un et l'autre cas eût lieu, ou qu'il n'arrivât ni l'un ni l'autre, et que le sang exerçât une action assimilante sur la lymphe, par le seul fait de son voisinage.

5° Le gonflement et l'inflammation qui s'emparent des ganglions lymphatiques après l'absorption de produits morbides, prouvent que ces organes possèdent, non seulement une vie fort active, mais encore une tendance à l'assimilation, qui détermine la réaction inflammatoire. Aux bubons ne succède point, la plupart du temps, la syphilis constitutionnelle; il est vrai qu'alors le virus peut aussi être éliminé du corps par le fait de la suppuration, comme la prompte ouverture des bubons

(1) *Nova experimenta de finibus venarum*, p. 9.
(2) *Loc. cit.*, p. 110.
(3) *Le Système lymphatique, considéré sous les rapports anat., phys. et pathol.* Paris, 1826, in-8, fig.

pestilentiels est le phénomène qui promet le plus sûrement guérison. Lorsque les glandes de l'aisselle se tuméfient après la vaccination, il arrive souvent que le vaccin n'exerce pas d'action générale, et ne préserve point de la petite-vérole. De même, ce qui contribue peut-être à ce que les virus introduits dans les organes digestifs n'opèrent pas d'infection, c'est qu'en sortant de cet appareil, ils sont obligés de traverser une série de ganglions lymphatiques.

6° Hering (1) injecta de l'huile d'olive dans la cavité abdominale d'un Chat, et au bout de quatre jours il en retrouva dans les ganglions mésentériques : sur un autre Chat il injecta dans le rectum un mélange d'huile d'amandes amères et de chlorure de fer, avec le précipité de bleu de Prusse qui s'était formé, et vingt-quatre heures après il rencontra ce dernier dans un ganglion du mésentère. Si nous semblons autorisés à conclure de là que les matières étrangères rebelles à l'assimilation sont retenues pendant quelque temps dans les glandes lymphatiques, un autre fait paraît démontrer que le système lymphatique jouit d'un pouvoir modificateur ou transformateur : Emmert (2), après avoir lié l'aorte ventrale, introduisit de la fausse angusture dans la cuisse d'un animal ; bien qu'aucun symptôme d'empoisonnement ne se fût manifesté, il retrouva cette substance dans l'urine : comme ici l'absorption n'avait pu se faire par les veines, et qu'elle avait été accomplie exclusivement par les lymphatiques, nous sommes en droit de présumer, avec Weber (3), que le poison avait été dépouillé de ses qualités vénéneuses en traversant le système lymphatique.

(1) *Deutsches Archiv*, t. IV, p. 522, 525.
(2) *Loc. cit.*, t. I, p. 478.
(3) *De pulsu et resorptione*, p. 16, 20.

DEUXIÈME DIVISION.

DES PHÉNOMÈNES PARTICULIERS DE LA FORMATION DU SANG.

PREMIÈRE SUBDIVISION.

DE LA FORMATION DU SANG DANS LES TISSUS ET DANS LES ORGANES DIGESTIFS.

CHAPITRE PREMIER.

De la résorption.

§ 910. Une espèce particulière d'absorption est la reprise par le système lymphatique de la substance organique sortie du système sanguin, ou la résorption, qui, conjointement avec la digestion, constitue le premier degré de l'hématose.

1. C'est dans les liquides organiques qu'elle est le plus facile à apercevoir.

1° Toutes les sécrétions qui s'accomplissent dans le tissu cellulaire sont résorbées; car il n'y a pas d'autre voie ouverte pour le renouvellement des matériaux (§ 809, 6°). La résorption doit s'exercer sans interruption dans le tissu cellulaire et les sacs séreux, puisque, après les avoir dépouillés de leurs liquides, nous voyons ceux-ci reparaître promptement, d'où nous sommes fondé à croire que la sécrétion ne s'arrête jamais. Ainsi, par exemple, après l'opération de la cataracte par extraction, peu de jours suffisent pour que les chambres de l'œil s'emplissent de nouveau du liquide dont on a déterminé la sortie. Suivant Magendie, la sérosité qui entoure la moelle épinière disparaît promptement après la mort, époque où elle a cessé d'être sécrétée, de sorte qu'on n'en trouve les méninges remplies que chez les animaux vivans, ou chez ceux qu'on vient de tuer. De même, la graisse disparaît dans l'amaigrissement, et si l'on en a trouvé une quantité considérable dans le sang de personnes chargées d'embonpoint chez lesquelles il était survenu une suppression d'hémorragies habituelles, ce phénomène peut fort bien provenir de la résorption (1), de même que la moelle des os diminue aussi dans certaines maladies de consomption (2).

(1) Treviranus, *Biologie*, t. IV, p. 509.
(2) Hildebrandt, t. I, p. 328.

2° Dans le système dermatique ou ectoplastique (§ 784, 1°), il n'y a généralement qu'une partie des sécrétions qui soit résorbée ; quelquefois cependant la totalité l'est. Mais, ici, la résorption n'est jamais accomplie que par le tissu cellulaire. Les ampoules produites par une légère brûlure disparaissent en quelques jours, ce qu'on ne peut attribuer à une évaporation qui se serait faite à travers l'épiderme (§ 906, 3°). Après la suppression d'une diarrhée occasionée par une sécrétion surabondante, il survient des déjections consistantes. La résorption se montre surtout bien évidente dans les réservoirs d'organes glanduleux ; c'est par elle que la bile peut se concentrer davantage dans son réservoir (§ 826, 2°), passer en partie dans le sang (§ 857, 1V) , et disparaître entièrement de la vésicule, quand le conduit excréteur de cette dernière est obstrué (1). L'urine subit le même changement dans la vessie (§ 827, 3°) ; elle peut se déposer dans d'autres organes lorsque les reins cessent de sécréter (§ 857), et être résorbée en totalité dans le cas d'occlusion de l'urètre. Il a déjà été question de la résorption dans la matrice (§ 482, 7°), dans les vésicules séminales (§ 567, 9°) et dans les canaux galactophores (§ 543, 8°).

3° Chez les sujets atteints d'ulcérations dans certains organes, les poumons et le foie, par exemple, il n'est pas rare de voir du pus former un sédiment muqueux dans le sérum du sang ou dans l'urine. La même chose arrive dans la variole confluente (2) ; et dans les cas même de petite-vérole discrète, une partie du pus est résorbée, tandis que l'autre forme des croûtes en se desséchant.

4° Lorsque la peau a subi une contusion, les alentours s'imbibent de sang épanché , de sorte que le centre est d'un bleu noirâtre, et la périphérie verte, bordée de jaune, teintes qui s'effacent toutes au bout de quelque temps. Les extravasations disparaissent de la même manière dans les diverses cavités du corps. Bruckner trépana un Chien, coagula, au moyen de l'acide sulfurique, le sang qui s'était épanché sur

(1) Voigtel, *Handbuch der pathologischen Anatomie*, t. III, p. 86.
(2) *Journal* de Magendie, t. II, p. 9.

la dure-mère, et n'en retrouva plus de traces après un certain laps de temps. Kees injecta du sang dans la dure-mère de plusieurs Chiens ; il s'en échappa un peu avec l'urine, et un moment vint où le crâne n'en contenait plus du tout (1). Une résorption a lieu jusque dans la substance même du cerveau ; quand cette substance a été déchirée par un épanchement, et qu'un foyer de suppuration s'y est formé , il n'est pas rare d'y trouver plus tard des vestiges de cavernes cicatrisées, le sang ou le pus ayant été résorbé (2). Le caillot obturateur qui se produit dans les artères blessées, est résorbé (§ 862, 3°), et Hewson (3) n'a retrouvé que de la fibrine concrète, sans cruor ni sérum , dans la veine jugulaire d'un Chien qu'il avait tué trois jours auparavant.

II. Quant à ce qui concerne les parties solides :

1° Dans le cours normal de la vie, les organes transitoires, comme les corps de Wolff (§ 450), l'allantoïde (§ 447, 6°), la vésicule ombilicale (§ 437, 4₀, 5°), la membrane pupillaire (§ 433, 5°), les racines des dents de lait (§ 551, 1°, 2°), et le thymus (§ 550, 11°), sont résorbés. Ce phénomène prend part aussi au flétrissement du cordon ombilical (§ 499, 4°), du conduit de Botal, des artères et de la veine ombilicales (§ 509, 3°, 4°, 6°). La même chose a lieu pendant l'accroissement ; car, bien que les os conservent la forme générale qu'ils avaient (§ 427, 11°), des cavités se développent dans leur intérieur (§§ 427, 14° ; 500, 7°, 13° ; 560, 7°). La résorption s'exerce également, dans un âge avancé (§§ 586, 2° ; 645, III), sur le système vasculaire (§§ 587, 1° ; 588, 6°), les os (§§ 587, 3°; 589, 4°, 8°), les dents (§ 587, 2°) et les organes génitaux (§ 588, 10°).

2° Les muscles surtout participent à l'amaigrissement qui succède à la fièvre ou à toute autre cause, ce qui fait que, dans les maladies consomptives, tous les muscles, et, dans les plaies, inflammations et paralysies , ceux qui avoisinent immédiatement le mal, deviennent tellement minces qu'on a

(1) Burdach, *Vom Baue und Leben des Gehirns*, t. III, p. 9.
(2) *Loc. cit.*, p. 16, 25.
(3) *Experimental inquiries*, t. I, p. 20.

de la peine à les reconnaître. Les nerfs peuvent s'atrophier, et devenir ainsi transparens. Il en est de même de quelques parties du cerveau, par exemple, des couches optiques, qui perdent de leur hauteur et de leur largeur; lorsqu'il se développe des productions anormales, la substance cérébrale superposée paraît souvent amincie et sans sillons, et il y a atrophie générale de l'encéphale quand la dure-mère forme des plis à sa surface (1). Les testicules peuvent s'atrophier jusqu'au point de disparaître entièrement (2).

3° La transformation de la substance des organes (§ 858) suppose en partie une résorption : la peau reprend sa couleur naturelle après la jaunisse, les taches de la cornée disparaissent, et il arrive quelquefois au cristallin, déjà devenu opaque, de reprendre sa transparence.

4° La peau tendue sur les abcès s'amincit peu à peu, jusqu'à ce qu'elle finisse par se rompre, et de toutes les parties molles, le tissu cellulaire est le premier qu'attaque la suppuration, de sorte que, dans les abcès, les muscles, les ligamens, les nerfs et les vaisseaux sont totalement dépouillés de ce tissu et de graisse. Les parties frappées de mort se détachent du corps par l'effet d'une résorption (§ 863, II). Le cristallin disparaît peu à peu lorsqu'il est tombé dans la chambre antérieure, ou que sa capsule a été atteinte d'une plaie considérable.

5° Les os prennent part à l'atrophie dans la phthisie et dans les maladies qui obligent à garder le lit pendant longtemps, par exemple, dans les paralysies; ils deviennent cassans dans la syphilis et le scorbut, se ramollissent dans l'ostéosarcose, et se détruisent dans la carie, où l'on voit quelquefois apparaître dans l'urine les sels calcaires qui leur ont été enlevés (3). La jaunisse et l'usage de certaines matières colorantes (§ 865, VII) leur font acquérir une teinte étrangère, qui se dissipe ensuite d'elle-même. Les esquilles frap-

---

(1) Burdach, *Vom Baue und Leben des Gehirns*, t. III, p. 25.

(2) Voigtel, *Loc. cit.*, t. III, p. 404.

(3) Haller, *Elem. physiol.*, t. VII, p. 362. — Sheldon, *The history of the absorbent system*, p. 31.

pées de mort sont détachées par la résorption, et l'on connaît des cas dans lesquels des portions du crâne ont péri sans
cause appréciable et se sont séparées du reste de la boîte (1).
Tandis qu'une fracture se guérit, l'os cylindrique se remplit
d'abord, puis se creuse (§ 863, 12°). Des pointes d'os disparaissent (§ 863, 2°.), et des pièces osseuses totalement détachées finissent par être résorbées peu à peu (2). Les exostoses
s'affaissent aussitôt que la diathèse qui leur avait donné naissance a cessé.

(Le travail de la résorption est précédé d'un gonflement des
parties environnantes, qui rend celles-ci plus tendues et plus
sensibles. Si l'on pratique des incisions à cette époque, on en
trouve la surface, non point d'un rouge vif, comme dans la
véritable inflammation, mais d'un jaune rougeâtre ; le sang
qui s'écoule n'est pas très-rouge ; il est plus séreux ; le tissu
cellulaire est compact, et unit toutes les parties d'une manière plus intime ; la surface de la plaie est moins lisse au
toucher que de coutume. La guérison de cette plaie simple
par instrument tranchant s'accomplit avec une rapidité extraordinaire, et sans qu'il survienne de nouvelle réaction inflammatoire; bien au contraire, l'irritation qui existait auparavant
diminue pendant la cicatrisation. Ce n'est que quand le gonflement a totalement cessé, et que les parties sont redevenues
molles, que la résorption a lieu ; mais celle-ci ne paraît s'accomplir d'une manière complète qu'autant qu'il y a tuméfaction
préalable. La circulation cesse dans un membre gravement
blessé (écrasement des os, déchirure des gros vaisseaux, etc.);
ce membre devient bleu, puis noir, et se momifie, comme
dans la gangrène sénile. La mort s'étend plus loin à la surface
que dans l'intérieur ; le vif forme un cône saillant au milieu
du mort, et dont le sommet est représenté par l'os encore
vivant ; la ligne de démarcation qui, par l'effet d'une séparation spontanée, se convertit en un vide, montre toujours cette
forme du moignon. Les esquilles, qu'elles tiennent ou non à
l'os encore vivant, sont toujours rejetées, et non résorbées.

(1) Gerson, *Magazin*, t. IX, p. 396.
(2) Magendie, *Journal de physiologie*, t. I, p. 17,

Cependant ces phénomènes n'ont lieu que rarement ; en général, le membre se réduit en une sorte de putrilage. Lorsqu'une pièce osseuse demeure en communication avec le reste de l'os, quelquefois par un col très-mince, ou même quand la connexion n'est établie que par un large lambeau de périoste, cette petite portion peut être résorbée ; une volumineuse ne fait que devenir plus lisse à la surface, s'arrondir sur les bords, et se couvrir peu à peu d'un tissu cellulaire cartilaginiforme. Dans les surfaces osseuses dépouillées de périoste, la résorption commence par le diploe ; la pièce se perce d'abord, comme un crible, de trous à travers lesquels pénètrent les bourgeons charnus, et elle finit par disparaître en totalité) (1).

III. Mais la résorption a lieu pendant la vie entière. Nous en avons déjà la preuve dans le besoin de nourriture, qui ne dépend pas uniquement de la diminution des liquides, car les parties solides y contribuent aussi pour leur part ; en effet, ces parties, les muscles surtout, perdent de leur masse, et leur composition normale finit par s'altérer, lorsque la nourriture manque. Une addition de matériaux nouveaux suppose une consommation correspondante, et comme le corps demeure semblable à lui-même quand la nutrition ne subit aucune interruption, celle-ci doit avoir pour antagoniste une résorption, dont la quantité proportionnelle est trop forte dans l'atrophie, trop faible dans l'hypertrophie. Le renouvellement des matériaux doit accompagner tous les actes de la vie ; car l'accroissement de l'activité dans une sphère quelconque de la vie entraîne à sa suite, ou le besoin d'une plus grande somme de nourriture et de repos, ou l'émaciation et l'épuisement. C'est ce qu'on observe dans les fièvres, de même qu'après l'exercice violent, les veilles prolongées, les travaux opiniâtres de cabinet et les orages des passions. D'après cela, notre corps est assujéti à un changement continuel de sa substance, de sorte qu'au bout d'un certain nombre d'années, il ne reste plus un seul atome de la matière dont il est actuellement formé. Les iatro-mathématiciens ont cherché à déter-

(1) Addition de J. F. Dieffenbach.

miner l'étendue de cette période. Suivant Keill, il ne reste plus, au bout d'un an, que seize livres de l'ancienne matière, qui, d'après Bernoulli, serait réduite au tiers seulement de sa masse primitive, ce qui ferait neuf ans suivant l'un et trois selon l'autre, pour le renouvellement complet (1). Les bases de ces calculs sont trop incertaines pour que nous puissions y attacher la moindre valeur.

§ 911. Arrivé maintenant à la question de savoir quels sont les vaisseaux qui accomplissent la résorption, nous sommes tentés d'attribuer de préférence cette fonction aux lymphatiques, soit parce que, en vertu de la disposition de leurs radicules (§ 904, 3°), ils ne peuvent recevoir leur contenu que par la voie de l'absorption, d'où l'on est porté à conclure que ce sont eux qui prennent le plus de part à l'absorption de substances étrangères (§ 905, 3°); soit parce que, dans le nombre de ces substances, ils semblent s'emparer avec préférence de celles qui sont assimilables (§ 905, 4°), et les transformer en quelque sorte (§ 908), de manière qu'on peut les supposer aptes aussi à préparer la conversion en sang de matériaux encore assimilables de l'organisme lui-même, tout en reconnaissant qu'en certaines circonstances, ces matériaux peuvent passer immédiatement dans le torrent de la circulation. Mais tenons-nous en, pour le moment, aux faits.

1° Pendant les premiers temps de la vie embryonnaire, lorsqu'il n'y a pas encore de vaisseaux lymphatiques, la résorption a cependant lieu déjà, et elle s'accomplit de toute évidence dans le cartilage lorsque ce corps dense se transforme en os. Il se peut qu'ici les veines agissent, comme chez les animaux invertébrés, qui ont des veines et point de vaisseaux lymphatiques. Mais le premier développement de l'embryon implique déjà l'absorption, et il s'opère dès avant qu'on découvre des veines, qui n'existent pas non plus chez les animaux vertébrés inférieurs. Si donc, à un certain degré de l'échelle vitale, l'absorption consiste en une simple imbibition, on ne peut conclure de là qu'à des degrés plus élevés de la même échelle, où il existe des veines, puis des lymphatiques,

(1) Haller, *loc. cit.*, t. VIII, P. II, p. 65.

ces vaisseaux ne soient point chargés de présider à la fonction. On n'a pu parvenir à démontrer des lymphatiques, d'un côté dans l'intérieur du cerveau et de l'œil, d'un autre côté dans les cartilages et les os , c'est-à-dire, précisément dans les sphères les plus élevées et les plus inférieures de l'organisme; mais on en trouve à l'extérieur de ces organes , et comme une imbibition du tissu doit précéder toute admission dans les vaisseaux (§ 904, 7°), le liquide à absorber peut se répandre aussi de cette manière jusqu'à ce qu'il rencontre des lymphatiques, comme le suc plastique doit s'échapper des vaisseaux avant de parvenir au milieu d'un îlot de substance (§ 877, 4°). Dans la métamorphose des Insectes (§ 379), la résorption joue évidemment un rôle, pour amener de nouveaux rapports de conformation des organes , et comme ici les vaisseaux sanguins sont peu abondants, il faut qu'avant de les rencontrer le fluide qui doit être absorbé, imbibe des portions considérables de tissu.

2° Les ganglions lymphatiques ont une teinte rougeâtre aux membres , un peu jaunâtre dans le voisinage du foie, brun-rougeâtre à la rate , noirâtre aux bronches (1). Saunders (2), Tiedemann (3) et autres (4) ont trouvé qu'après la ligature du canal cholédoque , les lymphatiques venant du foie étaient gonflés et jaunes, et que la lymphe du canal thoracique contenait de la bile. Portal , André , Assalini (5), Mascagni , Andral (6) ont observé des phénomènes analogues, sur des cadavres humains, dans des cas d'obturation maladive des conduits biliaires, et les conclusions à en tirer ne laisseraient place au doute que quand il y avait en même temps jaunisse générale (7). Les lymphatiques de la matrice se dilatent chez les femmes enceintes, comme ceux des mamelles chez les

(1) Hildebrandt, *Anatomie*, t. III, p. 108.

(2) Voigtel, *loc. cit.*, t. I, p. 510.

(3) *Recherches expérimentales sur la digestion*, trad. par A. J. L. Jourdan, Paris, 1827, t. II, p, 5.

(4) Breschet, *Le système lymphatique*, Paris, 1836, in-8, p. 244.

(5) *Essai sur les vaisseaux lymphatiques*.

(6) *Précis d'anat. pathol.*, Paris. 1829, t. I, p. 560.

(7) Magendie, *Journal*, t. II, p. 282.

nourrices (1), et quand la sécrétion de lait se dérange chez ces dernières, il survient un gonflement douloureux des glandes de l'aisselle. La graisse libre que Ribes (2) a trouvée dans le sang, et non dans la lymphe, pouvait tout aussi bien provenir du chyle qu'avoir été absorbée.

3° Plusieurs observateurs (3), notamment Mascagni, ont remarqué souvent, dans les extravasations, que les vaisseaux lymphatiques étaient pleins de sang. Magendie (4) objecte, et Andral emploie le même argument (5), que la lymphe, celle surtout du canal thoracique, a quelquefois une teinte de sang, quoiqu'il n'y ait pas d'extravasation, tandis que fréquemment elle est claire comme de l'eau, bien que cette dernière existe. Mais il n'a jamais été prétendu que le sang fût absorbé dans tous les cas, et il n'y a possibilité de confondre la lymphe rougie avec du sang absorbé que quand on ne fait point attention aux circonstances de localité. Foderà (6) appliqua une double ligature à une portion d'intestin d'un Lapin, et y fit une incision; au bout de quelque temps, les lymphatiques du point blessé s'emplirent de sang. Lauth (7), ouvrant le corps d'un Loup qui avait été tué d'un coup de feu à la poitrine, trouva les lymphatiques de la paroi pectorale d'un rouge foncé jusqu'à leurs ganglions, au delà desquels ils étaient incolorés. Collard de Martigny (8) assure également que les lymphatiques admettent du sang lorsqu'en gênant le courant veineux d'un membre, on détermine une pléthore factice dans ce dernier. Ces vaisseaux s'emplissent quelquefois d'air dans la putréfaction, au dire de Sœmmerring (9), et dans l'emphysime, selon Mascagni, qui a également observé, dans les

---

(1) Sœmmerring, *Gefæsslehre*, p. 504.
(2) *Mém. de la Soc. méd. d'émulation*, Paris, 1817, t. VIII, p. 616.— *Mémoires et observations d'anatomie, de pathologie et de chirurgie.* Paris, 1841, t. I, p. 25.
(3) Voigtel, *loc. cit.*, t. I, p. 508.
(4) *Précis élémentaire*, t. II, p. 186.
(5) *Journal de Magendie*, t. II, p. 280.
(6) *Rech. expérim. sur l'absorption et l'exhalation*, Paris, 1824, p. 69.
(7) *Essai sur les vaiss. lymphat.*, p. 61.
(8) *Journal de Magendie*, t. VIII, p. 208.
(9) *Gefæsslehre*, p. 492.

cas d'épanchemens d'autres liquides, la similitude parfaite entre ces derniers et le contenu des vaisseaux lymphatiques voisins.

4° Les ganglions lymphatiques se gonflent souvent dans le voisinage d'un organe vers lequel les sucs affluent d'une manière extraordinaire ou anormale, en raison de l'exaltation de l'activité vitale, par exemple sous le menton dans la dentition difficile, aux aines quand l'accroissement se fait avec rapidité (§ 555, 1°), aux aisselles lorsque la sécrétion du lait commence, et au voisinage des parties atteintes de rhumatisme ou d'une autre inflammation. De même aussi, dans les cas d'ulcère, de carie, de cancer, etc., les vaisseaux lymphatiques de la partie malade se dessinent souvent sous la forme de cordons noueux, et l'on peut présumer qu'ils reçoivent les substances sorties du mélange organique, pour les transformer en quelque sorte pendant leur trajet, et les rendre plus propres à être admises dans le sang. Du pus a également été rencontré dans les lymphatiques d'organes suppurans, par Dupuytren, Velpeau, Portal et autres (1), et dans ceux qui avoisinaient un cas de tumeur blanche au genou par Collard de Martigny (2) ; Andral (3) a observé de la matière carcinomateuse dans le canal thoracique, chez une femme atteinte de cancer à la matrice : Astley Cooper (4) et Rust (5) en ont vu dans les lymphatiques de testicules frappés de sarcome, ainsi que dans le canal thoracique. Les lymphatiques ont offert des amas calcaires dans la carie, au dire de Sœmmerring, et dans les gonflemens des os, suivant Otto ; le canal thoracique en contient, d'après Cheston (6), dans le spina ventosa. Magendie (7) objecte contre ces observations, qu'on ne s'est pas suffisamment convaincu de l'identité

(1) *Journal de Magendie*, t. II, p. 9. — Andral, *Précis d'anat. path.*, t. II, p. 442.

(2) *Journal de Magendie*, t. VIII, p. 198.

(3) *Précis d'anat. pathol.*, t. II, p. 439, 445.

(4) Isenflamm, *Beitræge fuer die Zergliederungskunst*, t. I, p. 52.

(5) Horn, *Neues Archiv*, 1815, p. 731.

(6) Sheldon, *The history of the absorbent system*, p. 30.

(7) *Précis élémentaire*, t. II, p. 193.

du liquide contenu dans les lymphatiques avec celui des ulcères, et que, quand bien même ce liquide eût été seulement du pus, il aurait pu être produit dans les vaisseaux eux-mêmes. Cependant ces objections n'atteignent pas tous les faits indistinctement, et le gonflement visible des lymphatiques provenant d'une partie qui suppure, parle plus en faveur d'un passage en nature que de toute autre hypothèse. A la vérité, il demeure difficile de comprendre comment les globules du pus peuvent arriver dans les lymphatiques sans orifices béans; mais la même difficulté s'élève contre l'absorption par les veines, et il ne répugne pas de penser que le pus imbibe les parois sous la forme purement liquide, qu'il ne prend celle de globules qu'après avoir pénétré dans l'intérieur des vaisseaux (§ 855, VI). Nul doute que le pus ne puisse être absorbé également par les veines, quoiqu'il se forme aussi avec beaucoup de facilité dans leur intérieur même, comme l'a démontré spécialement Cruveilhier (1). Si Gendrin (2) en a trouvé dans les lymphatiques efférens du mésentère, il en a rencontré aussi dans les veines. Ribes en a vu (3) dans des veines, sans que celles-ci fussent enflammées, chez des personnes atteintes d'ulcères. Blondel (4) en a reconnu également dans les lymphatiques des parties suppurantes. Les veines ont plusieurs fois offert de la matière encéphaloïde ou carcinomateuse dans les tubercules et le cancer (5), quoiqu'il fût possible ici que la dégénérescence se fût propagée par infection à ces vaisseaux.

5° A l'ouverture des cadavres des hydropiques, on trouve en général les vaisseaux lymphatiques gorgés de liquide, probablement parce que l'atonie les a mis hors d'état de transporter plus loin la sérosité sécrétée en trop grande abondance qu'ils ont résorbée. Aussi a-t-on attribué cette ma-

---

(1) *Anatomie pathologique*, livraisons 2, 11, 13, 27, in-fol., fig. col.

(2) *Histoire anat. des inflammations*, t. II, p. 95.

(3) *Mém. de la Soc. méd. d'émulation*, Paris, 1817, t. VIII, p. 608. — *Mémoires et observations d'anatomie, de pathologie et de chirurgie*, Paris, 1841, t. I, p. 17.

(4) Foderà, *Recherches sur l'absorption*, p. 69.

(5) *Journal de Magendie*, t. VIII, p. 198.

ladie et l'œdème à la stagnation de la lymphe (1). Mais si,
comme l'a observé, par exemple, Bouillaud (2), l'œdème a
lieu dans le cas d'obstruction des veines d'un membre par
des caillots ou par une tumeur qui les comprime, ou s'il
est bien vrai qu'une gêne de la circulation hépatique entraîne l'ascite à sa suite, ce ne sont point là encore des
preuves que la congestion séreuse tienne à la suspension
de la résorption par les veines (3) ; car elle peut, loin de là,
dépendre d'un accroissement de sécrétion, occasioné lui
même par l'accumulation du sang dans les vaisseaux capillaires (4). Une ligature fortement serrée autour d'un membre détermine l'œdème ; mais, en pareil cas, la compression porte également sur les lymphatiques et sur les veines.
Enfin, dans les cas où l'œdème ne survient point après l'extirpation de ganglions axillaires malades, il n'est démontré ni qu'il
n'est pas resté de ganglions intacts, ni que la lymphe, trouvant ses ganglions obstrués, ne s'est point frayé d'autres voies.
Astley Cooper (5), ayant lié le canal thoracique gauche sur un
Chien, trouva fortement distendus les vaisseaux lymphatiques
des membres, principalement de la patte antérieure gauche,
et ceux du côté gauche du cou.

D'après toutes ces considérations réunies, nous paraissons
être en droit d'admettre que, dans l'état ordinaire, la résorption est opérée par les vaisseaux lymphatiques.

§ 912. Le liquide parvenu de cette manière dans les vaisseaux lymphatiques, porte le nom de *lymphe*. On n'a eu,
jusqu'à présent, qu'un assez petit nombre d'occasions de
l'étudier avec soin. Brande (6), Magendie et Chevreul (7).

---

(1) Haller, *Elem. physiol.*, t. I, p. 467. — Oudemann, *De venarum fabricâ et actione*, p. 85.

(2) *Journal de Magendie*, t. III, p. 89.

(3) Magendie, *Leçons sur les phén. physiques de la vie*, t. I, p. 81.

(4) Oudemann, *De venarum fabricâ et actione*, p. 43. — Hewson, *Experimental inquiries*, t. III. p. 144.

(5) Isenflamm, *Loc. cit.*, t. I, p. 62.

(6) Meckel, *Deutsches Archiv*, t. II, p. 283.

(7) Magendie, *Précis de physiologie*, t. II, p. 171.

Gmelin et A. Muller (1), Gmelin et Tiedemann (2), ont examiné le contenu du canal thoracique chez des animaux qui
étaient demeurés long-temps sans nourriture : à la vérité, il y a
impossibilité de déterminer en pareil cas s'il n'est pas demeuré
un peu de chyle dans le conduit , ou si les restes d'alimens
contenus dans le tube digestif n'en ont point fourni une certaine quantité, qui a passé dans le système lymphatique. La
lymphe provenant des vaisseaux de parties autres que l'intestin , a été examinée chez les Bœufs par Desgenettes (3),
puis avec plus de soin, chez les Chevaux , par Reuss et Emmert (4) Tiedemann et Gmelin , A. Muller et Gmelin (5),
Leuret et Lassaigne (6), enfin chez les Grenouilles par J. Muller (7). La lymphe humaine dont on a étudié les propriétés
avait été obtenue de tumeurs lymphatiques par Fr. Nasse (8),
Friedrich (9) et Krimer (10), de plaies non cicatrisées par
Sœmmerring (11) , G. Nasse (12), J. Muller (13) , Trog (14),
Marchand et Colberg (15).

1° La lymphe est très-coulante , claire , généralement
incolore ou d'une teinte tirant un peu sur le jaunâtre ou le
verdâtre , inodore, et d'une saveur légèrement salée. Elle
est neutre suivant Brande, alcaline selon Tiedemann et
Gmelin , Reuss et Emmert, Leuret et Lassaigne , H. Nasse et
Trog. Sa pesanteur spécifique a été trouvée de 1022 par Magendie, de 1037 par Marchand et Colberg , de 1045 par Kri-

(1) A. Muller, *Diss. experimenta circa chylum systens.* Heidelberg, 1819.
(2) *Rech. sur la dig.*, *trad. par A. J. H. Jourdan.* Paris, 1827, t. II, p. 92.
(3) Schreger, *Theoretische und praktische Beitræge zur Cultur der Saugaderlehre*, p. 237.
(4) Scherer, *Allgemeines Journal der Chemie*, t. V, p. 691.
(5) *Loc. cit.*
(6) *Recherches sur la digestion.* Paris, 1825, p. 142.
(7) Gilbert , *Annalen der Physik und Chemie*, CI, p. 515.
(8) Horn, *Neues Archiv*, 1817, t. I, p. 382.
(9) *Ibid.*, 1819, t. I, p. 363.
(10) *Versuch einer Physiologie des Bluts*, p. 147.
(11) *Gefæsslehre*, p. 542.
(12) *Zeitschrift fuer Physiologie*, t. V, p. 21.
(13) Gilbert, *Annalen*, t. CI, p. 513.
(14) *Diss. de lympha.* Halle, 1737.
(15) Gilbert, *Annalen*, t. CXIX, p. 647.

mer. Dans le cas observé par Sœmmerring, elle laissa à l'évaporation un résidu visqueux, jaune doré, translucide, sur lequel se montrèrent plus tard quelques cristaux salins ; réduite à moitié par l'action du feu, elle devint gélatiniforme. Brande a trouvé que cet extrait verdissait les couleurs bleues végétales. Suivant Sœmmerring, la lymphe ne se putréfie qu'au bout de quelques semaines.

2° Ce liquide contient, comme l'a découvert Hewson, des corpuscules sphériques, translucides, incolores ou blanchâtres, insolubles dans l'eau, qui, d'après Wagner, ont, chez les Mammifères, leur surface garnie de fines granulations, et un diamètre la plupart du temps de 0,0040 ligne. Chez l'homme, leur volume varie, au dire de G. Nasse : suivant Berres (1), ils n'ont que 0,0005 à 0,0042 ligne, et sont en partie de forme allongée ou ovalaire.

3° Hors du corps, la lymphe se coagule au bout d'environ un quart d'heure, comme l'avait déjà remarqué Diemerbroek. Elle se comporte alors comme le sang, c'est-à-dire qu'elle se sépare en deux portions, la sérosité et le caillot. Provenant de vaisseaux à l'état normal ou blessés, elle ne se coagule souvent qu'avec lenteur et d'une manière incomplète, même insensible. Le caillot apparaît tantôt sous la forme de petits flocons ou d'un tissu semblable à une toile d'araignée, tantôt sous celle d'une masse gélatineuse. Il s'élève à 0,0030 de la lymphe, selon Desgenettes; 0,0050, suivant Gmelin; 0,0066, d'après H. Nasse. La lymphe obtenue de tumeurs lymphatiques se coagulait promptement, et donnait d'après Friedrich 0,0144, suivant Krimer 0,1900 de caillot. Leuret et Lassaigne disent que sa coagulation s'opère aussi dans le vide, dans le gaz hydrogène et dans le gaz acide carbonique.

4° Le caillot consiste en fibrine (qui, d'après Desgenettes, forme, à l'état sec, 0,0008 de la lymphe), avec une portion des granulations chyleuses. Magendie lui a trouvé, chez les animaux soumis au jeûne, une couleur rougeâtre, qui devenait écarlate dans le gaz oxygène, et purpurine dans le gaz

(1) *Anatomie der mikroskopischen Gebilde des menschlichen Kœrpers*, p. 72.

acide carbonique. Celui qui provenait de la lymphe des tumeurs lymphatiques rougissait à l'air, d'après Friedrich; suivant F. Nasse, le nitrate de potasse, le chlorure de sodium et le gaz oxygène le rendaient rutilant, tandis que le gaz acide carbonique lui faisait prendre une teinte foncée.

5° Le sérum est un peu jaunâtre, et verdit les couleurs bleues végétales. Sœmmerring et Brande ont vu l'alcool et les acides ne le troubler que faiblement. Suivant H. Nasse, au contraire, ces réactifs y font naître des flocons, et le nitrate d'argent ou le sublimé corrosif y produit un précipité caséiforme. D'après Reuss et Emmert, il laisse, après avoir été desséché, 0,0375 de résidu. On y a trouvé de l'albumine et des sels, en partie aussi de l'osmazome, de la ptyaline et de la graisse, à l'état de combinaison. Les sels sont, suivant Chevreul, du chlorure de sodium et du carbonate de soude, du phosphate de chaux et de magnésie, et du carbonate calcaire; d'après Leuret et Lassaigne, de la soude, du chlorure de sodium et de potassium, et du phosphate de chaux; selon Tiedemann et Gmelin, du carbonate, du sulfate et de l'acétate de potasse et de soude, avec des chlorures de potassium et de sodium; le chlorure de sodium y prédomine, et Chevreul l'évalue à 0,0064 de la lymphe.

6° La proportion des principes constituans était :

	CHEZ LE CHEVAL.			CHEZ LE CHIEN.	CHEZ L'HOMME.	
	d'après Reuss et Emmert.	d'après Lassaigne.	d'après Gmelin.	d'après Chevreul.	d'après Marchand et Colberg.	d'après Krimer.
Eau.. : : ..	9694	9250	9610	9264	9693	9168
Fibrine. . . .	30	33	25	42	52	249
Albumine...	376	574	275	610	43	
Sels......		143		84	155	583
Sels avec ptyaline.....			21			
Sels avec osmazome..			69			
Osmazome. .					31	
Graisse. . . .					26	

§ 913. Nous avons encore à examiner les objections qu'on a élevées contre l'opinion qui regarde la lymphe comme un produit de la résorption. Bleuland (1), en se fondant sur Bartholin, Nuck et Berger, admettait que les vaisseaux lymphathiques sont la continuation des artères, et que celles-ci dégénèrent d'un côté en veines qui rapportent le sang, d'un autre côté en vaisseaux séreux (§ 703), en veines séreuses, c'est-à-dire en lymphatiques. Il paraît vraisemblable aussi à Magendie (2) que la lymphe est la portion du sang que les veines ne ramènent point. Mais, s'il en était ainsi, on n'entreverrait pas dans quel but la lymphe aurait des vaisseaux à elle propres, par le moyen desquels elle serait conduite à la masse du sang, sans entrer en conflit avec d'autres tissus. Est-ce que cette séparation du sang veineux d'avec la lymphe le rendrait apte à remplir ses fonctions? Pour ce qui concerne la sécrétion, ceci ne pourrait avoir lieu qu'à l'égard du foie, et non par rapport à d'autres organes. Quant à la conjecture que cette diminution de la masse du sang favorise l'action absorbante des veines (§ 906, 4°), ce qui parle contre elle, c'est que les poumons, dans lesquels l'absorption par les veines est normale et active au plus haut degré, contiennent un sang chargé de la lymphe du corps entier. D'après l'opinion dominante, la lymphe est assimilée au sang dans ses ganglions : suivant la conjecture en question, cette assimilation serait superflue, et Magendie dit même qu'on ne voit pas quelle peut être la fonction des ganglions. Les vaisseaux lymphatiques du mésentère ont la même structure, le même courant, le même tronc commun, et hors du temps de la digestion le même contenu que ceux d'autres organes, notamment des parties où il ne s'accomplit pas d'absorption, mais seulement une résorption; or, comme les premiers absorbent de toute évidence, les autres doivent avoir aussi la même fonction. La fonction absorbante n'est plus prononcée dans les lymphatiques des organes digestifs que parce que ces vaisseaux y sont consacrés d'une manière toute spéciale

(1) *Experimentum anatomicum*, p. 5, 32.
(2) *Précis élémentaire de physiologie*, t. II, p. 496.

à l'admission de la substance organique de nouvelle formation, et que celle-ci frappe davantage les yeux, en raison de sa couleur blanche, quoiqu'elle ne diffère en rien d'essentiel de la lymphe proprement dite (§ 949). L'assertion de Magendie, que les lymphatiques intestinaux ne peuvent absorber autre chose que du chyle, est réfutée par les faits cités précédemment (§ 902, 9°).

1° Magendie fonde principalement son opinion sur l'analogie entre la lymphe et le sérum du sang (§ 664), de laquelle il conclut l'identité des deux liquides. Hamberger et Lassus avaient déjà reconnu cette analogie; Hewson dit (1) que la lymphe ressemble tout-à-fait à la lymphe coagulable du sang, et Muller (2) dit positivement qu'elle est ce qu'il nomme *liquor sanguinis*. Mais cette liqueur du sang n'est que du sang sans globules; et comme la lymphe contient des globules, elle serait alors du sang complet, à la couleur près seulement. Si elle a été produite par résorption, et qu'elle ait besoin de transformation pour devenir sang, il faut bien qu'elle ressemble plus ou moins à ce dernier; mais elle a encore davantage d'analogie avec le chyle, qui cependant ne provient pas d'elle assurément.

2° Muller allègue (3) que, chez les Grenouilles, la soustraction prolongée de la nourriture fait perdre à la lymphe sa coagulabilité, en même temps qu'elle dépouille le sang de la sienne. Mais ce trait de ressemblance entre les deux liquides doit finir par se prononcer chez des animaux capables de supporter la faim très-long-temps, lorsqu'il ne se forme plus de fibrine et que les organes retiennent avec ténacité le peu qui en reste encore dans l'économie : auparavant, l'inverse doit avoir lieu. Il résulte des observations de Collard de Martigny (4) que la fibrine, en diminuant dans le sang, devient plus abondante dans la lymphe, et que les vaisseaux lymphatiques sont plus pleins lorsque les vaisseaux sanguins

---

(1) *Experimental inquiries*, t. III, p. 106.—Raspail, *Nouveau système de chimie organique*. Paris 1838, t. III, p. 224.

(2) *Handbuch der Physiologie*, t. I, p. 348.

(3) *Ibid.*, p. 261.

(4) *Journal de Magendie*, t. VIII, p. 203.

contiennent moins de sang (§ 906, 4°), de même que leur calibre augmente chez les hydropiques amaigris, tandis qu'on le trouve plus petit chez les personnes chargées d'embonpoint (1). Ainsi Magendie (2) ne les a rencontrés la plupart du temps qu'humides à la tête, au col et aux membres ; sur les côtés de la colonne vertébrale, dans le bassin, à la veine cave, à la veine porte, au foie, ils étaient plus fréquemment pleins ; mais jamais le canal thoracique n'était vide.

3° Une autre raison qu'invoque ce physiologiste (3), est la différence existante entre la lymphe et le liquide tant du tissu cellulaire que des sacs séreux, qui cependant est résorbé. Mais, de même que ce liquide, la lymphe est une dissolution limpide d'albumine et de sels, et elle diffère moins de lui qu'il ne diffère lui-même du sang, d'où cependant il provient. Comme on ne peut méconnaître une transformation dans la sécrétion, il peut y en avoir une aussi dans la formation de la lymphe (§ 916).

4° Magendie se fonde encore sur ce que la lymphe de toutes les parties du corps est la même, malgré la diversité des liquides à résorber que ces parties contiennent. Mais elle se compose en grande partie d'eau, d'albumine et de sels, c'est-à-dire de substances communes à tout l'organisme, qui existent partout dans l'économie, et le chyle, quoiqu'il résulte d'alimens très-dissemblables et de sucs digestifs variés, n'en est pas moins toujours le même quant aux propriétés essentielles. D'ailleurs, la lymphe de quelques organes offre des caractères particuliers, au dire de Mascagni et de Weber ; et si ces particularités ne sont pas palpables, nous devons nous rappeler que le sang veineux des diverses parties du corps doit nécessairement en présenter aussi, qui ne tombent pas davantage sous nos sens (§ 887, IV).

5° Haller (4) ayant, comme d'autres anatomistes, fait passer des injections des artères dans les lymphatiques, avait tenu

(1) Haase, *De vasis cutis et intestinorum absorbentibus*, p. 2.
(2) *Précis élémentaire*, t. II, p. 198.
(3) *Ibid.*, p. 177.
(4) *Elem. physiol.*, t. I, p. 108.

pour certain, d'après cela, que ces derniers naissent des capillaires, soit immédiatement, soit par des canaux intermédiaires. Cette opinion a été complétement réfutée par Monro (1); mais Magendie prétend encore, après Bleuland, que les artères semblent se continuer sans interruption avec les lymphatiques. On peut répondre que le passage des injections est un phénomène extrêmement rare, tout-à-fait exceptionnel par conséquent, et qui peut dépendre d'une déchirure, comme Hewson l'affirme (2), d'après ses expériences. De plus, il n'y a pas impossibilité de pénétration, puisque les parois minces des capillaires et des lymphatiques appliqués les uns contre les autres, comme aussi les capillaires qui se répandent sur les parois des lymphatiques et les lymphatiques qui naissent des parois artérielles, permettent à l'imbibition d'avoir lieu. Mascagni, en injectant dans les artères une dissolution d'ichthyocolle chargée de cinabre, a vu le liquide incolore suinter dans le tissu cellulaire, et passer de là dans les vaisseaux lymphatiques. Il arrive aussi quelquefois de la même manière que ces derniers se remplissent de liquide provenant des conduits sécrétoires (§ 904, 6°), d'où il est clair qu'ils sont accessibles de différens côtés, et que leurs relations ne se bornent pas exclusivement aux artères. Panizza (3) a vu parfois, chez les animaux, les injections passer de certaines artères dans les lymphatiques; mais jamais il n'a aperçu de continuité entre ces deux ordres de vaisseaux. Les recherches de Fohmann (4) sont d'accord avec les siennes sous ce rapport, ainsi que les résultats précédemment indiqués (§ 904, 3°), à l'égard des radicules. Les lymphatiques les plus déliés sont beaucoup plus gros que les capillaires chariant du sang (5); ils devraient donc, s'ils communiquaient avec ces derniers, pouvoir facilement admettre du sang entier : Krause, par exem-

(1) *De vasis lymphaticis.* Berlin, 1757.

(2) *Experimental inquiries*, t. III, p. 170.

(3) *Osservazioni*, p. 41.

(4) *Mém. sur les communications des vaiss. lymph. avec les veines*, p. 5.

(5) Hildebrandt, *Anatomie*, t. III, p. 102.

ple (1), a trouvé leur diamètre de 0,007 ligne, tandis que, d'après Muller (2), les moindres capillaires des villosités intestinales du Veau ont jusqu'à 0,006 ligne. C'est aussi par le seul secours de la pénétration à travers les lymphatiques qui prennent leurs racines dans les parois des vaisseaux sanguins, ou des artérioles qui se répandent à leur surface, qu'on peut expliquer (3) comment des substances injectées dans les veines d'animaux vivants apparaissent au bout de quelques minutes dans le système lymphatique (4); car Hering, entre autres (5), a retrouvé dans le canal thoracique, au bout d'une à cinq minutes, le cyanure de potassium qu'il avait injecté dans la veine jugulaire de Chevaux. Si Magendie (6) a vu les lymphatiques extraordinairement distendus par la lymphe, sur des Chevaux dans les veines desquels il avait poussé trente litres d'air, c'est qu'ici la réplétion des veines avait empêché le canal thoracique de se vider, et probablement aussi qu'il avait pénétré de l'air dans le système lymphatique.

§ 914. Quant aux lois de la résorption,

I. On doit d'abord les étudier d'une manière générale.

1° La résorption est déterminée, comme l'absorption (§ 906, 4°), par l'état de plénitude ou de vacuité du système sanguin. Lorsqu'on prend peu de nourriture, et que les pertes continuellement faites par le sang ne sont point réparées du dehors, les lymphatiques absorbent davantage dans leur propre corps. C'est par ce fait que les médecins ont été conduits à employer la faim comme moyen de traitement dans des maladies où il est à désirer que la résorption s'accomplisse d'une manière plus active. Magendie avait déjà remarqué (7) que les vaisseaux lymphatiques étaient plus pleins chez les animaux qui sont demeurés un long espace de temps sans recevoir de nourriture, et Collard de Martigny (8) a donné une

(1) Muller, *Archiv fuer Anatomie*, 1837, p. 5.
(2) *Handbuch der Physiologie*, t. I, p. 252.
(3) Foderà, *Recherches sur l'absorption*, p. 47.
(4) Magendie, *Précis*, t. II, p. 325.
(5) *Zeitschrift fuer Physiologie*, t. I, p. 125.
(6) *Leçons sur les phén. de la vie*, t. 1, p. 80.
(7) *Précis élémentaire*, t. II, p. 199.
(8) *Journal* de Magendie, t. VIII, p. 177-203.

plus grande extension à ces expériences. D'après les observations qu'il a faites sur des Chiens mis à la diète, la résorption est tellement accrue durant le cours de la seconde semaine, que le système lymphatique entier se trouve gorgé de lymphe, ceux du mésentère contenant un liquide coagulable, transparent, blanchâtre ou légèrement rosé ; pendant la troisième ou la quatrième semaine, ce liquide diminue ; à partir de cette époque, le canal intestinal ne contient plus qu'un peu de lymphe, qui paraît provenir seulement des viscères. Une diminution immédiate de la masse des humeurs entraîne naturellement des résultats analogues. En effet, les saignées et les purgations, employées d'ailleurs dans des circonstances favorables, peuvent guérir les hydropisies et autres maladies de ce genre, en activant la résorption. La graisse que Marshall Hall (1) a trouvée dans le sang des animaux morts d'hémorrhagie, y était sans doute arrivée par résorption.

2° Les liquides organiques sont les substances dont la résorption s'empare avec le plus de promptitude et d'énergie ; viennent ensuite le tissu cellulaire, puis les muscles ; les os s'y prêtent moins, et les autres tissus scléreux moins encore ; au dernier rang sont placés les tissus épidermatiques. Ainsi l'épiderme n'est point attaqué par une suppuration qui se forme au dessous de lui : il éprouve seulement de la distension, jusqu'à ce qu'il crève, comme on le remarque surtout dans les endroits où il a beaucoup d'épaisseur, par exemple, à la paume des mains et à la plante des pieds. Ce qui rend le panaris si douloureux, c'est que l'épiderme est gêné dans son expansion par la présence de l'ongle, tandis que partout ailleurs on peut le ramollir et le rendre plus extensible par l'application de corps humides. On ne saurait donc faire valoir comme un argument contre le renouvellement incessant de la matière (§ 909, III), qu'après l'usage du nitrate d'argent à l'intérieur, la peau conserve souvent une teinte bleuâtre ou noirâtre pendant plusieurs années, et que les figures colorées dont les soldats, les matelots et les sauvages ont coutume de se tatouer, durent parfois toute la vie (2) ; car ces colorations

(1) *Archives générales*, 2ᵉ série, t. II, p. 380.
(2) Magendie, *Précis élément.*, t. II, p. 385.

n'ont leur siége que dans l'épiderme et le mucus de Malpighi ; et d'un côté, les substances employées pour les produire ont rendu chimiquement insolubles ces parties déjà si rebelles par elles-mêmes à l'absorption, tandis que, d'un autre côté, comme Haller en fait la remarque (1), elles ont éteint la vitalité des points sousjacens de la peau, de sorte qu'elles cessent d'être sujettes à leur mue habituelle. Mais, tandis que, d'après les faits qui viennent d'être rapportés, la résorption du liquide correspond à la mollesse et à la solubilité des tissus, elle est déterminée aussi par l'activité conservatrice de l'organisme et par le but auquel tend cette activité. Telle est la raison qui fait que le système nerveux, noyau de l'organisme animal, se conserve, malgré la mollesse de sa substance, au milieu de l'amaigrissement général, et que, sous le rapport de la persévérance, il marche l'égal du tissu tendineux, ou même le surpasse ; tandis que tout vestige de graisse disparaît dans le reste du corps, ce produit animal est respecté par la résorption dans tous les points où sa présence est nécessaire au mécanisme de la vie, par exemple, dans les orbites, à la plante des pieds et au siége.

3° La résorption est en raison inverse de l'absorption, spécialement dans les organes digestifs. Collard de Martigny (2) a observé, sur des Chiens, que, pendant la formation du chyle, c'est-à-dire pendant les sept à neuf premières heures qui suivent l'ingestion des alimens, les vaisseaux lymphatiques des autres parties du corps sont presque vides, tandis que, plus tard, et hors du temps de la disgestion, ils s'emplissent de lymphe. D'après cela, les lymphatiques du canal intestinal et ceux du reste du corps forment, comme les veines, sous le point de vue de leur activité, deux systèmes différens, en antagonisme l'un avec l'autre (3).

4° Un antagonisme entre l'action sécrétoire dirigée de dedans en dehors et l'action résorbante paraît avoir lieu aussi lorsque des obstructions sont levées et des extravasations ré-

____

(1) *Loc. cit.*, t. VIII, P. II, p. 55.
(2) *Journal de Magendie*, t. VIII, p. 175, 187, 202.
(3) *Ibid.*, p. 208.

sorbées par l'effet du vomissement et des spasmes. Ici semble devoir se rapporter le cas observé par Jahn (1), dans
lequel la vie, prête à s'éteindre, se manifesta encore par un
redoublement de l'activité du système lymphatique; il s'agit
d'un hydropique chez lequel, au moment de la mort, on vit
tout-à-coup disparaître l'enflure des mains, puis de la face,
et ensuite des jambes, tandis que là vessie se distendit énor-
mément.

II. A l'égard de la résorption dans les diverses parties du
corps :

1° Elle est soumise à la loi générale suivant laquelle toute
partie qui ne saurait se maintenir par sa propre vitalité, périt,
ou devient la proie de la résorption, et s'atrophie, que ce
soit parce qu'elle a rempli sa destination, et ne peut plus
avoir d'utilité dans l'état auquel sa vie est alors parvenue
(§ 909, 5°), ou parce qu'elle ne réunit plus les conditions
nécessaires à la vie, comme dans l'atrophie du nerf, et des
couches optiques après la perte de la vue par une cause extérieure, ou enfin parce que l'influence vivifiante du sang et
de l'action nerveuse ne s'y fait plus sentir, du moins en proportion suffisante. Hunter a remarqué que la substance organique de formation récente, comme celle des cicatrices et du
cal, est plus facilement résorbée, parce qu'elle a moins de
force vitale inhérente. De même, dans les traitemens dont la
faim fait la base, les productions anormales sont les premières attaquées et celles qui reçoivent les plus fortes atteintes;
sous leur influence, les tumeurs diminuent de jour en jour,
et finissent par s'effacer; les ulcères s'enflamment dans les
premiers momens, et deviennent douloureux, mais ne tardent
pas à prendre un meilleur aspect; les parties viciées subissent
une mort complète, les bords cailleux disparaissent, la suppuration devient moins abondante, les bourgeons charnus se
développent d'une manière rapide et régulière, la peau s'allonge de tous les côtés, et recouvre souvent de très-grandes
étendues en fort peu de temps; d'anciennes éruptions perdent bientôt leur auréole rouge, se dessèchent, et tombent

(1) Horn, *Neues Archiv*, 1829, p. 333.

en croûtes, au-dessous desquelles il s'est formé une peau normale (1).

2° Une inflammation accélère la résorption, notamment à l'époque de sa résolution, qui dépend même de ce travail organique, sous l'influence duquel le gonflement se dissipe. Ainsi, la graisse sous-jacente disparaît dans les inflammations de la peau ; et dans celles des muscles, ceux-ci maigrissent, comme le membre entier (2).

3° Une pression mécanique détermine une résorption normale, en diminuant la nutrition. Ainsi, une portion de cerveau comprimée par une hydatide ou par quelque autre production pathologique tombe dans l'atrophie ; la peau et les muscles disparaissent par suite d'un décubitus prolongé dans une même attitude ; l'hydrocéphale amincit les os du crâne, les granulations de la dure-mère y creusent des excavations, les fongus de cette membrane les perforent ; la surface des vertèbres disparaît par résorption lorsqu'elle se trouve en contact avec des tumeurs anévrysmales, et !a carie s'empare du diploé mis à nu ; dans la scoliose, les côtes, pressées les unes contre les autres, disparaissent ; la tête d'un os, sortie de son articulation, creuse une nouvelle fosse, pour se loger, dans l'os contre lequel elle presse. Du reste, Hunter a remarqué qu'en cas de compression, il n'y a jamais de résorbé que le côté le plus voisin de la surface extérieure du corps ; ainsi, les abcès des antres maxillaires, des sinus frontaux et du canal nasal, s'ouvrent moins fréquemment dans la cavité nasale qu'à la face ; les corps étrangers tendent constamment à se rapprocher de la peau, et une pression exercée du dedans donne plus facilement lieu à la résorption que celle qui s'accomplit en sens inverse. Au contraire, la pression due à la pesanteur, dans le système lymphatique, met obstacle à la résorption, ce qui fait que la faiblesse générale causée par une station prolongée, détermine l'enflure des jambes, ou accroît l'œdème, si elles en sont atteintes déjà.

(1) Struve, *Ueber Diaet-Entziehungs-und Hungercur in eingewurzelten chronischen Krankheiten*, p. 58.

(2) Gendrin, *Hist. anat. des inflammations*, t. II, p. 197. — E. Legallois, *Mém. sur les maladies occasionées par la résorption du pus.* (*Journal hebd. de médecine.* Paris, 1829, t. III, p. 466 et suiv.)

§ 915. La résorption des parties solides suppose que celles-ci ont été fluidifiées.

1° Des théories mécaniques faisaient admettre autrefois qu'elles ne font qu'être usées par le mouvement vital, et que cet effet dépend en partie des alternatives de flexion et d'extension des artères qui accompagnent les battemens du cœur, et s'étendent à tout le tissu organique, en partie du frottement que les liquides exercent dans les canaux, notamment dans les capillaires (1). Mais, pour réfuter cette hypothèse, il suffit d'avoir égard à la résorption de la substance osseuse, dont les fibres ne sont susceptibles ni de se fléchir ni de s'étendre, et qui ne saurait non plus être usée par le courant des liquides. On ne peut donc méconnaître qu'il s'accomplit une dissolution chimique.

2° Il n'est pas possible de démontrer que cette dissolution consiste en une combustion par le gaz oxygène du sang artériel, et que, comme le conjecturait Berzélius (2), cette combustion a pour résultat une production d'acide lactique, d'acide phosphorique et d'osmazome ; car la lymphe n'est pas fort riche en substances oxydées et en produits de ces trois dernières espèces, qui sont au contraire assez abondans dans les divers organes, puisque la matière cérébrale, si peu apte d'ailleurs à ressentir l'influence de la résorption (§ 914, 2°), contient environ 0,0130 d'osmazome (§ 792, 12°), dont la quantité ne s'élève qu'à 0,0031 dans la lymphe (§ 912, 6°).

3° Ce n'était qu'une simple métaphore quand Hunter disait que les vaisseaux lymphatiques rongent les parties solides, comme les chenilles font à l'égard des feuilles. Ces vaisseaux, ainsi que l'a fait remarquer Blainville (3), ne peuvent absorber que ce qui a déjà été rendu fluide. Mais la fluidification ne saurait avoir lieu qu'au moyen du liquide entourant toutes les parties, et auquel nous avons donné le nom de suc plastique (§ 877, 6°). Nous reconnaissons là, avec Prochaska (4),

(1) Haller, *Elem. physiolog.*, t. VIII, P. II, p. 55.
(2) Schweigger, *Journal fuer Chemie.* t. XII, p. 325.
(3) D'Héré, *De la nutrition dans la série des animaux*, p. 146.
(4) *Bemerkungen ueber den Organismus der menschlichen Kœrpers*, p. 105.

l'effet d'une double affinité élective, ou d'un échange mutuel, à peu près semblable à celui qui s'accomplit, dans les poumons, entre le sang et l'air ; les organes attirent, du suc plastique, les nouveaux matériaux nécessaires à leur propre conservation, et lui restituent ceux qui ont été mis hors de service ; mais, lorsqu'ils n'ont pas la force de se maintenir par cette attraction, le suc nutritif agit sur eux comme sur une substance étrangère, c'est-à-dire qu'il en fluidifie la masse entière, de sorte que leur substance prend la forme particulière dont la nutrition lui avait imprimé le cachet, et revient à une forme plus générale. Voilà comment le sang épanché lui-même peut exercer une action fluidifiante sur les os, et y produire une érosion qui dégénère plus tard en carie (1).

4° Le suc plastique ronge peu à peu les organes, et cette action est insensible à raison de sa continuité (§ 876), ce qui fait qu'on ne l'apprécie que d'après ses effets. Cependant Kaltenbrunner (2) croyait l'avoir vue de ses yeux dans le cas d'accélération morbide de la circulation : il apercevait quelquefois çà et là, dans les îlots de substance de la nageoire caudale des Poissons et de la membrane natatoire des Grenouilles, un mouvement obscur, qui devenait peu à peu plus prononcé, après quoi il voyait des corpuscules libres se réunir ensemble, puis se mouvoir en deux courans opposés, qui formaient un réseau en s'abouchant ensemble. Ces courans, après en avoir ainsi produit de plus considérables, aboutissaient au capillaire le plus prochain, et ensuite disparaissaient d'eux-mêmes.

5° Les alcalis et les sels neutres accroissent le pouvoir dissolvant des liquides organiques, et favorisent ainsi la résorption. Les eaux minérales salines agissent surtout avec une grande force, spécialement celles dites du Sprudel à Karlsbad (3), sous l'influence desquelles des fractures depuis longtemps guéries reparaissent par l'effet de la fluidification du cal. Le mercure et l'iode exercent une action analogue, en

(1) Burdach, *Vom Baue und Leben des Gehirns*, t. III, p. 15.
(2) Froriep, *Notizen*, t. XVI, p. 309.
(3) *Dict. de matière médicale*. Paris, 1830, t. II, p. 109.

même temps qu'ils diminuent la force plastique. Mais nous reconnaissons dans les bains de vapeurs animales, qui ont la propriété de faire cesser les contractions et les ankyloses, sans agir ainsi d'une manière hostile, un mode d'action analogue à celui du suc plastique imprégné de chaleur vitale.

§ 916. Nous avons dit qu'une transformation s'accomplit dans l'intérieur du système lymphatique.

I. On en aperçoit déjà quelques vestiges dans les états anormaux. Dumas (1) admet que le pus peut subir une métamorphose dans les ganglions lymphatiques ; il en a trouvé les vaisseaux lymphatiques de la matrice pleins à la suite de fièvres puerpérales ; les ganglions auxquels les vaisseaux aboutissaient étaient tuméfiés et enflammés, mais les vaisseaux efférens ne contenaient pas de pus, non plus que le canal thoracique. Dupuytren a vu aussi (3), dans un cas d'abcès à la cuisse, le pus s'étendre, dans les lymphatiques, jusqu'aux glandes inguinales, sans qu'il y en eût dans le tronc commun. Des observations analogues ont été faites par Lauth (4), après des épanchemens de sang. Cependant ces faits ne sauraient être cités en preuve d'une transformation opérée dans les ganglions lymphatiques, que par ceux qui ont la conviction qu'aucune substance ne peut ici, pendant la vie, passer du système lymphatique dans les veines (§ 900, II).

II. Des argumens plus concluans sont fournis par les phénomènes qui accompagnent la soustraction des alimens. Comme le cours de la lymphe est déterminé principalement par l'absorption des extrémités radiculaires (§ 907), et que l'absorption n'est nulle part ni jamais aussi abondante que dans le canal intestinal pendant la chylification, il s'ensuit de là que, quand un certain laps de temps s'écoule sans qu'il y ait de nourriture prise, le courant doit être très-faible dans le canal thoracique, et les caractères que présente alors la lymphe doivent dépendre de la lenteur de sa marche et du plus long séjour qu'elle fait dans le système lymphatique. Comme aussi

---

(1) *Journal de Magendie*, t. X, p. 103.
(2) Magendie, *Précis élémentaire*, t. II, p. 493.
(3) *Essai sur les vaiss. lymphatiques*, p. 61.

la lymphe qui est demeurée long-temps stagnante dans des dilatations variqueuses de ses vaisseaux, offre les mêmes caractères, et qu'enfin ceux-ci sont plus prononcés dans le tronc commun que dans les branches radiculaires, la conclusion que nous avons tirée se trouve confirmée de la manière la plus positive.

1° Magendie a remarqué (1) qu'après un long jeûne, la lymphe acquérait une odeur spermatique, et Tiedemann qu'elle se coagulait plus rapidement et d'une manière plus complète. Collard de Martigny (2) a trouvé, chez des Chiens auxquels on refusait toute nourriture, que, pendant les premiers quinze jours, ce liquide était plus riche en principes constituans, plus coagulable et doué d'une odeur plus forte, mais qu'ensuite il perdait de ses principes et de son odeur, se coagulait plus lentement, et finissait par ne plus le faire que d'une manière incomplète. Voici quelle était la proportion des principes constituans, à partir du moment où les derniers alimens avaient été pris.

	Au bout de 32 heures.	Au bout de 9 jours.	Au bout de 21 jours.
Eau et sels	9400	9314	9368
Fibrine.	30	58	32
Albumine, graisse et matière colorante.	570	628	600.

D'après cela, la quantité de fibrine au bout de trente-deux heures était à celle de cette même substance au bout de neuf jours dans la proportion de 100 : 193, et au bout de vingt-et-un jours dans celle de 100 : 106. Mais la proportion des autres substances organiques était pour les deux premières périodes de 100 : 110, pour la première et la troisième de 100 : 105. Une différence analogue entre la lymphe des plexus lombaires et celle du canal thoracique a été remarquée par Gmelin et A. Muller (3), sur un Cheval qui n'avait rien mangé depuis vingt-quatre heures, si ce n'est un peu de son ;

(1) *Précis élémentaire*, t. II, p. 131.
(2) *Journal de Magendie*, t. VIII, p. 183.
(3) *Diss. experimenta circa chylum sistens*, p. 55.

	Lymphe des plexus lombaires.	Lymphe du canal thoracique.
Eau.	9640	9498
Fibrine.	25	42
Albumine.	175	340
Ptyaline.	21	24
Osmazome.	69	84.

La quantité de la fibrine dans les plexus lombaires était donc à celle de cette substance dans le canal thoracique : : 100 : 168, tandis que la proportion des autres élémens organiques entre les deux lymphes était de 100 : 122. Ainsi, d'après ces expériences, c'est la fibrine qui augmente le plus par l'effet du séjour dans le système lymphatique ; puis viennent l'albumine et l'osmazome : la ptyaline est la substance qui augmente le moins. Les observations faites sur la lymphe humaine s'accordent avec ces résultats, quant aux points principaux ; la lymphe provenant d'un vaisseau lymphatique blessé donna, d'après H. Nasse, 0,0066 de caillot, tandis que celle qui avait été tirée d'une tumeur lymphatique en fournit 0,0144 suivant Friedrich, et que Krimer a trouvé 0,0249 de fibrine dans celle qu'avait donnée une tumeur du même genre. D'après cela, et comme la lymphe et le sang sont les seules parties organiques dans lesquelles on trouve de la fibrine liquide, nous sommes autorisés à admettre que celle-ci se forme dans l'intérieur du système lymphatique. Le suc plastique ne saurait être soumis à l'analyse chimique, et la sécrétion même des sucs séreux, qui, sans nul doute, est reprise en entier par le système lymphatique, ne peut l'être, la plupart du temps, que dans les cas où elle s'est accumulée d'une manière anormale. Mais, si nous calculons d'après les trente-deux analyses qui ont été rapportées précédemment (§ 844, 1°), nous trouvons, l'eau et les sels mis de côté, 0,0296 pour terme moyen de l'albumine, et 0,0064 pour celui des autres substances organiques (osmazome, ptyaline et graisse). Il est donc vraisemblable que, comme le système lymphatique contient également ces substances, elles y arrivent par absorption, que d'un côté il les transforme en partie en fibrine, et d'un autre côté en accroît la quantité, que ce soit d'ailleurs par l'accession d'une lymphe plus concentrée, provenant de la résorption des tissus solides, ou par l'abandon de son eau aux tissus voisins en vertu de l'imbibition des parois.

2° Hewson (1) pensait que la lymphe acquiert dans ses ganglions les globules qu'on remarque en elle. Mais, comme Muller a découvert (2) ces globules dans la lymphe du membre inférieur dès avant qu'elle arrivât à des ganglions, on est obligé d'admettre qu'ils se forment dans les radicules. Au reste, ce qui déjà porte à croire que leur production a lieu dans le système lymphatique même, c'est qu'ils auraient de la peine à s'y introduire du dehors, les parois étant closes de toutes parts ; les phénomènes de leur coloration ajoutent un degré de plus à la vraisemblance de cette hypothèse.

3° Magendie avait remarqué le premier (3) que les animaux auxquels on a refusé de la nourriture pendant quatre à cinq jours, ont la lymphe rougeâtre, parfois d'un rouge de garance, quelquefois aussi jaunâtre, mais devenant écarlate dans le gaz oxygène et pourpre dans le gaz acide carbonique. Tiedemann et Gmelin ont également trouvé la lymphe rouge chez les Chevaux qu'on avait fait jeûner pendant trente à quarante-huit heures, et chez une Brebis qui n'avait pas pris d'alimens depuis quarante-huit heures, le caillot de ce liquide devint rougeâtre à l'air (4). Suivant Collard de Martigny, lorsque la nourriture a manqué, la lymphe prend une légère teinte rougeâtre, et son caillot devient plus rouge à l'air, y acquiert même une couleur foncée au bout de quinze jours. Les observations suivantes prouvent que cette coloration dépend de la prolongation du séjour dans le système lymphatique. Fr. Nasse (5), fit ouvrir une tumeur lymphatique située à la face interne de la cuisse ; le caillot de la lymphe qui s'en écoula acquit à l'air, suivant Krimer (6),

(1) *Experimental inquiries*, t. III, p. 67.
(2) *Archiv fuer Anatomie*, 1835, p. 113.
(3) *Précis élément.*, t. II, p. 131, 172.
(4) *Recherches expérimentales sur la digestion*, trad. par A. J. L. Jourdan. Paris, 1827, t. II, p. 73.
(5) Horn, *Neues Archiv*, 1827, t. I, p. 382.
(6) *Versuch einer Physiologie des Bluts*, p. 144.

une teinte fortement rosée à la surface , et faiblement fleur de pêcher dans l'intérieur ; le gaz acide carbonique la rendit plus sombre, le gaz oxygène et les sels neutres plus rutilante. Dans un autre cas (1), une tumeur lymphatique au bras donna, après avoir été ouverte, une lymphe transparente, mais opaline, dont le caillot rougit à l'air.

4° La graisse disparaît assez rapidement par suite de la soustraction des alimens. Cependant elle semble ne pas rester en nature dans le système lymphatique, mais y contracter des combinaisons, ou y subir une décomposition ; car, dans les cas cités précédemment , la lymphe fut toujours trouvée claire et non lactescente. Une circonstance parle en faveur de cette transformation , c'est que , dans les inflammations vives du tissu cellulaire, la graisse se convertit en une bouillie demi-liquide avant de disparaître (2). Treviranus (3) allègue en outre que, chez les Mammifères , on trouve quelquefois une masse gélatiniforme dans des endroits qui d'ordinaire contiennent de la graisse.

III. Plusieurs moyens peuvent concourir à cette transformation.

1° Le premier consiste dans la réunion des lymphes qui proviennent de parties diverses, et qui , par conséquent doivent aussi différer entre elles. Ce retour du multiple à l'unité, ou de la diversité à l'uniformité , a lieu surtout pendant le passage à travers les ganglions lymphatiques. Nous en avons pour preuve le nombre et le volume des vaisseaux efférens, qui sont moins considérables que ceux des vaisseaux afférens, de telle sorte qu'on compte quelquefois quatorze à vingt des premiers pour un des seconds (4).

2° Mais ce qui doit y contribuer le plus puissamment , c'est la force assimilatrice du sang contenu dans les capillaires qui s'accollent aux parois des lymphatiques, et en grande abondance, surtout à celles des ramifications qu'ils fournissent dans l'intérieur des ganglions. Le gonflement des ganglions mésenté-

(1) *Ibid.*, p. 147.
(2) Gendrin, *Hist. des inflammations.* t. II, p. 197.
(3) *Biologie*, t. IV, p. 512.
(4) Sœmmerring, *Gefæsslehre*, p. 520.

riques a sans contredit une grande part aux scrofules, à l'atrophie et à d'autres maladies dans lesquelles on le rencontre, et comme les vaisseaux que ces ganglions renferment, loin d'être obstrués alors, sont au contraire dilatés, ainsi que l'ont reconnu Sœmmerring, Cruikshank et Brugmanns, c'est là une preuve que les ganglions ne jouent pas seulement le rôle de voie à traverser, qu'ils servent encore par leur action transformante et assimilatrice (1). Aussi leurs affections ne sont-elles pas exclusivement matérielles (§ 903, 1°), et tombent-ils malades par sympathie, dans les troubles du travail plastique.

CHAPITRE II.

De la digestion.

Le corps organique se maintenant par une formation continuelle que lui même accomplit, il a besoin de matériaux particuliers, que le monde extérieur lui fournit sous la forme de substances palpables, qui sont aptes à devenir parties intégrantes de sa propre substance, et auxquels on donne le nom de nourriture. Mais il ne peut point s'incorporer immédiatement cette matière étrangère à ses organes; il ne se l'approprie que par degrés; il en crée d'abord un liquide, qui, étant un de ses produits, participe par cela même à la vie, et fournit les matériaux nécessaires à la formation des organes et des sucs appartenant à ces organes, le *suc vital* (§ 660, 3°). Cette conversion de la nourriture en suc vital est ce qu'on appelle nutrition, dans le sens le plus large du mot (§ 778, 1°). A un degré inférieur du développement de la vie, lorsque le contenu de son idée ne s'est point encore manifesté, et que ses directions diverses n'ont point encore apparu dans la plénitude entière de leurs particularités distinctives, la nutrition n'offre pas non plus de périodes séparées.

I. Le végétal n'a qu'une surface externe, par laquelle il s'empare des substances étrangères qui lui conviennent, et les introduit dans son intérieur, en vertu d'une attraction élective, mais sans les modifier en rien; il ne leur fait su-

(1) Voigtel, *Handbuch der pathologischen Anotomie*, t. I, p. 541.

bir ensuite qu'une transformation. La nutrition commence
donc ici dès l'instant même de l'absorption, et ne se partage
pas en différentes périodes ; elle est confondue avec la vie en
général. On n'aperçoit pas de degrés dans la formation du
suc vital, et l'on ne parvient point non plus à distinguer ce
dernier d'une manière évidente.

1° C'est dans les algues, les champignons et les lichens,
que l'opération se trouve réduite à sa plus simple expression ; car ces végétaux ne consistent qu'en une aggrégation
de cellules appliquées les unes contre les autres, dont la surface entière indistinctement s'empare du liquide qui se répand entre elles et pénètre dans leur intérieur.

2° Cette simplicité devient moins prononcée, sans pour
cela disparaître entièrement, lorsque le corps du végétal
s'est partagé en deux portions, la tige et la racine, entre
lesquelles existe un antagonisme de polarité (1). Une racine,
destinée non pas uniquement, comme les fibrilles des plantes
dont nous venons de parler, à fixer le végétal dans le lieu
de sa station, mais à être le principal organe de l'absorption,
ou, en d'autres termes, de la nutrition, apparaît pour la première fois chez les mousses, qui, d'ailleurs, se composent
exclusivement encore de cellules juxta-apposées. Par les vaisseaux (trachées et leurs modifications) que les fougères possèdent entre leurs cellules, elles font le passage aux végétaux parfaits, où les conduits intercellulaires (les vides perma-
nens qui existent entre les cellules allongées ou les couches
de cellules) paraissent être spécialement chargés de recevoir
le liquide qui vient d'être absorbé, la sève, et de le distribuer aux cellules, tout en le conduisant jusqu'au sommet
de la plante. Comme il n'y a point encore là de séparation
rigoureuse entre les fonctions, la même confusion règne aussi
dans le tronc et les racines. Quoique ces dernières soient, de
toute évidence, l'organe proprement dit de la nutrition, et
qu'elles aient pour destination d'absorber des liquides, elles
admettent aussi de l'air, dont l'absorption par elles devient
même une condition de la prospérité du végétal. De leur

(1) F. V. Raspail, *Nouv. système de physiologie végétale.* Paris, 1837,
t. I, p. 345 et suiv.

côté, les feuilles ont une vie qui se rapporte d'une manière toute spéciale à la respiration, et cependant elles absorbent aussi, notamment sous forme vaporeuse, de l'humidité, qui contribue à la nutrition. Des feuilles détachées, dont on met la page inférieure en contact avec l'eau, non seulement conservent pendant long-temps leur fraîcheur, comme l'a observé Ch. Bonnet, mais encore augmentent de poids durant un certain laps de temps, bien qu'on ait eu soin de garnir leur pétiole avec de la cire (1). La rosée et la pluie fine, qui ne pénètrent pas assez avant dans la terre pour pouvoir atteindre les racines, n'en procurent pas moins aux plantes tous les dehors de la fraîcheur et une augmentation de poids. Les plantes qui croissent sur des roches nues ou dans le sable, tirent presque toute leur nourriture de l'air, et quelques-unes, comme les aloès, les cierges, etc., qui croissent, dans la zone torride, au milieu des sables les plus arides, communiquent même un peu d'humidité au sol qui les entoure; l'*épidendron flos aeris* croît suspendu au plafond d'un appartement, et sans avoir la moindre connexion avec la terre; une branche de vigne que l'on fait passer dans une serre chaude, à travers la muraille, y fleurit pendant la saison des froids, tandis que le tronc, placé au dehors, demeure enseveli dans le sommeil d'hiver (2).

II. On ne commence que dans le règne animal à rencontrer la digestion, c'est-à-dire la fonction consistant en ce que la nourriture est introduite, par l'effet d'un mouvement particulier, dans une cavité ouverte à l'extérieur, où elle subit une élaboration qui la dispose à être absorbée, éprouve des transformations, et devient apte à former le suc vital. L'organe digestif est la surface du corps mise en contact avec une matière étrangère, mais tournée vers l'intérieur du corps. L'animal n'est pas réduit comme la plante à une seule surface extérieure; il en a encore une intérieure, qui s'empare d'une bien plus grande quantité de substances étrangères que l'autre, et qui devient, dans l'organisme, le sol spécial où s'im-

(1) Froriep, *Notizen*, t. XXIX, p. 281.
(2) Treviranus, *Vom Baue der Gewaechse*, p. 184.

plantent les racines des vaisseaux absorbans. Tandis que la plante absorbe sa nourriture à l'état grossier, et ne la convertit qu'ensuite en son propre tissu, la transformation, chez l'animal, commence dès avant l'absorption, et à la surface tournée en dedans. Le côté extérieur est proportionnellement plus consacré à la vie animale ; il a moins de pénétrabilité, et il offre, pour l'admission des substances du dehors, des ouvertures par le moyen desquelles il communique avec le côté intérieur. Celui-ci, ou la cavité digestive, a par conséquent une partie périphérique, qui, située immédiatement au pourtour de ces ouvertures, non-seulement confine à la périphérie animale, mais encore lui est soumise, sous le point de vue de sa vitalité, de sorte que le sentiment et le mouvement relatifs à la digestion y acquièrent un véritable caractère d'animalité ; elle a en outre une partie centrale, plus rapprochée de l'intérieur, où le caractère végétal prédomine, où le sentiment est obscur et le mouvement involontaire, et qui est le siége du travail proprement dit de l'élaboration et de l'absorption des produits de ce travail. Les deux parties passent insensiblement de l'une à l'autre, sans limites tranchées, et de telle sorte que la distribution des nerfs cérébro-spinaux et sympathiques ne correspond exactement ni au degré de sensibilité générale et sensorielle, ni à celui du mouvement volontaire ou involontaire.

1° De même que l'organe digestif de l'embryon se développe de la vessie ombilicale renfermant la substance plastique primordiale, apparaît de meilleure heure que d'autres organes également destinés à la vie plastique, et représente le tronc sur lequel ceux-ci doivent s'enter, de même on commence à l'apercevoir, dans la série animale, à un degré où ne se rencontre encore aucun organe spécial de la vie plastique. Aussi y a-t-il déjà fort long-temps qu'on a admis des organes de digestion chez tous les animaux sans distinction, et qu'on les a présentés comme un trait caractéristique de l'animalité (1). En effet, ils ont été démontrés chez plusieurs Infusoires par Leeuwenhoek, Ellis, Spallanzani, Gœze (2) et

(1) Haller, *loc. cit.*, t. VI, p. 408.
(2) Grant, *Outlines of comparative anatomy*, London, 1838, p. 305.

autres, et chez un plus grand nombre encore de ces êtres par Ehrenberg. Si les animaux les plus petits de tous étaient aussi les plus simples, il suivrait de là que la cavité digestive ne manquerait à aucun degré de l'échelle animale ; mais comme la proposition fondamentale manque de justesse, comme il n'y a aucune ligne de démarcation tranchée entre les organisations animale et végétale, on est très-fondé à penser qu'il existe des animaux qui, à l'instar de l'œuf et de la membrane proligère, se nourrissent de la même manière que les plantes, par absorption à leur surface externe. D'ailleurs, on n'a pas trouvé d'organes digestifs chez les *Achium* et les *Scyphium* parmi les Éponges (1), non plus que chez les Acéphalocystes, les Ligules et les Tricuspidaires, parmi les Entozoaires et chez les Bacillaires ; de sorte que Meyen a établi, sous le nom d'Agastriques, une classe d'animaux comprenant les familles des Palmellaires globuleuses et celle des Polypozoaires cylindriques (2).

2° Là même où l'on découvre un organe de digestion, l'absorption par la peau se montre encore un moyen de nutrition dans les degrés inférieurs de la série animale. Tel paraît être, chez les Sertulaires et autres Polypiers analogues, le mode d'action de la base, qui se fixe au sol, comme une racine rampante, persiste pendant l'hiver, après la mort des branches, et repousse de nouvelles branches au printemps (3). Les Nématoïdes, tant vivans que morts, se gonflent dans l'eau, s'ils étaient secs avant qu'on les y plongeât (4). Chez les Trématodes, les pigmens tenus en suspension par l'eau dans laquelle on les a placés, se répandent à travers toute la substance d'une manière uniforme, et sans qu'on aperçoive la moindre trace de canaux conducteurs (5). Ce mode de nutrition s'accomplit aussi partiellement à un degré plus élevé de la série animale (§ 898, 1°).

---

(1) Schweigger, *Handbuch der Naturgeschichte*, p. 372.
(2) *Nov. nat. acad. nat. cur*, t. XVI, suppl. p. 159.
(3) Schweigger, *Handbuch*, p. 357.
(4) Rudolphi, *Entozoorum historia*, t. I, p. 250.
(5) Mehlis, *Observationes anatomicæ de distomate*. Gœttingue, 1825,

3° En considérant la digestion, d'abord dans ce qu'elle a d'extérieur, dans ses conditions matérielles, c'est-à-dire ses organes (§§ 918-922), puis dans les mouvemens qui la constituent (§§ 923-934), il saute aux yeux que, même sous ce point de vue, la nature offre des formes qui ne sont pas placées au même degré, et qu'il est un de ces derniers où les organes surtout se font remarquer par l'absence de parois propres (§ 918), la pluralité de cavités toutes égales entre elles (§ 919, I), la longueur réduite presque à rien (§ 919, II), l'uniformité dans toute l'étendue (§ 920, II), l'absence d'ouvertures situées à l'opposite l'une de l'autre (§ 920, I), celle d'organes accessoires (§ 922, IV), celle enfin d'un système vasculaire distinct (§ 922, V). Mais le degré de formation des organes digestifs diffère souvent beaucoup de celui de l'organisation entière, et ne s'accorde point avec les systèmes des zoologistes. Il n'est pas rare qu'on trouve des formes supérieures chez des animaux placés très-bas, et *vice versâ ;* ces organes diffèrent beaucoup chez des animaux très-voisins, tandis qu'ils se ressemblent chez des animaux fort éloignés les uns des autres. L'exposition des formes propres aux diverses classes ou ordres du règne animal appartient donc à la zoologie spéciale', et la physiologie ne doit s'occuper que des traits généraux.

ARTICLE I.

Des conditions extérieures de la digestion.

I. Organisation de l'appareil digestif.

A. *Substance de l'organe de la digestion.*

§ 918. La substance de l'appareil qui accomplit la digestion varie beaucoup.

1° Au plus bas degré, elle n'est point encore séparée de la masse du corps, dont elle représente seulement la face interne, qui d'ailleurs, comme toute surface, offre un peu plus de densité que le reste, et paraît lisse sous le doigt, sans qu'on puisse néanmoins l'isoler en une couche distincte. C'est ce qui a lieu chez les Cercaires, les Éponges, les Vers cystiques, la plupart des Polypes et quelques Méduses. Ces animaux ressemblent à de simples sacs digestifs ; et quand les cavités sont étroites, proportionnellement à leur longueur, elles figurent des gouttières creusées dans la masse du corps.

2° Chez la plupart des Infusoires, des Méduses et des Entozoaires, comme chez quelques Polypes, les Échinodermes, les Mollusques, les animaux articulés et les vertébrés, la paroi de la cavité digestive consiste en une membrane particulière, qui fait antagonisme à la peau, attendu qu'elle s'empare de la matière qu'elle embrasse et renferme, la soumet à sa puissance supérieure, et devient le point d'origine du sang, tandis que la peau, entourée par le monde extérieur, n'est que touchée par les matières, avec lesquelles elle n'entre guère qu'en un conflit dynamique et mécanique. Entre les deux membranes, il reste un vide dans lequel on ne trouve d'abord, comme organes intermédiaires, que les ovaires, par exemple, chez la plupart des Infusoires, quelques Polypes, Méduses et Entozoaires, mais qui, chez les animaux d'une organisation plus avancée, renferme des organes chargés : les uns, de porter à un plus haut degré de développement ce dont les deux surfaces se sont emparées (hématose, nutrition, sensation); les autres, d'opérer la phénoménalisation de l'intérieur aux deux surfaces (sécrétion, mouvement). Chez les animaux vertébrés, la paroi de la cavité digestive acquiert un développement supérieur à celui d'une membrane muqueuse correspondante à la peau ; on peut la diviser en une tunique celluleuse (§§ 785, 2°; 790, 1°), analogue au derme proprement dit (§ 791, 5°), quoiqu'infiniment plus lâche et plus perméable, et en une tunique villeuse, ou membrane muqueuse dans l'acception restreinte du mot (§§ 785, 3°; 790, 1°), qui, parce qu'elle est une efflorescence de vaisseaux, correspond au corps papillaire de la peau (§ 791, 6°), mais à laquelle l'afflux d'une plus grande quantité de substance fait prendre les dehors d'une véritable membrane, extrêmement riche en vaisseaux.

B. *Forme de l'organe de la digestion.*

§ 919. Nous avons à examiner la forme de l'organe digestif sous le double point de vue de la quantité et de la qualité.

1. FORME DE L'ORGANE DIGESTIF SOUS LE RAPPORT DE LA QUANTITÉ.

En ce qui concerne la quantité proportionnelle des parties homologues :

I. Nous trouvons d'abord une différence de nombre.

1° Des cavités digestives, multiples dans toute leur étendue, se voient chez les Éponges, où les nombreux orifices extérieurs se prolongent en canaux ramifiés et anastomosés, qui pénètrent à travers le tissu du corps entier : chez les Ténias, où les canaux partant des quatre suçoirs se réunissent en deux conduits qui traversent le corps parallèlement l'un à l'autre, et s'unissent ensemble, au bord de chaque anneau, par des branches transversales : chez plusieurs Vers trématodes et acanthocéphales, où les suçoirs aboutissent également à deux canaux qui marchent sur les côtés du corps, mais en se ramifiant ; enfin, peut-être, chez quelques Méduses, par exemple, les *Eudora*.

2° Le commencement et la fin sont multiples chez plusieurs Acalèphes discophores, par exemple, les Rhizostomes, où les canaux qui se rendent des suçoirs aux bras de ce qu'on appelle le pédoncule, se réunissent peu à peu, et finissent par aboutir à une cavité digestive centrale, qui envoie à son tour une multitude de conduits vers la périphérie du disque.

3° Le commencement seul est multiple chez les Vers cystiques, où les canaux partant des divers suçoirs s'ouvrent dans une cavité digestive commune : chez quelques Vers cestoïdes et trématodes, dont les canaux de succion se réunissent en un seul tronc ; enfin dans plusieurs Acalèphes tubuleux et chez quelques animaux articulés, comme les Siphostomes, où les deux œsophages aboutissent à un intestin unique (1), les Punaises, dont les suçoirs mènent à un œsophage, et les *Phalangium*, où deux ouvertures s'abouchent dans une cavité buccale unique (2).

4° Un organe digestif multiple part d'un orifice simple chez les Monades, ou Infusoires polygastriques proprement dits (3),

(1) Meckel, *System der vergleichenden Anatomie*, t. IV, p. 67.
(2) *Ibid.*, p. 145.
(3) Ehrenberg et Mandl, *Traité pratique du microscope et des animaux infusoires*. Paris, 1839, in-8, p. 436.

à la cavité buccale desquels succèdent effectivement de nombreux canaux, qui se terminent par des renflemens, et chez quelques Cercaires, où l'on découvre, à la suite du suçoir, un conduit bifurqué, qui traverse le corps entier (1).

5° Un organe digestif simple se voit déjà chez plusieurs Infusoires, chez quelques Vers cystiques, trématodes et acanthocéphales, chez certaines Méduses, chez presque tous les animaux articulés, enfin chez les Polypes, les Échinodermes, les Mollusques et les animaux vertébrés.

II. La longueur de l'organe digestif, proportionnellement à celle du corps entier, et en particulier du tronc, contribue, avec la situation de cet organe, à déterminer l'ensemble de sa forme.

1° Lorsqu'il n'est pas plus long que la cavité du tronc, il a une direction droite. C'est ce qu'on observe chez les Infusoires polygastriques et rotateurs, les Acalèphes cténophores et siphonophores, la plupart des Polypes, les Annélides, les Arachnides et les Crustacés, les Lépidoptères parmi les Insectes, les Biphores parmi les Mollusques, enfin plusieurs Poissons, tels que *Cobitis*, *Syngnathus*, *Fistularia*, etc. Dans les trois premières classes du règne animal, l'organe digestif n'est parfaitement tendu que durant les premières périodes de la vie embryonnaire.

2° Lorsque cet organe a un peu plus de longueur, il décrit une courbure, par exemple, chez les Flustres, parmi les Polypes, et les Comatules, parmi les Échinodermes; ou il affecte une forme circulaire, comme chez les Vorticelles, parmi les Infusoires; ou il s'infléchit à angle plus ou moins droit, descendant d'abord de la bouche, puis revenant sur lui-même, comme chez les Comatules.

3° Plusieurs de ces inflexions anguleuses dépendent d'une longueur plus considérable, et varient, dans une seule et même classe, non-seulement sous le rapport du nombre, car on en compte deux seulement chez les Holothuries, et dix chez les Oursins, mais encore sous celui de la direction, l'intestin du Siponcle s'infléchissant alternativement d'avant en arrière

---

(1) Schweigger, *Handbuch der Naturgeschichte*, p. 245.

et d'arrière en avant, dans le sens de la longueur, tandis que les inflexions de celui des Sabelles sont dirigées transversalement à droite et à gauche. Parmi les animaux vertébrés, les Poissons sont ceux principalement chez lesquels on rencontre cette forme.

4° Des inflexions circulaires se voient chez beaucoup de Mollusques et chez la plupart des Insectes. Dans les Poissons, elles sont tantôt concentriques et rangées en manière de disque (*Salmo rhombeus*), tantôt disposées en hélice (*Polypterus*), ou en masse informe (*Cyclopterus lumpus*). Les circonvolutions pelotonnées sont dominantes chez les Oiseaux et les Mammifères.

5° Bien qu'en général la longueur de l'organe digestif augmente à mesure qu'on remonte la série animale, assez d'exceptions s'élèvent contre cette règle pour la détruire presque entièrement. Si l'on prend pour unité la longueur du corps, celle du canal intestinal est 6 chez quelques Annélides (*Thalassema*); 5, chez quelques Poissons (*Chromis*); 4, chez quelques Oiseaux (*Mormon fratercula*); 3, chez la Civette. Généralement parlant, elle est plus considérable chez les Herbivores; mais elle n'est que de 8 chez les Solipèdes, tandis qu'elle est de 12 chez les Cétacés carnivores; elle varie, chez les Ruminans, entre 11 (Cerf) et 22 (Bœuf); chez les Rongeurs, entre 5 (Ondatra) et 17 (Agouti). Elle s'élève à 3 chez le Lori; 6, chez l'Homme; 8, chez les Babouins.

2. FORME DE L'ORGANE DIGESTIF SOUS LE RAPPORT DE LA QUALITÉ.

§ 920. On doit entendre par qualité de l'organe digestif la manière dont il est conformé dans les différens points de son étendue. Le principe de son développement consiste en ce que la forme est d'abord la même partout, et qu'ensuite elle se nuance, que les parties dissemblables qui se succèdent passent de l'une à l'autre par des gradations insensibles aux échelons inférieurs de la série animale, tandis qu'aux degrés supérieurs des limites plus tranchées se prononcent entre elles, qu'enfin, à mesure qu'on s'élève, le nombre des parties similaires diminue et celui des parties dissimilaires augmente.

Les différences de qualité portent ou sur la longeur ou sur la largeur de l'organe digestif.

a. Différences de qualité relatives à la longueur.

En considérant l'organe digestif sous ce point de vue, il faut placer en première ligne :

I• Les différences qu'offre l'orifice.

1° Chez quelques animaux inférieurs, l'organe digestif représente un canal qui se termine en cul-de-sac à l'intérieur, et qui extérieurement n'a qu'une seule ouverture, ou en montre plusieurs, mais semblables entre elles. Une telle ouverture sert autant à l'éjection qu'à l'ingestion, et c'est par abus qu'on lui donne le nom de bouche. Les Insectes à l'état de larve et tous les animaux supérieurs, durant les premières périodes de la vie embryonnaire, offrent une disposition analogue sous le rapport de la conformation, mais différente sous celui des usages, la bouche étant l'orifice unique du canal digestif, mais ne servant pas à l'éjection du résidu des alimens. Cette forme, persistante pendant toute la vie, appartient aux Monades, aux Vers cystiques, aux Vers cestoïdes, aux Vers trématodes, aux Actinies, aux Astéries, ainsi qu'à la plupart des Polypes et des Acalèphes.

2° Chez les animaux dont l'organe digestif affecte en totalité ou en partie la forme d'un vaisseau, on trouve quelquefois, indépendamment de la bouche, plusieurs autres ouvertures. C'est ce qui a lieu notamment chez quelques Vers trématodes et Méduses. Mais comme ces animaux rejettent par la bouche les restes non digérés de leurs alimens, on est dans le doute de savoir si les ouvertures dont il s'agit sont de véritables anus, ou si elles servent seulement à porter au dehors des liquides sécrétés. On ne sait pas bien non plus si le canal qui part de la cavité digestive, se porte vers la partie postérieure du corps et s'y ouvre à l'extérieur, chez quelques Acalèphes cténophores, les *Beroe*, par exemple, n'a pas pour unique usage de livrer passage à l'eau. Il semble moins douteux que les larges ouvertures des canaux digestifs anastomosés qu'on remarque chez les Éponges, servent à l'expulsion des excrémens. Lorsque le canal digestif traverse le corps entier, et le perce d'outre en outre, on voit apparaître l'antagonisme d'une bouche, destinée à l'ingestion, qui se rapporte davantage à la vie animale, au sentiment surtout, qui enfin a des connexions plus intimes avec les organes sensoriels, et un anus, consacré à l'éjection, qui se fait remarquer surtout par la faculté motile dont il est pourvu, et au voisinage duquel se trouvent d'autres organes ayant rapport à l'éjection, au mouvement ou au mécanisme. Mais cet anus commence par s'ouvrir à côté de la bouche, dans une fossette commune, chez les Vorticelles, ou dans la cavité à la fois buccale et respiratoire, chez les Biphores (§ 966, 1o). Cette forme résultant de l'inflexion circulaire que décrit le canal digestif, celui-ci affecte une disposition analogue quand l'anus est situé au dessous de la bouche (Flustres), au cou (la plupart des Gastéropodes, et quelques Annélides, les Siponcles, par exemple), à la face inférieure, qu'occupe également la bouche (Paramécies), à la face postérieure, la bouche étant placée en dessous (Bursaires), à la face inférieure, la bouche se trouvant en avant (Pleuronectes et autres Poissons où la queue, continuation de la colonne vertébrale, ne laisse pas à la cavité du tronc l'espace nécessaire pour s'étendre en arrière). L'antagonisme se prononce au plus haut degré, surtout chez les animaux à corps cylindrique, lorsque l'anus est placé à l'extrémité postérieure de ce corps et la bouche à son extrémité antérieure, comme chez quelques Infusoires (Rotateurs), certains Polypes (Tubulaires), divers Acéphales (Pyrosomes), les Nématoïdes, la plupart des Annélides, des articulés proprement dits, des Poissons, des Reptiles, et sans exception tous les animaux vertébrés des deux classes supérieures. Mais ce qui prouve combien peu il y a de liaison essentielle entre le mode de situation et le reste de l'organisation, c'est l'exemple des Oursins, dont la bouche occupe le milieu de la face inférieure, tandis que l'anus est situé dans son voisinage chez les *Scutella*, au bord chez les *Spatangus*, et au milieu de la face supérieure chez les *Echinus*.

II. L'organe digestif se divise en segmens, provenant de ce que, sur certains points de sa longueur, il éprouve un changement notable de diamètre, et forme des dilatations dans lesquelles les alimens ingérés peuvent s'amasser et séjourner plus ou moins long-temps. Cette séparation devient plus complète lorsqu'un resserrement en forme de valvule existe entre la partie large et la partie rétrécie, que le tissu acquiert un autre caractère, que le segment sert d'affluent à des organes sécrétoires divers, qu'il est appelé à jouer un rôle particulier dans la digestion, enfin que la direction change et que les deux parties se joignent sous un angle quelconque. Mais ces différens caractères ne se trouvent réunis qu'aux échelons supérieurs de la série animale ; ailleurs, ils sont tellement isolés, chez les animaux invertébrés surtout, qu'ici l'on tomberait dans une grande erreur si l'on voulait, prenant pour base l'analogie, établir les divisions classiques d'après les mêmes principes que chez les animaux vertébrés ; car, outre le caractère équivoque du diamètre et la rareté des valvules, l'insertion même des organes sécrétoires et la spécialité des fonctions ne sont point liées à une partie déterminée ; ainsi, par exemple, le foie s'abouche avec l'estomac chez la plupart des Gastéropodes, avec l'intestin chez quelques-uns, et même avec l'œsophage chez d'autres. Chez les Insectes, le chyle se forme déjà dans la dilatation cylindrique du canal digestif que nous sommes forcé de reconnaître pour l'estomac, attendu que si l'on voulait la comparer au duodénum, certains animaux de cette classe seraient totalement dépourvus d'estomac. Et quoique, généralement parlant, les dilatations et coarctations (§ 922) qui ne sont pas placées sur la longueur du canal digestif, mais qui en partent latéralement et n'appartiennent par conséquent point à la carrière que les alimens doivent parcourir de toute nécessité, ne doivent être considérées que comme des appendices, il leur arrive cependant quelquefois de se rapprocher des segmens du canal lui-même, et de se confondre avec eux, de manière qu'on a de la peine à poser la limite entre les uns et les autres.

1° Le canal digestif n'offre pas de segmens distincts chez les animaux sans anus. Il représente tantôt un sac, comme chez la plupart des Polypes, bien que, chez quelques-uns de ces êtres, les Pennatules, par exemple, son commencement rétréci figure une sorte d'œsophage; tantôt un vaisseau, comme chez les Vers cestoïdes, dans quelques-uns desquels on y remarque, à chaque article, des dilatations qui peuvent être regardées comme des rudimens d'estomacs multiples. Chez les animaux sans vertèbres pourvus d'un anus, l'organe digestif est souvent un canal uniforme. C'est ce qui a lieu, parmi les Infusoires, chez les Vorticelles et autres, qu'on range parmi les Polygastriques (§ 949, 4°), à cause des nombreux appendices (§ 922, I), parmi les Échinodermes chez les *Echinus*, parmi les Acéphales chez les Biphores, parmi les Brachiopodes chez les Lingules, parmi les Nématoïdes chez les Filaires, parmi les Annélides chez les Néréïdes, parmi les Arachnides chez les Scorpions, parmi les Crustacés chez les Cloportes. Dans la série des animaux vertébrés, cette uniformité se retrouve encore chez plusieurs Poissons, par exemple, les Cobites. Elle est à peu près générale chez les Ophidiens.

2° L'organe digestif se divise d'abord en un canal, qui est suçoir ou œsophage, suivant la consistance de la nourriture, et en un cul-de-sac, simple ou vésiculeux, appelé estomac, dans lequel s'accomplit la digestion. Tel est le cas des Vers cystiques, où les suçoirs s'ouvrent dans la cavité du corps qui doit être considérée comme estomac; des Monades, où les œsophages qui naissent de la cavité buccale aboutissent à autant de sacs ou estomacs; des Actinies et des Astéries, où l'estomac, en forme de sac, ne reçoit qu'un seul et court œsophage; enfin, de la plupart des Acalèphes, où l'estomac est l'aboutissant tantôt de plusieurs suçoirs, et tantôt d'un seul œsophage.

3° Quand il existe un anus, on trouve un intestin de plus. L'estomac, c'est-à-dire la dilatation qui se fait remarquer par son ampleur et dans laquelle les élémens perdent plus ou moins de leur caractère particulier, sépare l'organe digestif en deux portions cylindriques; l'œsophage, tourné vers la bouche, que les alimens traversent avec rapidité, et dont l'aspect n'a pas subi de changement essentiel; l'intestin, tourné vers l'anus, auquel il aboutit, et dans lequel s'achève la transformation des alimens. C'est quand celui-ci conserve le même diamètre dans toute sa longueur, que cette forme apparaît aussi pure que possible, par exemple, chez quelques Infusoires rotateurs, les Holothuries, les Ascarides, les Lombrics, la plupart des Mollusques et Crustacés, divers Insectes, enfin plusieurs Poissons (*Silurus*), la Sirène parmi les Batraciens, l'*Emys* parmi les Chéloniens, les Cétacés carnivores, presque tous les Chéiroptères, les Tatous et les Paresseux parmi les Mammifères.

4° Enfin, à un degré plus élevé encore, l'intestin lui-même se divise, de sorte que l'estomac étant aussi séparé par des limites plus tranchées, l'organe digestif se trouve partagé en trois segmens. Si l'on prend les changemens de diamètre pour principe de division, chaque segment commence par une dilatation ; le premier comprend la cavité buccale et l'œsophage, le second l'estomac et l'intestin grêle, le troisième le cœcum et le gros intestin. Cependant la différence de capacité est moins caractéristique que la séparation au moyen de valvules. En partant de cette dernière considération, nous admettrons, avec Rathke, trois segmens : l'intestin buccal, qui embrasse l'estomac, et s'étend depuis les lèvres jusqu'à la valvule pylorique ; l'intestin médian, compris entre les valvules pylorique et iléo-cœcale ; l'intestin anal, étendu depuis cette dernière jusqu'à l'anus. La digestion est préparée graduellement dans l'intestin buccal, car l'estomac n'a pas d'autre fonction ; elle s'accomplit, à proprement parler, dans l'intestin médian ; elle se termine dans l'intestin anal. L'intestin buccal, dans toute son étendue, est celui qui reçoit le plus de nerfs, notamment cérébraux, de sorte qu'il se trouve lié de la manière la plus étroite avec la vie générale, et en particulier avec le côté animal de cette vie ; l'intestin médian n'a que des nerfs sympathiques, mais il est le plus riche en vaisseaux sanguins, et c'est en lui que la vie végétative se déploie avec le plus de pureté ; dans l'intestin anal, cet état de choses va en diminuant peu à peu, jusqu'à ce que, vers son extrémité, il reçoive des nerfs de la portion terminale du cordon rachidien, et devienne le siége d'une force motrice prédominante, pour opérer l'éjection. Au commencement de chaque segment se trouve annexé un organe sécrétoire ; l'in-

testin buccal a les glandes salivaires, l'intestin moyen le pancréas, et l'intestin anal l'appendice vermiforme. En outre, il
s'unit à chacun d'eux un organe ayant d'intimes rapports avec
l'ensemble de l'hématose, au premier l'appareil respiratoire,
au second le foie, dont l'excrétion concourt aussi à la digestion, au troisième l'appareil génito-urinaire. Chez l'Homme,
la proportion est telle à peu près qu'en prenant pour unité la
longueur de l'intestin buccal, celle de l'intestin médian est 8,
et celle de l'intestin anal 2.

Chez les animaux peu élevés dans l'échelle, l'estomac n'est
qu'un point dilaté du canal digestif; il affecte encore une forme
cylindrique chez la plupart des Poissons, où il ne diffère de
l'œsophage que par la nature de son tissu; cependant il acquiert déjà, chez quelques-uns d'entre eux, une dilatation
latérale, ou ce qu'on appelle un cul-de-sac. Généralement parlant, ses limites sont mieux marquées, du côté de l'œsophage,
chez les Oiseaux et les Mammifères, en sorte qu'il forme
avec ce canal un angle de plus en plus prononcé.

La portion terminale de l'intestin est déjà dilatée chez quelques Annélides et Arachnides, mais surtout chez la plupart
des Insectes, de manière qu'on peut la distinguer de l'intestin
médian. Cette portion est ordinairement très-courte chez les
Insectes, quelquefois séparée de l'intestin médian par un
étranglement, ou liée avec lui par un intestin plus long et
d'une ampleur médiocre, le colon. Chez la plupart des Poissons, les limites de l'intestin anal ne sont indiquées que par
la dilatation.

La longueur proportionnelle des deux segmens de l'intestin
varie trop pour qu'on y puisse attacher de l'importance.
Ainsi, dans l'Émou, le gros intestin est une fois plus court
que l'intestin grêle, tandis qu'il est plus long que ce dernier
dans l'Autruche; il est cinq fois plus court dans le Bœuf, et
à peu près de même longueur dans le Chameau, douze fois
plus court dans l'Hippopotame, et presque aussi long dans le
Daman, etc.

III. Il faut encore parler de la multiplication de l'estomac.
Ici l'on doit établir une distinction entre la pluralité d'estomacs qui se succèdent dans le sens de la longueur et la divi-

sion d'un estomac unique en plusieurs chambres. Des vestiges d'estomacs multiples se trouvent chez quelques Infusoires, où le canal digestif est alternativement dilaté et rétréci, par exemple, dans le *Stentor*, et chez quelques Annélides (Sangsues), où la portion dilatée est partagée par des étranglemens en plusieurs cellules placées à la suite les unes des autres. Chez les Acalèphes discophores, au contraire, la cavité stomacale commune se partage en différentes chambres. Il est des animaux chez lesquels à un estomac pourvu de parois minces et fournissant une sécrétion abondante, en succède un autre musculeux, dont la surface est garnie d'un épithélium calleux ou de saillies en forme de dents. C'est ce qu'on observe chez plusieurs Gastéropodes, les Aplysies, par exemple, où le second estomac, armé de dents, se partage lui-même en deux portions, l'une musculeuse, l'autre à parois minces; chez quelques Annélides, comme les Amphitrites, chez les Oiseaux, à l'exception des Rapaces, et surtout chez ceux de ces derniers animaux qui vivent de graines. Dans d'autres animaux, au contraire, un estomac musculeux et en partie armé est suivi d'un autre où prédominent la membrane muqueuse et sa sécrétion. Tel est le cas : parmi les Mollusques, des Céphalopodes; parmi les Insectes, des Orthoptères, des Névroptères et des Coléoptères carnassiers, qui vivent d'alimens durs; parmi les Mammifères, des Cétacés carnivores et des Ruminans, où l'estomac, muni d'une épaisse couche musculeuse et d'un épithélium très-fort, se subdivise à son tour. En effet, chez les Ruminans, le premier estomac se partage en trois compartimens, qui tous communiquent avec l'œsophage : la panse, garnie seulement de papilles; le réseau, dont la surface offre de petits plis formant par leur entrecroisement des mailles polygones; et le feuillet, dont les plis plus larges sont parallèles entre eux : ce dernier mène au second estomac proprement dit, la caillette, dont la membrane muqueuse est exempte de plis. Enfin l'antagonisme des portions buccale et pylorique se montre encore dans un léger étranglement situé entre ces deux portions, comme chez certains Rongeurs, ou dans la différence de l'épithélium qui, chez le Cheval, est fort et épais dans la première, mince et mou dans la seconde. Cependant, la portion pylorique est la plupart du temps aussi plus musculeuse, de même qu'elle reçoit davantage de vaisseaux et qu'elle fournit une sécrétion plus abondante.

b. *Différences de qualité relatives à la largeur.*

§ 921. Les différences de qualité, dans l'organe diges-tif, qui ont trait à la dimension de la largeur, consistent en ce que la paroi, lisse chez les animaux placés aux rangs in-férieurs, se garnit, à l'intérieur ou à l'extérieur, de saillies qui dépassent la surface.

aa. Saillies intérieures.

Les saillies intérieures produisent deux résultats ; d'abord, elles accroissent l'étendue de la surface qui sécrète, digère et absorbe, elles la font plonger dans la masse des alimens ingérés, et la mettent en contact plus intime avec elle ; en-suite, elles établissent une délimitation, et régularisent le pas-sage des alimens.

1° Les villosités (§§ 785, 6°; 790, 3°) n'existent pas chez les animaux sans vertèbres. Elles sont rares et petites chez les Poissons et les Reptiles, plus nombreuses et plus grandes chez les Oiseaux et surtout chez les Mammifères. Dans l'Hom-me, on en compte à peu près quatre mille sur un pouce carré de l'intestin grêle. Leurs formes sont très-différentes, et quoiqu'il y en ait une principale qui domine dans chaque es-pèce d'animal, d'autres néanmoins se rencontrent ordinaire-ment avec elle : de même, on en trouve fréquemment sur des points du canal digestif qui n'en offrent aucune trace chez des animaux voisins.

2° Des plis se rencontrent déjà chez quelques Acalèphes, Actinies, Mollusques, Nématoïdes, Annélides et Insectes. La plupart du temps parallèles à la longueur du canal chez les Poissons, et en partie aussi chez les Reptiles, ils se dirigent quelquefois obliquement, de manière à former une sorte de réseau, et affectent même dans certains cas une disposition en spirale. Chez les Mammifères, l'Homme spécialement, ils sont longitudinaux dans l'œsophage, rares et irréguliers dans l'estomac, transversaux, parallèles et nombreux dans l'intestin médian, plus rares et plus petits dans l'intestin anal. La plupart proviennent de ce que le tube formé par la tunique musculeuse n'a pas le même diamètre que celui de la membrane muqueuse : s'il est plus court, on a des plis transversaux, et s'il est plus étroit, les plis se prononcent dans le sens de la longueur. Mais quelques-uns sont de simples excroissances de la membrane muqueuse, faisant saillie en manière de rubans. Certains d'entre eux, notamment les transversaux, se composent des deux couches de la membrane muqueuse ; d'autres ne comprennent que la couche vasculaire, ou ce qu'on appelle la membrane villeuse. La tunique musculeuse de l'œsophage et de l'estomac est aussi plus contractée dans l'état de repos que ne le comporte l'étendue de sa surface : de là résultent des plis de la membrane muqueuse, qui disparaissent quand l'organe vient à être distendu par les alimens.

3° Une valvule se forme quand un pli de la membrane muqueuse renferme des fibres charnues circulaires. Les plus répandues de toutes les valvules, dans le règne animal, sont les lèvres mobiles qui garnissent l'entrée, et la valvule placée à la sortie, qui ne représente, la plupart du temps, qu'un rétrécissement annulaire. Les valvules intérieures font une saillie plus ou moins oblique dans le canal digestif, de manière qu'elles déterminent la direction du mouvement des substances alimentaires, et on ne les rencontre guère que chez les animaux des classes supérieures. Le voile du palais n'est complétement développé que dans l'espèce humaine. Chez les Singes, il n'a qu'une petite luette, dont on ne trouve même pas de traces chez les Makis et les autres Mammifères. Il manque entièrement chez les Oiseaux, à moins qu'on n'en veuille regarder comme un rudiment les élévations immobiles qui se remarquent à l'orifice postérieur des narines. Le pli étroit qui existe, chez plusieurs Poissons, entre les cavités buccale et pharyngienne, et le pli un peu plus large qu'on trouve au même endroit chez le Crocodile, en sont des vestiges. La valvule pylorique n'acquiert non plus son plein et entier développement que chez les Mammifères. La valvule iléo-cœcale est indiquée chez quelques Insectes ; on ne l'observe que chez un petit nombre de Poissons ; la plupart des Reptiles en sont dépourvus, et elle manque aussi chez certains Mammifères, les carnassiers surtout.

bb. Saillies extérieures.

§ 922. Chez les Polypes, où le canal digestif n'a point de parois distinctes de la masse du corps (§ 918, 4°), la formarion des saillies extérieures est une forme de la génération. Comme l'animal entier n'est autre chose qu'un canal digestif individuel, toutes les fois que ce canal sort de ses limites, il naît de là un nouvel individu, tandis que, quand la digestion a acquis un organe spécial, tout ce qui en résulte est l'apparition d'une saillie à la surface externe. Ces saillies. de la paroi digestive se rencontrent presque partout. Tantôt elles servent de réservoir à la nourriture, qu'elles détournent de son chemin direct, et retiennent pendant quelque temps, surtout lorsque leur fond a une certaine ampleur. Tantôt leur action ne se borne pas à remplir un rôle purement mécanique, et elles exercent aussi une puissance transformatrice, contribuant ainsi à agrandir la surface qui opère la digestion. Quelquefois, quand elles sont trop étroites pour admettre les alimens dans leur intérieur, elles versent dans la cavité digestive un liquide analogue à celui que produisent les autres parties de l'organe, dont elles augmentent ainsi la surface sécrétante, ou bien elles engendrent un liquide spécial, et constituent alors un organe sécréteur accessoire. Enfin, lorsqu'elles s'étendent fort loin, proportion gardée, dans l'intérieur du corps, elles peuvent conduire le produit de la digestion aux diverses parties qui ont besoin de se nourrir.

I. Elles paraissent remplir plusieurs de ces destinations à la fois chez les animaux inférieurs.

4° C'est probablement ce qui arrive quand une certaine longueur et un certain nombre de ces saillies ont un diamètre égal à celui du canal digestif lui-même. Chez plusieurs Vers trématodes et acanthocéphales, ainsi que chez les Planaires, ce canal, qui affecte la forme d'un vaisseau, envoie en divers sens des branches qui peuvent, non-seulement recevoir la nourriture liquide, mais encore conduire le suc plastique obtenu par la digestion. Chez les Vorticelles et autres Infusoires polygastriques, le canal digestif est un sac garni, dans toute sa longueur, de cœcums coniques, dont le nombre dépasse cent chez les Paramécies. Dans les Actinies, l'estomac est garni d'une multitude de cœcums. De l'estomac des Astéries partent, vers le haut, plusieurs cœcums courts, et latéralement cinq paires de canaux, dont chacun se renfle, dans chaque rayon, en deux sacs, partagés eux-mêmes en une multitude d'autres petits sacs implantés sur les côtés. Chez beaucoup d'Acalèphes, l'estomac est muni d'une foule de cœcums (*Physalia*), ou dégénère en de larges sacs (*Pelagia*). Il offre aussi des appendices vésiculeux dans quelques Ascidies composées; envoie latéralement, chez plusieurs Annélides, une multitude de cœcums, qui, dans l'Aphrodite, par exemple, sont rameux et renflés à leur extrémité; enfin, présente un grand nombre de courts appendices terminés en cul-de-sac chez plusieurs Insectes, les Coléoptères carnassiers entre autres.

2° Il existe une autre forme, qui consiste en canaux étroits partant d'une ample cavité digestive. Chez beaucoup de Polypes, tels que les Sertulaires, le suc digestif se répand, du lieu où il a été formé, dans un ou plusieurs conduits, qui se dispersent à travers toutes les branches du polypier, et semblent leur transmettre le produit de la digestion. Chez un grand nombre d'Acalèphes, il part de l'estomac plusieurs canaux dirigés en tous sens, qui tantôt ne se divisent pas (*Tinea*), tantôt se ramifient (*Medusa*), forment un anneau en s'anastomosant ensemble à la périphérie du disque, se prolongent communément aussi au-delà de ce point, dans les tentacules, et paraissent avoir la triple destination de disperser le produit de la digestion au profit de la nutrition, de rendre, en se remplissant, les tentacules aptes à se redresser et s'étendre, et de sécréter l'humeur âcre qui se fait remarquer en cet endroit.

3° Mais rien ne nous autorise à conclure de la forme dévolue à ces appendices qu'ils remplissent telle ou telle fonction déterminée. Ce qui le prouve, c'est leur diversité chez des animaux d'ailleurs très-voisins les uns des autres. Tandis que, chez la plupart des Vers trématodes, les ramifications semblent conduire le suc plastique aux différentes parties du corps, le canal digestif de quelques Distomes ne se divise qu'en deux branches parallèles, sans ramification ultérieure : et, tandis que, dans l'*Aequorea*, d'étroits canaux partent de l'estomac, quelques Acalèphes voisins, par exemple l'*Ægina*, ont leur estomac garni de prolongemens en forme de sacs, qui s'étendent jusqu'au bord du disque. Là, par conséquent, le suc plastique peut atteindre les différentes parties du corps sans avoir besoin que des canaux spéciaux le rapprochent d'elles, et ici une dilatation digestive, en forme de sac, peut le conduire tout aussi bien qu'un canal étroit. D'un autre côté, la ramescence du canal digestif ne paraît pas être nécessaire, chez les Planaires, pour opérer cette conduite, puisqu'il existe à cet effet des vaisseaux sanguins. Chez les Rhizostomes, chaque canal du pédoncule, qui commence par une ouverture béante, reçoit encore plusieurs branches latérales pendant son trajet, et l'on se demande si ces branches absorbent également, ou si elles amènent un liquide sécrété dans leur intérieur. On est tenté de considérer les appendices des organes digestifs comme des organes sécrétoires, et de voir en eux, d'après la situation de leur orifice, les analogues de tels ou tels organes appartenant aux animaux supérieurs, sans que leur contenu justifie ce rapprochement. Ainsi, les cœcums de l'estomac de plusieurs Insectes sont regardés comme correspondant au pancréas, mais ils admettent aussi le chyme dans leur intérieur. Au reste, quoiqu'il soit à présumer que des observations faites avec plus de soin et de précision rectifieront encore, sur divers points, nos idées à ce sujet, il y a du moins une chose bien certaine, c'est qu'ici les diverses fonctions ne sont pas séparées les unes des autres par des limites aussi nettement tranchées que chez les animaux supérieurs.

II. Les animaux supérieurs possèdent, au commencement de leur organe digestif, des saillies extérieures qui ne servent qu'à mettre des alimens en réserve.

1° Les abajoues de plusieurs Singes et Rongeurs sont destinées à loger les alimens dont les animaux s'emparent, jusqu'à ce qu'ils aient le loisir de les mâcher. Des muscles cutanés spéciaux servent à les vider.

2° On doit encore rapporter ici le sac guttural impair de quelques Oiseaux, en particulier du Pélican, qui pend au-dessous de la mâchoire inférieure, acquiert une distension considérable lorsque l'animal y accumule des alimens, et se vide au moyen d'un muscle spécial, aidé du concours d'un tissu élastique situé à sa face externe.

III. Il y a des saillies extérieures qui servent à la digestion.

1° Telles sont d'abord celles qui préparent les alimens à être digérés, et qui ont leur siége dans l'œsophage. Le jabot, propre au plus grand nombre des Oiseaux, et principalement développé chez les granivores, est situé à la partie inférieure du cou, et sécrète un liquide propre à ramollir les substances alimentaires, qui s'en imprègnent. Chez les Rapaces diurnes, il forme plutôt une dilatation de l'œsophage qu'une véritable poche. Le même passage d'une forme à l'autre s'observe chez les animaux sans vertèbres, par exemple, chez les Céphalopodes et plusieurs Insectes, notamment parmi ceux qui vivent d'alimens durs, chez lesquels le jabot sécrète une humeur âcre, et présente aussi quelquefois des espèces de dents.

2° Un cœcum placé au commencement de l'intestin anal n'existe, parmi les animaux sans vertèbres, que chez un très-petit nombre d'Insectes; il est rare encore chez les Poissons, et ne commence à devenir plus fréquent que chez les Reptiles. Dans la classe des Oiseaux, c'est déjà une exception que de le voir manquer, comme il arrive chez les Grimpeurs. Communément, il est double, et assez souvent, surtout chez les herbivores, il a une longueur considérable. Le diverticule que présente fréquemment l'intestin médian diffère du véritable cœcum, en ce que les alimens ne s'introduisent point d'ordinaire dans son intérieur, et en ce qu'il est un débris du conduit de la vésicule ombilicale. Dans la classe des Mammifères, le cœcum manque chez les Cétacés carnivores, ainsi que chez quelques Chéiroptères, Rongeurs et Carnassiers; il est assez volumineux, chez les Ruminans, les Solipèdes et la plupart des Rongeurs, pour occuper la longueur entière de la cavité abdominale, et surpasser l'estomac en capacité. On le trouve double chez certains Edentés, Rongeurs, Marsupiaux et Pachydermes. Du reste, ici encore nous voyons reparaître la différence de conformation chez des animaux voisins les uns des autres ; le cœcum est très-grand chez quelques Chéiroptères, tandis que d'autres en sont totalement dépourvus ; chez certains Sauriens, il se montre pourvu d'une valvule, qui manque à d'autres, et parmi ces mêmes animaux on en trouve qui n'ont pas de cœcum, bien qu'ils possèdent une valvule iléo-colique.

IV. Le canal digestif est du nombre des organes bipolaires de la plasticité (§ 790, 1°). Tandis qu'il transforme la matière étrangère, qu'il l'assimile, et qu'il la rend apte à être reçue dans le sang, il repousse de l'économie ce qui résiste à l'assimilation, et fournit au sang un vaste foyer de dépuration. Le liquide sécrété par lui agit de plusieurs manières ; mécaniquement, en favorisant le mouvement et l'absorption ; dynamiquement, en sollicitant le canal digestif à déployer une action plus vive ; chimiquement, en influant sur les alimens dans l'intérêt immédiat de la digestion ; physiologiquement enfin, parce qu'il se compose en partie de substances devenues étrangères à l'organisme, et auxquelles l'organe digestif sert d'émonctoire.

1° Les organes sécrétoires contenus dans la substance de l'appareil digestif lui-même sont les follicules mucipares (§ 785, 7° ; 790, 3°). Ce sont, ou de simples enfoncemens, ou de petites bourses, ou de petits tubes, qui prennent quelquefois la forme de glandes en se ramifiant, et qui, comme l'a découvert Bœhm (1) sur les glandes de Peyer, présentent parfois, au lieu d'une ouverture centrale simple, plusieurs orifices situés en cercle à la périphérie. Ces organes sont tantôt isolés, tantôt réunis en tas, et dans ce dernier cas ils constituent des plaques qui épaississent la membrane muqueuse, dont ils rendent le diamètre plus considérable quand ils en

_____

(1) *Diss. de glandularum intestinalium structura penitiore.* Berlin, 1835.

couvrent une certaine étendue. Les fossettes mucipares larges
et simples annoncent la prédominance de l'excrétion, et sous
ce rapport elles sont en raison inverse des villosités, dont le
nombre s'accroît quand la prépondérance appartient à l'absorption.

2° Un développement plus considérable de ces cryptes
donne naissance aux organes sécrétoires qui ne communiquent avec le canal digestif que par leur orifice. La forme la
plus simple est celle de l'appendice vermiforme, organe propre seulement à l'homme et aux animaux les plus voisins de
lui, qui, sans admettre le chyme dans son intérieur, concourt
à la digestion par la sécrétion qu'il verse dans le cœcum, attendu que, tout-à-fait semblable au reste de la membrane
muqueuse sous le point de vue de sa structure, il ne sert qu'à
accroître l'étendue de la surface sécrétante. Nous avons déjà
donné un aperçu des différentes formes sous lesquelles se
présentent, dans le règne animal, les autres organes sécrétoires annexés au canal digestif (§ 804, 2₀,-6°).

V. Il a été parlé aussi des différentes manières dont le suc
plastique produit par la digestion parvient aux autres organes
(§ 661, 693).

1° Au plus bas des degrés, il n'y a pas de voies particulières pour cela; le liquide transsude à travers les parois de
l'organe digestif, se perfectionne de plus en plus, et se répand
ensuite par imbibition dans le reste du tissu indistinctement
(§ 661, 4° ; 693, I).

2° Puis, des prolongemens vasculiformes de l'organe digestif
servent, du moins en partie, de conducteurs au produit de la
digestion (§ 661, 3° ; 693, II).

3° A un degré plus élevé de développement, des conducteurs
spéciaux, les vaisseaux sanguins, se séparent de l'organe digestif, et ne reçoivent de lui que le liquide dont l'absorption vient
de s'emparer à travers ses parois closes (§ 661, 2° ; 693, III.-
VI). Pendant que, chez les Echinodermes, les Mollusques, etc.,
les racines des vaisseaux sanguins sont attachées au canal digestif, il n'y a, chez les Insectes, que leur tronc analogue au
cœur, le vaisseau dorsal, qui soit appliqué à ce canal. Le chyle
est absorbé par la masse floconneuse du tissu cellulaire compris

entre les tuniques muqueuse et musculeuse, qui en devient turgescente ; il y demeure pendant quelque temps, jusqu'à ce que la pression de la tunique musculeuse l'en fasse sortir et l'oblige à pénétrer dans la cavité du corps. Là il arrive d'abord dans le corps adipeux, qui entoure le canal intestinal, sous la forme d'une masse de granulations et de fibres, et où il semble être converti, sous l'influence de l'air qu'y amènent les trachées, en sang, que le vaisseau dorsal finit par absorber. Pendant l'état chrysalidaire, le corps adipeux s'efface peu à peu, le chyle qu'il renferme étant employé au développement ultérieur des différens organes, d'une manière immédiate pour la plus grande partie, et sans préalablement être converti en sang. On ignore si le chyle est conduit au corps adipeux par les saillies extérieures du canal digestif, ou si ces saillies sont analogues au foie, et versent par conséquent dans ce canal un liquide de la sécrétion duquel elles seraient chargées.

4° Enfin, chez les animaux vertébrés, les lymphatiques, destinés à une direction purement centripète et à l'absorption, se séparent des vaisseaux sanguins, dont le contenu décrit une révolution sur lui-même, de sorte que les trois degrés du produit de la digestion, le chyme, le chyle et le sang, sont contenus dans autant de canaux divers, et que le canal digestif mérite bien réellement le nom de premières voies (§ 661, 1°).

II. Mouvemens de l'appareil digestif.

A. *Mouvement en général.*

§ 923. Le mouvement doit venir en aide à la digestion, d'abord, pour mettre les alimens en contact avec la surface digérante, et en repousser au dehors la portion non digérée, avec les substances excrémentitielles provenant des sécrétions ; ensuite, pour faire subir aux matières alimentaires une modification mécanique, les atténuer afin de les rendre plus faciles à digérer, et les mêler ensemble, ainsi qu'avec les sucs digestifs ; enfin, pour exciter l'activité vitale au moyen de l'agitation mécanique, et favoriser tant la sécrétion que l'absorption.

1. MUSCLES SERVANT A LA DIGESTION.

Déjà chez les animaux les plus simples, par exemple, les Polypes, on aperçoit, dans l'organe de la digestion, un mouvement qui se rapporte à sa fonction, qui est opéré là par la paroi du corps, et qui se confond avec le mouvement général et volontaire de l'animal. Chez tous les autres animaux, ce mouvement constitue un phénomène distinct. De même qu'ici la face interne de la peau extérieure est garnie de muscles, de même aussi il s'en trouve, pour accomplir les mouvemens de l'organe digestif, qui sont étalés à la surface externe de la membrane muqueuse.

I. En tant que cette membrane a acquis une certaine indépendance par son éloignement de la paroi du corps, elle possède des muscles involontaires ou plastiques (§ 793, 12°, 17°). On reconnaît déjà une tunique musculeuse de cette espèce, distincte de la membrane muqueuse, chez les Actinies, les Echinodermes, les Mollusques et tous les animaux sans vertèbres, même chez les Filaires parmi les Entozoaires. Cette tunique s'étend aussi, bien qu'inégalement répartie, sur toute la longueur de l'organe digestif, et si on ne l'y aperçoit pas dans tous les points chez les animaux des classes inférieures, c'est sans doute en raison du peu de développement qu'elle a acquis comparativement aux muscles qui reconnaissent l'empire de la volonté.

1° Par la longueur naturelle de ses fibres, elle rétrécit, même dans l'état de repos, les points du canal digestif qui sont destinés à laisser passer rapidement les substances alimentaires, et laisse, au contraire, une ouverture plus libre dans ceux où ces mêmes substances doivent séjourner plus longtemps. Ici le canal est distendu jusqu'à un certain point, par l'effet de la turgescence, même dans l'état de repos ; car, d'un côté, le sang qui afflue en plus grande quantité remplit les vaisseaux et met les tissus dans la tension, de l'autre, la consistance plus grande de la substance des parois prévient l'affaissement de celles-ci sur elles-mêmes. Il n'y a pas de motif suffisant pour admettre dans cette tunique musculeuse, comme le fait Piorry (1), une expansibilité vivante semblable à celle dont jouit le cœur, d'autant plus qu'ici, en l'absence des stimulans, on aperçoit moins d'activité spontanée et rhythmique que dans le cœur (§ 717, II). C'est la stimulation de la membrane muqueuse et l'ampliation du canal par des alimens, de l'air ou des liquides sécrétoires épanchés, qui détermine la tunique musculeuse à se contracter.

2° Mais le mouvement porte le caractère d'alternance ; car d'abord, il est ondulatoire, comme la reptation d'un ver, c'est-à-dire qu'il se propage aux différentes parties dans le même ordre qu'elles observent eu égard à leur emplacement les unes par rapport aux autres, de sorte que des coarctations et des dilatations, des raccourcissemens et des allongemens, ont lieu simultanément. En second lieu, le canal digestif n'est jamais tout entier en mouvement, et il n'y en a jamais que certaines étendues qui se meuvent alternativement.

3° Les fibres annulaires immédiatement appliquées à la membrane muqueuse sont la plupart du temps plus fortes ; leur longueur naturelle ne permet pas que le canal digestif se dilate au-delà d'un certain point ; elles le resserrent en se contractant, et elles en chassent le contenu vers le lieu le plus proche, qui lui offre un espace suffisant, à cause du repos de ses propres fibres circulaires, jusqu'à ce que, sa présence excitant aussi ces dernières à se contracter, il soit repoussé plus loin. Les fibres longitudinales, communément situées à l'extérieur, et presque toujours disposées en faisceaux isolés, qui, par conséquent, n'embrassent pas le canal entier, restreignent son allongement par leur longueur naturelle, et le raccourcissent en se contractant, de telle manière que son contenu parvient plus tôt à un point éloigné, ou qu'il a un chemin plus court à parcourir. Lorsque les fibres circulaires ont rétréci un point par leurs contractions, les fibres longitudinales des parties adjacentes trouvent en elles un point d'appui, et attirent la partie inférieure vers la supérieure. D'après cela, des raccourcissemens de fibres circulaires et de fibres longitudinales se succèdent alternativement, dans l'espace comme dans le temps. Par elles-mêmes, les fibres longitudinales ne sauraient

(1) *Dict. des sc. méd.*, t. XL, p. 464.

produire aucune ampliation ; mais elles le peuvent dès que leur action s'étend sur un point rétréci par des fibres circulaires, notamment sur une valvule : en s'étendant au dessus de ce point, de manière à ce que leur longueur entière ne se trouve plus dans le même plan, elles attirent les fibres circulaires en dehors, et par là élargissent le canal.

4° On a reconnu que le canal intestinal pousse son contenu par des mouvemens alternatifs de bas en haut et de haut en bas, aux degrés les plus bas de l'échelle animale, par exemple chez les Polypes, les Vers trématodes(1), etc., tout comme aux plus élevés ; sa force motrice agit donc de la même manière que celle de la matrice sur l'embryon (§ 484, 4°), et c'est, dans un sens général, une loi de la vie que des mouvemens progressifs et rétrogrades alternent constamment ensemble. Le ralentissement du passage à travers le canal digestif, qui résulte de là, est nécessaire pour que la nourriture, mise pendant long-temps et de toutes les manières en contact avec la paroi vivante soit dépouillée de tout ce qu'elle contient d'assimilable ; mais il doit nécessairement avoir lieu, parce que le rétrécissement de chaque segment du canal partage la nourriture qui s'y trouve en deux portions, dont l'une est chassée vers le bas, et l'autre vers le haut (2).

5° La direction de haut et bas l'emporte cependant sur celle de bas en haut. Ceci dépend d'abord de l'impulsion donnée , puisque les divers points du canal digestif ne sont sollicités que successivement à entrer en action ; quand un point est rempli de nourriture, le segment inférieur, qui vient seulement alors à être stimulé par l'abord de la matière étrangère, doit agir avec plus de force et pousser plus loin que le segment supérieur, qui a été mis avant lui en contact avec la nourriture et qui a déjà réagi sur elle. En outre, le vide qui s'opère dans la partie inférieure contribue à cet effet ; lorsque l'intestin anal se débarrasse de son contenu, les substances y trouvent plus d'espace , et marchent plus facilement de haut en bas. C'est ce qui explique pourquoi, dans les anus artifi-

(1) Mehlis, *Obs. de distomate*, p. 45.
(2) E. Lauth , *Du Mécanisme par lequel les matières alimentaires parcourent leur trajet de la bouche à l'anus.* Strasbourg, 1833, in-4.

ciels, c'est-à-dire, quand l'intestin s'ouvre au dehors plus haut que de coutume, le mouvement des parties situées au dessus acquiert trop de force et détermine des évacuations trop promptes (1) ; l'intestin médian chasse facilement son contenu dans l'intestin anal, qui offre plus d'ampleur et moins de résistance, car la situation de la valvule iléo-cœcale permet cette accélération, tandis que la valvule pylorique s'oppose à tout mouvement rétrograde, mais permet aux alimens de sortir de l'estomac, dont l'orifice supérieur est clos. Enfin, il est d'observation générale que les parties situées plus haut possèdent une plus grande somme de vitalité ; ainsi la cavité buccale l'emporte évidemment sur l'œsophage par ses muscles soumis à la volonté, et l'abondance des vaisseaux, celle des nerfs, la force des fibres circulaires sont plus grandes dans la portion du canal qui reçoit la bile que dans le reste de l'intestin médian, comme elle l'est plus aussi dans ce dernier que dans l'intestin anal. Que l'activité vitale d'une partie quelconque de l'intestin vienne à être exaltée par la présence d'un stimulant étranger ou par une inflammation, cette partie chasse son contenu, non point vers la partie qui vient immédiatement après, et qui participe au même état, mais vers les supérieures, où la vitalité n'est point accrue ; l'obstacle qui avait occasioné ce mouvement rétrograde vient-il à être écarté, le mouvement de haut en bas recommence, les évacuations alvines reparaissent, et le vomissement stercoral cesse. Mais quelquefois aussi le vomissement s'arrête avant que les déjections par le bas se soient rétablies, quand une substance irritante, introduite dans l'estomac, par exemple l'huile de croton, fait recouvrer aux parties supérieures du canal alimentaire la prédominance dont elles jouissent d'ordinaire, en exaltant leur activité vitale. L'évacuation alvine a lieu parce qu'une quantité suffisante de nourriture convenable stimule l'activité vitale de l'estomac et de l'intestin grêle ; tant que le chyme s'échappe au dehors par une fistule stomacale, les excrémens ne sont point chassés du gros intestin (2). La pesan-

(1) G. Dupuytren, *Mém. de l'Académie royale de médecine.* Paris, 1828, t. I, p. 259 et suiv.

(2) Gerson, *Magazin*, t. X, p. 260.

teur joue, somme totale, un rôle assez insignifiant ; cependant elle n'est pas dépourvue de toute influence ; ainsi on favorise le séjour des alimens dans l'estomac en se couchant sur le côté gauche, et celle d'un lavement dans le colon en se plaçant sur le côté droit.

6° La force motrice de la tunique musculeuse est diversement excitable chez les différens animaux. Ainsi, quoique, généralement parlant, la nourriture traverse un intestin court avec plus de rapidité, elle reste néanmoins long-temps dans cet organe, chez les Poissons, parce qu'il ne possède là qu'un mouvement lent ; et tandis que, chez plusieurs Insectes, le chyme monte et descend, pendant un long espace de temps, dans l'intestin médian, il en est d'autres chez lesquels ce dernier se vide si promptement dans l'intestin anal, qu'on n'y trouve presque jamais de chyme. Les choses ne varient pas moins dans les divers segmens de l'organe digestif. Comme la nourriture séjourne un certain temps dans chacun d'eux, jusqu'à ce qu'elle soit poussée plus loin à travers un point rétréci, nous admettrons trois périodes : depuis les lèvres et le voile du palais jusqu'à la valvule pylorique, depuis celle-ci jusqu'à la valvule iléo-cœcale, et depuis cette dernière jusqu'au sphincter de l'anus, ce qui s'accorde avec la division établie précédemment (§ 920). Il y a impossibilité d'assigner précisément la durée de ces périodes ; cependant, lorsqu'on réfléchit qu'un certain laps de temps s'écoule toujours entre l'ouverture d'une valvule et l'évacuation complète du segment situé au-dessus d'elle, il n'est pas invraisemblable que, chez l'homme, les périodes durent à peu près autant l'une que l'autre ; en effet, la nourriture arrive promptement dans l'estomac, mais elle y reste long-temps ; elle a beaucoup de chemin à faire pour parcourir l'intestin médian, mais les fibres circulaires qui prédominent dans cet intestin, accélèrent sa marche ; enfin, elle chemine avec lenteur dans l'intestin anal, qui est plus court à la vérité, mais plus large et plus paresseux.

7° Vers les deux extrémités du canal digestif, c'est-à dire vers sa périphérie, aux nerfs sympathiques qui se rendent à la tunique musculeuse, s'adjoignent des branches de nerfs cérébraux et rachidiens, et la tunique elle-même devient plus forte, surtout dans ses fibres longitudinales, de sorte que l'œsophage et le rectum sont plus susceptibles de s'élargir et moins capables de s'allonger. Il y a donc ici une sorte d'analogie avec ce qu'on observe dans les muscles soumis à l'empire de la volonté, avec les mouvemens desquels ceux de la tunique musculeuse entière ont aussi un certain rapport; chaque segment de l'intestin avale le chyle, comme l'œsophage avale le bol alimentaire, et comme la bouche avale les alimens.

II. Au contraire, les muscles volontaires, qui, aux deux extrémités du canal digestif, là où ce dernier a des connexions intimes avec la paroi animale du corps (peau et os), s'appliquent sur la membrane muqueuse, prennent quelque chose du caractère des muscles plastiques. Effectivement, il n'y a que quelques-uns d'entre eux qui s'attachent au squelette, sur lequel les autres ne prennent que médiatement un point d'appui. De plus, comme ils sont étalés sur des cavités, ils présentent la forme des muscles plastiques. Ainsi, on distingue :

MUSCLES CIRCULAIRES.	MUSCLES LONGITUDINAUX.
A la bouche... Orbiculaire des lèvres.	Bucinateur, etc.
A l'arrière-bouche.... Pharyngo-palatin	Élévateur et tenseur du voile du palais. Azygos de la luette.
Glosso-palatin.	Stylo-pharyngien.
Au pharynx... Constricteurs du pharynx.	Pharyngo-palatin.
A l'anus...... Sphincter de l'anus	Élévateur de l'anus. Transverse du périnée.

Et comme, pendant la mastication, ils portent la nourriture entre les dents, ainsi qu'entre la langue et le palais, leur action est analogue à celle de la tunique musculeuse de l'intestin, qui pousse alternativement le chyme de bas en haut et de haut en bas.

2. DISPOSITIONS MÉCANIQUES.

§ 924. Certaines dispositions mécaniques étaient néces-

saires pour rendre possibles, efficaces et inoffensifs, les mouvemens que la digestion réclame.

I. La membrane muqueuse devait être garnie de tissus
étalés en couches, qui servissent à la protéger.

1° Le délicat tissu vasculaire superficiel de cette membrane
ne pouvait pas plus que celui de la peau extérieure se trouver à nu en contact avec les substances étrangères. Aussi
est-il garanti par un épithelium (§ 797). Cet épithelium
est apparent et analogue à l'épiderme dans les points situés
à la périphérie, où la force motrice prédomine, et sur lesquels les substances étrangères exercent une action principalement mécanique, par conséquent au commencement de
l'appareil digestif, depuis la bouche jusqu'à l'estomac, où
l'organisme n'a point encore fait disparaître le caractère
étranger de la nourriture, et dans le rectum, où les restes inassimilables de cette nourriture, réunis aux produits sécrétoires
rejetés par l'économie, forment les excrémens, qui se comportent comme corps étranger. Dans la partie centrale, dans
l'atelier proprement dit de la digestion, où la nourriture a
déjà subi un changement mécanique plus ou moins considérable, où la réaction est des plus intimes, où l'assimilation et
l'absorption s'accomplissent avec le plus d'énergie, la couche
isolante est plus délicate. Suivant Henle (1), l'épithelium de
l'estomac se compose encore, comme l'épiderme, de plaques
irrégulières, dont chacune offre une petite bosselure dans son
milieu ; celui de l'intestin, au contraire (2), est formé de corpuscules coniques, ventrus au centre, qui sont placés perpendiculairement, de manière que la surface sur laquelle
leurs extrémités larges ou leurs bases se rencontrent, présente
l'aspect d'un pavé. Nous laisserons de côté la question de savoir si le renflement médian autorise réellement à regarder
les parties de l'épiderme et de l'épithelium comme des cellules
renfermant des noyaux. Ce qu'il nous suffit de savoir, c'est
que ce sont des écailles, qui se détachent et se reproduisent,
sinon à chaque digestion, du moins fréquemment, comme

(1) *Symbolœ ad anatomiam villorum intestinalium*, p. 10.
(2) *Ibid.*, p. 13.

Bœhm a découvert qu'elles le faisaient, par exemple dans le
choléra (1). Le phénomène est surtout prononcé chez les Insectes et les Crustacés (§ 617, 4°), où l'intestin paraît être
assujéti à une mue continuelle, puisque Prévost a trouvé les
excrémens du Chirocéphale ordinairement enveloppés d'une
membrane mince (2).

2° Là où il faut qu'une forte action mécanique s'exerce sur
les alimens, et où par conséquent la substance musculaire a
acquis un développement considérable, les couches épidermoïdes prennent des formes particulières, celles de plaques tu-
berculeuses, de fibres et de pointes cornées, de lames et
de pointes calcaires ou osseuses (§ 808). Chez les animaux inférieurs, où les fonctions sont moins séparées, et
où, par cela même, l'organe chargé de la digestion proprement dite exerce en même temps une forte action mécanique,
ces couches, devenues de véritables armes, s'étendent plus
loin, dans la cavité digestive, qu'elles ne le font chez les animaux supérieurs, où la périphérie seule en est garnie.

II. Toutes les fois que l'organe digestif est impair, que les
organes intermédiaires (§ 918, 2°) ne le refoulent point, et
que sa longueur ne l'oblige point à s'infléchir, il occupe
l'axe du corps, l'axe longitudinal quand celui-ci a une forme
cylindrique, l'axe transversal quand il affecte celle d'un disque ou d'une sphère. Tenant le milieu entre la vie animale et
la vie purement végétative, il est placé, chez les animaux
articulés, entre le cordon ganglionnaire et le cœur ou le tronc
commun des vaisseaux sanguins, de même que, chez les vertébrés, où une grande variété de formations a remplacé l'uniformité dévolue aux autres séries, une partie de sa longueur
se trouve encore comprise entre la colonne vertébrale et le
cœur. A sa face externe s'insèrent alors des parties qui le
maintiennent dans sa situation, tout en lui permettant d'accomplir les mouvemens nécessaires à la digestion.

1° Aux échelons inférieurs de la chaîne animale, cet office

(1) *Die kranke Darmschleimhaut in der asiatischen Cholera.* Berlin,
1838.

(2) Jurine, *Histoire des Monocles*, p. 209.

est rempli par d'autres organes. Ainsi, chez les Nématoïdes, l'appareil digestif est entouré et soutenu par les organes de la génération, et, chez les Insectes, il l'est par le corps adipeux.

2° Ailleurs, ce sont des parties spéciales qui le fixent à la paroi du corps. Chez plusieurs Annélides, il est serré, de distance en distance, par des filamens et des faisceaux musculaires qui s'insèrent à la paroi du corps, et qui partagent en compartimens l'espace compris entre l'un et l'autre. Dans les Actinies, des compartimens intermédiaires se produisent de la même manière. Chez les Crustacés, il y a des faisceaux musculaires qui se rendent de l'estomac à la carapace.

3° Chez les Échinodermes, la fixation de la paroi du corps est effectuée par une membrane mince et transparente. Dans les Astéries, chaque cœcum s'attache ainsi à la face supérieure du rayon dans lequel il est placé; chez les Holothuries, cette membrane a la forme d'un étroit mésentère, qui sert de conducteur aux vaisseaux; chez les Échinides, il existe une membrane analogue, mais qu'on dit être dure et calcaire dans les *Cidaris*.

4° Chez les animaux vertébrés, la cavité abdominale est tapissée par une membrane séreuse, le péritoine, dont les replis embrassent divers organes, notamment l'intestin, sous le nom de mésentère, de sorte que le canal intestinal n'est pas seulement attaché à la paroi du corps, mais qu'il se trouve aussi mis en connexion avec d'autres organes. Dans beaucoup de Poissons, il n'est fixé que par un tissu cellulaire abondant, ou par quelques languettes étroites du péritoine, ou bien il y a un mésentère, mais qui n'embrasse pas l'intestin entier. Ce n'est que chez les Reptiles et les Oiseaux qu'on commence à rencontrer un mésentère plus complet. Dans les Mammifères, où la cavité abdominale est totalement close par le diaphragme, le péritoine acquiert aussi son plein et entier développement. Il forme un sac sans ouverture, dans les replis duquel les viscères abdominaux font plus ou moins de saillie, de manière qu'ils sont tous situés hors du sac ou à sa face externe. Le mésentère lie l'estomac et l'intestin au reste de l'organisme, sert de conducteur à leurs vaisseaux, et leur procure, par sa largeur, un espace plus vaste, permettant au produit de la digestion d'y faire un plus long séjour et de s'y perfectionner davantage ; par les vaisseaux et les nerfs qu'il amène au canal digestif, il place celui-ci sous l'influence de la vie générale ; il lui fournit, par son déploiement, les moyens d'occuper une plus grande étendue quand les alimens le remplissent ; il lui permet, par sa largeur, d'exécuter en toute liberté les mouvemens nécessaires à la digestion, que favorise encore la facilité avec laquelle ses surfaces glissantes coulent les unes sur les autres ; il renferme enfin ce mouvement dans certaines limites, qu'il lui interdit d'outre-passer.

B. *Mouvemens en particulier.*

§ 925. Les mouvemens qui ont trait à la digestion sont de trois sortes : le mouvement d'ingestion (§§ 925-930), le mouvement digestif proprement dit (§§ 931, 932), et le mouvement d'éjection (§§ 933, 934).

1. MOUVEMENT D'INGESTION.

a. *Organes qui accomplissent ce mouvement.*

L'organe d'ingestion, la cavité buccale, offre une telle diversité dans sa configuration, que nous sommes forcés de jeter un regard sur les principales formes qu'il peut affecter, avant d'étudier les mouvemens eux-mêmes à l'accomplissement desquels il sert.

La cavité buccale est l'espace destiné à la première réception des alimens. Partout où l'organe digestif consiste en une substance spéciale (§ 948, 2°), les parois de cette cavité sont formées en commun par la membrane muqueuse et par la paroi du corps. Elle n'a d'ampleur que chez les animaux des classes supérieures, là surtout où les alimens solides doivent y séjourner pendant quelque temps, et y subir un changement préparatoire. Son diamètre ne diffère pas de celui de l'œsophage quand elle ne sert qu'au passage d'une nourriture liquide, comme chez les Insectes suceurs, auxquels on est, pour cette raison, dans l'usage de refuser une bouche proprement dite.

I. Quant à la substance de ses parois, la paroi du corps n'y

fournit que de la peau et des muscles chez les animaux inférieurs, comme la plupart des Infusoires et des Acéphales,
plusieurs Gastéropodes, Annélides, etc., tandis que, chez les
animaux plus complètement organisés, elle donne, en outre,
un appareil osseux, la mâchoire. Cet appareil tend les parois
de la cavité buccale, procure par conséquent une forme stable
à cette dernière, et sert à l'insertion des muscles, en sorte
que, l'ouverture et l'occlusion de la bouche s'exécutant avec
plus de précision et de force, il devient possible de retenir,
tuer, diviser et mâcher la proie, animale ou végétale, qui sert
de nourriture.

On a vu que la périphérie animale forme d'abord la paroi du
corps en circonscrivant les organes (§ 425), et qu'ensuite
elle produit les membres en se détachant de cette paroi (§ 434);
la mâchoire réunit en elle ces deux caractères. D'un côté, elle
fournit un support mobile à la paroi buccale, qui fait partie
de la paroi du corps, puisque, chez les animaux vertébrés,
elle l'embrasse comme pourraient le faire des côtes, et que,
chez quelques invertébrés, elle entoure en manière d'anneau
une certaine étendue de l'organe d'ingestion. D'un autre côté,
la liberté de ses mouvemens, et plus encore l'action mécanique qu'elle exerce sur les substances étrangères, lui donnent
le caractère des membres, dont elle acquiert même la forme
chez les animaux sans vertèbres; en effet, il est plusieurs de
ces derniers chez lesquels elle constitue une paire antérieure
de pattes appartenant à la tête, spécialement à la bouche,
pattes dont les Insectes suceurs se servent, à l'état de larve,
pour mâcher, tandis qu'à l'état d'animal parfait, elles remplissent seulement l'office de membres, et que, chez certains
animaux articulés, quelques espèces de Monocles par exemple, elles sont employées pour saisir la nourriture et la porter
à la bouche.

1° Dans les animaux sans vertèbres, la mâchoire est un
tissu épidermique, et fait partie du squelette cutané, quoiqu'elle soit en partie située sous la peau, à la surface de la
membrane muqueuse, et que fréquemment elle ait un tissu,
non pas corné, mais calcaire et osseux.

2° Lorsqu'elle existe chez les Rotateurs, les Échinodermes

et les Annélides, elle est située, la plupart du temps, à une grande profondeur, sur l'œsophage, autour duquel il lui arrive souvent de former un anneau, comme chez les Oursins, où elle se compose de plusieurs pièces calcaires, garnies de dents et rendues mobiles par des muscles. Quand, au contraire, il y a un squelette cutané corné, comme elle fait partie de cet appareil, on la trouve alors hors de la cavité buccale, ou au devant d'elle, toutes les fois qu'elle ne s'allonge pas en une sorte de trompe; çà et là on voit aussi apparaître des plaques cornées, plus ou moins mobiles, articulées surtout avec le squelette cutané, qui affectent la forme d'une lèvre supérieure et d'une lèvre inférieure, comme chez les Insectes et les Crustacés, ainsi que chez les Arachnides et les Cirripèdes. Quelque chose d'analogue a lieu également chez les Oiseaux, où le revêtement corné de la mâchoire remplace les lèvres, tandis que, chez la plupart des autres animaux vertébrés, la mâchoire est située derrière les lèvres et couverte par elles.

3° Chez les animaux sans vertèbres, elle a la forme de membres; elle se compose, par conséquent, d'organes moteurs pairs, situés latéralement vis-à-vis les uns des autres, qui se meuvent dans le sens du diamètre transversal du corps, c'est-à-dire en se rapprochant et s'écartant de la ligne médiane. Une paire de ces mâchoires mobiles latéralement, cornées ou calcaires, existe chez quelques Gastéropodes et Annélides. Chez les Insectes, les Crustacés et les Arachnides, la multiplication des membres en général fait qu'il y en a deux paires au lieu d'une seule, les mandibules, tranchantes ou dentées sur les bords, qui servent à diviser la nourriture, et les maxilles, qui, presque toujours, ressemblent davantage aux membres proprement dits, dont fort souvent d'ailleurs elles remplissent aussi l'office. Dans la forme opposée, les deux mâchoires agissant ensemble sont situées sur l'axe longitudinal du corps, et se meuvent en ce sens. Nous trouvons un indice de cette disposition dans les mâchoires cornées des Céphalopodes, qui, du reste, ne s'articulent point avec le cartilage céphalique, et ne sont attachées qu'aux parties molles. La forme dont il s'agit est plus développée chez les animaux vertébrés, où par conséquent les mâchoires prennent davantage le caractère de la paroi du corps ; tandis que la mâchoire supérieure revêt des formes variées, en raison de ses rapports avec le crâne, avec les organes de l'olfaction et avec ceux de la vue, l'inférieure constitue une ceinture osseuse simple, qui, à l'instar des côtes, se meut alternativement de bas en haut et de haut en bas, ou d'arrière en avant et d'avant en arrière, et à laquelle il arrive même quelquefois, par exemple, chez la Baleine, d'avoir exactement la forme de côtes. Il n'y a qu'un petit nombre de Mammifères chez lesquels, comme chez l'homme, les parties latérales, primitivement séparées, de la mâchoire inférieure, se soudent, sur la ligne médiane, de manière à ne plus représenter qu'un seul os. Chez tous les autres, elles ne sont unies que par une masse cartilagineuse ou ligamenteuse, disposition au moyen de laquelle elles ressemblent jusqu'à un certain point aux mâchoires latérales et analogues aux pattes des animaux sans vertèbres, mais plus encore aux côtes qui ne se joignent pas immédiatement sur la ligne médiane. Dans les trois classes inférieures d'animaux vertébrés, la même séparation s'observe, parfois même plus prononcée, ou bien il y a réunion au moyen d'une pièce osseuse impaire qui, par son analogie avec le sternum, fait ressortir davantage encore celle de la mâchoire avec les côtes. Au reste, à mesure que l'on remonte la série des animaux vertébrés, les mâchoires perdent de plus en plus leur ressemblance avec des membres, car le nombre des pièces osseuses et des points mobiles va toujours en diminuant. La mâchoire supérieure, qui est mobile chez les Oiseaux, quelques Reptiles et même plusieurs Poissons, perd toute mobilité chez les Mammifères, et l'os intermaxillaire, qui en fait partie constituante dans les quatre classes, disparaît chez l'homme. La mâchoire inférieure se compose encore de plus de deux os chez les Poissons, les Reptiles et les Oiseaux, où elle ne s'unit au crâne que par l'intermédiaire d'un os carré, simple ou résultant d'une série de plusieurs pièces osseuses ; chez les Mammifères, l'état des choses est simplifié, et le mouvement concentré tout entier dans l'articulation temporo-maxillaire ; chez l'homme, enfin, l'os perd bien plus encore de sa ressemblance avec les membres, car la mâchoire est moins longue, moins proéminente et moins étroite en avant que chez les Mammifères.

II. A la cavité buccale sont annexées, chez la plupart des animaux, des formations épidermoïdes destinées à des usages purement mécaniques, qui sont flexibles ou rigides, filiformes, lamelleuses ou déchiquetées, cornées ou calcaires, et qui consistent tantôt en de simples saillies de l'épiderme condensé, tantôt en des papilles revêtues d'une couche épidermatique. Ces différentes formes passent de l'une à l'autre par des transitions telles que, forcés de nous borner ici à des aperçus généraux, nous ne pourrions entrer dans les détails qui les concernent, et qu'il nous suffira de les désigner, celles surtout qui sont dures, par le terme collectif de productions dentiformes, attendu que les dents représentent la plus parfaite de toutes, celle qui prédomine. Leur action n'est pas moins variée. Tandis que, chez l'homme, elles n'ont d'autre usage que de diviser et d'atténuer les alimens solides, les animaux s'en servent aussi, et quelquefois même exclusivement, pour saisir, retenir et tuer leur proie, en un mot, comme d'armes offensives, ou comme d'instrumens propres à pénétrer dans d'autres corps pour arriver à un but quelconque, qui est généralement celui d'y opérer une solution de continuité. Il y a des cas où leur unique destination est d'empêcher les alimens solides introduits dans la bouche de s'échapper, pendant que les liquides s'écoulent avec facilité. Enfin, elles servent aussi, comme dents venimeuses, à charrier un suc digestif.

1° Des armes de ce genre garnissent le devant de la bouche particulièrement chez les animaux invertébrés suceurs; par exemple, chez certains Vers, dont les crochets cornés qui entourent le suçoir s'implantent dans la membrane muqueuse, pour procurer des points d'appui à l'animal et déterminer une irritation qui appelle les liquides en plus grande abondance; chez quelques Gastéropodes à trompe, qui n'emploient leurs parties cornées qu'à percer des trous dans le bois sec; chez les Sangsues, où les pointes cornées font l'office de scies qui déchirent la peau et les vaisseaux sanguins. On peut également ranger ici, jusqu'à un certain point, les mâchoires souvent dentées que les Insectes et les Arachnides possèdent sur les côtés de la bouche ou de la trompe, les pointes cornées qui accompagnent le suçoir des Diptères et des Hémiptères.

2° La cavité buccale elle-même offre des soies sur ses parties latérales chez quelques Rongeurs et Cétacés herbivores ; des pointes cornées sur la langue chez quelques Gastéropodes, ainsi que chez beaucoup de Poissons, de Reptiles et d'Oiseaux, et chez plusieurs Mammifères, ceux surtout du genre Chat ; des dents au palais chez plusieurs Poissons, quelques Reptiles et l'Ornithorhynque ; des épines cornées, dirigées en arrière et implantées sur des papilles du pharynx, chez quelques Tortues de terre ; enfin des dents au même endroit chez beaucoup de Poissons, dont plusieurs ont la faculté de les mouvoir avec leur membrane muqueuse, comme le Hérisson meut ses piquans avec sa peau.

3° Les véritables dents, en parallèle avec lesquelles on ne peut mettre les dentelures que présentent les mâchoires des animaux sans vertèbres, manquent chez quelques Poissons, Batraciens et Mammifères qui se nourrissent d'insectes ; elles sont remplacées par un revêtement corné des bords des mâchoires chez les Tortues et les Oiseaux, quelques Cétacés et l'Ornithorhynque, tandis que, dans la Baleine, elles prennent la forme toute spéciale de baguettes implantées sur des papilles, qu'elles recouvrent d'un tissu de filamens cornés, constituant ce qu'on nomme les fanons. Le revêtement corné du bec des Oiseaux n'est également qu'une masse de filets cornés, dont les germes ont pris naissance chacun à part, et qui se sont ensuite agglutinés ensemble. Chez plusieurs Poissons et Reptiles, les dents se forment dans la gencive, et se soudent ensuite avec la mâchoire. Chez d'autres, ainsi que chez les Cétacés pourvus de dents, celles-ci se produisent de la même manière, et s'enfoncent ensuite dans la mâchoire, mais sans se souder avec elle. C'est la marque d'un degré inférieur de formation de ces organes, quand ils n'offrent pas de différence dans leur configuration, et que, par exemple, ils constituent, comme chez les Raies, des plaques qui revêtent les mâchoires à la manière d'un pavé, ou représentent, comme chez le

Dauphin, cent quatre-vingt corps coniques tous semblables les uns aux autres. C'en est une aussi qu'ils soient isolés et laissent entre eux des vides, comme celui qu'on découvre entre les dents incisives et les dents molaires, chez la plupart des Mammifères herbivores. C'en est une enfin que certaines dents, les canines surtout, fassent saillie au-delà des autres; tantôt alors l'accroissement qu'elles continuent de prendre pendant toute la durée de la vie, les fait saillir beaucoup hors de la bouche, et elles ne peuvent être employées qu'à titre d'armes, comme chez l'Hippopotame et le Narwal; tantôt la forte courbure qu'elles prennent les rend impropres même à remplir cet office, comme chez le Babiroussa, qui s'en sert, dit-on, pour se suspendre aux branches des arbres, lorsqu'il veut reposer. Les dents de l'homme se distinguent en ce qu'aucune d'elles ne ressemble parfaitement aux autres, qu'elles forment une série non interrompue, qu'ayant toutes la même hauteur, leurs surfaces triturantes se trouvent dans le même plan, et que celles de la mâchoire supérieure correspondent exactement à celles de la mâchoire inférieure (1).

III. A l'égard de la cavité buccale elle-même,

1° Chez les animaux inférieurs, particulièrement chez ceux qui sucent, elle a une ouverture simple et ronde, dont le bord, quand il est un peu renflé, porte improprement le nom de lèvres, et dans tous les cas ne représente qu'une lèvre cylindrique. A un degré plus élevé, la bouche est une fente munie de deux lèvres. Cependant cette dernière forme se rencontre déjà quelquefois dans les classes inférieures, par exemple chez les Biphores parmi les Acéphales, et chez les Serpules parmi les Annélides.

2° Une cavité buccale prolongée en cylindre, faisant une libre saillie au-devant du corps, et constituant alors presque toujours un suçoir, bien qu'il lui arrive parfois aussi de servir à s'emparer d'alimens solides, existe chez les Acalèphes pédiculés, chez quelques Gastéropodes et Céphalopodes, chez divers Annélides, les Amphitrites entre autres, chez plusieurs Insectes, les Diptères principalement, et chez les Arachnides.

(1) Blandin, *Anatomie du système dentaire*. Paris, 1836, in-8.

3° Comme les lèvres servent tout à la fois au mouvement et au sentiment éveillé par le contact, elles deviennent, en se développant, des membres et des organes du toucher. Ainsi la scissure de la paroi de la bouche en plusieurs prolonge-mens cylindriques donne les bras des Polypes, qui exercent les fonctions du toucher, enveloppent la proie, et la con-duisent dans la cavité digestive, à l'ampliation de laquelle ils servent alors, de manière que leur longueur diminue pen-dant que l'animal digère. Des prolongemens analogues des lèvres se voient chez les Acalèphes, les Brachiopodes et quel-ques Gastéropodes. Les bras des Céphalopodes entourent la bouche et ses lèvres, et sont des répétitions de ces der-nières, mais ne servent pas seulement à l'ingestion, car ils sont utiles aussi pour la locomotion et la succion. Cette der-nière destination est plus marquée dans les tentacules situés au voisinage de la bouche, qui n'ont plus de rapport immé-diat à l'alimentation, mais qui servent encore en partie à l'ab-sorption, comme chez les Holothuries. Ces parties prolongées de la bouche affectent aussi quelquefois la forme de tubes, ainsi que l'annoncent déjà, dans la classe des Polypes, les bras excavés des Pétalopodes. La trompe amenant la nourri-ture à la bouche est produite, chez plusieurs Insectes, par une modification de la langue ou des mâchoires postérieures, chez l'Éléphant par un allongement cylindrique du nez et de la lèvre supérieure confondus ensemble.

4° La langue existe déjà en rudiment chez quelques Acé-phales, mais offrant le type de sa formation, c'est-à-dire se présentant comme un pli transversal de la partie inférieure de la cavité buccale. Elle est un peu plus développée chez la plu-part des Gastéropodes et chez les Céphalopodes. Dans les Insectes, elle apparaît comme prolongement de la lèvre infé-rieure. Chez les animaux vertébrés, sa substance musculaire et sa mobilité augmentent : elle devient, en outre, plus large, plus molle et plus riche en nerfs. Mais sa configuration varie à l'infini dans les diverses classes; on la trouve divisée en deux moitiés latérales chez les Ophidiens, quelques Sau-riens, et les Colibris parmi les Oiseaux; chez quelques Singes, elle offre une fente à sa partie supérieure et à sa partie inférieure ; chez les Batraciens, c'est par sa partie antérieure qu'elle s'attache, la postérieure étant libre et mobile, etc.

b. *Effets de l'action des organes.*

aa. Introduction des alimens.

§ 926. L'introduction des alimens s'accomplit de plusieurs manières diverses.

I. Aux derniers échelons de l'animalité, elle a lieu sans choix.

1° Elle s'opère d'abord d'une manière purement passive et végétative chez les Éponges, et sans doute aussi en partie chez quelques Polypes, car les Sertulaires semblent absorber par leurs expansions radiciformes, puisqu'elles périssent quand on les enlève du lieu où elles étaient enracinées (1).

2° L'attraction opérée ici par affinité adhésive et chimique ne conserve la pureté de ce caractère, chez les autres animaux, que dans l'intérieur du canal digestif, à l'orifice duquel elle prend celui de l'animalité. Nous en trouvons déjà les premières traces chez quelques Éponges (*Manon*, par exemple), et même encore chez quelques Gastéropodes (*Buccinum pallestre*, par exemple) ; car, au dire de Schweigger (2) et de Treviranus (3), ces animaux semblent recevoir leur nourriture par l'ouverture et l'occlusion alternatives de la bouche.

3° Les Vorticelles et les Rotateurs excitent, au moyen des cils dont leur bouche est entourée, un tourbillon, dont l'effet est d'amener dans la bouche les Infusoires qui ont pu se laisser entraîner par lui. Les Entomostracés paraissent faire, sous ce rapport, le passage aux formes supérieures d'admission de la nourriture. Tandis que le *Monoculus castor* détermine, au moyen d'un mouvement vibratile, un tourbillonnement, qui amène tous les petits corps à la bouche par quatre gouttières obliques (4), le *Monoculus quadricornis* emploie ses

(1) Schweigger, *Handbuch*, p. 351.
(2) *Loc cit.*, p. 372.
(3) *Biologie*, t. IV, p. 340.
(4) Jurine, *Hist. des Monocles*, p. 55.

membres conformés comme des mains pour approcher l'eau de sa bouche, dont les mâchoires saisissent les substances alibiles que le liquide peut entraîner (1), et tandis que le Chirocéphale avale indistinctement tout ce qui se présente au-devant de sa bouche, comme les animaux aspirent l'air sans choix (2), le *Monoculus pulex* sait repousser ce qui ne lui convient pas avec les cils qui garnissent ses mâchoires internes (3).

4° Quelques Infusoires et Acalèphes tubuleux, nageant la bouche ouverte, saisissent ainsi les petits animaux qui se trouvent sur leur passage.

5° Enfin la Baleine attire une masse d'eau dans sa bouche, et la fait sortir à travers les fanons qui pendent de sa mâchoire supérieure, tandis que ces productions cornées retiennent les petits animaux dont elle fait sa nourriture et qu'elle avale ensuite.

II. La capture des alimens peut porter sur des substances déterminées, et se faire avec plus ou moins de choix.

1° Elle a lieu d'abord d'une manière analogue à celle dont l'émission du liquide générateur s'accomplit chez les animaux inférieurs, dont le canal déférent se renverse sur lui-même et vient faire saillie au-dehors (§ 133). Ainsi les Astéries vomissent en quelque sorte leur œsophage et une partie de leur estomac, dont elles se servent pour chercher des Poissons et des Mollusques, qu'elles enveloppent et avalent en faisant rentrer ces organes avec eux. Les Actinies projettent également leur estomac au dehors, et l'étendent sur les animaux qu'elles veulent avaler. Quelques Gastéropodes (*Paludina*) et Annélides (Aphrodites et Néréides) font aussi saillir, pour s'emparer de la nourriture, une partie de l'œsophage, qui représente alors une sorte de trompe temporaire, comme le canal déférent retourné simule un membre génital temporaire.

2° Une manière plus répandue de saisir la nourriture consiste à la prendre avec des lèvres, que celles-ci ne dépassent

(1) *Ib.*, p. 6.
(2) *Ib.*, p. 209.
(3) *Ib.*, p. 100.

pas le plan de la surface du corps, qu'elles entourent une ou-verture située à l'extrémité d'une cavité buccale prolongée en forme de trompe, ou qu'elles-mêmes s'allongent en tenta-cules analogues à des membres. Ainsi, chez les Mammifères herbivores, les lèvres servent encore principalement à diriger la nourriture, et elles sont si mobiles, par exemple chez le Cheval, la Brebis et la Chèvre, qu'elles embrassent les her-bages, tandis que celles des Bœufs ont moins de mobilité et d'action, et que celles des Cochons et des Carnassiers sont tout-à-fait impropres à'saisir la nourriture.

3° Ici, en effet, c'est avec les mâchoires, particulièrement avec les dents incisives et canines, que l'animal saisit sa nour-riture. Ce mode de préhension, fréquent dans toutes les classes d'animaux vertébrés, a aussi lieu chez les Crustacés et les Arachnides, avec cette particularité, dans ces derniers ani-maux, que fort souvent les mâchoires postérieures, ou maxilles, celles qui ont le plus d'analogie avec des membres, sont chargées de saisir la proie, et de la transmettre aux mâ-choires antérieures, ou mandibules, qui la divisent en mor-ceaux et la dirigent vers la cavité buccale.

4° Il arrive fréquemment qu'une langue allongée et proci-dente est l'organe servant à attirer la nourriture. Cette dispo-sition se rencontre, parmi les Gastéropodes, chez les Patelles entre autres; chez le Caméléon, qui lance avec la rapidité de l'éclair sa langue plus longue que son corps, et la ramène chargée d'insectes agglutinés au disque terminal; chez les Batraciens, qui renversent leur langue attachée au rebord de la mâchoire inférieure, et la projettent ainsi sur les insectes; chez les Pics, dont la langue, cornée à l'extrémité, munie de crochets sur les bords, et enduite, à sa face supérieure, d'un mucus gluant sécrété dans la cavité buccale, peut être fortement tirée hors du bec par les longues cornes flexibles de l'hyoïde qui se contournent autour du crâne; chez les Fourmiliers, dont la langue protractile est également rendue apte à engluer les insectes par un mucus visqueux sécrété dans la bouche. La langue des Bœufs embrasse la tige des plantes et l'attire dans la bouche, ce qui n'a lieu, chez les autres Ruminans et chez les Solipèdes, qu'après l'action exercée par les lèvres. C'est aussi cet organe qui chez les Carnivores, dirige la nourriture dans la cavité buccale. La Girafe se sert de sa langue très-longue pour embrasser les branches des arbres et les attirer à elle.

5° La longueur des pattes de devant et du cou de la Girafe annoncent que cet animal est destiné à chercher sa nourriture dans des lieux élevés ; de même, l'Élan, dont le train de derrière est plus bas que celui de devant, recher- che également le feuillage des jeunes arbres, dont il brise la couronne avec son bois, quand ils sont trop élevés, et s'il veut paître l'herbe, ils est obligé de se baisser, en reportant ses pattes de devant en arrière. Le Cheval a un cou de lon- gueur suffisante pour pouvoir atteindre les hautes herbes des steppes qui sont sa véritable terre natale ; dans nos prairies, il est contraint d'avancer l'une de ses jambes antérieures, et de ployer un peu l'autre. Quant aux animaux à pattes courtes et à col peu allongé, ils trouvent leur nourriture sur la terre. Ainsi les pattes, et le cou, qui remplit l'office de membre, sont en harmonie avec le besoin de nourriture, et par leur longueur aggrandissent le champ propre à fournir des alimens ; chez les Oiseaux palmipèdes, l'allongement du bec y contribue encore, et chez l'Éléphant une trompe mobile supplée à la brièveté du cou.

6° Les Oiseaux de proie et les Mammifères carnassiers sai- sissent et retiennent leur proie avec les griffes, pour la dé- chirer ensuite avec les mâchoires, et la porter dans la cavité buccale avec la langue. Les Perroquets, les Singes et quel- ques Rongeurs, se servent de leurs pattes pour ce dernier office, et celles de devant sont celles que les Mammifères emploient. Cette disposition semble surtout avoir lieu quand la nourriture, très-consistante par elle-même, et renfermée dans une coque dure, a besoin d'être solidement retenue pour que les dents y puissent pénétrer. Le Castor ressemble aux Écureuils, aux Marmottes, etc., en ce sens qu'ils s'asseoit sur ses pattes de derrière, afin d'employer celles de devant à la manière de bras.

§ 927. L'introduction d'une nourriture liquide est la forme la moins avancée, puisqu'elle représente exactement la ma-

nière dont les végétaux se nourrissent. Cependant, partout où
il y a un véritable organe digestif, elle a lieu, non pas par imbibition, comme dansles plantes, mais par des voies ouvertes.

I. L'admission du liquide par attraction, ou la succion, est
le mode qui se rapproche le plus de celui qu'on observe dans
le règne végétal.

4° C'est le mode de nutrition des Entozoaires (notamment
des Vers cystiques, trématodes, acanthocéphales et cestoïdes); des Epizoaires appartenant aux classes des Crustacés et
des Insectes; probablement d'un grand nombre de Polypes,
surtout parmi les Coraux, de plusieurs Acalèphes, de quelques Annélides, des Arachnides et de plusieurs Insectes
compris dans les ordres des Diptères, des Hyménoptères,
des Hémiptères et des Lépidoptères. Dans la série des animaux vertébrés, on le retrouve encore chez les Myxinoïdes,
dernier ordre des Poissons cartilagineux, chez les Têtards des
Grenouilles (§ 392, 2°), et en partie au moins chez les Colibris; mais les Mammifères ne l'offrent que durant les premiers temps qui suivent la naissance, de sorte que l'état permanent chez les animaux inférieurs est purement transitoire
chez eux. Tantôt on rencontre, pour le passage du liquide,
un canal produit soit par les lèvres que l'animal y plonge ou
dont il entoure les corps solides qui le renferment, soit par la
langue, dont, chez les Colibris, par exemple, les deux moitiés latérales s'appliquent à cet effet l'une contre l'autre.
Tantôt il existe un suçoir, qui est le prolongement immédiat
des organes digestifs, ou une trompe mobile, annexée à la
bouche et y versant le liquide. Enfin, chez certains animaux
sans vertèbres, on trouve encore des épines spéciales, ou des
parties analogues à des dents ou des mâchoires, qui, en
pénétrant dans le corps liquide au sein duquel est contenu
le liquide nourricier, viennent en aide à la succion. Mais on
ne saurait établir une ligne de démarcation tranchée entre
les animaux qui sucent et ceux qui mangent : car, d'abord,
plusieurs Acalèphes sténobranches possèdent, indépendamment des tubes de succion disposés en cercle, une bouche
centrale qui leur permet de prendre des substances solides;
ensuite, les suçoirs sont dilatables dans les Rhizostomes et

autres Acalèphes discophores ; les Fourmis et les Guêpes consomment aussi des substances solides, quoiqu'elles ne fassent la plupart du temps que sucer, comme les autres Hyménoptères ; on en peut dire autant des Scorpions, attendu
que leur trompe n'est pas, comme celle des Araignées, munie de soies qui empêchent les substances solides de pénétrer;
les Myxinoïdes avalent également de petits animaux. Enfin, des
animalcules, et des corpuscules, à la vérité visibles seulement au microscope, nagent constamment, en foule dans les
liquides que sucent les Entozoaires, les Epizoaires, etc.

2° La succion repose, en général, sur ce que, par la formation d'une cavité qui n'existait pas auparavant, ou par
l'agrandissement d'une cavité déjà existante, ou enfin par
l'évacuation du liquide ou de l'air que cette cavité contenait,
il se produit un vide, dans lequel le liquide se précipite sous
l'influence de la pression exercée par les parties d'alentour et
l'atmosphère. L'organe de succion de plusieurs animaux sans
vertèbres forme un creux qui agit à la manière d'une ventouse, le petit bouton qui en occupe le centre et qui offre
une ouverture conduisant au suçoir, se retirant en arrière,
tandis que ses bords s'appliquent exactement à la surface du
corps que l'animal veut sucer. Chez les Annelides, l'organe
digestif acquiert, par le mouvement de la paroi du corps à
laquelle il tient, une ampliation qui le rend apte à exercer
la succion. Chez les Diptères, les Lépidoptères et les Hyménoptères, l'estomac musculeux, destiné à l'attrition des
alimens solides, est remplacé par une dilatation de l'œsophage, qui concourt aussi mécaniquement à la digestion, mais
d'une autre manière, puisque la succion dépend des alternatives
d'expansion et de resserrement de ses parois. Les Mammifères
sucent un corps solide par l'action réunie des lèvres, des joues
et de la langue, avec le concours de l'inspiration (§ 533, 4°).

II. L'ingestion d'une certaine quantité de liquide à la fois
constitue l'action de boire, qui s'exerce de plusieurs manières.

1° Cette action s'accomplit d'abord par le même procédé
que la succion, c'est-à-dire en humant le liquide au moyen de
l'inspiration, l'air qui pénètre entre les lèvres en même temps
que l'eau produisant un certain bruit. C'est ainsi que beaucoup

d'Oiseaux, les Solipèdes, les Ruminans, les Cochons boivent; ces derniers animaux rapprochent les lèvres l'une de l'autre, et, réduisant l'ouverture de la bouche à une fente étroite, la tiennent à la surface de l'eau ou la plongent dans le liquide.

2° L'autre manière de boire consiste à verser, projeter ou amener l'eau dans la bouche, où elle descend par l'effet de sa pesanteur. Les Carnassiers et les Singes allongent la langue, l'élargissent, la recourbent à la pointe, et en font ainsi une espèce de godet au moyen duquel ils ramènent l'eau dans leur bouche. D'autre animaux, au lieu de lapper, comme ceux-ci, ne font que lécher l'eau, c'est-à-dire boire le liquide qui s'attache à leur langue. Certains Oiseaux appellent aussi la pesanteur à leur secours : ils plongent leur bec dans l'eau, en remplissent l'extrémité de liquide, puis le redressent, afin que l'eau puisse couler dans le fond de la cavité buccale.

3° La manière de boire de l'homme tient le milieu entre les deux précédentes. Elle a d'ailleurs cela de particulier, que le liquide est porté à la bouche au moyen d'un instrument quelconque, ne fût-ce que le creux de la main. L'homme tient le vase de manière que la boisson puisse couler dans la bouche; il applique la lèvre inférieure à ce vase, la supérieure à la surface du liquide, puis retire la langue en arrière, et exerce le mouvement d'inspiration. Le liquide, ainsi en partie versé et en partie humé, se rassemble dans la cavité buccale, close en arrière par la langue et le voile du palais, et quand cette cavité se trouve pleine, il est avalé tout à la fois.

§ 928. L'ingestion des alimens solides n'a pas lieu partout de la même manière (1).

I. En général, et en particulier chez l'homme, la bouche s'ouvre, et la cavité buccale s'agrandit dans le sens de sa hauteur, ce qui est rendu possible par l'extensibilité de ses parois latérales, les joues, constituées en grande partie par les muscles buccinateurs, la peau et la membrane muqueuse.

1° Cet agrandissement de la cavité buccale résulte surtout de l'abaissement de la mâchoire inférieure, qui n'exige qu'un appareil musculaire assez faible, proportion gardée, puisque

(1) E. Lauth, *Du Mécanisme par lequel les substances alimentaires*, etc. Strasbourg, 1833, in-4, p. 4.

le propre poids de cette partie suffit déjà pour l'abaisser quand les muscles releveurs n'agissent pas. Les muscles qui l'exécutent sont le mylo-hyoïdien, le génio-hyoïdien, et surtout le digastrique, dont le point d'appui se trouve à l'hyoïde, que le sterno-hyoïdien, le thyro-hyoïdien et l'o-moplat-hyoïdien retiennent par le bas. Le digastrique est surtout puissant chez les animaux de proie, auxquels il permet d'ouvrir largement la bouche.

2° La fente de la bouche est ouverte en même temps par le relèvement de la lèvre supérieure et l'abaissement de la lèvre inférieure, ainsi que par les buccinateurs, qui en tirent les coins. Tous ces muscles représentent les fibres musculaires longitudinales de la bouche, dont l'action s'exerce en sens inverse de celle des fibres circulaires des lèvres.

II. Chez les animaux qui mâchent peu ou point, et avalent de grosses bouchées, les mâchoires ont besoin de s'écarter beaucoup; aussi se font-elles la plupart du temps remarquer par leur grande mobilité chez les animaux vertébrés des trois classes inférieures.

1° En effet, la mâchoire supérieure est flexible dans une partie de sa surface externe, ou à son union avec le vomer et l'os palatin, et sa partie antérieure se trouve soulevée quand la mâchoire inférieure s'abaisse, parce que ce mouvement repousse l'os carré en avant, et refoule en même temps les os qui viennent d'être désignés. Chez les Mammifères, cette mobilité n'a pas lieu, et la mâchoire supérieure ne peut contribuer à l'ouverture de la bouche qu'en se soulevant avec toute la tête. Ainsi un Chien ouvre la gueule, alors même que sa mâchoire inférieure est fixée, et l'homme aussi, quand il ouvre largement la bouche, redresse sa tête, s'il ne peut pas abaisser suffisamment sa mâchoire inférieure.

2° La mâchoire inférieure a plus de mobilité chez les Poissons, les Reptiles et les Oiseaux, parce qu'elle ne s'unit avec l'os temporal qu'au moyen d'une pièce intermédiaire, l'os carré, et qu'en conséquence elle possède une double articulation de chaque côté. Chez la plupart des Ophidiens, on observe, en outre, que ses deux moitiés latérales ne sont jointes ensemble qu'au moyen d'une membrane ligamenteuse sèche,

de manière que ces Reptiles ont la faculté d'avaler des animaux d'un volume presque égal au leur, leur peau et leur œsophage étant d'ailleurs susceptibles d'une distension considérable. Au reste, la longueur de la mâchoire et l'étroitesse de son
extrémité antérieure permettent aussi à la bouche de s'ouvrir
plus largement chez les Mammifères que chez l'homme.

§. 929. Les alimens solides sont soumis à une action mécanique qui les atténue.

I. Cette action précède quelquefois l'ingestion.

1° C'est ce qui arrive quand le corps qui doit servir de
nourriture a trop de volume pour pouvoir pénétrer en entier
dans la bouche. L'animal le divise alors en morceaux, soit à
l'aide de ses dents, qu'il y fait pénétrer, soit en le déchirant.
On rencontre le second mode chez quelques Gastéropodes,
par exemple, dont la langue est garnie d'armes au moyen
desquelles ils détachent des lambeaux de la plante qui doit les
nourrir. L'autre s'observe chez les Insectes masticateurs, dont
les mandibules agissent à la façon d'une pince, pour détacher
une pièce que les mâchoires cornées retiennent solidement,
en s'appliquant à sa surface. La plupart des Oiseaux déchirent
avec leur bec les corps qu'ils ne peuvent avaler entiers; mais
ceux de proie emploient leurs serres à cet office. Chez les
Mammifères, les dents incisives sont destinées au même usage;
aussi ne sont-elles pas situées exactement les unes au-dessus
des autres; presque toujours celles de la mâchoire supérieure
avancent un peu, et leurs bords libres ne touchent que latéralement ceux des incisives inférieures, de manière que
l'action combinée des unes et des autres ressemble à celle
d'une paire de ciseaux. Les Mammifères ont souvent aussi
recours à l'arrachement; en allongeant la tête, ils détachent
avec les dents un lambeau du corps qu'ils retiennent avec leurs
pattes, ou que son poids empêche de céder.

2° D'autres modes d'attrition préparatoire ont lieu égale-
lement. Le Boa, par exemple, entoure les animaux de ses
replis, et leur broie les os. Beaucoup d'Oiseaux ouvrent les
capsules des plantes, rejettent les cosses, et avalent les
graines, etc.

II. L'action mécanique exercée sur les alimens introduits

dans la bouche consiste en une pression simple des mâchoires et des dents ou des parties analogues, pression qui, en détruisant la vie, et altérant plus ou moins la cohésion organique, rend les corps qui doivent servir de nourriture plus aptes à être avalés et digérés.

1° L'attrition des alimens avec les parties solides de la bouche est le mode le plus répandu. On en trouve déjà beaucoup d'exemples chez les animaux sans vertèbres, et elle paraît avoir lieu même chez quelques Acalèphes, dont la bouche est un peu cartilagineuse. Les Oiseaux ne font qu'écraser les alimens avec l'enduit corné de leur mâchoire; mais, chez les Poissons et les Reptiles, où ces os sont garni de dents, il y a mastication.

2° Les dents qui, non seulement chez plusieurs animaux sans vertèbres, mais encore chez beaucoup de Poissons, garnissent la cavité buccale et sa partie postérieure, font éprouver aux alimens, pendant leur passage, une attrition qui n'exige point le concours de la volonté. L'enduit corné qui revêt la langue, par exemple chez les Sauriens et les Ophidiens, peut fort bien agir de la même manière. Quelques Gastéropodes, par exemple les Halyotides, écrasent également la nourriture contre une plaque calcaire.

III. La mastication est l'attrition des alimens par l'effet d'une pression répétée, accomplie volontairement.

1° On en connaît peu d'exemples chez les animaux sans vertèbres, où d'ailleurs elle est toujours fort incomplète. La plupart des Insectes qui vivent d'alimens solides, ne les mâchent pas, ou du moins ne les mâchent qu'en partie, laissant à l'estomac musculeux le soin d'achever cette opération. Chez ceux même dont les mâchoires seules concourent à la division des alimens, comme les Libellules, il y a plutôt écrasement que mastication proprement dite, et la position des mâchoires fait que l'acte s'accomplit plutôt au devant qu'à l'intérieur de la cavité buccale.

2° Pour qu'il y ait véritablement mastication, il faut que les mouvemens de la langue, des parois de la bouche et de la mâchoire inférieure, ramènent à plusieurs reprises les alimens entre les dents des deux mâchoires, qui les broient, les écrasent, les déchirent, en même temps que la salive affluente les ramollit et les réduit en une sorte de pâte. Cette mastication n'appartient qu'aux Mammifères, et même elle est très-bornée encore chez les carnivores.

3° La cavité buccale retient les alimens pendant la mastication; elle est fermée en devant par le muscle orbiculaire des lèvres, en arrière par l'abaissement du voile du palais et le soulèvement de la base de la langue, tandis que les buccinateurs et les muscles labiaux, appliquant les joues aux gencives, empêchent ainsi la nourriture de tomber au pourtour de la cavité, c'est-à-dire entre les mâchoires et les joues.

4° La langue surtout joue un rôle très-actif pendant cette opération. Chez les Mammifères, et en particulier chez l'homme, des muscles la fixent en haut et en arrière au crâne, plus en devant au voile du palais, en bas et en avant à l'os hyoïde, et la meuvent dans toutes ces directions. Sa partie postérieure suit aussi les mouvemens de son support, l'hyoïde, que des muscles tirent en haut et en arrière vers le crâne, en haut et en avant (par les muscles formant le fond mobile de la cavité buccale) vers la mâchoire inférieure, en bas et en arrière vers l'omoplate, en bas et en devant vers le sternum et le larynx. Cette dernière connexion fait aussi que le larynx se meut en même temps qu'elle. La langue possède, en outre, des fibres musculaires spéciales qui, marchant en long, en travers et en profondeur, se croisent dans toutes les directions, déterminent des mouvemens propres, et s'entrelacent avec les fibres terminales de ses muscles intrinsèques; ces fibres ont été bien décrites par Gerdy (1). Elle est étalée par ses fibres perpendiculaires, qui en même temps l'amincissent, et par les muscles stylo-glosse et hyo-glosse qui, marchant sur ses bords latéraux, la raccourcissent; elle est rendue plus étroite, plus épaisse et plus longue, par ses fibres transversales; recourbée par ses fibres longitudinales et les muscles de ses bords qui viennent d'être désignés; allongée par ses fibres transversales, ainsi que par le génio-glosse, qui en occupe la ligne médiane. Quand

(1) Recherches d'anatomie. Paris, 1823, in-4, p. 20.

ce dernier en abaisse la partie médiane, tandis que le stylo-glosse et le glosso-palatin en relèvent les bords, elle se creuse à la manière d'une gouttière, et lorsqu'au lieu de ces derniers c'est l'hyoglosse qui agit, qui en abaisse les bords, elle prend une forme bombée. L'ascension de l'hyoïde et du larynx la refoule vers le palais. Le stylo-glosse et le glosso-palatin la portent en arrière, de telle sorte que si les fibres antérieures du génio-glosse en abaissent simultanément la pointe, elle offre une surface déclive d'arrière en avant. L'ascension de l'hyoïde et les fibres inférieurs du génio-glosse la rejettent en avant, de manière que si sa base est en même temps abaissée par l'hyo-glosse, elle présente une surface inclinée d'avant en arrière. L'hyo-glosse et le mouvement de l'hyoïde vers l'omoplate, la tirent en bas et en arrière. L'ascension du larynx et les fibres extérieures et supérieures du génio-glosse la dirigent en bas et en devant. Elle prend une direction oblique quand l'hyo-glosse, le génio-glosse et le glosso-palatin n'agissent que d'un seul côté. Enfin sa pointe peut se recourber un peu de bas en haut ou de haut en bas, suivant que les fibres longitudinales supérieures ou inférieures raccourcissent l'une ou l'autre de ses faces. Ainsi l'action réunie ou isolée, totale ou partielle, de ces différens muscles, lui permet d'exécuter les mouvemens les plus variés, de promener les alimens dans la cavité buccale, de les presser contre les parois, surtout contre le palais, de les écraser quand ils sont mous, et de les réduire en bol quand ils ont été atténués d'une manière quelconque et imprégnés de salive.

5° Les dents des deux mâchoires pressent les unes sur les autres quand elles se correspondent parfaitement, comme chez l'homme, et contribuent ainsi réciproquement à se maintenir fixées dans les mâchoires. Formant, chez lui, une série non interrompue, elles se prêtent latéralement un appui mutuel, qui fait que, quand les mâchoires saisissent un corps dur, l'action de l'une s'étend sur l'autre à la série tout entière, et que le point sur lequel porte immédiatement la pression oppose une plus grande résistance. La forme conique des racines contribue aussi à répartir la pression sur une surface plus large, puisqu'il résulte de là que celle-ci ne s'exerce pas uniquement sur le fond des alvéoles, mais sur toute l'étendue de leurs parois latérales ; les alvéoles et les dents ont donc plus de force. D'ailleurs, la membrane muqueuse acquiert un caractère ligamenteux aux gencives, ce qui fait qu'elle oppose également une résistance considérable à la pression.

6° L'atténuation d'un corps en général ne peut avoir lieu que par piqûre, section ou pression, suivant que la force mécanique est concentrée sur un point, ou répartie soit sur une ligne, soit sur une surface. La forme des dents correspond à ces trois manières d'agir. Les canines piquent, et quand elles se croisent, elles déchirent ; elles manquent chez beaucoup d'herbivores, et sont surtout très-développées chez les carnivores, à plusieurs desquels elles servent aussi d'armes offensives ou défensives ; chez l'homme, elles ne sont ni aussi longues, ni aussi recourbées que chez les carnassiers, et, sous le point de vue de la force, elles tiennent le milieu entre les incisives et les molaires. Les incisives sont les plus faibles de toutes les dents, en raison de leur structure et de leur situation ; agissant comme des ciseaux, elles contribuent spécialement à couper la bouchée et à faire subir la première division aux alimens. Aucun animal ne les a plus développées que les Rongeurs, chez lesquels l'usure incescessante de leurs couronnes est compensée par l'accroissemenc ontinuel de leurs racines (§ 808). Comme les deux moitiés de la mâchoire inférieure sont mobiles chez quelques Rongeurs, ses incisives internes s'inclinent l'une vers l'autre quand elle se relève (1). Les molaires écrasent et broient : aussi sont-elles plus fortes chez les animaux herbivores, les Ruminaus et les Solipèdes surtout, tandis que chez les carnivores elles offrent de grandes pointes, qui leur permettent de percer et perforer, en même temps qu'elles écrasent ; partout ce sont elles qui, en raison de leur structure et de leur situation, agissent avec le plus de force ; aussi l'homme lui-même ne se sert-il que d'elles pour mâcher les substances les plus dures, bien qu'en toute autre circonstance il emploie toutes ses dents indistinctement.

(1) Meckel, *Deutsches Archiv*, t. II, p. 132. — Blandin, *Anatomie du système dentaire*. Paris, 1836, in-8.

7° Le plus général et le plus fort des mouvemens que la mâchoire inférieure exécute pendant la mastication est celui de bas en haut. Plusieurs muscles contribuent à la presser suivant cette direction contre la mâchoire supérieure : ce sont le masséter en devant, le temporal en arrière, le ptérygoïdien interne en dedans. Le temporal est celui de tous qui exerce l'action la plus verticale et en même temps la plus énergique : aussi a-t-il une grande puissance chez les Oiseaux granivores, comme aussi chez les Mammifères carnassiers. On sait que ces derniers mâchent peu, généralement parlant, et qu'ils se contentent de broyer les os ; mais cet acte suppose une force considérable ; et ce qui contribue encore à le rendre possible, c'est la solidité de l'articulation de la mâchoire inférieure, à laquelle la largeur de son condyle interdit en outre tous les mouvemens latéraux, ne laissant libres que ceux d'abaissement et d'élévation. Chez l'homme, cette articulation est plus faible, et aucun muscle masticateur n'a de développement remarquable ; la force motrice du temporal et du masséter agissant à angle droit sur la mâchoire inférieure, et la situation des molaires au voisinage de l'articulation faisant que l'obstacle à vaincre se trouve rapproché du point d'appui, il suit de là qu'un grand déploiement de force est possible aussi en cet endroit : effectivement, certains hommes parviennent à casser des noyaux de pêche, qui ne cèdent qu'à la pression d'un poids de trois cents livres. Si les muscles masticateurs étaient placés à une plus grande distance de l'articulation, ils pourraient déployer toute leur puissance, qu'on a évaluée, d'après ce dernier fait, à neuf cents livres, ou même au double (1). Au reste, la force mise en jeu est d'autant moindre que le corps serré entre les mâchoires a plus de volume, parce que l'obliquité de la mâchoire inférieure en arrière et en haut augmente en raison de la grosseur de ce corps, sur lequel les muscles ne peuvent plus alors agir à angle droit.

8° Au mouvement vertical s'en joint, surtout chez les herbivores, un autre horizontal, qui dépend d'un glissement du

(1) Haller, *Elem. physiol.*, t. VI, p. 15.

condyle, opéré principalement par le muscle ptérygoïdien externe, et qui complète l'attrition des alimens. Le mouvement en avant accompli par ce muscle, de concert avec le masséter, est très-prononcé chez les Rongeurs, dont le condyle de la mâchoire a un diamètre longitudinal considérable, qui lui interdit tout glissement latéral, en lui permettant de se porter avec facilité d'avant en arrière ou d'arrière en avant, et dont le masséter a un grand volume, tandis qu'on ne voit aucune trace de ce muscle chez les Oiseaux dont les mâchoires ne sont susceptibles que d'un mouvement vertical. Le masséter est tellement prononcé aussi chez les Chats et les Dogues, qu'il élargit la partie antérieure de leur tête et la fait paraître ronde. Le condyle glisse en arrière par le seul fait de sa disposition mécanique, quand les muscles qui le tirent en avant cessent d'agir ; le digastrique peut aussi contribuer à cet effet.

9° La mâchoire se meut latéralement lorsque l'animal contracte alternativement les ptérygoïdiens externes, et même les internes, des deux côtés, en aidant leur action de celle du masséter du côté opposé. Combiné avec celui d'avant en arrière, ce mouvement produit une rotation qui parachève l'attrition, et qui, assez bornée chez l'homme, a beaucoup de latitude chez les Solipèdes et les Ruminans, dont le condyle peut se mouvoir en tous sens dans la cavité superficielle qui le reçoit, et dont les muscles ptérygoïdiens sont très-développés.

10° La mastication, pendant laquelle les alimens prennent la température de la bouche, ou s'échauffent s'ils sont froids, et se refroidissent par l'effet du courant d'air, s'ils sont trop chauds, dure jusqu'à ce que la bouchée soit facile à mouvoir et à avaler, jusqu'à ce qu'elle cesse de flatter le sens du goût.

bb. Déglutition des alimens.

§ 930. La déglutition suppose deux choses : l'action musculaire, et la lubréfaction des voies. Cette dernière condition est remplie tant par la salive et les mucosités sécrétées, que par l'humidité de la nourriture elle-même. Lorsque la gorge est aride, par exemple dans la fièvre, on avale

difficilement, et les corps secs, qui ne subissent ni la mastication ni l'insalivation, par exemple, les fécules, ne parviennent dans l'estomac qu'avec le secours d'une boisson. C'est à
l'arrière-gorge, où la nourriture s'arrête le moins, que la
sécrétion muqueuse est fournie en plus grande abondance,
spécialement par les amygdales, que les mouvemens des piliers du voile palatin, entre lesquels elles sont situées, sollicitent à redoubler d'action et à se vider de leur produit. Mais
la déglutition comprend le passage des alimens à travers la
cavité buccale, l'arrière-gorge, le pharynx et l'œsophage.

I. Quand il s'agit de pousser les alimens dans l'arrière-
gorge, la mâchoire inférieure se relève, la bouche se ferme,
les buccinateurs et la langue rétrécissent la cavité buccale,
mais le voile du palais laisse le passage libre. La langue, dont
la base présente déjà, dans l'état de repos, un plan incliné
en arrière, fait concourir aussi sa partie antérieure à la production de ce plan, les stylo-glosses relevant sa pointe et faisant naître par là, sur sa ligne médiane, une gouttière le long
de laquelle les liquides coulent. Mais, pour faire suivre la
même route au bol alimentaire, la langue s'applique à la
voûte palatine, d'abord par sa pointe, puis successivement
par les autres points de sa face supérieure, jusqu'à sa base.
Toutes les fois que cet organe n'offre pas ses conditions
normales, la déglutition devient difficile, ou même impossible sans auxiliaires (1). Chez le plus grand nombre des animaux, c'est à cela uniquement que se bornent ses fonctions.

II. L'arrière-gorge, ou l'espace situé derrière le voile du
palais, dont la voûte est formée par la base du crâne, la partie inférieure par la base de la langue, l'extrémité supérieure
du larynx et le commencement de la paroi extérieure du
pharinx, enfin, la paroi latérale par les branches montantes
de la mâchoire, est l'endroit où les voies alimentaires se croisent avec les voies aériennes, où celles-ci les aident dans
leurs mouvemens, où les alimens cheminent avec le plus de
rapidité, et où enfin ils passent peu à peu du domaine de l'action soumise à la volonté dans celui de l'action qui ne recon-

(1) Haller, *Elem. physiolog.*, t. VI, p. 94.

nait pas l'empire de cette faculté. Les muscles qu'on y aperçoit ont l'aspect et la texture des muscles volontaires ; les mouvemens de la base de la langue et du voile du palais peuvent aussi être déterminés par la volonté, de même qu'il est en notre pouvoir d'exercer complétement ceux de la déglutition sans que nous ayons d'alimens dans la bouche ; mais Magendie a fait voir qu'on ne possède cette dernière puissance qu'autant qu'il y a de la salive à avaler ; si l'on répète plusieurs fois de suite le mouvement de la déglutition, il devient de plus en plus difficile, et finit par être absolument impossible. Le mouvement suppose donc ici un corps à faire cheminer, un objet extérieur sur lequel s'exerce l'action musculaire. Or c'est là le caractère des muscles involontaires. En effet, il nous est à peu près impossible de ne pas avaler la bouchée quand elle est parvenue derrière la base de la langue ; et nous avalons involontairement la salive pendant le sommeil, la syncope, l'état soporeux, par le seul fait de la réaction des muscles succédant à la stimulation de la membrane muqueuse, de même que la déglutition, bien qu'elle constitue un mouvement très-complexe, se fait déjà tout aussi complétement chez l'enfant à terme que chez l'adulte. Quant à l'acte lui-même, il consiste en un raccourcissement du canal, avec rapprochement de la langue portée en arrière et en haut, de l'hyoïde soulevé, du larynx dirigé en avant, et du voile palatin abaissé. Lorsqu'on avale une grosse bouchée, ou qu'on a de la peine à avaler, on penche la tête en avant, afin de rapprocher davantage toutes ces parties les unes des autres.

1° L'hyoïde est tiré en arrière par le stylo-hyoïdien, mais surtout en avant par le génio-hyoïdien, le mylo-hyoïdien et le digastrique. Il faut pour cela que la mâchoire inférieure soit fixée, et notamment qu'elle ait été relevée : aussi la déglutition est-elle difficile et incomplète dans les fractures, les luxations et la carie de cet os ; elle l'est même déjà lorsqu'on tient la bouche ouverte.

2° Après que la base de la langue a été abaissée par les muscles fixés à l'hyoïde, afin de diriger la nourriture vers l'arrière-gorge, cet organe est tiré en arrière, par conséquent raccourci et en même temps soulevé par le stylo-glosse, et élevé à peu près verticalement par le glosso-palatin.

3° Le voile du palais est un prolongement de là membrane muqueuse qui tapisse la voûte palatine et le plancher des fosses nasales. Il représente un pli formé de deux feuillets, entre lesquels sont étalés des muscles, et se trouve suspendu entre les cavités de la bouche et de l'arrière-gorge, de manière que sa partie moyenne pend sur la base de la langue, et que ses parties latérales, divisées en deux piliers, vont gagner le plancher de ces cavités. Sa partie supérieure renferme deux paires de muscles, qui descendent de la base du crâne, se réunissent en un arc dont la concavité regarde vers le bas, et le tendent en travers. Ces muscles sont le pétro-staphylin, qui se porte obliquement en bas et en avant, de manière à tirer en haut et en arrière le voile du palais, dont la partie supérieure de la face postérieure se trouve ainsi tournée obliquement en haut et en arrière, et le sphéno-staphylin, qui, se dirigeant en bas et en arrière, porte le voile en haut et en avant. Les piliers sont disposés comme des coulisses, et de telle manière que, quand on regarde le fond de la gorge par l'ouverture de la bouche, l'antérieur laisse apercevoir le postérieur, qui est plus large. L'antérieur descend vers la base de la langue, et contient le glosso-palatin, qui, en soulevant la langue et abaissant le voile du palais, ferme le passage de la cavité buccale à l'arrière-gorge, et attire le pilier vers la ligne médiane assez pour le mettre en contact avec la base de la langue ; le postérieur descend vers le pharynx, et le muscle pharyngo-palatin qu'il renferme remonte ce dernier, en même temps qu'il abaisse le voile du palais, et que, quand il est fixé par les muscles élévateurs, il rapproche les deux piliers de la ligne médiane, ne laissant entre eux qu'une fente étroite, dans laquelle pend la luette. Toutes ces particularités ont été parfaitement décrites par Dzondi (1). Tandis que les muscles abaisseurs sont en antagonisme avec les releveurs, le glosso-palatin et le sphéno-stapbylin peuvent, par leur action simultanée, attirer les parties en avant, de même

(1) *Die Functionen des weichen Gaumens*, Halle, 1831, p. 14.

que le concours du pharyngo-palatin et du pétro-staphylin peut les porter en arrière. Quand la bouchée touche le voile du palais, celui-ci est tendu et porté un peu en avant par le sphéno-staphylin, après quoi, le glosso-staphylin entrant en action, il concourt avec la langue à pousser la bouchée dans l'arrière-gorge et à l'empêcher de rétrograder vers la cavité buccale. Ensuite le pharyngo-palatin agit, et, conjointement avec le pétro-staphylin, il tire un peu en arrière le voile du palais, qui, placé ainsi obliquement, sépare la partie antérieure et inférieure de l'arrière-gorge de sa partie supérieure et postérieure, empêche les alimens de pénétrer dans les fosses nasales, et les dirige vers le pharynx. Le voile du palais étant tendu, on ne peut qu'avec beaucoup d'habitude, et en avalant lentement, prévenir le passage de la nourriture dans le nez. Mais Dzondi a clairement démontré (1) que ce voile ne se place pas horizontalement, comme on l'admettait jadis. La luette, qui manque chez les animaux, à l'exception des Singes, et dont la perte, chez l'homme, ne dérange pas sensiblement la déglutition, paraît moins exercer une action mécanique, que stimuler en temps utile l'action du voile palatin, par la propagation de l'impression, attendu que sa situation l'expose la première au contact des alimens, et qu'en vertu de la vive sensibilité dont elle est douée, elle se contracte instantanément. Du reste, chez certains Oiseaux, Reptiles et Poissons, le voile du palais est en partie remplacé par des dents ou des épines cornées, dont les pointes, dirigées en arrière, empêchent les alimens de revenir sur leurs pas.

4° Le larynx est attiré vers l'hyoïde par l'hyo-thyroïdien, et tous deux sont ensuite portés en avant et en haut par le génio-hyoïdien et le mylo-hyoïdien. Il résulte de là que les ligamens dont l'usage est de fixer l'épiglotte à l'hyoïde et au cartilage thyroïde, et qui le maintiennent redressé quand ils sont à l'état de tension, se relâchent, en sorte qu'il suffit déjà de cette circonstance pour faire sortir l'épiglotte de sa position verticale, comme on peut le constater, sur un cadavre, en repoussant de bas en haut l'hyoïde et le larynx. Mais l'épiglotte

(1) *Ib.*, p. 44-66.

est abaissée davantage encore par la base de la langue, qui se rétracte vers elle, et au dessous de laquelle vient se placer le larynx reporté en avant. La conséquence en est que la glotte se trouve bouchée, et que les alimens ne peuvent ni s'introduire dans les voies aériennes, ni même entrer en contact avec les lèvres de cette ouverture, qu'ils irriteraient violemment. Meyer (1) a observé sur lui-même que l'épiglotte, dont il avait éprouvé la sensibilité par des attouchemens fréquens, s'abaissait pendant la déglutition. L'ascension du larynx, qui détermine cet abaissement, a lieu sans la coopération de la volonté ; nous pouvons à peine l'empêcher quand nous avons porté un liquide dans l'arrière-gorge, et si nous parvenons à vaincre le penchant qui la sollicite d'une manière si impérieuse, nous sommes pris de toux, parce que les lèvres de la glotte sont irritées par le liquide, ou qu'elles en laissent pénétrer une partie dans le larynx. La même chose arrive dans divers états pathologiques de l'épiglotte (2). Ainsi, quand ce couvercle a été détruit par la suppuration, le sujet ne peut, sans courir le risque de s'asphyxier, avaler les alimens solides que sous forme de boules, ni les liquides autrement qu'à l'aide d'une canule enfoncée jusque dans le pharynx (3). L'épiglotte a beaucoup d'ampleur chez les Mammifères qui se tiennent toujours ou souvent dans l'eau ; chez les Cétacés, cet appendice et la partie supérieure du larynx remontent tellemen dans l'arrière-gorge et vers l'orifice postérieur des fosses nasales, que les alimens, au lieu de passer dessus, sont obligés de cheminer à côté.

5° Magendie (4) a fait voir que l'épiglotte n'est point indispensable à la déglutition chez les Mammifères, et que l'occlusion de la glotte peut avoir lieu par la seule action des muscles de cette fente. Des Chiens auxquels il avait excisé ou relevé l'épiglotte, ne tardaient pas à avaler sans peine, par le soin qu'ils avaient d'appliquer l'une contre l'autre les lèvres

(1) *Medicinisch-chirurgische Zeitung*, 1814, t. III, p. 156.
(2) Haller, *Elem. physiol.*, t. VI, p. 89.
(3) Gerson, *Magazin*, t. XIII, p. 163.
(4) *Mém. sur l'usage de l'épiglotte*. Paris, 1813, p. 1-7.

de leur glotte. Il a observé aussi des hommes chez lesquels la déglutition s'exécutait facilement malgré l'absence de l'épiglotte, tandis que la destruction des cartilages aryténoïdes et des lèvres de la glotte la rendait difficile et imparfaite (1). Il a remarqué, en même temps, que le muscle crico-thyroïdien soulève la partie antérieure du cartilage cricoïde vers le cartilage thyroïde pendant l'ascension du larynx, ce qui rend la glotte oblique d'avant en arrière (2).

6° La glotte est donc toujours fermée durant la déglutition; chez les Reptiles et les Oiseaux, par ses muscles obturateurs seuls; chez les Mammifères, par l'action de ces muscles et surtout par l'abaissement de l'épiglotte. Mais ces dispositions n'empêchent pas qu'un peu de liquide puisse pénétrer dans le larynx. Les résultats d'une discussion jadis entamée à ce sujet (3), et plusieurs observations recueillies par les modernes (§ 903, I), prouvent qu'il ne résulte de là aucun danger quand la quantité de liquide n'est pas trop considérable.

La respiration est interrompue pendant la déglutition ; cependant, comme l'ascension du larynx et le rétrécissement de la glotte qui l'accompagnent sont des mouvemens expiratoires, elle permet de respirer un peu d'air, qui sort alors par le nez. Quand on a bu un long trait, on fait une inspiration profonde ; mais si l'on vient à inspirer tandis qu'on boit, par exemple, en riant, toussant ou éternuant, on avale de travers.

7° Le pharynx remonte avec l'hyoïde et le larynx. En outre, le pharyngo-palatin et le stylo-pharyngien le soulèvent, et le premier de ces muscles l'attire en avant vers le voile du palais, de sorte qu'il vient au devant de la bouchée, pour la recevoir. Mais, dans le même temps, il se trouve élargi en devant par la procidence du larynx, et sur les deux côtés par l'action des stylo-pharyngiens, qui le soulèvent simultanément d'avant en arrière, tandis que sa paroi postérieure s'accolle à la colonne vertébrale.

III. Après avoir reçu la bouchée, le pharynx commence à

(1) Magendie, *Précis élémentaire*, t. II, p. 63.
(2) Magendie, *Mém. sur l'usage de l'épiglotte*, p. 40.—E. Lauth, *Mém. de l'Académie royale de médecine*. Paris, 1835, t. IV, p. 95 et suiv.
(3) Haller, *Elem. physiol.*, t. VI, p. 89.

la faire descendre, en se rétrécissant à sa partie supérieure ;
pour cela, celles des fibres supérieures de ses constricteurs
qui prennent leurs attaches à la paroi latérale de la cavité
buccale, aux apophyses ptérygoïdes, à la mâchoire inférieure
et à la base de la langue, se contractent, tandis que la base
de la langue s'oppose à tout mouvement rétrograde du bol
alimentaire. Puis les fibres moyennes, celles qui s'insèrent à
l'hyoïde, et les inférieures, celles qui sont fixées au larynx,
entrent en jeu ; le larynx s'abaisse, ainsi que l'hyoïde, la
langue et l'arrière-gorge, de sorte que la bouchée est chassée
dans l'œsophage par les muscles circulaires qui se contractent
sur elle. Le mouvement était tout-à-fait volontaire dans la
cavité buccale, et mixte dans l'arrière-gorge ; dans le pharynx, le mouvement involontaire devient prédominant, de sorte
que, quand la déglutition y éprouve des difficultés, eu égard
au volume de la bouchée, un effort volontaire vient à son secours, en allongeant le cou et redressant la tête.

IV. Dans l'œsophage enfin, la volonté n'a plus aucune part
au mouvement. Si une bouchée vient à s'y arrêter, elle ne
peut plus être repoussée par un effort volontaire, et chez les
animaux doués d'un long col, on la voit cheminer, sans que
les muscles extérieurs y contribuent en rien. Ce n'est pas non
plus la pesanteur qui détermine la progression du bol ; car,
chez le Cheval qui pâture, celui-ci remonte dans l'œsophage
contre les lois de la gravitation, et l'homme lui-même peut
avaler la tête en bas. Les muscles plastiques, qui seuls agissent
ici, conservent, pendant une à trois heures après la décapitation, la faculté de se mouvoir sous l'influence du galvanisme (1) : ils ressemblent donc, sous ce point de vue,
aux muscles qui obéissent à la volonté ; et de tous les muscles involontaires, ce sont eux qui, après les oreillettes du
cœur, demeurent le plus long-temps sensibles à l'électricité.
Comme les corps solides exercent sur eux une stimulation plus
vive, l'affaiblissement ou l'espèce de paralysie dont ils sont
frappés chez les apoplectiques, ne les empêche pas toujours
d'avaler des alimens solides, mais ne leur permet jamais d'o-

(1) Nysten, *Recherches de physiologie*, p. 345.

pérer la déglutition des liquides, quoique ces derniers parviennent avec plus de promptitude dans l'estomac, et que
souvent il leur arrive, avant la mort, d'y descendre en produisant un bruit susceptible d'être entendu.

1° L'œsophage, qui semble manquer chez certains animaux
inférieurs, par exemple, les Cirripèdes, la plupart des Acéphales et quelques Insectes, dont l'estomac touche immédia-
ment à la cavité buccale, a, chez l'homme, environ neuf
pouces de long, sur huit lignes de diamètre transversal, ses
parois antérieure et postérieure étant en contact l'une avec
l'autre (1). Il ne se distend que quand il reçoit des alimens;
l'estomac des noyés ne contient guère que l'eau avalée avant
la mort, car ce liquide n'y pénètre pas facilement dans les
cadavres. Chez les animaux qui mâchent peu ou point, tels que
les Poissons, les Reptiles, les Oiseaux, les Mammifères carnassiers et les Ruminans (2), l'œsophage est proportionnellement fort ample ou très-extensible.

2° Les fibres circulaires de l'œsophage le rétrécissent dans
tous les points situés au dessus de la bouchée, de sorte qu'il
embrasse exactement cette dernière, et qu'il est raccourci au
dessous d'elle. Magendie prétend (3) que le bol alimentaire
chemine avec lenteur, qu'il emploie quelquefois deux à trois
minutes pour parvenir dans l'estomac, que parfois même il
s'arrête et remonte un peu; mais ceci ne peut s'appliquer qu'à
de grosses bouchées. Quand les alimens sont chauds, la chaleur se fait sentir dans l'estomac au bout de quelques secondes.
Les boissons passent avec encore plus de rapidité.

3° Magendie a trouvé (4) que les fibres circulaires se relâchent aussitôt après s'être contractées dans les deux tiers
supérieurs, mais que, dans le tiers inférieur, elles demeurent
contractées pendant une demi-minute environ après avoir
poussé les alimens dans l'estomac, de telle manière qu'en cet

(1) Krause, *Handbuch der menschlichen Anatomie*, t. I, p. 484.—Blandin, *Nouveaux Élémens d'anatomie descriptive*. Paris, 1838, t. II, p. 160.

(2) Les Ruminans commencent par avaler le fourrage qu'ils n'ont fait
que diviser grossièrement.

(3) *Précis élément.*, t. II, p. 59, 64.

(4) *Ibid.*, p. 20.

endroit le canal est ferme et rénitent au toucher, jusqu'à ce que tout à coup il éprouve un relâchement, qui, la plupart du temps, a lieu simultanément dans toute l'étendue de ce tiers inférieur, après quoi survient une nouvelle contraction. Beaumont (1) a vu aussi que, quand l'homme atteint d'une fistule stomacale sur lequel ont été faites ses observations, avait pris de la nourriture, le cardia se fermait durant cinquante à quatre-vingts secondes, puis s'ouvrait de nouveau pour admettre d'autres alimens. Au reste, Hallé a remarqué, dans un cas analogue, qu'à l'instant où la bouchée parvient dans l'estomac, une portion de la membrane muqueuse du viscère fait saillie et forme bourrelet dans l'intérieur du viscère], par l'effet du raccourcissement de ses fibres longitudinales (2).

4° Le diaphragme, en se contractant, resserre inférieurement l'œsophage. Voilà pourquoi la nourriture ne peut point arriver dans l'estomac pendant une forte inspiration, et pourquoi aussi la réplétion de la partie inférieure de l'œsophage rend l'inspiration difficile.

2. MOUVEMENT DIGESTIF.

a. *Mouvement de l'estomac.*

§ 931. I. L'estomac, placé à l'extrémité de l'œsophage, reçoit les alimens chassés par ce canal, et les amasse, attendu que son ampleur les oblige à y faire un certain séjour. Les alimens se rassemblent d'abord dans la portion située à la gauche du cardia, celle qu'on appelle le cul-de-sac, et dont le diamètre vertical, mesuré de la courbure supérieure à l'inférieure, est de quatre pouces et demi; puis dans la portion moyenne, dont le diamètre est de trois pouces et demi à quatre, tandis que celui de la partie droite ne s'élève qu'à un pouce et demi ou deux pouces. L'estomac des herbivores et des carnivores s'écarte de ces dimensions moyennes de l'estomac humain. Chez les premiers, l'organe a une configuration telle que la nourriture est contrainte d'y séjourner plus longtemps, car son diamètre vertical est plus considérable, son

(1) *Neue Versuche ueber den Magensaft*, p. 44.
(2) Magendie, *Précis élément.*, t. II, p. 65.

cul-de-sac plus long, et sa courbure supérieure plus petite, d'où il suit que le cardia et le pylore sont plus rapprochés l'un de l'autre, et que la situation du pylore, d'ailleurs plus étroit, rend la sortie du chyme plus difficile. Chez les carnivores, au contraire, l'estomac a moins la forme d'un sac que celle d'un utricule recourbé, s'élargissant peu à peu, puis se rétrécissant, en sorte que le cardia et le pylore occupent les deux extrémités opposées, et que la courbure supérieure est plus longue, proportion gardée.

1° Le cardia est tellement clos, que même les gaz ne s'en échappent pas spontanément : lorsqu'on a pris trop d'alimens et que la digestion s'accomplit mal, on ne parvient à se soulager, en rendant des vents, qu'autant qu'on exécute certains mouvemens ou qu'on fait usage d'excitans diffusibles; chez les Vaches qui ont mangé trop de trèfle, il n'y a souvent d'autre moyen que la ponction pour remédier à la distension du rumen par le gaz. De même, le tournesol que Viridet avait introduit dans l'œsophage d'animaux vivans, n'était pas rougi par l'acide volatil de l'estomac (1). Le cardia n'a cependant pas de fibres circulaires assez fortes pour agir comme sphincter ; mais l'œsophage remplit immédiatement cet office, après avoir poussé les alimens dans l'estomac (§ 930). Suivant Magendie (2), la contraction est d'autant plus forte et plus soutenue que l'estomac est plus plein ; l'inspiration s'accroît aussi par la constriction que le diaphragme, en s'abaissant, exerce sur la partie inférieure de l'œsophage. Mais, même dans l'état de repos, ce conduit est tellement rétréci, dans toute sa longueur, par ses fibres circulaires, qu'il ne cède qu'à l'effort des alimens poussés de haut en bas. Une circonstance encore peut y contribuer : c'est que, quand l'estomac se trouve rempli, le cardia forme un angle avec l'œsophage. Du reste, certains animaux, tant inférieurs que supérieurs, offrent, au bas de l'œsophage, tantôt des rétrécissemens, tantôt des replis transversaux ou en spirale, qui peuvent mettre obstacle au retour des alimens.

(1) Haller, *Element. physiol.*, t. VI, p. 106.
(2) *Précis élément.*, t. II, p. 78.

2° La nourriture est retenue aussi dans l'estomac par le pylore , qui est ordinairement fermé pendant la vie , de sorte que l'air même qu'on pousse par l'œsophage , chez un animal vivant , ne pénètre dans l'intestin qu'après avoir fortement distendu l'estomac (1). L'eau que les noyés avalent avant de périr , ne passe pas non plus dans le canal intestinal , et l'occlusion du pylore se rencontre fréquemment aussi dans les cadavres (2) , quoiqu'elle n'y soit pas aussi ordinaire qu'Andral le prétend. Elle est surtout très-prononcée dans les cas de plénitude du viscère , puisque Leveling , par exemple , n'a pu parvenir à faire passer une sonde au travers de l'ouverture ; l'action vivante de l'estomac peut seule en triompher.

3° L'estomac vide est sans mouvement et resserré par sa tunique musculeuse ; la membrane muqueuse forme des plis , dont on a trouvé la saillie de cinq à six lignes dans un cas de fistule stomacale. Sa face interne est couverte d'une petite quantité de mucosité , et ses vaisseaux , très-sinueux , renferment peu de sang. Au reste , il n'est pas si vertical et n'a pas sa paroi antérieure si appliquée à la postérieure qu'on le voit sur le cadavre , car la turgescence vitale fait que ses parois sont bombées , et que sa grande courbure ne regarde pas directement le bassin , mais se porte un peu vers la paroi abdominale , direction que Weitbrecht est parvenu à lui donner en injectant les vaisseaux (3).

4° Les alimens reçus dans l'estomac le dilatent ; sa tunique musculeuse aide à la distension , la muqueuse se déplisse , et la péritonéale acquiert une ampleur correspondante par le déploiement simultané du grand et du petit épiploon. Outre que l'accroissement de la turgescence vitale , l'afflux d'une plus grande quantité de sang dans les vaisseaux et leur redressement , concourent à cet effet , la grande courbure se place plus en devant qu'elle ne l'est dans l'état de vacuité , parce qu'elle est la partie la plus mobile du viscère , et qu'elle ne rencontre en avant que des parties molles , qui lui permet-

(1) Mayo, *Outlines of human physiology*, p. 123.
(2) Haller, *loc. cit.*, t. VI, p. 261, 278.
(3) *Hist. de l'Acad. des sc.*, 1715, p. 233.

tent de se procurer plus d'espace de ce côté, tandis que le cardia et le pylore, fixés à l'œsophage et à l'intestin, demeurent plus en arrière, où la paroi abdominale ne cède point autant, et servent en quelque sorte de pivots autour desquels s'opère la torsion. Il résulte de tout cela que la partie supérieure de l'abdomen, notamment la région épigastrique, fait une saillie plus prononcée; la rate obéit naturellement à la torsion, et prend une situation plus horizontale; mais le foie et l'intestin sont refoulés, de telle sorte que, dans le cas de plaie pénétrante au bas-ventre, il sort une portion plus considérable du dernier de ces organes quand l'estomac est plein que quand il est vide, comme l'a observé, entre autres, Vater (1). Enfin, le diaphragme éprouve un refoulement de bas en haut, ce qui fait que la réplétion excessive de l'estomac rend difficile, non-seulement l'inspiration et tout acte qui exige un certain déploiement d'énergie de l'appareil respiratoire, comme l'action d'appeler à haute voix, mais encore la course ou tout autre effort musculaire quelconque.

II. Le mouvement de l'estomac a été observé immédiatement sur beaucoup d'animaux soumis à la vivisection, et sur quelques hommes atteints de fistules stomacales. Il est plus lent et moins manifeste chez certains animaux que chez d'autres. En outre, il varie chez les individus d'une même espèce, non-seulement d'après l'état de vacuité ou de réplétion, mais encore dans l'un et dans l'autre de ces deux états. De quatre Chiens que Spallanzani (2) examina sous ce point de vue, après leur avoir fait prendre des alimens, deux le lui montrèrent bien prononcé, tandis qu'il n'en vit aucune trace chez les deux autres. On avait présumé qu'il n'avait lieu qu'autant que la cavité abdominale venait à être ouverte, et par suite de l'action stimulante de l'air; mais on peut l'apercevoir à travers les parois du corps chez les animaux invertébrés transparens, et Haller (3) l'a remarqué aussi chez des Mammifères auxquels il n'avait ouvert que la poitrine. Il se compose,

(1) *Philosophie Trans*, t. XXXI, p. 89.
(2) *Opuscules*, t. II, p. 635.
(3) *Elem. physiol.*, t. VI, p. 273.

comme celui des autres membranes musculeuses, tantôt d'un raccourcissement par des fibres longitudinales, tantôt d'un resserrement, avec formation de plis, par des fibres transversales. On a remarqué aussi que les points qui se contractent deviennent plus épais et plus résistans, tandis que ceux dans lesquels la distension a lieu s'amincissent et deviennent plus mous.

5° L'application des excitans, pendant la vie ou peu de temps après la mort, sollicite en général l'estomac à se mouvoir, mais n'y excite pas néanmoins des mouvemens aussi vifs que ceux des intestins. L'excitation de la surface externe, par des agens chimiques, tels que l'alcool, les acides minéraux et les sels métalliques, détermine des contractions et de profonds sillons à l'endroit touché, d'où les alimens se trouvent chassés (1). L'irritation, au moyen d'un scalpel ou d'une aiguille, produit le même effet, mais, suivant les observations de Spallanzani, avec des différences individuelles ; le phénomène eut lieu chez un animal dont l'estomac avait déjà cessé de se mouvoir sur les alimens contenus dans son intérieur, et chez un autre qui n'en avait offert aucune trace auparavant ; chez d'autres encore on ne l'observa pas. L'irritation galvanique est celle qui agit de la manière la plus constante. Nysten nous apprend (2) que, sur des Chiens auxquels il avait coupé la tête, ou éteint de toute autre manière l'influence du cerveau, l'aptitude à la ressentir persistait un peu plus longtemps à l'estomac qu'à l'intestin, en général au-delà d'une demi-heure, mais parfois aussi plus de deux heures après la mort. Une irritation portée à la face interne du viscère semble être douée d'une efficacité toute spéciale, ainsi que Beaumont (3) l'a constaté en introduisant une canule en caoutchouc dans la fistule de l'homme qui servait à ses observations. Les alimens doivent agir de la même manière ; c'est là ce qui fait que le mouvement cesse quand l'estomac ne contient plus rien, et qu'une irritation extérieure en excite un moins vif que

(1) Haller, *loc. cit.*, p. 260.
(2) *Loc. cit.*, p. 344.
(3) *Loc. cit.*, p. 60.

la réplétion médiocre du viscère. Plus la nourriture est solide, plus aussi elle est excitante, et plus l'estomac se meut
avec force, d'après les remarques de Tiedemann (1) et d'E-
berle (2). Mais il faut faire entrer en ligne de compte les propriétés chimiques des alimens ; car Helm (3) a vu qu'après
l'ingestion d'une boisson spiritueuse, les alimens restaient à
peine une heure dans l'estomac, et sortaient par la fistule,
avec quelque soin que le bandage eût été appliqué. D'un
autre côté, l'opium paralyse presque toujours la faculté motrice de l'estomac (4).

6° La force musculaire de l'estomac varie beaucoup. Généralement parlant, elle est plus considérable quand les alimens
sont de nature hétérogène et difficiles à digérer, par conséquent chez les animaux herbivores ; mais, à part cette circonstance, elle déploie aussi une plus grande énergie lorsqu'elle
est obligée de remplacer la mastication, et diminue d'autant
plus le séjour des alimens, que les sucs gastriques possèdent
plus d'efficacité ; voilà pourquoi elle est plus lente chez les
Poissons et les Reptiles, où la nourriture a besoin de rester
long-temps dans l'estomac pour être digérée. Un estomac
qui est destiné à remplir le rôle d'une sorte d'organe masticateur, et à diviser les alimens solides, se distingue en ce
que sa cavité est moins spacieuse, sa tunique musculeuse
épaisse, et sa membrane muqueuse garnie de productions
cornées ou calcaires, tantôt de plaques agissant par pression
et frottement, tantôt de pointes qui piquent et font office de
dents : chez les Acéphales, on voit saillir dans l'estomac, à
son extrémité, une pièce calcaire, sur laquelle s'articule une
plaque cartilagineuse supportant trois pointes. Chez plusieurs
Gastéropodes, les Aplysies, par exemple, à un estomac purement membraneux en succède un autre musculeux garni de
plusieurs plaques cartilagineuses et pointues, disposées en
cercle, qui se rencontrent les unes les autres dans les mou-

(1) *Rech. sur la digestion*, trad. par A. J. L. Jourdan, t. I, p. 332.
(2) *Physiologie der Verdauung*, p. 153.
(3) *Zwey Krankengeschichten*, p. 43.
(4) Haller, *loc. cit.*, t. VI, p. 262.

vemens du viscère ; il y a de plus un troisième estomac armé de pointes recourbées. Quelques Ptéropodes ont également des dents cornées dans leur estomac. Chez divers Annélides, les Aphrodites, par exemple, l'estomac est fortement muscuJeux, revêtu d'un épithélium calleux, et armé de dents cartilagineuses. Chez tous les Insectes qui prennent une nourriture solide, comme les Coléoptères créophages et lignivores, les Orthoptères et les Névroptères, on trouve, en avant de l'estomac proprement dit, un véritable gésier, qui est garni de plis et de lamelles ou d'épines cornées. Les Décapodes, parmi les Crustacés, ont, à l'extrémité de leur estomac, un appareil spécial, qui consiste en cinq pièces calcaires armées de dents et mues par des muscles. Chez plusieurs Oiseaux, notamment ceux qui vivent de matières animales, l'estomac n'a que de minces membranes ; il est musculeux au contraire chez les phytophages, et surtout chez les granivores, où il présente deux masses musculeuses très-solides, composées de fibres rayonnantes, entre lesquelles on n'aperçoit presque pas de tissu cellulaire, et où sa face interne est tapissée par une couche celluleuse qui, de temps en temps, se détache et se renouvelle. Cet épithélium forme, chez une espèce de Pigeon des Indes orientales, deux excroissances cornées, opposées l'une à l'autre, entre lesquelles les grains sont écrasés (1). Dans la classe des Mammifères, le Pangolin a l'estomac divisé en deux portions, l'une cardiaque, à parois minces, l'autre pylorique, fortement musculeuse et garnie d'un épithélium calleux. Chez les Solipèdes et les Cochons, au contraire, il n'y a que la portion cardiaque qui offre un épithélium aussi épais que celui de l'œsophage, et auquel elle doit sa couleur blanchâtre. Chez les carnassiers, l'estomac est uniformément rougeâtre sur toute sa face interne ; il a un épithélium mince et des fibres musculaires faibles, toujours plus fortes cependant que celles qu'on trouve chez l'homme.

7° Les expériences tentées d'abord par Borelli et Redi, à l'effet de déterminer les forces du gésier des Oiseaux, ont été répétées avec plus de soin par Réaumur. Ce physicien fit avaler

(1) *Hist. de l'Ac. des sc.*, 1752, p. 297.

à une Poule des boules de verre qu'un poids seulement de quatre livres pouvait écraser ; au bout de trois heures elles furent
trouvées réduites en morceaux (1). Des tubes en fer-blanc,
clos à chaque bout par un couvercle soudé, et assez forts
pour ne pas fléchir sous une pression moindre de quatre-vingts
livres, étaient, après vingt-quatre à quarante-huit heures de
séjour dans l'estomac du Dindon, les uns aplatis, les autres
roulés sur eux-mêmes, avec les couvercles déformés ou
dessoudés (2). Vingt-quatre noix avalées par un Dindon
étaient écrasées au bout de quatre heures, et il en fut de même
à l'égard de noisettes avalées par un Coq (3). Spallanzani (4) a
également vu un séjour de trois heures, dans l'estomac d'une
Poule, réduire de petites boules de verre en morceaux, ou
même en une poudre fine ; un grenat, qui demeura un mois
entier dans l'estomac d'un Pigeon, avait tous ses angles
émoussés. Il y a également une espèce de Mésange dont
l'estomac broie des coquilles de Limaçons (5). Réaumur a reconnu que celui des Canards n'a pas assez de force pour
courber les tubes en fer-blanc, et Spallanzani (6) attribue une
force moyenne aux estomacs qui, comme celui des Corneilles,
n'agissent pas sur les tubes d'une certaine épaisseur, mais dé-
forment ceux qui sont minces (7). L'estomac des Bœufs et des
Chiens (8) n'agit pas non plus sur ces instrumens dans les expériences du physiologiste italien ; de petits tubes en bois
assez minces pour céder à la moindre pression du doigt, traversèrent son propre canal alimentaire sans être endommagés ;
sur vingt-cinq grains de raisin mur, à peau très-molle, dix-
huit passèrent également entiers, il en fut de même des cerises
et des grains de raisin non à maturité.¹ Au reste, les iatro-mathématiciens ont trouvé ici un champ libre pour leurs calculs.

(1) *Ib.*, p. 273.
(2) *Ibid.*, p. 270.
(3) Froriep, *Notizen*, t. XXVII, p. 234.
(4) *OEuvres*, t. II, p. 405.
(5) *Hist. de l'Acad. des sc.*, 1752, p. 291.
(6) *Loc. cit.*, p. 457.
(7) *Loc. cit.*, p. 550-558.
(8) *Loc. cit.*, p. 632.

Ainsi Pitcarn , croyant que la force des muscles devait correspondre à leur poids, évaluait celle de l'estomac de l'homme à 12,951 livres , d'après la proportion entre son poids et celui du muscle fléchisseur du pouce , dont Borelli estimait la force à 3,720 livres. Fracassini la portait à 117,088, et Wainewright à 260,000 livres (1).

8° De ce que le raccourcissement d'une fibre musculaire ne peut guère aller au-delà du tiers de sa longueur, on avait conclu que l'estomac des Mammifères , alors même qu'il est le plus contracté , conserve encore les deux tiers de sa capacité. Cependant il a été maintes fois constaté que ce viscère embrasse exactement de toutes parts des corps même assez petits , et comme il se vide souvent d'une manière complète , comme il chasse de son intérieur des aiguilles et des graines, comme il réduit en pelotes les poils et autres substances analogues , il paraît être susceptible de se resserrer bien au-delà des limites qu'on lui avait assignées (2). D'ailleurs, son mouvement le plus vif est celui qui s'accomplit dans la portion où il est le plus étroit et le plus musculeux , par conséquent aux alentours du pylore, et dans celle où il jouit de la plus grande liberté , c'est-à-dire à sa grande courbure.

9° Suivant Eberle (3), l'estomac, après avoir reçu des alimens, se resserre d'abord sur eux d'une manière uniforme et continue. Quand les alimens commencent à se ramollir et à se réduire en bouillie , sa tension devient inégale , et c'est alors qu'on peut apercevoir son mouvement. Celui-ci est , généralement parlant , calme et ondulatoire ; il marche du cardia au pylore , et du pylore au cardia. Quelquefois aussi , comme l'a remarqué Tiedemann (4), les mouvemens partent en même temps des deux extrémités de l'estomac , et se réunissent à la partie moyenne du viscère. Les plus ordinaires , ceux qui partent du cardia et y reviennent , mouvemens observés par

(1) Haller, *Elem. physiolog.*, t. VI, p. 274.

(2) *Ib.*, p. 262.

(3) *Loc. cit.*, p. 52.

(4) *Recherches sur la digestion* , trad. par A. J. L. Jourdan , t. I , p. 333.

Haller (1), Spallanzani et beaucoup d'autres, ont été aussi aperçus par Beaumont (2); un thermomètre que ce médecin introduisait dans l'estomac, à travers la fistule, décrivait des ondulations, qui duraient une à trois minutes, d'abord lentes, puis de plus en plus rapides à mesure que la formation du chyme avançait; vers la fin, le mouvement devenait beaucoup plus fort, et se dirigeait davantage dans le sens du cardia au pylore. Suivant Magendie, au contraire, il commencerait dans la portion pylorique, y resterait confiné tant que l'estomac est plein, ne s'étendrait au-delà que quand le viscère commence à se débarrasser de son contenu, et apparaîtrait dans la portion cardiaque à l'époque seulement où il est presque vide.

10° Haller (3) et autres ont souvent vu, chez l'homme et les animaux à estomac simple, ce viscère offrir, à sa partie moyenne, un étranglement qui le divisait en deux moitiés, renfermant, chez le Castor, l'une les alimens solides non encore digérés, l'autre ceux qui avaient déjà pris la forme liquide. Depuis, Home a prétendu (4) que cette constriction n'a pas lieu exactement à la partie moyenne, mais qu'elle est ordinairement plus rapprochée du pylore pendant la digestion, et (5) que le liquide s'amasse surtout dans la portion cardiaque, tandis que les substances solides s'accumulent dans la pylorique. C'était évidemment aller beaucoup trop loin. Tiedemann (6) et Eberle (7) n'ont jamais remarqué cette séparation de l'estomac en deux cavités, et Magendie assure que les boissons ne se rencontrent que dans la région pylorique et la partie moyenne du viscère. Cependant il n'est pas hors de toute probabilité que l'action des fibres circulaires devienne, en certaines circonstances, prédominante dans

---

(1) *Elem. physiolog.*, t. VI, p. 276.

(2) *Loc. cit.*, p. 75.

(3) *Elem. physiol.*, t. VI, p. 263.

(4) *Philos. Trans*, 189, p. 139. — *Lectures on comparative anatomy*, t. I, p. 139.

(5) *Ib.*, p. 223.

(6) *Loc. cit.*, p. 332.

(7) *Loc. cit.*, p. 51.

cette dernière région, puisque la constriction a été fréquemment observée chez des hommes enlevés par une mort subite (1), surtout à la suite de vomissemens, qu'il n'est pas rare que l'insufflation de l'air la fasse disparaître (2), et qu'une observation de Beaumont, dont nous aurons occasion de parler plus loin, semble autoriser à penser que les choses se passent réellement ainsi quelquefois.

11° Un estomac musculeux, étroit et robuste, écrase et broie les alimens ; un estomac spacieux et à parois minces leur imprime un mouvement de va-et-vient, les mêle ensemble, ainsi qu'avec le suc gastrique, et les pétrit en quelque sorte. Si l'on en juge d'après les mouvemens que décrivait la partie saillante au dehors d'un tube introduit dans l'estomac par Beaumont, les alimens marcheraient du cardia vers le pylore le long de la grande courbure, et du pylore vers le cardia le long de la petite courbure. Lorsque le viscère embrasse de tous côtés une certaine quantité de nourriture, il peut aussi la pelotonner, car Wilson a rencontré, chez les Lapins, de petites masses sphériques de fourrage entre les plis du cul-de-sac. Ce physiologiste et Eberle (3) assurent que quand toute la masse contenue dans l'estomac forme ainsi une pelote, chaque nouvelle bouchée qui descend de l'œsophage est refoulée dans l'intérieur de celle-ci, de sorte que la nourriture avalée en premier lieu se trouve ramenée à la surface, phénomène dont ils disent qu'on peut se convaincre à l'aide de substances diversement colorées. Cependant une opération de ce genre ne saurait être admise qu'autant que les premiers alimens auraient déjà été assez ramollis et réduits en bouillie pour pouvoir se laisser pénétrer par les substances encore solides qui viennent s'ajouter à la masse contenue dans l'organe. Beaumont a constamment trouvé (4) que les alimens pris à diverses époques ne tardaient pas à être mêlés les uns avec les autres d'une manière uniforme.

(1) Mayo, *Outlines of human physiology*, p. 132.
(2) Voigtel, *Handbuch der pathologischen Anatomie*, t. II, 444-449.
(3) *Loc. cit.*, p. 153.
(4) *Loc. cit.*, p. 61, 75.

12° La cavité abdominale est complétement remplie par ses organes et par la sécrétion du péritoine ; aussi arrive-t-il assez souvent qu'on trouve l'estomac perforé, sans que le chyme s'en soit échappé, parce que la paroi abdominale, en s'appliquant immédiatement à la surface du viscère, bouche l'ouverture. Aucun organe ne peut, dans cette cavité, ni se déplacer ni se distendre sans presser sur les autres, et en exerçant cette action sur les parties qui l'environnent, l'estomac plein d'alimens en éprouve une semblable de leur part. Le diaphragme le refoule de haut en bas et d'arrière en avant pendant l'inspiration ; on a vu, sur un Bœuf, le chyme être lancé de cette manière à quelques pas de distance par une ouverture qui avait été pratiquée exprès (1). Les muscles abdominaux sont une ceinture qui presse les viscères dans le sens vertical et d'avant en arrière ; ils pèsent sur l'estomac, ainsi que le diaphragme, et le sollicitent à des mouvemens plus énergiques, de manière que la digestion d'alimens difficiles à attaquer peut être favorisée volontairement par des inspirations profondes et de fortes contractions des muscles abdominaux. L'estomac cède aussi à une pression exercée du dehors, et c'est pour cela qu'assez souvent on l'a trouvé dans une situation tout-à-fait différente de celle qui lui est naturelle, chez des femmes qui avaient contracté, pendant leur vie, l'habitude de se serrer beaucoup.

III. Vers la fin de la digestion, quand la chymification est déjà fort avancée, le mouvement de l'estomac devient plus vif, surtout dans la portion pylorique, où la force musculaire possède plus d'énergie, et il résulte de là que le chyme se trouve obligé de passer dans l'intestin.

1° A cet effet, il part du milieu de l'estomac à peu près, un mouvement énergique qui se propage, à travers le pylore, dont les fibres longitudinales du viscère surmontent la résistance, jusqu'à la première courbure du duodénum, après quoi il revient sur lui-même, vers la partie moyenne de l'estomac. Comme ces mouvemens se répètent sans cesse, il n'y a que l'extrémité de la masse chymeuse qui se trouve portée assez loin

_____

(1) Haller, *loc. cit.*, t. VI, p. 259.

pour pouvoir rester dans le duodénum ; celle qui rétrograde est obligée de rentrer dans l'estomac ; le chyme ne chemine donc que par petites portions. Beaumont a remarqué, sur l'homme qui était le sujet de ses observations (1), que les mouvemens expulsifs partaient des fibres circulaires situées à trois ou quatre pouces de l'extrémité du pylore, et que ces fibres, auxquels il donne le nom de ligamens transversaux, produisaient alors une espèce d'étranglement. Lorsque, vers la fin de la digestion, il introduisait la boule du thermomètre dans cette région, elle rencontrait d'abord une résistance due à un commencement de contraction, mais qui cédait bientôt, et ensuite elle était attirée de trois à quatre pouces vers le pylore, avec une certaine force, puis repoussée au dehors, avec un mouvement de torsion assez léger, qui cependant allait quelquefois jusqu'à lui faire décrire une révolution entière sur elle-même. S'il laissait l'instrument libre, il le voyait pénétrer jusqu'à dix pouces de profondeur, par conséquent fort loin dans le duodénum, et il avait alors de la peine à le retirer ; mais, au bout de quelques minutes, le tube sortait spontané-ment de trois à quatre pouces, et il devenait très-facile de le retirer tout-à-fait. Quand on l'enfonçait à gauche du liga-ment transversal, on pouvait le mouvoir aisément en tout sens, et il s'inclinait la plupart du temps vers le cul-de-sac, sans néanmoins y être attiré et retenu, comme il l'était du côté droit. A droite, chaque mouvement vers l'intestin durait environ deux à cinq minutes ; pendant le mouvement en sens inverse, dont la durée était la même, le ligament transversal se relâchait, et le chyme était poussé vers le cul-de-sac, où bientôt il recevait de nouveau une direction opposée. Ces mouvemens se répétaient jusqu'à ce que l'estomac fût vide. La situation de l'estomac plein, qui est telle que le pylore se trouve dans le même plan que le duodénum, peut contribuer à favoriser la sortie du chyme, sans qu'on doive pour cela la considérer comme une circonstance essentielle. Lorsque la valvule pylorique s'est refermée, le passage de l'intestin dans l'estomac devient difficile ; les calculs biliaires sont rares

(1) Beaumont, *loc. cit.*, p. 76.

à rencontrer dans ce dernier organe, où la bile pénètre néanmoins assez souvent.

2° Le chyme sort de l'estomac par portions, à mesure qu'il se forme, car il diminue sans interruption (1) : seulement sa sortie est plus lente au début que quand les alimens ont été entièrement fluidifiés (2). La digestion de tout ce qui avoisine le pylore est aussi plus avancée que celle du reste.

b. Mouvement de l'intestin.

§ 932. Le mouvement des intestins n'a pas lieu seulement après la mort ou après l'ouverture de la cavité abdominale : on le voit et on le sent aussi chez les animaux vivans (3); on peut même l'observer par la cavité pectorale, sans léser ni le péritoine ni les parois du bas-ventre (4); enfin, chez les animaux transparens, comme les Monocles, on l'aperçoit à travers le corps.

1° Il ne dépend pas de la volonté : on peut s'en convaincre dans les cas de plaie pénétrante à l'abdomen ou d'anus artificiel. Aucun effort volontaire ne saurait le suppléer, ni, quand il n'a pas lieu, déterminer la moindre évacuation (5). Il persiste alors même que la paroi abdominale a été ouverte : les muscles du bas-ventre n'en sont donc pas la condition, bien qu'ils exercent de l'influence sur lui, car leur pression sollicite l'intestin à se mouvoir avec plus de vivacité, et c'est en grande partie de cela qu'il dépend que l'exercice, pris en temps convenable, favorise la digestion. Quand on ouvre l'abdomen d'un animal, on voit le mouvement de l'intestin, d'abord faible, devenir plus vif et plus fort Ainsi Krimer (6), ayant enlevé à un Chien une portion des muscles abdominaux, n'aperçut, à travers le péritoine, qu'un mouvement très-faible du canal intestinal; mais ce mouvement devint plus fort après l'ouverture du sac péritonéal, et quand les intes-

(1) Beaumont, <i>loc. cit.</i>, p. 76.
(2) <i>Ib.</i>, p. 65.
(3) Eberle, <i>loc. cit.</i>, p. 310.
(4) Haller. <i>Elem. physiol.</i>, t. VII, p. 83.
(5) Dupuytren, <i>Mém. de l'Acad. royale de méd.</i> Paris, 1828, t. I, p. 259.
(6) Horn, <i>Neues Archiv</i>, 1821, t. I, p. 237.

tins sortirent du corps, il acquit plus de force et d'étendue. Cet effet peut tenir en partie à la cessation de la pression qui s'exerçait sur l'organe, mais la principale cause est l'impression stimulante de l'air; car, non seulement le mouvement de l'intestin devient très-prononcé après qu'on a poussé de l'air par la bouche ou l'anus, tandis qu'auparavant on ne l'apercevait point (1), mais encore on a reconnu, dans les cas de procidence des intestins, que ces viscères entraient en turgescence et s'agitaient de mouvemens très-vifs dès qu'on enlevait le bandage protecteur, et que, si leur mouvement cessait bien au bout de quelque temps, ils n'en demeuraient pas moins un peu turgides (2). L'air qu'on avale, ou qui se dégage des alimens, doit donc en général déterminer quelque stimulation. Les alimens excitent aussi; un intestin médiocrement plein se meut avec plus de vivacité, et avec d'autant plus de force, d'après les remarques d'Eberle (2), que le chyme est plus stimulant et plus acide. La bile surtout exerce une grande influence : si elle est trop abondante, il survient des borborygmes, et la diarrhée se déclare ; si elle est insuffisante, il y a paresse du ventre. Les irritations mécaniques ou chimiques, agissant sur la surface interne ou externe, ne sont pas non plus sans portée : on a vu, par exemple, les lotions avec du vin chaud occasioner de forts mouvemens dans des portions d'intestin sorties du corps ; dans un cas analogue, les irritations mécaniques n'en déterminaient qu'un lent et à peine sensible, que la galvanisation rendait plus vif, et qui acquérait plus d'énergie encore quand on touchait la surface de l'organe avec une dissolution de potasse.

2° Le mouvement des intestins est plus vif chez les Mammifères que dans les trois autres classes d'animaux vertébrés. Nysten assure (4) qu'il ne s'écoule ordinairement pas beaucoup plus d'une demi-heure avant qu'on cesse de pouvoir l'exciter au moyen du galvanisme ; mais souvent aussi il

(1) Horn, *Neues Archiv*, 1821, t. I, p. 238.
(2) Rust, *Magazin*, t. XIX, p. 493.
(3) *Loc. cit.*, p. 340.
(4) *Recherches de physiolog.*, p. 344.

lui arrive de persister bien plus long-temps, même sans application d'aucun excitant spécial, comme on peut s'en convaincre sur presque tous les Moutons sacrifiés dans nos boucheries, et il lui arrive même parfois d'être plus fort après la mort qu'il ne l'était durant la vie (1), ce que Fontana attribue à la rupture de l'équilibre entre les fibres musculaires et le sang, qui est la conséquence nécessaire de la cessation de la circulation. Le point avec lequel on met un irritant en contact, se contracte lentement, mais presque toujours d'une manière énergique ; de là résulte la formation d'une fossette, à partir de laquelle le mouvement se propage aux parties avoisinantes, lorsque l'excitabilité est suffisante. Assez souvent la contraction va jusqu'à effacer entièrement la cavité (2), de même qu'il n'est pas rare de voir une portion d'intestin se resserrer en forme de sac sur des corps étrangers, des noyaux de cerise, par exemple, et les tenir enfermés pendant long-temps, ou une certaine quantité d'air demeurer emprisonnée entre deux points contractés (3). Au reste, le mouvement est favorisé à l'intérieur par les sécrétions intestinales, séreuses et muqueuses, à l'extérieur par la sécrétion séreuse du péritoine : il est d'autant plus libre extérieurement, que le mésentère a plus de longueur, et la constipation a lieu presque toujours quand les intestins se sont agglutinés ensemble par l'effet d'une exsudation.

3° Généralement parlant, le mouvement est irrégulier, de manière qu'il semble dépendre jusqu'à un certain point de la volonté : il s'interrompt parfois, et reprend à des époques indéterminées, sans cause extérieure appréciable. Sa marche n'est point uniforme, mais on le voit cesser en un certain point, et recommencer sur un point plus éloigné. Il se dirige tantôt de haut en bas, ou d'un côté à l'autre, et tantôt en sens inverse. Tantôt il est borné à un seul point, tantôt il est général, et alors toute la masse des intestins grouille comme un tas de vers. En resserrant une partie du canal, les fibres cir-

(1) Haller, *Elem. physiol.*, t. VII, p. 84.
(2) *Ib.*, t. VII, p. 76.
(3) Horn, *Neues Archiv*, 1824, t. I, p. 243.

culaires fournissent des points d'appui aux fibres longitudinales, dont les contractions raccourcissent les portions voisines. Comme ce sont ces dernières surtout qui se trouvent
lésées et irritées dans le cas de plaie transversale, et qui
perdent ainsi leurs points d'insertion aux fibres circulaires,
elles se raccourcissent, et par là renversent de dedans en
dehors les bords de la plaie, qui prennent l'apparence de
lèvres. Ce phénomène est plus prononcé au bout supérieur
d'un intestin coupé en travers, qu'au bout inférieur. On le
remarque aussi dans les anus artificiels. Lorsqu'une portion
d'intestin est dilatée, la portion raccourcie qui vient immédiatement après, peut, si elle est en même-temps resserrée,
s'engager dans la précédente, et la boucher complétement.

4° Le chyme est poussé des deux côtés de tout point dont
les fibres circulaires opèrent la constriction, attendu que les
fibres longitudinales des parties limitrophes raccourcissent ces
dernières, les amènent à sa rencontre, et l'y font ainsi passer. La contraction des fibres circulaires se propage ondula-
toirement de bas en haut comme de haut en bas : il suit de
là qu'une partie du chyme est forcée de rétrograder, ce qui
en retarde l'évacuation, prolonge la digestion, et la perfectionne ; mais le mouvement de haut en bas l'emporte sur l'autre. Dans les endroits où l'intestin s'infléchit, surtout d'une
manière brusque et sous un angle plus ou moins fermé, la
progression éprouve quelque gêne ; elle ne redevient libre
que quand les fibres longitudinales du côté convexe ont redressé la partie, en se raccourcissant. La pression que le
chyme éprouve de tous côtés a pour résultat de l'agiter, d'en
rendre le mélange plus intime, et de le mêler en outre avec
les liquides sécrétés. Cet effet, joint au mouvement progressif
et au dégagement de gaz qui a lieu quelquefois, est la cause
du bruit qu'on entend lorsqu'on applique son oreille au ventre
d'un homme chez lequel la digestion marche avec activité.
Comme le resserrement des parois enfonce les plis et les villosités dans le chyme, et les met en contact plus intime avec
lui, il doit sans nul doute favoriser aussi l'absorption, et non-
seulement il exprime le mucus de ses cryptes, mais encore
il augmente la sécrétion du suc intestinal, car le mouvement

active en général les sécrétions, et l'on a vu, dans des cas où une portion d'intestin était sortie de l'abdomen, celle même de la tunique péritonéale devenir plus abondante (1).

5° La portion supérieure ou horizontale du duodénum entre en action dans le même temps que la portion pylorique de l'estomac, de manière qu'alternativement le mouvement se propage de l'estomac au duodénum, puis du duodénum à l'estomac. Comme cet intestin n'est point tapissé de tous côtés par le péritoine, qu'au contraire il est fixé aux parties voisines par une tunique celluleuse, et qu'en conséquence il ne jouit pas d'autant de liberté que le reste de l'intestin médian, comme, de plus, il surpasse ce dernier en ampleur, et décrit deux courbures presque à angle droit, il doit, malgré la force de sa tunique musculeuse, retenir le chyme pendant un laps de temps proportionnellement plus long.

6° La valvule iléo-colique est l'extrémité de l'intestin médian, que la longueur moins considérable de ses fibres longitudinales oblige de s'insinuer dans le commencement de l'intestin anal, et dont les lèvres sont forcées, par la pression des matières contenues dans le cœcum, mais surtout dans le colon, de s'appliquer au-devant de l'ouverture, en sorte que, généralement parlant, rien ne peut refluer du troisième intestin dans le second. Le colon n'est point aussi mobile que l'intestin médian, à cause de la brièveté du feuillet extérieur de son mésentère; son ampleur et le peu de développement de ses fibres circulaires font aussi qu'il chasse avec plus de lenteur les matières contenues dans son intérieur, et qu'elles peuvent séjourner pendant quelque temps dans ses anfractuosités.

3. MOUVEMENT D'ÉJECTION.

§ 933. I. Parmi les animaux inférieurs qui ne prennent, comme les végétaux, qu'une nourriture liquide, par exemple, les Vers trématodes et cystiques, il en est plusieurs entre lesquels et les plantes se trouve encore cet autre point de contact que les substances demeurées inassimilables sortent

(1) Rust, *Magazin*, t. XIX, p. 195.

de leur corps à l'état fluide , et continuellement, par conséquent aussi d'une manière insensible. Chez tous les autres animaux , la nourriture laisse un résidu palpable, dont l'évacuation ne s'accomplit pas d'une manière continue , et qui sort, sous la forme d'excrémens , par un acte temporaire d'éjection. Mais le canal intestinal est en outre le rendez-vous de matières excrémentitielles , séparées de la masse du sang , dont les unes s'y déposent à une certaine hauteur, pour contribuer encore à la digestion, tandis que les autres arrivent seulement dans l'intestin anal , afin d'être expulsées par la voie la plus courte. Cette dernière catégorie comprend l'urine et le produit de la génération , outre diverses sécrétions qu'on rencontre surtout chez quelques animaux sans vertèbres, mais dont on connaît fort peu la nature et les usages. L'extrémité du canal digestif forme donc , avec l'issue des appareils urinaire et génital , la sphère proprement dite d'éjection de l'organisme , sphère qui, aux premiers échelons de l'organisation , chez les animaux inférieurs (§§ 124, 563, III, 804, 6°) comme chez l'embryon (§§ 447, 451, 455), se trouve plus ou moins réunie en un seul organe. A un degré plus élevé , on remarque une ligne de démarcation plus tranchée entre les appareils qui la constituent ; et bien que les organes génitaux et urinaires aient encore une issue commune (§ 138), l'extrémité du canal intestinal a acquis une ouverture qui lui appartient en propre. Mais tous ces organes demeurent placés à côté les uns des autres , unis ensemble par des liens organiques et sympathiques , et l'éjection qui se rapporte à la génération (§§ 282, 5°, 6°, 7°; 483, III ; 484) s'accomplit exactement de la même manière que celle qui concerne les excrémens et l'urine. En effet , chaque organe a obtenu des muscles plastiques qui lui sont propres , et qui , indépendamment des branches dont ils sont redevables aux nerfs sympathiques, en reçoivent d'autres de l'extrémité inférieure de la moelle épinière , de sorte que leur état exerce une impression plus vive sur la sensibilité générale , et que par là il sollicite la volonté à des actes qui viennent en aide à l'action des muscles plastiques. La périphérie animale , dans laquelle trouve à s'exercer la manifestation de la volonté , est ici la paroi de la cavité abdominale, qui agit simultanément de haut en bas, de bas en haut et d'un côté à l'autre, à la manière d'une presse. Le diaphragme, en s'abaissant, refoule les viscères vers le bas; les muscles abdominaux, faisant office de ceinture, les compriment latéralement de dehors en dedans et d'avant en arrière; la base enfin présente, non-seulement des expansions ligamenteuses, mais encore les muscles élévateurs de l'anus, dont les fibres convergentes se portent des bords du détroit inférieur du bassin en dedans et en bas vers le rectum, et dont les contractions, soulevant les organes pelviens qui reposent sur eux, élèvent le rectum, le fond de la vessie, les vésicules séminales et le vagin.

II. Dans l'éjection de l'intestin, la volonté achève ce que le mouvement plastique a commencé. Elle agit donc ici en sens inverse de ce qu'elle fait dans l'ingestion. Les deux extrémités du canal alimentaire ont une certaine analogie l'une avec l'autre; tandis que la vie animale s'élève dans l'une jusqu'à la sensibilité sensorielle et au mouvement volontaire, elle ne présente, dans l'autre, qu'une sensibilité générale très-développée, avec un mouvement simple et réduit à des effets purement matériels. Ainsi, le rectum, qui rappelle l'œsophage par le développement plus marqué de ses fibres longitudinales, s'étend jusqu'à l'anus, et les sphincters de l'anus, qui correspondent au muscle orbiculaire des lèvres, n'obéissent pas aussi pleinement qu'eux aux décisions de la volonté. Mais, de même que, chez certains animaux, la bouche s'allonge en une trompe, de même aussi l'anus se prolonge parfois en un tube, par exemple, chez quelques Acéphales, et tandis que, chez l'homme, l'organe éjecteur mâle de l'urine et du liquide séminal se prononce au dehors sous la forme d'un cylindre analogue, la saillie des fesses rejette l'anus plus en arrière qu'il ne l'est chez les animaux.

1° Les matières poussées par le colon se réunissent dans le rectum, dont l'extrémité inférieure est légèrement plissée par la constriction des sphincters, qui en bouche aussi l'ouverture. Le sphincter interne se compose de fibres circulaires plastiques, accumulées les unes sur les autres; sa vitalité le maintient dans un état constant de contraction, et ce n'est qu'au moment de la mort qu'il se relâche assez pour permettre la sortie d'une certaine quantité d'excrémens , car les lésions de la moelle épinière n'influent pas sur lui. L'externe , au contraire, se rapproche davantage des muscles soumis à la volonté, et l'on peut empêcher les matières de sortir en rendant ses contractions plus énergiques. Le sphincter interne se resserre davantage quand il éprouve une excitation mécanique, ce qui fait qu'il comprime le doigt introduit dans l'anus pour explorer le rectum , et qu'il ferme avec plus de force l'ouverture de ce dernier intestin lorsque des matières fécales se sont accumulées à sa partie inférieure. Le rectum est susceptible d'une extension considérable, attendu que ses fibres transversales ne forment point un anneau fermé, qu'il n'a point de tunique péritonéale qui l'emprisonne de tous côtés, et qu'il ne tient que par un tissu cellulaire lâche et chargé de graisse aux organes voisins, qui, eux-mêmes sont mous et cèdent avec facilité. Aussi le trouve-t-on souvent distendu en façon de sac, de manière qu'il n'est pas très-vraisemblable que les matières excrémentitielles n'y descendent de l'S du colon qu'au moment même de l'évacuation, comme l'a prétendu O'Beirne (1). Cet écrivain fonde son opinion sur ce qu'on trouve ordinairement le rectum vide quand on administre un lavement ou qu'on introduit une sonde , et que celle-ci ne rencontre des excrémens qu'à six ou huit pouces au-dessus de l'anus. Du reste, l'S du colon doit, lorsqu'elle est vide, pendre dans le bassin, au devant et le long du rectum, et, quand elle est pleine, remonter dans la fosse iliaque gauche. Comme cette portion du colon ne possède pas de nerfs rachidiens purs, il est bien difficile de la croire capable de procurer la conscience du besoin d'évacuation. Au demeurant, l'hypothèse d'O'Beirne n'est point confirmée par les ouvertures de cadavres.

2° Lorsque l'extension est arrivée à un certain degré, les matières excrémentitielles agissent comme un stimulant sur les muscles du rectum. Le besoin qui résulte de là se reproduit ordinairement toutes les vingt-quatre heures , et le plus

(1) *Medico-chirurgical review*, t. XIX, p. 1. — *Journal univ. hebdomadaire de médecine*. Paris, 1833, t. XIII, p. 126.

souvent dans la matinée, après le réveil (§ 597, 9°). Il revêt volontiers un type périodique, qui fait que l'habitude de se présenter à la selle à une heure déterminée devient un préservatif contre la constipation. Le rectum triomphe de la résistance des sphincters en chassant les excrémens vers l'anus par son mouvement propulsif de haut en bas, qui est assez puissant pour qu'on observe assez souvent des déjections chez les animaux même auxquels on a ouvert la cavité abdominale. C'est d'ailleurs son action qui détermine toujours cette évacuation, laquelle, à son défaut, ne peut être produite par aucun effort de la volonté, tout comme il y a impossibilité de l'empêcher dans les cas d'exaltation insolite de l'irritabilité du rectum ou du mouvement intestinal.

3° L'irritation causée par les excrémens agit en même temps sur la vie animale, et occasione un sentiment tout particulier de pesanteur, qui ne se développe pas peu à peu, comme celui de la faim, mais survient généralement tout à coup, et fait naître le besoin d'aider à la sortie des matières irritantes par un mouvement volontaire. Ceci suppose que les excrémens sont suffisamment stimulans, et que le rectum aussi possède assez d'excitabilité. Quant au premier point, une nourriture peu abondante et fade, une bile aqueuse et en petite quantité, rendent le ventre paresseux. D'un autre côté, le même effet résulte du défaut d'irritabilité, et s'observe par conséquent dans l'âge avancé, chez les sujets doués d'un tempérament phlegmatique et de sens obtus. Une forte contention d'esprit empêche de sentir le besoin d'aller à la selle, et quand l'action de cette cause se renouvelle souvent, l'irritabilité du rectum s'émousse de plus en plus, en sorte qu'il finit par s'établir une constipation opiniâtre. Mais si ce n'est pas par l'effet d'une dérivation que la vie animale se trouve détournée de l'appareil digestif, si seulement il lui arrive de ne pas jouir encore d'une grande influence, comme chez l'embryon (§§ 471, 533), ou de ne pas être parvenue à son point de maturité, comme chez quelques larves d'Insectes (§ 379, 2°), ou enfin d'éprouver une suspension momentanée, comme pendant l'engourdissement hibernal (§ 611, 5°), il n'y a point de déjections alvines, quoique la réplétion du rectum démontre que les muscles plastiques de l'intestin n'ont pas cessé d'agir. Au reste, on a vu, même chez l'homme, des exemples de constipation prolongée pendant plusieurs mois (1).

4° Durant les premiers temps qui succèdent à la naissance, la stimulation du rectum est promptement suivie de déjections, sollicitées par la réaction organique de la moelle épinière. A une époque plus avancée de la vie, ces évacuations reconnaissent pour cause déterminante la volonté qui commence à se développer, et dès-lors il devient possible, malgré le besoin qui s'en fait sentir, d'y résister par l'action du sphincter externe de l'anus (§ 542). On parvient quelquefois de cette manière à faire cesser une diarrhée légère, quoique les excrémens liquides soient plus irritans que ceux qui ont une certaine consistance. Il paraît que c'est en débilitant la moelle épinière que la frayeur diminue l'activité du rectum, et spécialement de son sphincter externe, au point de le mettre dans l'impossibilité d'opposer la moindre résistance à l'effort qui s'exerce sur lui de haut en bas. Mais une exaltation morbide de l'irritabilité, qui dépend soit d'une lésion idiopathique de cet intestin, par exemple, de son inflammation, soit du retentissement sympathique sur lui d'une affection de quelque autre organe d'éjection, par exemple, de la vessie irritée par la présence d'un calcul, entraîne le ténesme, qui consiste à éprouver le besoin d'aller à la selle sans qu'il y ait d'excrémens à expulser.

5° En général, il faut, pour vaincre la résistance des sphincters, que la contraction des muscles abdominaux, sollicitée par la volonté, vienne au secours du mouvement vermiforme des intestins. Le diaphragme, en pressant les viscères du bas-ventre, refoule aussi le rectum vers l'anus. L'action des parois abdominales est tellement prononcée que les cris, chez les enfans, et, chez l'adulte, les violens efforts rendus nécessaires par la constipation, peuvent entraîner la chute du rectum, et qu'une forte inspiration est susceptible d'occasioner non-seulement cet accident, mais même la procidence de toute autre partie du canal intestinal qui s'ouvre

(1) Haller, *Elem. physiol.*, t. VII, p. 187.

à l'extérieur par un anus artificiel. L'élévateur de l'anus agit de bas en haut ; comme antagoniste des sphincters, il écarte latéralement les parois du rectum , en même temps qu'il soulève un peu cet intestin.

6° L'anus étant ouvert par toutes ces causes réunies à l'effort des matières excrémentitielles elles-mêmes, qui prennent la forme convenable pour cela, le rectum peut terminer la déjection par sa propre force motrice ; les contractions des muscles abdominaux peuvent cependant contribuer aussi à la favoriser, en continuant de s'exercer. L'abondante sécrétion muqueuse qui a lieu dans cet intestin , la rend plus facile. Au reste , le reccourcissement des fibres longitudinales détermine, chez plusieurs animaux, même invertébrés , un renversement du rectum , qui rappelle un phénomène analogue qu'on observe assez fréquemment dans l'ingestion de la nourriture (§ 926 , 6°).

III. L'urine s'amasse dans la vessie , tant parce que les fibres circulaires de l'orifice du viscère , qui agissent comme sphincter , et le muscle transversal de l'urètre l'empêchent de s'écouler, que parce que la marche oblique des uretères à travers les parois vésicales ne lui permet pas non plus de refluer vers les reins. Après la mort , qui éteint toute action musculaire , une pression exercée sur la vessie fait passer aisément le liquide qu'elle contient dans l'urètre , mais la disposition mécanique de la membrane muqueuse au devant des orifices des uretères ne permet pas que l'urine soit refoulée dans ces conduits. La vessie peut contenir plus d'une demi-livre d'urine ; mais elle est susceptible d'acquérir une ampliation considérable , à laquelle les uretères, ne pouvant plus se vider , finissent par prendre part.

1° La vessie recevant des nerfs rachidiens , l'irritation qui résulte de sa distension par l'urine, exerce, sur la sensibilité générale, une vive impression , qui amène, comme effet réactionnaire, la contraction des muscles abdominaux et du diaphragme. Ces muscles , en faisant peser le paquet intestinal sur ses faces supérieure et postérieure, la repoussent de haut en bas et d'arrière en avant, vers le pubis, en même temps que le plancher du bassin la refoule de bas eu haut.

2. Avec le secours de cette pression, les muscles plastiques de la vessie, notamment ses fibres longitudinales, triomphent de la résistance du sphincter, et chassent l'urine dans l'urètre. On les voit quelquefois, dans les vivisections, déterminer la sortie du liquide par leurs seuls efforts, et alors même que la cavité abdominale est ouverte.

3° Quand la vessie ne pousse plus d'urine dans l'urètre qui a cédé à son impulsion, le canal se resserre à son tour pour chasser le reste du liquide : à cet effet, sa portion membraneuse est comprimée de haut en bas par le muscle urétral transverse, et de bas en haut, ainsi que sur les côtés, par le pubo-urétral, tandis que sa portion spongieuse l'est de bas en haut par le bulbo-caverneux.

§ 934. Le mouvement du canal digestif procède partout alternativement de la bouche vers le bas, et du bas vers la bouche. De ces deux directions, la première prédomine la plupart du temps, en sorte que la nourriture traverse le conduit tout entier, en éprouvant seulement un peu de fluctuation. Mais il y a quelques organisations et certains états de la vie dans lesquels la seconde l'emporte sur l'autre.

I. Il y a tendance à l'éjection par le haut, ou par la bouche, quand une partie de la nourriture, au lieu de continuer à descendre, rétrograde vers un point du canal digestif qu'elle avait déjà traversé.

1° Cet effet est produit, chez quelques Insectes, par des dispositions permanentes dans l'organisme, et à la faveur de voies spéciales. En effet, chez la *Cicada orni* et la *Cercopis spumaria*, la nourriture, introduite par l'œsophage, coule de l'estomac dans un conduit particulier, qui la ramène à l'estomac, d'où cette fois elle passe dans l'intestin, dont l'orifice est plus rapproché de l'œsophage que les deux ouvertures de ce conduit.

2° Comme les alimens des Ruminans contiennent peu de matière alibile, ces animaux sont obligés d'en prendre une grande quantité, et comme les substances végétales sont difficiles à assimiler, il leur faut aussi les soumettre à une mastication prolongée. Mais, pour obtenir du repos, ils ne s'arrêtent point à mâcher quand ils paissent, ils ne font qu'emmagasiner dans leur estomac les herbages coupés par les dents incisives de leur mâchoire inférieure, qu'ensuite ils font à loisir remonter dans leur bouche, afin de les broyer réellement. L'œsophage conduit aux trois estomacs représentant la portion cardiaque de l'estomac des autres animaux ; mais son extrémité inférieure est divisée par deux saillies longitudinales qui, en se touchant par leurs bords, forment un canal destiné spécialement à faire passer les boissons dans le troisième estomac (le feuillet), tandis que les alimens solides, surtout les grosses bouchées, les écartent, et produisent ainsi une gouttière conduisant dans le second estomac (panse) et dans le troisième (bonnet). La panse n'est, à proprement parler, qu'un réservoir, et elle agit peu sur le fourrage. Le bonnet se meut vivement ; la contraction de ses mailles réduit les alimens en petites boules, qu'il fait passer l'une après l'autre, par la gouttière, dans l'œsophage. Celui-ci, fortement musculeux, les ramène promptement, une à une, dans la bouche, où la base de la langue s'abaisse et le voile du palais se soulève pour les recevoir. Ce mouvement rétrograde est favorisé par l'action des muscles abdominaux, ainsi que par celle du diaphragme, chez les Cerfs surtout, où il a l'apparence d'une violente régurgitation ; en effet, à une profonde inspiration succède une expiration énergique. Cependant la volonté proprement dite ne prend pas plus de part à la production du phénomène qu'à l'accomplissement de la respiration ; les animaux cessent bien de ruminer dès que leur attention se porte sur un objet quelconque ; mais ce n'est là qu'une dérivation de la périphérie animale, qui abandonne son influence sur les fonctions plastiques, pour se reporter sur la vie sensorielle. Le fourrage mâché et ramolli est avalé de nouveau et, comme les boissons, transmis par une moitié de l'œsophage au feuillet, d'où il parvient enfin dans la caillette.

3° Certains hommes, après s'être exercés aux mouvemens nécessaires pour donner lieu à ce phénomène, peuvent opérer à volonté une régurgitation, c'est-à-dire ramener de l'estomac à la bouche les liquides sécrétés par le viscère et la nourriture qu'ils y ont introduite. Ils commencent par inspirer, puis ils contractent les muscles abdominaux, ou même appuient la main sur la région épigastrique ; au bout de quelque temps leur bouche s'emplit (1). Si l'estomac est vide, le suc gastrique qui remonte est souvent mêlé de bile, ce qui semble annoncer que le pylore est le point de départ du mouvement. Cet effet a lieu quelquefois sans le concours de la volonté. Tel est le cas des enfans à la mamelle, chez lesquels le lait revient assez fréquemment à la bouche, sans cause de maladie, sans être accompagné d'efforts, sans que rien annonce un véritable vomissement, et par le seul fait du trop plein de l'estomac, auquel les organes de la déglutition cèdent d'une manière purement passive. La régurgitation habituelle, ou la rumination, chez l'homme, consiste en ce qu'au bout d'un laps de temps plus ou moins long après le repas, les alimens remontent à la bouche sans effort, et presque toujours sans nausées, pour être avalés de nouveau. Il n'est pas rare que l'infirmité s'accompagne de phénomènes morbides, par exemple de douleurs d'estomac et de digestion laborieuse. Dans un cas, elle cessa après que le sujet eut rendu des vers : dans deux autres, Decasse (2) trouva l'estomac en suppuration. Assez souvent néanmoins, la santé n'a reçu aucune atteinte ; c'est ce qui avait lieu, par exemple, chez un homme observé par Ratier (3); une demi-heure environ après chaque repas, cet homme éprouvait un peu de tension à la région épigastrique, et il lui revenait à la bouche une bouchée d'alimens, qui redescendait au bout de quelques instans, bientôt suivie par d'autres, jusqu'à ce que le repas entier eût parcouru le double trajet. Il en était de même chez une femme dont parle Elliotson (4), et qui ruminait depuis sa plus tendre enfance. Il y a même des cas dans lesquels la régurgitation est une condition de bien-être : un jeune homme robuste, qui y était sujet depuis l'âge de neuf ans, ressentait des douleurs d'estomac, au rapport de Ri-

(1) Magendie, *Précis élémentaire*, t. II, p. 137.
(2) Froriep, *Notizen*, t. XLVII, p. 95.
(3) *Ib.*, t. XXXIX, p. 57.
(4) *Ib.*, t. XLV, p. 337.

che (1), toutes les fois qu'il cherchait à l'empêcher, et Decasse parle d'un septuagénaire, ruminant depuis sa jeunesse,
qui tombait malade quand cette fonction insolite s'arrêtait.
On a trouvé, chez quelques-unes de ces personnes, un développement extraordinaire de la tunique musculeuse de l'œsophage (2), qui, vraisemblablement, était plutôt le résultat
que la cause de la rumination. Heiling (3) présume que celle-
ci est d'abord volontaire, et qu'elle dégénère peu à peu en
habitude ; cependant rién ne justifie son hypothèse, qui pa-
rait d'ailleurs dénuée de toute vraisemblance, lorsqu'on se
rappelle que les hommes qui ruminent assurent ne point
trouver de goût agréable aux alimens qui leur reviennent
ainsi à la bouche.

4° Un mouvement rétrograde, ou antipéristaltique, a lieu
chez les animaux sur un point du canal intestinal auquel on
a appliqué une ligature, et chez l'homme dans certaines circonstances qui mettent obstacle aux déjections alvines. On
voit alors sortir par le vomissement les matières excrémentitielles, et même les liquides introduits sous forme de lavemens.

II. S'il existe quelques animaux inférieurs qui aspirent l'air
ou l'eau par l'anus (§ 966, 5°), chez d'autres, la bouche sert
aux déjections.

1° L'homme en santé, lui-même, rend quelquefois de l'air
par la bouche, ce qui constitue l'éructation. Les gaz qui se
dégagent des alimens se réunissent, en vertu de leur légèreté spécifique, à la partie supérieure de l'estomac, dont les
contractions leś chassent vers le haut, quand l'œsophage est
relâché. Le diaphragme et les muscles abdominaux ont quelque part à ce phénomène, car nous pouvons accroître ou
diminuer, accélérer ou retarder l'éructation ; mais il ne nous
est pas donné de la déterminer quand elle n'est pas déjà sur
le point de s'établir d'elle-même, ce qui prouve qu'elle dépend essentiellement d'un état actif de l'estomac.

2° Le reflux des alimens vers la bouche par une action

(1) *Archives générales*, t. XVII, p. 266.
(2) Voigtel, *Handbuch der pathologischen Anatomie.* t. II, p. 547.
(3) *Ueber das Wirderkauen bei Menschen.* Nuremberg, 1823, p. 16.

musculaire complexe, ou le vomissement, est un phénomène normal chez les animaux privés d'anus, comme les Polypes, les Actinies, les Astéries, les Méduses. Ici les résidus non digérés de la nourriture ne peuvent être expulsés du corps que par un mouvement rétrograde. Le vomissement est normal aussi chez plusieurs Poissons et Oiseaux, qui ne rejettent de cette manière que les parties les plus indigestes des animaux avalés par eux, os, écailles, carapaces, plumes, poils, souvent réunis en pelotes. Quelques Insectes vomissent, par l'effet de la peur, la nourriture qu'ils viennent de prendre, ou dardent sur leurs ennemis le suc âcre que leur estomac sécrète ; le vomissement est donc un moyen de défense pour ces derniers. Chez d'autres, et chez plusieurs Oiseaux, il a rapport à la reproduction (§ 518, 6°).

3° Le vomissement est toujours anormal chez les Mammifères. Il a pour précurseurs, chez l'homme, les nausées, un sentiment tout particulier à la région épigastrique, l'oppression, l'agitation, la petitesse du pouls, la pâleur de la face, un froid général, le tremblement de la lèvre inférieure, l'écoulement abondant de la salive. Survient ensuite une forte inspiration, pendant laquelle de l'air s'introduit aussi dans l'estomac ; les muscles abdominaux sont pris de mouvemens convulsifs, et compriment fortement le ventre, qu'ils rapprochent de la colonne vertébrale ; la glotte se ferme, la respiration se suspend, et par suite le sang se porte en abondance à la tête ; comme dans tous les efforts des muscles qui circonscrivent les parois abdominales, on cherche à augmenter les points d'appui du tronc, au moyen des membres ; la base de la langue s'abaisse, le voile du palais se relève, la bouche s'ouvre convulsivement, et le contenu de l'estomac s'échappe avec violence. Le plus ou moins de facilité avec laquelle s'accomplit le vomissement, dépend de la structure de l'estomac. Chez les carnivores, ce viscère diffère moins de l'intestin proprement dit, et l'orifice cardiaque, qui occupe l'extrémité opposée au pylore, se continue avec l'œsophage par un rétrécissement insensible, de manière qu'il cède sans peine aux mouvemens dont le pylore est le point dè départ, et livre aisément passage aux matières rejetées. Chez les herbivores, au contraire, le vomissement est difficile, et parfois même impossible, attendu qu'ici l'estomac fait un coude très-prononcé avec l'œsophage, et que le cul-de-sac, dont l'ampleur est plus considérable, reçoit les matières repoussées par le pylore. L'estomac de l'enfant à la mamelle, qui vit de nourriture animale, a la première de ces deux formes, et rejette aisément ce qu'il renferme, tandis que celui de l'adulte se rapproche davantage de la seconde, d'où il suit une moins grande facilité de vomir (1).

4° La cause essentielle du vomissement tient au mode d'action musculaire de l'estomac, spécialement à la prédominance des mouvemens de droite à gauche. L'impulsion part de la région médiane, tantôt de la portion pylorique, tantôt du duodénum, différence de laquelle il dépend que, toutes choses égales d'ailleurs, l'estomac rejette des alimens non digérés, ou des substances alimentaires digérées, ou de la bile. Mais le diaphragme et les muscles abdominaux prennent visiblement part à la production du phénomène, même chez les Insectes, où, d'après les observations de Rengger (2), les muscles cutanés y contribuent, puisque la force du vomissement diminue lorsqu'on leur ouvre la cavité abdominale. Quelquefois ce concours est purement sympathique; il dépend de ce que la périphérie animale est liée par d'intimes connexions aux viscères qu'elle renferme, vient en aide à leur force motrice, revêt pour cela le caractère de leurs muscles plastiques, et ainsi favorise, sans l'intervention de la volonté, l'action des vésicules séminales (§ 282, 7°), de la matrice (§ 484, III), du rectum (§ 933, 5°), de la vessie (§ 933, 7°) et des poumons (§ 969). Il arrive souvent qu'on méconnaît ce rapport, qu'on accorde une indépendance absolue au mouvement périphérique, et qu'on regarde les organes internes comme se comportant d'une manière purement passive; c'est ce qui fait que Bayle et Chirac jadis (3), Hunter

(1) Schultz, *De alimentorum concoctione*, p. 80. — Ch. Billard, *Traité des maladies des enfans*. Paris, 1837, p. 336.

(2) *Physiologische Untersuchungen ueber die thierische Haushaltung der Insekten*, p. 13.

(3) Haller, *Elem. physiol.*, t. VI, p. 287.

après eux (1), et Magendie dans ces derniers temps (2), ont attribué le vomissement à la seule action du diaphragme et des muscles abdominaux; l'estomac y joue, suivant eux, un rôle entièrement passif. Haller avait démontré (3), au contraire, que l'action essentielle appartient à ce viscère, et que les muscles abdominanx en sont seulement les auxiliaires, opinion dont l'exactitude est réconnue à peu-près généralement aujourd'hui, quoiqu'on n'ait point encore convenablement apprécié le rôle de la périphérie animale, et qu'on ne l'ait bien étudiée qu'en ce qui concerne la respiration.

5° Quoiqu'il soit possible à l'homme de favoriser jusqu'à un certain point le vomissement, cependant on ne saurait le provoquer ni par un acte de la volonté, ni par une excitation extérieure portée sur les muscles abdominaux et le diaphragme, ce qui devrait être possible si ces organes en étaient le point de départ. Mais il succède à toute irritation anormale de l'estomac lui-même. Ainsi, on le voit survenir quand ce viscère éprouve une forte distension, lorsque les alimens y sont accumulés en trop grande quantité, quand on le remplit rapidement d'eau ou d'air. Gosse se faisait vomir à volonté en avalant de l'air, et Krimer (4) excitait le vomissement, chez les Chiens, en leur soufflant de l'air dans l'estomac. Il paraît être rendu plus facile aussi par une forte inspiration préalable; Magendie a remarqué que, quand les Chiens vomissaient, leur estomac se distendait par l'effet de l'air qui y était attiré (5), et l'on prétend que, dans le mal de mer, le vomissement est précédé par des mouvemens involontaires de déglutition (6). Il est provoqué aussi par la qualité des substances contenues dans l'estomac, par une nourriture indigeste, un suc gastrique dégénéré, du sang épanché, de la bile, des calculs biliaires, des vers, comme aussi par des masses considérables de substances qui, à petite dose,

(1) *Observations on certain parts of the animal œconomy*, p. 158.
(2) *Mém. sur le vomissement.* Paris, 1813.—*Dict. de médecine et de chirurgie pratiques.* Paris, 1836, t. XV, p. 765 et suiv.
(3) *Loc. cit.*, t. VI, p. 290.
(4) Horn, *Neues Archiv*, 1821, t. I, p. 239.
(5) *Loc. cit.*, p. 12.
(6) Magendie, *Leçons*, t. II, p. 183.

déterminent la diarrhée, c'est-à-dire un accroissement du mouvement et de la sécrétion ; si le tartre stibié, introduit directement ou indirectement dans le sang, agit de la même manière, l'effet peut tenir à ce qu'en vertu d'une affinité spécifique (§ 866, 6°), le sang se débarrasse de ces substances étrangères par la voie de l'estomac (§ 865, V). Une exaltation de l'excitabilité, telle que celle qui a lieu dans l'état phlegmasique, amène le même résultat, qui succède également à l'impression d'un stimulant trop fort. Le vomissement a lieu encore quand le rétrécissement ou l'occlusion, soit du pylore, soit d'un point quelconque de l'intestin, arrête le mouvement de haut en bas ; la force musculaire du canal digestif ne peut plus alors se manifester que par les mouvemens de bas en haut, dont l'énergie redouble tout naturellement. Enfin il se déclare, par sympathie, dans diverses affections d'autres organes ou du système nerveux entier.

5° Bayle, en introduisant le doigt dans l'estomac d'animaux auxquels il avait donné un vomitif, y sentait à peine un mouvement. Chirac n'en a observé qu'un très-faible en pareille circonstance. Wepfer (1) a remarqué quelquefois un léger mouvement, et Magendie n'en a jamais senti aucun. Mais le mouvement de l'estomac n'est point très-vif, en général, et il lui suffit d'être modéré pour provoquer le vomissement, pourvu que, le pylore étant fermé, il suive la direction de cette ouverture au cardia, comme l'a vu, par exemple, Schultz (3). Lorsque Helm excitait des nausées chez une personne atteinte d'une fistule stomacale, en lui titillant l'arrière-gorge avec une plume, une portion de l'estomac sortait par l'ouverture, avec une partie du contenu (4), et lorsqu'il avait introduit du tartre stibié dans l'organe, il apercevait d'une manière bien distincte le mouvement vermiforme de l'estomac (5).

(1) Haller, *Elem. phys.*, t. VI, p. 287.
(2, *Loc. cit.*, p. 12, 16.
(3) Hufeland, *Journal der praktischen Heilkunde*, 1835, t. II, p. 4.
(4) *Zwey Krankengeschichten*, p. 12.
(5) *Ib.*, p. 14.

6° Dans la supposition que les muscles abdominaux sont l'agent du vomissement, on a expliqué l'impossibilité de vomir, chez les bêtes à cornes, en disant que leurs muscles obliques du bas-ventre sont très-écartés l'un de l'autre, et ne peuvent pas comprimer suffisamment l'estomac (1). Mais la rumination suppose une force agissant dans la même direction et avec guères moins d'énergie. Suivant Magendie, chez un Chien dans les veines duquel il avait injecté de l'émétique, et dont l'abdomen était ouvert, le diaphragme poussait l'estomac et les intestins avec tant de force contre le péritoine, que cette membrane se déchira en plusieurs endroits (2); l'injection ne provoqua que de simples nausées chez un autre Chien auquel on avait enlevé le diaphragme et les muscles abdominaux (3); enfin, toutes les fois que l'on comprimait ou tiraillait l'estomac, le diaphragme et les muscles du bas-ventre entraient en contraction, et le vomissement survenait (4). Ces faits confirment que la périphérie animale concourt au vomissement, et qu'elle tient à l'estomac par les liens d'une étroite sympathie; ils prouvent aussi que ce viscère est sensible aux irritations mécaniques portées sur sa face externe, comme à celles qui agissent sur sa face interne. Mais si le vomissement dépendait uniquement de la pression extérieure, il deviendrait impossible de concevoir pourquoi le contenu de l'estomac n'est chassé que dans l'œsophage, et ne l'est point dans l'intestin. Les Oiseaux de proie vomissent, quoique leurs muscles abdominaux soient très-peu développés, et que leur diaphragme incomplet ne puisse exercer aucune influence sur cet acte. Wepfer et Perrault ont d'ailleurs vu le vomissement persister après la destruction du diaphragme et l'ouverture de la cavité abdominale, même après qu'on avait fait sortir l'estomac du bas-ventre (5). Legallois et Béclard (6) ont également vu, dans ces mêmes circonstances,

(1) Haller, *Elem. physiolog.*, t. VI, p. 291.
(2) *Loc. cit.*, p. 22.
(3) *Ib.*, p. 23.
(4) *Ibid.*, p. 12.
(5) Haller, *loc. cit.*, t. VI. p. 282.
(6) *OEuvres de* Legallois. Paris, 1824, t. II, p. 104.

survenir un vomissement, non point, il est vrai, de substances
solides, mais de liquides. Des Chiens, dans l'estomac desquels Krimer (1) avait soufflé de l'air, après leur avoir enlevé
une partie ou la totalité des muscles abdominaux, à l'exception
de la ligne blanche, n'en vomirent pas moins; le pylore
se resserrait avec force, et le duodénum, quand l'air y avait
pénétré, exécutait des contractions vermiformes de bas en
haut.

7° Les expériences de Magendie (2) semblaient avoir démontré que la périphérie animale joue seule un rôle actif dans
le vomissement, puisqu'elles établissaient que l'injection de
l'émétique dans les veines de Chiens auxquels l'estomac a été
enlevé, détermine des mouvemens analogues, et que, quand
à ce viscère on avait substitué une vessie de Cochon, les matières sortaient par un tube lié à l'œsophage, et revenaient à
la bouche. Mais d'autres observations ont montré que les expériences même de Magendie, loin d'être favorables à son
hypothèse, ne faisaient, au contraire, que la renverser.
D'abord Tantini (3) a reconnu que, dans le cas de vessie substituée à l'estomac, il ne survient d'évacuation analogue au
vomissement qu'autant que le tube destiné à opérer la jonction s'élève jusqu'au dessus du cardia, et qu'il n'y en a pas
quand ce tube est fixé à quelques lignes au dessous de l'orifice œsophagien de l'estomac; le vomissement exige donc
que l'effort des fibres circulaires de l'œsophage qui ferment le
cardia soit vaincu, et cet effet ne saurait être produit par la
pression des parois abdominales; il ne peut résulter que de
l'action vivante de l'estomac. Du reste, il était naturel qu'une
vessie entièrement pleine et ne communiquant pas, comme
l'estomac, avec un canal par son autre extrémité, épanchât,
lorsqu'on venait à la comprimer, son contenu dans l'œsophage, qui lui offrait une voie ouverte; à quoi l'on doit encore ajouter que, suivant la remarque de Bourdon (4), elle ne

(1) Loc. cit., 1821, t. I, p. 247, 251.
(2) Loc. cit., p. 18.
(3) Gerson, Magazin, t. XIII, p. 93.
(4) Mém. sur le vomissement. Paris, 1819.

se vide même point complétement. En second lieu, il est démontré que, dans les vomissemens, l'œsophage agit aussi indépendamment de l'estomac, que l'émétique mêlé à la masse du sang exerce sa première impression sur lui, et qu'il ne provoque que par sympathie des mouvemens convulsifs dans les parois abdominales. En effet, Marshall (1) a observé que, chez les malades dont le cardia est entièrement bouché, les boissons, quand elles sont arrivées à l'extrémité inférieure du canal, déterminent le vomissement, avec les mouvemens respiratoires ordinaires; de même, chez les Chiens dont Legallois et Béclard (2) avaient séparé l'œsophage de l'estomac, l'émétique injecté dans les veines sollicitait ce conduit à des mouvemens violens, dont le résultat était d'amener de l'écume à la bouche. Il est donc hors de doute que les mouvemens convulsifs de l'œsophage contribuent à tout vomissement quelconque, et comme on ne saurait contester la réalité du mouvement rétrograde de l'intestin, il n'est pas supposable que l'estomac soit la seule partie du tube alimentaire dans laquelle ce mouvement n'ait point lieu.

8o Ajoutons encore que, dans les cas où il y a bien manifestement un mouvement antipéristaltique venant des parties profondes, par exemple, dans les hernies étranglées, le vomissement stercoral s'accomplit sans nul effort, les excrémens sortant plutôt par régurgitation que par vomissement proprement dit (3). Ici, la force musculaire du canal digestif agit librement et sans le concours de la périphérie animale. Lorsqu'il existe des obstacles insurmontables à l'évacuation, cette force peut amener la rupture de l'estomac, dont tout le contenu se trouve refoulé violemment dans la portion cardiaque, non par la pression des parois abdominales, mais seulement par la constriction spasmodique de la portion pylorique. Cette rupture arrive, comme l'a observé Delaguette (4), quand le vomissement est rendu difficile par la structure de l'esto-

(1) Froriep, *Notizen*, t. XL, p. 159.
(2) *Loc. cit.*, p. 94.
(3) Lallemand, *Observations pathologiques*. Paris, 1825, p. 69.
(4) *Dictionnaire de médecine, de chirurgie et d'hygiène vétérinaires*. Paris, 1839, art. RUPTURE et VOMISSEMENT.

mac. Boerhaave trouva l'œsophage déchiré et les alimens épanchés dans la cavité pectorale, chez un homme qui avait succombé au milieu de continuels et vains efforts pour vomir (1). Lallemand cite (2) l'exemple d'une femme qui, ayant trop mangé à la suite d'une diète sévère, éprouva de fortes nausées sans résultat, au milieu desquelles elle sentit s'opérer en elle un déchirement qui mit fin aux envies de vomir ; la mort ne tarda pas à survenir : l'estomac, d'ailleurs sain, était ouvert à sa partie antérieure et moyenne. Au reste, la déchirure de ce viscère par l'effet d'une violence extérieure, ne l'empêche pas de pouvoir encore expulser une partie de son contenu par le vomissement ; nous en avons la preuve dans un cas qui s'est offert à Sachs, soit que le trou eût été bouché par les parois abdominales spasmodiquement contractées, soit que le mouvement antipéristaltique fût parti d'un point voisin de l'orifice cardiaque. Chez un sujet qui avait été tourmenté par de fréquentes et inutiles envies de vomir, Bourdon (3) trouva un épaississement squirrheux de toute la paroi de l'estomac, qui pouvait bien être comprimé par les muscles abdominaux et le diaphragme, mais qui manquait de la force musculaire nécessaire pour produire le vomissement. Dans les cas d'hypertrophie simple de la tunique musculeuse, on observe quelquefois des vomissemens habituels.

ARTICLE II.

Des conditions intérieures de la digestion.

I. Nourriture.

A. Quantité de la nourriture.

§ 935. L'organisme rejète sans cesse à l'extérieur une partie des matériaux qui le constituent. Ainsi la perte qu'un homme bien portant et de moyen âge éprouve journellement,

---

(1) Voigtel, *Handbuch der pathologischen Anatomie*, t. II, p. 462.
(2) *Loc. cit.*, p. 63.
(3) *Loc. cit.*, p. 3, 12.

par l'effet des sécrétions cutanée, pulmonaire, rénale et intestinale (§ 837, 3°), peut être évaluée à cinq ou six livres, c'est-à-dire à un vingt-cinquième environ du poids de son corps (1); à quoi il faut encore ajouter l'usure insensible de l'épiderme, qu'on estime à quatre livres chaque année (2), non compris les pertes subies par les ongles et les poils. Les sécrétions dont il vient d'être parlé entraînent aussi les matétériaux hors de service qui se détachent continuellement de la substance des divers organes, et que la résorption fait repasser dans le sang. Pour que l'économie se maintienne, il faut que cette perte soit réparée, et qu'elle le soit par la formation de nouveau sang, puisque le sang est la source de toutes les parties, tant solides que liquides. La matière propre à produire ce résultat vient des alimens, dont la nécessité est rendue manifeste par les conséquences qu'entraîne leur privation.

I. La privation absolue d'alimens et de boissons est celle qui entraîne le plus promptement la mort; celle-ci survient plus tard quand l'individu n'est privé que d'alimens et continue de boire. La réduction de la nourriture au minimum n'amène qu'un lent épuisement de la force vitale, qui, en certaines circonstances, et conduit jusqu'à un certain point, peut devenir salutaire et être employé à titre de méthode curative.

1° Le poids du corps diminue. Un homme, qui avait observé rigoureusement le carême, se trouva, au terme, plus léger de sept livres trois onces; une nourriture plus abondante le ramena, en six jours, à son ancien poids (3). Un autre, qui pesait cent trente-deux livres, avant d'être soumis à un traitement par la faim, perdit près de vingt livres pendant les huit premiers jours, et environ sept livres durant les neuf jours suivans; sa diminution de poids fut ensuite de moins en moins considérable, parce que les sécrétions devinrent moins abondantes; à la septième semaine, il pesait encore quatre-

---

(1) Haller, *Elem. physiol.*, t. VI, P. I, p. 165.
(2) *Ibid.*, t. VIII, P. I, p. 54.
(3) *Ibid.*, t. VIII, P. II, p. 61.

vingt-dix-sept livres (1). Suivant Blundell (2), des Chiens de moyenne taille, pesant une trentaine de livres, deviennent plus légers d'une demi-livre à une livre quand on les laisse un jour entier sans nourriture.

2° Ce qu'il y a de plus essentiel, c'est la diminution de la quantité du sang (§ 875). On trouve, après la mort, les vaisseaux sanguins presque vides (3). Chez l'homme dont il a été parlé plus haut, et qui périt d'apoplexie, un mois après avoir terminé son traitement, il n'y avait de sang, en petite quantité même, que dans la veine cave inférieure et le cœur. Haller n'en a trouvé que fort peu dans les vaisseaux des Grenouilles mortes de faim, et les artères avaient diminué de calibre (4). Suivant Collard de Martigny, chez les Chiens, un grand nombre de ramifications vasculaires finissent par ne plus contenir de sang du tout (5), de sorte que les poumons, le foie, etc., sont exsangues, et que les membranes muqueuses ont une teinte pâle (6) : on ne rencontre un peu de sang que dans le cœur et les troncs principaux. Chez les Lapins privés d'alimens, la quantité du sang était réduite le troisième jour à 0,619, le septième à 0,443, et le onzième à 0,227, de sa masse primitive (7). Piorry a vu des Chiens qui avaient très-bien supporté la perte d'une livre de sang lorsque leur poids était de vingt-sept livres, succomber à une saignée de six ou sept onces après être demeurés trois ou quatre jours sans recevoir d'alimens.

3° On voit éclater tous les symptômes de l'anémie. Le pouls devient petit, faible, de plus en plus rare, et enfin à peine sensible. Il n'est pas rare, dans les traitemens par la faim, de le voir tomber à quarante ou même à trente-cinq pulsations par minute, ou prendre un caractère intermittent,

(1) Græfe, *Journal*, t. XXI. p. 343.
(2) *Researches physiological and pathological*, p. 75.
(3) Thackrah, *An inquiry into the natur and properties of blood*, p. 84.
(4) *Elem. physiolog.*, t. II, p. 48 ; t. VIII, P. II, p. 64.
(5) *Journal de Magendie*, t. VIII, p. 187.
(6) *Ib.*, p. 155.
(7) *Ibid.*, p. 166.

dé sorte qu'on ne pourrait continuer le traitement sans danger (1). La force musculaire diminue rapidement. La respiration des personnes qu'on traite par la faim devient lente et profonde ; si le traitement se prolonge, on voit apparaître l'oppression de poitrine et la difficulté de respirer (2). La température baisse. Toutes les sécrétions diminuent (§ 840, 5°, 6°) ; celles qui ne sont pas nécessaires au maintien de l'existence ne tardent point à cesser entièrement ; telles sont celle de la graisse, comme superflu de la nutrition, celle du lait et du sperme pour la conservation de l'espèce, celle du pus pour la régénération des parties. Les ulcères et les productions morbides diminuent ; les plaies ont plus de peine à se cicatriser. La bouche et la gorge se dessèchent, et leurs parois semblent avoir été comme grillées. La sécrétion diminue également dans les autres organes digestifs et dans les reins, même dans les sacs séreux ; ainsi Dumas a vu le mésentère sec chez les Chiens morts de faim. On trouve la vésicule biliaire pleine après la mort, parce que le défaut de nourriture l'a empêchée de se vider de la bile, qui continue à être sécrétée pendant les premiers jours, bien qu'en moindre quantité. La diminution des liquides fait aussi que les phénomènes de la putréfaction se manifestent avec plus de lenteur et d'une manière moins prononcée dans le cadavre.

3° Il ne peut pas manquer de survenir des altérations de composition durant la vie. Le sang est quelquefois plus épais qu'à l'ordinaire, surtout quand les sécrétions aqueuses ont persisté encore pendant un certain laps de temps, et que la soustraction s'est étendue jusqu'aux boissons (3). Si l'on en croit Collard de Martigny, la quantité de la fibrine diminue considérablement, et celle de l'albumine augmente (§ 878, 4°). Mais quand les boissons n'ont pas manqué, le sang est ténu, jaunâtre et livide (4). Lecanu rapporte que, chez un jeune homme, après quarante jours de diète sévère, la quantité de

(1) Struve, *Ueber Diæt-Entziehungs-und Hungercur*, p. 53.
(2) *Ibid.*, p. 57.
(3) Haller, *loc. cit.*, t. II, p. 49 ; t. VIII, P. II, p. 61.
(4) Haller, *loc. cit.*, t. II, p. 466, 481.

l'eau s'était élevée de 0,770 à 0,804, et celle de l'albumine, de l'extractif, de la graisse et des sels de 0,076 à 0,084, tandis que celle du caillot était tombée de 0,154 à 0,112 (1). Cette atténuation du sang, à laquelle s'associe peut-être quelque autre changement dans la constitution du liquide, détermine quelquefois des saignemens de nez ou des épanchemens de sang dans l'estomac, dans l'intestin, phénomènes auxquels contribue la diminution de cohésion des parois vasculaires qui a lieu quand la mort arrive lentement par l'effet de la faim. On observe, en outre, des ramollissemens scorbutiques, des excoriations et des ulcères dans la cavité buccale ; la salive et le lait acquièrent une âcreté bien sensible. Fréquemment, il y a mauvaise odeur de la transpiration, de l'haleine, de l'exhalation pulmonaire et de l'urine (2) ; les naufragés, en essayant de boire cette dernière pour tromper leur soif, ont reconnu qu'elle était fort âcre (3), ce dont Savigny a fourni récemement de nouveaux exemples (4).

5° L'absorption acquiert plus d'activité (§ 906, 4°). Chez les Chiens que Dumas avait laissés périr de faim, l'eau avalée peu d'instans avant la mort était déjà entièrement absorbée. Les vaisseaux lymphatiques de l'estomac sont visibles à l'œil nu, et ils conservent leur pouvoir absorbant long-temps encore après la mort. Chez les personnes soumises au traitement par la faim, la résorption s'exerce d'abord sur les produits morbides (5), qui opposent moins de résistance, parce qu'ils ont moins de vitalité et d'indépendance. Ainsi, dans les vieux ulcères, tout ce qui n'a qu'une vie incomplète périt entièrement, les bords calleux s'affaissent, et peu à peu ils disparaissent ; les éruptions perdent leur auréole rouge, se dessèchent, et se couvrent de croûtes, qui tombent ; les tumeurs s'affaissent de jour en jour, et finissent par disparaître (6).

---

(1) *Etudes chimiques sur le sang*, p. 72.

(2) Froriep, *Notizen*, t. XXXI, p. 62. — *Bulletin de* Férussac, t. XXVI, p. 123.

(3) Haller, *loc. cit.*, t. VI, p. 167.

(4) *Observations sur les effets de la faim et de la soif.* Paris, 1818, p. 12.

(5) Struve, *loc. cit.*, p. 14.

(6) *Ibid.*, p. 58.

Chez les sujets bien portans, la graisse est résorbée la première, et il n'en reste plus aucune trace dans l'épiploon, à la suite d'un traitement par la faim (1). La résorption s'exerce ensuite sur les muscles : ces organes pâlissent et deviennent plus grêles, suivant Collard de Martigny (2), ceux surtout du tronc, qui ressemblent à des membranes ; les parois même du cœur et d'autres muscles plastiques s'amincissent. La peau paraît ne point être épargnée non plus. Ainsi, il survient un amaigrissement général, que peu de jours déjà suffisent pour rendre sensible dans les traitemens par la faim, mais dont les progrès sont ensuite moins frappans.

6° Sous l'influence de ce traitement, lorsqu'il ne dépasse point un certain terme, la digestion acquiert parfois plus d'énergie, de sorte qu'il n'est pas rare d'observer ensuite la propension à prendre de l'embonpoint (3), de même que, chez les personnes bien portantes, l'abstinence est quelquefois favorable aux facultés digestives. Mais, si la soustraction est portée trop loin, ces facultés faiblissent. Constamment, les déjections alvines deviennent peu abondantes et rares ; elles laissent souvent entre elles des semaines d'intervalle, et les matières fécales ont une consistance insolite. Après la mort, il n'est pas rare de trouver l'estomac et l'intestin rétrécis, ce que Magendie (4) n'a toutefois observé, chez les animaux, qu'après un jeûne de quatre ou cinq jours. C'est par exception qu'on rencontre l'intestin fort distendu par de l'air (5), ou le rectum plein de matière fécales pelotonnées et endurcies (6). Quelquefois l'estomac présente, sur un certain nombre de points, la même apparence que s'il avait été enflammé ou rongé, particularité qu'ont observée Dumas, Leuret et Lassaigne (7). Collard de Martigny a trouvé (8), chez un

(1) *Journal de* Græfe, t. XXI, p. 343.
(2) *Journal de* Magendie, t. VIII, p. 155.
(3) Struve, *loc. cit.*, p. 12.
(4) *Précis élém.*, t. II, p. 26.
(5) Casper, *Wochenschrift*, 1836, p. 674.
(6) *Journal de* Hufeland, t. X, cah. 3 p. 187.
(7) *Rech. sur la digestion*, p. 210.
(8) *Loc. cit.*, p. 157.

Chien mort de faim , la membrane muqueuse de l'estomac à l'état normal, et la musculeuse amincie. Cet amincissement des parois intestinales a parfois aussi été observé chez l'homme (1).

II. La vie peut, chez certains animaux, ou dans certains cas, se soutenir long-temps sans aucune nourriture solide (2); pendant plusieurs mois chez les Polypes à bras , au delà d'une année chez les Limaçons (3), plus de six mois chez quelques Insectes et les Araignées, des années entières chez les Poissons dorés de la Chine, quatre mois chez les Crocodiles (4), six mois chez les Salamandres, six années chez les Tortues (5), cinq à dix ans chez les Protées (6), et davantage encore chez les Crapauds emprisonnés dans des blocs de pierre, quoique ceux qui avaient été ainsi enfermés par Buckland (7), n'aient pas survécu deux années pleines. Les petits Passereaux ne supportent pas de rester un jour sans nourriture ; les Grives soutiennent l'abstinence trois jours , les Poules six jours, et les gros Oiseaux de proie deux à trois semaines. Les Taupes, tirées de terre, périssent au bout de douze heures (8), les Souris , de trois jours , les Lapins , de dix à douze jours (9), les Chiens, de trois à cinq semaines (10), les Chats , de quinze jours , ou de trente-deux , si on leur donne à boire, les Chevaux , de dix-huit à vingt-sept (11), les Phoques , d'un mois, les Tatous, de deux mois (12). Haller a réuni (13) un certain nombre d'exemples d'hommes qui sont restés très-long-temps

---

(1) Froriep, *Notizen*, t. XXXI, p. 62. — *Journal de* Græfe, t. XXI, p. 343.

(2) Haller, *Elem. physiol.*, t. VI, p. 469.

(3) Treviranus, *Biologie*, t. V, p. 272.

(4) Fodéré, *Essai de physiol. positive*, t. III, p. 2.

(5) Blumenbach, *Kleine Schriften*, p. 123.

(6) Rudolphi, *Physiologie*, t. II, P. II, p. 9.

(7) *Bibliothèque universelle*, t. LI, p. 394.

(8) Froriep, *Notizen*, t. XXV, p. 74

(9) *Journal de* Magendie, t. VIII, p. 462.

(10) *Ibid.*, p. 154, 461.

(11) Gurlt, *Lehrbuch der vergleichenden Physiologie*, p. 76.

(12) Haller, *Elem. physiol.*, t. VI, p. 470.

(13) *Ibid.*, p. 171.

sans prendre de nourriture, et l'on n'aurait pas de peine à en étendre considérablement la liste. Assez souvent néanmoins, il ne s'agissait que d'une simple imposture, de gens qui, dans un but quelconque, ou seulement pour appeler sur eux l'attention publique, feignaient de ne point manger, et trompaient des observateurs superficiels : nous sommes donc en droit de supposer quelque erreur dans certains récits de ce genre, par exemple, dans un cas cité par Rolando (1), où il s'agissait d'une abstinence absolue, continuée pendant deux ans et demi ; car il est incroyable que la diminution des sécrétions et l'accroissement de l'absorption puissent aller jusqu'à permettre de rester des années entières sans prendre la moindre nourriture. D'ailleurs, on a souvent perdu de vue que l'eau elle-même est un aliment (§ 937, I), et l'on n'a considéré comme diète absolue que l'abstinence d'alimens solides. Dans l'état ordinaire des choses, un homme ne peut pas vivre plus d'une semaine sans manger ni boire, ou plus de quelques semaines sans manger ; il faut des circonstances spéciales pour dépasser ce terme.

1° L'une des principales est que la décomposition de la matière organique qui accompagne la vie, s'accomplisse avec plus de lenteur. Chez les animaux qui développent beaucoup de chaleur, dont la circulation marche avec vélocité, dont les mouvemens sont forts et vifs, la décomposition est plus prompte, et la possibilité de vivre sans nourriture plus restreinte, que chez ceux qui se trouvent dans les conditions inverses ; sous ce rapport, il y a un contraste des plus tranchés entre les Passereaux et un Crapaud, par exemple. Les Sauriens, les Ophidiens, les Chéloniens, transpirent moins que d'autres animaux, à raison de la cuirasse dont leur corps est garni ; par conséquent ils peuvent vivre plus longtemps sans nourriture (2) ; faculté que les Reptiles nus possèdent également en vertu de la faculté absorbante dont leur peau jouit à un si haut degré (§§ 898, 1°, 917, 4°). Les animaux invertébrés nus sont dans le même cas ; ainsi, d'après

(1) Rolando et Gallo, *Necroscopia de anna Garbero adita per lo spario di 31 mesi, 11 giorni.* Torino, 1848, in-4, fig.

(2) Edwards, *De l'influence des agens physiques sur la vie,* p. 130.

les observations d'Erman (1), un Limaçon privé de nourriture ne perdit en six semaines qu'un onzième du poids de son corps, tandis que, durant le même laps de temps, la perte fu td'un quart chez l'homme dont il a été parlé précédemment. Chez les personnes qu'on cite comme exemples d'abstinence prolongée, non seulement les sécrétions étaient diminuées de beaucoup, mais encore la transpiration était réduite à si peu de chose, qu'elles ne salissaient pas le linge ou le cuir blanc mis en contact immédiat avec leur peau (2). Si d'autres ont vécu plusieurs semaines sous la neige, sous la terre humide, sous des décombres, c'est un fait qu'expliquent les observations de Leuret et Lassaigne (3), qui ont vu les Chiens supporter l'abstinence pendant quarante jours dans un lieu humide et obscur, tandis qu'ils ne vivent pas plus d'un mois dans des endroits chauds, secs et éclairés (§ 839, 2°, 6°). La vie animale est accompagnée d'un renouvellement de matière, et elle exerce une influence considérable, tant sur la constitution du sang (§§ 750, 3°: 754, 4°; 756, 4°), et sa marche (§§ 771-773), que sur la nutrition et les sécrétions (§ 847). Pour engraisser les bestiaux, on les tient enfermés, ou l'on a soin que les lieux dans lesquels on les met à l'engrais ne soient pas trop éloignés de l'étable, autrement ils consomment, pendant le retour. à peu près autant qu'ils ont pu acquérir (4), De même, les animaux qui peuvent vivre longtemps sans nourriture se font remarquer, en général, par la lenteur de leurs mouvemens et leurs sens obtus. Parmi les hommes qui ont supporté de longs jeunes, plusieurs étaient idiots, et la plupart avaient été condamnés par la débilité ou la paralysie à garder le lit (5).

2° La direction de la vie joue ici un grand rôle. Les hommes accoutumés à prendre peu de nourriture, maigres et débiles, souffrent moins de l'abstinence, comme l'a observé, entre autres, Savigny (6).Dans l'état chrysalidaire des Insectes et le

(1) *Abhandlungen der Akad. zu Berlin*, 1816, p. 204.
(2) Haller, *Elem. physiol.*, t. VI, p. 175.
(3) *Loc. cit.*, p. 240.
(4) Thær, *Grundsætze der rationellen Landwirthschaft*, t. IV, p. 390:]
(5) Esquirol, *Des maladies mentales.* Paris, 1838, t. II, p. 455.
(6) *Loc. cit.*, p. 10.

sommeil hibernal, le besoin de nourriture cesse en même temps que les manifestations de la vie animale, tandis que l'activité plastique se retire du dehors au dedans. Tout ce qui est relatif à la conservation de l'espèce a, proportion gardée, plus d'énergie chez la femme, que ce qui se rapporte à l'individualité, et de là vient que les femmes peuvent supporter plus long-temps le défaut de nourriture (§ 177). Dans l'hystérie, l'excitabilité du système nerveux est exaltée aux dépens du principe d'unité qui caractérise ce système; aussi est-il plus dégagé des autres actions vitales, qui s'accomplissent mal ou faiblement; aussi la plupart des personnes qui ont vécu long-temps sans prendre d'alimens étaient-elles des femmes hystériques. Le besoin de nourriture est moindre chez les fous; pour nous borner à un seul exemple, on en cite un qui, durant trois semaines, ne prit aucun aliment, aucune boisson, et ne fit que se laver une fois la bouche avec de l'eau (1).

3° Durant les premières périodes de la vie, quand l'organisme est encore en train de se développer, la circulation plus vive et le renouvellement des matériaux plus rapide, le besoin de nourriture se fait sentir d'une manière plus pressante. Le Dante a rendu célèbre la mort d'Ugolin et de sa famille; les plus jeunes fils succombèrent dans les quatre premiers jours de leur incarcération, les plus âgés le cinquième et le sixième, et le père le huitième. Une famille ayant été ensevelie sous une avalanche, où elle n'avait pour toute nourriture que de l'eau de neige et le lait d'une Chèvre enfouie avec elle, un petit garçon, âgé de trois ans, mourut le douzième jour, tandis que deux femmes vécurent ainsi cinq semaines, jusqu'au terme de leur libération (2). Ce furent aussi, parmi les compagnons de Savigny, les enfans et les jeunes gens qui succombèrent les premiers à la faim (3). Collard de Martigny (4) a fait des remarques analogues sur les animaux. Lors-

(1) Leuret et Lassaigne, *Rech. sur la digestion*, p. 215.
(2) *Philosophic. Trans.*, t. XIX, p. 796.
(3) *Loc. cit.*, p. 40.
(4) *Loc. cit.*, p. 162, 186.

que les jeunes animaux périssent, la masse de leur sang a
éprouvé, proportionnellement au poids de leur corps, une
perte moins considérable que celle des vieux (§ 741, 2°).

4° La faiblesse de la vie dans l'âge avancé ne permet pas
aux vieillards un long jeûne, que les personnes d'un âge
moyen peuvent seules supporter. C'est aussi la force de la
constitution qui rend les grands animaux plus aptes que les
petits à résister au défaut d'alimens, et qui fait que les Carnivores le supportent plus long-temps que les herbivores.

III. Lorsque la nourriture est trop peu abondante, le corps
n'acquiert point la plénitude de son développement, ni de sa
force. Aussi, les agronomes, pour améliorer la race du bé-
tail, lui donnent-ils une fois autant de fourrage qu'à celui
qu'ils veulent maintenir dans les conditions communes (1).
Généralement parlant, on peut dire qu'il faut aux échelons inférieurs de la vie une quantité proportionnelle de nourriture plus considérable qu'aux degrés supérieurs. Ainsi,
selon Haller (2), la proportion entre la consommation journalière d'alimens solides et le poids du corps est de 2 : 1 chez
certaines chenilles, de 1 : 8 chez les bêtes à cornes, de
1 : 40 chez l'homme, qui, terme moyen, prend chaque jour
trois à quatre livres d'alimens. Mais il y a encore ici diverses
circonstances qui doivent être prises en considération.

1° La première est la qualité de la nourriture. Un Bœuf qui
mange quatre-vingt livres d'herbes, est tout aussi bien nourri
par vingt-quatre livres de foin ; un Cheval consomme vingt
livres de foin ou neuf d'avoine. Une Oie, à laquelle on donne
de l'orge, n'en exige que le quarantième du poids de son
corps pour sa nourriture journalière (3).

2° Une différence considérable résulte de la fréquence ou
de la rareté des repas, qui dépend, pour chaque animal, de
son organisation et des conditions de sa vie. Les animaux herbivores ont besoin d'une grande quantité de nourriture, qu'ils

(1) Thaer, *loc. cit.*, t. IV, p. 392.
(2) *Elem. physiolog.*, t. VI, p. 256.
(3) Tiedemann, *Recherches sur la digestion*, trad. par A. J. L. Jourdan, t. II. p. 212.

trouvent continuellement dans leur pays natal, mais qu'ils ne peuvent prendre que peu à peu ; ils mangent et digèrent pendant la plus grande partie du jour, mais toujours peu à la fois ; de là vient que, quand on les tient renfermés, il faut leur donner chaque jour la même quantité de nourriture (1); celle d'un Cheval lui est fournie, non pas toute à la fois, mais par petites portions, et on lui laisse trois heures pour manger (2). Les animaux qui vivent de substances animales sont obligés d'attendre jusqu'à ce qu'ils rencontrent une proie, et d'en prendre alors assez pour rester rassasiés pendant un long laps de temps ; les Cousins sucent au point que leur abdomen entier se gonfle, et que les excrémens sont repoussés par l'anus ; les Coléoptères carnassiers dévorent en peu de temps des insectes à moitié aussi gros qu'eux, et qui exigent plusieurs jours pour être digérés. Lorsqu'on donne la nourriture journalière par petites portions, et non en une seule fois, aux animaux de proie renfermés dans les ménageries, ils la rendent en partie sans l'avoir digérée, et maigrissent.

3° Il résulte de ce qui précède (II, 1°) que la quantité de la nourriture doit être proportionnée à la consommation. L'homme qui vient de se livrer à des travaux fatigans, qui relève de maladie, qui a subi une perte de sucs, prend davantage d'alimens, et les bêtes de trait exigent qu'on augmente ou diminue leur ration habituelle, suivant qu'elles fatiguent ou se reposent plus que de coutume. La même chose arrive après l'abstinence : un Limaçon, qui avait été tenu pendant six semaines à la diète, mangea en quelques heures un poids équivalent au tiers de celui de son propre corps (3).

B. *Qualité de la nourriture.*

§ 936. Sous le point de vue de la qualité, les alimens sont ou des substances organiques ou des substances inorganiques.

(1) Thaer, *loc. cit.*, t. IV, p. 440.
(2) *Ibid.*, p. 443.
(3) *Abhandlungen der Akad. zu Berlin*, 1816, p. 204.

I. Les principes immédiats à proprement parler alibiles des substances organiques, sont : pour les végétaux, des matières non azotées, comme l'amidon, la gomme, le sucre, l'huile grasse ; ou azotées, comme l'albumine végétale, le gluten et la fungine ; pour les animaux, la fibrine, l'albumine, la gélatine, l'osmazome, le caséum, qui contiennent de l'azote, la graisse et le sucre de lait, qui n'en renferment point. Comme chacun de ces principes immédiats de la matière organique est une combinaison de principes élémentaires en des proportions particulières, il n'y a point d'aliment unique, mais seulement diverses espèces d'alimens. Prout (1) voulait réduire ces espèces aux trois principes constituans du lait, l'albumine, le sucre et l'huile grasse ; mais il a plutôt désigné par là des groupes, dans lesquels il place la fibrine, la gélatine, le caséum et le gluten à côté de l'albumine, la gomme auprès du sucre. Ce qui nous importe davantage, c'est de nous en former une idée claire, d'après les caractères qui leur sont communs à tous.

1° Ce sont les principes constituans le plus généralement répandus, dont chaque corps vivant contient plus d'un, de sorte que, partout où il y a des êtres organisés, d'autres peuvent aussi trouver leur nourriture.

2° Ils sont indifférens par rapport à l'organisme, c'est-à-dire qu'ils n'occasionent aucun changement notable dans sa composition matérielle et ses actions vitales, qu'ils ne déterminent point d'excitation manifeste dans un système plutôt que dans les autres, et qu'ils n'amènent jamais de décomposition chimique. Pour suivre ici l'hypothèse présentée précédemment (§ 835, II), ils se montrent la plupart rapprochés de l'indifférence chimique, telle qu'elle nous apparaît dans l'eau, toutefois avec une certaine prédominance du caractère basique. Ainsi, tandis que, dans les résines et les alcaloïdes, qui jouissent de propriétés excitantes, la proportion de l'hy-

(1) Froriep, *Notizen*, t. XXXI, p. 162, 226.

drogène à l'oxygène est généralement de 1 : 1 ou de 1 : 2,
elle est de 1 : 3 et plus dans la fibrine, la gélatine et l'albumine, tant animale que végétale; de 1 : 8, c'est-à-dire à
peu près la même que dans l'eau, dans le sucre, la gomme et
l'amidon; enfin de 1 : 10 jusqu'à 20 dans le tannin et les
acides, qui ne sont point des substances nourrissantes. Cependant l'indifférence par rapport à l'organisme tient encore
à d'autres circonstances, car la proportion de l'hydrogène à
l'oxygène est de 1 : 1,11 dans l'huile grasse, et de 1 : 1,53
dans le caséum.

II. Les deux règnes fournissent la matière alibile, mais
c'est le règne animal qui la donne en plus grande abondance.
Les animaux des dernières classes, Infusoires, Polypes et
Entozoaires, se nourrissent de substance animale. On peut
en dire autant de la plupart des autres animaux sans vertèbres,
à l'exception des Insectes, dont la majorité vit de végétaux.
La nourriture animale prédomine également chez les Poissons
et les Reptiles, et ne cède le pas à l'autre que chez les Oiseaux et les Mammifères; mais, parmi ces derniers, les herbivores sont nourris du lait de leur mère pendant les premiers
temps qui suivent la naissance, de même que certains Insectes vivent de substances animales à l'état de larve, et de
substances végétales à l'état parfait.

1° Il n'y a point de différence absolue entre les deux sortes
de nourriture; loin de là même, elles passent de l'une à
l'autre par une gradation insensible. La nourriture animale
est caractérisée au plus haut degré dans la chair et le sang
des animaux à sang chaud, et elle se rapproche de la végétale dans la substance des Reptiles et des Poissons, mais plus
encore dans celle des animaux sans vertèbres. La nourriture
végétale se montre à nous aussi pure que possible dans les
sucs acidules et le feuillage des plantes, tandis qu'elle se rapproche de l'animale dans les racines, les fruits, et surtout les
graines oléagineuses et amylacées. Il n'y a que les animaux
carnivores les plus robustes, comme l'Aigle, le Lion, le
Tigre, etc., qui se laissent mourir de faim plutôt que de
toucher à des végétaux; les Chiens, les Chats et autres carnivores devenus privés, s'habituent à la nourriture végétale,

particulièrement au pain. Il est plus rare encore que les herbivores dédaignent au besoin les alimens tirés du règne animal : bien loin de là, ils finissent par s'y habituer au point de leur accorder la préférence ; des Pigeons qui avaient été forcés de manger de la viande, parce qu'on les avait privés de toute autre nourriture, ne voulurent plus ensuite du grain (1). Les bêtes à cornes et les Chevaux qu'on a nourris avec du Poisson, vont à l'eau pour pêcher, et quand les Sauterelles ont dévasté les prairies, les bestiaux, pressés par la faim, n'hésitent point à les manger (2).

2° Des animaux très-rapprochés sous le point de vue de l'organisation, s'éloignent les uns des autres relativement à leur mode d'alimentation. Tandis qu'en général les Polypes vivent exclusivement de matières animales, que les Hydres mangent même de petits Poissons et de la viande hachée, dédaignant les substances végétales, ou les rendant sans les avoir digérées, la *Tubularia gelatinosa* se nourrit des fleurs et des graines de la lentille d'eau. La plupart des Gastéropodes vivent d'animaux ; mais quelques-uns, qui sont terrestres, et les Aplysies, parmi ceux de mer, mangent aussi des plantes. Parmi les Coléoptères, certains genres sont herbivores, et d'autres du même groupe, carnivores. La même chose s'observe, dans la classe des Mammifères, chez les Ours et les Cétacés.

3° Beaucoup d'animaux font usage indistinctement de nourriture animale et de nourriture végétale. Les Oiseaux palmipèdes et échassiers, dont les alimens sont surtout tirés du règne animal, mangent, non seulement des poissons, des reptiles, des insectes, etc., mais encore des plantes aquatiques et leurs graines. Les Passereaux vivent en partie de fruits et de semences, en partie d'insectes et de vers ; peu d'entre eux n'adoptent que l'un ou l'autre de ces genres de nourriture, et la plupart usent indifféremment de tous deux. Les Gallinacés sont dans le même cas, car leurs alimens comprennent d'un côté les reptiles, de l'autre le feuillage de

(1) Haller, *Elem. physiol.*, t. VI, p. 490.
(2) Froriep, *Notizen*, t. XXXVII, p. 55.

certaines plantes. Les Corvidés surtout mangent des graines et toutes les substances animales qu'ils peuvent rencontrer, insectes, reptiles, jeunes oiseaux, petits mammifères, charognes. Parmi les Plantigrades, la Taupe vit de vers, d'insectes, de crustacés et de racines; le Hérisson, le Blaireau, le Glouton et l'Ours, de vers, d'insectes, de reptiles, d'oiseaux, de mammifères, de fruits, de graines et de racines. Le Renard et la Martre aiment les fruits, et l'Hermine les champignons. Tandis que les Rongeurs sont généralement destinés à vivre de matières végétales, le Loir, le Muscardin, le Spermophile, le Hamster dévorent aussi des insectes, des vers, de petits oiseaux et de petits mammifères. Les différentes espèces du genre *Mus* mangent à peu près tout ce qu'elles rencontrent.

4° Ces exemples, qu'il serait facile de multiplier, suffisent pour mettre en évidence ce qu'on doit penser de l'assertion des écrivains qui ont prétendu que l'homme doit tirer sa nourriture d'un seul des deux règnes organiques (1). Rousseau disait qu'il doit vivre uniquement de végétaux, parce qu'il a deux mamelles, comme les herbivores, et qu'il ne fait d'ordinaire qu'un seul petit à la fois. Helvétius, au contraire, lui assignait la viande pour nourriture exclusive, à cause de la brièveté de son cœcum. La faiblesse de pareils argumens saute aux yeux. Tout, dans l'organisation de l'homme, annonce qu'il est destiné à une nourriture mixte : ses dents ressemblent à celles des carnivores, mais ses incisives ont proportionnellement plus de largeur, et par conséquent plus d'analogie avec celles des herbivores ; ses canines sont plus petites, et les couronnes de ses molaires n'offrent pas des pointes si saillantes : son estomac se rapproche aussi davantage de celui des carnivores, ce qui du reste a lieu également pour celui du Cheval et du Cochon; l'intestin n'est ni aussi long que chez les herbivores, ni aussi court que chez les carnivores; le cœcum est infiniment plus court que chez les herbivores, et l'intestin anal plus long et plus ample que chez les carnivores. Gall avait signalé encore un caractère

(1) Haller, *loc. cit.*, t. VI, p. 189.

dans la conformation de la tête : il prétendait qu'en tirant une ligne de l'apophyse zygomatique à l'apophyse mastoïde, et abaissant sur cette ligne une perpendiculaire qui traverse le conduit auditif, celle-ci partage le crâne en deux moitiés égales chez l'homme, tandis que la moitié antérieure est plus forte chez les herbivores, et la postérieure plus considérable chez les carnivores, ce qui indiquerait, chez ces derniers, un plus grand développement du cervelet et des lobes postérieurs du cerveau. Mais l'observation ne confirme pas pleinement cette assertion. Nous ne pouvons pas davantage admettre l'opinion de Broussonet, qui pensait que la proportion des canines aux autres dents détermine la proportion normale de la nourriture animale à la nourriture végétale.

5° Ce qu'il y a de plus important, c'est l'instinct qui porte à faire usage d'une nourriture mixte, et l'effet que cette nourriture produit sur l'état de la vie. Un régime exclusivement végétal entraîne, en général, des acides dans les premières fois, des flatuosités, le défaut d'énergie musculaire. Les matières animales contiennent la substance alibile plus concentrée; il n'est donc pas nécessaire de les prendre en aussi grande quantité; elles chargent moins les organes digestifs, et par ce motif déjà, et parce qu'elles sont plus faciles à assimiler; enfin elles procurent plus de force musculaire; mais leur usage exclusif engendre la pléthore, et prédispose tant aux maladies inflammatoires qu'aux sécrétions anormales, principalement des reins (§ 853, 10°) et de la peau. Une nourriture mixte réunit les avantages des deux autres, et peut être modifiée en raison des circonstances : ainsi, par exemple, les alimens tirés du règne végétal sont préférables toutes les fois que les actions vitales éprouvent une surexcitation quelconque, et le régime animal convient, au contraire, dans les cas où l'excitement ne suffit pas, de même qu'après de grandes déperditions.

III. On a cherché à déterminer le degré d'alibilité d'une substance d'après les principes chimiques qui entrent dans sa composition. Prout admet que le carbone est le principe nutritif proprement dit, et que la propriété nourrissante d'un aliment est proportionnée à la quantité qu'il en contient. Dans cette hypothèse, les matériaux immédiats des corps organisés devraient être rangés de la manière suivante : gomme (0,422), sucre (0,424), amidon (0,435), gélatine (0,478), albumine animale (0,528), fibrine (0,533), albumine végétale (0,549), matière caséeuse (0,597), graisse (0,760). Cependant les alcaloïdes, les résines et les huiles essentielles contiennent plus de carbone que certaines substances alibiles, ou même que toutes. Suivant Davy, l'alibilité des plantes correspond à la quantité qu'elles renferment de principes solubles dans l'eau, d'où il suit que la gomme devrait être très-nourrissante, et l'huile grasse ne pas l'être du tout. On a voulu aussi déterminer le degré de propriété nutritive des diverses espèces de viande d'après la proportion de la gélatine, de l'albumine et de la fibrine qui s'y trouvent contenues, et en conséquence on les a rangées comme il suit : cabliau (0,18), stockfisch (0,21), cochon (0,24), veau (0,25), bœuf (0,26), poulet (0,27), mouton (0,29). Cependant il peut très-bien se faire que le même principe immédiat subisse des modifications particulières dans chaque espèce d'animal, et que par conséquent il y possède un degré spécial d'alibilité. A l'expérience seule il appartient donc de décider sous ce point de vue, et c'est chez les animaux qu'elle y parvient le plus aisément, à cause de la simplicité de leur régime. Mais les animaux nous fournissent la confirmation d'un fait qu'on remarque aussi chez l'homme, savoir, que la propriété de nourrir d'une manière convenable ne dépend pas seulement de la quantité des principes alibiles, et tient aussi au volume des alimens ; d'où il résulte qu'à une nourriture concentrée on doit ajouter des substances moins nourrissantes, offrant aux organes digestifs une masse suffisante pour l'exercice de leur action vitale. Au reste, on ne peut juger du degré d'alibilité d'une substance, ni d'après le seul sentiment de satiété, qui dépend de l'état d'excitement de l'estomac, ni d'après l'action que tel ou tel aliment exerce sur l'état des forces, puisqu'il y a des substances qui accroissent ou qui diminuent l'énergie musculaire sans nourrir beaucoup.

IV. Magendie (1) a trouvé que les Chiens nourris unique-

(1) *Précis élémentaire,* t. II, p. 389.

ment avec du sucre, de la gomme, de l'huile d'olive et du beurre, maigrissent, s'affaiblissent, sont attaqués d'ulcérations à la cornée, avec sécrétion abondante des glandes palpébrales, et périssent au bout de cinq semaines à peu près, et que les Anes auxquels ou ne donne que du riz cuit, ne vivent pas plus de quinze jours. Il conclut de là que les substances non azotées n'ont pas le pouvoir de soutenir la vie ; et les objections qu'on a élevées contre cette proposition lui paraissent sans valeur, attendu que si les caravanes vivent de gomme dans les déserts africains, elles ne demeurent jamais long-temps soumises à ce régime, que les Nègres ne mangent pas de sucre, mais de la canne à sucre, et que les peuples qui se nourrissent de riz ou de maïs, y joignent aussi du lait et du fromage. Les faits observés par ce physiologiste ont été constatés par d'autres. Suivant Lassaigne et Yvart (1), des Cochons d'Inde nourris de sucre, d'amidon et d'eau distillée, périssent en huit jours, et des Souris au bout de quinze jours ; des Brebis, nourries de sucre et d'eau, ne vivent que vingt jours, d'après Macaire et Marcet (2) ; selon Gmelin et Tiedemann (3), des Oies ont vécu quinze jours avec la gomme seule, vingt avec du sucre et ving-sept avec de l'amidon. Quant à ce qui concerne le sucre, les agronomes savaient déjà qu'il ne convient que jusqu'à une certaine dose, et que les betteraves ne sauraient servir seules à l'alimentation des bestiaux (4). Fodéré rapporte aussi (5) que les habitans du département des Alpes maritimes, lorsqu'ils se nourrissent de figues sèches, à défaut de céréales, deviennent blêmes, faibles et valétudinaires, et que des enfans qui n'avaient mangé, pendant toute une journée, que du sucre, en grande quantité, furent attaqués de la fièvre, avec une éruption cutanée et des furoncles. Magendie a reconnu bientôt que les mauvais effets du régime employé dans ses expériences ne dépendaient pas uniquement

(1) *Journal de chimie médic.*, t. IX, p. 271.
(2) *Annales de chimie*, t. LI, p. 386.
(3) *Expér. sur la digestion*, trad. par A. J. L. Jourdan, t. II, p. 213, 218, 224.
(4) Thaer, *loc. cit.*, t. IV, p. 370.
(5) *Essai de physiol. positive*, t. III, p. 15.

de l'absence d'azote, mais tenaient encore à l'uniformité de la nourriture ; car les animaux périssaient de même lorsqu'on les soumettait à l'usage exclusif d'une seule espèce d'alimens azotés : des Chiens nourris de fromage ou d'œufs durs, maigrissent, s'affaiblissent et perdent leur poil ; ceux auxquels on ne donne que du pain blanc et de l'eau, meurent atrophiés au bout de sept semaines ; et si, dans le cours de la sixième semaine, on les remet à leur nourriture ordinaire, ils la dévorent avec avidité, mais sans qu'elle puisse ni arrêter les progrès du dépérissement, ni empêcher la mort. Des Oies auxquelles Tiedemann et Gmelin (1) ne donnèrent que de l'albumine cuite, succombèrent au bout de quarante-six jours. Edwards et Balzac (2) ont reconnu que des Chiens, nourris avec une soupe de pain, de gélatine et d'eau, dans les mêmes proportions que celles qui constituent un bon bouillon de viande, maigrissent et meurent en quelques semaines ; que le pain et l'eau seuls amènent plus promptement encore ce résultat ; qu'au contraire l'addition du bouillon le prévient ; qu'en conséquence la gélatine est nourrissante, à la vérité, mais ne procure pas à elle seule une nourriture suffisante. De jeunes Chiens, alimentés avec cette substance, prirent bien quelquefois de l'accroissement et augmentèrent de poids, mais ils maigrirent et perdirent leurs forces ; la plupart du temps, le poids de l'animal s'accrut un peu par le passage d'un mode d'alimentation à l'autre ; du reste, les tablettes de bouillon préparées avec des os n'agissent pas autrement que la colle-forte, bien qu'avec quelques différences, suivant les individus. Voici quels furent les résultats des diverses expériences :

(1) *Rech. sur la digestion*, t. II, p. 231.
(2) *Archives générales*, 2ᵉ série, t. I, p. 319.

DE LA DIGESTION.

			DURÉE EN JOURS.	POIDS EN GRAMMES AU COMMENCEMENT.	POIDS A LA FIN.		ÉTAT A LA FIN.
					EN GRAMMES.	EN MILLIÈMES.	
I.	a.	Soupe de gélatine	75	2350	2285	— 27	mauvais aspect.
	b.	Pain et eau	20	2285	1883	—175	près de mourir.
	c.	Soupe grasse	14	1883	2943	+562	bien portant.
II.	a.	Soupe de gélatine	16	1107	1230	+111	faible.
	b.	Viande et pain	36	1230	1996	+622	bien portant.
	c.	Soupe de gélatine	21	1996	2025	+ 14	
	d.	Pain et eau	23	2025	1992	— 16	faible.
	e.	Soupe grasse	14	1992	2581	+295	
III.	a.	Soupe de gélatine	81	3433	3320	— 32	
	b.	Pain et eau	19	3220	3024	— 89	
	c.	Soupe grasse	14	3024	3759	+243	
IV.	a.	Soupe de gélatine	86	2384	2107	—116	
	b.	Pain et eau.	25	2107	1593	—243	mort.
V.		Soupe de gélatine	47	1656	1283	—225	mort.
VI.	a.	Soupe de gélatine	34	4163	3954	— 50	
	b.	Pain et eau	20	3954	3490	—117	
	c.	Soupe grasse	19	3490	4151	+489	
VII.	a.	Viande	17	2124	2264	+ 65	
	b.	Soupe de gélatine	30	2264	1697	—250	
	c.	La même, avec un peu de bouillon	25	1697	2143	+262	

Mais ce qu'il y a de plus surprenant encore, c'est que, d'après les observations de Magendie, les Lapins ne vivent pas au-delà de quinze jours lorsqu'on ne leur donne qu'un seul de leurs alimens ordinaires, et toujours le même, carottes, choux, orge, etc. (J'ai fait l'expérience suivante sur trois Lapins non encore complétement adultes, provenant de la même portée, et en tout semblables les uns aux autres quant au sexe, à la grosseur, à la couleur et au reste de la conformation. A l'un je ne donnai, outre de l'eau, que des pommes de terre, qui lui furent fournies à discrétion; il en mangea sept onces le premier jour, six seulement le second jour, et ainsi de suite de moins en moins; son poids, qui était de 161 gros le septième jour, était réduit, le treizième jour, à 93 gros; l'animal mourut ce jour-là, complétement épuisé et amaigri. Le second Lapin fut nourri de même, avec de l'orge seule : il en consomma le premier jour vingt gros, le troisième quatorze, puis chaque jour de moins en moins jusqu'à quatre gros; le poids de son corps s'éleva, pendant les premiers quinze jours, jusqu'à 182 gros, puis tomba à 164 dans la troisième semaine; la mort eut lieu la semaine suivante. Le troisième Lapin reçut alternativement un jour des pommes de terre, et l'autre de l'orge; il consomma, terme moyen, 44 gros des premières, et 8 d'orge chaque jour : son poids s'accrut jusqu'au dix-neuvième jour; il était alors de 204 gros; mais comme alors il demeura stationnaire, je présentai à l'animal, dans la troisième semaine, des pommes de terre et de l'orge à la fois; il mangea des premières 20 à 24 gros, et de grain 6 gros par jour, conservant sa santé et sa vivacité) (1). Tous ces faits s'accordent avec d'autres bien connus; une nourriture uniforme n'est pas absolument dépourvue de propriétés alibiles : car certains animaux inférieurs, notamment les Chenilles, sont astreints à une seule espèce de nourriture, et il y a même des Mammifères qui supportent très-bien un pareil régime. Magendie a vu un Coq conserver sa santé, bien qu'on ne lui donnât que du riz, qui ne contient pas d'azote, et un Chien ne pas non plus tomber malade sous l'influence du pain bis pour unique aliment. De même, suivant

(1) Addition d'Ernest Burdach.

Collard de Martigny, les jeunes animaux auxquels on donne dès le principe une nourriture simple, n'en prospèrent pas moins, tandis qu'elle devient pernicieuse à ceux d'un âge plus avancé, qui ont déjà contracté l'habitude d'une nourriture mixte. Mais, généralement parlant, la variété des alimens réussit mieux, et elle est un besoin pour les animaux supérieurs. Il n'y a pas d'Oiseau qui se contente d'une seule sorte d'alimens, quoique chacun ait sa nourriture favorite, avec laquelle il prospère mieux qu'avec toute autre (1). Chaque Mammifère herbivore a également un cercle d'alimentation d'une certaine étendue : Linné a reconnu que la Chèvre mangeait 449 plantes sur 575, la Brebis 387 sur 528, la Vache 276 sur 494, le Cheval 262 sur 474, et le Cochon 72 sur 243. On remarque d'ailleurs, sur les animaux qu'on nourrit, que les uns aiment davantage la variété, et qu'elle plaît moins à d'autres, que, par exemple, les Cochons d'Inde ne tardent pas à se lasser d'une nourriture toujours la même (2). La variété des alimens pris simultanément exerce aussi une influence salutaire; on a observé que les Genettes, qui vivent de viande et de végétaux, ne sont pas aussi complétement nourries lorsqu'on leur donne un jour de la viande, et le lendemain du pain et du lait, que quand on leur fournit chaque jour ces deux sortes d'alimens à la fois (3), et, pour engraisser les bestiaux, on leur présente une nourriture mixte, par exemple, des pommes de terre avec du foin (4). L'homme est également déterminé par son goût, tant à varier ses alimens, qu'à les combiner ensemble de diverses manières, à mêler le fade avec le piquant, le gras avec le salé, l'azoté avec l'acide végétal, etc., combinaisons qui flattent son palais, en même temps qu'elles accroissent la digestibilité. Prout a reconnu (5) qu'une alimentation complète exige

(1) Naumann, *Naturgeschichte der Voegel Deutschlands*, t. I, p. 89.

(2) Bechstein, *Gemeinnuetzige Naturgeschichte Deutschland*, t. I, p. 899.

(3) Froriep, *Notizen*, t. XXXV, p. 264.

(4) Thaer, *loc. cit.*, t. IV, p. 369. — Hurtrel Darboval, *Dict. de médecine, de chirurgie et d'hygiène vétérinaires*, art. INDIGESTION, t. III, p. 255. Paris, 1838.

(5) Froriep, *Notizen*, t. XXXI, p. 228.

l'association des trois classes de substances nutritives admises par lui, ou au moins de deux d'entre elles. Cameron (1) parle de deux femmes qui, sous l'influence d'un régime exclusivement composé de thé et de pain beurré, devinrent tellement scorbutiques que l'une d'elles mourut : l'autre ne recouvra la santé qu'en changeant sa manière de vivre. Les essais que Stark a faits sur lui-même prouvent, en général, les mauvais effets d'un régime uniforme, mais ne conduisent pas à d'autre résultat. Cet expérimentateur commença par ne prendre que du pain et de l'eau pendant quarante-cinq jours, savoir : vingt onces de pain chaque jour, durant les douze premiers, trente pendant les vingt-cinq suivans, et trente huit durant les huit derniers ; le poids de son corps diminua de huit livres. Ainsi affaibli, et sans prendre le temps de se remettre dans l'état normal, il passa immédiatement au régime du pain et du sucre, continué pendant un mois, puis à celui de l'eau et de l'huile d'olive, durant trois semaines, etc., jusqu'à ce qu'enfin il succomba au huitième mois. Rumford a obtenu des résultats plus intéressans d'observations faites pendant plusieurs années, sur la nourriture des pauvres ; l'alibilité d'un aliment dépend moins, suivant lui, de la quantité de ses principes nourrissans, que du choix des condimens et du mode de préparation par le feu ; ces conditions étant remplies, une très-petite quantité d'alimens solides suffit pour le maintien de la santé ; une portion suffisante pour rassasier complétement un adulte bien portant, de la soupe préparée d'après sa recette, ne contient pas plus de six onces de substance solide, consistant en gruau, pois, pommes de terre et pain.

2. SUBSTANCES INORGANIQUES.

§ 937. Parmi les matériaux immédiats des corps organisés il y en a aussi qui se rencontrent dans le règne organique (§ 836, 1°-3°), et qui doivent être admis dans l'intérieur de l'organisme en remplacement des pertes éprouvées, qui, par

(1) *New theory of the influence of variety in diet in health and disease.* Londres, 1732:

conséquent, doivent être considérés comme alimens. Ces substances inorganiques n'étant jamais à l'état de pureté dans le corps vivant, et s'y présentant toujours combinées avec une matière organique particulière, elles ne peuvent non plus déployer de propriétés alibiles qu'autant qu'elles sont réunies à de la substance organique. Par là elles diffèrent des alimens de la série organique. Cependant la différence n'est que relative. Abstraction faite de ce qu'aucune des diverses substances organiques ne se rencontre à l'état d'isolement dans un organe, et ne peut jouer le rôle de nourriture (§ 936, IV), elles perdent aussi en partie cette dernière propriété lorsqu'elles ne sont pas combinées avec des substances inorganiques. Quant à ce qui concerne celles-ci, l'eau seule peut, jusqu'à un certain point, remplir l'office d'aliment.

I. L'eau, plus ou moins combinée, fait partie constituante du sang, comme aussi de toutes les parties solides et liquides de l'organisme.

1° Elle est la base de tous les alimens liquides, et passe dans le sang. Schultz a trouvé, comme terme moyen de trois observations (1), qu'un Bœuf qui vient de boire a, dans le sang 0,057 d'eau de plus qu'auparavant, et que, de soixante-et-douze livres d'eau qu'il avale, près de quatre passent très promptement dans le torrent de la circulation : chez un de ces animaux qui n'avait pas bu depuis vingt-quatre heures, le sang ne contenait que 0,775 d'eau, tandis qu'après qu'il eut bu abondamment, la quantité de cette dernière s'y élevait à 0,840. Au dire de Botta, les Chameaux qu'une longue abstinence dans le désert a fait maigrir, reprennent leur ancien embonpoint dès que, parvenus auprès d'une fontaine, ils ont pris un peu de repos et une poignée de fourrage : évidemment, cet effet tient à une turgescence qui dépend de l'augmentation de la masse du sang par l'eau, les vaisseaux capillaires, jusqu'alors affaissés, s'emplissant de nouveau. L'instinct démontre aussi que l'eau est ce qu'il y a de plus nécessaire pour la formation du sang; Piorry a remarqué qu'une perte abondante de sang fait naître une soif vive, sans

_____

(0) *Journal de* Hufeland, 1838, cah. IV, p. 27.

fáim. En effet, l'eau doit faire la base du sang, et en tenir les principes dissous dans une juste proportion. Un Chien fut privé d'alimens et de boisson pendant vingt-quatre heures, au bout desquelles on lui présenta de l'eau, dont on lui entonna encore environ une demi-livre après qu'il eut bu. On le mit à mort une demi-heure plus tard. Le canal thoracique était gorgé de liquide, et, le conduit ayant été ouvert, il s'en écoula une grande quantité de lymphe peu épaisse, d'un blanc jaunâtre, formant un courant rapide. Cette lymphe contenait fort peu de substance coagulable, car ce ne fut qu'au bout d'une heure qu'on vit apparaître, au milieu du liquide limpide, un petit caillot de chyle, qui, après vingt-quatre heures de repos, était réduit à quelques flocons. La sérosité, examinée au microscope, ne contenait que des globules lymphatiques clairs, et fort distans les uns des autres. Le sang veineux semblait bien, en général, plus coulant qu'à l'ordinaire, mais le microscope constata que les globules du sang n'y manquaient point. L'estomac et l'intestin grêle contenaient encore un peu d'eau mêlée de mucus. La même liquidité du chyle fut observée chez un Chien atteint de la maladie, qui, pendant plusieurs jours avant d'être mis à mort, n'avait pris que de la nourriture liquide. Chez celui-là, le chyle n'offrait pas la moindre trace de lactescence; il était jaune et limpide, comme de l'urine très-chargée. La quantité en était très-considérable, et une heure après l'ouverture de la citerne, il s'en écoulait encore. Ici également on ne put découvrir, avec le microscope, que des globules clairs, très-éloignés les uns des autres, et le liquide, reçu dans des verres de montre, ne forma pas de caillot régulier, mais se couvrit seulement d'une pellicule très-mince de substance coagulée. Je dois signaler, comme faisant contraste avec cet état du chyle, la consistance épaisse que j'ai observée sur celui d'un Lapin qui n'avait été nourri que d'orge, et que cette nourriture uniforme avait fait périr de faim; le canal thoracique et la citerne ne contenaient qu'une petite quantité d'un chyle fort épais, qu'on ne parvenait qu'avec peine à faire sortir du vaisseau par expression; ce chyle était jaunâtre et limpide; le microscope y montrait peu de globules épars dans une substance homogène, limpide et gélatiniforme (1).

2° Tous les alimens solides contiennent de l'eau à l'état de combinaison ; mais ils deviennent plus faciles à digérer quand on y ajoute de l'eau à l'état de liberté. Lorsqu'on ne donne aux animaux que du fourrage, il se produit, d'après Leuret et Lassaigne (2), moins de chyle que quand on les a fait boire en même temps.

3° La nutrition par les liquides est généralement propre aux degrés inférieurs de la vie (§ 927, 1°), et là, surtout chez les végétaux, l'eau peut servir de nourriture, même sans être mêlée de substance organique. Duhamel, après avoir fait germer des haricots entre des éponges humides, les mit dans des carafes, de manière que les racines plongeassent dans l'eau ; les plantes parvinrent à trois pieds de hauteur, et quelques-unes donnèrent de petits fruits. En agissant de la même manière, il conserva des marronniers deux ans, un amandier quatre ans, et un chêne huit ans dans de l'eau de Seine filtrée et claire : à la vérité le chêne prit moins d'accroissement pendant les deux dernières années, parce que ses racines semblaient souffrir ; cependant il avait une tige haute de plus de dix-huit pouces, et dont la circonférence était de vingt pouces environ (3). Tillet sema des grains de blé dans un sable pur ou dans du verre pulvérisé, qu'il arrosait avec de l'eau ; il obtint ainsi des plantes qui avaient des racines extraordinairement nombreuses et longues, et qui donnèrent des graines mûres (4). Crell, ayant semé des graines d'hélianthe dans du sable humide (5) et dans de la poussière de cailloux rougis au feu, qu'il arrosait avec de l'eau distillée, obtint des plantes dont les graines, traitées de la même manière l'année suivante, rapportèrent également des graines mûres (6). Abernethy a vu germer des graines de chou semées sur de la flanelle imbibée d'eau distil-

---

(1) Addition d'Ernest Burdach.

(2) *Recherches sur la digestion*, p. 197.

(3) *Hist. de l'Acad. des sc.*, 1748, p. 275.

(4) *Ib.*, 1772, p. 118, 123, 136.

(5) Crell, *Chemische Annalen*, 1799, t. II, p. 111.

(6) Gehlen, *Journal fuer Chemie*, t. IX, p. 157.

lée : un Lapin nourri exclusivement avec les herbes qui en provinrent, tomba malade au bout de huit jours, mais se rétablit promptement dès qu'on lui eut donné en même temps un peu d'orge ; toutefois la quantité du grain ne dépassa pas vingt gros en huit jours, pendant lesquels le poids de l'animal avait augmenté de huit gros. Schrader sema des céréales dans de la fleur de soufre arrosée d'eau distillée et contenue dans des vases de verre ou de porcelaine recouverts d'une cloche : les graines germèrent, et donnèrent des chaumes de douze à quatorze pouces ; ceux-ci portaient aussi des épis courts, mais qui fleurirent ; desséchés, ils pesaient cinq fois plus que les grains d'où ils provenaient (1). Braconnot sema trente-six grains de moutarde blanche dans de la litharge arrosée d'eau distillée, en ayant soin de couvrir le vase d'une cloche de verre suspendue, pour écarter la poussière ; il se développa des plantes qui fleurirent et portèrent des graines ; ces plantes pesaient 1694 grains fraîches, et 561 sèches. Il obtint le même résultat en semant la moutarde dans de la fleur de soufre ou dans de la cendre de plomb, avec de l'eau distillée (2). Boussingault sema vingt-neuf grains de trèfle dans du sable préalablement rougi au feu : les plantes qui en provinrent pesaient 67 grains au bout de trois mois ; des pois, traités de même, et dont le poids était de 17 grains, donnèrent, dans le même laps de temps, des plantes pesant 72 grains, qui étaient chargées de fleurs et de graines parfaites (3). L'*Epidendron flos aeris* se nourrit de l'humidité éparse dans l'atmosphère. Si les plantes peuvent trouver leur nourriture dans l'eau seule ou associée à des substances solides non assimilables, mais n'y réussissent pas toujours, et en général n'y prospèrent pas, on doit s'attendre à la même chose par rapport aux animaux. Ici même il se présente des difficultés particulières. Si les animaux vivent dans l'eau commune sans prendre d'autre nourriture, les Infusoires que ce liquide renferme sont une ressource pour

(1) *Zwey Preisschriften*, p. 28.
(2) Gehlen, *loc. cit.*, t. IX, p. 134.
(3) *Annales de chimie*, t. LXXVI, p. 18.

les amateurs d'explications ; quant à l'eau distillée , elle n'est point naturelle , et ne peut remplacer l'autre que d'une manière fort imparfaite , mais elle fournit une preuve d'autant plus concluante , lorsque seule elle suffit à l'alimentation. Abernethy mit douze Sangsues dans un verre plein d'eau distillée et couvert d'un double papier percé de petits trous ; au bout de trois mois , huit de ces animaux vivaient encore , et leur poids avait augmenté de quarante grains. Sur deux cents Têtards de Grenouilles qui furent mis dans de l'eau distillée renouvellée tous les huit jours , avec la précaution de couvrir le vase d'un linge fin , quarante vivaient encore au bout d'un mois , et quatre avaient terminé leur métamorphose : s'ils s'étaient nourris d'Infusoires , il avait fallu du moins que ceux-ci trouvassent leur nourriture dans l'eau. Les expériences faites par Willer (1) n'ont point été aussi heureuses ; cependant cinq Têtards de Grenouilles vécurent dans de l'eau seule ; leur poids s'était réduit de 960 grains à 830 dans l'eau distillée , et à 947 seulement dans l'eau de rivière pure. Fordyce tint, pendant six mois , des Poissons dorés dans un vase de verre clos, contenant de l'eau distillée chargée d'air atmosphérique ; ils rendirent des excrémens et prirent de l'accroissement. Ce qui prouve que l'eau peut entretenir la vie de l'homme lui-même , c'est que les personnes qui restaient long-temps sans prendre d'alimens , avaient coutume de boire de l'eau (2) ; ainsi , pour nous borner à deux exemples , la fille observée par Spiritus (3) se contenta, pendant quatre mois , de boire chaque jour deux carafes d'eau , et un jeune hypochondriaque qui avait pris la résolution de renoncer à toute nourriture , vécut deux mois entiers , ne prenant chaque jour qu'une demi-pinte à une pinte d'eau , avec un peu de jus d'orange ; ce laps de temps écoulé , il était d'une faiblesse extrême , amaigri et aliéné (4).

(1) *Diss. sistens experimenta circa animalium classium inferiorum incrementum et vitam.* Halle. 1817.
(2) Haller, *Elem. physiol.*, t. VI, p. 176.
(3) Nasse, *Zeitchrift fuer psychische Aerzte*, 1822, cah. I, p. 196.
(4) *Archives générales*, 2e série, p. 577.

4° La proportion normale des alimens aux boissons a été estimée, par Cornaro de 1 : 1,16, par Rye de 1 : 1,33, par Robinson de 1 : 2,50, par Sanctorius de 1 : 3,33, par Linings de 1 : 3,66 (1). Mais on ne peut rien établir de général à cet égard ; il faut tantôt plus tantôt moins de boisson, suivant que les alimens contiennent plus ou moins d'eau, que la transpiration et, en général, la déperdition de sucs ont été plus ou moins considérables, que la constitution tend plus à la sécheresse ou à l'humidité, que l'absorption cutanée et pulmonaire est plus ou moins active, que l'atmosphère est plus ou moins chargée d'humidité. Les animaux de proie et les herbivores, qui vivent d'herbes molles et juteuses, ont, généralement parlant, moins besoin d'eau. Ainsi les Oiseaux rapaces, par exemple, peuvent s'en passer pendant plusieurs mois, tandis que les Poules et les Pigeons, qui avalent des grains entiers, doivent en prendre beaucoup. Cependant les particularités de la constitution établissent des différences considérables sous ce point de vue : la Brebis exige peu d'eau ; une nourriture aqueuse, telle que celle qui est fournie par les plantes des marais, et un air humide la font tomber malade ; le Lapin, le Cabiai, etc., ne boivent presque pas, et meurent, d'après Leuret et Lassaigne (2), quand on les met au sec ; les bêtes à cornes, malgré l'abondance des sucs contenus dans leurs alimens, ont besoin d'une grande quantité d'eau, et les Hérons boivent aussi beaucoup. Le Chameau ne doit la faculté dont il jouit de pouvoir rester long-temps sans boire, qu'à la rareté de sa transpiration et à l'abondance tant de sa salive que de la sécrétion qui a lieu dans sa panse. Les animaux ont moins besoin de boisson dans un air humide, ce qui fait qu'ils boivent peu aux Antilles, à ce que l'on assure. C'est en partie à l'action immédiate de l'atmosphère, et en partie à la nature des alimens qu'il tient que les hommes et les bestiaux soient plus massifs dans les lieux humides, plus sveltes dans les contrées montagneuses et sèches. Ici encore le plus ou moins de pouvoir absorbant à la surface extérieure

(1) Haller, *loc. cit.*, t. VI, p. 257.
(2) *Rech. sur la digestion*, p. 197.

amène des différences, car, par exemple, les oignons et les tubercules germent sous la seule influence de l'air humide, et l'*épidendron flos aeris* n'a pas même besoin d'un sol humide.

II. Le chlorure de sodium est, à peu d'exceptions près (1), un besoin pour l'homme. Il favorise la digestion en stimulant les organes, et s'introduit dans la masse du sang. On dit que la sueur est plus salée qu'à l'ordinaire chez les habitans des bords de la mer et chez les personnes qui consomment beaucoup de sel (2). Parmi les animaux, ce sont surtout les Ruminans qui éprouvent le besoin de cette substance (3). Elle paraît leur être principalement nécessaire dans les contrées chaudes de l'Amérique du Sud, où différens sels s'effleurissent en beaucoup d'endroits à la surface du sol. Au Brésil, non seulement les bêtes à cornes et les Chevaux lèchent avidement le salpêtre produit dans le sol (4), mais encore les Oiseaux se rassemblent pour en manger partout où il s'en effleurit à la surface du sol (5).

III. C'est une particularité propre à plusieurs Oiseaux granivores, que celle d'avaler des pierres. Spallanzani la croit purement accidentelle, parce que des Pigeons qu'il avait élevés, depuis leur sortie de l'œuf, sans leur donner de pierres, digéraient tout aussi bien que d'autres, et que leur estomac écrasait également le verre sans être blessé par lui. Cependant il fait remarquer lui-même qu'on trouve toujours des pierres dans le gésier des divers Gallinacés, qui en portent même à leurs petits dans le nid. Les Anglais qui se rendent aux Indes ont soin d'en emporter pour leurs poulets, qui sans cela maigrissent (6). Il est donc vraisemblable que ces petites pierres tiennent lieu ici de dents stomacales, et qu'elles servent en même temps à stimuler le gésier. Mais on a souvent rencontré dans l'estomac d'autres animaux, par

---

(1) Haller, *Elem. physiol.*, t. VI, p. 248.
(2) Blainville, *Cours de physiologie*, t. III, p. 50.
(3) Treviranus, *Biologie*, t. IV, p. 305.
(4) Spix et Martius, *Reise in Brasilien*, t. II, p. 527.
(5) *Ib.*, t. I, p. 261.
(6) Blumenbach, *Kleine Schriften*, p. 43.

exemple des Holothuries, des Pyrosomes, des Limaces, des Limaçons, des Iules, des Chirocéphales, des Crocodiles, des Oiseaux de proie, des Phoques, du Loup, de l'Éléphant (1), du Pangolin, de l'Ornithorhynque (2), du sable, dont il est plus difficile de concevoir là les usages.

IV. On admet généralement que la terre sert d'aliment réel aux végétaux, mais que, chez les animaux qui en avalent, elle ne joue qu'un rôle mécanique, celui de remplir les organes digestifs. Mais la question se présente de savoir s'il n'y a point également ici une simple différence relative entre les deux règnes organiques. Pour le moment, nous nous bornerons à faire remarquer que certains animaux invertébrés semblent manger de la terre pour se nourrir. Pallas n'a jamais trouvé que du sable fin dans l'intestin du *Lumbricus echiurus*, et il présume que certains autres Vers marins se nourrissent aussi de terre grasse. Bonnet a observé que la régénération des parties perdues s'opère avec plus de promptitude chez les Vers de terre qui ont mangé de la terre, que chez ceux qui ont trouvé leur nourriture dans l'eau seulement (3). Suivant Gaspard (4), la terre que les Limaçons mangent de temps en temps, fournit les matériaux qui servent à la construction de leur coquille. La larve de l'Éphémère ne mange que de l'argile, au dire de Swammerdam (5), et sa couleur varie suivant celle de l'argile dont elle fait sa nourriture. Les larves des Tipules ne vivent non plus que de terre, selon Réaumur. Des animaux vertébrés, par exemple, des Serpens, des Lézards, des Jaguards (6), des Loups (7), peuvent être quelquefois forcés par le besoin de manger de la terre, comme il arrive, en pareil cas, aux Souris, de ronger le plomb et l'étain; cependant on prétend que le

(1) Haller, *loc. cit.*, t. VI, p. 268.
(2) Treviranus, *Biologie*, t. IV, p. 285.
(3) Treviranus, *loc. cit.*, t. IV, p. 284.
(4) *Journal de* Magendie, t. II, p. 336.
(5) *Bibel der Natur*, p. 102, 106.
(6) Spix et Martius, *Reise in Brasilien*, t. II, p. 527.
(7) Haller, *loc. cit.*, t. VI, p. 244.

Bobak (1) ne boit jamais, et qu'il ne fait qu'avaler la terre détrempée par la pluie. Un caprice bizarre ou un instinct salutaire détermine quelquefois certains individus à manger de la chaux ou de la terre : on cite, entre autres, une femme qui, durant trente ans, mangea, chaque automne, trois livres de schiste marneux noir par semaine, et s'en trouva constamment soulagée(2). Mais il y a des peuplades entières, et cela dans toutes les parties du monde, sous tous les climats, chez lesquelles l'usage de manger de la terre est général, soit par manque d'alimens proprement dits, soit par l'effet d'un goût particulier, et qui tantôt s'en trouvent bien, tantôt nuisent par là sensiblement à leur santé. Beaucoup d'auteurs se sont complus à en rassembler des exemples (3). Gumilla avait déjà dit (4), et Humboldt l'a confirmé depuis, que, dans l'Amérique méridionale, pendant la saison des pluies, lorsque les débordemens de l'Orénoque empêchent la chasse aux Tortues, les Otomaques font leur principale nourriture d'une argile grasse et ferrifère, dont ils consomment jusqu'à une livre et demie par jour, sans y rien ajouter, et qu'ils considèrent comme un bon aliment, parce qu'elle les rassasie et ne porte aucune atteinte à leur santé. Spix et Martius (5) nous apprennent que les Indiens des bords de la rivière des Amazones mangent souvent de la glaise, même lorsque d'autre nourriture ne leur manque point. Au dire de Molina, les Péruviennes mangent quelquefois une espèce d'argile d'odeur agréable, et l'on vend sur les marchés de la Bolivia une argile comestible, qu'Ehrenberg a trouvée être un mélange de talc et de mica. Les habitans de la Guiane mêlent une argile d'agréable odeur à leur pain, suivant Gili, et Mason assure qu'à défaut d'autres alimens, les Nègres de la Jamaïque se nourrissent de terre. Au rapport de Labillardière, les habi-

(1) Treviranus, *Biologie*, t. IV, p. 305.

(2) *Journal de* Hufeland, 1809, cah. 3, p. 104.

(3) Gehlen, *Journal fuer die Chemie*, t. VIII, p. 515. — *Bulletin de* Férussac, t. XVI, p. 185.— Gerson, *Magazin*, t. XXV, p. 463. — Froriep, *Neue Notizen*, t. V, p. 248.

(4) Haller, *loc. cit.*, t. VI, p. 214.

(5) *Loc. cit.*, t. II, p. 527.

tans de la Nouvelle-Calédonie apaisent leur faim, en cas de nécessité, avec une stéatite blanche et friable, qui est composée, d'après Vauquelin, de magnésie, de silice et d'oxide de fer, avec un peu de chaux et de cuivre. Le même auteur dit qu'à Java on fait des espèces de gâteaux d'une argile ferrugineuse, que les hommes mangent lorsqu'ils veulent maigrir, et dont les femmes font surtout usage pendant la grossesse. Chandler assure que, dans le pays de Siam, les femmes et les enfans mangent de la stéatite, et qu'aux environs de Seringapatan on en fait autant d'une sorte d'argile. Les Nègres de la Guinée assaisonnent fréquemment leur riz, selon Forster, avec une terre savonneuse qui ne nuit point à la santé; arrivés aux Indes Occidentales, ils recherchent une terre analogue, mais qui leur réussit fort mal, car, au dire de Hunter, l'usage de l'argile blanche dont on se sert pour faire les pipes, coûte la vie à plus d'un de ces malheureux. On mange du beurre de montagne en quelques endroits de la Sibérie, suivant Georgi, et au Kamtschatka, une argile composée d'oxyde de fer et d'alumine, d'après Pallas. Chamisso parle de trois hommes qui, par ce moyen, réussirent à conserver leur vie dans l'île Matouai, au nord des Aléoutiennes. Genberg et Rhezius assurent que les Suédois ajoutent quelquefois une terre argileuse à la farine, et Bory Saint-Vincent dit que le piment usité en Espagne à titre de condiment, contient de l'ocre rouge. Enfin les tailleurs de pierre de Kiffhæuser étalent du beurre de montagne en guise de beurre sur leur pain, et Kessler, qui nous informe du fait, s'est senti lui-même bien rassasié, après en avoir mangé (1).

II. Digestion.

A. *Changemens subis par la nourriture.*

1. PREMIÈRE PÉRIODE.

a. *Changemens opérés dans la cavité buccale:*

§ 938. Dès la première station de leur passage à travers le corps, c'est-à-dire dans la cavité buccale, les alimens su-

(1) Gilbert, *Annalen der Physik und Chemie*, t. XXVIII, p. 492.

bissent un changement plus ou moins prononcé, suivant la durée plus ou moins longue de leur séjour. Outre qu'ils acquièrent la température du corps, et qu'ils éprouvent une attrition mécanique, les liquides buccaux s'ajoutent à leur masse. Ces liquides se composent du mucus fourni par les cryptes des parois de la bouche, de la salive sécrétée par les glandes salivaires, et d'un peu de liquide provenant des fosses nasales, qui consiste lui-même en un mélange de mucosités et de larmes. Ce dernier liquide arrive dans la cavité buccale, en arrière par l'ouverture postérieure des fosses nasales, en devant par les conduits naso-palatins.

I. L'humidité a d'abord un effet mécanique. En lubréfiant les voies, elle facilite la déglutition, et en général les mouvemens de la langue, qui, lorsque la bouche est sèche, se colle au palais, de manière à rendre la parole et le chant difficiles. Sans elle aussi, sans l'imbibition qu'elle fait éprouver, tant à la langue qu'aux alimens, le sens du goût n'existerait pas. Chez quelques animaux, tels que les Pics, les Fourmiliers, etc., elle fournit à la langue un enduit visqueux, qui permet d'employer cet organe comme une sorte de gluau pour s'emparer des insectes. Les glandes sous-maxillaires et sublinguales, qui s'ouvrent au plancher de la cavité buccale, près du filet, paraissent être destinées principalement à humecter les parois; car elles sont plus développées que les parotides chez les Carnassiers, qui avalent leur nourriture sans la mâcher.

II. L'humidité buccale sert à la digestion.

1° On peut déjà le déduire de faits empruntés à la zootomie. En effet, les glandes salivaires sont généralement plus volumineuses et plus actives chez les animaux qui prennent une nourriture végétale, sèche, ou difficilement assimilable, que chez ceux qui vivent d'alimens ayant des qualités inverses. Ainsi les vaisseaux salivaires manquent chez la plupart des Insectes carnivores, mais surtout chez ceux qui vivent en parasites. Les glandes salivaires n'existent pas chez les Poissons, ou n'y sont qu'à l'état rudimentaire, et ne s'y montrent que là où manque le pancréas. Parmi les Reptiles, les Batraciens et les Chéloniens sont ceux qui les ont le moins développées. Parmi les Oiseaux, ce sont les Palmipèdes et les

Échassiers, qui vivent de matières animales. On ne les **trouve** point chez les Cétacés carnivores, et elles sont petites chez les Mammifères amphibies, tandis qu'elles ont beaucoup de volume chez les Rongeurs, les Pachydermes, les Solipèdes et les Ruminans. Hertwig et Schultz ont vu l'une des parotides d'un Cheval fournir plus de cinquante-cinq onces de salive dans l'espace de vingt-quatre heures. Suivant Gurlt (1), les deux parotides ont donné trente-huit onces de liquide en six heures ; plus tard, une seule de ces glandes en laissa couler dix-huit en trois quarts d'heure, et les glandes maxillaires cinq. Il paraît y avoir, chez les Ruminans, un afflux considérable de liquide nasal, car leur conduits naso-palatins sont très-développés, pourvus d'un grand nombre de nerfs et munis d'une gaine cartilagineuse.

2° Comme la salive s'écoule continuellement au dehors dans la paralysie des muscles buccinateurs, de même, dans l'état normal, elle est sans cesse avalée et conduite à l'estomac ; mais la sécrétion de ce liquide augmente pendant qu'on mange (§ 846, IV), et même déjà lorsqu'un vif appétit se fait sentir (§ 847). Helvétius a vu, chez un homme dont le canal de Sténon était ouvert, la salive couler en si grande quantité, tandis que cet individu mangeait, qu'elle trempait plusieurs mouchoirs de poche (2). Plus les alimens sont secs et durs, plus la salive est sécrétée abondamment (§ 842, 3°). Helm (3) évalue aux quantités suivantes celle qu'il sécrète pendant le cours d'un repas : 16 à la soupe, 200 au bouilli avec de la choucroûte, 233 au rôti de mouton, 379 au veau, 500 au pain et au saucisson. Chez un Cheval auquel Girard ouvrit les deux conduits de Stenon, après l'avoir laissé long-temps sans nourriture, il s'écoula plus de vingt-et-une livres de salive pendant le temps que cet animal mit à manger une demi-livre de foin. Un autre, au contraire, observé per Hering, ne donna que dix onces d'une de ses parotides, tandis qu'il mâchait deux livres d'avoine (4). On put constater aussi la sympathie entre les

(1) *Lehrbuch der vergleichenden Physiologie*, p. 86.
(2) *Hist. de l'Acad. des sciences*, 1720.
(3) *Zwey Krankengeschichten*, p. 37.
(4) Gurlt, *loc. cit.*, p. 85.

glandes salivaires, l'état de l'estomac et l'appétit, chez un homme qui s'était coupé l'œsophage ; car il rendait six à huit onces de salive après qu'on lui avait injecté du bouillon gras dans l'estomac (1).

3° Une perte trop abondante de salive entraîne des mauvaises digestions, même lorsque la sécrétion de cette humeur n'a pas été exagérée. Ruysch a vu, après l'ablation d'un mal à la lèvre inférieure, dont la présence donnait lieu à un écoulement continuel de salive, la nutrition, jusque-là très-faible, rereprendre de l'énergie. Réaumur (2) et Spallanzani ont observé que les Brebis et les Bœufs ne digéraient le fourrage haché qu'on leur faisait avaler dans des tubes qu'autant qu'il avait été préalablement mâché et par conséquent insalivé. Schultz (3) a trouvé dans la panse de Ruminans auxquels on avait donné du foin ou de la paille, de la salive qui se faisait reconnaître à ses réactions alcalines, et dont la sécrétion avait été plus copieuse à cause de la résistance plus grande que la nourriture opposait au travail de la digestion. Cependant, cet expérimentateur a beaucoup trop exagéré le rôle de la salive, en disant qu'elle prend une plus grande part que le suc gastrique à la digestion ; car lorsque Helm (4) introduisait de la nourriture non mâchée à travers la fistule, elle n'en était pas moins bien digérée ; et si l'on prétendait attribuer cet effet à la salive qui avait été avalée auparavant, l'assertion aurait contre elle les observations réitérées de Beaumont, desquelles il résulte que l'estomac ne contient jamais de liquide quand la sécrétion n'y est point sollicitée par la présence d'alimens ou d'autres excitans (5), et qui établissent en outre que le suc gastrique rougit également les couleurs bleues végétales, soit que la nourriture ait été prise par la bouche, soit qu'elle ait été ingérée par la fistule stomacale (6). De même Sebastian a reconnu que la fibrine, l'albumine et le jaune d'œuf se

(1) Mayo, *Outlines of human physiology*, p. 110.
(2) *Hist. de l'Acad. des sc.*, 1752, p. 492.
(3) *De alimentorum concoctione*, p. 99, 104.
(4) *Loc. cit.*, p. 15.
(5) *Neue Versuche ueber den Magensaft*, p. 66, 92-96.
(6) *Ib.*, p. 41.

dissolvent tout aussi bien dans le suc gastrique préparé artificiellement, qu'on y ajoute ou non de la salive (1). Mais on tomberait dans un autre excès non moins répréhensible si l'on voulait conclure de là que la salive ne contribue en rien à la digestion.

III. Relativement aux effets de ce liquide,

1° On sait qu'il absorbe l'air avec avidité, de manière que quand il y a été exposé pendant quelque temps, il se couvre ensuite d'une écume abondante dès qu'on vient à l'agiter ; en même temps il accroît dans différens corps l'attraction pour l'oxygène, car non seulement le mercure, le cuivre et le fer, mais encore la litharge qu'on broie pendant long-temps avec de la salive, s'oxydent à l'air.

2° En vertu de l'alcali libre qu'il contient et du mucus qui s'y trouve mêlé, il rend la graisse miscible à l'eau, de manière que du beurre tenu long-temps dans la bouche y prend l'aspect d'une émulsion.

3° Il favorise la fermentation des substances amylacées. C'est pourquoi on l'emploie, dit-on, en Chine, dans la fabrication du pain, et aux Indes, dans la préparation des boissons spiritueuses. Leuchs a découvert que l'amidon, réduit en empois par la cuisson, et chauffé avec de la salive fraîche, devient liquide dans l'espace de quelques heures, et se convertit en sucre (2). La salive favorise aussi la putréfaction ; de l'avoine écrasée, mise en digestion avec ce liquide, exhala une odeur de pourri au bout de vingt-quatre heures, tandis que, traitée de la même manière avec de l'eau, elle n'en répandait qu'une acide (3). Du suc gastrique, qui a d'ailleurs la propriété de résister long-temps à la putréfaction, était devenu fétide après quelques jours de mélange avec de la salive (4). Cependant Krimer prétend (5) que du bœuf en putréfaction, renfermé dans une capsule d'argent trouée, qu'il

(1) Van Setten, *Observ. de saliva.* Groningue 1837, p. 54.
(2) Kastner, *Archiv fuer die gesammte Naturlehre*, t. XXII, p. 106.
(3) Tiedemann et Gmelin, *Rech. sur la digestion,* t. I, p. 22.
(4) Beaumont, *loc. cit.*, p. 56.
(5) *Versuch einer Physiologie des Bluts*, p. 17.

avait fixée entre les joues et les dents d'un Chien, n'exhalait plus d'odeur au bout de trois heures, et que sa surface était redevenue ferme et rougeâtre, tandis que l'intérieur était encore mou, vert et fétide. Il faudrait répéter l'expérience pour savoir si l'influence de la paroi vivante ne serait pas cause ici d'une différence dans le résultat.

4° Krimer a remarqué que la viande fixée de la même manière dans sa propre bouche ou dans la gueule d'un Chien, était, au bout de six heures, pâle à la surface, ramollie, mais non dissoute, et plus pesante d'un cinquième ou d'un quart, en raison de l'humidité buccale qu'elle avait absorbée. Lorsque Beaumont (1) ajoutait du vinaigre et de l'acide chlorhydrique à de la salive, et qu'il plongeait dans le mélange quarante grains de carotte, vingt-huit grains de cette substance se réduisaient en un liquide qui ressemblait presque à du chyme. Enfin Krimer (2) assure avoir opéré une sorte de digestion artificielle avec le liquide lacrymal, qui n'entre à la vérité que pour une très-petite proportion dans l'humidité buccale; il avait accru la sécrétion de ce liquide par la vapeur de l'ammoniaque, de manière à en recueillir un gros sur trois personnes; il y plongea huit grains de bœuf; au bout de six heures, une couche mince de la surface de ce dernier était dissoute; la liqueur avait perdu son caractère alcalin, et l'addition de l'alcool y faisait naître un précipité rougeâtre sale. Du gruau d'avoine se renfla dans ce liquide, et y devint transparent à la surface.

IV. Relativement à la manière dont la salive concourt à la digestion,

1° Il est clair d'abord que, par son eau et les sels qu'elle contient, elle réduit les alimens mâchés en bouillie, rend plus liquides ceux qui sont déjà par eux-mêmes en bouillie, et dissout les parties solides, comme le sucre, la gomme, la gélatine. A cela tient qu'elle renferme plus d'eau chez les Mammifères que chez les Oiseaux, qui ne mâchent point leurs alimens. Cependant ce ne peut être là qu'un rôle secondaire

(1) *Loc. cit.*, p. 176.
(2) *Loc. cit.*, p. 23.

pour elle, puisqu'elle existe également chez les Insectes suceurs et plusieurs animaux qui vivent dans l'eau, spécialement parmi les Mollusques.

2° Il a été fait tout récemment encore des observations sur la nature alcaline de la salive (§ 822, 3°; 851, V). Arnold (1), en appliquant un papier de couleur à l'orifice du canal de Stenon, l'a trouvée toujours alcaline, et Donné (2) a reconnu qu'elle n'avait jamais d'autre caractère chez les personnes bien portantes, qui jouissent d'un bon appétit et qui digèrent bien. D'un autre côté, Purkinje et Pappenheim (3) prétendent que, la plupart du temps, elle a des réactions acides dans l'état normal, et les observations de Sebastian (4) tendraient à établir qu'elle change souvent de caractère, sans qu'on puisse apercevoir la moindre modification dans l'état de la santé. Cependant ce dernier physiologiste et Van Setten (5) confirment le fait déjà connu, qu'elle devient constamment alcaline pendant la mastication (§ 851, 5°); Van Setten, qui l'a examiné chez cinquante personnes à jeun, l'a trouvée alcaline dans vingt-quatre cas, acide dans dix-sept, et neutre dans neuf : après le repas, elle s'est montrée acide dans vingt-cinq cas, alcaline dans quinze, et neutre dans dix : l'alcali, qui apparaissait ou dont la quantité augmentait pendant le repas, diminuait ou disparaissait ensuite (6). Donné assure (7) que, hors le temps des repas, la salive neutralise l'acidité du suc gastrique, et Eberle (8) pense à peu près de même, parce qu'après avoir rendu beaucoup de salive, dont il avait besoin pour ses expériences, il éprouva de la soif, de la répugnance pour les alimens, et une sensation analogue à celle du soda dans la région du cardia, accidens qui devinrent plus prononcés sous l'influence des acides, mais

(1) *Lehrbuch der Physiologie des Menschen*, p. 32.
(2) *Archives générales*, 2ᵉ série, t. VIII, p. 58.
(3) Muller, *Archiv fuer Anatomie*, 1838, p. 5.
(4) Van Setten, *loc. cit.*, p. 18.
(5) *Ib.*, p. 33.
(6) *Ib.*, p. 31.
(7) *Loc. cit.*, p. 64.
(8) *Physiologie der Verdauung*, p. 151.

que l'eau ou les alimens firent disparaître. Cependant il ne faut pas attacher beaucoup d'importance à cet effet, puisque la salive a été trouvée plus souvent acide ou neutre qu'alcaline chez les personnes à jeun. Eberle (1) et Truttenbacher (2) attribuent à ce liquide, comme Krimer aux larmes, la propriété de décomposer les alimens, en vertu de l'alcali qu'il contient : mais comme l'alcali n'y dépasse pas un millième, et ne va même quelquefois qu'à un cinq-millième (§ 823, 8°), on ne saurait le considérer comme exerçant une influence bien notable, abstraction même faite de ce qu'il ne peut la déployer que pendant la mastication et la déglutition, puisqu'il ne tarde pas, dans l'estomac, à être neutralisé par l'acide du viscère. Nous devons plutôt conjecturer que la salive accroît la tendance des alimens à se combiner avec l'acide du suc gastrique, et que, par conséquent, elle rend ce dernier plus efficace.

3° Tiedemann et Gmelin (3) attribuent un pouvoir d'assimilation à la ptyaline de la salive. Eberle pense que son mucus, à raison de l'azote qu'il renferme, fait subir une modification quelconque aux alimens, mais que son osmazome s'empare des acides et des sels de ces derniers, comme la ptyaline s'approprie leurs alcalis, et qu'en général la salive sert, par l'azote qui entre dans sa composition, et surtout par son acide sulfo-cyanhydrique, à imprimer un certain degré d'animalisation aux alimens. Il faut avouer néanmoins que ces hypothèses ne rendent pas un compte satisfaisant du rôle chimique de la salive.

4° Le fait chimique le plus évident est la puissance qu'a ce liquide de transformer l'amidon en sucre. Il nous fournit des indices propre à apprécier sa manière d'agir. Leuchs (4) a trouvé que ni l'albumine ni la ptyaline ne produisaient cet effet sur l'amidon. Suivant Sebastian (5), l'amidon, mis en

(1) *Loc. cit.*, p. 148.
(2) *Der Verdauungsprocess*, p. 18.
(3) *Rech. sur la digestion.* t I, p. 330. — Raspail, *Nouveau système de chimie organique.* Paris, 1838, t. III, p. 247.
(4) *Loc. cit.*, p. 107.
(5) *Loc. cit.*, p. 51.

digestion avec de la salive, perd sa propriété de bleuir par l'iode, comme lorsqu'il a été traité par un alcali : dans ce dernier cas, la propriété est rétablie par l'addition d'un acide ; mais, dans le premier, elle ne l'est point, et l'amidon ne devient pas non plus alcalin quand on le fait digérer avec de la salive. Ainsi ce n'est point tel ou tel principe constituant, alcali on ptyaline, mais la salive entière, qui agit de manière à déterminer la métamorphose de l'amidon, et il en est probablement de même pour ce qui concerne son action sur les alimens en général. Elle en amollit la substance, elle les rend liquides et plus homogènes, et elle accroît leur oxydabilité, leur tendance à fermenter, à être acidifiés par le suc gastrique, en un mot leur aptitude à se décomposer : ou bien elle détermine une décomposition telle, qu'ils perdent plus ou moins du caractère qu'ils avaient, comme parties constituantes d'un corps organisé vivant. Cette propriété d'attaquer le caractère organique de la matière, est portée quelquefois au point que le liquide acquiert une âcreté extrême ou une nature vénéneuse. Ici se rangent évidemment les organes à venin qui existent, chez quelques Insectes, Arachnides et Ophidiens, au commencement de l'appareil digestif ; l'empoisonnement des animaux destinés à servir de proie, qui résulte de l'action de leur produit sécrétoire, les prédispose à être digérés, et peut même être considéré comme un commencement de digestion hors de l'appareil digestif. De même que la piqûre des Insectes suceurs est rendue douloureuse par la salive âcre qu'ils versent dans la plaie (1), de même nous sommes en droit à regarder comme une modification des glandes salivaires les glandes à venin des Serpens, dont les conduits excréteurs traversent les dents, et portent ainsi le liquide immédiatement dans la plaie faite par la morsure, et, suivant la juste remarque de Muller (2), ce n'est point une objection valable contre cette hypothèse, que les Ophidiens possèdent en outre des glandes salivaires semblables à celles qu'on rencontre chez les autres animaux. Seulement on

(1) Burmeister, *Handbuch der Entomologie*, t. I, 388.
(2) *Handbuch der Physiologie*, t. I, p. 491.

a été trop loin lorsqu'on a prétendu que la salive en général exerçait une action véneneuse, ou une action qui tue la vie.

V. L'humidité buccale n'est point en état de faire éprouver aux alimens une modification qui les convertisse en un produit apte à réparer les pertes subies par la masse du sang et à être absorbé. Des substances incapables de recevoir aucune élaboration ou assimilation sont, sans nul doute, absorbées plus facilement dans la cavité buccale, mais elles ne l'y sont point autrement qu'à la peau. Le mercure, l'huile de tabac et autres poisons agissent ici avec une rapidité extrême ; on apaise sa soif en prenant souvent de l'eau dans sa bouche ; le vin, tenu dans la bouche, peut restaurer et même enivrer; des hommes auxquels l'état de leur œsophage ne permet pas d'avaler, prolongent leur existence pendant quelque temps, en tenant souvent des alimens dans leur bouche, mais ils n'en finissent pas moins par périr de faim.

b. *Changemens opérés dans l'estomac.*

aa. Phénomènes qui signalent ces changemens.

§ 939. Il y a plusieurs manières d'étudier la digestion stomacale.

I. La première est pour ainsi dire immédiate.

1° Elle consiste à examiner le contenu de l'estomac chez des animaux mis à mort pendant ou après la digestion. Les cadavres d'hommes qui périssent de mort subite, au milieu de ce travail, sont rarement ouverts dans des circonstances qui permettent d'en retirer beaucoup d'instruction.

2° Rendre, par le vomissement provoqué à dessein, les alimens qu'on a introduits dans son estomac, comme le faisait Montègre, entre autres, ne mène point à des résultats certains, car le vomissement accroît beaucoup la sécrétion de la salive, de manière qu'on n'obtient pas à l'état de pureté le contenu de l'estomac, qui, d'ailleurs, peut avoir déjà subi une modification par le fait de l'irritation insolite du viscère.

3° Les alimens peuvent être avalés dans des tubes ou dans de petites bourses, qu'on examine après les avoir retirés, ou après qu'ils ont été rendus par le vomissement, ou enfin après qu'ils ont parcouru toute la longueur de l'intestin, avec les excrémens. Les expériences du premier genre ont été faites par Réaumur et Spallanzani, principalement sur des animaux ; celles de la seconde catégorie l'ont été par Spallanzani et par Helm, sur eux-mêmes.

4° Ce qu'il y a de plus instructif, c'est d'observer les cas dans lesquels, chez l'homme, la paroi du ventre et de l'esto-mac a été perforée par l'effet d'une plaie ou de la suppuration, de manière qu'il soit resté un trajet fistulaire. Ces cas ne sont pas fort rares. Cornax parle d'un homme qui, depuis plusieurs années, à la suite d'une blessure à la région épigastrique, portait une fistule stomacale, par laquelle il faisait sortir les alimens à volonté (1). Covillard a vu une fistule de ce genre, qui existait depuis plusieurs années, et qui avait succédé à un coup de feu (2). Thomassin en rapporte deux autres exemples, d'après Foubert et Wenzel. Attinson a observé et guéri une ouverture qui avait été produite par la suppuration de l'estomac (3), Van Swieten cite une femme de soixante ans qui en portait une depuis douze ans (4), et Burrows, un vieillard chez lequel la fistule, déterminée par une piqûre, datait de ving-sept ans (5). Crook a guéri, chez une femme, une fistule survenue cinq mois auparant à la suite d'une gastrite (6). Gérard a réuni d'autres cas du même genre (7). Tous ces faits n'ont été observés que d'une manière superficielle sous le point de vue physiologique. Il faut faire une exception pour le cas dont parlent Circaud et Hallé, d'une femme qui, ayant fait, à l'âge de vingt ans, une chute sur la région épigastrique, fut atteinte, dix-huit ans après, d'une tumeur qui s'ouvrit plus tard, par les efforts du vomissement ; Circaud ne vit cette malade que dans sa qua-

---

(1) Schenck, *Obs. med. rar. libri* VII, p. 348.
(2) *Observations iatrochirurgiques*, p. 282.
(3) *Philosoph. Transact.*, t. XXXII, p. 80.
(4) *Commentaria*, t. IV, p. 955.
(5) Simmons, *Medical facts and observations*, t. V, p. 185.
(6) Froriep, *Notizen*, t. LXII, p. 11.
(7) *Sammlung auserlesener Abhandlungen*, t. XXI, p. 311-314.

rante-sixième année; l'ouverture avait six lignes de long,
sur sept de large. Helm (1) a observé pendant cinq années
de suite une fistule, ayant deux pouces de diamètre, qui
avait succédé, chez une femme de cinquante ans, à l'ouverture d'un abcès. Beaumont a également fait durant plusieurs
années des observations sur un homme au travers de l'estomac et de la partie inférieure de la poitrine duquel avait
passé un coup de fusil chargé de petit plomb; quelques jours
après la blessure, les portions détruites des tégumens extérieurs, ainsi que les parties procidentes du poumon et de
l'estomac, s'étaient détachées, et la guérison avait eu lieu
au bout d'un mois, les bords de la plaie de l'estomac s'étant
réunis à la plèvre et à la peau, de manière à laisser une
fistule du diamètre d'un pouce (5). Les fistules intestinales
qui constituent les anus contre nature, sont encore plus communes; mais il n'y a guère que Lallemand (3) qui les ait
fait servir à des recherches de physiologie. Les moins inté-
ressantes de ces fistules sont celles dans lesquelles une portion inférieure de l'intestin forme l'anus artificiel, comme
chez une femme dont parle Weese, qui, depuis quinze ans,
portait à l'extérieur de son corps un bout de colon long de
quatorze pouces et un autre long de dix pouces, avec une
ouverture par laquelle seule s'opéraient les déjections : l'accident était la suite d'une rupture de la matrice, à la suite
de laquelle le fœtus s'était frayé une voie à travers la région
ombilicale, laissant après lui une procidence de l'intestin (4).

Ce n'est qu'après avoir posé de cette manière les bases sur
lesquelles doit reposer l'étude de la digestion, qu'on peut recourir à d'autres moyens (§ 949, III, IV).

II. Chez tous les animaux, les alimens solides sont convertis en une masse pultacée, qu'on appelle chyme. Le
chyme, surtout chez les Mammifères, est la plupart du temps

(1) *Zwey Krankengeschichte.* Vienne, 1805.
(2) *Neue Versuche und Beobachtungen ueber den Magensaft und die
Physiologie der Verdauung.* Leipsick, 1834.
(3) *Observations pathologiques,* p. 71.
(4) Rust, *Magazin,* t. XIX, p. 195.

grisâtre, quelquefois brunâtre ou verdâtre : il a une odeur et une saveur fades et nauséeuses, parfois sensiblement aigres ; les réactifs n'y indiquent pas la présence d'un acide libre. Lorsque sa formation est achevée, on n'y reconnaît plus à l'œil les alimens, et le microscope y fait apercevoir des globules.

1° Les alimens deviennent d'abord humides, puis spongieux et mous, enfin ils perdent leur forme, et se convertissent en une bouillie homogène ; presque toujours leur couleur naturelle se dissipe, le vert des végétaux et le rouge de la viande passent plus ou moins au grisâtre. Lorsque la masse alimentaire n'est pas très-molle dans sa totalité, on trouve la surface transformée déjà, tandis que l'intérieur n'a encore subi aucun changement. C'est ce qu'Ollivier (1) a remarqué chez un homme subitement mort à la suite d'un repas immodéré. Schultz (2) attribue cet effet à ce que le mouvement indiqué par Wilson (§ 931) refoule de dedans en dehors les portions qui ont été digérées. Mais on peut se convaincre, sur des substances solides, que la digestion s'accomplit couche par couche : ainsi un lambeau de poumon qu'un Héron avait avalé, était dissous à sa surface, tandis que le centre conservait encore toute son intégrité (3) ; une boule en os, du diamètre de quatre lignes et demie, n'avait diminué que d'une ligne et un tiers pendant l'espace de trente-cinq jours ; elle était demeurée parfaitement ronde, et s'était recouverte chaque jour d'une couche superficielle de substance dissoute (4).

2° Le tissu cellulaire de la viande est ce qui se dissout d'abord ; les fibres de celle-ci se séparent donc les uns des autres ; puis elles apparaissent comme rongées, et finissent par se convertir en une bouillie plus ou moins brune. La viande pourrie perd son odeur putride et devient plus ferme avant de se dissoudre.

3° L'albumine liquide se prend d'abord en flocons, puis se convertit en un liquide lactescent. Le blanc d'œuf durci com-

(1) Billard, *De la memb. muq. gastro-intestinale*, Paris, 1825, p. 82.
(2) Meckel, *Archiv fuer Anatomie*, 1826, p. 510.
(3) Spallanzani, *OEuvres*, t. II, p. 506.
(4) Spallanzani, *OEuvres*, t. II, p. 607.

mence par devenir mou et translucide, comme s'il avait été attaqué par un alcali. La fibrine se transforme également en une masse gonflée, molle et translucide, sans trame organique.

4° Les parties tendineuses donnent une bouillie gélatiniforme. Le derme n'est dissous qu'à sa face interne; mais les Oiseaux de proie digèrent le cuir de bœuf et de veau (1). Les os sont digérés par les animaux carnivores, tels que les Poissons et les Reptiles (2), entre autres les Grenouilles (3), par les Hérons (4) et par les Oiseaux de proie (5). On fit avaler à un Aigle une bille d'os de Bœuf, que l'animal vomissait chaque jour, et dont chaque fois la surface était ramollie, tellement que la bille disparut complètement en vingt-cinq jours. Les Chiens digèrent également les os (6) : un gros os était réduit des trois dixièmes au bout de six heures et demie, et un morceau d'omoplate complètement digéré en huit heures (7); les substances organiques sont extraites, et les parties terreuses, réduites en poudre ou en esquilles, donnent aux excrémens la couleur blanche qu'ils prennent en se desséchant (*album græcum*). L'homme a moins d'aptitude à digérer les os, bien qu'il n'en soit pas entièrement dépourvu (8); un domino qu'une jeune fille avait avalé et rendu au bout de trois jours par les selles, était devenu rude à la surface, d'après Cooper (9), et ne pesait plus que trente-quatre grains, tandis que le poids des autres était de cinquante-quatre.

5° Le lait se coagule, ou se sépare en petit-lait et fromage, et celui-ci est ensuite dissous.

6° Magendie prétend (10) que l'eau devient trouble dans

(1) Spallanzani, *OEuvres*, t, II, p. 585, 586.

(2) Haller, *Elem. physiol.*, t. VI, p. 312.

(3) *Ib.*, p. 515.

(4) *Ib.*, p. 501.

(5) *Hist. de l'Acad. des sc.*, 1752, p. 473. — Spallanzani, *loc. cit.*, p. 504, 566, 579.

(6) *Ib.*, p. 488.—Spallanzani, *loc. cit.*, p. 629.

(7) Meckel, *Deutschos Archiv*, t. IV, p. 140.

(8) Haller, *loc. cit.*, t. VI, p. 314.

(9) Meckel, *Deutsches Archiv*, t. IV, p. 140.

(10) *Précis élém.*, t. II, p. 126.

l'estomac, qu'en grande partie elle passe dans l'intestin où est absorbée, et qu'elle laisse un mucus, qui est ensuite converti en chyme, à l'instar d'un aliment. Il ajoute que non-seulement les autres boissons, mais encore les sucs gastriques eux-mêmes, subissent une transformation semblable, attendu qu'on a trouvé une sorte de chyme dans la région du pylore chez des hommes frappés de mort subite tandis qu'ils étaient à jeun, et un simple mucus dans la région cardiaque de l'estomac d'animaux qui étaient demeurés un ou deux jours sans prendre d'alimens (1).

7° Les parties épidermoïdes résistent à la digestion, ou n'y cèdent que chez certains animaux, et difficilement. L'homme rend les pellicules du raisin, des autres baies, des pois, des lentilles, etc., sans qu'elles aient subi aucun changement. Helm a vu (2) la peau des poires rester indigérée, et des raisins de Corinthe ou des pruneaux entiers, qu'on avait introduits dans l'estomac, à travers la fistule, s'échapper intacts par les selles. On aperçoit ordinairement les balles de l'avoine dans le crotin du Cheval. Cooper a trouvé, chez les Chiens, la pellicule des pommes de terre inattaquée, tandis que la couche sous-jacente était dissoute (3). Les Poissons paraissent digérer les écailles des autres animaux de leur classe; mais les poils, les cornes et les ongles résistent partout à la digestion. Un Faucon digérait les racines des dents, mais non l'émail; son estomac n'attaquait non plus ni la corne, ni l'épithélium corné du gésier des oiseaux (4). Un Chien parut avoir digéré une partie de l'émail d'une dent, quoique le tissu du linge qui enveloppait cette dernière fût demeuré intact. (5)

8° Tant qu'ils vivent, et en vertu même de leur vie, les Entozoaires, les Insectes, les Vers et les Reptiles qui parviennent dans l'estomac, résistent à la digestion.

III. Quant à ce qui concerne les autres différences :

1° La digestion ne commence généralement que dans l'in-

(1) *Précis élém.*, t. II p. 14.
(2) *Loc. cit.*, p. 22.
(3) *Loc. cit.*, t. IV, p. 138.
(4) Spallanzani, *OEuvres*, t. II, p. 584, 585.
(5) Spallanzani, *loc. cit.*, p. 633.

térieur de l'estomac. Quoique le liquide sécrété dans le jabot des Oiseaux soit presque toujours acide, et le soit constamment après que l'animal a mangé, selon Tiedemann et Gmelin (1), il paraît servir moins à la digestion proprement dite, qu'à remplacer la salive, c'est-à-dire à faire renfler les alimens et les rendre aptes à être digérés; ainsi la coque des noix pleines éclate dans le jabot des Dindons, tandis que celle des noix vides demeure intacte, parce qu'elle ne renferme pas de noyau qui puisse se renfler par l'effet de l'imbibition (2). Il arrive souvent aux Poissons d'avaler des animaux qui ne peuvent pas se loger en entier dans leur estomac ; la portion contenue dans l'œsophage est encore intacte quand celle qui se trouve dans l'estomac est déjà digérée (3).

2° Le fourrage qu'on rencontre dans la portion cardiaque et surtout dans le cul-de-sac de l'estomac des Mammifères, est proportionnellement moins altéré et plus imbibé de liquides; celui que renferme la portion pylorique est plus converti en un chyme homogène et acide à un plus haut degré. Schultz a remarqué, chez un Chat qui avait mangé une heure auparavant, que le contenu de la portion cardiaque était encore neutre, tandis que celui de la portion pylorique avait acquis déjà le caractère acide (4). La digestion paraît avoir son siége principal dans la grande courbure, et la région qui avoisine le pylore semble n'être destinée qu'à en recevoir le produit. Chez les Ruminans, le fourrage est moins altéré dans la panse, et, au dire de Schultz (5), il exerce une réaction alcaline quand il se compose de substances sèches (paille ou foin), parce qu'alors la salive coule en plus grande abondance (§ 938, 2₀, 3₀), au lieu que les alimens mous (pommes de terre, carottes), sont déjà acidifiés par le suc gastrique. Les substances alimentaires changent peu dans le réseau; mais, entre les plis du feuillet, elles s'imprègnent de plus en

(1) *Recherches expérim. sur la digestion.* Paris, 1827, t. II, p. 150.
(2) Rudolphi, *Physiologie*, t. II, P. II, p. 91.
(3) Prochaska, *Physiologie*, p. 399.
(4) *De alimentorum concoctione*, p. 30.
(5) *Ib.*, p. 46.

plus de suc gastrique, et c'est dans la caillette, qui fournit le plus d'acide, qu'elles finissent par se convertir en bouillie.

§ 940. Il en est de la digestion comme de tout ce qui a trait à la physiologie ; la complication des circonstances ne permet pas d'en déterminer la durée autrement que d'une manière approximative.

I. Le temps qui s'écoule depuis l'introduction des alimens jusqu'à leur conversion complète et leur évacuation dans l'intestin, dépend des conditions de l'organisme.

1° Il dépend d'abord de l'espèce. Schweigger fait remarquer [1] qu'on a retrouvé dans l'intestin de Sangsues une partie du sang qu'elles avaient sucé deux ans et demi auparavant. La digestion est généralement plus lente chez les Poissons et les Reptiles que chez les Oiseaux et les Mammifères ; il arrive quelquefois aux Indiens de trouver dans l'estomac du Boa un jeune Buffle assez bien conservé pour qu'il leur soit possible d'en manger la chair [2]. Gosse, qui se procurait des vomissemens à volonté, en avalant de l'air, avait reconnu de cette manière que les alimens n'ont encore subi presque aucun changement au bout d'une demi-heure, qu'au bout d'une heure ils sont convertis en bouillie, et qu'au bout de deux heures il y en a déjà la moitié qui est sortie de l'estomac. Pour ce qui concerne les observations faites sur des personnes atteintes de fistules stomacales, la femme dont parle Helm [3] était contrainte par des douleurs, deux ou trois heures après le repas, de retirer les alimens contenus dans son estomac, dont cependant il restait une partie, qui passait plus tard dans l'intestin. Chez la femme observée par Circault, trois heures après le repas, l'estomac laissait échapper la nourriture, en partie par le pylore, et en partie par la fistule, dont la membrane muqueuse faisait alors saillie en manière de bourrelet. Dans un cas analogue (si ce n'est le même), où l'orifice de la fistule était distant du pylore d'un tiers de la longueur de l'estomac, Richerand a vu le chyme sortir trois ou quatre

(1) *Handbuch der Naturgeschichte*, p. 570.
(2) Zimmermann, *Taschenbuch der Reisen*, t. XI, p. 226.
(3) *Loc. cit.*, p. 7.

heures après le repas. Chez le malade de Beaumont, la chymification était généralement terminée trois heures ou trois
heures et demie après un repas modéré, composé de viande et
de pain'(1). Cependant elle exige presque toujours quatre ou
cinq heures chez l'homme en pleine santé ; Haller a remarqué que quand il souffrait de l'estomac, les matières qui lui
revenaient à la bouche ne cessaient d'avoir le goût des alimens que six heures après le repas (2).

2° L'individualité exerce aussi de l'influence. Lallemand (3) donne comme un résultat des observations faites sur
les anus artificiels, que la durée de la digestion varie pour ainsi
dire à chaque individu, et qu'en conséquence on aurait tort
de vouloir établir aucune proposition générale à cet égard.

3° Enfin la durée varie chez un même individu, suivant
l'état présent de la vie. Spallanzani a constaté que le même
animal ne digère pas en tout temps avec la même rapidité.
C'est peut-être à quelque circonstance de ce genre qu'il faut
s'en prendre de ce qu'on trouva l'estomac déjà vide chez un
homme qui avait été assassiné deux heures après le repas (4).

II. L'évacuation de l'estomac et l'achèvement de la digestion dans son intérieur ne coïncident pas toujours ensemble, et sont deux phénomènes qu'il faut distinguer l'un
de l'autre.

1° Chez certains animaux, la nourriture arrive de bonne
heure, et avant d'avoir subi de modification notable, dans
l'intestin, où elle se convertit en chyme parfait. C'est ce qui a
lieu, par exemple, chez les Chevaux (5). Ces animaux peuvent
manger pendant plusieurs heures de suite, parce que leur
estomac, s'il n'est pas assez spacieux pour contenir tous les
alimens qu'ils prennent, possède une force musculaire très-
énergique. Chez d'autres animaux, au contraire, cet organe
ne se vide jamais entièrement : l'estomac des Chenilles contient encore de la nourriture après sept jours et plus d'absti-

(1) Loc. cit., p. 45, 220.
(2) Elem. physiol., t. VI, p. 280.
(3) Loc. cit., p. 84.
(4) Haller, loc. cit., t. VI, p. 281.
(5) Hurtrel d'Arboval, Dict. de méd., de chirurgie et d'hygiène vétérinaires. Paris, 1838, t. III, p. 255.

nence, quoiqu'il se meuve avec beaucoup de vivacité pendant la digestion (1). Il est rare aussi, comme l'avait déjà dit Walæus (2), qu'on le trouve tout-à-fait vide chez les Chiens (3) et les Lapins (4) qui sont demeurés long-temps sans recevoir de nourriture. Les résidus non digérés de la nourriture de ces derniers ne paraissent pas avoir assez de pouvoir excitant, et il faut, pour que l'estomac les expulse, que des alimens frais provoquent en lui un mouvement vif.

2° L'état de l'irritabilité est une des conditions qui déterminent l'époque de l'évacuation. Lorsque la faim se fait sentir vivement, l'estomac est contracté avec force, et il expulse promptement la nourriture qui pénètre dans son intérieur : on entend alors un bruit de gargouillement, et l'on sent le bouillon ou le vin répandre une chaleur agréable par tout le bas-ventre. Tanchou, qui a fait cette remarque (5), a trouvé l'estomac en grande partie vide chez des Chevaux qu'il laissait jeûner pendant vingt-quatre heures, auxquels il donnait ensuite des radis, des carottes et autres choses semblables, et qu'il tuait, à la dernière bouchée, d'un coup de couteau à la moelle allongée, pour les ouvrir sur-le-champ ; les radis avaient déjà cheminé de plus de vingt pieds dans l'intestin. Lorsque l'irritabilité est suspendue ou éteinte, le mouvement s'arrête aussi : une femme dont parle Abernethy, s'était empoisonnée avec de l'opium ; à l'autopsie, on trouva l'estomac encore tout plein des liquides qui avaient été injectés pendant la vie (6). Haller (7) fait remarquer que le mouvement semble être accéléré dans les cas de fistules gastriques et intestinales ; et cette assertion n'est peut-être pas dénuée de fondement, car on voit souvent, chez les personnes atteintes d'anus artificiel, le chyme sortir deux heures déjà après le repas (8).

(1) Rengger, *Physiologische Untersuchungen*, p. 12.
(2) Bartholin, *Anatomia reformata*, p. 535.
(3) Treviranus, *Biologie*, t. IV, p. 387.
(4) Wilson, *Ueber die Gesetze der Functionen des Lebens*, p. 119.— Schultz, *loc. cit.*, p. 77.
(5) Froriep, *Notizen*, t. L, p. 310.
(6) *Physiological lectures*, p. 179.
(7) *Loc. cit.*, t. VII, p. 52.
(8) Lallemand, *Observations pathologiques*, p. 74.

3o Il faut avoir égard aussi à la propriété stimulante spéciale des substances portées dans l'estomac, dont elles excitent l'activité vitale tantôt dans un sens et tantôt dans un autre. L'estomac est effectivement l'organe qui présente le plus de côtés, si l'on peut s'exprimer ainsi ; abstraction faite de ses relations intimes avec d'autres systèmes organiques (§ 957, III ; 979, II), il sécrète des liquides, les uns muqueux et les autres acides, il fluidifie et transforme, il assimile et absorbe, il est doué de sensibilité et de motilité. Chacun de ses différens côtés a ses stimulans propres ; telle substance agit davantage sur la membrane muqueuse, et telle autre sur la musculeuse, celle-ci sur les nerfs, et celle-là sur les vaisseaux sanguins, etc. Nous laissons à nos successeurs le soin de développer cette vérité ; qu'il nous suffise ici de citer quelques faits relatifs au passage des substances dans l'intestin. Crook a vu, chez un sujet porteur d'une fistule qui s'ouvrait au voisinage du pylore, que l'eau de la boisson était chassée dans l'espace de vingt secondes (1). D'après les observations de Coleman, en six minutes, ce liquide allait jusqu'au cœcum, chez un Cheval, c'est-à-dire parcourait une distance de soixante pieds (2). Suivant Gurlt (3), huit livres d'eau traversèrent l'estomac d'un Cheval en peu de minutes, et seize celui d'un autre. Il résulte des observations de Beaumont (4) qu'en général les boissons disparaissent rapidement de l'estomac, quoiqu'on demeure dans l'incertitude relativement à la question de savoir combien il y en a qui soit absorbée. Cependant la cohésion n'exerce pas une influence absolue, puisque certains alimens solides sortent de l'estomac avant certains liquides, par exemple les œufs crus. Quelques boissons, d'ailleurs fort différentes les unes des autres quant à leurs effets, s'échappent avec une promptitude toute particulière, et sont cause que les alimens eux-mêmes passent dans l'estomac avant d'être digérés ; Schultz assure que le café, surtout, donne lieu à ce phéno-

(1) Froriep, *Notizen*, t. XLII, p. 14.
(2) Abernethy, *Physiological lectures*, p. 180.
(3) *Lehrbuch der vergleichenden Physiologic*, p. 46.
(4) *Loc. cit.*, p. 65.

mène (1). On sait aussi que parfois le lait détermine presque instantanément la diarrhée, ce que Lallemand, entre autres, a remarqué dans les cas d'anus artificiel (2). Le mode spécial d'action des divers purgatifs, qui diffèrent tant les unes des autres, n'a point encore été suffisamment examiné.

III. Mais ce qui mérite une attention toute particulière, ce sont les modifications du mouvement, eu égard à sa qualité. En effet, l'estomac, dans l'intérêt de la digestion, commence par se contracter uniformément de tous les côtés, pour réduire les alimens un une seule masse ; puis, au moyen d'une propagation circulaire de ses contractions, il les promène en rond ; ensuite il se contracte progressivement du cardia au pylore, pour les pousser dans l'intestin, ou du pylore au cardia, pour les ramener à la bouche. Or, chacun de ces modes de mouvement a des stimulans spéciaux qui le provoquent ; celui qui sert à la digestion est déterminé par les épices, celui qui chasse les alimens dans l'estomac, par les sels neutres, et celui qui amène le vomissement par l'antimoine. Mais l'estomac possède, en outre, la faculté d'exercer tel mouvement sur une substance, quand il en contient plusieurs à la fois, et tel autre sur les autres.

10. Un vomissement normal (§ 934, 6°) est incontestablement excité par l'irritation mécanique due au corps qui résiste à la digestion; cependant, il n'a pas lieu tant que ce corps indigeste est encore accompagné de substance apte à être digérée. La coquille d'un Limaçon ne stimule l'estomac d'une Astérie, au point de produire le vomissement, que quand elle est vide, quand l'animal qu'elle logeait a été digéré ; les Oiseaux de proie ne vomissent pas tant qu'il leur reste quelque chose à digérer dans l'estomac, et ils conservent les tubes d'expérimentation qu'on leur fait avaler jusqu'à ce que toute la substance alibile qui y est contenue et toute celle qui les entoure soient digérées (3). C'est ainsi qu'un Faucon retint une bille en os pendant vingt-deux jours, parce que Spallanzani (4)

(1) *De alimentorum concoctione*, p. 81.
(2) *Observations pathologiques*, p. 76.
(3) Spallanzani, *OEuvres*, t. II, p. 567.
(4) *Ib.*, p. 582.

avait soin de lui présenter la nourriture à l'époque où, d'après son calcul, la digestion était terminée et le vomissement imminent. Le mouvement digestif prépare les substances indigestes à être rejetées au dehors. L'estomac des Oiseaux de proie pelotonne les plumes des petits Oiseaux qui ont été avalés, et les réduit en masses sphériques avant qu'elles soient vomies(1). La faculté de rejeter certaines substances par le vomissement coïncide également avec l'impuissance de les digérer : la Chouette ne peut point digérer les végétaux, et elle les rejette avec le reste des matières pelotonnées quand on lui en a fait avaler de force (2). Un Faucon vomit une bille en os pleine et dure, parce qu'il ne pouvait pas la digérer en totalité, tandis que son estomac retenait des os de bœuf, dont il lui était possible d'accomplir la digestion(3). Les Hérons ne vomissent point, bien qu'ils avalent des Poissons et des Batraciens entiers, attendu que leur faculté digestive est assez puissante pour triompher de la densité des os de ces animaux. Chez l'homme aussi, l'estomac se laisse déterminer, par la nature des diverses parties de son contenu, à rejeter les unes tandis qu'il retient les autres. Il arrive souvent aux personnes atteintes de vomissemens habituels de ne rendre, après le repas, qu'un seul des alimens qu'ils ont pris (4). Lallemand a connu un sujet chez lequel, peu de temps après le repas, éclataient les symptômes d'un épanchement de sang dans l'estomac, puis il survenait un vomissement de sang (5). Récamier cite également plusieurs exemples de cette action élective de l'estomac, comme il la nomme. Chez les hommes qui ruminent, certains alimens remontent de l'estomac préférablement à d'autres, et quoique les choses présentent à cet égard autant de variétés que l'on compte d'individus, il n'en est pas moins vrai qu'au total les végétaux reviennent plus fréquemment à la bouche que les matières animales (6).

(1) *Ib.*, p. 565.
(2) *Ib.*, p. 582.
(3) *Ib.*, p. 502.
(4) Grimaud, *Cours complet de physiologie*, t. II, p. 233.
(5) *Loc. cit.*, p. 62.
(6) Heiling, *Ueber das Wiederkauen bei Menschen*, p. 17.

2° On en peut dire autant de l'expulsion du contenu de l'estomac dans l'intestin. Les alimens ne sortent pas du premier de ces organes dans le même ordre qu'ils y ont été introduits, et l'on remarque entre eux une succession qui dépend de leurs qualités. Les fistules gastriques et intestinales surtout fournissent la preuve de ce phénomène, déjà indiqué par Haller (1). Vater avait aussi remarqué (2), chez un sujet atteint d'anus artificiel, que les fruits et les légumes sortaient indigérés, sans s'être mêlés aux autres alimens, et que le bouillon s'échappait également seul, sans substances solides. Lallemand a observé ces faits avec beaucoup d'attention (3). Les alimens provenant du règne végétal sortaient avant ceux qui tiraient leur origine du règne animal, de moitié plus tôt en général, et chez certaines personnes une heure après le repas : ils étaient peu digérés ; les haricots, les lentilles, les pommes de terre, même préparés en bouillie, se laissaient aisément reconnaître, et le fruit paraissait souvent en morceaux solides, sans le moindre changement, le fruit cru plutôt que le fruit cuit, bien que ce dernier fût plus mou ; le pain venait plus tard, puis la viande bouillie, ensuite la viande rôtie et faisandée, et il n'y avait plus moyen de reconnaître ces alimens, qui formaient une masse pultacée homogène ; les viandes dures sortaient plus tard que les molles, et les œufs durs plus tard aussi que les œufs à la coque. Les malades avaient de là répugnance pour le lait, et, quand ils en prenaient, ce liquide sortait sous forme de caillots, au bout d'une demi-heure ou d'une heure. Londe, dans ses observations sur les anus artificiels (4), a reconnu que la salade, les épinards, les carottes, les pruneaux, les pommes sortaient toujours au bout d'une heure, sans avoir subi de changement ; le vermicelle et la panade n'apparaissaient jamais avant deux heures, et n'étaient plus reconnaissables : la viande ne sortait pas avant trois heures, le bouilli plus tôt que le rôti ; de la soupe grasse gar-

(1) *Elem. physiol.*, t. VI, p. 280.
(2) *Philos. Trans.*, t. XXXI, p. 89.
(3) *Loc. cit.*, p. 74.
(4) *Dict. de médecine et de chirurgie pratiques*, art. ALIMENT, t. II, p. 5 et suiv.

nie de carottes, c'étaient celles-ci que les sujets rendaient les premières. Chez le malade de Beaumont (1), les végétaux crus quittaient souvent l'estomac de très-bonne heure et sans avoir été digérés, tandis que les autres alimens restaient dans le viscère et y éprouvaient la digestion.

3° Le pylore est donc réellement, dit Lallemand, ce que son nom exprime, un portier qui chasse les substances peu nourrissantes, difficiles à digérer, celles dont l'estomac ne saurait tirer parti, et qui ne feraient que le charger. Cependant l'allégorie ne donne point une idée précise de l'opération, et si le faible degré d'alibilité ou de digestibilité était la circonstance déterminante, tout ce qui est incapable de nourrir et d'être digéré devrait sortir en premier lieu de l'estomac. On a bien vu quelquefois la pulpe des cerises sortir plus tard que les noyaux, et Tiedemann a rencontré, au bout de plusieurs heures dans l'intestin les pierres qu'il avait fait avaler à des Chevaux(2). Mais ce n'est pas là ce qu'on peut considérer comme la règle. Réaumur a retrouvé dans l'estomac le sable qu'il avait donné huit jours auparavant à des Poules et à des Canards(3); ces animaux, aussi bien que des Dindons et des Pigeons, avaient encore des pierres dans leur gésier, après avoir été tenus renfermés par Spallanzani (4), pendant un mois entier, dans des cages où ils n'en pouvaient trouver. Généralement parlant, les substances non digérées font un long séjour dans l'estomac ; les personnes qui ont ce viscère malade vomissent souvent les substances alimentaires qu'elles ont prises plusieurs jours auparavant, bien que, dans l'intervalle, elles en aient digéré beaucoup d'autres, qui sont passées sans peine dans l'intestin. On cite l'exemple de pois mangés fréquemment et en grande abondance, dont les pellicules ne sortirent qu'au bout de plusieurs mois, par l'effet seulement de purgatifs, et celui d'un morceau de couenne de lard qui demeura deux

(1) *Loc. cit.*, p. 25.
(2) *Recherches sur la digestion*, t. I, p. 149.
(3) *Hist. de l'Acad. des sc.*, 1752, p. 296.
(4) *OEuvres*, t. II, p. 418.

ans entiers dans l'estomac sans être digéré (1). Schultz (2) a également retrouvé, au bout de huit jours, des végétaux de digestion difficile dans la panse des Ruminans, et Montègre s'est convaincu, comme beaucoup d'autres, que les substances hétérogènes sont retenues pendant fort long-temps dans l'estomac. Il paraît donc que, comme les alimens très-nourrissans et difficiles à dissoudre déterminent un rétrécissement plus prononcé et un mouvement rotatoire plus marqué (§ 931, 5°), de même les substances indigestes, celles surtout qui sont solides, agissent d'une manière analogue, tandis que celles qui sont peu nourrissantes, molles, acidules, et qui ne peuvent céder à la digestion que dans l'intestin, sous l'influence de la bile, provoquent le mouvement expulsif de l'estomac. Les intestins possèdent également une excitabilité spécifique; certains alimens qui occasionent la diarrhée, n'entraînent pas tout le contenu de l'intestin, mais passent à côté; l'usage prolongé des eaux minérales fait souvent rendre des masses de matières fécales qui étaient restées dans l'intestin malgré les selles journalières et le fréquent emploi des purgatifs. Enfin l'estomac fait preuve, chez certains animaux, d'une invulnérabilité (§ 876, 6°) qui tient peut-être à un mouvement particulier en vertu duquel le viscère s'adapte aux corps qu'il renferme, de manière à ne pouvoir être blessé par leurs parties tranchantes ou aiguës. Ainsi l'estomac mou des Méduses conserve son intégrité malgré les coquilles de Mollusques que l'animal avale; le gésier des Oiseaux broie le verre sans se blesser, pas plus qu'il ne le faisait quand il brisait et émoussait les aiguilles et les pointes de lancettes dont Spallanzani (3) avait garni une balle de plomb introduite ensuite dans l'organe.

IV. Il est difficile de déterminer le degré de digestibilité des divers alimens, et les assertions qui seront émises à cet égard n'auront rien de stable, tant qu'on ne s'entendra pas bien sur le fond des choses, tant qu'on n'envisagera qu'un seul côté de la digestion.

(1) Haller, *Elem. physiol.*, t. VI, p. 272.
(2) *Loc. cit.*, p. 77.
(3) *Loc. cit.*, p. 419.

1° Souvent on n'entend par digestion que le travail accompli par l'estomac sur les alimens. Achève-t-il son œuvre avec promptitude, et sans malaise, on dit que ces alimens ont été faciles à digérer. C'est ce qui arrive, par conséquent, lorsqu'on éprouve peu ou point de pesanteur après le repas , ou que le sentiment de la digestion se dissipe promptement, ou que l'examen de l'estomac lui-même prouve qu'il n'a pas tardé à se débarrasser des matières alimentaires. D'après cela, les choses les plus faciles à digérer sont celles qui sollicitent le moins la force digestive, qui provoquent au plus haut degré les mouvemens expulsifs, et qui passent bientôt dans l'intestin , sans avoir subi de changement considérable. Dans cette hypothèse, l'eau occuperait le premier rang ; viendraient ensuite les autres boissons, puis les fruits, la salade, les épinards, les carottes, etc. ; le pain , au contraire, serait plus difficile à digérer, et la viande plus encore (1).

2° Mais cette manière de voir ne saurait être admise seule , sans quoi certaines substances incapables de nourrir, par exemple le sulfate de magnésie, devraient être considérées comme ce qu'il y a de plus facile à digérer. L'estomac n'est pas seulement un lieu de transit ; c'est un foyer d'élaboration, où se forme le chyme. On ne peut donc reconnaître pour facile à digérer que ce qui s'y convertit promptement en une bouillie homogène , que ce qui se laisse aisément broyer et mêler avec les sucs gastriques. Il faut jusqu'à un certain point faire entrer ici en ligne de compte la mollesse de la substance, considération d'après laquelle le poisson est plus facile à digérer que la chair des animaux à sang chaud, et la viande de pigeon ou de veau plus que celle d'oie ou de bœuf. Cependant la consistance n'exerce qu'une influence limitée ; car, par exemple , les pruneaux et les épinards passent dans l'intestin sans avoir changé de couleur ni de forme (1). Une part plus importante revient à la proportion des matériaux solubles ; le sel, le sucre, la gomme, l'osmazome, la gélatine sont faciles à digérer, tandis que la fibrine, le cartilage et l'os se digèrent difficilement. L'homme de Beaumont digérait les car-

(1) Ch. Londe. *Nouv. élém. d'hygiène.* Paris, 1838, t. II, p. 37 et suiv.
(2) Lallemand, *loc. cit.*, p. 75.

tilages cuits en quatre heures et un quart, les tendons cuits en cinq heures et demie (1). Suivant Cooper (2), les Chiens, dans l'espace de quatre heures, digèrent 0,36 de la peau, 0,22 des cartilages, 0,21 des tendons, 0,06 des os.

3° Cependant tout cela ne suffit point encore pour nous satisfaire. Les alimens doivent servir à réparer le sang employé à la nutrition et aux sécrétions, et la métamorphose qu'ils sont obligés de subir pour remplir cet office, doit commencer dans la digestion stomacale. D'après cela, on ne peut considérer comme faciles à digérer que ceux qui, en traversant le canal digestif, acquièrent de bonne heure, et avant même de quitter l'estomac, une forme rapprochée de celle du sang, que ceux par conséquent qui possèdent un haut degré d'assimilabilité. Cette idée embrasse l'alibilité; seulement elle ne s'arrête point là, et suppose en outre un haut degré d'aptitude à se décomposer. Les caractères distinctifs d'une grande digestibilité consistent donc en ce qu'un appareil simple suffise à la digestion, et en ce qu'il ne faille qu'une petite quantité d'alimens pour subvenir aux besoins de la nutrition. Les substances qui méritent, sous ce rapport, d'être appelées faciles à digérer, peuvent demeurer plus long-temps que d'autres dans l'estomac, et restreindre plus qu'elles les manifestations de la vie animale, parce qu'elles exigent que l'estomac déploie toute la plénitude de son activité, parce qu'elles obligent davantage la vie à se concentrer en lui et à se détourner de ses autres directions. Elles-mêmes peuvent passer plus tard à la forme de chyme; mais, une fois qu'elles y sont parvenues, le chyme qu'elles constituent est plus parfait, eu égard à sa composition, il se rapproche davantage du sang, il a moins besoin de transformations ultérieures pour devenir du véritable sang. D'après cela, la nourriture animale est de digestion plus facile que la nourriture végétale; car elle se résout plus aisément en ses principes constituans. La plupart des animaux inférieurs, qui ont les organes digestifs les plus simples, sont astreints exclusivement à ce genre d'alimentation, et ceux

(1) Beaumont, *loc. cit.*, p. 245.
(2) Meckel, *Deutsches Archiv*, t. IV, p. 438.

mêmes des classes supérieures qui vivent de substances animales, se distinguent par un estomac plus étroit, un intestin
plus court, un appareil sécrétoire plus limité, enfin par la faculté de supporter plus long-temps l'abstinence, précisément
à cause de l'alibilité plus prononcée des matières dont ils vivent. La chair ferme des animaux qui vivent à l'état de liberté
et qui exercent beaucoup leur force musculaire, est plus facile à digérer quand on l'a gardée pendant quelque temps et
qu'elle approche du moment où elle va tomber en putréfaction,
que quand elle est fraîche, parce que, dans ce dernier cas, les
parties qui la constituent sont plus solidement enchaînées par
l'action de la vitalité dont elles jouissaient naguère. Les substances amylacées sont plus décomposables et par conséquent plus
faciles à digérer que les légumes. Les alimens de médiocre
consistance excitent à un plus haut degré le mouvement digestif de l'estomac, et sont en conséquence de digestion plus
facile que les mêmes substances sous la forme liquide.

4° Walæus (1) a le premier tenté d'arriver à des conclusions précises touchant la digestibilité des alimens. Il a trouvé
que, chez les Chiens, la digestion du lait et du bouillon gras
est terminée dans la première heure, celle du pain, des graines de légumineuses et du poisson dans la quatrième et la
cinquième, celle de la viande dans la sixième et la septième.
Nous pourrions assigner à chacune de ces trois classes d'alimens le premier rang sous le rapport de la digestibilité en
partant d'un des trois points de vue qui viennent d'être si-
gnalés. Mais les trois genres de considérations se réunissent
à l'égard de certains alimens : ainsi l'huile grasse et surtout
la graisse animale sont difficiles à digérer, d'abord parce
qu'elles restent long-temps dans l'estomac, et qu'elles le chargent, en second lieu parce qu'elles ont de la peine à se mêler
avec les sucs gastriques, et en troisième lieu parce qu'elles
résistent beaucoup à la décomposition.

5° La même nourriture est plus facile à digérer pour une
espèce, et moins pour une autre. Cooper a trouvé que, sous
le rapport de leur digestibilité par le Chien, les alimens se

(1) *Loc. cit.*, p. 533.

rangeaient dans l'ordre suivant : cochon, mouton, bœuf et veau, tandis que, suivant son opinion, le mouton est ce que l'homme digère avec le plus de facilité, après quoi viennent le bœuf, le veau, et en dernier lieu le cochon (1). Helm a reconnu, au contraire, que le veau, le mouton et le cochon se digèrent bien plus facilement que le bœuf (2). Schultz a donc suivi une mauvaise voie quand, pour savoir s'il est bon de manger du fromage de Hollande après les huîtres, il a forcé un Chien à avaler des huîtres (3).

6° Les expériences les plus vagues sont celles qui ont pour but de déterminer la digestibilité comparative des divers alimens ; elles échouent toutes contre les différences qui naissent de l'état individuel ou même seulement momentané de la vie. Comme cet état varie d'homme à homme, et ne reste pas non plus invariable chez un même individu, comme on aime ce dont on a contracté l'habitude, mais qu'on se dégoûte de ce qui revient tous les jours, et qu'on exige de la variété dans la nourriture, la facilité de digérer tel ou tel aliment est également sujette à une foule de nuances et d'alternatives. Quand le besoin est grand, qu'on ne consomme qu'une quantité modérée d'alimens, et qu'on la prend avec plaisir, elle est digérée avec plus de facilité que dans les circonstances inverses. Ainsi Londe a remarqué, chez des personnes atteintes d'anus artificiel, que les substances végétales, qui d'ordinaire traversent l'intestin sans éprouver de changement, cessent de pouvoir être reconnues dans les selles et se transforment en chyme, après une diète sévère et lorsqu'on les mange en petite quantité. Helm a très-bien procédé en introduisant des substances diverses, de poids déterminé, dans l'estomac, par la fistule, et examinant, au bout de quelque temps, quelle diminution elles avaient subie (4). Admettons que la digestion ait marché d'une manière uniforme, elle se serait élevée, dans le courant d'une heure, à 0,010 pour les pommes, 0,016 pour

(1) Meckel, *Deutsches Archiv*, t. IV, p. 138.
(2) *Loc. cit.*, p. 29.
(3) *De aliment. concoct.*, p. 32.
(4) *Loc. cit.*, p. 20-26.

IX,   19

les carottes et les panais, 0,052 pour les pommes de terre et les navets, 0,083 pour les poires, et 0,173 pour le pain noir mâché. Mais la femme sur laquelle ces observations ont été faites, présentait aussi de grandes anomalies, de sorte que les résultats précédens ne sauraient servir à asseoir d'une manière certaine aucune proposition générale. En effet, tandis que les douleurs la forçaient de laisser sortir au bout d'une heure les navets ou les légumes farineux, elle pouvait retenir pendant quatre ou cinq heures la choucroûte, la salade, les concombres crus et les fruits, qui alors étaient digérés en grande partie (1). Beaumont a expérimenté généralement sans plan, ce qui fait que ses recherches n'ont pas aussi été profitables qu'elles auraient pu l'être à la théorie de la digestion; ainsi on ne peut rien conclure d'une expérience qu'il a tentée en enfilant à la suite les unes des autres et introduisant ensemble par la fistule, des substances diverses, parmi lesquelles le chou cru coupé en tranches minces, le pain, le lard cru et salé, et la viande salée cuite furent digérés les premiers, en deux heures, tandis que le bœuf bouilli le fut plus tard, et le bœuf cru plus tard encore (2).

7° Plus la substance présente de surface, et plus la digestion s'en opère avec facilité. Les morceaux volumineux sont digérés plus lentement (3). D'après une observation de Cooper (4), ce que des Chiens digérèrent en quatre heures de temps fût, pour les morceaux carrés relativement à ceux de forme allongée et étroite, 1 : 1,44, mouton; 1 : 2,77 cochon; 1 : 4,60 veau; 1 : 681 bœuf.

8° Le mode de préparation exerce une grande influence, quoique, sous ce rapport aussi, toute proposition générale soit sujette à de nombreuses exceptions. Cooper a remarqué que es Chiens mettaient plus de temps à diriger la viande rôtie que la viande bouillie. Schultz a constaté le fait (5). Mais il est bien permis de douter qu'on soit en droit de conclure de

(1) *Ib.*, p. 9.
(2) *Loc. cit.*, p. 85.
(3) *Ib.*, p. 110.
(4) Meckel, *Deutsches Archiv*, t. IV, p. 138.
(5) *Loc. cit.*, p. 16,

là que la règle s'applique également à l'homme ; que le grillage, de quelque manière qu'il ait été pratiqué, durcisse les alimens et les rende indigestes, et que la viande fumée ou salée soit plus facile à digérer que la viande rôtie (1). Le malade de Beaumont digérait le bœuf rôti en deux heures trois quarts à trois heures et demie, le beefsteak en trois heures à trois heures trois quarts, et le bœuf bouilli en trois heures et demie à quatre heures (2).

7° Pour démontrer l'incertitude des propositions générales relatives à la digestibilité des alimens, telles qu'elles ont été établies jusqu'à ce jour, il suffit de signaler quelques contradictions. Le mouton rôti passe pour être de digestion très-facile : mais le malade de Beaumont ne le digérait qu'en trois heures et demie à quatre heures et demie, tandis que deux heures trois quarts à trois heures et demie suffisaient pour le bœuf rôti. Schultz prétend (3) que les poissons, salés surtout, sont très-difficiles à digérer ; suivant Beaumont, au contraire, il se digèrent assez aisément, et le stockfisch, par exemple, n'exige que deux heures (4). Au dire de Schultz (5), les huîtres sont digérées avec difficulté ; selon Beaumont (6), elles le sont en deux heures trois quarts à trois heures. Schultz représente le sagou comme étant très-facile à digérer (7), le gruau d'avoine un peu moins, et le riz moins encore. Beaumont dit (8) que le riz fut digéré en une heure, et le sagou en une heure trois quarts. Schultz (9) place au premier rang le pain, puis les épinards, la laitue, les carottes et les pois verts, disant que les pommes de terre résistent davantage. Beaumont nous apprend que les pommes de terre rôties furent digérées en

---

(1) *Ib.*, p. 84.
(2) *Loc. cit.*, p. 24.
(3) *Loc. cit.*, p. 84.
(4) *Loc. cit.*, p. 26.
(5) *Loc. cit.*, p. 85.
(6) *Loc. cit.*, p. 24.
(7) *Loc. cit.*, p. 87. — Planche, *Recherches sur le sagou* (Mémoires de l'Académie royale de médecine). Paris, 1837, t. VI, p. 605.
(8) *Loc. cit.*, p. 215.
(9) *Loc. cit.*, p. 86.

deux heures et demie, les pommes de terre bouillies et le pain de froment en trois heures et demie.

§ 941. I. Pendant la digestion, l'estomac reçoit une plus grande quantité de sang ; ses artères battent avec plus de force (1) ; sa membrane muqueuse rougit (2); elle prend une teinte plus rouge par les alimens excitans, comme le bouillon salé et épicé, que par les alimens doux, comme le lait (3), et ses villosités entrent en turgescence. En même temps, elle commence à sécréter abondamment (§ 838, 2°); au lieu de mucus visqueux, grisâtre et sans réactions acides, on en voit sourdre un suc plus abondant, liquide, limpide, acide, qui pénètre les alimens, ou se rassemble en gouttelettes et coule le long des parois (4). La membrane muqueuse semble alors comme gonflée (5), et l'on trouve les cryptes pleines d'humidité (6). Knox a remarqué (7), dans la paroi de l'estomac du Dauphin, les fibres verticales parallèles, qu'avec le secours du microscope il a reconnu être des tubes, et qu'il compare à l'organe électrique de l'Anguille de Surinam. Purkinje et Pappenheim (8), qui ont également aperçu ces tubes dans l'estomac d'autres animaux, les regardent comme des cryptes de forme cylindrique, qui sont, suivant eux, le siége du suc gastrique. D'après l'examen qu'en a fait Bischoff (9), ils sont entourés d'un réseau de vaisseaux capillaires; leurs orifices sont arrondis, et donnent une apparence ponctuée à la surface interne de l'estomac : leur fond, en cul-de-sac, est tourné vers la tunique celluleuse, et la plupart du temps en forme de grappe de raisin; leur contenu se compose de grains irréguliers,

(1) Eberle, *Physiologie der Verdauung*, p. 153.
(2) Billard, *De la membrane muqueuse gastro-intestinale*, p. 79.
(3) Gendrin, *Hist. anat. des inflammations*, t. I, p. 494.
(4) Beaumont, *loc. cit.*, p. 69.
(5) Eberle, *loc. cit.*, p. 53.
(6) Leuret et Lassaigne, *Rech. sur la digestion*, p. 65.
(7) Froriep, *Notizen*, t. XXIX, p. 193.
(8) Muller, *Archiv fuer Anatomie*, 1838, p. 2.
(9) *Ib.*, p. 508.

rougit les couleurs bleues végétales, et se comporte comme le suc gastrique. Chez l'homme et chez les animaux carnivores, ils sont répandus sur toute la paroi de l'estomac, et plus courts dans la portion cardiaque, plus longs dans la portion pylorique. Les Ruminans n'en offrent que dans la caillette : chez les Chevaux et les Rongeurs, il n'y en a que dans les points dégarnis de l'épithélium épais de l'œsophage. Ils sont très-développés dans le jabot des Oiseaux, ainsi que dans la portion cardiaque de l'estomac du Castor, du Muscardin, du Loir.

. II. Le suc gastrique' accomplit la digestion.

1° Les animaux inférieurs, qui ne mâchent point leurs alimens, et qui n'ont pas d'intestin avec un anus, notamment les Actinies et les Astéries, avalent des Mollusques à coquille et des Crustacés entiers, dont ils rejettent le test ou la carapace, après avoir consommé les parties molles ; la subtance de l'animal contenu dans ces enveloppes a donc été bien manifestement dissoute par un liquide pénétrant.

2° On a imité cette opération naturelle, et l'on a obtenu le même résultat à tous les degrés de l'échelle animale. Réaumur (1) fit avaler par une Buse des tuyaux de fer blanc, tantôt ouverts aux deux bouts, tantôt grillés à leurs extrémités, longs de dix lignes, larges de sept, et pleins de viande : au bout de vingt-quatre heures il ne s'y trouvait plus qu'un tiers ou un quart de la viande, et quand celle-ci avait été fixée par un fil de fer dans l'axe du tube, elle était réduite en chyme aux sept huitièmes : au bout de quarante-huit heures, il n'en restait plus qu'un huitième, totalement décoloré, et que la pression du doigt réduisait en bouillie. De vingt-quatre grains d'os de poulet, divisés en petits fragmens, il ne restait plus, au bout de ving-quatre heures, que très-peu d'une substance gélatiniforme ; le troisième jour, il ne restait qu'un dixième d'un morceau de côte de bœuf.

Lepain, renfermé dans un tube de plomb, disparut de même en quelque temps dans l'estomac d'un Chien (2). Spallanzani

(1) *Hist. de l'Acad. des sc.*, 1752, p. 461-474.
(2) *Ibid.*, p. 489.

a multiplié ces expériences avec des tubes percés de trous.
De la chair de poisson, introduite dans de pareils tubes, avait
été digérée par une Anguille, au bout de trois jours trois
quarts (1); un morceau d'intestin de mouton par des Grenouilles, au bout de trois jours (2); des Vers de terre par
des Salamandres, au bout de quinze heures (3); de la chair
de grenouille par des Couleuvres, au bout de cinq jours (4);
du bœuf cru par des Corneilles, au bout de sept heures (5);
et cent-trois grains de pomme, en quinze heures (6); un
poisson, avalé de cette manière par un Héron, fut réduit,
en vingt-quatre heures, à quelques os de la tête et à un morceau de la chair du dos, tandis qu'une Grenouille avait subi
des altérations moins profondes, car on en apercevait encore
les extrémités des quatre pates, mais les tégumens de l'abdomen et du thorax avaient disparu, la chair sous-jacente
était ramollie, et les petits os avaient pris la consistance des
cartilages (7); au bout de cent heures, on n'aperçut plus que
quelques légers fragmens d'une cuisse de poulet avalée par
une Chouette (8); de la chair crue fut totalement digérée par
un Duc en sept heures (9); en treize heures, un Aigle digéra
complétement de la cervelle de bœuf, un peu moins de la
substance du foie, moins aussi de celle des muscles, le cœur
surtout, et moins encore des tendons (10); les Chats digerèrent,
en cinq heures, la viande en totalité et le pain en partie (11);
les Chiens, en quinze heures, la viande et le pain (12); en
quarante-et-une heures, des intestins de mouton (13); les Mou-

(1) *OEuvres*, t. II, p. 539.
(2) *Ib.*, p. 513.
(3) *Ib.*, p. 517.
(4) *Ib.*, p. 531.
(5) *Ib.*, p. 465.
(6) *Ib.*, p. 464.
(7) *Ib.*, p. 501.
(8) *Ib.*, p. 567.
(9) *Ib.*, p. 575.
(10) *Ib.*, p. 603.
(11) *Ib.*, p. 619-620.
(12) *Ib.*, p. 622.
(13) *Ib.*, p. 626.

tons, en trente heures, du blé mâché et imprégné de salive (1);
les Chevaux, en cinquante-deux heures, de la laitue et du
trèfle mâchés (2). La digestion marchait plus lentement dans
les tubes qu'elle ne le faisait hors de ces petits réservoirs;
tandis que deux jours avaient suffi à une Couleuvre pour digérer la queue d'un lézard libre dans son estomac, il ne disparut en cinq jours qu'une petite partie d'une queue renfermée
dans un tube (3), et trois jours furent nécessaires pour digérer
la moitié d'un foie de lézard ainsi emprisonné dans un tube,
qui, abandonné à lui-même, avait disparu, sans laisser de
traces au, bout de trente-deux heures (4). Mais cette différence
tenait uniquement à l'obstacle qu'éprouvait l'action du suc
gastrique, car les Corneilles employaient sept heures pour
digérer la chair de bœuf dans les tubes ordinaires, au lieu
qu'il ne leur en fallait que quatre quand les trous avaient
été agrandis, et la digestion durait plus de sept heures lorsqu'on augmentait les obstacles en couvrant les tubes d'une
bourse de toile (5). Spallanzani a fait aussi des expériences sur
lui-même; ayant avalé des tubes en bois contenant du veau, des
cartilages, des tendons, ces substances furent complétement
digérées au bout de quatre-vingt-deux, de quatre-vingt-
cinq et de quatre-vingt-dix-sept heures, quand les tubes sortirent du corps (6). Stevens fit avaler à un homme qui se disait polyphage, des boules d'ivoire ou d'argent formées de
deux demi-sphères creuses, vissées ensemble et percées
de trous; la viande, les tendons, le fromage, les pommes,
les carottes, des sangsues, des vers de terre, renfermés
dans ces boules, furent digérés; des grains de blé, des pois
et des os ne le furent point.

3° Quand le suc gastrique était obligé de traverser un
tissu épais, la digestion marchait naturellement avec plus de
lenteur : cependant, un Aigle digéra de la viande renfermée

(1) *Ib.*, p. 555.
(2) *Ib.*, p. 559.
(3) *Ib.*, p. 529.
(4) *Ib.*, p. 530.
(5) *Ib.*, p. 467.
(6) *Ib.*, p. 651.

dans un linge ployé en six, et celle même qui avait été avalée dans une bourse en drap, était, au bout de trente-six heures, devenue plus legère d'environ un tiers (1). Dans une bourse en toile dense, qu'il fit avaler à un Chien, garnie d'une éponge dont le gonflement devait l'empêcher de s'échapper par le pylore, la viande avait disparu au bout de quatre jours, un tendon avait perdu les trois quarts de son poids, et un ligament plus de la moitié, enfin les débris de ces deux dernières substances étaient si ramollis qu'ils se rompaient au moindre effort fait pour les étirer (2). Dans les bourses de toile que Spallanzani avala, cinquante-deux grains de pain mâché étaient complétement digérés au bout de vingt-trois heures, soixante-quinze grains de chair de pigeon cuite et mâchée, au bout de dix-huit heures (3); au bout de trente heures, cinquante grains de bœuf cru étaient réduits à vingt-trois, et cinquante de veau cru à quatorze (4). Helm (5) a fait des expériences analogues sur lui-même et sur un jeune homme; les bourses dans lesquelles on avait mis du pain blanc mâché, de la pâte de farine, du riz ou du sagou cuit avec du lait ou du bouillon, étaient absolument vides à leur sortie; au bout de vingt-quatre heures, il avait été digéré cinquante grains de la viande mâchée, et trente seulement de la viande non mâchée : au bout de huit heures, quatorze, et au bout de dix-huit heures, trente-quatre grains du pain noir mâché; au bout de neuf heures, trente grains de pois et de lentilles, et dix-huit seulement de purée de haricots; au bout de vingt-quatre heures, quarante de navets et de céleri, et quinze seulement de carottes et de racines de persil. Beaumont (6) introduisit, par la fistule gastrique, une saucisse enveloppée de mousseline : au bout de six heures et demie, il en avait disparu cent cinq grains, et le reste se composait de fibres cartilagineuses et membraneuses, avec

(1) Spallanzani, *loc. cit.*, p. 604-605.

(2) *Ib.*, p. 629.

(3) *Ib.*, p. 642, 643.

(4) *Ib.*, p. 644.

(5) *Ib.*, p. 20-29.

(6) *Ib.*, p. 130.

des épices ; dans l'espace de cinq heures un quart, il disparut soixante grains de poisson grillé (1), et dans celui de quatre heures et demie, dix de viande de veau (2); quarante grains de stockfisch étaient complétement digérés au bout de six heures (3).

III. Ces observations devaient conduire à penser que le suc gastrique pourrait être capable de digérer les alimens hors de l'estomac, sous l'influence d'une température égale à celle du corps.

1° Les digestions artificielles ont été essayées d'abord sur de la chair, et par Réaumur (4), mais avec peu de succès. La chair traitée, dans un four d'incubation, par du suc gastrique extrait de l'estomac d'une Buse, à l'aide d'une éponge, était ramollie au bout de vingt-quatre heures, mais non dissoute. Spallanzani a été plus heureux. Des boyaux de veau perdirent dix-huit grains en vingt-quatre heures dans le suc gastrique de Chouette, à une température de 30 à 35 degrés R. (5), et dans du suc gastrique frais, ils furent réduits en bouillie au bout de deux jours (6); la chair s'était dissoute également (7). Spallanzani emplit un petit tube de suc gastrique d'oie ou de dindon, et de viande hachée, et le mit sous son aisselle; au bout de trois jours, la chair était en grande partie dissoute, et, remise en place, avec de nouveau suc gastrique, elle se trouva totalement dissoute au bout d'un autre jour (8). La chair se dissolvait également dans le suc gastrique du Chien (9). Le bœuf cru et cuit se ramollit aussi dans son propre suc gastrique, qu'il avait obtenu par le vomissement; mais quoique à la vue simple elle parût avoir perdu son organisation fibreuse, en l'observant à la loupe

(1) *Ib.*, p. 131.
(2) *Ib.*, p. 144.
(3) *Ib.*, p. 181.
(4) *Hist. de l'Acad. des sc.*, 1752, p. 485.
(5) *Loc. cit.*, p. 571.
(6) *Ib.*, p. 572.
(7) *Ib.*, p. 575.
(8) *Ib.*, p. 454.
(9) *Ib.*, p. 638.

on y reconnaissait encore les fibres charnues, réduites seulement à une petitesse extrême (1). Douze grains de rostbéef
que Stevens avait laissé macérer, à une température de trente-
et-un degrés R., dans une demi-once de suc gastrique de
Chien, étaient dissous au bout de huit heures. Tiedemann et
Gmelin exprimèrent le suc gastrique des alimens contenus
dans l'estomac de Chiens qui avaient mangé deux heures auparavant, et trouvèrent qu'après huit ou dix heures de digestion, à une température de 24 à 30 degrés R., les substances mises en contact avec ce liquide étaient converties en
bouillie à sa surface (2). Leuret et Lassaigne (3) ont également vu la viande se transformer en chyme dans le suc gastrique du Chien, à la température de 31 degrés. Beaumont (4),
ayant laissé jeûner son malade pendant dix-sept heures, recueillit une once de suc gastrique limpide, dans lequel il plongea trois gros de bœuf bouilli, à une température de 30 degrés R.; la formation du chyme commença au bout d'une heure;
au bout de deux heures, tout le tissu cellulaire était dissous; au
bout de quatre heures, la moitié des fibres avaient disparu, et
au bout de onze heures il n'en restait plus rien; le liquide ressemblait à du petit lait, et il s'y était formé un léger sédiment.
Une autre fois, dans une même quantité de suc gastrique, les
deux tiers seulement du bœuf se sont dissous en vingt-quatre
heures (5). Quinze grains d'un fort tendon de bœuf étaient
totalement dissous, au bout du même laps de temps, dans
une demi-once de suc gastrique (6). De la viande et des légumes, extraits de l'estomac vingt minutes après le repas,
étaient complétement digérés dans du suc gastrique, au bout
de cinq heures, et ressemblaient parfaitement au chyme qui
s'était formé pendant ce temps dans l'estomac : trois heures
suffirent à la digestion totale d'une portion qui n'avait été

(1) *Ib.*, p. 656.
(2) *Exp. sur la digestion*, t. I, p. 227.
(3) *Rech. sur la digestion*, p. 123.
(4) *Loc. cit.*, p. 87.
(5) *Ib.*, p. 96.
(6) *Ib.*, p. 145.

tirée de l'estomac que trois quarts d'heure après le repas (1). Trente grains de bœuf rôti et une égale quantité de foie de veau, tous deux mâchés et mêlés avec deux onces de suc gastrique, furent, dans l'espace de six heures, convertis en un liquide grisâtre surnageant un sédiment brun (2). Hood (3) recueillit deux gros de suc gastrique d'un Chien qui n'avait rien mangé depuis douze heures, y plongea cinquante grains de bœuf bouilli, ferma bien le vase, et l'introduisit dans le rectum d'un autre Chien vivant : au bout de onze heures, les trois quarts de la viande étaient dissous ; le reste était blanc et visqueux, mais moins altéré dans les endroits où le fil qui entourait le tout avait empêché le suc gastrique de pénétrer.

2° Beaumont a vu le lait et le blanc d'œuf éprouver dans le suc gastrique, hors de l'estomac, un changement pareil à celui que la digestion leur fait subir (4). Ils se prenaient en grumeaux, qui, au bout de cinq heures, étaient réduits en un liquide blanc. Vingt-cinq grains de fromage étaient dissous au bout de huit heures et demie (5), et quatorze grains de cartilage au bout de quarante-huit heures (6) ; dix grains d'os costal d'un vieux cochon, après avoir séjourné pendant plusieurs jours dans du suc gastrique, auquel on en ajoutait de temps en temps du nouveau, de manière que la quantité totale fut de quatorze gros et demi, se transformèrent en un liquide grisâtre, semblable à du gruau d'avoine peu épais, et couvrant un léger sédiment brun (7). Six grains d'un os de bœuf cassé en morceaux furent dissous dans l'espace de vingt-quatre heures. Spallanzani a vu une esquille d'os spongieux de bœuf, qui pesait quarante-quatre grains, se dissoudre en entier dans le suc gastrique du Faucon (8).

(1) *Ib.*, p. 97.
(2) *Ib.*, p. 203.
(3) *Analytic physiology*, p. 164.
(4) *Loc. cit.*, p. 101, 204.
(x) *Ib.*, p. 203.
(6) *Ib.*, p. 167.
(7) *Ib.*, p. 152.
(8) *OEuvres*, t. II, p. 588.

3° Le pain mâché s'est converti en chyme dans le suc gas !
trique d'un Canard, suivant Leuret et Lassaigne (1), et du
biscuit dans celui de l'homme, selon Beaumont (2), qui dit
que la même chose arriva à du sagou, au bout de deux heures
et demie. Des grains de froment écrasés, que Spallanzani mit
en digestion avec du suc gastrique de Dindon, furent convertis, au bout de trois jours, en un sédiment gris-blanc
assez épais (3) : des herbes mâchées qui étaient demeurées
plongées pendant quarante-cinq heures dans du suc gastrique
de Mouton, étaient converties en bouillie, à l'exception de
quelques côtes et fibres (4). De l'huile d'olive que Beaumont
mêla avec trois fois autant de suc gastrique, devint peu à peu
de plus en plus laiteuse, et l'on finit par ne pouvoir plus la
reconnaître (5).

4° D'un autre côté, de la chair que Montègre porta sous son
aisselle, dans un petit tube de verre, mêlée avec son propre
suc gastrique, ne perdit rien de sa cohérence dans un laps de
temps de douze heures à trois jours ; le pain blanc ne se convertit qu'en une bouillie grumeleuse. Montègre mit du veau
dans du suc gastrique qu'il avait déjà porté pendant huit jours
sous son aisselle, et au bout de huit autres jours, il le trouva
en grande partie réduit en un liquide épais, blanc et homogène ; mais ce n'était là, tout au plus, qu'une simple macération, et non une digestion artificielle. D'ailleurs les observations de Montègre ne sauraient renverser les résultats des
expériences qui ont été rapportées précédemment. Le suc
gastrique dont il s'est servi avait été vomi ; il était par conséquent surchargé de salive, dont la sécrétion augmente toujours
pendant le vomissement, jusqu'à en diminuer l'efficacité. Ensuite l'expérimentateur ne laissait généralement la viande que
durant huit heures en contact avec ce liquide ; or la digestion
artificielle s'opère avec plus de difficulté et encore plus de

(1) *Loc. cit.*, p. **123**.
(2) *Loc. cit.*, p. **52**.
(3) *OEuvres*, t. II, p. **454**.
(4) *Ib.*, p. **552**.
5) *Ib.*, p. **207**.

temps que la digestion naturelle. Spallanzani en avait déjà reconnu la cause ; car, tandis qu'un mélange de viande et de
suc gastrique, avalé par des Corneilles, dans des tubes clos,
n'offrait aucune trace d'altération au bout de cinq heures et
demie, la dissolution marchait assez rapidement lorsque le
tube offrait un petit trou qui permettait aux portions dissoutes
de s'écouler et à de nouveau suc gastrique de s'introduire(1).
Beaumont a remarqué aussi (2) que, quand la digestion
artificielle venait à s'arrêter, on pouvait la remettre en train
par l'addition de suc gastrique frais, d'où il suit que la digestion naturelle doit s'accomplir avec infiniment plus de rapidité et d'une manière bien plus parfaite, puisque la sécrétion de l'estomac continue sans interruption, et que le chyme
s'échappe du viscère à mesure qu'il est produit.

IV. Enfin Eberle a ouvert une voie toute nouvelle pour la
formation d'un suc gastrique artificiel.

1° Il a préparé ce suc en ramollissant la membrane muqueuse de l'estomac dans de l'eau à trente degrés R., versant
goutte à goutte de l'acide chlorhydrique ou acétique dans la
liqueur, et étendant d'eau, au bout de dix à douze heures,
le mucus grisâtre ainsi obtenu (3). Les parties constituantes
de ce produit sont de l'osmazome, de la ptyaline, du mucus,
des sels et l'acide ajouté (4). Le suc gastrique naturel en
diffère parce qu'il contient et plus de sels et plus de ptyaline, à cause de la salive avalée. (5). Du bœuf cru, du
foie ou du pain blanc, s'y couvre, en quatre heures d'une
couche de bouillie semblable à celle qui se produit dans
l'estomac d'un animal vivant, et ayant aussi la même odeur,
la même saveur (6). Le blanc d'œuf durci s'y convertit également, au bout de cinq heures et demie, en une bouillie
grisâtre, comme il le fait chez l'animal vivant (7). Le lait se

(1) *OEuvres*, t. II, p. 493.
(2) *Loc. cit.*, p. 107.
(3) *Physiologie der Verdauung*, p. 80.
(4) *Ib.*, p. 125.
(5) *Ib.*, p. 127, 134.
(6) *Ib.*, p. 84, 99.
(7) *Ib.*, p. 85, 91.

coagule promptement, et forme ensuite un liquide ayant la couleur du petit lait, avec une couche de crême (1), ou, s'il était mêlé avec du pain blanc, une bouillie d'un blanc grisâtre (2). Le fromage est ramolli à la surface au bout de trois heures (3). Il en arrive autant à la laitue et au pain (4), ainsi qu'à d'autres végétaux (5).

2° Muller et Schwann (6) ont obtenu un liquide digestif artificiel en détachant la membrane muqueuse de la caillette du Veau, la lavant avec de l'eau jusqu'à ce qu'elle ne rougît plus le tournesol, la desséchant alors, puis la faisant ramollir dans de l'eau, et ajoutant de l'acide chlorhydrique ou acétique. Les proportions indiquées par Schwann (7) sont une demi-once de membrane muqueuse, avec de l'eau, et 3,3 grains d'acide chlorhydrique. Le liquide ainsi préparé agit encore alors même qu'on l'a filtré à travers un linge. Il contient, en substances appréciables, de l'osmazome, de la ptyaline, et une matière précipitable par le cyanure de potassium et de fer (8). L'albumine cuite qu'on y fait digérer, devient jaunâtre d'abord, puis, au bout de douze heures, grisâtre, translucide, pultacée à l'extérieur, facile à écraser intérieurement; plus tard, elle se convertit en une masse grisâtre, glutineuse et soluble dans l'eau (9). En douze heures, la viande y devient brunâtre, onctueuse, émoussée sur les bords et les angles, et pultacée à la surface; on ne peut plus y distinguer de fibres (10); il se dissout 0,97 de fibrine (11). Il paraît que les acides ajoutés agissent seuls sur le caséum, la gélatine et le gluten (12).

(1) *Ib.*, p. 96.
(2) *Ib.*, p. 99.
(3) *Ib.*, p. 87.
(4) *Ib.*, p. 104.
(5) *Ib.*, p. 108.
(6) Muller, *Archiv fuer Anatomie* 1836, p. 72.
(7) *Ib.*, p. 90.
(8) *Ib.*, p. 123.
(9) *Ib.*, p. 74.
(10) *Ib.*, p. 73.
(11) *Ib.*, p. 132.
(12) *Ib.*, p. 136.

3° Purkinje et Pappenheim (1) ont préparé, avec deux grains de la substance de la caillette, deux gros d'eau et deux gouttes d'acide chlorhydrique, un liquide qui a le pouvoir de dissoudre presque toutes les parties animales (2).

4° Simon (3) a procédé d'une autre manière : il applique un morceau de tunique stomacale sur une couche de substance à digérer, l'humecte avec de l'eau distillée, aiguisée d'un peu d'acide chlorhydrique, et plonge le vase dans de l'eau à trente degrés R.

(Voulant observer au microscope ce qui arrive dans la digestion artificielle accomplie d'après le procédé d'Eberle, je préparai un liquide digestif parfaitement limpide, en versant, comme le prescrit Schwann, de l'eau acidulée sur un morceau de membrane muqueuse stomacale, laissant le tout en digestion pendant quarante-huit heures, à une température de trente-deux degrés R., filtrant ensuite, mêlant de nouveau le résidu indissous avec de l'eau acidulée, et répétant la digestion et la filtration. Le liquide ainsi obtenu était légèrement jaunâtre, mais d'une limpidité parfaite. Le microscope n'y faisait apercevoir absolument rien, si ce n'est quelques gouttelettes d'huile, et quelques petits corpuscules de couleur obscure, que je crus devoir considérer comme des particules de glandes muqueuses, ou comme des noyaux de cellules d'épithélium de l'estomac. Lorsque de l'albumine avait été dissoute dans ce liquide digestif, on y découvrait beaucoup plus de gouttelettes d'huile, de volumes divers, qui, en général, n'étaient pas parfaitement rondes, et dont quelques-unes des plus grosses paraissaient comme semées de petites perles à leur périphérie, en sorte qu'elles avaient jusqu'à un certain point l'aspect des globules de la lymphe grossis. Cependant une circonstance ne permettait pas d'élever le moindre doute sur leur nature : c'est que quand deux d'entre elles venaient à se rapprocher par le glissement de la plaque de verre qui les couvrait, elles se confondaient ensemble. On

(1) *Ib.*, 1838, p. 12.
(2) Froriep, *Notizen*, t. L, p. 240.
(3) Muller, *Archiv*, 1839, p. 4.

voyait, en outre, de petites écailles ou lamelles claires, de la grandeur d'un globule du sang, qui avaient une forme irrégulière et une texture grenue. D'autres alimens, par exemple la viande, dissous dans ce liquide digestif, ne permettaient pas d'arriver au moindre résultat, parce que les particules indissoutes, demeurées en suspension, rendaient indispensable une filtration très-exacte, après laquelle on n'apercevait plus les gouttelettes de graisse. Quand de la bile avait été ajoutée au blanc d'œuf à dissoudre, les gouttelettes de graisse étaient beaucoup plus nombreuses, mais, en général, bien plus petites : on découvrait aussi en bien plus grand nombre les lamelles de masse grenue, qui avaient en outre une légère teinte jaunâtre. Si l'on ajoutait de la bile au liquide digestif après avoir dissous de l'albumine dans celui-ci, on apercevait quelquefois une faible effervescence et des flocons blancs prompts à disparaître ; mais d'ordinaire il ne survenait qu'un mouvement général et un léger trouble dans la liqueur. Cette différence peut tenir à ce que, dans le premier cas, la bile provenait d'un animal récemment mis à mort et non encore refroidi. Revenue au repos, la liqueur ne montrait rien de plus que quand l'addition de la bile avait eu lieu avant la dissolution du blanc d'œuf. La bile elle-même paraissait, au microscope, parfaitement claire, avec quelques lamelles, plus ou moins larges, noires ou brunes, anguleuses, qui se retrouvaient également dans le mélange. Lorsque de la viande avait été tenue en digestion, pendant plusieurs jours, avec le liquide digestif contenant de la bile, le filtre présentait, outre les débris non dissous, des granules blancs, de graisse savonneuse, miscible à l'eau, tandis que la graisse traversait le papier, comme de l'huile, lorsque le liquide n'avait point été mêlé avec de la bile. Quant à ce qui concerne l'albumine elle-même mise en digestion avec ce dernier, sa dissolution apparaît différente suivant que le liquide est plus ou moins acide. Dans le dernier cas, les bords du morceau de blanc d'œuf deviennent transparens et se ramollissent, changemens qui se propagent peu à peu vers le centre, jusqu'à ce que la masse entière soit devenue limpide comme du succin et molle. Si, au contraire, la quantité d'acide est plus considérable, l'albumine n'arrive point à ce degré de transparence, mais elle se corrode de la périphérie au centre, et il finit par ne plus rester qu'une tout petite masse d'un brun clair. Dans les deux cas, le résidu, examiné au microscope, offre l'aspect d'une masse informe et limpide, de laquelle, en la comprimant, on parvient à détacher des gouttelettes d'huile ou des bulles d'air ayant la forme de petites perles, et des parcelles claires, de forme indéterminée. Si la quantité d'albumine dissoute dans le liquide digestif n'est pas considérable, celui-ci conserve sa limpidité ; mais si la quantité s'est élevée à environ un gros par demi-once de liqueur, celle-ci se trouble, et il s'y forme un sédiment floconneux blanc, dans lequel le microscope fait reconnaître un aggrégat de granules extrêmement fins.) (1).

§ 942. Nous arrivons à la question de savoir quel est le mode d'action du suc gastrique, ou, ce qui revient au même, quels sont les changemens essentiels que les alimens subissent dans l'estomac.

I. Ce qui saute d'abord aux yeux, c'est la fluidification des alimens, qui établit la possibilité que ces substances se réduisent à leurs principes constituans, que ceux-ci contractent de nouvelles combinaisons, et que le corps s'empare des produits assimilés. La fluidification a été considérée comme le fait essentiel de la digestion stomacale, jadis par Hecquet, Bohn et autres (2), et dans les temps modernes, non-seulement par Beaumont (3), Leuret et Lassaigne (4), mais encore par ceux qui nous ont appris les premiers à connaître les particularités des changemens chimiques dont l'estomac est le théâtre, Tiedemann, Gmelin et Eberle. Ce dernier dit positivement (5) que la digestion est plutôt une fluidification, une dissolution, qu'une véritable transformation, qu'au moins n'est-il pas démontré que rien de semblable à celle-ci

(1) Addition d'Ernest Burdach.
(2) Haller, *Elem. physiol.*, t. VI, p. 315.
(3) *Loc. cit.*, p. 18,
(4) *Recherches sur la digestion*, p. 192.
(5) *Loc. cit.*, p. 330.

s'y passe. Mais le rigorisme de la chimie a été poussé trop loin ici : on ne peut révoquer en doute la transformation des alimens, pour peu qu'on ait réfléchi à un fait des plus simples, celui que la substance nutritive végétale, l'amidon par exemple, ne contient aucun des principes constituans du sang, que le sang n'offre non plus aucune trace de cette substance végétale, et que cependant la digestion parvient à former du sang avec celle-ci.

II. Que les substances portées dans l'estomac subissent un changement considérable, c'est ce qui ressort déjà des nombreux exemples connus d'introduction dans l'estomac du pus des bubons pestilentiels ou syphilitiques, de la chair des animaux morts de la rage ou du typhus, du venin des serpens, de l'ipo, etc., sans que ces agens de destruction aient exercé d'influence fâcheuse, ou du moins sans qu'ils aient entraîné des suites comparables à celles qui résultent de leur mise en rapport avec les parties privées de peau, ou même avec la peau. On peut consulter à cet égard Haller (1) et Hensinger. A la vérité, cette innocuité par la voie de l'estomac n'est point une règle sans exception, et le système lymphatique peut y avoir part, en outre du viscère gastrique (§ 909, 5°); mais il ne s'ensuit pas de là que l'estomac ne possède pas le pouvoir de transformer les substances étrangères. Démontrer les effets de ce pouvoir sur les alimens est une chose difficile; car comme on n'y peut parvenir qu'en comparant le chyme d'un côté avec les alimens ingérés et d'un autre côté avec le suc gastrique, il est praticable sans doute de tenter à ce sujet des expériences sur des substances alimentaires qui ne renferment aucun des principes constituans du sang, et auxquelles, par conséquent, nul de ceux qu'on pourrait rencontrer dans le chyme ne saurait être rapporté, mais le suc gastrique contient déjà une certaine quantité de ces principes, notamment de l'osmazome, de la ptyaline, du mucus, et aussi un peu d'albumine (§ 820, 5°), de manière que, quand on en trouve dans le chyme, on demeure

---

(1) *Elem, physiol.*, t. VII, p. 58.

incertain de savoir s'ils sont des produits de la digestion ou s'ils proviennent du suc gastrique.

1° Il y a de l'albumine dans le chyme. Marcet (1) en a démontré chez un Coq d'Inde nourri avec des végétaux ; car le chyme de cet animal précipitait par la chaleur, les acides minéraux et le deuto-chlorure de mercure ; il se dissolvait presque en totalité dans l'acide acétique, et il donnait des flocons blancs par le cyanure de potassium. Prevost et Le Royer (2) avaient cru en reconnaître une grande quantité dans le feuillet de la Brebis ; Tiedemann et Gmelin pensent (3) qu'ils ont pris du mucus pour de l'albumine, quoique Gmelin ait aussi trouvé cette dernière dans la panse de Moutons qui avaient été nourris avec de l'avoine ; mais Prout (4) n'en a pu découvrir aucune trace dans le chyme des Lapins, des Pigeons, des Tanches et des Maquereaux.

2° Werner a trouvé (5) que le chyle du Cheval ne se coagulait ni à l'air ni au feu, et qu'il se dissolvait dans l'eau, après avoir été épaissi. Emmert, d'après des faits du même genre, y admettait la présence de la gélatine (6). Prévost et Le Royer (7) prétendaient aussi avoir rencontré cette substance dans la panse et le bonnet de la Brebis. On assure également que l'estomac de la femme atteinte de fistule gastrique dont parle Circault contenait plus de gélatine qu'il n'y en avait dans les alimens ingérés. Cependant il est très-possible qu'on ait pris de la ptyaline et de l'osmazome pour de la gélatine ; Eberle a acquis la conviction (8) que la quantité de ces substances surpassait, dans le chyme résultant de ses expériences, celle qui existait dans le suc gastrique artificiel dont il s'était servi.

3° On disait avoir remarqué de la fibrine chez le malade de

---

(1) *Annales de chimie*, t. II, p. 54.
(2) *Biblioth. universelle*, t. XXVII, p. 283.
(3) *Recherches sur la digestion*, t. I, p. 360.
(4) Schweigger, *Journal der Chemie*, t. XXVIII, p. 195.
(5) Scherer, *Journal der Chemie*, t. VIII, p. 30.
(6) Reil, *Archiv fuer Physiologie*, t. VIII, p. 176.
(7) *Loc. cit.*, p. 231.
(8) *Loc. cit.*, p. 164.

Circault, et Marcet croyait en avoir aperçu chez le Dindon.
L'existence de ce principe immédiat n'a point été confirmée.

III. Si nous sommes bien peu avancés encore sous ce point
de vue, nos connaissances relativement à la digestion ont fait
un grand pas par la certitude que l'examen du chyme formé
dans l'estomac des animaux et du chyme obtenu avec le suc
gastrique artificiel a procurée qu'il s'opère une transformation
de certaines substances en certaines autres déterminées.

1° Tiedemann et Gmelin ont ouvert ici la carrière et découvert le fait le plus important (1).Chez un Chien, *l'amidon était,*
au bout de cinq heures, *converti en sucre et en gomme d'a-
midon.* On pourrait attribuer cet effet à la ptyaline (§ 938, 6°);
cependant il eut lieu aussi chez une Oie, et ici la salive n'avait
pu y prendre que fort peu de part. Il n'a point encore été fait
d'expériences avec le suc gastrique pur ou artificiel.

2° La seconde découverte importante est due à Eberle (2).
L'albumine coagulée se transforme en osmazome et en ptyaline,
tant dans l'estomac que par la digestion avec du suc gastrique artificiel. Ce résultat a été constaté par Schwann (3).
L'albumine était détruite, après quoi la liqueur ne se trou-
blait plus ni par la chaleur ou l'acide azotique, ni par le cyanure de potassium et de fer, quand on y ajoutait de l'acide
acétique. C'était de l'osmazome qui avait été produit, car une
partie du résidu de la liqueur évaporée à siccité se dissolvait
dans l'alcool, d'où la teinture de noix de galle la précipitait,
et une autre portion, insoluble dans l'alcool, était soluble en
presque totalité dans l'eau, puis précipitable par la teinture
de noix de galle ou la dissolution de deutochlorure de mercure, ce qui annonçait par conséquent de la ptyaline. Sur
vingt grains d'albumine, il en resta trois et un cinquième non
dissous, et la dissolution contenait, en matière solide, un grain
et trois cinquièmes d'osmazome, avec un demi grain de ptyaline; ces substances existaient aussi dans la portion demeurée
non dissoute (4). Schwann a remarqué, en outre, une troi-

(1) *Recherches sur la digestion,* t. I, p. 340.
(2) *Loc. cit.,* p. 91, 165.
(3) Muller, *Archiv,* 1836, p. 78.
(4) *Ib.,* p. 86.

sième substance, que le carbonate de soude précipitait, et qui n'était soluble ni dans l'eau ni dans l'alcool, mais se dissolvait dans l'acide acétique ou l'acide chlorhydrique affaibli.

3° D'après les expériences que Tiedemann et Gmelin ont faites sur des Chiens, *la fibrine paraît se convertir en albumine*, car cette dernière se trouva dans le chyme, tandis que le suc gastrique n'en contenait point chez d'autres Chiens (1). Eberle (2), dans une expérience analogue, trouva, outre l'albumine, de la ptyaline et de l'osmazome, et dans une expérience de digestion avec le suc gastrique artificiel, la fibrine s'était convertie, d'après Schwann (3), en osmazome et ptyaline. Tiedemann et Gmelin ont rencontré de l'albumine dans le chyme de Chiens qui avaient mangé de la viande, ou des cartilages, ou des os (4). Le liquide provenant du bœuf et du pain blanc mis en digestion dans du suc gastrique artificiel, a offert à Eberle (5), outre de la fibrine et de l'albumine, une grande quantité de ptyaline, avec un peu de matière caséeuse ; après une autre digestion de bœuf et de foie, il trouva beaucoup d'albumine (qui existe aussi dans la viande, et qui est surtout abondante dans le foie), de la ptyaline, une forte proportion d'osmazome, et une matière analogue à la caséeuse (6) ; le chyme d'un Chat nourri de bœuf et de pain blanc, contenait de l'osmazome et de la ptyaline (7).

4° Tiedemann et Gmelin ont bien trouvé le caséum et le lait transformés chez les Chiens (8); mais ils ne paraissaient pas s'être convertis en albumine, car la chaleur, le cyanure de potassium et de fer et le deutochlorure de mercure ne troublaient point la liqueur. De même, d'après Eberle (9), le caséum n'était pas devenu décidément de l'albumine, ni par

(1) *Rech. sur la digestion*, t. I, p. 338.

(2) *Loc. cit.*, p. 102.

(3) *Loc. cit.*, p. 132.

(4) *Rech. sur la digestion*, t. I, 342.

(5) *Loc. cit.*, p. 164.

(6) *Ib.*, p. 84.

(7) *Ib.*, p. 100.

(8) *Rech. sur la digestion*, t. I, p. 340.

(9) *Loc. cit.*, p. 87, 96, 165.

la digestion naturelle, ni par la digestion artificielle. Mais Simon (1) assure que *la matière caséeuse se transforme réellement en albumine*, attendu que la dissolution de cette substance, qui résulte de la digestion artificielle, se trouble par l'ébullition, précipite en blanc par l'alcool ou le sublimé, et ne précipite point par le chlorure de potassium et de fer, après l'addition d'acide acétique, tandis qu'une dissolution récente de caséum donne lieu à des réactions inverses de celles-là.

5° La gélatine était décomposée chez les Chiens, au dire de Tiedemann et Gmelin (2); elle ne faisait plus gelée, et n'était plus précipitée sous forme de filamens par le chlore; cependant il n'était pas possible de démontrer positivement qu'elle fût convertie en albumine ou en matière caséeuse.

6° La même incertitude demeure en ce qui concerne le gluten (3) qui, après cinq heures de digestion, chez les Chiens, forma un liquide devenant trouble par la chaleur, circonstance qui établissait de l'analogie avec l'albumine. Eberle laisse également indécise la question de savoir si le gluten est seulement dissous, ou s'il se transforme en une autre substance. Mais, dans le chyme provenant du lait et du pain blanc, il trouva de l'albumine, du gluten, de la matière caséeuse, et en outre de la gélatine, car l'alumine donnait lieu à un lourd précipité blanc (4). Gannal prétend (5) que le gluten ne change point pendant la digestion, et qu'il ne sert qu'à empêcher l'amidon de traverser les voies digestives avec trop de rapidité. Prevost et Le Royer (6) ont reconnu, dans les deux premiers estomacs de la Brebis, l'albumine végétale à l'état de dissolution alcaline, et de plus de la gélatine; ils admettent, en conséquence, que *l'albumine végétale, dissoute par l'alcali de la salive, se transforme en gélatine.*

(1) Muller, *Archiv*, 1839, p. 6.
(2) *Rech. sur la digestion*, t. I, p. 338.
(3) Tiedemann et Gmelin, *loc. cit.*, p. 340.
(4) *Loc. cit.*, p. 164.
(5) *Archives générales*, 2e série, t. I, p. 604.
(6) *Loc. cit.*, p. 230, 234.

7° D'après cela, la digestion stomacale forme de l'albumine avec la fibrine et la matière caséeuse, de l'osmazome et de la ptyaline avec la fibrine et l'albumine, du sucre et de la gomme avec l'amidon, de la gélatine avec l'albumine végétale. Krimer avait prétendu (1) que les différens alimens se convertissaient en albumine, et Muller (2), qui le suit, considère l'alibilité comme identique avec l'aptitude à être transformé en albumine. Cependant il paraît, d'après ce qui précède, que la digestion stomacale ne produit pas de l'albumine avec toutes les substances alimentaires. D'ailleurs, dût-elle fournir réellement un produit toujours identique, nous sommes en droit de conjecturer que ce ne serait ni de l'albumine, ni aucun des autres principes constituans du sang, mais un rudiment de ces diverses substances, une sorte de matière neutre, aux dépens de laquelle toutes pussent prendre naissance, ou, comme s'exprime Truttenbacher (3) une masse plastique indifférente. D'après l'observation rapportée plus haut (§ 941, IV, 4°), il est vraisemblable que ce premier produit de la digestion contient de la graisse.

§ 943. On se demande maintenant qu'elle est la partie à proprement parler active du suc gastrique.

1° Nous devons d'abord écarter l'hypothèse suivant laquelle la salive représente le suc gastrique (§ 820, 1°), devient acide par l'acidification des alimens (§ 851, 3°), et est l'agent de la digestion. Elle a contre elle, en effet, les expériences précédemment citées sur le suc gastrique (§ 941, III), et en particulier sur celui que l'estomac sécrétait sous les yeux de Beaumont. Schultz a prétendu, sans le moindre fondement (4), que la dissolution dans le suc gastrique hors de l'estomac a lieu seulement lorsque les alimens ont été insalivés, et qu'elle est du reste plutôt une corruption qu'une digestion. La viande mise dans de la salive, n'est point digérée : elle passe à la putréfaction (5) ; sur quinze grains de beefsteak, mis en digestion

(1) *Versuch einer Physiologie des Blutes*, p. 92.
(2) *Handbuch der Physiologie*, Paris, 1840, 1 t. I, p. 460.
(3) *Der Verdauungsprocess*, p. 7, 24.
(4) *De aliment. concoct.*, p. 99.
(5) Hood, *Analytic physiology*, p. 165.

avec trois gros de salive, douze étaient encore indissous, mais
fétides, au bout de vingt-quatre heures, tandis que la même
quantité, traitée de la même manière par trois gros de suc
gastrique, ne laissait qu'un grain de résidu, tout aussi dépourvu
d'odeur que le liquide surnageant (1). La viande se dissout
moins quand on ajoute de la salive au suc gastrique, et passe
ensuite à la putréfaction, ce qui n'arrive pas lorsqu'on se sert
de suc gastrique pur (2). Walæus s'était déjà convaincu par
des expériences analogues (3), que le rôle actif n'appartient
point ici à la salive.

2° Nul doute que la digestion stomacale implique nécessairement une fluidification, et que par conséquent l'eau et les
sels soient des élémens essentiels du suc gastrique. En pratiquant des vivisections, on voit que les alimens secs se ramollissent dans l'estomac, même sans le concours de la boisson,
et la digestion des alimens substantiels, comme viande, pain,
légumes farineux, etc., est évidemment activée par une boisson prise avec modération, surtout vers la fin du repas, ou
même quelques heures après (4). Mais c'était une opinion inadmissible que celle qui, à l'instar de Haller (5), faisait consister
la digestion en une macération par l'eau et les sels du suc gastrique ; c'en est une insoutenable également que de prétendre,
avec Tiedemann et Gmelin, que le rôle de ce suc se réduit à
ramollir et dissoudre en vertu de l'eau et de l'acide qu'il contient (6). Cinquante grains de chair de poulet et dix grains de
pain mâché ayant été mis en digestion dans de l'eau chaude
et dans du suc gastrique, la première en a dissous vingt, et le
second quarante-cinq (7). Onze grains de cœur de mouton
restèrent dans l'eau sans s'y dissoudre le moins du monde, et
commencèrent, au bout de trois jours, à tomber en putréfaction, tandis qu'au bout de vingt-quatre heures ils avaient augmenté d'un grain et demi environ dans le suc gastrique froid,

(1) *Loc. cit.*, p. 155.
(2) *Ib.*, p. 157.
(3) Th. Bartholin, *Anatomia reformata*, p. 533.
(4) *Dict. de Méd. et de Chir. prat.*, art. BOISSON, t. 3, p. 191 et suiv.
(5) *Elem. physiol.*, t. VI, p. 327.
(6) *Rech. sur la digestion*, t. I, p. 329, 367.
(7) Beaumont, *loc. cit.*, p. 183.

par l'effet de l'absorption, qu'au bout de quarante-huit heures ils avaient perdu trois grains et demi de leur poids, et qu'enfin ils demeurèrent exempts de putréfaction (1). Schwann a fait aussi des expériences comparatives sur la digestion dans l'eau, et constaté que la fibrine et le blanc d'œuf durcis ne s'y ramollissent pas, qu'ils finissent par s'y putréfier (2).

3° Le suc gastrique contient un acide libre pendant la digestion (§ 851, 1°, 2°, 3°), et le chyme est toujours acide : il devient même, comme l'ont remarqué Beaumont (3) et Eberle (4), de plus en plus acide, à mesure que la digestion fait des progrès dans l'estomac. Si Reuss, en se faisant vomir, trouvait une saveur et des réactions acides à son chyme, bien qu'il eût pris cinq grains de potasse avant le repas, et si Montègre trouvait que la viande prise à la suite d'un demi-gros de magnésie calcinée, pour vomir volontairement, n'était point encore acide une demi-heure après le repas, mais l'était au bout d'une heure, et avait surtout un haut degré d'acidité au bout de deux heures et demie, on ne peut pas, en présence des autres expériences, conclure de là que, comme l'admettaient Haller (4) et Spallanzani, les alimens engendrent en eux un acide ; c'est, au contraire, une preuve que le suc gastrique parvient à l'emporter sur l'alcali, principalement par les progrès de la digestion. Walæus pensait déjà qu'il n'est pas douteux que la dissolution des alimens soit opérée par un acide. Suivant Tiedemann et Gmelin (5), c'est l'acide acétique ou l'acide chlorhydrique du suc gastrique qui dissout l'albumine coagulée durant le travail digestif, la fibrine, la matière caséuse et le gluten, le tissu cellulaire, les membranes, les tendons, les cartilages et les os. Mais les expériences que Beaumont a faites réfutent cette hypothèse ; l'albumine se coagula dans le suc gastrique comme dans le vinaigre ; mais, au bout de cinq heures, le caillot était entièrement dissous dans le premier, tan-

(1) *Ib.*, p. 147.
(2) Muller, *Archiv*, 1836, p. 72.
(3) *Loc. cit.*, p. 60, 76.
(4) *Loc. cit.*, p. 158.
(5) *Elem., phys.*, t. VI, p. 315, 330.
(6) *Rech. sur la digestion*, t. I, p. 367.

dis qu'il n'avait pas éprouvé le moindre changement dans le second (1) ; vingt grains de bœuf rôti mâché, mis dans une demi-once de suc gastrique, étaient complétement réduits, au bout de huit heures, en un liquide grisâtre, avec un léger sédiment brun, tandis qu'une demi-once d'acide chlorhydrique et d'acide acétique affaiblis ne dissolvit, d'une même quantité de cette substance, que onze grains, qui produisirent une dissolution d'un rouge brun, sans sédiment ; la dissolution de l'ichthyocolle dans les acides différait également de celle dans le suc gastrique, sous le double rapport de la quantité et des propriétés. Eberle a obtenu un résultat semblable en tous points (2), en se servant de ces acides sous forme liquide et sous forme vaporeuse : cependant il était obligé d'y avoir recours pour la préparation du suc gastrique artificiel. La nécessité de la présence d'un acide libre dans ce dernier a été reconnue également par Schwann (3), car le liquide obtenu perdait le pouvoir de digérer lorsqu'on le neutralisait avec du carbonate de potasse : mais cet expérimentateur a acquis aussi la conviction que la dissolution de l'albumine coagulée ou de la viande dans les acides chlorhydrique et acétique diffère totalement de celle de ces mêmes substances dans le suc gastrique artificiel (4).

4 Le suc gastrique doit, indépendamment de l'eau, des sels et de l'acide libre, contenir encore une autre substance qui contribue pour sa part à la digestion. Eberle (5) a vu, chez des animaux qui avaient mangé beaucoup de matières solides, la pelotte alimentaire revêtue d'un mucus ferme et grisâtre, qui s'était sécrété pendant la digestion. Ce mucus différait du mucus ordinaire par sa consistance plus considérable, presque gélatineuse, et sa dissolution dans l'eau exerçait une action dissolvante presque égale à celle du suc gastrique. Eberle le considère comme une substance qui concourt essentiellement à la digestion (6). Cependant quelques circon-

(1) *Loc. cit.*, p. 206.
(2) *Loc. cit.*, p. 67.
(3) *Loc. cit.*, p. 93.
(4) *Loc. cit.*, p. 70.
(5) *Loc. cit.*, p. 75.
(6) *Loc. cit.*, p. 160.

stances s'élèvent contre cette hypothèse. Le mucus ne peut
point apparaître à la surface sécrétante sous la forme d'une
masse consistante, d'une sorte de gelée : ce ne peut être là
que le résidu d'un liquide qui s'est évaporé, que le produit
d'un changement dans la composition de celui-ci (§ 820, I°).
On le trouve tel dans l'estomac vide, et à l'état neutre. Mais
que le viscère vienne à être stimulé, surtout par des alimens,
le suc gastrique s'échappe sous la forme d'un liquide clair
comme de l'eau et acide. Si on laisse ce suc en repos, le mucus se précipite en flocons, et le liquide surnageant n'est plus
aussi visqueux; on peut aussi séparer le mucus par la filtration. Celui-ci n'est donc pas dissous dans l'acide du suc gastrique; en effet, les acides le dissolvent difficilement, et l'acide
acétique n'exerce pas d'action dissolvante sur lui. Mais puisqu'il ne traverse pas un filtre, la digestion des alimens renfermés dans de petits sacs en toile (§ 941 , 3°) ne pourrait
dépendre de lui, et il faut qu'elle soit l'effet du liquide qui
pénètre à travers l'enveloppe. Aussi, d'après Schwann (4), le
mucus, s'il se trouve dans le suc gastrique artificiel, est-il
décomposé, et non pas seulement à l'état de dissolution, puisque la liqueur exerce son pouvoir digestif alors même qu'on
l'a filtrée.

5° Schwann admet donc (2) une substance digestive particulière, la *pepsine;* substance qui se dissout dans l'eau, l'a-
cide chlorhydrique étendu et l'acide acétique , que l'alcool et
la chaleur de l'ébullition décomposent, que l'acétate de plomb,
le deutochlorure de mercure et le tannin précipitent , mais
qui n'est point précipitable par les alcalis ni par le cyanure de
potassium et de fer. Pour la mettre en évidence, il faut ajouter du cyanure de potassium et de fer au suc gastrique arti
ficiel, filtrer la liqueur, la neutraliser par le carbonate de potasse, y verser du deutochlorure de mercure, qui précipite
la pepsine combinée avec l'osmazome , redissoudre ces substances par l'addition de l'acide chlorhydrique, faire passer
un courant de gaz sulfhydrique dans la liqueur, enfin les sé-

(4) *Loc. cit.*, p. 444.
(2) *Ib.*, p. 446.

parer du sulfure de mercure : il ne reste plus alors qu'à séparer l'osmazome de la pepsine (1). On donne le lait comme réactif de cette dernière, de manière qu'un liquide neutre qui fait cailler le lait, et qui perd cette propriété par une courte ébullition, doit être considéré comme contenant de la pepsine(2). D'après Valentin (3), la pepsine a beaucoup d'affinité avec l'albumine liquide, et peut être même est-elle identique avec elle sous le rapport des principes constituans médiats, quoique le blanc d'œuf mêlé d'acide ne possède aucun pouvoir digestif. La présure, ou la matière digérante contenue dans les cryptes de l'estomac, n'est point volatile, suivant Purkinje et Pappenheim (4), et, soit sèche, soit en dissolution, elle conserve pendant long-temps sa vertu; mais la chaleur la lui fait perdre. Pour opérer la digestion, elle n'a besoin que de l'addition d'un acide quelconque ou du développement de cet acide par le galvanisme.

6° Une circonstance s'élève contre la présence dans l'estomac d'une matière digérante spéciale: c'est qu'on peut aussi, avec d'autres matières animales, préparer, en y ajoutant de l'acide, un liquide analogue au suc gastrique artificiel. Carminati préparait un suc gastrique artificiel en faisant digérer pendant seize heures deux gros de veau dans une once d'eau de fontaine, avec cinq grains de sel marin; mais il ne s'est servi de ce liquide que pour des usages thérapeutiques. Du veau, que Montègre avait placé dans un mélange de deux tiers de salive et d'un tiers de vinaigre, paraissait ramolli, sans néanmoins être entièrement dissous; mais, au bout de quatre mois, on n'y apercevait encore aucun indice de putréfaction, tandis que, dans de la salive seule, il commençait à se pourrir au bout de vingt-quatre heures. Les expériences suivantes sont plus concluantes que celles-là. Eberle (5) a trouvé que tout mucus quelconque, par exemple celui du nez,

(1) *Ib.*, p. 126.
(2) *Ib.*, p. 130.
(3) *Repertorium*, t. II, p. 200.
(4) Froriep, *Notizen*, t. I, p. 210.
(5) *Loc. cit.*, p. 78.

ou que toute membrane vésiculeuse, associée à l'acide chlorhydrique ou à l'acide acétique, digérait aussi bien que la
membrane stomacale. Purkinje et Pappenheim (1) disent également qu'en ajoutant de l'acide à la plupart des autres membranes intestinales et au pancréas, on se procure un suc gastrique artificiel fort actif. Du reste, Schwann (2) assure que la pepsine n'exerce pas son action digérante sur tous les alimens,
qu'elle ne la fait sentir qu'à l'albumine et à la fibrine ; la matière caséeuse, la gélatine et le gluten étant digérés par l'acide
libre du suc gastrique, et l'amidon par la salive qui se mêle
avec ce suc.

(La propriété qu'Eberle a découverte dans la membrane
muqueuse stomacale acidifiée d'exercer une action digérante,
principalement sur l'albumine coagulée, ne saurait être révo-
quée en doute. Cependant une propriété digérante analogue,
mais bien moins prononcée, semble appartenir aussi à toutes
les autres substances animales. Pour le constater, j'ai traité
diverses parties de Chiens morts de la même manière absolument qu'Eberle, Muller et Schwann prescrivent de le faire
pour la membrane muqueuse de l'estomac ; je les ai lavées
avec soin, séchées, puis traitées par un poids quadruple d'eau
contenant douze gouttes d'acide chlorhydrique par once, et j'ai
fait digérer le tout pendant vingt-quatre heures à une tempé-
rance de trente-deux degrés R. Je plongeai dans chacun des
liquides ainsi obtenus deux morceaux cubiques d'albumine,
pesant chacu douze grains, et je fis digérer le mélange à une
douce chaleur. Pour avoir un terme de comparaison, je mis de
pareils cubes d'albumine dans du suc gastrique artificiel produit par la membrane muqueuse stomacale acidifiée, dans de
l'eau distillée à laquelle j'avais ajouté une quantité proportionnelle d'acide, dans de l'eau distillée non acide, et enfin
dans de la salive non acide. Voici quels furent les résultats :

1° Dans le suc gastrique préparé avec la membrane stomacale, les cubes étaient, au bout de vingt-quatre heures, transparens et mous en grande partie ; au bout de quarante-huit

(1) Froriep, *Notizen*, t. L, p. 211.
(2) *Loc. cit.*, p. 136.

heures, il n'en restait plus que deux petites masses brunâtres, pesant ensemble trois grains.

2° Dans l'eau acidulée, qui demeura parfaitement limpide, les morceaux d'albumine étaient encore blancs et durs au bout de quarante-huit heures ; le huitième jour, ils étaient durs, mais un peu rougeâtres, et pesaient ensemble vingt-deux grains.

3° L'eau non acidulée avait, au bout de quarante-huit heures, une odeur de lait non désagréable, et elle était troublée par une multitude de flocons blancs, détachés de la surface de l'albumine. Au quatrième jour, l'odeur était putride ; l'eau était rendue toute blanche et trouble par les flocons ; des moisissures s'étaient développées sur les parois du vase.

4° La salive non acide se putréfia au bout de quarante-huit heures ; une épaisse couche de moisissure la couvrait ; l'albumine était blanche et molle ; des flocons blancs s'étaient détachés de la surface.

6° Dans la liqueur préparée avec la tunique musculeuse de l'estomac du chien, les morceaux d'albumine, au bout de quarante-huit heures, étaient mous, livides et transparens sur les bords ; ils pesaient vingt-deux grains. Le huitième jour, ils étaient très-mous et réduits à huit grains. J'avais précédemment constaté une puissance digérante bien plus forte encore dans la membrane charnue de l'estomac du veau ; ici la digestion semblait être aussi complète qu'avec la membrane muqueuse ; la seule différence appréciable consistait en ce que le liquide préparé avec la première passa très-promptement à la putréfaction, tandis que le second se conserva pendant des semaines entières.

6° Dans la liqueur préparée avec la membrane muqueuse de la trachée-artère, les morceaux d'albumine étaient, au bout de quarante-huit heures, d'un jaune pâle, mais peu translucides, et ils ne pesaient que seize grains. Le huitième jour, ils avaient la même couleur, mais étaient fort mous, et leur poids se trouvait réduit à dix grains.

7° Après quarante-huit heures de séjour dans la liqueur préparée avec la substance pulmonaire, les morceaux d'albumine étaient jaunâtres, translucides sur les bords ; ils ne pe—

saient que dix-neuf grains. Au bout de huit jours, ils étaient colorés en brun et entièrement transparens, comme du succin ou du sucre candi. Leur poids n'était plus que de quatorze grains.

8° Dans la liqueur préparée avec une membrane séreuse, le péricarde surtout, les morceaux d'albumine étaient, au bout de quarante-huit heures, livides et du poids de vingt-deux grains. Le huitième jour, ils étaient moins transparens, mais bruns et très-mous ; ils ne pesaient plus que dix-sept grains.

Les mêmes résultats ont été fournis par la liqueur préparée avec du tissu cellulaire pur.

9° Dans la liqueur préparée avec la substance du foie, les morceaux d'albumine étaient très-brunis au bout de quarante-huit heures, et pesaient vingt grains. Le huitième jour, ils étaient d'un brun noirâtre, peu ramollis et translucides sur les bords seulement. Ils pesaient dix-huit grains.

10° Dans la liqueur préparée avec la vessie urinaire entière, ils étaient, au bout de quarante-huit heures, livides et noirs par place ; leur poids s'élevait à vingt grains. Le huitième jour, ils étaient convertis en une masse semblable à de la gélatine, mais qui pesait toujours vingt grains.

11° Dans la liqueur préparée avec le parenchyme des glandes salivaires, l'albumine était devenue, au bout de quarante-huit heures, d'un rougeâtre livide, et transparente sur les bords, mais sans perte de son poids. Le huitième jour, elle paraissait toute noire ; elle était très-molle et transparente, mais pesait encore vingt-deux grains.

12° Dans la liqueur préparée avec des lambeaux de muscles obéissant à la volonté, les morceaux d'albumine étaient, au bout de quarante-huit heures, brunâtres et un peu translucides. Le huitième jour, ils n'étaient pas sensiblement ramollis, mais ils ne pesaient plus que dix-sept grains.

13° Dans la liqueur préparée avec la substance nerveuse pure, ils étaient livides, mais moins pesans, au bout de quarante-huit heures. Le huitième jour, leurs bords étaient translucides et ramollis ; mais ils pesaient encore vingt-deux grains.

14. Plusieurs autres parties animales donnèrent des résultats analogues ; ce qui fait que nous les passons sous silence. Il a été constamment remarqué que la dissolution marchait avec d'autant plus de lenteur, que la substance employée à la préparation de la liqueur contenait davantage de graisse. Il est hors de doute qu'une véritables digestion a eu lieu dans les cas précités ; car, à l'aide des moyens connus, on parvint, après la dissolution partielle de l'albumine, à démontrer la présence de l'osmazome et de la ptyaline dans les diverses liqueurs) (1).

2. SECONDE PÉRIODE.

§ 944. Lorsqu'une occlusion maladive du pylore empêche le chyme de passer dans l'intestin, le marasme et la mort s'ensuivent. L'action de l'estomac ne suffit donc pas pour que la nutrition du corps s'accomplisse d'une manière convenable, et il faut encore le concours de l'intestin. Ce concours peut consister, ou dans le transport du produit de la digestion, ou dans la continuation du travail digestif lui-même.

1° Dans le premier cas, la digestion serait terminée après les changemens que les substances alimentaires subissent dans l'estomac, et l'intestin n'aurait que deux offices à remplir : celui de conduire le produit de l'opération à la masse du sang par le moyen de ses nombreux vaisseaux lymphatiques, et celui de reporter au dehors les portions incapables de s'assimiler. Ainsi, sans sa coopération, l'estomac formerait tout autant de chyle, mais il n'en fournirait pas autant au sang, et, par conséquent, nourrirait moins. On pourrait alléguer en faveur de cette manière de voir, les cas dans lesquels la vie s'est soutenue, dit-on, pendant huit à vingt ans, malgré le vomissement habituel de tous les alimens (2). Cependant il faut bien qu'alors une partie du chyme ait passé dans l'intestin, car on ne connaît aucun exemple d'individu qui, ayant le pylore complétement fermé, ait pu, par le seul fait de la digestion stomacale, se nourrir assez pour prolonger son existence durant six

(1) Addition d'Ernest Burdach.
(2) Haller, *Elem. physiolog.*, t. VI, p. 337.

mois. D'un autre côté, elle a contre elle les cas dans lesquels la seule digestion intestinale a suffi pour entretenir la vie pendant quelque temps ; tel était celui d'un malade dont parle Layard (1), et qui, ne pouvant rien prendre par le haut, fut nourri durant trois mois par des lavemens de bouillon. De ce que des Grenouilles auxquelles on avait enlevé tout le mésentère, continuèrent de vivre sans manger, Krimer conclut (2) que la nutrition fut alors accomplie par l'estomac seul ; mais l'intestin avait incontestablement conservé la vie par les anastomoses de ses vaisseaux avec l'estomac intact, de sorte qu'il était demeuré en état de concourir à la digestion.

2° En même temps que l'intestin exerce de toute évidence une absorption abondante, car les déjections deviennent plus arides quand le séjour du chyme dans son intérieur se prolonge, qu'elles ne le sont lorsque celui-ci le traverse rapidement, il doit aussi continuer la digestion commencée, et agir de la même manière que l'estomac, puisque sa sécrétion est la même, quant au fond. Magendie a trouvé que de la viande crue, portée dans le duodénum d'un Chien, où on la fixait au moyen d'un fil, était déjà digérée à moitié au bout de trois heures ; et il fait observer que, l'homme survivant quelquefois assez long-temps aux désorganisations de l'estomac, la digestion doit nécessairement alors s'accomplir par l'intestin. D'ailleurs, il est clair que, chez certains animaux, par exemple, les Oiseaux granivores et les Chevaux, les alimens subissent peu de changement dans l'estomac, et que c'est dans l'intestin grêle seulement qu'ils se convertissent en chyme.

3° Mais l'intestin ne se borne pas à continuer la digestion commencée dans l'estomac, par une action analogue à celle de ce viscère . il la perfectionne encore par un mode d'action qui lui appartient en propre. On doit bien s'attendre à ce que les choses se passent ainsi, puisque des liquides spéciaux, la bile et le suc pancréatique, affluent dans l'intestin, et la preuve en est d'ailleurs fournie par le changement de nature qu'éprouve le chyme, ainsi que par la formation du

(1) *Hist. de l'Acad. des sc.*, 1750, p. 406.
(2) *Versuch einer Physiologie des Blutes*, p. 65.

chyle. Les boissons disparaissent très-promptement de l'estomac ; une portion imbibe les alimens , une autre passe dans
l'intestin , et une autre encore est absorbée par les vaisseaux.
Magendie nous apprend que la ligature du pylore n'empêche pas
les boissons de disparaître de l'estomac avec tout autant de rapidité qu'elles le feraient si l'orifice était libre (1), et la promptitude avec laquelle cet effet s'opère ne permet pas, suivant la
remarque d'Eberle (2), de songer à une assimilation. Que
certains liquides passent immédiatement de là dans le sang ,
c'est ce qu'atteste déjà leur prompte apparition dans l'urine
(§§ 840, 7°; 866, 1°), et si une demi-heure suffit pour faire
disparaître deux onces de l'eau teinte avec de l'indigo ou de la
garance, que Home (3) avait injectée dans l'estomac de Chiens,
après la ligature du pylore , les vaisseaux lymphatiques du
viscère ne se montrèrent ni colorés, ni même seulement gorgés de liquide. Ces vaisseaux , comme le fait déjà remarquer
Haller (4), n'absorbent qu'un liquide ténu et incolore ; Brodie (5), Fohmann (6) et autres n'y ont rien rencontré qui ressemblât à du chyle , et Tiedemann les trouva pleins d'un liquide aqueux, semblable à du petit lait , chez des Chiens auxquels il avait donné du lait vingt-cinq minutes auparavant (7).
Nous devons donc regarder comme erronée l'assertion de
Leuret et Lassaigne (8), qui disent qu'on y trouve déjà du
chyle. Ce liquide n'apparaît réellement que dans les vaisseaux lymphatiques de l'intestin , dans lequel par conséquent
s'accomplit une transformation nouvelle et toute particulière ,
ou , comme on dit , une seconde digestion. La digestion stomacale n'est donc qu'un travail préparatoire de la formation du
chyle, but de toute digestion, et c'est d'après cette échelle qu'il
faut apprécier la véritable valeur de toutes les recherches

(1) *Précis élémentaire*, t. II, p. 125.
(2) *Loc. cit.*, p. 167.
(3) *Lectures on comparative anatomy*, t. I, p. 224.
(4) *Elem. physiol.*, t. VI, p. 338.
(5) Froriep, *Notizen*, t. IV, p. 178.
(6) *Anatomische Untersuchung*, p. 34.
(7 bis) *Recherches sur la digestion*, t. I, p. 242.
(8) *Rech. sur la digestion*, p. 124.

faites sur ce qu'on appelle la digestion artificielle. Eberle, malgré le succès de ses expériences sur le suc gastrique factice, n'en dit pas moins que l'assimilation et l'animalisation sont réservées à l'intestin (1) ; cette preuve d'impartialité lui fait honneur.

§ 945. L'intestin grêle est le laboratoire où la digestion atteint son second degré ; un peu resserré sur lui-même dans l'état de jeûne, il se distend lorsque le chyme y parvient, entre en turgescence, et se livre à des mouvemens plus vifs.

1° Sa membrane muqueuse rougit, et commence à sécréter en plus grande abondance. Les excitans purement mécaniques, comme des cailloux, n'accroissent pas moins cette sécrétion, que les stimulans chimiques, par exemple, le poivre (2), les sels (3), ou que les excitans dynamiques (§ 838, 2°). Mais, dans l'état normal, la bile qui s'épanche agit de telle sorte que l'on rencontre plus de suc intestinal sur les points avec lesquels elle entre en contact ; et après avoir exprimé la vésicule biliaire, surtout chez un animal qui n'a pas pris d'alimens depuis long-temps, on voit le liquide muqueux sortir en plus grande quantité (4). Le suc intestinal contient du mucus, de l'albumine, de l'osmazome, de la ptyaline (§ 820, III), et pendant la digestion de l'acide libre, ainsi que l'ont observé Tiedemann et Gmelin (5), et Schultz (6). Comme il a coutume d'être neutre chez les animaux à jeun, ou dans l'état de non stimulation, la réaction acide ne se prononce ni dans tous les cas, ni sur tous les points de l'étendue de l'intestin.

2° Quand l'animal est à jeun, la plus grande partie de la bile coule dans le vésicule, de sorte qu'on trouve toujours celle-ci pleine lorsque l'estomac et le duodénum sont vides. Mais elle suinte aussi en partie dans l'intestin, dont, par cela même, on trouve toujours la partie supérieure plus ou

(1) *Loc. cit.*, p. 464.
(2) Tiedemann, *Rech. sur la digestion*, t. I, p. 170.
(3) Haller, *Elem. physiol.*, t. VII, p. 401.
(4) Eberle, *loc. cit.*, p. 344.
(5) *Loc. cit.*, p. 470.
(6) *De alim. concoct.*, p. 39.

moins teinte en jaune. Dans un cas d'anus artificiel, qui pendant long-temps obligea d'employer des lavemens nourrissans, et ne permit au malade que de prendre en petite quantité une boisson mêlée de vin du Rhin, Acrel a vu de la bile pure sortir par la plaie, en place d'excrémens. Dans un cas analogue, observé par Lallemand (1), il s'échappait le matin, à jeun, cinq ou six cuillerées d'un liquide visqueux, jaunâtre, transparent, qui paraissait être un mélange de suc intestinal, de bile et de suc pancréatique. Magendie dit que, chez les Chiens, la bile coule d'une manière intermittente (2), et qu'il en sort à chaque minute environ deux gouttes, qui s'étalent à la surface de l'intestin. Cet afflux continue pendant la digestion, probablement en plus grande abondance, et en même temps la bile s'épanche de la vésicule, qu'on trouve alors moins pleine ou complétement vide. L'évacuation commence, d'après Macdonald (3), dès l'instant qu'il arrive des alimens dans l'estomac, et suivant Bichat, à l'époque seulement où le chyme parvient dans l'intestin. Elle tient à plusieurs causes; d'abord, à ce que la pression de l'estomac plein rétrécit la vésicule biliaire qui, dans l'intervalle des repas, au contraire, trouve assez d'espace pour s'emplir (4); ensuite, à ce que l'orifice du canal cholédoque se dilate par l'effet de la turgescence du duodénum; enfin à ce que l'irritation se propage de l'intestin aux organes biliaires (§ 846, IV), et détermine la vésicule à se contracter (§ 793).

3° Magendie a vu le suc pancréatique suinter à des époques moins rapprochées, chez les Chiens; il n'en coulait souvent qu'une goutte tous les quarts d'heure, mais parfois cependant la sortie de ce liquide avait lieu avec plus de rapidité.

4° Le chyme jaunit après l'afflux de la bile, et il prend une teinte de plus en plus foncée à mesure qu'il avance dans l'intestin grêle : il devient plus homogène, et les ali-

---

(1) *Observations pathologiques*, p. 74.
(2) *Précis élémentaire*, t. II, p. 16.
(3) Meckel, *Deutsches Archiv*, t. VI, p. 565.
(4) Haller, *Elem. physiol.*, t. VI, p. 299.

mens y sont de plus en plus difficiles à reconnaître ; il acquiert plus de diffluence dans le duodénum, mais sa consistance augmente àmesure qu'il chemine ; son odeur est fade,
sa saveur douceâtre, et il contient des flocons et des stries
blanchâtres ou jaunâtres (Des substances que j'ai vues sortir
d'un anus artificiel situé à la partie supérieure de l'intestin
grêle, avaient la couleur du vert-de-gris ; elles contenaient
toujours beaucoup de bulles d'air, du mucus, des grumeaux
verdâtres, liés ensemble, et semblables à du chou vert
haché, enfin, des portions non digérées d'alimens) (1). L'a-
cide libre diminue dans le trajet de l'intestin : il persiste suivant Haller (2), et Magendie (3) ; Emmert prétend qu'il est
très-peu prononcé à la partie inférieure de l'intestin grêle.
D'après Tiedemann et Gmelin, il disparaît ordinairement,
mais non toujours, dans cette dernière région, soit qu'à l'a-
cide chlorhydrique se substitue l'acide acétique, mis en liberté
par l'autre qui se combine avec la base de l'acétate de soude
de la bile, soit que l'acide, quel qu'il soit, s'unisse à la
soude libre de la bile, qui néanmoins n'existe pas en quantité considérable chez les Chiens, soit enfin qu'un commencement de putréfaction dégage de l'ammoniaque des alimens, ou que l'acide libre vienne à être absorbé et à être
neutralisé dans les ganglions mésentériques, par une sécrétion alcaline du sang. La seule chose que l'expérience enseigne, c'est que cet acide se dissipe peu à peu après le mélange de la bile avec le chyme. Ainsi, Prout (4) a neutralisé
le chyme tiré de l'estomac d'un Lapin, en y ajoutant de la
bile ; du reste, le chyme du duodénum de Bœuf lui a offert
de très-faibles traces d'acidité, tandis que celui des Chiens,
des Lapins et des Tanches n'en présentait aucune ; le chyme du
Bœuf et celui des Chiens nourris avec du pain coagulait le lait,
ce qui n'arrivait pas chez les Chiens nourris de viande, non
plus que chez les Lapins, ni chez les Tanches. La matière

(1) Addition de Dieffenbach.
(2) Haller, *loc. cit.*. t. VII, p. 53.
(3) *Précis élément.*, t. II, p. 103.
(4) Schweigger, *Journal*, t. XXVIII, p. 227.

caséeuse qui avait été précipitée du lait dans l'estomac, repasse à l'état liquide dans l'intestin grêle. Suivant Werner,
l'albumine qui avait été fluidifiée dans l'estomac se trouve de
nouveau coagulée par l'acide de l'intestin. Tiedemann et
Gmelin disent que la gélatine prise à titre d'aliment est décomposée, que l'amidon se convertit en sucre, et que les os
sont dépouillés de leur substance animale.

4° Les mêmes observateurs ont trouvé de l'albumine dans
le chyme ou l'intestin grêle, même chez des animaux herbivores; ils laissent indécise la question de savoir si cette substance provenait du suc intestinal et du suc pancréatique, ou
si elle s'était formée par l'action de la matière analogue au
caséum sur des alimens dépourvus d'azote (1). Ils font remarquer, au reste, qu'elle diminue dans la partie inférieure
de l'intestin grêle, à l'extrémité duquel on n'en rencontre
même plus (2). Emmert, au contraire, n'en a point trouvé
dans la partie supérieure de l'intestin des Chevaux, tandis que
la partie inférieure en contenait, qui ne se coagulait point, il
est vrai, par l'action de la chaleur, mais qui, bouillie avec la
potasse, donnait une faible odeur hépatique quand on ajoutait un acide à la liqueur (3). Treviranus a précipité par l'alcool, du chyme d'une Poule nourrie avec de l'orge, de l'albumine qu'il dérive de la bile (4). Prout faisait bouillir le
chyme avec de l'acide acétique, et ajoutait du cyanure de
potassium au liquide filtré; chez un Chien, nourri de végétaux, ce réactif demeura sans effet; mais, chez un autre qui
avait mangé de la viande, il se précipita de l'albumine, formant 0,013 du chyme. Chez des Lapins qui avaient mangé
du son et de l'avoine, le commencement de l'intestin grêle
contenait très-peu d'albumine; il y en avait davantage à six
pouces du pylore; à peine en distinguait-on des traces encore
à deux pieds de cette ouverture, et il ne s'en trouvait plus à
la partie inférieure de l'intestin grêle. Mais quand on ouvrait

(1) *Rech. sur la digestion*, t. II, p. 165.
(2) *Ib.*, t. I, p. 387, 388.
(3) Reil, *Archiv.* t. VIII, p. 176.
(4) *Biologie*, t. IV, p. 474.

l'animal long-temps après qu'il avait mangé, l'albumine était abondante dans le duodénum et dans tout l'intestin grêle, à l'extrémité duquel il n'y en avait cependant que fort peu. De même, un Pigeon en présenta une petite quantité dans le voisinage du pylore ; elle augmentait jusqu'à la distance de six pouces, à partir de laquelle elle allait en diminuant jusqu'à celle de douze pouces. Chez une Tanche, le commencement de l'intestin n'en renfermait pas, et l'on n'en rencontrait qu'assez loin de son origine.

5° Prout a cru reconnaître aussi des traces de fibrine commençante ; le chyme du duodénum devenait plus visqueux et plus ferme à l'air, mais reprenait sa fluidité première au bout d'une à deux heures.

6° Tiedemann et Gmelin ont trouvé encore une matière analogue à la caséeuse, de l'osmazome et de la ptyaline, substances qui pourraient fort bien provenir de la salive et des autres sécrétions mêlées au chyme.

7° Une portion de la bile mêlée avec le chyme a neutralisé l'acide de ce dernier, comme l'a démontré Prout surtout ; en se combinant avec lui, elle a perdu sa solubilité dans l'eau, et s'est rapprochée davantage de la nature d'une résine.

8° (Six heures après qu'un Lapin eut mangé des pommes-de-terre, on lui tira le chyme de l'estomac, on l'étendit d'eau, en ajoutant de l'alcali jusqu'à saturation parfaite de l'acide, et on filtra. La liqueur qui traversa le filtre était un peu trouble. On en fit chauffer fortement une partie, et on versa dans l'autre de l'acide sulfurique. Dans toutes deux il se produisit un léger coagulum nageant, de couleur jaune clair, qui fut considéré comme de l'albumine. La même expérience fut répétée à plusieurs reprises sur des Chiens qui avaient été nourris avec du pain ; mais ni la chaleur, ni le deutochlorure de mercure, ni l'acide, ne mirent d'albumine en évidence dans le chyme de l'estomac. Cette substance était facile à reconnaître, au contraire, dans le chyme de l'intestin grêle, tant chez les Chiens que chez les Lapins. Quand on étendait d'eau du chyme, soit de l'estomac, soit de l'intestin grêle, d'un Chien, ou d'un Lapin, et qu'on l'exposait ensuite à une chaleur modérée, on obtenait, après l'évaporation complète, un résidu sec, brunâtre, qui se dissolvait en petite quantité dans l'alcool et en plus forte proportion dans l'eau. La teinture de noix de galle, ajoutée à la dissolution, tant alcoolique qu'aqueuse, faisait naître des flocons blancs; il s'était donc formé de l'osmazome et de la ptyaline. Après l'évaporation de la liqueur, la quantité de ces dernières substances paraissait toujours plus considérable, proportionnellement, dans le chyme de l'intestin grêle que dans celui de l'estomac : cependant il n'y avait pas moyen de déterminer la proportion, attendu qu'il était impossible de savoir combien le contenu de l'estomac renfermait de véritable chyme et combien de simples résidus d'alimens) (1).

9° Nous exposerons plus loin (§ 950,) les motifs qui donnent à penser qu'une formation de graisse a lieu dans les organes digestifs.

2. TROISIÈME PÉRIODE.

§ 946. C'est dans le gros intestin que s'accomplit la troisième période de la digestion.

1° Cet organe cède le pas à l'intestin grêle par rapport à l'action digestive. Il est moins riche en vaisseaux, n'a point de villosités complètes, ne rougit pas quand le chyme arrive dans son intérieur, et n'entre pas en contact si intime avec lui, attendu que son ampleur et sa briéveté ne permettent pas qu'il l'embrasse aussi directement, ni qu'il lui présente autant de surface. Ses mouvemens ont moins pour but d'aider à l'élaboration des alimens, que de diriger peu à peu les matières vers l'anus, où elles s'accumulent. Outre que ses fibres circulaires sont plus faibles, ses fibres longitudinales, réunies en bandelettes, le raccourcissent, et produisent ainsi des cellules, dans lesquelles le chyme peut s'amasser. La même chose arrive dans ses inflexions à angle droit, notamment dans sa courbure gauche, tandis que son expansion en forme de sac, le cœcum, retient nécessairement le chyme. Enfin il est en grande partie fixé à la paroi abdominale et peu mobile, car le feuillet extérieur du mésocolon ascendant et du mésocolon transverse est fort court.

(1) Addition d'Ernest Burdach.

2° Cependant il absorbe assez vivement. Non seulement les substances narcotiques administrées par cette voie causent la stupeur, et d'autres, principalement les résines, se retrouvent dans l'urine, mais encore des lavemens ordinaires sont fréquemment absorbés en entier, et les personnes atteintes de la diarrhée parviennent quelquefois à la faire cesser en se retenant pendant quelque temps; les matières qu'elles rendent ensuite ont de la consistance. Les lavemens nutritifs soutiennent aussi la vie durant quelques semaines ou mois, et suivant les observations de Hood, il peut même s'opérer dans le rectum une transformation des alimens analogue à la digestion stomacale (§ 655, 4°). Enfin on trouve dans les vaisseaux lymphatiques du gros intestin, du chyle qui ne paraît pas différer de celui de l'intestin grêle (1). (Il m'a semblé que la nourriture liquide injectée par l'anus artificiel, était digérée, tandis que celle qu'on introduisait dans le rectum, le bouillon peut-être excepté, l'était peu ou point. Le lait ne sortait souvent qu'au bout de trois ou quatre jours, en gros grumeaux, accompagnant les masses ordinaires de mucus épais et visqueux) (2).

3° Quand le gros intestin a reçu du chyme, un acide libre apparaît dans sa sécrétion, comme dans celle de l'estomac et de l'intestin grêle. Mayer a vu (3), chez de jeunes Chiens et Chats, l'acide, qui avait disparu à la partie la plus inférieure de l'intestin grêle, reparaître depuis le cœcum jusqu'à l'anus, avec tout autant d'intensité qu'il en avait dans l'estomac, et Fohmann a obtenu un liquide doué de réactions acides en comprimant les follicules nombreux qui garnissent le commencement du gros intestin des animaux carnivores (4). Cette réaction est très-prononcée surtout dans le cœcum, où Viridet l'avait déjà remarquée chez des Lapins, dont l'intestin grêle n'en offrait aucune trace. Tiedemann et Gmelin ont confirmé le fait par des observations sur divers animaux, de sorte

(1) Haller, *Elem. physiol.*, t. VII, p. 477.
(2) Addition de Dieffenbach.
(3) Froriep, *Notizen*, t. XXVI, p. 228.
(4) *Anatomische Untersuchung*, q. 52.

qu'ils considèrent le cœcum comme un analogue de l'estomac, principalement chez les herbivores, opinion que partage Treviranus (1). Schultz a trouvé le suc du cœcum neutre, ou même alcalin, chez les Lapins, les Brebis et les Bœufs à jeun, mais acide quelques heures après l'ingestion des alimens (2). Eberle a fait aussi des remarques analogues (3). La perte de l'appendice cœcal n'entraîne aucune conséquence fâcheuse pour la vie ; on a regardé cette partie comme un organe embryonnaire (4) ; mais ce n'est autre chose qu'un follicule fort alongé, qui sécrète du suc intestinal acide, et le verse dans le cœcum (5).

4° Le cœcum est plus développé chez les animaux qui vivent de nourriture végétale ou mixte, que chez les carnivores. Cette particularité annonce qu'il a pour principal usage de digérer les substances qui ne sont assimilables qu'après avoir passé par plusieurs degrés successifs de digestion, ainsi que celles qui sont mêlées avec beaucoup de parties non susceptibles d'assimilation, en général d'extraire les matériaux digestibles qui peuvent exister encore dans le chyme, et de contribuer ainsi à la formation du chyle. Lorsqu'il s'agit de substances qui résistent à la digestion, une sécrétion fort abondante s'établit dans le cœcum. Home a trouvé, dans l'estomac d'Anes auxquels on avait administré une once de rhubarbe, après les avoir privés d'alimens et d'eau pendant deux jours, une masse gélatiniforme, mêlée de rhubarbe : l'intestin grêle était vide, tandis que le cœcum et le rectum contenaient plusieurs pintes de liquide, avec de la rhubarbe. La digestion s'accomplit également ici par un acide libre : car, suivant Schultz (6), celui-ci est d'autant plus fortement développé dans le cœcum, que la nourriture non encore digérée contient davantage de substances aptes à être dissoutes; il était très-abondant chez des Rats qui avaient mangé de la

(1) *Biologie*, t. IV, p. 476.
(2) *De aliment. concoct.*, p. 37.
(3) *Loc. cit.*, p. 348.
(4) Haller, *Elem physiol.*, t. VII, p. 119.
(5) *Ib.*, p. 54, 121.
(6) *Loc. cit.*, p. 41.

graisse, dont l'intestin grêle avait peu avancé la digestion; plus chez les Lapins nourris d'avoine et les Bœufs nourris de farine, que chez ceux de ces animaux qui avaient brouté de l'herbe; et tandis qu'il est généralement faible chez les carnivores, il était fort prononcé chez un Chien qui avait mangé beaucoup de pommes de terre. Suivant la théorie d'Eberle, cet acide se combine en partie avec le carbonate alcalin provenant de l'intestin grêle, et dégage du gaz acide carbonique; une autre portion dissout les substances encore solubles, qui se mêlent avec l'albumine du suc cœcal et sont absorbées.

5° Nous devons admettre que la bile déploie également ici son action. Une partie de ce liquide a neutralisé l'acide du chyme, dans l'intestin grêle, et s'est par là décomposée; le reste, non encore décomposé, est mêlé avec le chyme, et peut, après que de l'acide a reparu dans le cœcum, agir de nouveau sur le chyme acide. Nous reconnaissons donc, avec Schultz (1), qu'une réapparition d'acide et une nouvelle neutralisation par la bile ont lieu dans le cœcum, et que cette double opération se continue, bien qu'à un moindre degré, dans le reste du gros intestin. Mais Schultz a émis des hypothèses que l'expérience ne justifie pas, quand il assigne des époques différentes à ces deux actes, quand il admet que la valvule iléo-colique est destinée à empêcher la bile de pénétrer dans le cœcum avant le moment où le chyme s'y trouve complètement acidifié (2), que la transformation opérée dans cet intestin est la seconde période de la digestion et fait antagonisme à cette dernière, qu'en conséquence celle-ci la trouble, parce que si de nouveaux alimens viennent à pénétrer dans la partie supérieure du tube intestinal, la bile est employée à saturer le chyme de nouvelle formation, et par conséquent empêchée de couler dans le cœcum (3); enfin que, d'après cela, on ne doit pas manger avant la fin de la digestion cœcale, que cette dernière appartient à la nuit, comme la digestion stomacale au jour, et que les alimens pris

(1) *Loc. cit.*, p. 88.
(2) *Ib.*, p. 89.
(3) *Ib.*, p. 18.

pendant la soirée passent sans être digérés (1). En effet, nulle observation n'autorise à admettre que, dans l'état normal, de la bile exempte de tout mélange traverse la longueur entière de l'intestin grêle vide, qu'elle soit retenue par la valvule iléo-cœcale, et que cette valvule se relâche ensuite pour la laisser passer. Nous devons plutôt nous ranger à l'opinion d'Eberle, qui considère le changement que le chyme subit dans le gros intestin comme le troisième acte de la digestion, ou comme une répétition de la digestion de l'intestin grêle, avec cette différence qu'ici le travail s'accomplit non plus sur du chyme acide, mais sur du chyme déjà neutralisé par la bile, et qui a besoin d'être acidifié de nouveau.

6° Le chyme acquiert de plus en plus, dans le gros intestin, les caractères des matières excrémentitielles, dont la formation avait déjà commencé vers la partie inférieure de l'intestin grêle : il devient plus brun, plus épais, et prend une odeur répugnante. Suivant Prout, une partie de la matière biliaire qui s'y trouve mêlée est convertie en résine parfaite. L'albumine, qui avait disparu à l'extrémité inférieure de l'intestin grêle, reparaît dans le cœcum, au dire de Tiedemann et Gmelin (2). Eberle prétend qu'il se développe ici de l'ammoniaque, et qu'on y rencontre, par conséquent, plusieurs sels qui doivent empêcher la décomposition et la putréfaction d'aller trop loin.

B. *Produits de la digestion.*

§ 947. Les produits de la digestion se partagent en ceux qui sont expulsés par l'intestin, et en ceux qui sont admis dans le système vasculaire.

1. PRODUITS A ÉLIMINER.

Cette catégorie comprend les gaz et les excrémens.

a. *Gaz.*

1° Nous avons déjà rapporté (§ 817, 3°) les faits qui prouvent que des gaz peuvent être sécrétés dans les organes di-

(1) *Ib.*, p. 88-92.
(2) *Exp. sur la digestion*, t. I. p. 403.

gestifs, et qu'il peut aussi s'en dégager des alimens. Ce dernier mode de formation ne saurait manquer d'avoir lieu si les substances alimentaires subissent une décomposition par suite de l'action que les sucs digestifs exercent sur elles. Magendie a vu de l'air se dégager du chyme contenu dans le duodénum, au dessous de l'orifice du canal cholédoque (1). Prout (2) a trouvé, au commencement de cet intestin, beaucoup de gaz emprisonnés dans le chyme, et qui lui paraissaient avoir été produits par une effervescence survenue au milieu de la masse alimentaire quand elle était arrivée dans l'organe. Il pense que ce dégagement de gaz dépend du mélange avec la bile et le suc pancréatique (3). On voit même des bulles d'air se dégager dans ce qu'on appelle les digestions artificielles. L'air mis en liberté dans les organes digestifs peut favoriser la progression du chyme, tant d'une manière mécanique que par l'excitation qu'il détermine sur les muscles intestinaux. Mais il paraît se combiner de nouveau dans l'état normal, attendu qu'il apparaît en trop grande quantité lorsque la digestion ne marche pas avec assez d'énergie, soit parce que l'organe est atteint de faiblesse et de relâchement, soit parce que les alimens introduits étaient ou trop abondans, ou trop débilitans, ou difficiles à digérer.

2° Chevillot a examiné (4) les gaz des organes digestifs chez des personnes mortes de maladies. Il y a constamment trouvé de l'azote, dont la quantité était surtout considérable chez les vieillards, ou à la suite des maladies chroniques, et s'élevait quelquefois à 0,99. Parmi les autres gaz constans, l'acide carbonique était le plus abondant ; sa proportion s'élevait parfois à 0,92 ; on le rencontrait de préférence chez les jeunes gens, comme aussi après les fièvres aiguës et les maladies de poitrine. Le gaz hydrogène ne se présenta pas toujours ; les sujets jeunes et robustes étaient ceux qui en offraient le plus. Le gaz oxygène manqua aussi quelquefois. Les

(1) *Préois élément.*, t. II, p. 106.
(2) Schweigger, *Journal*, t. XXVIII, p. 207,209.
(3) *Ib.*, p. 227.
(4) *Archives générales*, 2ᵉ série, V, p. 286,

plus rares de tous étaient l'hydrogène carboné et l'hydrogène sulfuré.

3° Quant à ce qui concerne les diverses portions de l'appareil digestif, Chevreul en a fait le sujet de recherches sur les cadavres d'hommes peu avancés en âge qui avaient péri sous le glaive de la justice (1).

Chez l'un, qui avait pris du pain, du fromage, de l'eau et du vin une ou deux heures avant le supplice, on trouva :

	DANS L'ESTOMAC.	DANS L'INTESTIN GRÊLE.	DANS LE GROS INTESTIN.
Azote	7145	2008	5103
Acide carbonique	1400	2439	4350
Oxygène	1100	0	0
Hydrogène	355	5553	0
Hydrogène carboné	0	0	547

Chez un second, après un repas de même nature :

	DANS L'ESTOMAC.	DANS LE GROS INTESTIN.
Azote	885	1840
Acide carbonique	4000	7000
Oxygène	0	0
Hydrogène	5115	0
Hydrogène carboné	0	1160

Chez un troisième, qui avait pris du bœuf, des lentilles, du pain et du vin avant sa mort :

	DANS L'INTESTIN GRÊLE.	DANS LE COECUM.	DANS LE RECTUM.
Azote	6600	6750	4596
Acide carbonique	2500	1250	4286
Oxygène	0	0	0
Hydrogène	840	750	0
Hydrogène carboné	0	1250	1118

Chevillot a trouvé l'oxygène le plus fréquemment dans

(1) *Nouv. Bulletin de la sc. philom.*, 1816, p. 129.—P. Baumès, *Traité des Maladies venteuses*, Paris, 1837, in-8°, p. 17.

l'estomac et le plus rarement dans l'intestin grêle; l'hydrogène n'était pas plus abondant dans le gros intestin que dans l'intestin grêle, tandis qu'auparavant Moscati avait rencontré beaucoup d'hydrogène dans le gros intestin, et plus d'une fois de l'acide carbonique presque pur dans le duodénum. Chez un Chien nourri de viande, les gaz intestinaux se composaient comme il suit, d'après Leuret et Lassaigne (1).

	INTESTIN GRÊLE.	GROS INTESTIN.
Azote	60	45
Acide carbonique	30	15
Hydrogène carboné	10	40

Suivant Tiedemann et Gmelin, il se développe, dans la panse des Brebis, beaucoup de gaz hydrogène sulfuré (2), provenant peut-être de la décomposition du gluten ou de l'albumine qui existe dans les herbages.

b. *Excrémens.*

§ 948. Partout où il y a des organes de digestion, il reste des débris d'alimens, qui sont expulsés du corps, sous forme d'excrémens, conjointement avec les matières sécrétées par l'appareil.

1° Les déjections journalières d'un homme adulte s'élèvent à environ cinq onces, et font 0,05 à 0,10 des alimens solides et liquides qu'il a pris (§ 840,I), de sorte qu'il passe 0,90 à 0,95 de ces derniers dans le sang, pour réparer les pertes qui, le poids du corps demeurant le même, ont lieu par la sécrétion urinaire et la transpiration. La proportion des excrémens aux alimens et boissons, calculée en onces, est, suivant Gorter, de 8 : 91=1 : 11; d'après Hartmann, de 6 à 7 : 80=1 : 11 à 13; selon Robinson, de 5 1/2 : 86=1 : 15 dans la jeunesse, et de 3 1/2 : 58=1 : 16 dans l'âge avancé; suivant Home, de 3 1/2 : 67=1 : 18 (3); enfin, selon Dalton (4), de

(1) *Rech. sur la digestion*, p. 151.
(2) *Exp. sur la digestion*, t. I, p. 349.
(3) Haller, *Elem. physiolog.*, t. V, p. 62.
(4) *Bibliothèque universelle*, t. LIV, p. 272.

5 : 94⁼1 : 18 en hiver, et de 4 1/3 : 90⁼1 : 20 en été. La proportion aux alimens est d'environ 1 : 7, ou 1 : 8, de sorte qu'il passe 0,85 ou 0,87 de ces derniers dans le sang. Lorsque la digestion est robuste et l'absorption vive, de même que quand on fait usage d'alimens et de boissons en petite quantité, mais très-nourrissans, les déjections alvines sont moindres proportionnellement. Ainsi elles ne sont ni aussi copieuses ni aussi fréquentes chez les carnivores que chez les herbivores. Un Cheval sur lequel Boussingault a fait des observations (1), rendait chaque jour 14250 grammes d'excrémens, tandis qu'il consommait 25970 grammes d'alimens (7500 de froment, 2270 d'avoine, et 16000 d'eau); la proportion était donc de 1 : 1,80. Déduction faite de l'eau, 3525 grammes de substance solide étaient expulsés par l'intestin, et 8392 admis comme nourriture, ce qui établit une proportion de 1 : 2,38. Un Bœuf à l'engrais augmente chaque jour de deux livres, selon Thaer (2), en consommant quarante livres de fourrage ; de sorte que 0,05 de la nourriture solide se transforme en nouvelle substance animale, déduction faite du remplacement des matériaux perdus par l'urine et la transpiration. Dans les végétaux, la proportion de l'exhalation à l'absorption est de 1 : 1,01—1,02, selon Woodward ; Senebier la dit ordinairement de 1 : 1,50, quelquefois de 1 : 4,00, et pendant les jours chauds, de 1 : 1,15.

2° Les excrémens ont des caractères physiques particuliers dans chaque espèce d'animal, quelle que soit la nourriture. Ainsi, chez les bêtes à cornes, ils sont en bouillie et d'un vert brun ; chez les Chevaux, fermes, pelotonnés et d'un jaune brun ; chez les Brebis, secs, roulés en boules et d'un brun noir. Il est clair aussi que ces matières ne se forment point des alimens par l'effet du seul séjour de ces derniers dans le canal intestinal, mais par celui de la décomposition qu'ils éprouvent sous l'influence des sucs digestifs ; car, en ouvrant un animal sujet au sommeil hibernal, on ne trouve pas converties

---

(1) *Compte-rendu hebdomadaire des séances de l'Institut*, t. VII, pag. 1157.

(2) *Grundsnetze der rationellen Landwirthschaft*, t. IV, p. 369.

en excrémens les substances alimentaires qu'il avait introduites dans son estomac quelques mois auparavant, tandis que le chyme qui séjourne dans l'intestin grêle, et qui y subit l'action continuelle de la digestion, prend tout-à-fait l'apparence des excrémens (1). Ceux-ci ne sont pas non plus à l'état de putréfaction réelle; mais ils s'en rapprochent plus ou moins, surtout après l'ingestion d'une nourriture trop abondante, et principalement quand cette nourriture était de nature animale.

3° Haller cite des cas dans lesquels les excrémens se sont montrés acides (2), et Vauquelin prétend qu'ils le sont toujours chez l'homme. John et Emmert les ont, au contraire, observés alcalescens; ils ont été trouvés neutres chez les Vaches per Thaer et Einhof; chez les Brebis par Leuret et Lassaigne. Ils le sont ordinairement chez l'homme, suivant Schultz (3), bien qu'il leur arrive quelquefois d'être acides, et qu'ils soient alcalescens lorsqu'ils renferment beaucoup de bile.

4° Les excrémens contiennent les débris non décomposés des alimens (§ 866, 5°), notamment les portions épidermiques, et en général tout ce qui oppose une résistance absolue à la digestion. Aussi, chez le Polatouche, qui vit des bourgeons et des jeunes pousses de bouleau et de sapin, sont-ils tellement riches en résine, qu'ils brûlent avec flamme (4). D'après Van Manen, les excrémens des pommes de terre contenaient de la fibre végétale, de la gomme, de l'acide acétique, des sulfates de potasse et de chaux, du phosphate calcaire, de l'alun et du fer. Les excrémens des bêtes à cornes et des Chevaux qui se nourrissent de plantes salées sont employés avec avantage à la fabrication du sel ammoniac.

5° Beaucoup de parties constituantes des alimens, et surtout des substances organiques, ont disparu. Ainsi l'amidon, la résine et l'extractif manquaient chez les Chiens que Van Manen avait nourris avec des pommes de terre; il n'y avait

(1) Haller, *Elem physiol.*, t. VII, p. 51, 221.
(2) *Elem. physiol.*, t. VII, p. 54.
(3) *De aliment. concoct.*, p. 22.
(4) Treviranus, *Biologie*, t. IV, p. 480.

ni fibrine, ni albumine, ni osmazome dans ceux de Rossignol que Braconnot avait élevés avec du cœur de bœuf (1).

6° Certains principes constituans des alimens paraissent avoir été transformés, et être entrés dans d'autres combinaisons. Le soufre de l'albumine et de la fibrine du cœur de bœuf étaient convertis en sulfate de potasse, et l'acide lactique du lactate de potasse avait été mis en liberté.

7° Les liquides sécrétés entrent pour une forte part dans la composition des excrémens. De là vient que les bestiaux maigres et épuisés, chez lesquels les sécrétions sont moins chargées, donnent un fumier moins actif et moins animalisé (2). C'est surtout à la bile que les excrémens sont redevables de leur caractère. Un mélange mâché de rôti et d'albumine, tenu en digestion dans de la bile pendant douze heures, avait acquis l'odeur d'excrémens frais, selon Berzelius. Ces derniers contiennent de la bile non décomposée, de l'albumine et du mucus.

8° Les liquides sécrétés sont, comme les alimens, décomposés en partie. Des précipités proviennent de ces deux sortes de liquides. Les excrémens sont quelquefois durs après l'usage exclusif du lait (3), ou du bouillon et des œufs à la coque (4), comme aussi à la suite d'une longue abstinence. Il suffit des sucs intestinaux et de la bile pour produire des excrémens dans le gros intestin (5), ainsi qu'il arrive chez l'embryon. Des malades chez lesquels tout le chyme s'échappait par un anus artificiel, rendaient tous les cinq à six mois, par l'anus naturel, le mucus accumulé dans le gros intestin, sous la forme d'un bouchon grisâtre, épais et très-dur (6). Une partie de la bile est convertie en résine biliaire, qui, d'après Berzelius, ressemble, sous le rapport de ses propriétés essentielles, à celle que les acides précipitent de ce liquide. On rencontre, en outre, des substances spéciales, qui ont été pro-

(1) *Annales de Chimie*, t. XVII, p. 380.
(2) Thaer, *loc. cit.*, t. I, p. 273.
(3) Haller, *Elem. physiol.*, t. VII, p. 181.
(4) Fodéré, *Essai de physiol. positive*, t. III, p. 100.
(5) Magendie. *Précis élémentaire*, t. II, p. 17.
(6) Lallemand, *Observations pathologiques*, p. 85.

duites par la réaction chimique des sucs digestifs les uns sur les autres et sur les alimens, mais dont le mode de formation est inconnu.

9° Berzelius (1) a trouvé dans les excrémens humains rendus après avoir mangé une grande quantité de pain grossier, avec des alimens de nature animale, sur mille parties, 753 d'eau, 57 de matières solubles dans l'eau (9 de bile, 9 d'albumine, 27 de matière extractive particulière et 12 de sels), 70 de résidu insoluble des alimens digérés, et 140 de matières insolubles qui s'ajoutent dans le canal intestinal, comme mucus, résine biliaire, graisse et matière animale particulière. L'analyse de la bouze de Vache a donné :

	EINHOF.	MORIN.	PENOT.	ZIERL.
Eau	6490	7000	6358	7500
Fibre végétale	1560	2408	2693	1410
Chlorophylle	940		28	
Amidon vert, avec albumine et mucus				830
Matière biliaire et sels	240			
Bile indécomposée		160		
Matière amère,			74	
Résine biliaire avec picromel			93	
Matière biliaire, avec albumine		160		
Résine biliaire et graisse biliaire		152		
Picromel, avec sels				111
Matière biliaire, avec extractif				109
Albumine		40	63	
Sels, terres, métal			145	
Sable	110			

Zierl a retiré des excrémens

	DES CHEVAUX.	DES BREBIS.
Eau	690	670
Résidus d'alimens	202	140
Amidon vert	63	128
Picromel, avec sels	20	34
Matière biliaire, avec extractif	17	19
Perte	8	9

(1) *Traité de chimie*, t. VII, p. 273. — Raspail, *Nouveau système de chimie organique*. Paris, 1838, t. III, p. 283.

2. PRODUITS A INCORPORER.

a. *Nature du chyle.*

§ 949. Le produit de la digestion qui doit entrer dans la composition du corps, ne saurait être recounu d'une manière exacte chez les animaux sans vertèbres, à cause de l'absence des vaisseaux lymphatiques. Cependant Schweigger (1) a remarqué, dans la cavité digestive des Polypes et dans les canaux par lesquels les divers individus d'un Polypier sont unis les uns avec les autres, un liquide lactescent, qui pouvait être considéré comme tel. Il a vu, chez les Sertulaires, une matière grenue, de substance semblable à celle de l'animal même, monter et descendre dans les canaux. Chez les Insectes, ce produit ne passe pas dans le sang, ou du moins ne s'y rend point d'une manière immédiate; mais il se trouve, sous la forme d'un liquide visqueux, un peu épais, blanchâtre, verdâtre ou brunâtre, en partie entre les tuniques de l'organe digestif, en partie dans le tissu qui enveloppe cet appareil, c'est-à-dire dans le corps adipeux, de manière qu'on ne peut pas reconnaître en lui du chyle. C'est, d'après Ramdohr (2) et Rengger (3), une substance albumineuse insipide, neutre, miscible à l'eau, coagulable par la chaleur, l'alcool et les acides, dans laquelle le microscope ne fait point apercevoir de globules. Chez les animaux vertébrés, le chyle est contenu dans les vaisseaux lymphatiques de l'organe digestif.

1° Chez les Mammifères, on le voit apparaître dans les vaisseaux, deux à six heures environ après l'ingestion de la nourriture (4). Cependant on ne l'y rencontre souvent point durant les quatre premières heures (5).

2° Haller évalue de quatre à huit onces (6) la quantité du

(1) *Handbuch der Naturgeschichte*, p. 352.

(2) *Abhandlung ueber die Verdauungswerkzeuge der Insekten*, p. 61.

(3) *Physiologische Untersuchungen ueber die thierische Haushaltung der Insekten*, p. 14.

(4) Haller, *Element. physiol.*, t. VII, p. 63. — Leuret et Lassaigne, *loc. cit.*, p. 158.

(5) Magendie, *Précis élément.*, t. II, p. 106.

(6) *Loc. cit.*, t. VII, p. 233.

chyle qui se forme journellement chez l'homme, et il fonde cette estimation sur celle du liquide qui s'écoule après les blessures du canal thoracique. Elle est évidemment trop faible d'après ce que nous avons dit précédemment (§ 948, 1°). Magendie (1), ayant ouvert le canal thoracique sur des Chiens de taille ordinaire qui avaient mangé auparavant, a vu couler une demi-once de liquide en cinq minutes, ce qui fait six onces par heure, et comme le phénomène dure plusieurs heures, il pouvait aisément passer plus d'une livre de chyle dans le sang. Lieberkuhn (2) évaluait le nombre des villosités intestinales de l'homme à un demi-million, et la cavité du vaisseau lymphatique contenu dans chacune d'elles à un cinquantième de ligne cube : ayant vu, sur des animaux vivans, l'intestin se contracter et chasser le chyle deux fois par minute (§ 907, 3°), il calculait, d'après cela, que plus de dix-huit livres de chyle pourraient passer, dans l'espace d'une heure, à travers les vaisseaux lymphatiques.

3° Le chyle a une odeur spermatique, et verdit les couleurs bleues végétales. Il est d'un blanc laiteux et opaque; quelquefois d'un blanc jaunâtre ou grisâtre, simplement semblable à du petit-lait et un peu trouble. Chez les Oiseaux, les Reptiles et les Poissons, il est en général transparent et incolore. Marcet (3) l'a trouvé presque toujours transparent et à peu près incolore chez les Chiens auxquels on avait donné des alimens de nature végétale, tandis que, chez ceux qui avaient mangé des substances animales, il était laiteux, et abandonnait une espèce de crême. Prout l'a également trouvé plus blanc et plus opaque à la suite de la nourriture animale qu'après la nourriture végétale. Mais quand Macaire et Marcet disent (4) qu'il est plus clair et plus transparent chez les animaux herbivores, plus épais et plus lactescent chez les carnivores, on ne doit pas prendre ces assertions à la lettre, car

---

(1) *Précis élément.*, t. II, p. 164.
(2) *Diss. de fabriâ et actione villorum intestinorum tenuium hominis*, p. 20, 27.
(3) *Annales de chimie*, t. II, p. 53.
(4) *Ibid.*, t. LI, p. 375.

le chyle a aussi une teinte laiteuse chez les bêtes à cornes (1),
les Chevaux, les Lapins, etc. D'après Magendie (2), il ne serait lactescent que quand les alimens contiennent de la graisse.
Mais si la graisse entre pour quelque chose dans ce phénomène, elle paraît influer principalement sur l'alibilité de la
nourriture et la perfection de la digestion. Tiedemann et Gmelin (3) ont trouvé le chyle presque entièrement clair chez les
Brebis qui avaient mangé de la paille, et blanc chez celles
auxquelles on avait donné de l'avoine ; lactescent chez les
Chevaux nourris d'avoine (4) ; limpide ou faiblement laiteux
chez les Chiens qui avaient mangé du blanc d'œuf liquide, de
la fibrine, de la colle, du fromage, de l'amidon, du gluten, et
blanc chez ceux qu'on avait nourris avec de l'albumine coagulée, de l'amidon, du lait, des os, de la viande. Après l'u-
sage de la gomme ou du sucre, le chyle était clair, transparent, opalin, suivant Magendie (5), de même que selon Leuret
et Lassaigne. Au reste, il est légèrement visqueux au toucher,
et un peu plus pesant que l'eau. Quand il est parfaitement développé, il a une odeur analogue à celle du sperme ; sa saveur
est faiblement salée, un peu douceâtre ; il verdit légèrement
les couleurs bleues végétales, ou se comporte comme une
substance neutre.

4° Le chyle se compose d'un liquide limpide et de granules blancs, globuleux, dont la forme n'est cependant pas parfaitement régulière, car Gurlt (6) les dit inégaux, presque
déchiquetés sur les bords ; Schultz (7), Wagner (8) et Valentin (9) les représentent comme ayant une surface granulée,
et Valentin (10) leur assigne un noyau intérieur, dont l'exis-

---

(1) Krimer, *Versuch einer Physiologie des Blutes*, p. 122.
(2) *Loc. cit.*, p. 156.
(3) *Rech. sur la digestion*, t. I, p. 308, 318.
(4) *Ib.*, t. I, p. 276.
(5) *Loc. cit.*, p. 391.
(6) *Lehrbuch der vergleichenden Physiologie*, p. 136.
(7) *Das System der Circulation*, p. 39.
(8) *Zur vergleichenden Physiologie des Blutes*, t. II, p. 25.
(9) *Repertorium*, t. II, p. 72.
(10) *Ib.*, t. I, p. 278.

tence est niée par Bischoff (1). Leur volume est, chez l'homme, de 0,0040 ligne selon Wagner, (2) et 0,0024 suivant Valentin (3) ; chez les Mammifères, de 0,0005 à 0,0008 d'après Schultz, et de 0,0040 d'après Wagner ; chez les Chevaux, de 0,0036 selon Gurlt (4) ; chez les Brebis, de 0,0015 suivant Prevost et Le Royer (5). Prevost et Dumas (6) avaient prétendu que ces globules sont de même grosseur que ceux du lait, du pus et des fibres musculaires ; mais Home et Mayo (7) ont trouvé qu'ils diffèrent beaucoup entre eux sous ce rapport : ainsi leur grosseur varie, chez l'homme, depuis 0,0009 jusqu'à 0,015 lignes d'après Krause (8) ; Bischoff dit que, dans le Chien, ils sont pour la plupart aussi gros que les globules du sang.

5° On découvre, en outre, la plupart du temps, des gouttelettes de graisse, transparentes et parfaitement sphériques, dont le volume varie chez l'homme, suivant Krause, et va jusqu'à 0,0055 ligne. Bischoff les dit plus petites et plus nombreuses que les granulations chyleuses proprement dites, chez le Chien. Selon Wagner, au contraire, elles sont plus rares, et souvent même on n'en aperçoit aucune trace (9).

6° Le chyle sorti des vaisseaux ne tarde pas à s'épaissir ; peu à peu, il se divise en partie solide, le caillot, et en partie liquide, le sérum. Brande dit qu'il devient une masse solide au bout de dix minutes, et que la séparation s'effectue dans le courant de vingt-quatre heures. Krimer (10) l'a vu, chez un Cheval nourri d'avoine, devenir semblable à de la gelée en douze minutes ; au bout d'une heure, il était séparé en caillot et en sérum : chez un Bœuf, il était en gelée au

(1) Muller, *Archiv*, 1838, p. 497.
(2) *Loc. cit.*, p. 31.
(3) *Repertorium*, t. I, p. 278.
(4) *Loc. cit.*, p. 138.
(5) *Bibliothèque universelle*, t. XXVII, p. 233.
(6) *Ib.*, t. XVII, p. 300.
(7) Mayo, *Outlines of human physiology*, p. 160.
(8) *Handbuch der menschlichen Anatomie*, t. I, p. 499.
(9) *Loc. cit.*, p. 26.
(10) *Versuch einer Physiologie des Blutes*, p. 121.

bout de neuf minutes, et séparé au bout de cinquante-deux. Krimer dit aussi que la coagulation a lieu jusque dans le canal thoracique lié sur l'animal vivant, qu'elle s'y opère seulement avec plus de lenteur, surtout quand le canal demeure en communication avec le corps. Elle est plus rapide dans le gaz oxygène et plus lente dans le gaz hydrogène sulfuré. La nature des alimens influe sur elle : elle fut plus faible chez une Brebis nourrie de paille (1) ; chez un Poulain nouveau-né, qui n'avait que de la liqueur amniotique dans l'estomac, elle se réduisit à une simple formation de flocons blancs (2) ; chez un supplicié, elle ne s'était point encore accomplie le lendemain (3). Du reste, les granulations du chyle se retrouvent dans le caillot et dans le sérum, tandis que les gouttelettes de graisse se mêlent principalement à ce dernier(4). D'après les observations de Tiedemann et Gmelin (5), la proportion du caillot au sérum variait entre 1 : 20 et 1 : 94 chez les Chiens, les Chevaux et les Brebis ; elle était de 106 : 9894 chez un Cheval nourri d'avoine, et de 301 : 9699 chez un autre. Une nourriture de bonne qualité augmentait moins le caillot que le sérum et ses parties solides ; elle diminuait même le caillot et ses parties solides en général, probablement à cause du défaut d'habitude.

(1) Tiedemann et Gmelin, *Recherches sur la digestion*, t. I, p. 309.

(2) Gurlt, *loc. cit.*, p. 138.

(3) *Medicinisch-chirurgische Zeitung*, 1813, t. II, p. 74.

(4) Schultz, *Das System der Circulation*, p. 42.

(5) *Loc. cit.*, t. II, p. 89.

NOURRITURE.	CAILLOT.	SÉRUM.	CAILLOT SEC.	CONTENU du SÉRUM.	EAU.
CHIEN.					
Fromage	240	9760	17	480	9503
Viande, pain, lait	216	9784	27	838	9153
BREBIS.					
Peu de paille	283	9717	42	509	9449
Peu d'herbe	475	9525	82	496	9422
Beaucoup d'avoine					
1re Portion	258	9742	24	235	9741
2e Portion	432	9568	31	307	9662

Krimer dit avoir obtenu plus de caillot du chyle des Chiens nourris avec des substances végétales que du chyle de ceux qui avaient mangé des matières animales (1). Marcet (2) et Prout (3) ont observé le contraire. Suivant le premier, la proportion du caillot au sérum, chez les Chiens, était depuis 480 : 9520 jusqu'à 780 : 9220 pour la nourriture végétale, et de 740 : 9260 — 950 : 9050 pour la nourriture animale. Selon Prout, elle était, dans le premier cas de 640 : 9360, et dans le second de 1080 : 8920. Toutefois, dans l'un des cas observés par Marcet, la quantité de parties solides contenues dans le sérum était de 0,0900 avec la nourriture végétale, tandis que, dans un autre, elle ne s'élevait qu'à 0,0700 avec la nourriture animale.

7° Le caillot se dépose au fond, ou adhère aux parois du vase. Il est visqueux, mais mou, facile à déchirer, et sans fibres appréciables. S'il demeure dans le sérum, il finit par

(1) *Loc. cit.*, p. 132.
(2) *Annales de chimie*, t. II, p. 52.
(3) Schweigger, *Journal*, t. XXVIII, p. 210.

se dissoudre presque en entier. Il brûle lentement, avec une odeur de corne, laissant un charbon spongieux et difficile à incinérer. L'acide chlorhydrique le dissout par l'ébullition. Avec l'acide acétique ou la dissolution de potasse, et le concours de la chaleur, il ne donne qu'un liquide lactescent, qui ne s'éclaircit qu'après avoir formé un sédiment.

8° Le sérum qui se sépare de lui-même, et dont on peut aussi retirer une certaine quantité du caillot en le comprimant, est ordinairement limpide, tirant un peu sur le jaunâtre, comme du petit-lait, quelquefois d'un jaune rougeâtre, rarement blanc. Il est dépourvu d'odeur, et légèrement visqueux, de manière qu'il empèse le papier et le linge. Sa pesanteur spécifique est de 1021 à 1022, au dire de Marcet. Il se mêle avec l'eau, verdit fortement les couleurs bleues végétales, se trouble peu à peu à l'air, et forme ensuite un sédiment. L'alcool, les acides minéraux, le deuto-chlorure de mercure et la chaleur y font naître un précipité floconneux. Quand on y a ajouté de l'acide acétique, il précipite par le cyanure de potassium. Évaporé à siccité, il laisse un résidu, dont une partie se dissout dans l'alcool, et une autre dans l'eau, tandis qu'une troisième résiste à l'action de ces deux menstrues.

b. *Composition du chyle.*

1° Il entre d'abord dans la composition du chyle une fibrine incomplète, qui forme le caillot. Vauquelin considérait cette substance comme de l'albumine sur le point de devenir fibrine. Marcet voit en elle de la véritable albumine, et Brande une matière qui a plus d'analogie avec le caséum qu'avec la fibrine. On serait tenté d'admettre que cette fibrine se forme en plus grande proportion sous l'influence de la nourriture animale; mais si la chose a lieu réellement dans certains cas, l'hypothèse n'est du moins pas sans restrictions. Tiedemann et Gmelin ont trouvé, de fibrine sèche, calculée en millièmes, 19 à 175 chez les Chevaux, 24 à 82 chez les Brebis, 17 à 56 chez les Chiens (1). Chez des Chiens que Leuret et Lassaigne (2) avaient nourris avec du sucre ou de la gomme, le

(1) *Recherches sur la digestion*, t. II, p. 89.
(2) *Loc. cit.*, p. 158.

chyle contenait tout autant et même plus de fibrine qu'il n'en présentait à la suite d'une nourriture animale.

2° L'albumine est contenue dans le sérum, et elle paraît y être tenue en dissolution par l'eau, à la faveur de la soude. Suivant Reuss et Emmert (1), l'albumine coagulée par la chaleur s'élevait, après l'évaporation complète, à 0,05 du sérum, chez les Chevaux. Selon Prout, le sérum auquel on a ajouté de l'acide acétique étendu, fournit, par l'action de la chaleur, un précipité qui paraît être non pas de l'albumine parfait, mais de l'albumine en train de se former; après la séparation de ce précipité, le cyanure de potassium fait naître un nouveau précipité de véritable albumine, dans la dissolution acétique.

3° Une partie du résidu de l'évaporation du sérum se dissout dans l'eau ; et après que l'albumine a été séparée du sérum frais par la chaleur, la teinture de noix de galle détermine un nouveau précipité. D'après cela, Reuss et Emmert, dont l'opinion a été adoptée depuis par Prévost et Le Royer (2), admettaient la présence de la gélatine dans le sérum. Mais Tiedemann et Gmelin ont prouvé que la substance précipitée par la noix de galle est une matière extractive, composée d'osmazome et de ptyaline. Chez un Cheval nourri d'avoine, le sérum évaporé contenait 0,1602 d'osmazome, avec de l'acétate de soude et du chlorure de sodium, et 0,0276 de ptyaline, avec du carbonate et du phosphate de soude (3).

4° Le chyle contient de la graisse libre, c'est-à-dire nageant en gouttes éparses, et probablement aussi de la graisse à l'état de combinaison (4). Son sérum, après être resté quelque temps en repos, se couvre souvent d'une pellicule grasse, que Haller connaissait déjà (5), et qui lui avait fait dire que le chyle est un liquide oléagineux. Werner (6) n'en avait point

(1) Scherer, *Journal der Chemie*, t. V, p. 166.
(2) *Loc. cit.*, t. XXVII, p. 233.
(3) *Rech. sur la digestion*, t. I, p. 275.
(4) Schultz, *Das System der Circulation*, p. 40.
(5) *Elem. physiol.*, t. VII, p. 61.
(6) Scherer, *Journal*, t. VIII, p. 31.

trouvé dans le chyle des Chevaux. Vauquelin (1) fut le premier qui en démontra de nouveau l'existence ; il traitait pour cela le chyle par l'alcool bouillant ; la graisse se montrait composée d'une stéarine blanche et d'une oléine jaune , et comme elle ne contractait pas de combinaison savonneuse avec les alcalis, elle semblait se rapprocher de la graisse cérébrale. Prout prétend (2) que la pellicule crémeuse dont le chyle se couvre est produite par de la graisse combinée avec de la matière caséeuse ou de l'albumine commençante. Tiedemann et Gmelin ont retiré du résidu sec du sérum d'un Cheval 0,0635 de graisse jaune et 0.1547 de graisse brune. Vauquelin et les deux physiologistes allemands ont reconnu que la couleur blanche du chyle est due à la graisse qu'il contient. Cette assertion peut être vraie en ce qui concerne la lactescence ; mais les granulations chyleuses , lorsqu'elles sont abondantes, prennent certainement une part essentielle à la coloration en blanc , comme le pense Weber (3). Lorsque Muller (4) agitait du sérum laiteux avec de l'éther, ce liquide s'éclaircissait un peu ; mais il restait , au fond du vase , une substance opaque , composée de granules. Bischoff (5) décolorait presque entièrement le sérum en le traitant à plusieurs reprises par l'éther ; le léger trouble qui persistait encore, tenait, suivant lui, à la coagulation de l'albumine par l'alcool contenu dans l'éther ; mais il fait remarquer que l'éther dissout aussi les granules du chyle.

5° (Vingt-six grains de chyle frais , provenant du canal thoracique d'un Chien , furent mis, avec cent quatre-vingts grains d'éther, dans un flacon, que l'on secoua. La liqueur étant revenue au repos , le chyle gagna de suite le fond du vase, et la vue simple me suffit pour reconnaître des gouttelettes d'huile très-nombreuses dans l'éther. Après des secousses répétées , et au bout de vingt-quatre heures , le chyle

---

(1) *Annales du Muséum*, t. XVIII, p. 244.
(2) *Loc. cit.*, p. 229.
(3) Hildebrand. *Anatomie*, t. I, p. 160.
(4) *Handbuch der Physiologie*, t. I, p. 248.
(5) Muller, *Archiv*, 1838, p. 497.

amassé au fond du flacon avait perdu sa couleur blanche, et était devenu d'un jaune rouge sale : l'éther paraissait limpide; je le décantai, et après que l'évaporation spontanée dans une capsule de verre l'eut enlevé, il resta quelques grosses gouttelettes d'huile. Le chyle demeura encore quelque temps en repos, pour permettre aux dernières portions d'éther de se dissiper, et fut ensuite pesé; la perte ne s'élevait pas tout à fait à un grain. Au microscope, les globules du chyle parurent plus clairs, moins distinctement granulés, et un peu plus petits qu'avant le traitement par l'éther; ils étaient donc devenus semblables aux globules de la lymphe; car ces derniers ne diffèrent généralement de ceux du chyle que par leur volume plus uniforme et un peu moins considérable, ainsi que par leur surface moins inégale. En outre, les globules du chyle traité par l'éther semblaient être devenus un peu moins nombreux; on remarquait parmi eux une foule de petits granules ayant à peu près du dixième au huitième de la grosseur d'un globule normal du chyle, et qui ne s'apercevaient point dans le chyle frais. Je versai ensuite de nouvel éther sur ce chyle, et je ne l'examinai qu'au bout de trois jours. L'éther, décanté et abandonné, comme la première fois, à l'évaporation spontanée, laissa encore un peu d'huile, mais en moindre quantité; le chyle ne montrait plus, au microscope, qu'un petit nombre de globules presque lisses, la plupart d'entre eux paraissant s'être fondus en des masses grenues, de forme et de grosseur diverses; il y avait aussi des granules très-fins, en beaucoup plus grande quantité que lors du premier examen. La diminution de poids subie par le chyle ne put être déterminée, attendu qu'il avait dû nécessairement s'en perdre un peu dans le cours des manipulations et des observations microscopiques) (1).

6° Suivant Marcet, la quantité des sels du chyle s'élevait à 0,0092, comme dans tous les autres liquides animaux, que les Chiens eussent pris une nourriture animale ou reçu des alimens tirés du règne végétal; mais, selon Prout, elle était de 0,0070 dans le premier cas, et de 0,0080 dans le second.

(1) Addition d'Ernest Burdach.

Ces sels, au dire de Tiedemann et Gmelin (1), sont du carbonate, de l'hydrochlorate, quelquefois de l'acétate, du
sulfate ou du phosphate de soude, du carbonate et du phosphate de chaux. Vauquelin a trouvé aussi du phosphate de
fer au minimum d'oxidation (2). Emmert (3), a également
rencontré ce dernier sel, moins oxydé que dans l'intestin,
car le chyle avait besoin de rester exposé pendant quelques
jours à l'air atmosphérique pour que les réactifs en décelas-
sent la présence, tandis qu'ils l'indiquaient promptement
dans le canal intestinal. Quand le sérum avait subi la fermentation acide, ou qu'on y avait ajouté un acide, la teinture de
noix de galle et le cyanure de potassium mettaient en évidence la présence du fer ; la même chose arrivait lorsque le
caillot avait été dissous dans l'acide azotique, ou la cendre
dans l'acide chlorhydrique. Reuss et Emmert (4) croyaient
aussi avoir aperçu de l'ammoniaque. Brande regardait comme
du sucre de lait les cristaux qui se séparent du sérum quand,
après l'avoir réduit de moitié par l'évaporation, on le laisse
refroidir (5) ; mais personne depuis n'a constaté l'existence
de cette substance.

7° Voici quelle était la proportion des principes constituans
du chyle, d'après Tiedemann et Gmelin, chez un Cheval nourri
d'avoine ; d'après Prout, chez un Chien qui avait pris de la
nourriture végétale, et chez un autre Chien qui avait reçu des
alimens tirés du règne animal :

(1) *Rech. sur la digestion*, t. II, p. 99.
(2, *Loc. cit.*, p. 247.
(3) Reil, *Archiv*, t. VIII, p. 167.
(4) Scherer, *Journal*, t. V, p. 166.
(5) Schweigger, *Journal*, t. XVI, p. 376. — Raspail, *Nouv. Syst. de
chimie organique*, t. III, p. 257.

	CHEVAL.	PREMIER CHIEN.	SECOND CHIEN.
Eau	9183	9360	8920
Fibrine	78	60	80
Albumine, avec carbonate et phosphate de soude	434		
Albumine commençante		460	470
Albumine, avec un peu de matière colorante rouge		40	460
Graisse	164		
Osmazome, avec chlorure de sodium	121		
Ptyaline, avec carbonate et phosphate de soude	20		
Sels		80	70

c. *Mode de formation du chyle.*

§ 950. Quant à ce qui concerne la formation du chyle :

I. On en trouve dans les premières radicules des vaisseaux lymphatiques de l'intestin. Il doit donc passer, tout formé déjà, de l'intestin dans ces radicules, ou du moins exister en germe dans la cavité abdominale, et se former pendant le passage à travers les parois du canal et des vaisseaux, avec le concours du sang contenu dans le réseau vasculaire très-serré qui existe sur ces points. Ainsi la question se présente de savoir si le chyle existe déjà ou non tout formé dans le chyme.

1° On trouve, adhérente à la surface du chyme ou aux parois de l'intestin, une matière blanchâtre, un peu épaisse, qui, suivant la remarque de Haller (1), est plus abondante à la partie inférieure du duodénum qu'à sa partie supérieure, et qui, d'après Magendie (2), diminue peu à peu dans le reste de l'intestin grêle, vers la fin duquel on n'en trouve plus qu'une très-petite quantité. Magendie la considère, en conséquence, comme la partie chyleuse du chyme (3) ; il dit (4) qu'à la suite

(1) *Element. physiolog.*, t. VII, p. 51.
(2) *Précis élément.*, t. II, p. 102.
(3) *Ib.*, p. 107.
(4) *Ib.*, p. 101.

d'une nourriture contenant de la graisse, elle affecte la forme de filamens irréguliers, larges ou arrondis, et qu'elle paraît être du chyle grossier. Brodie (1), Macdonald (2), Prout (3) et autres, le regardaient aussi comme du chyle. Quelques observateurs, Lallemand par exemple (4), n'ont cependant jamais pu la trouver, ou, quand ils l'apercevaient bien distincte, ils voyaient en elle du mucus précipité de sa dissolution, ou enfin ils soutenaient, comme Berthold (5), qu'elle se détache de la membrane muqueuse, pour permettre à celle-ci d'absorber. En l'examinant au microscope, Heusinger l'a trouvée formée de gros grains et différente du mucus, de manière qu'elle lui semble être un mélange de mucus et de matière alimentaire. Sa consistance suffit pour prouver qu'elle ne saurait être absorbée comme chyle; mais peut-être n'est-elle qu'un chyle encore imparfait, que le mucus qui l'enveloppe met en contact plus immédiat avec l'intestin et ses villosités, afin qu'il puisse être absorbé.

2° Le chyle est caractérisé par ses réactions alcalines, tandis que le chyme est acide, ou tout au plus neutre, dans toute l'étendue de l'intestin grêle (§ 945, 4°). On peut donc conclure de là qu'un changement de substance a lieu dans le trajet et le long des vaisseaux lymphatiques.

3° L'albumine du chyle peut provenir du chyme (§ 945, 5°), et, comme elle diminue dans ce dernier à mesure qu'on se rapproche de la partie inférieure de l'intestin grêle, il devient de plus en plus vraisemblable, d'après cette circonstance, que le chyle est absorbé par les vaisseaux lymphatiques. Rengger (6) nous apprend que, même chez les Insectes, le chyme contient de l'albumine, qui se retrouve dans le chyle. La matière extractive (§ 945, 6°, 8°) de ce dernier et sa graisse

(1) Froriep, *Notizen*, t. IV, p. 178.

(2) Meckel, *Deutsches Archiv*, t. VI, p. 563.

(3) Schweigger, *Journal*, t. XXVIII, p. 234.

(4) *Observations pathologiques*, p. 85.

(5) *Lehrbuch der Physiologie*, t. II, p. 134.

(6) *Physiologische Untersuchungen ueber die thierische Haushaltung der Insekten*, p. 15.

(§ 945, 9°) sont également, sans le moindre doute, un produit de la digestion intestinale.

4° Leuret et Lassaigne (1) n'ont point rencontré de fibrine dans le chyme. Cependant Werner (2) a remarqué que la matière blanchâtre qui adhère aux villosités de l'intestin grêle se coagule à l'air, et Prout a observé que, quand on expose à l'air le chyme tiré du duodénum, il devient plus consistant, puis se fluidifie de nouveau au bout d'une heure ou deux, de sorte qu'il semble qu'un germe de fibrine se produise dans l'intestin et se développe en pénétrant dans le système lymphatique.

5° Suivant Vauquelin et Marcet, le chyme contient plus de carbone que le chyle : mais cette différence pourrait fort bien dépendre de la bile mêlée avec le premier.

6° Home (3) avait vu une multitude de globules de la lymphe et quelques globules incolores du sang dans le mucus de la portion pylorique de l'estomac et du duodénum. Leuret et Lassaigne (4) soutinrent ensuite que la formation des globules du chyle est le point essentiel de la digestion. Constamment ils apercevaient des globules, en très-petit nombre dans l'estomac, innombrables dans l'intestin grêle, où ils étaient mêlés avec quelques corpuscules de volume indéterminé, et très-nombreux aussi dans le gros intestin, où néanmoins la zone opaque avait plus de largeur ; ils remarquèrent que ces globules ressemblaient, pour le volume et la forme, à ceux du chyle qu'ils avaient refoulé dans la cavité intestinale par le moyen de l'eau injectée dans le canal thoracique. En conséquence, ils admirent l'identité des uns et des autres (5). Comme, enfin, ils rencontraient, dans l'intestin des Grenouilles et des Crapauds, des monades (§§ 8, 4° ; 14, 8°), qui semblaient ne vivre que durant la digestion, ils considérèrent ces monades comme les analogues des globules chyleux des animaux à

(1) *Loc. cit.*, p. 167.
(2) Scherer, *Journal*, t. VIII, p. 31.
(3) *Lectures on comparative anatomy*, t. III, p. 25.
(4) *Loc. cit.*, p. 173.
(5) *Ib.*, p. 167.

IX.   23

sang chaud, les crurent destinées à prévenir la putréfaction des alimens, et en présentèrent la formation comme étant le but essentiel de la digestion. Du reste, ils aperçurent aussi de ces monades dans le sang de la veine porte (1). Beaumont a découvert, dans le chyle humain, des globules de différente grosseur, ayant, comme ceux du sang, le centre transparent et le bord opaque (2). Gurlt (3) a trouvé des globules semblables à ceux du chyle dans l'intestin grêle d'un Poulain venu au monde depuis peu, et dont l'estomac ne renfermait que du liquide amniotique. Wagner (4) présume seulement qu'il se forme des globules de chyle dans l'intestin grêle, parce qu'il lui a semblé en apercevoir dans cet organe. Toutes ces observations paraissent plus ou moins douteuses. En effet, Leuret et Lassaigne (5) ont rencontré aussi dans le rectum, qui ne contient cependant pas de chyle, des globules ayant de l'analogie avec ceux de ce dernier, bien que pourvus d'une zone plus opaque et plus large. Ils en ont vu, non pas uniquement, ainsi que l'avait fait Beaumont (6), dans le produit de la digestion artificielle, tant avec du suc gastrique qu'avec du suc intestinal, mais encore dans une infusion aqueuse de pain, qui était demeurée pendant dix-huit heures en digestion à une température de dix-huit degrés. Simon (7) a également remarqué, dans l'albumine et le caséum soumis à la digestion artificielle, des globules qui n'avaient néanmoins pas d'analogie avec ceux qu'on rencontre dans le système lymphatique. Mais nous sommes en droit de douter qu'une formation de globules chyleux ait lieu dans le canal intestinal ; car les racines des vaisseaux lymphatiques sont closes et couvertes tant de membrane muqueuse que d'épithélium, de sorte qu'elles ne peuvent absorber que par endosmose, et qu'une masse grenue ne saurait pénétrer à travers leurs parois. Suivant Mul-

(1) *Ib.*, p. 173-177.
(2) *Versuche ueber den Magensaft*, p. 138.
(3) *Lehrbuch der vergleichenden Physiologie*, p. 138.
(4) *Loc. cit.*, t. II, p. 28.
(5) *Loc. cit.*, p. 202.
(6) *Loc. cit.*, p. 183.
(7) Muller, *Archiv*, 1839, p. 7.

ler (1), quelques-uns des granules du chyle sont plus volumineux même que les globules du sang; donc, s'ils s'étaient insinués à travers l'intestin, les ouvertures qui leur auraient livré passage devaient être visibles, et assez grandes pour admettre d'autres parties aussi du chyme : la couleur blanche qu'on a remarquée au chyle et au sang, chez les jeunes animaux qui tètent encore, ne pourrait pas provenir de globules introduits à travers les parois intestinales, et elle dépend de la graisse. Chez les Insectes, le chyle, qui constitue en même temps le liquide réparateur et nourricier, n'est point contenu dans des vaisseaux particuliers; il traverse les parois du tube intestinal, ainsi que le tissu qui a besoin d'être nourri, de sorte que, d'après Suckow (2), il ne contient pas de globules semblables à ceux qu'on observe dans le sang du vaisseau dorsal. Nous devons donc admettre, avec Schultz (3), que les granules du chyle ne commencent à apparaître que dans l'intérieur des vaisseaux lymphatiques.

7° (Quand on a étendu d'eau le chyme complet de l'estomac, sans le filtrer, et qu'on l'examine au microscope, on y aperçoit des corps globuleux très-divers, dont les plus petits ont quelque analogie avec les granules de la lymphe, d'autant plus que les inégalités de leur surface leur donnent une apparence granulée dont j'ai été frappé chez les Chiens, surtout après qu'ils avaient été nourris avec du pain; mais ces corps, en quelque sorte analogues aux granules du chyle ou de la lymphe, ressemblent tellement aux plus gros, pour la forme et l'aspect, et ceux-ci, à leur tour, font si évidemment le passage aux grosses masses informes dont on ne saurait méconnaître la nature, que je ne puis me dispenser de regarder les uns et les autres comme des restes non encore digérés d'alimens. Ce qui a contribué encore à m'en convaincre, c'est que, quand on fait aller et venir la plaque de verre qui les couvre, ces corps changent aisément de forme, ou même se réduisent en morceaux. Indépendamment d'eux, on trouve

(1) *Handbuch der Physiologie*, t. I, p. 540.
(2) Heusinger, *Zeitschrift fuer die organische Physik*, t. I, p. 603.
(3) *De alimentor. concoct.*, p. 69.

dans le chyme des corpuscules obscurs, d'apparence également granulée, et de forme arrondie ou oblongue, qui ne peuvent sans doute être autre chose que des noyaux de cellules d'épithélium, ou des particules de glandes mucipares. La masse mucilagineuse et visqueuse qui entoure une pelote d'alimens dans l'estomac laisse voir aussi, au microscope, des corpuscules obscurs semblables à ceux-là ; du reste, elle est absolument homogène et amorphe. Six ou huit heures environ après que les Chiens ont pris des alimens, on trouve dans leur intestin grêle une substance visqueuse, et d'un gris blanchâtre, qui adhère à la membrane muqueuse. Cette substance, délayée avec de l'eau, demeure en grande partie insoluble, et laisse apercevoir au microscope d'épais filamens blancs, qui consistent en une masse homogène, un peu grenue de distance en distance. Si l'on verse du vinaigre sur ces filamens, ils paraissent, au total, limpides et incolores ; mais on découvre en eux quelques corpuscules épars, les uns arrondis, les autres oblongs, que je crois devoir considérer également comme des noyaux de cellules d'épithélium. La portion de cette substance grisâtre que l'eau a enlevée ou dissoute contient, outre de nombreuses gouttes d'huile, des granules, qui sont clairs, inégaux à la surface, et assez semblables à ceux du chyle, tant pour le volume que pour les autres caractères, mais qui en diffèrent essentiellement, parce que la dessiccation rend leur surface lisse d'une manière uniforme, tandis qu'elle fait ressortir davantage les granulations des corpuscules du chyle. Je suis donc tenté de les regarder comme des particules non encore totalement dissoutes d'alimens. Indépendamment des granules, il y a encore beaucoup de corpuscules beaucoup plus petits, dont le volume varie du huitième au dixième de celui d'un granule chyleux de moyenne grosseur, à un grossissement de trois cents diamètres. Ces corpuscules ressemblent à des perles rondes, et à un grossissement de cinq cents diamètres, ils représentent des grains solides, d'une teinte faiblement jaunâtre, et d'une forme non régulièrement sphérique. Ceux-là sont analogues en tous points aux granules que je voyais se reproduire quand je mêlais avec de la bile fraîche du chyme liquide provenant de l'estomac, et je ne puis faire autrement que de les considérer comme des globules du chyle non encore parvenus à leur complet développement. Au reste, ces granules ne sont pas solubles, du moins rapidement, dans l'eau, le vinaigre et l'éther ; et après la dessiccation du liquide, on peut encore les apercevoir pendant long-temps sur la plaque de verre. Enfin, la membrane muqueuse de l'intestin grêle offre encore çà et là des grumeaux de caillot jaunâtre ou verdâtre, qui se sont indubitablement précipités de la bile, et qui laissent apercevoir au microscope de petites paillettes brunâtres ou noirâtres, semblables à celles que j'avais déjà reconnues auparavant dans la bile) (1).

8° Tout dans la nature s'accomplit peu à peu. Il est donc déjà invraisemblable de soi-même ʿqu'il puisse se former plus que le germe du chyle dans l'intérieur de la cavité intestinale, qui n'est, au fond, qu'une surface extérieure du corps. Les observations ont déjà démontré depuis long-temps (2) que ce sont les villosités intestinales qui absorbent le produit de la digestion, et comme la substance muqueuse blanchâtre s'attache surtout à elles, nous devons conjecturer que cette substance renferme le chyle rudimentaire.

D'autres phénomènes donnant aussi à penser qu'une transformation de substance a lieu toutes les fois qu'un liquide passe à travers un tissu organique dense (§ 881), nous sommes fondés à croire qu'en traversant les parois de l'intestin et des vaisseaux lymphatiques, le chyle devient alcalin sous l'influence du sang contenu dans les vaisseaux capillaires avoisinans, qu'il se développe de la fibrine, et que le liquide devient ainsi apte à produire des globules. Valentin (3) partage au fond la même manière de voir ; seulement, il admet la possibilité d'un détour que le produit de la digestion ferait à travers les vaisseaux capillaires des villosités intestinales. Si, dit-il, la portion dissoute du chyme pénètre dans les vaisseaux sanguins, et que ceux-ci sécrètent le chyle dans l'intérieur des vaisseaux lymphatiques, il résulte de là que ce li-

(1) Addition d'Ernest Burdach.
(2) Haller, *Elem. physiol.*, t. VII, p. 28.
(3) Muller, *Archiv,* 1839, p. 179.

quide doit, à l'instar d'une sécrétion glandulaire, être toujours le même, quelle que puisse être la nature du chyme.

II. La proportion du chyle aux alimens ingérés n'est pas la même partout.

1° D'abord, le chyle contient les parties constituantes et organiques des alimens ; il en a donc extrait de l'eau et des sels. On remarque aussi qu'il varie pour la couleur, la coagulabilité et la composition, suivant la proportion de leurs matériaux organiques. Cependant il ne suit pas de là que ces substances soient réellement passées en lui, puisqu'elles peuvent, par leur influence sur l'action vitale, avoir imprimé une direction telle à l'acte de la digestion, que son produit ait pris une forme et une nature déterminées. On ne remarque, dans le chyle, aucune trace des propriétés particulières des alimens, telles que couleur, odeur, saveur. Plusieurs de leurs principes immédiats, comme la gomme, l'amidon, la matière caséeuse, ne s'y trouvent également point. Fordyce a vu le chyle parfaitement identique chez un Chien qui n'avait mangé que de la viande et chez un autre qui n'avait été nourri que de matières farineuses.

2° Parmi les principes constituans particuliers au chyle, la graisse surtout semble provenir des alimens. Magendie (1) a remarqué qu'il n'est lactescent, c'est-à-dire qu'il ne contient de la graisse (§ 949), qu'autant qu'il provient d'alimens gras. Suivant Leuret et Lassaigne (2), il contient la graisse qui existait dans les matières alimentaires. Tiedemann et Gmelin disent également (3) que la graisse y passe sans subir la moindre décomposition ou combinaison, puisqu'il paraît d'autant plus lactescent que les alimens sont plus gras, et qu'il contient peu de graisse chez les animaux à jeun. Schlemm (4) a trouvé le sang blanchâtre et son sérum tout blanc chez de jeunes Chats qui avaient tété peu de temps auparavant. Meyer (5) a fait la même remarque sur de jeunes Chiens à la

---

(1) *Précis élément.*, t. II, p. 156.
(2) *Loc. cit.*, p. 158.
(3) *Rech. sur la digestion*, t. II, p. 93.
(4) Froriep, *Notizen*, t. XXV, p. 122.
(5) *Ib.*, t. XXVI, p. 227.

mamelle. Il a trouvé un liquide blanc dans les vaisseaux lymphatiques, et il s'est convaincu que ce n'était pas du chyle, car ce liquide, exposé à l'air, ne se coagulait point, ne rougissait point; il ne contenait pas non plus la matière caséeuse du lait, car, ni le suc gastrique, ni l'acide acétique, n'en opéraient la coagulation. C'était donc tout simplement la graisse du lait, que les vaisseaux lymphatiques de l'intestin avaient absorbée et charriée dans le sang. Mais cette observation ne prouve point que la nourriture détermine essentiellement et nécessairement la proportion de graisse contenue dans le chyle; loin de là même, nous avons plus d'un motif d'élever des doutes contre une telle hypothèse. En premier lieu, il résulte d'une remarque de Vauquelin, rapportée précédemment (§ 949), que la graisse du chyle diffère de celle des alimens. Ensuite il n'y a point de proportion fixe entre l'une et l'autre. Les alimens gras n'engraissent pas parce qu'ils sont chargés de graisse; une nourriture maigre, pourvu qu'elle soit suffisante, et que la digestion s'en fasse bien, peut procurer de l'embonpoint; un régime végétal, de bonne qualité et abondant, engraisse les hommes plutôt qu'un régime animal riche en graisse, et sous ce rapport, on remarque une différence analogue entre les animaux herbivores et les carnassiers. La formation de la graisse est fort abondante chez les Chenilles, bien que les feuilles dont ces larves se nourrissent n'en contiennent pas. Le chyle n'est point lactescent chez les Oiseaux, qui engraissent avec tant de promptitude, et il lui arrive souvent, d'après Wagner (1), de ne pas contenir une seule gouttelette de graisse, bien que la nourriture soit aussi grasse que possible, qu'elle consiste, par exemple, en lait et en beurre. Prout n'y a pas trouvé plus de graisse chez un Chien nourri de viande, que chez un autre dont la nourriture avait été exclusivement végétale (2). Leuret et Lassaigne ont remarqué des traces de graisse chez des Chiens qui n'avaient pris que de la gomme depuis un jour et demi (3). Le chyle des vaisseaux lymphatiques de l'intestin grêle fut trouvé blanc par

(1) *Loc. cit.*, t. II, p. 26.
(2) Schweigger, *Journal*, t. XXVIII, p. 229.
(3) *Loc. cit.*, p. 167.

Tiedemann (1), et son sérum lactescent, chez un Chien qui n'avait mangé que du blanc d'œuf durci depuis seize heures, et l'on ne saurait guère admettre que la grande quantité de graisse qu'il contenait provînt du peu de jaune qui avait pu rester adhérent au blanc. Du reste, le chyle des Chiens était aussi plus au moins blanc après l'alimentation avec de la fibrine (2), de la colle (3), du fromage (4) et de l'amidon (5). On est donc fondé à demander s'il ne peut point aussi se former de la graisse par l'effet de la digestion. Home est allé trop loin assurément, lorsqu'il a prétendu qu'elle ne saurait être le résultat d'une sécrétion du sang, et qu'elle prend exclusivement naissance dans le canal intestinal; mais si, confians dans l'analyse de Werner, nous avons combattu précédemment (§ 875) la possibilité de la production de la graisse par le travail de la digestion, nous devons avouer ici que nous soutenions une erreur. Schultz (6) admet cette formation de graisse, parce qu'il croit avoir remarqué des stries huileuses dans le chyme, et que le chyle ne lui a point offert de gouttelettes de graisse chez les animaux à jeun. Il résulte aussi des observations rapportées plus haut, que des gouttes de graisse ont été vues non-seulement dans le chyme formé sans alimens gras (§ 350, 7°), mais encore dans la dissolution d'albumine concrète par le suc gastrique artificiel (§ 941). Il paraît donc à peu près certain que la digestion produit, outre de l'albumine et de la matière extractive, de la graisse qui passe dans le chyle, où elle semble se concentrer surtout dans les globules et prendre part à la forme granuleuse qu'ils affectent (§ 949). Or, il est bien concevable que les substances dont l'organisme a la faculté de déterminer la formation pendant la digestion , puissent passer aussi dans les vaisseaux lymphatiques, lorsque les alimens les lui offrent toutes formées.

(1) *Rech. sur la digestion.* Paris, 1827, t. I, p. 182.

(2) *Loc. cit.*, p. 182.

(3) *Loc. cit.*, p. 187.

(4) *Loc. cit..* p. 195.

(5) *Loc. cit.*, p. 199, 201, 204. — Raspail, *Nouveau système de chimie organique*, Paris, 1838, t. II, p. 194 et suiv.

(6) *Das System der Circulation*, p. 69.

3° De ce que l'osmazome est peu abondant chez les animaux à jeun, Tiedemann et Gmelin concluent (1) que ce principe constituant du chyle provient du canal intestinal ; d'après cela, ils admettent incontestablement que l'osmazome se produit dans l'intestin, puisqu'il n'y en a pas dans les végétaux, et que le chyle des animaux herbivores en est dépourvu.

4° Les mêmes physiologistes admettent que la fibrine du chyle n'est pas produite aux dépens des alimens, mais qu'elle provient du sang, attendu que la lymphe des animaux à jeun en contient davantage que le chyle auquel la nourriture donne naissance (2). Par la même raison, suivant eux, l'albumine et la ptyaline doivent également tirer leur source du sang (3). Cependant cela supposerait qu'avant d'entrer dans les ganglions lymphatiques du mésentère, le chyle ne contient que de l'osmazome et de la graisse, et n'est point coagulable, ce que l'expérience contredit ; il s'ensuivrait aussi que ce liquide reçoit du sang une quantité d'albumine et de ptyaline hors de toute proportion avec le volume et la texture des ganglions lymphatiques, enfin que la fibrine, l'albumine et la ptyaline se forment uniquement dans le sang, ce qui paraît être contraire à tous les faits observés. Les phénomènes rapportés précédemment (§§ 942, 945, 949) donnent à penser que la digestion produit immédiatement et principalement de l'albumine, comme l'admettent Vauquelin, Hatchel, Hallé, Treviranus, Prout et Marcet, et qu'elle donne naissance en outre à de l'extractif, à de la graisse, à un rudiment de fibrine. Suivant Schultz (4), l'eau du sang (§ 664), c'est-à-dire la portion limpide du sang, à laquelle il donne le nom de *plasma*, serait, avec la graisse, la base du sang produit par la digestion.

4° Mais c'est la force vivante de l'organisme qui transforme la matière contenue dans les alimens d'une manière corres-

(1) *Loc. cit.*, t. II, p. 100.
(2) *Loc. cit.*, t. II, p. 90.
(3) *Loc. cit.*, t. II, p. 99.
(4) *Das system der Circulation*, p. 69.

pondante à sa nature. Aussi, généralement parlant, le chyle demeure-t-il le même en toutes circonstances : suivant Wagner (1), ses granulations ne diffèrent pas, chez les carnivores, de ce qu'elles sont chez les herbivores. Chez tous les animaux, et après quelque nourriture que ce soit, il contient toujours, comme le disent Leuret et Lassaigne (2), de la fibrine, de l'albumine, de la soude, du chlorure de sodium et du phosphate de chaux. La proportion, non-seulement de ses principes immédiats (3), mais encore de ses principes élémentaires, est aussi la même à peu-près, malgré la diversité des alimens. D'après Macaire et Marcet (4), il se composait des élémens suivans :

	CHEZ LES CHIENS. Nourriture animale.	CHEZ LES CHEVAUX. Nourriture végétale.
Carbone.	552	550
Oxygène.	259	268
Hydrogène.	66	67
Azote.	110	110

Ce qu'il y a de remarquable surtout, c'est l'identité de la proportion d'azote, car bien qu'on ait démontré la présence de cet élément dans l'albumine végétale, il existe en bien moins grande quantité dans les herbes que dans la viande.

§ 954. La digestion est accomplie par les liquides sécrétés qui se mêlent avec les substances alimentaires. Or le suc intestinal ne diffère pas essentiellement du suc gastrique. Cependant il ne se forme pas de chyle dans l'estomac, et il ne s'en produit que dans l'intestin. Il faut donc, ou que l'intestin mène la digestion à son but en continuant d'exercer une action semblable à celle de l'estomac, ou que, par l'addition de la bile et du suc pancréatique, il détermine une élaboration spéciale du produit de la digestion stomacale, et forme le chyle aux dépens de ce produit. Ce dernier cas est en lui-même le plus vraisemblable, et quand on réfléchit surtout à la nature toute particulière de la bile, on se sent entraîné

(1) *Loc. cit.*, p. 27.
(2) *Loc. cit.*, p. 158.
(3) Krimer, *Versuch einer Physiologie des Blutes*, p. 131.
(4) *Annales de chimie*, p. 377.

vers l'hypothèse qui lui attribue une part essentielle à la chylification.

I. Cependant l'autre hypothèse compte des partisans depuis
les temps les plus reculés (1).

1° On se fonde sur ce que la bile est une matière excré-
méntitielle, dont l'élimination sert au maintien de la composition normale du sang (2). Mais ce caractère n'exclut pas la
possibilité qu'elle influe sur la digestion, puisqu'en général il
n'y a point de différence absolue entre les produits sécrétoires et les produits excrémentitiels.

2° On dit aussi que le volume du foie et la quantité de la
bile, chez les divers animaux, ne sont en proportion ni du
besoin que ceux-ci éprouvent de nourriture, ni de la rapidité
de leur digestion. Les Mammifères et les Oiseaux prennent
leurs alimens à des époques plus rapprochées que les animaux à sang froid, les digèrent avec plus de promptitude,
et ont cependant un foie plus petit (3). Mais, généralement
parlant, les conclusions qu'on tire du volume d'un organe à
l'égard de ses fonctions, manquent de certitude. Ensuite le
rapport de la bile à l'excrétion peut l'emporter, chez les animaux inférieurs, sans qu'il s'ensuive que ce liquide n'influe
point sur la digestion. Enfin on peut dire, avec Treviranus (4),
que le volume du foie est proportionnel, non à la quantité de
la nourriture, mais à la force de l'assimilation, qui doit être
évaluée d'après l'énergie du pouvoir reproducteur.

3° Après avoir été obligé de concéder que les canaux sécrétoires qui s'abouchent dans la portion du canal intestinal
destinée à l'éjection, chez les Insectes, ne sont point de véritables organes biliaires (§ 804, 6°), on a dit que, chez
plusieurs Mollusques, il n'y a qu'une petite portion de la bile
qui se rende dans la partie supérieure de l'intestin, le reste
se versant ou dans le cœcum ou au voisinage de l'anus (5).

---

(1) Haller, *Elem. physiol.*. t. VI, p. 615.
(2) Tiedemann, et Gmelin, *Rech. sur la digestion*, t. II, p. 58.
(3) *Ib.*, p. 61.
(4) *Biologie*, t. IV, p. 420.
(5) Tiedemann et Gmelin, *loc. cit.*, t. II, p. 63.

Cependant il ne suit de là rien autre chose, sinon que la bile est en partie aussi une matière excrémentitielle. Du reste, Muller (1) a élevé des doutes relativement à la question de savoir si le conduit qui s'ouvre auprès de l'anus vient réellement de la substance du foie et charrie de la bile.

4° Suivant Fordyce, la digestion peut s'accomplir alors même que le conduit qui amène la bile est obstrué, et Blundell a trouvé (2) ce canal terminé en cul-de-sac chez un enfant de deux ans et demi, qui était atteint de la jaunisse, mais qui avait pris un rapide développement, et dont le corps offrait assez d'embonpoint. Magendie a vu du chyle blanc se former après la ligature du canal cholédoque. Leuret et Lassaigne (3) lièrent ce canal chez un Chien, nettoyèrent, au bout de quatre heures, l'intestin avec deux onces d'huile de ricin, donnèrent, douze heures après, de la soupe au lait, répétèrent cette dernière opération deux autres fois, à des intervalles égaux, et mirent l'animal à mort huit heures après la prise de la dernière portion ; le canal thoracique regorgeait d'un liquide rouge jaunâtre, presque transparent, qui contenait de l'albumine. Tiedemann et Gmelin (4) ont fait des expériences analogues, ainsi que Benjamin Philipps (5).

Mais d'abord quelques-unes de ces observations prouvent trop, car si la nutrition a pu continuer pendant long-temps de s'exercer sans trouble, tandis que la bile n'affluait point dans l'intestin, cette bile retenue n'avait porté aucun préjudice à la vie, et ne s'était par conséquent pas montrée matière excrémentitielle. Ensuite, il serait bien possible que la portion de bile qui est nécessaire à la formation du chyle, parvînt au produit de la digestion par une autre voie, celle de l'intestin ui étant interdite. Tiedemann et Gmelin (6) ont trouvé les vaisseaux lymphatiques du foie jaunes, et ils ont reconnu la

(1) *Handbuch der Physiologie*. t. I, p. 151.
(2) Mayo, *Outlines of human physiology*, p. 133.
(3) *Loc. cit.*, p. 148.
(4) *Loc. cit.*, t. II, p. 3 et suiv.
(5) *Archiv. génér.*, 2ᵉ série, t. II, p. 104.
(6) *Loc. cit.*, t. II, p. 49.

présence des principes constituans de la bile, tant dans le contenu du canal thoracique que dans le sang. Ce sang bilieux ne pouvait-il donc pas fournir, dans l'intestin, une sécrétion capable d'agir à l'instar de la bile? Mais, enfin, il est très-douteux que le liquide trouvé dans le système lymphatique fût réellement du chyle. Tiedemann et Gmelin ont pratiqué dix fois la ligature du canal cholédoque sur des Chiens; l'expérience a manqué deux fois, parce qu'il s'était formé un nouveau canal cholédoque (1); dans deux autres, il n'est rien dit de l'état des vaisseaux lymphatiques (2); dans cinq, le canal thoracique contenait un liquide jaunâtre, limpide et transparent (3); une seule fois, chez un Chien qui avait pris du lait, dont la graisse avait probablement été absorbée, le chyle offrait une couleur blanche (4). Or, comme nous ne pouvons pas admettre (§§ 849, 950) que la couleur blanche n'est point essentielle au chyle, et qu'elle tient uniquement à la graisse contenue dans les alimens (5), nous sommes forcés de croire que le liquide en question n'était pas du chyle parfait, mais plutôt de la lymphe resorbée, et comme il contenait plus de fibrine qu'on n'y en trouve ordinairement (6), il ressemblait aussi en cela au contenu du canal thoracique, tel qu'il nous apparaît sans digestion et chez les animaux qui n'ont pas pris de nourriture (§ 916, 1°).

II. Plusieurs motifs parlent en faveur du concours de la bile à la formation du chyle.

1° Tels sont d'abord les phénomènes qui ont lieu quand ce liquide ne peut couler dans l'intestin. Chez les sujets atteints de jaunisse, la digestion languit, l'appétit diminue, ainsi que la nutrition et la force musculaire. Le canal cholédoque est rarement alors complétement obstrué, et la couleur blanche des matières alvines ne saurait suffire pour prouver qu'il n'arrive point de bile dans le duodénum. Mais quand tout abord est

(1) *Loc. cit.*, t. II, p. 12, 27.
(2) *Loc. cit.*, t. II, p. 25, 27.
(3) *Loc. cit.*, t. II, p. 5, 13, 19, 22, 36.
(4) *Loc. cit.*, t. II, p. 25.
(5) *Loc. cit.*, t. II, p. 56.
(6) *Loc. cit.*, t. II, p. 88.

interdit à ce liquide, l'amaigrissement arrive à un haut degré, et si la vie peut encore se maintenir pendant quelque temps, c'est parce qu'un produit incomplet de la digestion, formé peut être sous l'influence du sang chargé de bile, remplace tant bien que mal le chyle. Brodie, ayant lié le canal cholédoque sur de jeunes Chats, trouva le chyme sans changement : il était seulement un peu moins fluide dans la partie inférieure de l'intestin grêle, mais le liquide contenu dans les vaisseaux lymphatiques du mésentère était incolore et clair comme de la lymphe (1). Mayo n'a point trouvé non plus de chyle chez trois jeunes Chats et deux jeunes Chiens auxquels il avait pratiqué la ligature du canal thoracique, après vingt-quatre heures de jeune, et donné ensuite de la nourriture ; le chyme contenu dans l'intestin grêle ne différait point de celui que l'estomac renfermait (2).

2° Le canal cholédoque s'ouvre à une grande distance de l'anus, et dans l'endroit précisément où la chylification commence. Werner a vu les villosités de l'intestin grêle couvertes, à partir de son orifice, de la matière blanchâtre dont il a été parlé plus haut (3). Prout a reconnu que le chyme contient peu d'albumine au commencement du duodénum, et que la quantité de cette substance va toujours en augmentant jusqu'à six pouces au dessous de l'intestin (4). C'est aussi au commencement du jéjunum que le chyle commence la plupart du temps à paraître, d'après Home (5). On ne saurait croire qu'une matière purement excrémentitielle soit déposée si loin de la surface extérieure, dans un point précisément d'une si haute importance pour la formation du sang, et qu'un pur hasard seul amène la coïncidence de l'abouchement du canal cholédoque avec l'emplacement où commence la chylification.

3° La bile, en vertu du sa grande tendance à la décompo-

(1) Froriep, *Notizen*, t. IV, p. 177.

(2) *Archives générales*, t. XII, p. 439.

(3) Scherer, *Journal*, t. VIII, p. 31.

(4) Schweigger, *Journal*, t. XXVIII, p. 207, 230.

(5) *Lectures on comparative anatomy*, t. III, p. 25.

sition, est très-propre à réagir chimiquement sur le chyme ; elle réunit toutes les conditions requises pour éprouver elle-même et déterminer dans ce dernier une transformation de substance. On la voit perdre sa teinte claire en parcourant la longueur de l'intestin , et devenir d'un jaune foncé ou verdâtre (1). Tiedemann et Gmelin (2), ayant ouvert le corps d'un Chien qui jeûnait depuis quatorze heures, ont trouvé , dans le tiers supérieur de l'intestin grêle , un liquide jaune , amer, muqueux et acide , qui offrait des flocons verts dans le second tiers , tandis que , dans le troisième , il ne présentait qu'une couche de boullie consistante, d'un blanc rougeâtre et à peine acide. Voici quelle était, suivant Collard de Martigny (3), la composition , chez un Chien mort de faim , de la bile renfermée dans la vésicule, et du liquide jaune verdâtre qui existait dans l'intestin.

	Bile.	Liquide intestinal.
Résine. . . . :	173	291
Matière jaune.	150	208
Picromel.	457	875
Eau et sels.	9200	8626

Ainsi , à part quelque peu de perte en eau et en sels , le contenu de la bile avait acquis un peu de matière jaune , davantage de résine , et une grande quantité surtout de picromel. Magendie croit même (4) que le liquide demi-transparent et un peu lactescent qu'il a trouvé dans les vaisseaux lymphatiques intestinaux de Chiens restés sans nourriture pendant douze à trente-six heures , était un chyle formé de bile et de sucs intestinaux.

4° Ce qui rend déjà vraisemblable que la bile est décomposée et employée en partie à la formation du chyle , c'est que la quantité journellement sécrétée de ce liquide paraît être supérieure à celle des matières fécales, dont elle ne fait cependant qu'une partie. En effet , quoique Haller évalue trop haut la sécrétion journalière de la bile (§ 826, 1°), elle n'en

(1) Raspail, *Nouveau syst. de chimie organique*, t. III, p. 265.
(2) *Rech. sur la digestion*, t. I, p. 93.
(3) *Journal de* Magendie, t. VIII, p. 156.
(4) *Précis élément.*, t. II, p. 161.

est pas moins considérable relativement aux déjections alvines , qui ne s'élèvent qu'à cinq onces environ ; car , outre que
la vésicule contient près d'une once et demie de liquide , et
qu'elle se vide pendant le repas , il n'en coule pas moins continuellement une certaine quantité de bile dans l'intervalle
des repas. Mais Fourcroy avait déjà reconnu qu'en se mêlant
avec le chyme , la bile détermine une précipitation , qu'une
partie de ce liquide passe dans le chyle , et que le reste s'é-
chappe avec les excrémens. D'après les recherches de Tiedemann et Gmelin (1), ce sont la résine , la graisse , la matière
colorante , le mucus et les sels de bile qui sortent avec les
excrémens, tandis qu'on ne retrouve ni son picromel , ni son
osmazome, ni son acide cholique dans ces derniers.Or, comme
le chyle contient bien de l'osmazome , mais ne renferme ni
picromel , ni acide cholique , il faut que ces deux substances
aient été décomposées pendant la chylification. Au reste ,
Prout (2) avait déjà reconnu que ce n'est pas la matière biliaire proprement dite qui passe dans le chyle , mais d'autres parties constituantes de la bile. Lassaigne (3) et Vauquelin se sont également convaincus qu'aucun des matériaux de
cette dernière ne se retrouve dans le sang. Cependant Beu-
dant prétend que le sang , même à l'état sain , contient de la
matière biliaire jaune (4).

5° Chez les animaux à jeun , la vésicule reçoit une partie
de la bile. Cette dernière se concentre pendant le séjour
qu'elle y fait , puis s'épanche, ainsi concentrée, et tout à la
fois , après qu'il s'est formé du chyme dans l'estomac. Cette
manière de se comporter annonce qu'elle concourt à la digestion. Quoique la présence de la vésicule biliaire offre
beaucoup de variétés chez les animaux , ce réservoir semble
cependant exister surtout chez ceux qui ne trouvent leur
nourriture qu'à de longs intervalles, et qui alors en prennent
une grande quantité à la fois , par conséquent chez les carni-

(1) *Recherches sur la digestion*, t. II, p. 55, 58.
(2) *Loc. cit.*, t. XXVIII, p. 233.
(3) *Rech. sur la digestion*, p. 160.
(4) Froriep, *Neue Notizen*, t. V, p. 169.

vores, au lieu qu'il manque chez ceux qui trouvent presque partout de la nourriture, et qui passent une grande partie de la journée à manger, comme les herbivores. Si la vésicule manque, au dire de Rapp, chez les Cétacés carnivores, tandis qu'elle existe chez ceux qui vivent de matières végétales, la cause de cette particularité est probablement la même, puisque la nourriture des Cétacés herbivores est plus rare dans la mer que celle des carnivores, qui rencontrent partout de petits animaux en abondance.

6° Chez beaucoup d'animaux on trouve presque toujours dans l'estomac un peu de bile, qui s'y introduit quand ces êtres sont à jeun. Réaumur (1), Spallanzani (2), Leuret et Lassaigne (3), l'ont remarqué chez des Oiseaux ; Bichat, Tiedemann et Gmelin (4), chez des Chiens. Il n'est pas rare non plus, chez l'homme, de voir la région pylorique colorée en jaune par de la bile hépatique, tandis que la bile de la vésicule ne pénètre dans l'estomac qu'à la suite d'efforts de vomissemens considérables et prolongés. Helm et Beaumont ont vu ce passage s'opérer chez les sujets atteints de fistules stomacales, le premier par l'effet des secousses de la voiture et autres mouvemens violens (5), le second, par celui d'une pression exercée sur l'hypocondre droit, comme aussi par l'irritation de la région pylorique au moyen d'un tube en gomme élastique ou de la boule d'un thermomètre (6). Beaumont trouvait ordinairement de la bile dans l'estomac après l'usage prolongé d'alimens gras, et il croyait avoir remarqué que la digestion s'accomplissait alors avec plus de facilité (7).

7° Le chyme contient des bulles d'air après que la bile a pénétré dans l'intestin (§ 945, 4° ; 947, 1°). Il s'est donc évidemment opéré là une décomposition. (Le chyme d'un Lapin tué six heures après qu'il eut mangé abondamment, fut

---

(1) *Hist. de l'Acad. des sc.*, 1752, p. 480.
(2) *OEuvres*, t. II, p. 451.
(3) *Loc. cit.*, p. 145.
(4) *Loc. cit.*, t. I, p. 96.
(5) *Zwey Krankengeschichte*, p. 11.
(6) *Neue Versuche ueber den Magensaft*, p. 11, 64.
(7) *Ib.*, p. 63.

étendu d'eau, et passé à travers un linge fin; il donna ainsi un liquide jaunâtre et légèrement trouble. Le microscope fit apercevoir dans cette liqueur quelques petits corpuscules anguleux, un peu allongés, de couleur foncée et d'aspect granulé, qui furent considérés comme des noyaux de cellules d'épithélium; on y découvrit, en outre, de nombreuses gouttelettes d'huile, qui pouvaient bien avoir, terme moyen, la moitié du volume des globules de la lymphe. A ce liquide, dont la quantité était d'environ trois onces, on ajouta deux gros de bile fraîche du même animal; sur le champ, il s'opéra une effervescence à peine sensible, avec un mouvement général de la liqueur, et il parut des flocons, qui toutefois disparurent sur-le-champ, de sorte qu'on ne put pas les examiner au microscope. Une goutte de liquide, portée sous le microscope pendant l'effervescence même, montra une grande quantité de très-petites gouttelettes d'huile, faciles à distinguer d'une foule de granulations solides, qui, à un grossissement de trois cents diamètres, semblaient sphériques. Après que le mouvement général se fut apaisé, ces granules solides parurent un peu colorés, et à un grossissement de cinq cents diamètres, ils n'avaient pas une forme régulièrement globuleuse: la plupart égalaient en volume la sixième et quelques-uns la dixième partie seulement d'un globule lymphatique normal. D'abord ils nagèrent librement çà et là, puis ils se réunirent par groupes, qu'on distinguait à l'œil nu sur la plaque de verre, après la dessiccation. Les vésicules de graisse avaient entièrement disparu, ou du moins étaient devenues fort rares. Après vingt-quatre heures de repos, la liqueur, qui paraissait olivâtre depuis l'addition de la bile, se partagea en trois couches, dont la supérieure était d'un vert pur et parfaitement limpide, et la moyenne olivâtre et trouble; l'inférieure représentait un sédiment jaunâtre. Le microscope ne fit reconnaître dans la première que de nombreuses gouttelettes d'huile, de grosseur diverse; le sédiment était composé de lamelles ou d'écailles un peu colorées, à texture sensiblement grenue, dont le volume égalait à peu-près la moitié de celui des globules du sang. La couche moyenne ne put point être observée isolément; elle paraissait être un mélange des deux autres) (1). Beaumont (2), ayant retiré le chyme de l'estomac de son malade, après qu'il avait pris du gibier rôti et du vin, le trouva de couleur brunâtre ; l'addition de la bile lui donnait un aspect laiteux, et y faisait naître des flocons blancs, ainsi qu'un précipité brun clair.

8° La graisse ou l'huile se dissolvait plus facilement dans le suc gastrique, quand on ajoutait de la bile (3). Une dissolution de viande dans du suc gastrique préparé par digestion artificielle, se séparait, par l'addition de la bile, du suc pancréatique et de l'acide chlorhydrique affaibli, en un liquide ayant l'apparence du petit lait, et qui semblait être un chyle imparfait, une pellicule crémeuse à la surface, et un sédiment brun rouge (4). Dans un cas analogue, l'addition de la bile obtenue par le vomissement, détermina une légère effervescence ; il se produisit un petit caillot et un précipité jaune (5). La bile, versée dans le suc gastrique seul, ne donnait lieu à aucun précipité (6). Suivant Leuret et Lassaigne (7), le pain se ramollit plus vite dans du suc intestinal contenant de la bile, que dans du suc gastrique pur.

9° Le liquide digestif artificiel préparé par Purkinje et Pappenheim (8), se montrait inerte quand on y avait ajouté de la bile, et ne dissolvait pas l'albumine cuite. (La bile fraîche ajoutée à la liqueur digestive préparée avec la membrane muqueuse stomacale, de l'eau et de l'acide chlorhydrique, non-seulement ne favorise pas, mais même retarde la dissolution des substances sur lesquelles l'action de ce liquide s'exerce d'ailleurs de la manière la plus évidente, comme l'albumine et la viande. Peu importe, sous ce rapport, que l'addition de la bile ait lieu avant ou après le commencement de la dissolution. Cet effet ne doit pas surprendre

(1) Addition d'Ernest Burdach.
(2) *Loc. cit.*, p. 119.
(3) *Ib.*, p. 161, 207.
(4) *Ib.*, p. 82, 116.
(5) *Ib.*, p. 200.
(6) *Ib.*, p. 118.
(7) *Recherches sur la digestion*, p. 145.
(8) Froriep, *Notizen*, t. L, p. 211.

lorsqu'on réfléchit que la bile neutralise une partie de l'acide du liquide digestif, et que la promptitude avec laquelle la décomposition des substances précitées s'accomplit pendant la digestion artificielle, est en raison directe de la quantité d'acide contenue dans la liqueur, pourvu toutefois que cet acide ne dépasse point certaines bornes, qui, d'après mes observations, sont quarante gouttes par once d'eau. Quant aux substances dont l'amidon et le gluten sont les principaux élémens, comme les pommes de terre, les légumes farineux et les céréales, leur décomposition paraît être réellement favorisée par la bile. Comme elles sont fort peu sensibles à l'action dissolvante de la liqueur digestive artificielle, puisque des pois, par exemple, n'ont point encore changé de forme, de couleur, ni d'aspect, au bout de quinze jours, cette remarque est peut-être sans importance relativement à la digestion naturelle. Cependant je me permettrai de citer ici quelques faits qui en établissent la justesse. Sept pois blancs, renflés dans l'eau, pesant ensemble un gros, et soumis pendant quatre jours à la liqueur digestive, pesaient cinquante-huit grains et demi, étant encore humides; ils n'avaient donc perdu qu'un grain et demi; sept autres pois, pesant aussi un gros, et tenus en digestion pendant le même laps de temps, mais après l'addition de trente grains de bile, ne pesaient ensuite que cinquante-huit grains, quoiqu'ils fussent teints en vert par la bile dont ils étaient imprégnés, et qu'on eût pesé avec eux un peu de résidu bilieux resté sur le filtre. Six pois blancs secs, pesant ensemble vingt-quatre grains, donnèrent un résultat plus frappant encore; après huit jours de digestion, on les fit sécher; ceux qui avaient été traités par de la bile, ne pesaient que seize grains, tandis que le poids des autres était de dix-neuf grains et demi. Un gros de riz renflé avait laissé, après quatre jours de digestion, cinquante-neuf grains de résidu, sans bile, et cinquante-huit seulement avec de la bile, quoiqu'ici également on eût compris dans la pesée le résidu de bile interposé entre les grains. Un gros de pomme de terre crue, traité de même, laissa cinquante-six grains de résidu sans bile, et cinquante-quatre avec de la bile. J'ai reconnu à la bile un autre mode d'influence sur la digestion artificielle ; l'addition de ce liquide au résidu obtenu par l'évaporation de la liqueur digestive filtrée, après qu'une substance quelconque y avait été dissoute, rendait ce liquide plus soluble dans l'alcool, de sorte qu'il me semble que la bile favorise la formation de l'osmazone. De l'albumine, de la viande et du pain de seigle, un gros de chaque, furent mis en digestion, pendant quatre jours, avec chacun six gros de liqueur digestive, et cela en portions doubles, à l'une desquelles on ajoutait un demi-gros de bile. Au bout de ce laps de temps, il y avait plus d'albumine et de viande dissoute dans la liqueur contenant de la bile que dans l'autre : quant au pain, la chose était moins sensible, attendu que, dans l'une et l'autre portion, il se trouvait au fond du vase, réduit en petits fragmens. Toutes les liqueurs furent filtrées ; il resta sur le filtre :

De l'albumine avec bile. 5 grains. Sans bile 1 1/2 grain.
De la viande avec bile. . 33   Sans bile 23
Du pain avec bile. . . . 42   Sans bile 38

La liqueur filtrée, qui, pour les portions mêlées de bile, était un peu trouble, et pour les autres parfaitement limpide, fut évaporée à siccité. Le résidu sec fut :

Pour l'albumine avec bile, de. 31 1/2 grains. Sans bile. 34 gr.
Pour la viande avec bile. . . 24   Sans bile. 28
Pour le pain avec bile. . . . 17 1/2   Sans bile. 11

On versa de l'alcool sur cette substance sèche, puis on filtra au bout de vingt-quatre heures, et l'on évapora à siccité la liqueur alcoolique. Les résultats furent en grains :

	Solubles dans l'alcool.		Insolubles dans l'alcool.	
	Avec bile.	Sans bile.	Avec bile.	Sans bile.
Albumine.. . .	25	42	6 1/2	19
Viande.. . . .	13	9	11	19
Pain.	16	5	1 1/2	6 (1)

III. Il paraît hors de doute, d'après cela, que la bile exerce une influence essentielle sur la digestion, et il faut maintenant déterminer quelle peut être sa manière d'agir. Nous avons ici à passer en revue les opinions non-seulement de ceux qui reconnaissent sa participation à la

_____
(1) Addition d'Ernest Burdach.

formation du chyle, mais encore de ceux qui adoptent l'hypothèse contraire.

1° Personne ne met en doute qu'elle sollicite l'intestin à se mouvoir et à agir avec plus d'énergie (§ 932, 1°), Schultz prétend (1) que si elle accroît la force musculaire du tube digestif, c'est parce qu'elle donne lieu à un séjour plus prolongé du chyme dans son intérieur; mais les lois générales de l'excitement fournissent une explication plus juste du phénomène. Le sujet n'a pas été non plus placé sous un jour favorable par les partisans de certaines hypothèses dynamiques sur la coopération de la bile à la digestion. Ainsi Grimaud (2) prétend que c'est un liquide imprégné de vie, qui provient d'une fermentation spécifique et vivante, et qui par conséquent aussi possède un mode d'action tout spécial. Schultz la croit également apte à compléter la destruction des propriétés physiques des alimens, et à faire prédominer la direction communiquée vers une formation organique déterminée (3). D'un autre côté, Truttenbacher (4) prétend qu'elle n'agit point sur la formation du chyle, mais qu'elle attire le superflu de la nourriture, se combine avec lui, et le rend incapable de nuire à l'organisme, opinion qui expliquerait comment cet effet salutaire, comparable à celui d'un contrepoison, peut avoir lieu.

2° Les théories chimiques générales laissent aussi beaucoup à désirer. Saunders admettait que la bile s'oppose, par sa résine, à la décomposition spontanée des alimens tirés du règne animal, et par son amertume à leur putréfaction. De même, Leuret et Lassaigne (5) disent qu'elle fait cesser la fermentation, en opérant une neutralisation; Gmelin, qu'elle met obstacle à la décomposition putride (6); enfin Eberle (7), que, par sa résine et son acide gras, elle ralentit la décompo-

---

(1) *De aliment. concoct.*, p. 108.
(2) *Cours de physiologie*, t. II, p. 251, 273.
(3) Meckel, *Archiv fuer Anatomie*, 1826, p. 522.
(4) *Der Verdauungs process*, p. 28, 50 .
(5) *Loc. cit.*, p. 193.
(6) *Handbuch der Chemie*, t. II, p. 1517.
(7) *Physiologie der Verdauung*, p. 314.

sition du chyme, qui, sans elle, marcherait avec trop de rapidité. Mais le chyme acidifié par les sucs gastrique et intestinal a peu de tendance à la putréfaction, et les excrémens
blancs des ictériques ne portent pas les marques d'une décomposition bien avancée. La bile, employée à titre de médi-
cament dans certains cas d'engorgement et d'induration, agit
comme dissolvant, et peut-être se comporte-t-elle de même
à l'égard de la portion encore solide des alimens : les substances qui s'échappaient par un anus artificiel paraissaient
réellement moins douces quand il leur arrivait de ne point
contenir de la bile, et elles laissaient sur le filtre un résultat
beaucoup plus abondant que quand elles étaient mêlées avec
de la bile. Mais comme les sucs digestifs acides possèdent
aussi la faculté dissolvante, il est à présumer que la bile sert
à attaquer les matières qui leur résistent. Haller attribuait
déjà à ce liquide la propriété de mêler la graisse avec l'eau,
et de produire ainsi le chyle, qu'il considérait comme une
émulsion (1). Leuret, Lassaigne et Gmelin la disent aussi
chargée de dissoudre la graisse, ou du moins de la mettre
dans un état de suspension qui en rende l'absorption plus facile. Demarçay (2), reproduisant l'opinion des anciens chimistes, l'a tout récemment déclarée une sorte de savon composé de soude et d'un acide gras particulier, auquel il donne
le nom de choléique. Les observations microscopiques elles-
mêmes (§ 941), faites sur la digestion artificielle, parlent
également en faveur d'une action analogue à celle qu'exercent
les savons. Mais la destination proprement dite de la bile ne
peut point être de dissoudre la graisse ; car autrement elle
ne servirait que dans des cas particuliers, ceux d'ingestion
d'alimens gras, et serait sans but chez les animaux herbivores. Peut-être son pouvoir dissolvant est-il dirigé contre des
substances inhérentes au canal intestinal. Saunders croyait que
ses parties savonneuses servent à combattre la viscosité des
matières excrémentitielles ; mais, suivant Matteucei (3), l'al-

(1) *Element. physiolog.*, t. VI, p. 608 ; t. VII, p. 74.
(2) *Annales de chimie*, t. LXVII, p. 177.
(3) Froriep, *Notizen*, t. XL, p. 134.

bumine produite aux dépens des alimens par l'acide du suc gastrique, et qui se compose de flocons et de globules, a besoin, pour pouvoir être absorbée, que l'alcali de la bile et du suc pancréatique la fasse passer à l'état liquide.

3° Ce qu'il y a de plus manifeste, c'est la neutralisation de l'acide (§§ 945, 4°; 946, 3°). Sylvius admettait (1) que la bile sépare le chyle des excrémens en triomphant de l'acide du suc pancréatique, et quelques-uns de ses successeurs ont prétendu avoir remarqué, dans les vivisections, une véritable effervescence au moment où les deux liquides se mêlaient ensemble. Comme la présence d'un acide libre, dans le suc pancréatique, ne se confirma point, on reconnut généralement, dès le temps de Haller (2), que l'action de la bile était dirigée contre l'acide du chyme. Mais deux théories opposées ont été proposées relativement à la manière dont s'accomplit la désacidification : suivant l'une, elle résulte de l'oxidation de la matière biliaire, et donne lieu ainsi à la formation du chyle ; suivant l'autre, elle consiste en une neutralisation de l'alcali, et elle n'a point pour résultat une nouvelle formation de substance organique.

4° Autenrieth (3) s'était formé l'opinion suivante, d'après les recherches de Werner, de Reuss et d'Emmert. La matière biliaire (§ 826) a beaucoup d'affinité pour l'oxygène ; elle l'attire même à l'air libre, et le résultat de sa combinaison avec lui est la résine biliaire. La bile agit donc sur diverses substances en les désoxigénant ; elle donne une couleur veineuse au sang artériel, et s'oppose à sa coagulation ; mais elle rend au sang sa coagulabilité quand il l'a perdue par l'addition de l'acide acétique, de même que ce dernier fait coaguler le sang maintenu liquide par de la bile. Elle éloigne aussi la fermentation acide des substances fermentescibles, qui par conséquent passent sans intermédiaire de la fermentation alcoolique à la putride. Maintenant, lorsque la bile se mêle avec le chyme, il se produit un précipité de flocons

(1) Haller, *Elem. physiol.*, t. VI, p. 447.
(2) *Ib.*, p. 609.
(3) *Handbuch der empirischen Physiologie*, t. II, p. 98.

blancs; ce n'est point là un produit déjà existant dans le chyme, puisque l'addition à celui-ci d'un autre acide ou de l'alcool, détermine un précipité beaucoup plus considérable. Vingt-sept grains de chyme donnèrent, avec quatorze grains de bile, trois grains et un quart de précipité, tandis que celui-ci ne fut que de deux grains et demi en opérant sur la même quantité de vinaigre et dix-huit grains de bile; quatre scrupules de chyme fournirent, avec un gros de bile, neuf grains de précipité sec, tandis que la même quantité d'alcool ne précipita d'un gros de bile que trois grains et quatre cinquièmes. Le précipité blanc provenait donc, non pas de la bile seule, mais encore du chyme, et il contenait un tiers d'albumine, puisqu'après qu'il avait été desséché, la potasse caustique en dissolvait quatre grains sur six (1). Après l'afflux de la bile, le chyle est désacidifié; chez les Chevaux, dont la bile ne coule que goutte à goutte dans l'intestin, il perd son acide libre plus tôt que chez les animaux pourvus d'une vésicule biliaire. S'il n'arrive pas de bile dans l'intestin, par exemple chez les enfans atteints du carreau, les excrémens exhalent une odeur aigre, et l'excès d'acide s'annonce tant par le ramollissement des os que par des coagulations de la lymphe. La bile n'agit pas sur le chyme par sa soude, car les alcalis ne déterminent pas de précipité dans ce dernier. Son influence tient à ce que sa matière biliaire est oxydée par l'acide du chyme et convertie en résine, qui s'échappe du corps avec les matières excrémentitielles. Quand la bile a été oxydée par son exposition à l'air libre, à peine fait-elle naître des traces de précipité dans le chyme, et la résine biliaire épuisée par l'alcool n'en détermine aucun. Le précipité blanc est donc du chyle formé par l'action réciproque du chyle acide et de la bile; car il est, comme ce dernier, désacidifié et chargé d'albumine. Mais il ne se trouve encore qu'au premier degré de désacidification, et il se présente sous la forme solide, parce que la fluidification des alimens dépendait de l'acide du suc gastrique. Une désacidification plus avancée le fait repasser à l'état liquide, afin qu'il puisse être absorbé. De même, sui-

(1) Scherer, *Journal*, t. VIII.

vant Senebier, le lait coagulé par le suc gastrique est, en grande partie, converti par la bile en un liquide blanc. Les vues d'Ackermann avaient beaucoup de rapport avec celles d'Autenrieth (1), car elles représentaient le chyme comme converti en chyle par l'action désoxydante et hydrocarbonisante de la bile. On peut en rapprocher l'opinion de Prout (2) qui voulait que l'addition de la bile au chyme dégageât des gaz, neutralisât le mélange, précipitât la matière biliaire, et formât de l'albumine. Schultz (3) compare l'action désoxydante de la bile à celle de la lumière solaire sur les végétaux, et croit que le précipité qui en résulte n'est pas du chyle, mais une substance appropriée à la formation du sang (4).

5° D'après Tiedemann et Gmelin (5), l'acide chlorhydrique du chyme se combine avec la soude de la bile, qui jusqu'alors était unie à de l'acide carbonique et à de l'acide acétique; il précipite ainsi de la bile du mucus, une grande partie de la matière colorante, de la graisse biliaire et de la résine biliaire; le précipité, considéré comme du chyle par Autenrieth, n'est en conséquence que du mucus, semblable à celui qu'on obtient en versant un acide quelconque dans la bile. Eberle (6) adopte cette manière de voir. Mais, en établissant que le chyme est désacidifié par la bile, dont il reçoit quelques matériaux, elle paraît être en contradiction avec l'idée, simultanément émise, que la bile n'influe point sur la formation du chyle : et quand on fait remarquer que le picromel et l'acide cholique de ce liquide ne se retrouvent ni dans les excrémens ni dans le chyle, il paraît difficile de concilier ce fait avec l'assertion que le travail dont les organes digestifs sont chargés se réduit au passage des alimens dissous dans le système vasculaire, sans formation d'aucune substance nouvelle. Au reste, la théorie instituée par Autenrieth n'a

---

(1) *Physiologische Darstellung der Lebenskraefte*, t. III, p. 88.
(2) *Loc. cit.*, p. 227.
(3) Meckel, *Archiv*, 1826, p. 510.
(4) *De aliment. concoct.*, p. 108.
(5) *Rech. sur la digestion*, t. I.
(6) *Loc. cit.*, p. 312.

point encore été réfutée d'une manière complète , et des recherches ultérieures démontreront sans doute qu'elle mérite
de n'être point entièrement rejetée.

IV. Nous sommes moins instruits encore des effets du suc
pancréatique que de ceux de la bile. Eberle (1) le suppose
analogue au suc intestinal , parce que le pancréas est une
continuation de l'intestin. Mais , en raisonnant de la sorte,
on serait tout aussi fondé à dire la même chose de la bile.
Et quand Eberle lui attribue les effets qu'il a remarqués sur
le suc pancréatique imité artificiellement, par là, il donne
une bien faible base à sa théorie , qui heureusement ne renferme rien de particulier.

1° Haller (2) pensait que le suc pancréatique sert à étendre la bile, et à en tempérer l'âcreté , celle surtout de la bile
contenue dans la vésicule , afin qu'elle n'irrite pas trop l'intestin , et ne détermine pas une progression trop rapide du
chyme. Ses motifs étaient que le canal pancréatique ne s'a-
bouche au voisinage du cholédoque que chez les animaux
pourvus d'une vésicule du fiel , et qu'après la ligature de ce
conduit, ou l'extirpation du pancréas, certains Chiens sont
pris de vomissemens bilieux , ou éprouvent une grande faim
et beaucoup de soif. Werner (3), ayant remarqué que la
bile étendue d'eau détermine un précipité plus copieux dans
le chyme , regardait comme possible que le suc pancréatique
servît à l'étendre. Eberle (4) admet la même chose, en ajoutant, toutefois, que l'acide acétique de ce suc se combine
avec la soude de la bile.

2° Krimer (5), attribue au suc pancréatique , non seulement le pouvoir de neutraliser et d'assimiler , mais encore celui
d'étendre et de dissoudre. Il fait remarquer que les maladies
du pancréas amènent la constipation et l'amaigrissement , et
que , chez les animaux auxquels on l'a extirpé , le chyme de-

(1) *Ibid.*
(2) *Elem. physiol.*, t. VI, p. 451 ; t. VII, p. 75.
(3) Scherer, *Journal*, t. VIII, p. 33.
(4) *Loc. cit.*, p. 325.
(5) *Loc. cit.*, p. 63, 96.

meure dans l'intestin , plus consistant qu'à l'ordinaire, et faiblement acide. Suivant Eberle (1), il sert en outre à délayer
la graisse , et à la réduire sous forme d'émulsion ; une grande
partie de ses principes constituans passe aussi dans le chyle.

3° Enfin Tiedemann et Gmelin (2) pensent qu'en vertu de
l'albumine et du caséum , substances riches en azote (3), que
contient le suc pancréatique, il contribue à l'assimilation des
alimens dissous , et que c'est pour cette raison qu'on trouve
le pancréas plus volumineux chez les carnivores que chez
les herbivores.

Ici, comme en beaucoup d'autres points, il ne nous est permis de juger que d'après les règles de la probabilité ; mais
nous ne renonçons pas à l'espoir que des recherches nouvelles,
s'appuyant sur les résultats déjà obtenus , finiront par nous
conduire plus loin.

S'il ne nous est pas possible de bien comprendre tous les
détails de la digestion, si nous en sommes réduits à des conjectures pour ce qui les concerne, du moins possédons-nous assez
de faits pour être en état de nous élever à un aperçu général
de cette fonction complexe , et d'en saisir l'essence.

ARTICLE III.

De l'essence de la digestion.

I. Formation de substances nouvelles.

§ 952. La digestion a pour résultat essentiel, non le passage
des alimens dans le système lymphatique, mais une production de substances nouvelles.

I. Chaque être organisé se nourrissant de la substance des
autres, on peut être conduit par là à une opinion contraire. Les
animaux vivent d'autres animaux ou de végétaux, et ces derniers trouvent leurs moyens de subsistance dans la terre imprégnée de matières animales ou végétales. D'après cela, la
nutrition semble n'être autre chose qu'une migration de la ma-

(1) *Loc. cit.*, p. 327.
(2) *Loc. cit.*, t. I, p. 394.
(3) *Handbuch der Chemie*, t. II, p. 1517.

tière organique, qui, après avoir constitué un corps vivant pendant quelque temps, va former la substance d'un autre. Et comme le maintien de la vie dépend de l'afflux de cette matière organique, celle-ci semble posséder elle-même l'aptitude à vivre, et être la cause de toute vie individuelle, puisqu'elle se manifeste partout sous des formes individuelles, derrière lesquelles se cache son identité. Il y a donc une vie générale, une liaison et une affinité de tous les êtres vivans ; la matière organique s'épuise quand elle a revêtu pendant quelque temps une forme individuelle déterminée ; pour se rajeunir, elle émigre, poussée par sa tendance à passer du particulier au général ; mais elle rentre aussitôt dans d'autres formes, pour phénoménaliser de nouveau la vie. Elle est donc dans un continuel état de circulation ; les individus, qui en sont les supports temporaires périssent annuellement, et quand ils servent de nourriture à d'autres, la vie, éteinte en eux, se réveille dans ceux-ci, en sorte que le tout se maintient sans changement, malgré les mutations continuelles de ses parties.

Dans cette manière de voir, devenir est un mot vide de sens, qui n'exprime pas une réalité, mais une simple apparence ; car il n'y a qu'une seule existence, partout identique et indestructible, dont l'origine ne peut être attribuée qu'à une force depuis long-temps éteinte ou réduite au repos. Cette hypothèse repose donc sur une fiction hyperphysique, qui répugne autant à la raison qu'elle est contraire à l'expérience. Cependant elle est forcée d'admettre finalement quelque chose d'immatériel, qui détermine partout les formes particulières, et dont l'admission rend superflue celle d'une matière susceptible de vivre. Nous l'avons déjà combattue par des argumens généraux dans ses applications à la génération, où elle constitue les systèmes de la panspermie (§ 312) et de la syngénèse (§ 313). Ici, nous nous contenterons de faire remarquer qu'en la supposant fondée, l'alibilité d'une substance organique devrait être en raison directe de sa vitalité, ce qui est contraire à l'expérience, car le cerveau, les poumons et le cœur procurent moins de nourriture que les muscles et les os. Nous nous occuperons donc surtout de démontrer que de la matière organique nouvelle se forme dans la nutrition.

II. Les théories matérielles qui régnaient à l'époque d'Albinus ne l'empêchèrent pas d'admettre (1) que l'organisme convertit la matière étrangère en sa propre substance. Fordyce a fait voir que la digestion ne consiste ni en une division mécanique, qui laisserait les propriétés spécifiques intactes, ni en une dissolution chimique, puisque celle-ci ne peut ni s'opérer à l'aide d'un menstrue qui soit le même pour toutes les substances, ni extraire de celles-ci un produit toujours semblable ; qu'elle est plutôt un séparation et une recombinaison d'élémens, déterminées par la puissance de la vie. Coutanceau (2) a prouvé également que le chyme n'est point une dissolution accomplie dans un suc gastrique agissant de la même manière sur tous les alimens, mais le produit d'une décomposition et d'une nouvelle combinaison, que le chyle et les excrémens n'existent pas dans le chyme, que le travail des organes ne consiste pas uniquement à les séparer l'un de l'autre, et qu'il lui faut les produire tous deux (3). Prout a conclu de ses recherches (4), que le suc gastrique peut, jusqu'à un certain point, transformer, organiser et vivifier les alimens simples pour la formation d'un chyle homogène, et que, par exemple, il commence par ramener l'albumine à un degré inférieur de formation. De même aussi, d'après Schultz (5), la digestion n'est autre chose qu'une transformation progressive et un développement organique, qui triomphent complétement du caractère chimique des alimens ; ceux-ci se décomposent dans l'estomac ; la combinaison chimique de leurs élémens est détruite ; ils sont mis en demeure de contracter des combinaisons organiques nouvelles, et d'abord ils sont transformés en une masse indifférente, qui peut ensuite devenir vivante. Hood se prononce également (6) pour une nouvelle formation qui succède à une décomposition, et Magendie (7)

(1) *Academ. annotat.*, lib. III, p. 45.
(2) *Révision des nouvelles doctrines*, Paris, 1821, p. 10-14.
(3) *Ib.*, p. 30.
(4) *Medico-chirurgical review*, t. XXV, p. 106.
(5) *De aliment. concoctione,* p. 99.
(6) *Analytic physiology.* p. 170.
(7) *Précis élément.*, t. II, p. 120,

reconnaît que, ni l'attrition, ni la macération, ni la dissolution ne constituent l'essence de la digestion.

III. L'observation nous procure la conviction que l'organisme crée lui-même les matériaux immédiats de sa substance.

1° Ces matériaux n'ont effectivement pas besoin de se trouver dans les alimens. Ce qui saute le plus aux yeux, c'est que la plante ne tire pas les matériaux qui lui sont propres du sol dans lequel elle est implantée, mais les forme en vertu de sa vitalité. Cependant il n'est pas moins certain que les animaux herbivores et l'homme lui-même produisent leur substance spéciale, alors même qu'ils vivent uniquement de nourriture végétale. A la vérité, on trouve des analogies entre certains matériaux des végétaux et du corps animal. Mais analogie n'est point identité, et nous ne pouvons pas admettre que la substance végétale se transforme en la substance animale qui lui est analogue ; car cette dernière se forme dans les cas même où la substance végétale qui a de l'analogie avec elle n'existe point dans la nourriture. Il n'y a pas de plus grande analogie que celle entre l'huile et la graisse. Cependant cette dernière se produit même sans que l'animal mange des végétaux oléagineux, et l'usage de ces derniers est ce qu'il y a de moins propre à procurer de l'embonpoint. D'ailleurs, toutes les substances animales ne se développent pas dans les organes digestifs, et il en est quelques-unes, par exemple, la gélatine, qui n'apparaissent que plus tard. Diverses substances végétales, l'amidon entre autres, n'ont pas la moindre analogie avec la matière animale, et néanmoins elles sont fort nourrissantes. De même, certaines substances animales, l'urée, par exemple, n'ont rien qui leur soit analogue dans la nourriture végétale. Or, si l'organisme a le pouvoir de former lui-même ses matériaux immédiats quand il ne prend qu'une nourriture végétale, tout porte d'avance à croire qu'il a la même faculté lorsque la nourriture est de nature animale.

2° La nourriture étant la même, il se produit des composés différens chez des corps organisés divers. De même qu'il croît, les uns à côté des autres, dans un même sol, des végétaux dont l'un contient du sucre, un autre de l'huile essentielle, un troisième de la substance narcotique, etc., de même, une nourriture identique procure une composition chimique spéciale à chaque espèce d'animal, ce qui est partout bien manifeste, mais se prononce quelquefois par des traits plus saillans. Ainsi, bien qu'ils vivent des mêmes substances, le Putois se distingue de la Marte, et la Vipère de la Couleuvre ; la Cantharide et le Sphinx du troëne vivent tous deux sur le troëne, et cependant le second est dépourvu du principe vésicant que la première possède. D'un autre côté, il est des choses dont un animal fait sa nourriture, et qui sont un poison pour d'autres. Certaines Chenilles se nourrissent des sucs âcres des végétaux, du réveil-matin, par exemple ; les Abeilles forment du miel avec des plantes vénéneuses ; certains Oiseaux mangent les cantharides ; les Chèvres broutent la ciguë, etc.

3° Une même composition chimique se développe sous l'influence d'une nourriture diverse. Une plante qui contient un alcaloïde particulier l'offre toujours dans quelque terrain qu'elle ait pu croître. De même, les végétaux parasites vivent sur tous les arbres indistinctement. La Civette carnassière, le Musc herbivore, et le Castor rongeur d'écorce, fournissent des substances qui ont quelque ressemblance entre elles, et chaque espèce de Cantharides vit sur une plante qui lui est propre, mais toutes ont en commun la substance douée de propriétés épispastiques. La différence de nourriture n'en entraîne point une dans la substance, ni dans l'organisation (§ 936, 3°, 4°). Si la nourriture du Suisse se borne à du lait et du fromage en été, celle de l'habitant des îles de la mer du Sud à du poisson, celle de l'Indien à du riz, il ne s'ensuit pas de là une diversité correspondante dans la composition matérielle du corps humain,

4° La nature des alimens influe certainement sur le mode de nutrition, mais son influence n'est que subordonnée. Comme une substance étrangère quelconque est tout aussi bien absorbée dans les organes digestifs (§§ 865, 898, 902,) que dans d'autres points de l'économie (§ 898, 2°, 4°, 6°), il peut se faire, pendant que l'organisme forme les substances qui lui sont propres, que des parties de la nourriture passent avec elles dans la masse des humeurs (§ 865). Ce cas arrive peut-être quand les fruits contractent, comme le dit Senebier, un goût de fumier dans des terres qui ont reçu trop d'engrais ; quand les Polypes, qui sont incolores lorsqu'ils manquent de nourriture, deviennent rouges, verts ou noirs, suivant la teinte des animaux qu'ils ont avalés et digérés ; quand la même chose s'observe chez les Rotifères et les Daphnies ; quand le Chirocéphale, plongé dans une dissolution de carmin ou d'indigo, en prend la couleur, d'abord dans la substance de son intestin, puis bientôt aussi dans celle de toutes les autres parties de son corps ; quand, chez les Insectes, la couleur du sang contenu dans le vaisseau dorsal correspond à la diversité de la nourriture ; quand, suivant Thaer, la chair et la viande des Cochons devient plus ferme sous l'influence des glands que sous celle des faines, etc. On a vu le sérum du sang laiteux chez de jeunes Chats et Chiens encore à la mamelle, à cause de la graisse qui avait été absorbée en même temps que le chyle de nouvelle formation ; mais ce n'était pas pour cela du lait, car Mayer n'y a point trouvé de matière caséeuse, et quoiqu'il dise que le liquide ressemblât à du petit lait, il ne prétend cependant pas que du véritable sucre de lait y fût dissous. Dans d'autres cas, une direction déterminée peut être imprimée à la formation par les matériaux immédiats de la nourriture, de manière que leur production soit modifiée en conséquence, comme quand le vin acquiert un goût différent selon les qualités du sol, ou qu'elle consiste principalement en une substance organique également correspondante, comme lorsque, au dire de Tessier et de Hermbstædt, les plantes contiennent plus de gluten quand la terre a été amendée avec un engrais riche en phosphore et en azote, tel que le sang de bœuf ou les excrémens humains, tandis qu'elles forment davantage d'amidon avec un fumier de cheval ou de vache, qui renferme moins d'azote. Enfin il peut aussi être absorbé des substances qui n'ont pas le moindre rapport à la nutrition, qui, loin de là même, sont hostiles à la vie, comme il arrive aux plantes qu'on plonge dans une dissolution de sulfate de cuivre d'en pomper beaucoup, et de mourir ainsi en peu de jours, et comme les extrémités de leurs radicules absorbent surtout les poisons avec facilité quand leur tissu est désorganisé.

IV. Parmi les matériaux immédiats on en voit apparaître çà et là quelques-uns, dans le corps organisé, qu'on ne retrouve pas dans les alimens, ou qui y sont en trop petite quantité pour qu'on puisse les dériver de cette source. A la vérité il peut très-bien se faire que le nombre des corps simples soit plus limité que ne le dit la chimie de nos jours, et que l'organisme ait la faculté de produire, avec les véritables élémens, des substances inorganiques à la décomposition desquelles les chimistes ne sont point encore parvenus. Cependant la chose ne saurait être prouvée tant qu'on sera en droit de suspecter les faits eux-mêmes, et de conjecturer que les substances indécomposables qui ont été rencontrées dans le corps organisé avaient été inaperçues dans les alimens, et s'étaient introduites par d'autres voies. Mais il est certain que les proportions de ces substances ont beau varier dans les substances alimentaires, l'organisme les crée toujours suivant la proportion qui lui est particulière. Si Montègre s'est trompé en voulant réduire l'action de l'estomac à une absorption vitale et élective, nous devons nous figurer le rétablissement d'une proportion déterminée des substances simples sous l'image d'une attraction élective en vertu de laquelle la substance organique prend, de chacune des matières qui lui sont offertes, précisément ce qu'il lui faut pour sa saturation. Mais cette affinité élective est déterminée par le type qui appartient en propre à chaque organisme.

1o Quoique les principes constituans inorganiques des végétaux correspondent, généralement parlant, à ceux du sol, cependant ils s'y trouvent, les uns à l'égard des autres, dans une proportion différente de celle qu'ils affectent au sein de la terre (1). Chaque plante contient une quantité qui lui est propre de sels et de terres, dans quelque terrain qu'elle ait puisé sa nourriture. Ainsi la moutarde renferme du soufre, le tabac du nitre, etc. Lampadius (2) sema de l'orge dans de la

(1) Raspail, *Nouv. syst. de phys. végét.*, Paris, 1837, t. II, p. 592.
(2) *Sammlung praktisch-chemischer Abhandlungen*, t. III, p. 190.

terre végétale, de la terre calcaire, du sable quartzeux pur, de l'argile à potier et de la magnésie blanche, en ajoutant partout du fumier de vache : les cendres des grains développés dans ces divers sols contenaient les mêmes terres et les mêmes sels, avec de très-petites différences seulement sous le point de vue de la quantité. Celles des chaumes poussés dans la terre calcaire donnèrent 700 millièmes de silice, 160 de carbonate de potasse, 70 d'oxide de manganèse, 42 d'oxidede fer, et 20 d'argile, avec 8 de perte. Einhof (1) a trouvé, dans la cendre des cônes de pins qui croissaient au milieu d'un sable pur, sans trace de chaux, 0,65 de carbonate calcaire, 0,24 de carbonate, de sulfate et d'hydrochlorate de potasse, 0,06 d'alumine et de magnésie, 0,04 de silice et 0,01 de fer ; des lichens lui fournirent également beaucoup de chaux, quoique le sol n'en contînt pas. De même, d'après Braconnot (2), des plantes renfermaient une très-grande quantité de potasse, bien que la terre dans laquelle elles avaient crû n'en fournît aucune trace à l'analyse la plus minutieuse. De l'orge qui avait poussé dans du carbonate de fer, ne contenait pas, d'après John, plus de fer que toute autre plante, mais on y découvrait du carbonate et du phosphate de chaux (3). Des hyacinthes élevées dans de l'eau distillée, avec du carbonate de soude, ne contenaient pas de soude, mais de la potasse à l'état de sel, et, comme de coutume, un acide libre (4) ; des hélianthes élevés dans du sable, avec du carbonate de soude, contenaient du nitrate de potasse (5). John a trouvé (6), dans des lichens qui végétaient au sommet de sapins, loin par conséquent du sol ferrugineux, une quantité considérable de fer, et des hélianthes (7) qui avaient été élevés dans du sable, avec du carbonate de cuivre, lui ont offert du fer. Delamétherie avait déjà observé des phénomènes analogues sur des plantes qui

(1) Gehlen, *Journal der Chemie,* t. III, p. 563.
(2) Gehlen, *Neues Journal der Chemie,* t. IX, p. 434.
(3) *Ueber die Ernæhrung der Pflanzen,* p. 260.
(4) *Ib.,* p. 170.
(5) *Ib.,* p. 183.
(6) *Ib.,* p. 75.
(7) *Ib.,* p. 274.

végétaient dans de l'eau pure. Des végétaux que Doubray (1) avait élevés dans du sulfate de strontiane en poudre, ou arrosés avec une faible dissolution de nitrate de strontiane, contenaient de la chaux et point de strontiane. Crell (2) croyait avoir remarqué que les plantes qui croissaient dans l'eau distillée et l'air renfermé, produisaient du carbone sous l'influence de la lumière solaire ; ainsi, par exemple, dans l'une de ses expériences, un oignon donna soixante-quatre grains de carbone, et un autre de même grosseur, élevé de la même manière, en fournit cent neuf grains dans l'espace de cinq mois, quoique l'air de l'appareil ne pût renfermer à peine que 0,08 grains de cette substance. Quand bien même les joints de l'appareil n'eussent pas été imperméables à l'air, bien qu'entourés d'une double vessie, il ne s'ensuit pas moins de ces expériences que les plantes attirent puissamment de l'atmosphère la quantité de carbone nécessaire à leur accroissement. Il paraît en être de même pour l'azote ; les plantes l'attirent ordinairement de la terre végétale ; mais elles en contiennent alors même qu'elles ont crû dans un sol qui en est dépourvu, de sorte qu'en pareil cas elles doivent l'avoir puisé dans l'atmosphère.

2° Le corps animal maintient également la proportion de ses principes immédiats, et, sous ce rapport, il se montre jusqu'à un certain point indépendant des alimens. L'acide acétique, la potasse et la silice prédominent proportionnellement chez les végétaux, tandis que ce sont l'acide phosphorique, la soude et la chaux chez les animaux qui se nourrissent de ces corps organisés. Cameron (3) fait remarquer que le sang des Poissons ou des Oiseaux pélagiens ne contient pas plus de sel que celui des animaux qui font servir l'eau douce à leur nourriture. La proportion de la chaux augmente dans l'œuf de Poule pendant l'incubation (§ 465, 5°), comme l'a observé entre autres Abernethy. Vauquelin nourrit une Poule, pendant dix jours, avec 483,8 grammes d'avoine, puis rechercha

(1) Froriep, *Notizen*, t. XLV, p. 193.
(2) Schweigger, *Journal*, t. II, p. 281.
(3) *New theory of the influence of the variety in diet*, p. 64.

combien il y avait de terre dans une égale quantité de ce grain, ainsi que dans les excrémens rendus et les quatre œufs pondus pendant ce laps de temps ; voici le résultat qu'il obtint :

	DANS L'AVOINE.	DANS LES EXCRÉMENS.	DANS LES ŒUFS.
Silice	9,342	8,067	0
Phosphate calcaire	5,944	11,944	0
Carbonate calcaire	0	2,547	19,744

L'animal avait donc rendu 1,275 grammes de silice de moins que n'en contenaient ses alimens, avec 6 grammes de phosphate et 22,291 grammes de carbonate calcaire de plus que ceux-ci n'en renfermaient. Suivant Doubray (1), des Pintades auxquelles on avait enlevé toute autre espèce de terre, avalèrent de la strontiane, et pondirent des œufs dont la coquille ne contenait qu'une faible trace de strontiane, et n'offrit plus tard que peu ou point de terre. Macaire (2), ayant soumis à l'analyse élémentaire les excrémens et le chyle d'un Cheval nourri exclusivement de végétaux, et de Chiens qui, depuis plusieurs jours, n'avaient mangé presque que de la viande, trouva :

	CHYLE		EXCRÉMENS	
	des chiens.	du cheval.	des chiens.	du cheval.
Carbone	552	550	419	386
Oxygène	259	268	280	290
Hydrogène	66	67	59	66
Azote	110	110	42	8
Substance inorganique et terreuse, ou perte	23	15	200	250

Ainsi, sous l'influence de la nourriture animale, les excrémens contenaient plus de carbone et beaucoup plus d'azote,

(1) *Loc. cit.*, p. 200.
(2) *Annales de chimie*, t. LI, p. 376.

avec moins d'oxygène, d'hydrogène et de sels, que sous celle de la nourriture végétale. Mais la première avait fourni au chyle un peu moins d'oxygène et d'hydrogène, un peu plus de carbone, mais pas plus d'azote, que la seconde. Berzelius (1) fait même remarquer que le sang de bœuf est moins combustible que celui de l'homme, et que quand on le brûle lentement à l'air libre, il donne du carbonate d'ammoniaque, ce qui prouve qu'il contient davantage d'azote. Or, il y a bien de l'azote dans le gluten, dans l'albumine végétale, et, suivant Gay-Lussac, dans toutes les graines; mais on ne saurait contester que cet élément est moins abondant dans la viande. Donc, puisque le chyle en contient autant ou même plus après la nourriture végétale qu'après la nourriture animale, il faut, ou que l'organisme s'empare plus complétement de la quantité moins considérable d'azote existant dans les alimens, ou qu'il en puise dans l'air atmosphérique; si ce dernier effet n'a point lieu par la respiration (§ 972, 5°), la source de l'excès d'azote devrait être l'air mêlé avec l'eau introduite dans les organes digestifs. Une circonstance tend à faire croire que les herbivores font passer plus complétement dans leur chyle la quantité moins grande d'azote de leurs alimens, c'est que, d'après l'expérience précédemment rapportée, les excrémens du Cheval, auxquels sont cependant mêlés les liquides digestifs azotés, contenaient à peine un cinquième encore de l'azote existant dans ceux des Chiens. On peut, jusqu'à un certain point, citer à l'appui une observation de Boussingault (2), de laquelle il résulte que la proportion des élémens était la suivante dans les 8392 grammes d'avoine et de foin qu'un Cheval consomma en trois jours, et dans les 3525 grammes d'excrémens qu'il rendit durant ce laps de temps.

	CARBONE.	HYDROGÈN.	OXYGÈNE.	AZOTE.	SELS.	
Fourrage	965	114	754	37	130	gram-
Excrémens	387	51	337	22	163	mes.

(1) Schweigger, *Journal*, t. XII, p. 305.
(2) *Annales de chimie*, t. LII, p. 110.

Gannal prétend (1) que la portion azotée des végétaux n'est point assimilée dans le corps animal, et qu'une Vache évacue, par le lait, l'urine et les déjections alvines, dix fois plus d'azote qu'elle n'en prend avec le fourrage. Hermann (2) a comparé le contenu de la fiente que trois Moineaux rendirent dans l'espace de quarante-huit heures avec celui d'une quantité de chenevis égale à celle qu'ils avaient consommée durant le même laps de temps, et il a obtenu le résultat suivant en dix millièmes :

	CENDRES.	HYDROGÈNE.	CARBONE.	AZOTE.	OXYGÈNE.
Chenevis	600	542	5600	1053	2205
Excrémens	2200	605	3740	1180	2275

II. Décomposition.

§ 953. La formation de substance nouvelle suppose une décomposition de la matière donnée. La matière organique doit avoir perdu ses caractères propres, avoir été dépouillée de l'indépendauce qu'elle possède en vertu de sa participation à la vie, pour pouvoir servir à la nourriture d'un autre organisme et être assimilé par lui.

I. Ce n'est pas la matière vivante, mais la matière qui a été vivante, qui sert à la nutrition.

1° Les végétaux se nourrissent de matière organique décomposée, dans laquelle les principes immédiats sont plus ou moins dissous, de manière que leurs élémens ont contracté de nouvelles combinaisons. Lorsque le jus de fumier frais entre en contact immédiat avec les racines, il nuit à l'accroissementdes plantes, d'après les observations de Senebier ; il a besoin, pour agir comme nourriture, d'avoir été préalablement transformé par la putréfaction, d'avoir dégagé de l'acide carbonique et de l'hydrogène carboné. John (3) a vu périr

---

(1) *Comptes-rendus hebdomadaires des séances de l'Académie des sciences*, t. VII, p. 1157.

(2) Gilbert, *Annalen*, t. CVIII, p. 299.

(3) *Ueber die Ernæhrung der Pflanzen*, p. 237.

des graines semées dans de la silice en poudre, avec de la potasse et du blanc d'œuf frais; elles ne germaient que quand ce dernier était déjà putréfié.

2° Tandis qu'ici la matière organique n'agit comme aliment que quand elle est sur le point de rentrer entièrement dans le sein de la nature organique, de sorte que la plante a ses racines plongées dans une substance intermédiaire entre l'organique et l'inorganique, et lie ensemble les deux règnes, l'animal vit de substance organique fraîche, dans laquelle les matériaux immédiats existent encore, et tient par conséquent ses racines plongées dans le règne organique L'individu dont la matière est destinée à servir de nourriture, doit avoir été mis à mort, avoir perdu son individualité et son indépendance; sans cela, il n'y a point de nutrition. Car le caractère de la vie est la conservation de soi-même, et les Entozoaires produits dans les organes digestifs, les Insectes ou les Reptiles introduits accidentellement dans ces voies, ne sont digérés que quand ils ont cessé de vivre. Il n'y a que les animaux et les végétaux des classes inférieures qui puissent vivre en parasite à la surface et dans l'intérieur d'autres végétaux et animaux vivans; leur nutrition a lieu par une mort partielle de l'organisme qui les supporte; celui-ci se maintient tant qu'il ne perd pas plus par là que par les excrétions ordinaires, qu'il a le pouvoir de réparer sans cesse les pertes qu'il éprouve, ou que ces pertes le débarrassent seulement des produits exubérans de sa riche plasticité.

3° La mastication et l'insalivation sont une continuation de cette œuvre de destruction ou de mise à mort, qui prépare et favorise la digestion. L'avoine qui échappe à l'action triturante des dents du Cheval, sort avec les excrémens, sans avoir été digérée; lorsqu'on donne à cet animal de l'avoine écrasée, on peut, suivant Sprengel, épargner un sixième de celle qu'on est dans l'usage de lui faire manger. Chez les Oiseaux qui avalent des grains entiers, le sable que ces animaux introduisent également dans leur estomac, paraît favoriser la digestion de la même manière. La coction détruit mieux encore la vie, et rend par cela même la digestion des substances organiques plus facile. On a trouvé qu'il fallait un tiers de moins d'avoine au Cheval, quand on la lui donnait bouillie.

II. Il s'opère toujours, dans la digestion, une décomposition et une destruction des combinaisons auparavant existantes. Les alimens même dont la substance se rapproche le plus de l'organisme qu'ils doivent nourrir, ne passent point dans le sang sans laisser de résidu ; le sang chaud, le bouillon gras, le lait, les œufs, ne sont pas digérés, sans fournir des excrémens, par conséquent sans être décomposés ; ils ne nourrissent suffisamment qu'autant qu'ils sont exposés, dans l'estomac et l'intestin, à l'action décomposante des sucs digestifs ; si, les voies ordinaires étant obstruées, on les administre en lavemens, ils ne soutiennent la vie que d'une manière incomplète et pendant un court espace de temps, bien que le gros intestin soit le siége d'une absorption assez énergique. En effet, la vie ne consiste pas à recevoir du dehors, mais seulement à former, à produire soi-même.

Nous avons encore une preuve de la transformation que subit la matière dans cette circonstance que certains poisons, dont l'action se prononce avec force lorsqu'ils viennent à être mêlés avec le sang, demeurent peu ou point actifs quand c'est l'organe digestif qui les reçoit ; tel est le cas du venin de la Vipère (1), du virus de la rage (2), du poison des épizooties charbonneuses (3), de la peste (4) et de la syphilis. On retrouve, dans les végétaux, les matériaux inorganiques qu'ils ont tirés du sol, mais changés d'état, et en partie mêlés avec d'autres substances que le sol ne renferme pas ; ainsi des plantes nourries dans du sable avec de l'azotate (5) de manganèse, ont donné du manganèse, sans acide azotique ; d'autres, élevées dans du soufre, avec de l'eau distillée, contenaient des sulfates ; d'autres encore, qui avaient poussé dans du sable et du nitre, fournissaient à l'analyse

---

(1) Meckel, *Deutsches Archiv*, t. III, p. 639.
(2) Froriep, *Notizen*, t. V, p. 160.
(3) Fodéré, *Essai de physiologie positive*, t. III, p. 68.
(4) Haller, *Elem. physiol.*, t. VII, p. 58.
(5) John, *Ueber die Ernæhrung der Pflanzen*, p. 270.

du nitre et du chlorure de potassium (1); d'autres enfin qu'on avait élevées dans du sable, avec un peu de potasse, contenaient du chlorure de potassium, du sulfate de potasse et du phosphate de chaux (2).

III. Alimens.

§ 954. L'aliment est une matière qui contient les matières élémentaires du corps à nourrir dans un certain équilibre, et d'un autre côté dans un état de combinaison facile à détruire. Il ne doit donc pas avoir de qualités chimiques trop saillantes, qui le rendraient capable ou de léser l'organisme, ou de n'agir sur lui que d'une manière irritante; il doit être neutre sous le point de vue de sa composition, et indifférent par rapport à l'excitabilité de l'organisme. Mais il faut, en outre, que ses élémens ne soient pas trop fortement liés ensemble, et qu'une grande facilité à se décomposer le caractérise.

I. Une matière est d'autant plus décomposable, que ses principes constituans sont moins homogènes, qu'ils ont plus de tendance à se dissocier. Des substances simples, comme le phosphore, etc., etc., ne peuvent point servir seules à la nutrition; mais, associées à une matière composée, d'un côté elles favorisent la décomposition de cette dernière, en faisant naître de nouveaux rapports d'affinité, et en sollicitant l'action vitale; d'un autre côté, elles passent dans le chyle avec le produit de la digestion. Les substances organiques n'agissent comme engrais, disent Thaer et Einhof (3), que pendant la putréfaction et la décomposition; le fumier animal est plus actif que le fumier végétal, parce qu'il contient une combinaison plus complexe de substances, et qu'en conséquence il est plus décomposable; les excrémens se décomposent avec une grande facilité, et par cela même conviennent plus que toute autre substance à la nourriture des plantes; sous ce rapport, les déjections des animaux carnivores ont la prééminence sur celles des animaux herbivores,

(1) *Ib.*, p. 202.
(2) *Ib.*, p. 209.
(3) Gehlen, *Neues Journal*, t. II, p. 290.

parce qu'elles sont spécialement plus riches en azote. La fertilité d'un terrain dépend aussi de ce qu'outre les débris de substance organique, il contient de l'argile, de la chaux et de la magnésie, du fer, de la potasse, du chlore, de l'acide phosphorique et de l'acide sulfurique. Haller pensait (1) que, comme les sucs de la terre donnent à la cannelle son arome, à la canamèle son sucre, à la jusquiame son poison, de même, chez les animaux, les sucs muqueux sont tirés des herbes, les gélatineux de la viande, et les gras de la farine ou de la graisse. Berzelius admet également qu'une nourriture qui consiste uniquement en une seule substance n'est point apte à soutenir la vie, parce que ce qui a besoin d'être réparé dans le corps étant de nature diverse, ne saurait être réparé aux dépens d'une seule et unique matière (2). Cameron prétend (3), dans le même sens, que le laps de temps après lequel il faut prendre d'autre nourriture, correspond à celui pendant la durée duquel le corps animal a perdu celui de ses principes constituans dont la restitution lui devient nécessaire et qui doit lui être fourni par cet aliment différent. Mais il nous est impossible, lorsque nous pesons bien les faits cités précédemment (§ 952, 1°-6°), de considérer le chyle et le sang comme une collection de matériaux des divers alimens. Berzelius dit la viande nourrissante, parce qu'elle contient de la fibrine, de l'albumine, de l'osmazome, de l'acide lactique et des sels. Mais ces substances ne passent point indécomposées dans le chyle, car quand la force digestive est insuffisante, l'absorption a beau s'accomplir avec énergie, les viandes les plus faciles à digérer et les consommés les plus parfaits ne nourrissent pas le corps aussi bien qu'il l'est, dans l'état normal de la vie, par une nourriture végétale mixte, dépourvue de tous ces principes constituans. L'instinct, qui seul pourrait déterminer le choix des alimens capables de fournir la substance que l'économie aurait besoin de réparer, conduit aussi à varier la nourriture animale,

(1) *Elem. physiol.*, t. VII, P. II, p. 61.
(2) *Traité de chimie*, t. VII, p. 243.
(3) *Loc. cit.*, p. 21.

quoique toutes les viandes aient au fond la même composition. Cameron veut que tout aliment dont l'usage exclusif peut soutenir la vie et la santé contienne tous les matériaux de l'organisme, et il prétend que le lait est le seul aliment de ce genre, parce qu'il réunit les principes de l'organisme animal (beurre et matière caséeuse) et ceux de l'organisme végétal (sucre) (1); mais la fibrine, l'albumine, la ptyaline et peut-être aussi l'osmazome n'existent point dans ce liquide. Boussingault (2) regarde le gluten et l'albumine végétale comme les seules substances alimentaires végétales, et il exclut l'amidon, le sucre et la gomme, parce que l'usage exclusif de ces matières ne peut entretenir la vie, à cause du défaut d'azote. Mais, d'après ce que nous avons dit ailleurs (§ 936, IV), cet argument n'a aucune valeur. Le gluten seul ne nourrit pas plus que l'amidon; tous deux réunis dans les céréales fournissent une bonne nourriture, et cependant nous avons vu que l'usage exclusif des céréales ou de la farine n'est pas propre à entretenir la vie, ou ne l'entretient que maigrement. Mais la farine devient plus nourrissante par l'addition du sucre et de la graisse, et tandis que l'albumine et la graisse, isolées l'une de l'autre, nourrissent peu, elles fournissent une nourriture abondante lorsqu'elles sont associées ensemble, comme dans le jaune d'œuf. Ainsi, quoique ces diverses substances soient composées et décomposables, elles ne servent suffisamment à la nutrition qu'autant qu'elles sont réunies de manière à former un mélange plus décomposable encore que chacune d'elles. L'alibilité est en raison directe de l'aptitude à se décomposer, comme celle-ci est en raison directe de la multiplicité des principes constituans, et voilà ce qui explique pourquoi l'organisme ne prospère que sous l'influence d'une nourriture variée. Ainsi, d'après Eberle (3), l'acide chlorhydrique seul résout d'autant mieux les substances nourrissantes en une masse analogue au chymé, que le nombre de ces substances diverses qui se peuvent associer les unes avec les autres est plus considérable.

(1) *Loc. cit.*, p. 19, 33.
(2) *Annales des sciences naturelles*, 2e série, t. VI, p. 373.
(3) *Physiologie der Verdauung*, p. 73.

II. Ceci nous conduit tout naturellement à la question de savoir si une substance inorganique dont les élémens seraient dans un équilibre facile à déranger, pourrait aussi servir de nourriture. Nous nous sentons obligés de poser cette question, car quand nous disons qu'un être organique ne peut vivre que de matières organiques, nous établissons une série sans commencement ; les êtres organisés ne pourraient point alors s'être développés en conformité des lois de la nature, hors du domaine de laquelle il faudrait aller rechercher leur origine, ce que nous devons repousser comme une fiction hyperphysique.

Les corps naturels sont décomposables jusqu'à un certain point. Le terme de leur décomposition se trouve aux élémens, qui ne sont plus susceptibles de se réduire en d'autres substances, qui possèdent certaines propriétés fondamentales, et qui, par leurs divers modes d'association, produisent les formes variées de la matière. Or, il doit y avoir plus d'un élément ; car, s'il n'en existait qu'un seul, qui produisît tout, la matière jouirait d'une activité spontanée absolue, elle serait absolument vivante, purement spirituelle, ce qui impliquerait contradiction ; d'ailleurs, il est bien facile de se convaincre qu'il ne survient de changemens dans la matière que par un conflit de forces ; sans antagonisme de substances différentes, il n'y a pas d'opération chimique possible. Mais l'opération chimique la plus pénétrante est la combustion, la réduction à l'unité d'une substance animée de l'électricité négative et d'une autre substance possédant l'électricité positive. L'oxygène seul est l'élément toujours et absolument négatif. Les substances physiques indécomposées qui se comportent positivement par rapport à lui sont nombreuses : au premier rang parmi elles se place l'hydrogène, que nous pouvons considérer comme l'élément basique par excellence ; car il surpasse tous les autres corps en inflammabilité ; il donne une flamme claire, et lorsqu'on le brûle avec huit fois son volume d'oxygène, il se convertit, non point en un acide, mais en une substance neutre, l'eau. Nulle part le caractère de généralité de la matière, résultant de la combinaison d'élémens opposés en un tout indifférent, ne s'exprime d'une manière plus parfaite que dans l'eau. L'eau, dépourvue de couleur, d'odeur et de saveur, admet en elle les substances les plus diverses, qui y disparaissent quant à la forme, sans subir de changement dans leur essence, tout comme elle-même disparaît sans perdre ses propriétés quand elle entre dans des corps solides à l'état d'eau de cristallisation, ou dans des corps gazeux à l'état de vapeur. Tous les corps organisés ont besoin d'admettre immédiatement de l'eau dans leur substance (§ 937, 1°); c'est un fait bien positif; mais il serait possible aussi qu'ils la décomposassent, qu'ils missent en liberté les deux élémens opposés dont l'union la constitue, qu'ils les enchaînassent aussitôt d'une manière conforme à leur propre nature, et qu'ils produisissent ainsi leur propre substance. Aussi l'eau a-t-elle été de tout temps considérée par quelques physiciens comme l'aliment primordial; telle était l'opinion de Thalès, de Vanhelmont, de Boyle, d'Eller, de Rumford, de Lichtenberg (comp. § 465, 5°).

1° Les faits consignés plus haut (§ 937, 3°) prouvent la possibilité que les plantes se nourrissent d'eau pure et même d'eau distillée. Mais, ce qu'il y a surtout d'important, c'est que la substance végétale formée ainsi sous l'influence de l'eau seule, présentait les principes constituans ordinaires. Duhamel (1), en distillant des plantes qu'il avait élevées dans de l'eau seulement, obtint les mêmes produits que fournirent cellès qui avaient poussé dans le sol; des hyacinthes élevées dans de l'eau distillée, donnèrent à Eller (2) infiniment plus de cendre qu'il n'avait pu en provenir de leurs oignons. Abernethy a trouvé dans la cendre de choux qu'il avait fait germer sur de la flanelle imbibée d'eau, du carbonate de potasse, de la chaux et du fer; des pieds de menthe poivrée, pesant trente grains, qu'il mit dans de l'eau distillée, donnèrent, après y avoir poussé, des cendres contenant également de la potasse, de la chaux et du fer. Suivant Schrader, des chaumes d'orge et de seigle poussés dans de la fleur de

---

(1) *Hist. de l'Acad. des sc.*, 1748, p. 275.

(2) *Abhandlungen der Akad. zu Berlin*, 1746, p. 46.

soufre , arrosée d'eau distillée , donnèrent cinq fois plus de
terre que les semences qui les avaient fournies. Les plantes
que Braconnot obtint de 2,2 grammes de graine de moutarde,
semée dans de la litharge , avec de l'eau distillée , donnèrent
4,2 grammes de cendres , dans lesquels l'analyse constata la
présence de la chaux , de la magnésie et de la silice (1). Dau-
beny a reconnu aussi, comme une chose très-probable (2),
que les végétaux produisent eux-mêmes les principes terreux qui leur sont propres , lorsqu'ils ne peuvent pas les
tirer de dehors , attendu que ceux qui avaient crû dans du
sulfate de strontiane contenaient beaucoup plus de chaux
que les semences d'où ils provenaient. Au reste , Agardh (3)
trouve d'autant plus vraisemblable le résultat qui ressort de
cette observation , que les grands arbres ont leurs racines à
une profondeur où ils ne trouvent que de l'eau , que le sol renferme très-fréquemment de l'alumine dont on ne rencontre
presque jamais de traces dans les plantes , et qu'enfin on découvre dans les graines des phosphates, qui n'existent ni dans
les racines ni dans les tiges.

2° Boyle avait remarqué qu'une courge , en croissant, augmentait beaucoup plus de poids que la terre qui lui servait de
sol ne perdait du sien. Vanhelmont planta une branche de
saule , pesant cinq livres , dans un vase contenant deux cents
livres de terre , couvrit celle-ci d'un morceau de tôle percé
de trous , et l'arrosa en partie avec de l'eau distillée , en partie avec de l'eau de pluie : au bout de cinq ans , le saule, abstraction faite des feuilles tombées durant ce laps de temps ,
avait augmenté de cent soixante-quatre livres , et la terre n'a-
vait perdu que deux livres de son poids. Eller (4) sema une
graine de courge dans quinze livres et dix onces de terre ; la
plante qui en provint pesait, avec ses fruits, vingt-trois livres quatre onces et demie , et elle donna plus de cinq onces
de cendres, tandis que la terre n'avait perdu qu'une demi-once,

(1) Gehlen, *Journal,* t. IX, p. 134.
(2) Froriep, *Notizen,* t. XXXIX, p. 337.
(3) *Allgemeine Biologie der Pflanzen,* p. 142.
(4) *Loc. cit.,* p. 45.

qui avait fort bien pu être enlevée par le vent. Quoique ces observations n'aient peut-être point été faites avec toute la précision désirable, leurs résultats ne s'en accordent pas moins avec ceux des expériences qui ont fait voir que les plantes contenaient les principes qui leur appartenaient en propre, bien que ceux-ci n'existassent point dans le sol, et elles établissent que l'eau seule contribue à former la substance végétale. Certaines cryptogames, par exemple les algues, nagent librement dans l'eau. La lentille d'eau est seule dans ce cas parmi les phanérogames ; les autres plongent leurs racines dans le sol, qui paraît, comme l'admettaient entre autres Eller et Fordyce, servir principalement à diviser et décomposer l'eau. Cette décomposition peut-être comparée à celle qu'opère le galvanisme ; la racine entre en rapport d'électricité avec le sol, et décompose l'eau qui se trouve entre elle et lui.

3° Braconnot (1) présume que l'eau joue aussi le principal rôle dans la digestion, chez les animaux, parce que la vie peut se maintenir pendant quelque temps sans nourriture solide, et que les substances les plus nourrissantes sont celles qui renferment le plus d'eau, à l'état de division nécessaire pour que sa décomposition s'accomplisse. Les observations que nous avons citées (§ 937, 3°) semblent favorables à cette hypothèse. On se demande même si la terre admise dans les organes digestifs (§ 937, IV) ne peut point agir, en faveur de la nutrition, de la même manière qu'elle le fait chez les végétaux. Le travail de la nutrition est une manifestation de la vie qui appartient en commun aux deux sections du règne organique ; il doit donc être le même partout, quant au fond, et ne varier qu'en raison des divers degrés de la vie. Tandis que, chez les êtres organisés inférieurs, où tous les actes sont plus simples, et où ils tendent tous à la production de matière organique, la force plastique est assez puissante pour décomposer et transformer l'eau quand elle entre en contact avec un corps solide, les organismes supérieurs, dont la vie et les formations sont plus variées, ont besoin pour cela

(1) *Loc. cit.*, p. 143.

d'une substance organique qui se rapproche davantage
d'eux, qui renferme au moins trois élémens, et qui subisse, en
même temps que l'eau, la décomposition et l'assimilation.
Comme ils se nourrissent de matière organique, leur vie ne
se maintient que par la vie; la vie végétale crée, avec les élémens, de la matière organique qui n'a plus besoin que de subir une [métamorphose pour devenir substance d'un organisme animal.

IV. Force digestive.

§ 955. Ce qui digère est l'organisme vivant, ou, en d'autres
termes, la digestion a sa cause essentielle, non point dans
telle ou telle partie, dans telle ou telle circonstance, mais
dans la vie du tout. Elle n'est pas seulement dépendante de la
vie, en ce sens que la sécrétion et le mouvement de l'estomac
résultent de l'action du sang artériel et du système nerveux,
par conséquent aussi sont soumis à la circulation et à la respiration (1), car c'est elle-même qui rend ces dernières fonctions possibles, et d'après cela elle se trouverait placée sous
la dépendance de ses propres produits. On doit plutôt, puisqu'elle consiste en une formation de substance nouvelle aux
dépens de matières offertes à l'organisme, la considérer
comme constituant essentiellement une manifestation générale
de la vie.

I. Examinons d'abord le rôle que joue l'organisme.

1° L'organisme, en quelque lieu qu'une substance solide
nourrissante soit admise dans son intérieur, peut la fluidifier
(§ 908), l'absorber et la transformer (§ 909), par conséquent
la digérer. Ce phénomène est possible jusque dans les points
du canal alimentaire où, dans les conditions normales, les
alimens ou leurs résidus ne sont point digérés, mais seulement soumis à un mouvement progressif. Lorsque Spallanzani avait fixé un morceau de viande dans l'œsophage d'une
Corneille, par le moyen d'un fil de fer, il s'apercevait que
cette viande avait été digérée, lentement, à la vérité et que
la digestion s'en opérait de la même manière dans toute l'é-

---

(1) Tiedemann, et Gmelin, *Rech. sur la digestion*, t. I, p. 371.

tendue du canal (1) ; une Grenouille écorchée, qu'il fit rester
dans le milieu de l'œsophage d'un Héron, à l'aide d'une fi-
celle attachée au cou de l'Oiseau et qui l'empêchait de parvenir dans l'estomac, était tellement ramollie, au bout de
onze heures, qu'en la retirant elle se déchira en morceaux (2).
De trois cent-vingt grains de poumon de vache, traités de la
même manière, il n'en restait plus que cent dix-huit au bout
de sept heures (3). Hood (4) introduisit dans le rectum d'un
Chien un morceau de mouton grillé, saupoudré d'une petite
quantité de sel ; après onze heures de séjour, la surface de ce
morceau était réduite en une masse savonneuse, d'un brun
blanchâtre, et il ne restait plus que très-peu de fibres à l'intérieur. Dans les expériences citées précédemment (§ 908, 2°),
ce physiologiste a observé que la viande introduite dans le
tissu cellulaire sous-cutané se dissolvait avec infiniment plus
de promptitude lorsque la blessure de la peau était déjà enflammée que quand la plaie avait été pratiquée depuis peu :
l'accroissement de la vitalité avait donc contribué à accélérer
le phénomène. De même, suivant la remarque de Smith,
tout tissu quelconque est apte à sécréter, sous l'influence de
l'irritation déterminée par une substance nutritive, un liquide
qui a le pouvoir de dissoudre cette dernière. Mais ce liquide
contient un acide libre, comme le suc gastrique. Aussi Reuss
et Emmert (5) considéraient-ils le suc gastrique comme un
liquide séreux, attendu que les alimens introduits dans la cavité du bas-ventre sont digérés aussi par la sérosité péritonéale. Mayer a observé un acide libre dans le liquide du péritoine, membrane qui paraît réellement sécréter un fluide
acide, en même temps que la muqueuse de l'estomac et de
l'intestin, pendant la durée du travail de la digestion. (Je me
suis convaincu, chez plusieurs Chiens nourris avec du pain, et
ensuite étranglés, que la sécrétion péritonéale est acide pen-

(1) OEuvres, t. II, p. 479.
(2) Ib., t. II, p. 504.
(3) Ib., t. II, p. 505.
(4) Analytic physiology, p 464.
(5) Scherer, Journal, t. V, p 698.

dant la digestion. Lorsque je faisais glisser un morceau
de papier dans le bas-ventre, à travers une petite ouverture,
il devenait seulement pâle et livide ; mais lorsque je tenais un
peu de ce même papier appliqué à l'estomac ou au cœcum
d'un animal récemment tué et encore chaud, il rougissait
d'une manière bien sensible. La couleur rouge disparaissait en
quelques minutes, à la vérité ; mais il ne fallait sans doute
l'attribuer qu'à la très-petite quantité du liquide. La même
réaction n'avait pas lieu à l'intestin grêle et au rectum. J'ai été
frappé de ne pas l'observer même à l'estomac et au cœcum
d'un Chien mort d'hémorrhagie, quoique l'expérience eût été
faite aussi peu de temps après la mort que dans les autres
cas) (1).

2° Si le chyle est formé par la dissolution, l'assimilation et
l'attraction d'une substance absolument étrangère à l'organisme, la lymphe provient d'une transformation semblable de
la substance même du corps devenue étrangère à la vie (§ 910).
La digestion et la résorption ne sont donc que deux formes
différentes d'une seule et même opération vitale. Elles sont en
raison inverse l'une de l'autre ; quand la digestion ne suffit
pas (§ 935, I.), la vie se soutient par la résorption de la graisse,
des muscles, etc., qui sont, comme des alimens, transformés
et réduits à l'état de sang. De même qu'ici les parties qui ont
le moins de vie et d'indépendance sont celles sur lesquelles la
résorption s'exerce surtout (§ 935, 5°), et de même que la
matrice digère l'embryon mort (§ 482, 7°), de même aussi
les organes digestifs ne triomphent que de la substance organique qui a perdu la vie (§ 952, I.) : l'épiderme et les ongles,
qui n'ont jamais vécu, résistent non seulement à la digestion,
mais encore à la résorption, et ne sont que rejetés, par exemple dans la suppuration.

II. La force digestive est en concordance avec tout l'ensemble de la vie.

1° La structure des divers organes correspond, dans chaque
animal, à la nourriture qu'il a le pouvoir de se procurer et de
digérer. Ainsi le système entier des os et des mouvemens vo-

_____

(1) Addition d'Ernest Burdach.

lontaires est disposé, chez les animaux de proie, de manière
à leur permettre de saisir leur proie et d'en triompher. La
situation de la bouche est appropriée à la position dans laquelle les alimens se trouvent; ainsi elle occupe la face inférieure de la tête chez le Dugong, qui vit de plantes fixées
au fond de la mer; chez les herbivores à longues jambes, le
cou est allongé, de manière que la bouche puisse atteindre à
terre, et chez ceux qui vivent du feuillage des arbres, la tête
est placée plus haut, au moyen de l'allongement des membres antérieurs. L'organisation de la bouche s'accorde avec la
structure des membres, la nature des alimens et la force des
organes digestifs; la disposition de l'articulation de la mâchoire et de ses muscles, la position et la forme des dents, le
volume des glandes salivaires correspondent au mode spécial
d'alimentation de chaque animal. Lorsque la nourriture contient peu de substance réellement alibile, l'organe digestif est
plus spacieux, tant pour la recevoir en plus grande quantité
que pour pouvoir multiplier ses points de contact avec elle,
et en prolonger le séjour dans son intérieur. Certaines exceptions que ces lois semblent souffrir ne sont qu'apparentes, et
tiennent à d'autres particularités; ainsi les Cétacés carnivores
ont un estomac plus vaste et plus compliqué que les herbivores, parce que leurs organes masticateurs et leurs glandes
salivaires sont moins développés : si l'estomac des Solipèdes
est plus simple et plus petit que celui des Ruminans, s'il abandonne plus rapidement à l'intestin les alimens admis dans son
intérieur, la bile coule aussi continuellement dans le duodénum pour opérer la digestion de ces derniers. Lorsqu'à égalité de nourriture la forme présente des différences, celles-ci
sont effacées par d'autres dispositions spéciales.

4° Chez les animaux de proie, la force musculaire est plus
considérable dans les membres, afin qu'ils puissent se rendre
maîtres de leur proie; chez les herbivores, elle est plus grande
dans les organes digestifs, afin de pouvoir vaincre des alimens qui résistent davantage à l'assimilation. Quand l'estomac est pourvu de muscles robustes, dont l'action aide à la
digestion, le suc gastrique a des propriétés dissolvantes moins
énergiques que quand l'estomac a peu de puissance muscu-

laire. Les Ruminans n'ont pas le temps de mâcher convenablement là où ils trouvent la masse d'alimens qui leur est nécessaire : aussi la conservent-ils dans leur panse jusqu'à qu'ils
puissent se livrer en repos et avec sécurité à la mastication,
et leur panse a, conjointement avec l'œsophage, la faculté de
ramener à la bouche les substances qui y sont descendues. La
plupart des Oiseaux carnivores ne peuvent pas digérer une
partie de leur proie ; mais la force musculaire dont leur estomac est doué leur permet de se débarrasser par le vomissement de ce qui n'a pas pu se dissoudre : les Hérons, au contraire, ne vomissent pas, mais ils se nourrissent de Grenouilles
et de Poissons, qu'ils digèrent en entier avec la peau et les os.

3° L'instinct s'accorde également avec la puissance digestive. Les Corneilles n'avalent que la chair, et laissent les os de
côté. Lorsqu'on leur introduit des os dans l'estomac, on voit
qu'elles ne peuvent pas les digérer. Réaumur (1) fit avaler à
des Oiseaux de proie, mêlés avec de la viande, dans des tubes, des végétaux, qu'ils ne prennent jamais d'eux-mêmes.
Le pain subit quelque changement, mais ne fut pas réduit en
bouillie ; les haricots, les pois, les poires, l'orge crue et cuite,
demeurèrent intacts, tandis que la viande, qui se trouvait à
côté d'eux, était digérée. Spallanzani a fait les mêmes remarques (2). Stevens fit avaler à des Chiens des sphères creuses,
percées de trous ; la viande que celles-ci renfermaient fut
complétement digérée ; les pommes de terre ne le furent
qu'en petite proportion, et les pois ne le furent pas du tout.
Une Brebis, traitée de la même manière, avait digéré des navets et des pommes de terre au bout de six heures, sans que la
viande eût subi aucun changement (3). D'après cette dernière
observation, nous ne pouvons admettre d'une manière absolue que le suc gastrique des herbivores est généralement plus
actif que celui des carnivores (4). Si le Castor digère complétement le bois et l'écorce, il ne s'ensuit pas que son suc

(1) *Hist. de l'Accad. des sc.*, 1752, p. 477.
(2) *OEuvres*, t. II, p. 595.
(3) Tiedemann et Gmelin, *Rech. sur la digestion*, t. I, p. 370.
(4) *Loc. cit*, p. 290.

gastrique ait plus d'activité, mais seulement qu'il a une activité spéciale. Suivant Réaumur, les petits Oiseaux granivores n'ont pas un gésier assez robuste pour briser les enveloppes des graines. Aussi les séparent-ils avant d'avaler les amandes, tandis que les gros avalent les semences entières, leur estomac ayant une force suffisante pour les broyer.

III. Un caractère spécifique de la force digestive, concordant avec l'instinct, consiste en ce que certains animaux mangent et digèrent des individus de leur espèce, ce que d'autres ne font pas. Les Polypes à bras comptent parmi ces derniers, suivant Trembley. Ils avalent toutes sortes d'animaux vivans, qui meurent et sont digérés dans leur corps ; mais ils ne s'attaquent pas les uns les autres, et si quelqu'un de leurs semblables est parvenu, contre leur volonté, dans leur cavité digestive, il en ressort vivant et intact. La même chose a lieu chez les Actinies, d'après les observations de Dicquemare. Johnson (1) a vu de grosses Sangsues, qui en avaient avalé de petites, les rendre, souvent pleines de vie encore, au bout de deux à trois jours. Suivant Cheyne (2), les Corneilles ne peuvent point digérer la chair de leurs semblables, et la vomissent. Les Entozoaires, qui sont produits par l'organisme dans le sein duquel ils habitent, paraissent pouvoir résister à la digestion en raison de cette circonstance, et non pas uniquement en vertu de leur vitalité ; car tandis qu'ils se maintiennent vivans dans l'estomac des Salamandres, par exemple, les Vers de terre, qu'ils soient à l'état de liberté ou renfermés dans des tubes, n'y vivent que dix à douze heures, et sont ensuite complétement digérés. Comme le venin d'une Vipère ne nuit pas à d'autres Vipères (3), de même les sucs digestifs d'un animal peuvent être sans action sur la substance d'individus de la même espèce que lui, et comme le venin de la Vipère est sans action sur les Orvets et autres Serpens, tandis qu'il agit sur les Tortues et les Grenouilles (4), de même l'ac-

(1) Schweigger, *Handbuch der Naturgeschichte*, p. 565.
(2) Haller, *Elem. physiol.*, t. VI, p. 207.
(3) Fontana, *Ueber das Viperngift*, p. 16.
(4) *Ib.*, p. 28, 54.

tivité des sucs digestifs d'un animal peut se borner à une espèce déterminée d'alimens. D'après les observations de Simon (1), l'estomac des Mammifères paraît digérer complétement le lait d'un individu de la même espèce ; du lait de femme se sépare, dans l'estomac d'un enfant, en caillot grumeleux et en petit-lait presque clair ; dans celui d'un Veau, en caillot sans grumeaux et en un petit lait beaucoup plus trouble ; un estomac d'enfant dissolvait la matière caséeuse du lait de femme, avec laquelle il était en contact, dans l'espace de dix-neuf heures, sans laisser autre chose qu'un petit nombre de flocons, tandis qu'en trente heures, il avait complétement digéré celle du lait de vache, qui, en vingt-trois heures, était totalement dissoute par l'estomac de veau.

IV. L'intime connexion qui règne entre la digestion et l'ensemble de la vie s'annonce par l'influence que celle-ci exerce sur celle-là. Hunter (2) introduisit, dans l'estomac de Lézards qui étaient sur le point de subir l'engourdissement hibernal, des vers et des petits morceaux de viande, qu'au printemps il vit sortir non digérés et fort peu changés. Dans toute maladie qui n'est pas par trop légère, la digestion est troublée, et l'appétit nul ou diminué. Piorry a observé, sur des Chiens, que les alimens dont ils avaient garni leur estomac, n'étaient point digérés après une forte saignée. La contention d'esprit et les fortes émotions portent le trouble dans la digestion. Ce qui correspond à l'appétit et flatte le goût, se digère aussi avec plus de facilité ; les choses qu'on mange avec répugnance provoquent souvent des pesanteurs d'estomac, ou sont vomies sans avoir été digérées.

V. L'influence que la digestion et ses organes exercent sur l'ensemble de la vie n'est pas moins considérable. Tout ce qui agit sur l'estomac impressionne aussi le reste de l'organisme ; la vacuité du viscère, comme sa réplétion outre mesure, sa mise en contact avec des poisons ou des médicamens, ses maladies et ses plaies montrent, dans les conséquences qu'elles entraînent, jusqu'à quel point il est lié avec la vie en général, ce qui l'avait fait regarder par Vanhelmont

(1) Muller, *Archiv*, 1839, p. 3.

comme le siége principal du principe vital. Mais c'est surtout pendant la digestion que son influence augmente proportionnellement à l'accroissement de sa vitalité, de manière qu'une lésion dont il vient à être atteint, ou seulement une secousse dont ils ne se ressent qu'indirectement, peut causer la mort à l'instant même, de manière aussi qu'une saignée pratiquée aussitôt après le repas, peut occasioner les accidens les plus redoutables, comme une syncope profonde et un collapsus général. Mais il y a trois effets distincts de la digestion, qui d'ordinaire se manifestent à autant d'époques différentes.

1° Le premier effet de l'ingestion des alimens est un surcroît d'excitement provoqué par sympathie dans l'organisme entier. Le pouls, comme l'avait déjà remarqué Testa, devient plus fréquent (§ 767), et la température s'élève, de sorte que, chez les sujets atteints d'étisie, la fièvre redouble à cette époque. Vient ensuite un sentiment de bien-être et d'acquisition de vigueur, qui succède trop rapidement au repas pour qu'on puisse l'attribuer à la réparation des pertes matérielles de l'économie, et qui dépend bien plutôt de ce que l'estomac, quand il entre convenablement en activité, exerce une influence excitante et vivifiante sur le reste de l'organisme. Aussi la faculté de résister à l'action du froid, des poisons et des principes contagieux, se trouve-t-elle accrue. Mais on reconnaît également ici l'influence de la qualité des alimens; immédiatement après avoir mangé une bonne ration de viande, on se sent plus fort qu'après avoir pris des substances farineuses ou quelque autre nourriture fade : tous les mouvemens sont alors plus surs et plus précis, plus faciles et plus énergiques. Cette particularité a été bien démontrée par Edwards (1) avec le secours du dynamomètre; la force musculaire augmentait, en général, chez les personnes adultes, immédiatement après qu'elles avaient pris de la nourriture, et plus chez les sujets robustes que chez les individus débiles, plus aussi après le dîner qu'après le déjeûner, plus enfin après une forte nourriture, telle qu'un bon consommé, qu'après des alimens légers; quelquefois les forces du bras

(1) *Archives générales*, 2e série, t. VII, p. 273.

augmentaient de huit à quatorze livres ; elles diminuaient après que la personne avait bu, de l'eau chaude surtout.

2° Tandis que la sympathie prédomine durant la première période, les phénomènes de la dérivation se font remarquer pendant la seconde, surtout à la suite d'un repas copieux. La vitalité se concentre sur l'estomac, qui est en pleine activité, et se manifeste moins dans les autres organes. Il survient de la paresse, de l'inaptitude aux mouvemens et aux efforts de toute espèce, l'afflux du sang vers la peau diminue, et des frissons se font sentir. De là vient que la digestion est troublée par les mouvemens violens, ou par les bains, pendant cette période, et qu'elle s'accomplit avec moins d'énergie durant les fortes chaleurs, qui rendent l'excitement de la peau trop considérable. De même, et en sens inverse, la digestion peut aussi troubler le cours des maladies, par dérivation. La respiration est rendue un peu difficile par l'action mécanique de l'estomac plein.

3° Pendant la formation du chyme et son passage dans l'intestin, l'activité vitale reprend son uniformité dans tous les organes ; le sentiment de vigueur acquise devient plus vif, la respiration plus libre, la peau plus chaude.

VI. La digestion se comporte comme la vie, c'est-à-dire que, pour pouvoir se maintenir au milieu de circonstances diverses, elle se ploie et s'accommode à ces circonstances.

1° Si le besoin de nourriture est plus grand, la digestion s'accomplit d'une manière plus vive et plus énergique (§ 935, 6°). Londe (1) a observé, dans des cas d'anus artificiel, qu'à la suite de la faim ou d'une nutrition incomplète, les choses peu nourrissantes sont digérées déjà, dans la partie supérieure de l'intestin, autant qu'elles ont coutume de l'être vers la fin de l'intestin grêle, et que des végétaux qui sortent communément sans avoir subi aucune altération, sont tellement digérés, quand le sujet a observé une diète sévère, qu'on ne peut plus les reconnaître. Schultz a trouvé (2) dans l'intestin d'un Chien qui jeûnait depuis quarante-huit heures, un Tænia en grande partie digéré.

(1) *Nouveaux élémens d'hygiène.* Paris, 1838, t. II, p. 37.
(2) *De aliment. concoct.*, p. 65.

2º Lorsque les alimens sont durs et difficiles à dissoudre, par exemple de la viande, des cartilages, des os, de la fibrine, de l'albumine cuite, il se secrète, d'après Tiedemann (1) et Eberle (2), un suc gastrique contenant plus d'acide libre que celui dont la formation est sollicitée par des alimens faciles à dissoudre, comme l'albumine liquide et la gélatine. Les végétaux durs, les herbes, les feuilles, le gluten, déterminent aussi une sécrétion plus acide que la farine, le sucre, la gomme. Eberle ajoute que l'acide varie également d'après la nature des alimens, qu'il se produit plus d'acide chlorhydrique pour la nourriture animale et plus d'acide acétique pour la nourriture végétale. Schultz (3) a remarqué une différence dans l'acide du suc gastrique suivant qu'un Cheval avait été nourri avec de l'avoine ou avec du foin.

3º L'organisation même des organes digestifs s'accomode à la quantité et aux qualités accoutumées des alimens. L'estomac des grands mangeurs est énorme; souvent ses parois sont épaissies, et le pylore agrandi. Au contraire, l'organe devient plus petit chez les personnes qui prennent peu de nourriture. La liaison réciproque de la cause et de l'effet fait aussi qu'il y a, dans le premier cas, besoin réel de consommer des masses considérables d'alimens, et dans le second impuissance de manger beaucoup. Suivant Buffon, l'estomac de la Brebis devient plus étroit lorsqu'on nourrit cet animal avec du pain, que quand il broute l'herbe comme de coutume, et selon Home, l'estomac des Oiseaux de proie qu'on nourrit pendant long-temps avec du grain, acquiert des parois plus musculeuses. Schultz (4) prétend aussi que, chez l'homme, une nourriture exclusivement végétale alonge le cul-de-sac, et une nourriture exclusivement animale la portion pylorique; cependant j'ai rencontré cette dernière forme, comme arrêt de développement, ou plutôt comme persistance de l'organisation embryonnaire, chez beaucoup d'hommes qui vivaient principalement de végétaux.

(1) *Rech. sur la digestion.*Paris, 1827, t. I, p. 366.
(2) *Physiologie der Verdauung*, p. 60, 153, 158.
(3) *Loc. cit.*, p. 37.
(4) *Loc. cit.*, p, 77.

VII. La nutrition porte deux caractères de l'organisme; elle dépend du monde extérieur, et exige que de la matière s'introduise de dehors dans le corps; ensuite elle forme ou crée par son activité propre et spontanée, en faisant subir de nouvelles combinaisons aux alimens. La conservation de soi-même ne peut avoir lieu qu'à la condition qu'il arrive des substances de l'extérieur; mais l'être organisé cesserait de vivre, c'est-à-dire d'avoir la faculté d'agir par lui-même et de se déterminer lui-même, s'il recevait du dehors la substance réelle de son corps. Il crée donc sa substance propre avec les matériaux qu'il reçoit. C'est ainsi qu'il agit déjà dès l'état d'embryon (§ 465), et il ne saurait s'entretenir par la transfusion d'un sang étranger (§ 743, 6°). Des sucs digestifs même qui lui sont étrangers, conviennent moins que les siens propres pour opérer la digestion. De l'herbe hachée que Réaumur (1) avait fait avaler à des Brebis, dans des tubes de fer blanc, après l'avoir mêlée avec de la salive humaine, n'étaient point encore digérée au bout de trente-six heures. Quand Helm (2) introduisait des alimens mâchés par lui dans la fistule stomacale de sa malade, il s'en digérait à peine un tiers de ce dont le viscère opérait la digestion complète, dans le même laps de temps, quand c'était la personne elle-même qui opérait la mastication. La même chose arrivait lorsqu'un homme avait avalé, dans de petits sacs en toile, des alimens mâchés ou par lui ou par un autre.

La digestion étant une formation de nouvelle substance organique accomplie par la vie, elle se trouve sur la même ligne que la formation d'un nouveau corps organisé, de manière qu'il est permis de considérer la nutrition, avec Blumenbach (3), comme une continuation insensible de la génération. C'est dans ce sens aussi que Albert Meckel et Carus (4) ont discuté l'analogie des organes digestifs avec les organes génitaux. Sans attacher beaucoup d'importance à l'analogie éloignée que l'on remarque entre ces parties, sous le point de

(1) *Hist. de l'Acad. des sc.*, 1752, p. 489.
(2) *Zwey Krankengeschichten*, p. 38.
(3) *Kleine Schriften*, p. 127.
(4) *Traité élémentaire d'anatomie comparée.* Paris, 1835, t. II, p. 1 et suiv.

vue de la structure organique, nous reconnaîtrons que les
deux manifestations de la vie se réunissent en une 'seule et
même idée générale. Ce que la procréation fait pour l'espèce,
la digestion l'accomplit pour l'individu ; l'organisme entre en
conflit avec de la matière étrangère, et, en décomposant
cette matière, en la transformant, il procrée une substance
semblable à la sienne. Mais, de même que, dans l'organisme
du monde, il y a influence réciproque du particulier sur le
tout et du tout sur le particulier, de même aussi la digestion
ne borne pas ses effets à la conservation de l'individu, elle
ramène à la forme vivante la substance organique qui allait
céder à la putréfaction, elle prévient l'infection de l'air, qui,
sans elle, résulterait des innombrables cadavres dont la terre
serait couverte, et qui ne manquerait pas d'anéantir jusqu'à
la moindre trace de vie organique.

VI. Moyens de digestion.

§ 953. L'organisme vivant crée les parties au moyen desquelles il opère la digestion. Il peut, dans chacun de ses
vides intérieurs, non-seulement absorber à l'aide de sa substance pénétrable et de ses vaisseaux lymphatiques, mais encore fluidifier et transformer les corps solides sur lesquels
l'absorption doit s'exercer, avec le secours d'un liquide qu'il
sécrète. L'acte de la digestion n'apppartient donc pas exclusivement à l'estomac et au canal intestinal, mais il leur est
dévolu plus particulièrement qu'à toute autre région du
corps, parce que, constituant un conduit de membrane muqueuse qui s'ouvre au dehors, ils supportent le contact immédiat de substances étrangères sans en ressentir d'excitation anormale, parce qu'ils ne sont pas doués d'une réceptivité
spécifique pour une seule forme déterminée de la matière,
mais accueillent indistinctement les solides, les liquides et les
gaz, parce qu'ils ont des connexions intimes avec tout l'ensemble de la vie, parce qu'ils sont liés avec des organes spéciaux, parce qu'ils sont, de toutes les parties du corps, celle
qui possède le plus de vaisseaux lymphatiques, etc.

I. Les sucs digestifs ont le pouvoir de décomposer la substance organique.

1° Ainsi ils attaquent la peau de l'individu même qui les a sécrétés. Helm a remarqué que, dans la fistule gastrique (1), l'écoulement du chyme, ou, quand le malade avait jeûné pendant long-temps, celui du suc gastrique, occasionait des cuissons au bord de l'ouverture. Crook (2) a vu aussi le suc gastrique et la bile coulant d'une fistule stomacale, déterminer de la douleur, de l'inflammation et des excoriations aux tégumens d'alentour. Les mêmes phénomènes s'observent dans les anus artificiels ; dans un cas où Acrel ne faisait prendre au malade, pour tout aliment, que de petites quantités d'une boisson animée avec le vin du Rhin, le liquide qui s'échappait excoriait l'orifice de la fistule et tous les environs. (Plus le trou est placé bas dans l'intestin, plus les matières qui s'écoulent ont le caractère vraiment excrémentitiel, et moins aussi la peau extérieure se trouve irritée. Plus l'individu est avancé en âge, plus aussi la peau se montre insensible à l'impression des excrémens. Dans les anus artificiels, récens ou anciens, qui occupent la partie inférieure du gros intestin, chez les individus même les plus malpropres, qui bouchent le trou avec un tampon de linge couvert d'un vieux bandage, la peau est blanche et normale après qu'on l'a lavée. Après des écarts de régime, des refroidissemens, etc., en un mot, toutes les fois qu'un orage éclatait dans le canal intestinal, et que le mouvement péristaltique devenait plus vif, un liquide mucilagineux, d'un vert porracé, mêlé de bulles d'air, s'écoulait par l'anus artificiel, qui jusque-là n'avait rendu que des masses fécales brunes ; ce liquide était tellement âcre, qu'il rougissait soudainement la peau, et provoquait de vives ardeurs. Il fallait des lotions répétées et des applications de compresses imbibées d'eau blanche tiède, pour apaiser les souffrances ; l'opium et l'eau distillée de laurier-cerise, avec du mucilage, calmait l'intestin, dont ils diminuaient l'activité, et dès que les excrémens bruns reparaissaient, la rougeur érythémateuse de la peau faisait promptement place à la teinte naturelle. Il peut donc,

(1) *Loc. cit.*, p. 8.
(2) *Archives générales*, 2ᵉ série, t. VI, p. 430.

par l'effet d'une accélération du mouvement péristaltique, couler d'un trou situé à la partie inférieure du gros intestin, ce qui s'échappe continuellement d'une ouverture située à la partie supérieure de ce même organe. Si l'anus artificiel occupe la partie supérieure de l'intestin grêle, le malade maigrit rapidement; les matières fécales sont fort âcres et corrosives, surtout le matin, pendant la vacuité de l'estomac, la peau se couvre d'une rougeur intense à une grande distance, et s'il coule quelque chose entre les cuisses, on voit survenir des stries rouges : ce sont surtout le scrotum et les grandes lèvres qui s'enflamment avec beaucoup de facilité. Quand l'infirmité est ancienne, la peau se condense, devient chagrinée, et se couvre d'élévations en forme de verrues; plus tard encore, il se produit, entre ces verrues, de profonds sillons, qui ressemblent à des fissures : le bistouri crie en pratiquant des incisions; la surface de la plaie est dure et lisse; la condensation de la peau ne l'empêche cependant pas de recevoir beaucoup de sang. Toutes les substances grasses accroissent l'endolorissement; il n'y a que l'eau blanche et les onctions avec le blanc d'œuf qui soulagent. Le bord rouge de l'ouverture a la même apparence qu'un trou percé dans du taffetas rouge, et qui serait bordé de velours rouge. Que la rougeur des tégumens augmente, diminue, ou même cesse entièrement, le bourrelet velouté conserve toujours la même teinte; tandis que la peau extérieure est extrêmement douloureuse, il est tout-à-fait insensible, même à l'action de l'instrument tranchant et à l'application du fer rouge; mais, à un cheveu de distance au delà de sa limite extérieure, les douleurs les plus vives commencent à se faire sentir (1).

1° A ces observations se rattachent celles dont nous avons parlé plus haut (§ 869, 8°), de ramollissement et de perforation de l'estomac. Hunter (2) avait trouvé, chez un homme mort d'apoplexie après un souper copieux, l'estomac percé, à sa grande courbure, d'un trou par lequel du chyme s'était échappé. Ayant observé un phénomène analogue chez un autre

(1) Addition de J. F. Dieffenbach.
(1) *Observations on certain parts of the animal œconomy*, p. 187.

homme mort deux heures après une fracture communitive du crâne et chez un pendu, il l'attribua à une action dissolvante exercée par le suc gastrique après la mort. D'autres observateurs ont cité à l'appui de cette opinion les résultats d'expériences faites par eux sur des animaux (§ 869, 8°). La possibilité que l'estomac, comme d'autres organes, éprouve, pendant la vie un ramollissement morbide et une dissolution, n'est point mise en doute par ces faits, mais ne les renverse pas non plus. Magendie pense que si le suc gastrique n'attaque point le viscère pendant la vie, c'est parce que ses parois sont protégées par le mucus qu'elles sécrètent continuellement et qui s'y attache. Wilson Philipp l'attribue à ce que l'estomac vivant repousse le chyme acidifié, qui, après la mort, demeure en contact continuel avec lui. Nous avons cru en trouver la cause dans la manière dont s'accomplit la sécrétion (§ 876, 4°). Mais les faits allégués dans le paragraphe précédent, annoncent que les parois du canal digestif sont insensibles, durant la vie, à l'impression des sucs digestifs, de sorte que ces derniers n'affectent ni leur substance, ni la sensibilité générale, comme ils font à la peau. Nous n'en pouvons donner d'autre motif qu'une certaine homogénéité entre un organe sécrétoire et son produit, qui exclut toute affinité chimique.

3° Purkinje et Pappenheim (1) ont trouvé que la membrane stomacale desséchée qu'on expose, avec de l'eau distillée, à l'action du pôle positif d'une pile voltaïque, donne une liqueur digestive tout aussi efficace que celle qu'on obtient par l'addition de l'acide chlorhydrique, et que le galvanisme dégage de l'acide chlorhydrique de la salive, du blanc d'œuf ou du mucus. Le dégagement de cet acide, dans le suc gastrique, dépend peut-être aussi d'une action analogue. Ainsi Prout (2) admettait déjà que le chlorure de sodium du sang se trouve décomposé par l'électricité, dans l'intérieur des parois stomacales, en acide chlorhydrique, qui se mêle au suc gastrique, et en soude, qui, conduite au foie, avec le sang, passe dans la bile, de manière que, suivant lui, le canal digestif représente

---

(1) Muller, *Archiv*, 1838, p. 5.
(2) *Medico-chirurgical review*, t. XXV, p. 107.

le pôle négatif de la pile, et le foie son pôle positif. Eberle (1),
au contraire, n'a égard qu'à l'acide lactique ou acétique, et
croit que l'osmazome attire cet acide, mais ne peut le dégager
de sa combinaison avec la soude qu'autant qu'il survient une
combinaison avec la ptyaline, ralentie par une membrane animale interposée; l'osmazome et la ptyaline sont donc pour
lui deux polarités galvaniques, par l'action simultanée desquelles le chlorure de sodium se trouve décomposé. Matteucci (2) prétend avoir produit une liqueur digestive en faisant agir l'électricité positive sur une membrane animale; il
emplit une vessie de chair réduite en bouillie, avec de l'eau,
du sel marin et du carbonate de soude, sous l'influence de la
chaleur, plongea le conducteur du pôle négatif dans le milieu de la masse, appliqua le pôle positif à la vessie, et trouva
ensuite, sur les parois de cette dernière, une substance floccon-
neuse, blanche, acide, dont la solution aqueuse se coagulait·
par la chaleur.

4° L'estomac digère encore après la mort, en vertu de l'action chimique de sa sécrétion. Spallanzani tua une Corneille
immédiatement après lui avoir donné cent quatorze grains de
bœuf, et au bout de six heures il ne trouva plus dans l'estomac que cinquante-deux grains de cette viande, qui était pénétrée de suc gastrique, pâle et ramollie (3). Chez d'autres
Corneilles, du veau broyé qu'elles avaient avalé immédiatement avant la mort avait entièrement disparu après sept heures d'exposition des cadavres au soleil (4). Chez les Chiens et
les Chats traités de la même manière, la viande était si ramollie dans l'estomac, au bout de neuf heures, qu'elle se dé-
chirait d'elle-même (5). Un Aigle fut tué au moment où il avalait la cuisse d'un Renard, avec la peau et les poils : Schinz
l'ayant disséqué trois jours après, trouva (6) la chair complétement digérée, et les os déjà attaqués. Mais Spallanzani a

(1) *Loc. cit.*, p. 137-144.
(2) Froriep, *Notizen*, t. XL, p. 130.
(3) *OEuvres*, t. II, p. 673.
(4) *Ib.*, t. II, p. 674.
(5) *Ib.*, t. II, p. 677.
(6) *Ib.*, t. II, p. 678.

été plus loin : il a vu s'opérer la digestion même de la viande introduite après la mort. Du pain mis dans l'estomac d'un Lapin mort (une once et demie) était converti en chyme au bout de seize heures, et il en avait déjà passé une demi-once dans l'intestin ; quarante-deux grains de viande coupée en petits morceaux furent introduits dans l'estomac d'une Corneille, une heure seulement après la mort ; cette viande était digérée complétement au bout de sept heures de séjour du corps au soleil ; cinq heures et demie suffirent aussi pour faire apercevoir un commencement de digestion de la viande introduite dans l'estomac retiré du corps, lié, plongé dans l'eau et exposé au soleil, de Chats, de Corneilles et de Chouettes. Krimer a répété ces expériences sur des Grenouilles avec moins de succès, mais toutefois avec un certain résultat (1).

5° Malgré tout cela, la théorie chimique de la digestion ne suffit pas complétement. Réaumur (2) trouva des tubes de verre, introduits dans l'estomac de Dindes, dépolis au bout de quarante-huit heures, garnis d'excavations irrégulières qui leur donnaient l'apparence d'avoir été rongés et émoussés sur les angles ; au bout de quatre jours, ils étaient plus minces qu'auparavant. Brugnatelli (3) fit avaler à des Poules et à des Dindes diverses pierres renfermées dans des sacs de toile ou des tubes de bois ; un cristal de roche pesant trente-six grains était devenu, au bout de douze jours, opaque, émoussé et plus léger d'environ quatorze grains ; une agathe de trente grains avait perdu douze grains de son poids. Mais on n'a point encore trouvé dans le suc gastrique un dissolvant de la silice. Les sucs digestifs de chaque espèce animale ont des qualités propres, afin de pouvoir transformer la nourriture appropriée à l'organisation et au genre de vie de l'animal. Ainsi, chez les Insectes, on n'a jamais trouvé le suc gastrique autrement qu'alcalin (§ 820, 3°) ; il bleuit le tournesol rouge, et fait effervescence avec les acides, selon Ramdohr (4) ; d'après cela, il

(1) *Versuch einer Physiologie des Bluts*, p. 56.
(2) *Hist. de l'Acad. des sc.*, p. 275, 294.
(3) Crell, *Chemische Annalen*, 1787, t. I, p. 230.
(4) *Abhandlung ueber die Verdauungswerkzeuge der Insekten*, p. 30.

paraît possible que les Insectes se nourrissent d'épiderme, de poils, de plumes, de liége et autres substances inattaquables par les animaux dont le suc gastrique est acide. La digestion dite artificielle n'est jamais qu'un analogue de la digestion stomacale ; le suc gastrique factice agit moins sur la fibrine que sur l'albumine, et n'exerce aucune action sur les substances végétales. Et d'ailleurs qu'est-ce que la digestion stomacale elle-même, considérée au point de vue chimique ? Si ce n'est qu'une simple fluidification des alimens, nous pouvons nous passer d'elle lorsque nous prenons ces derniers sous forme liquide. Mais si l'amidon se convertit en sucre (§ 942, 4°), et l'albumine végétale en gélatine (§ 942, 9°), quel avantage retirons-nous de là ? Que deviennent le sucre et la gélatine ? Et pourquoi la fibrine, dont le sang a cependant besoin, se convertit-elle en albumine (§ 942, 6°), qui, à son tour, bien que produite par la digestion (§ 942, 4°), se transforme en osmazome et en ptyaline (§ 942, 5°) ? Finalement, après que la digestion stomacale n'a été qu'un acte purement préparatoire, les alimens, quelque diversifiés qu'ils soient, n'ont donné qu'un chyle pareil pour eux tous, et nous demeurons dans l'impossibilité d'expliquer comment un seul et même agent, mis en contact avec des substances totalement différentes, peut donner toujours le même produit.

II. Les recherches des chimistes de nos jours ont conduit à la connaissance d'un mode d'action chimique différent des réactions déterminées par l'affinité, et auquel Berzelius, qui s'en est surtout occupé, a imposé le nom de catalyse. Ici, il n'y a ni action mutuelle de deux corps, ni combinaison entre eux ou entre quelques-uns de leurs principes constituans ; mais un corps exerce, sur un autre corps complexe, une influence dont le résultat est que les élémens de ce dernier entrent dans des rapports tout différens, sans que le corps influent fasse lui-même partie du nouveau produit, ni lui fournisse rien; il détermine donc, par le seul fait de sa présence, les corps mis en contact avec lui à mettre leurs principes constituans dans d'autres proportions, par conséquent à détruire les combinaisons jusqu'alors existantes, par l'éveil d'antagonismes chimiques, et à en produire de nouvelles qui amènent

une neutralisation chimico-électrique. Ce mode d'action, dont
nous ne pouvons nous rendre raison dans ses détails. et qui se
trouve placé sur l'extrême limite de notre chimie, n'a lieu presque exclusivement que par rapport aux produits organiques,
par exemple, dans la conversion de l'amidon en gomme et en
sucre par les acides affaiblis, dans la formation d'éther et
d'eau qui résulte du mélange de l'alcool avec de l'acide sulfurique, dans la fermentation qui convertit le sucre en alcool
et en acide carbonique à l'aide de la levure de bière, de la
fibrine ou du fromage, dans la germination pendant laquelle
la diastase produite transforme l'amidon en dextrine et en
sucre, et fait preuve d'une action tellement énergique qu'il
n'en faut qu'une seule partie pour décomposer ainsi mille parties d'amidon. C'est aussi à la catalyse que paraît devoir être
essentiellement rapportée l'action de l'organe digestif et des
sucs sécrétés par lui sur les alimens. Schwann(1), a démontré,
même pour le suc gastrique factice, que l'acide libre qui s'y
trouve est la cause de son activité, et que cependant il ne
subit aucun changement pendant l'action du liquide, de sorte
que, n'entrant point dans la combinaison qui s'effectue, il ne
fait que là déterminer par sa présence et son contact.

1°. La digestion ressemble donc à la fermentation, quant
à son caractère général, et si l'école de Sylvius la regardait,
ainsi que tous les autres actes organiques, comme une véritable fermentation, elle ne voulait sans doute, la plupart du
temps, exprimer par là que son mode de manifestation en
général, et n'avait nulle intention de l'identifier avec la fermentation du moût de raisin, de même que Vanhelmont était
bien loin de songer à la levure de bière quand il parlait de
fermens qui agissent partout dans les opérations de la vie.
Heuermann disait la digestion une transformation analogue à
la fermentation, parce que les alimens convertis en chyle ne
peuvent plus être ramenés à leur forme première, comme il
arrive aux corps passés à l'état de simple dissolution.
Schultz (2) la regardait comme un mouvement excité dans le

(1) Muller, *Archiv*, p. 97.
(2) Meckel, *Archiv fuer Anatomie*, 1826, p. 510.

chyle et analogue à la fermentation déterminée par un principe fermentescible. Eberle (1) présumait que la ptyaline du suc intestinal et du suc pancréatique agit comme ferment, attendu que le suc intestinal accomplit la digestion, comme une espèce de fermentation, non point par son acide ou par son alcali, mais par ses principes constituans organiques. Spallanzani a vu, dans ses expériences sur la digestion artificielle, quelques bulles d'air sortir du mélange d'alimens et de suc gastrique, mais il n'a jamais aperçu le moindre mouvement intestinal, ce qui lui fit dire qu'il était impossible de soupçonner même que la fermentation concourût à produire les résultats qu'il obtenait (2). Schwann pense à peu près de même (3), parce que la digestion artificielle s'accomplit sans absorption de gaz oxygène ni dégagement de gaz acide carbonique, outre que la matière organique agissant comme ferment exige encore la présence d'un acide libre, et ne peut être remplacée par la levure de bière ; du reste, il ne nie pas l'analogie entre la digestion et la fermentation. Mais reconnaître cette analogie ne suffit pas pour nous éclairer sur la classe de phénomènes à laquelle nous devons rapporter la digestion, et l'on ne peut contester que celle-ci n'offre d'ailleurs des caractères qui lui sont tout-à-fait particuliers.

2°. L'essentiel de ces caractères propres consiste en une assimilation, que nous avons vu être ébauchée dans la tendance générale des corps à s'assimiler les uns aux autres (§ 881, 6°), plus développée dans la substance organique que partout ailleurs (§ 881, 7°), et en pleine activité dans la vie plastique (§ 881, 8°, 9°). L'organisme, en vertu de son pouvoir catalytique, opère, aux dépens des alimens, la formation d'une nouvelle substance, qui correspond au type servant de base à sa nature ou à son mode de manifestation. Cette puissance assimilatrice qui se déploie par catalyse, l'organisme la possède partout, mais elle ne se prononce nulle part avec plus d'efficacité que là où des surfaces vivantes se regardent de manière

(1) *Physiologie der Verdauung*, p. 329.
(2) *OEuvres*, t. II, p. 687.
(3) *Loc. cit.*, p. 86, 105.

à envelopper et renfermer la substance qu'il s'agit d'assimiler. Nous avons déjà vu (§ 883, 1°) à quel point il influe sur le degré de développement de la sécrétion que l'espace dans lequel elle s'accomplit soit entouré de substance organique vivante ; de même, l'assimilation est d'autant plus forte que le corps étranger se trouve davantage soumis à l'action de l'ensemble de la vie, par suite de l'entourage de substance organique qui l'enveloppe de tous côtés. Les animaux des classes inférieures nous prouvent d'une manière palpable que c'est là bien réellement l'essentiel de l'acte digestif. Le Polype à bras digère dans sa cavité simple, sans organisation qui serve spécialement à cette œuvre ; vient-on à le retourner comme un gant, il n'en digère pas moins bien, la surface qui dans l'état normal était tournée en dehors, et représentait la peau extérieure, formant alors la paroi de la cavité du corps ; celle-ci a donc acquis une autre paroi, mais elle est demeurée la même au fond, c'est-à-dire un espace apte à recevoir la nourriture et entouré de substance organique, par conséquent en état encore de digérer. Suivant Eschholtz, le Beroë forme sa cavité digestive chaque fois qu'il veut se nourrir ; pour cela, il enveloppe de sa face inférieure concave l'animal qu'il se propose de consommer, et le digère dans la cavité ainsi produite. Même une paroi animale morte peut encore exercer l'action catalytique sur la substance organique qu'on y renferme ; Eberle (1) a remarqué que la digestion artificielle s'accomplit mieux dans une vessie de bœuf que dans un verre, et que les alimens qui touchent immédiatement à la vessie, se convertissent en une bouillie bien plus homogène. Mais la digestion réelle, celle qui va jusqu'à son but, la formation du chyle, suppose, chez les animaux supérieurs, que la nourriture soit renfermée dans un espace dont la paroi consiste en une membrane muqueuse douée de vitalité plastique à un haut degré et organisée d'une manière spéciale. Elle exige un contact prolongé et répété entre les alimens et cette paroi. Aussi le canal digestif a-t-il d'autant plus de longueur, et sa membrane muqueuse d'autant plus de développement, que

(1) *Loc. cit.*, p. 78.

la nourriture de l'animal est plus pauvre en matière alibile et plus difficile à digérer; aussi les hommes atteints d'un anus artificiel perdent-ils infiniment plus de leur masse et de leurs forces quand l'ouverture siège à un point élevé de l'intestin, et que le chyle s'échappe peu de temps après le repas (1).

3° Dans l'organisme, l'effet entraîne la persistance de sa cause. L'action maintient la force, et ce qui s'est produit favorise la continuation de la production (§ 894, 3°). En conséquence, de même que la digestion est accomplie par la vie, de même aussi cette dernière imprime son caractère au produit de la digestion, afin de se maintenir par là. Mais cet effet ne saurait avoir lieu d'une manière immédiate; il n'est possible qu'au moyen de certaines conditions chimiques amenées par l'action vitale, comme le suc gastrique en fournit un exemple. Il résulte des observations de Beaumont (2) que ce suc se conserve pendant onze mois au moins sans subir de changement, et sans passer à la putréfaction, vraisemblablement à cause de son acide; si Vauquelin a vu celui des Brebis et des Bœufs se putréfier en peu de jours, c'est qu'il s'agissait sans doute du suc extrait de la panse et non acide. Mêlé, hors de l'estomac, avec des substances alimentaires, il empêche celles-ci de tomber en pourriture; diverses sortes de viande que Beaumont (3) plongea dans du suc gastrique humain, conservèrent leur fraîcheur pendant quatre à six jours, fait qui a été également observé par Hood (4) et par d'autres. Montègre a tenté des expériences sur son propre suc gastrique, vomi le matin à jeun, qui par conséquent n'était point acide, et contenait en outre de la salive; la viande qu'il y plongea se putréfia; mais un jour il prit un demi-gros de magnésie, et mangea ensuite un beefsteak, dont il vomit une portion au bout d'une heure, puis le reste au bout de deux heures et demie; la première, non acide, était putréfiée trois jours après; la seconde, acide, n'exhala une mauvaise

(1) *Observations pathologiques*, p. 73.
(2) *Loc. cit.*, p. 51, 221.
(3) *Loc. cit.*, p. 87.
(4) *Analytic physiology*, p. 165.

odeur qu'au bout de huit jours, et, mise dans un tube de verre qui fut porté pendant plus d'un mois sous l'aisselle, elle ne passa point à la putréfaction. La putréfaction déjà en train s'arrête même sous l'influence du suc gastrique. Spallanzani (1) a trouvé que de la viande corrompue se conservait pendant vingt-cinq jours, à une chaleur de huit à douze degrés, dans du suc gastrique de Chien, de Corneille ou d'Aigle, sans que la putréfaction fît de progrès, qu'à la chaleur du soleil elle se dissolvait et perdait sa fétidité, et que le chyme produit dans l'estomac par la viande gâtée, n'avait pas de mauvaise odeur. Beaumont (2) a fait les mêmes remarques sur le suc gastrique humain. Helm (3) introduisit de la viande gâtée, par la fistule, dans l'estomac de sa malade, et trouva, au bout de trois heures, qu'elle ne portait plus aucune trace de corruption, ni sous le rapport de l'odeur, ni sous celui de la couleur, qu'elle avait même le goût de la viande fraîche. Fordyce a observé la même chose, et si Thackrah (4) a retrouvé encore putréfiée au bout d'une heure la viande corrompue qu'il avait donnée à des Chiens et à des Chats, c'est sans doute parce que ce laps de temps n'avait pas suffi pour avancer assez la digestion. Suivant Coutanceau (5) et Truttenbacher (6), le suc gastrique ne s'oppose à la putréfaction qu'autant qu'il transforme, change les qualités subsistantes, et crée une masse susceptible de plasticité; mais la propriété en vertu de laquelle il accomplit toutes ces choses, est liée à celle de combattre la putréfaction, puisque, seul et en dehors de l'estomac, il arrête et prévient aussi cette dernière. Au dire d'Eberle, le mucus gastrique se putréfie avec rapidité lorsqu'il entre en contact avec une autre substance organique, et ce serait à cela surtout qu'il doit d'être le meilleur de tous les véhicules pour la digestion.

(1) *OEuvres*, t. II, p. 724 et suiv.

(2) *Loc. cit.*, p. 447-458.

(3) *Zwey Krankengeschichten*, p. 29.

(4) *Froriep, Notizen*, p. 294.

(5) *Révision des nouvelles doctrines*. Paris, 1821, p. 18.

(6) *Der Verdauungsprozess*, p. 21.

Purkinje et Pappenheim (1) établissent aussi que la présure fait promptement putréfier les matières organiques, tandis que, convertie en suc gastrique artificiel par un acide, elle les préserve pendant long-temps. Mais Simon (2) assure que l'estomac de Veau, mis en contact avec du fromage, passe moins vite à la putréfaction que quand on l'abandonne à lui-même, parce que les affinités chimiques organiques qui entrent alors en jeu empêchent le déploiement de celles qui sont purement inorganiques.

VI. Circonstances qui concourent à la digestion.

§ 957. Plusieurs circonstances concourent à la digestion, soit qu'elles ne fassent qu'y aider, soit qu'elles en constituent des conditions essentielles.

I. Tel est d'abord le mouvement musculaire. Si les iatro-mathématiciens, Borelli, Redi, Pitcarn, Hecquet, s'étaient laissé entraîner, par leurs observations sur le gésier des Oiseaux granivores, à soutenir, comme autrefois Erasistrate, que la digestion, considérée d'une manière générale, consiste en une attrition, une comminution des alimens, cette hypothèse exclusive ne tarda pas à être réfutée, car l'estomac de la plupart des animaux a des parois si minces, si molles, et des fibres musculaires si débiles, qu'il y a impossibilité absolue pour lui d'agir dans un tel sens. Mais la digestion, en tant qu'opération chimique, est certainement favorisée par des conditions mécaniques. La comminution multiplie la surface des alimens solides au point que les sucs digestifs et les parois du canal digestif ont des points de contact plus multipliés avec eux, et peuvent agir sur eux avec plus de force; le mouvement du chyme lui-même contribue aussi à produire cet effet, outre qu'il détermine un mélange plus uniforme des alimens avec les sucs digestifs. Lorsqu'il a été avalé, sans les mâcher, des alimens qui résistent à la digestion par leur cohésion ou par leur mode de composition, l'estomac parvient à les com-minuer en redoublant d'énergie musculaire, et cette action

(1) Froriep, *Notizen*, t. L, p. 241.
(2) Muller, *Archiv*, 1839, p. 8.

mécanique de sa part devient une condition de la digestion. Ce cas a lieu chez les Oiseaux granivores, et Réaumur a vu (1) des grains d'orge renfermés dans des tubes de plomb ouverts, mais trop forts pour que l'estomac pût les aplatir, demeurer indigérés, alors même qu'il avait eu soin d'en faire préalablement disparaître la pellicule. Cette observation a été répétée par Spallanzani (2); mais quand il faisait avaler aux mêmes Oiseaux du pain mâché et de la viande hachée, dans des tubes ou des boules percées de trous, ces substances étaient digérées presque en entier (3). Lorsque les alimens ont été mâchés, ou que par eux-mêmes ils sont mous et faciles à digérer, un léger mouvement du canal digestif suffit pour favoriser la digestion, en retournant, secouant et pétrissant le chyme. De même, la succussion accélérait la dissolution des alimens dans le suc gastrique tiré de l'estomac, suivant Beaumont (4), et dans la liqueur digestive factice, selon Purkinje et Pappenheim (5). La même chose arrivait lorsqu'à l'aide d'un tube de baromètre rempli du même liquide, on exerçait une pression continue sur la liqueur, d'où il suit aussi que les parois abdominales exercent de l'influence sur la digestion.

II. La température de l'estomac humain est de trente degrés R., d'après les observations de Helm (6) et de Beaumont (7). Elle ne subit point de changement pendant la digestion considérée en elle-même; mais elle peut être accrue ou diminuée par les alimens, et surtout par les boissons, qui, traversant rapidement la bouche et l'œsophage, conservent leur température jusque dans l'estomac (8). Ainsi Beaumont a remarqué (9) que quand son malade avait bu un verre d'eau

---

(1) *Hist. de l'Acad. des sc.*, 1752, p. 300.
(2) *OEuvres*, t. II, p. 399.
(3) *Ib.*, t. II, p. 432-433.
(4) *Loc. cit.*, p. 37.
(5) Muller, *Archiv.* 1838, p. 13.
(6) *Zwey Krankengeschichten*, p. 12.
(7) *Loc. cit.*, p. 87.
(8) Magendie, *Précis élément.*, t. II, p. 124.
(9) *Loc. cit.*, p. 91.

à dix degrés R., le thermomètre, introduit dans l'estomac, descendait de trente degrés à seize, et remontait, au bout de deux minutes, à sa station ordinaire. Vater a vu (1), dans un cas d'anus artificiel, la membrane muqueuse de l'intestin pâlir et se resserrer avec force par le contact de l'eau froide. Nul doute que la digestion ne soit troublée par cette influence, et favorisée, au contraire, par la chaleur naturelle du canal digestif. La chaleur est favorable à toute dissolution; ainsi la digestion stomacale ne commence, chez les animaux qui viennent d'être tués, que quand la température extérieure dépasse dix degrés R. Suivant Spallanzani (2), la dissolution de la viande dans le suc gastrique exige au moins dix à vingt degrés de chaleur, et c'est à la température de quarante à quarante-cinq degrés qu'elle marche avec le plus de rapidité. Beaumont (3) et Hood (4) ont fait la même observation. Suivant Schwann (5), la dissolution dans le suc gastrique artificiel exigeait quatre fois autant de temps à la température de dix à douze degrés qu'à celle de trente-deux. Mais si l'appétit et la digestion croissent et diminuent avec la température, comme Trembley l'a remarqué chez les Polypes, Spallanzani chez les Serpens (6), Hunter (7) et Krimer (8) chez les Grenouilles, cet effet ne tient point à une influence immédiate de la température; il dépend bien plutôt de ce que la digestion suit pas à pas l'activité vitale en général, et surtout la consommation qui en est la conséquence.

III. L'action du système nerveux exerce une très-grande influence. Elle a été considérée, non pas seulement comme une condition nécessaire, mais encore comme le véritable principe de la digestion. On se fonde, pour cela, sur les suites qu'entraîne la lésion de certaines parties du système

(1) *Philos. Trans.*, t. XXXI, p. 89.

(2) *OEuvres*, t. II, p. 488.

(3) *Loc. cit.*, p. 101, 147.

(4) *Analytic physiology*, p. 169.

(5) Muller, *Archiv*, 1856, p. 107.

(6) *OEuvres*, t. II, p. 536.

(7) *Observations on certain parts of the animal œconomy*, p. 108.

(8) *Versuch einer Physiologie des Blutes*, p. 38, 46.

nerveux. Cependant rien n'est plus facile que de tirer des résultats inexacts d'expériences faites sous ce point de vue, attendu qu'on peut alléguer en preuve d'un trouble ou d'une suspension de la digestion, la présence de débris d'alimens qui, même dans l'état normal, demeurent quelque temps dans l'estomac, ou attribuer à la lésion du système nerveux un trouble réel qui survient, mais qui dépend de circonstances accessoires. Aussi Breschet et Edwards conseillent-ils, pour parer au premier de ces inconvéniens, d'avoir toujours, en même temps que l'animal sur lequel on expérimente, un autre animal de même espèce, mais intact, qui sert d'objet de comparaison (1); aussi Leuret et Lassaigne veulent-ils, pour éviter le second, qu'on pratique la section du nerf pneumogastrique sans ouvrir la poitrine et l'abdomen, en se contentant de faire une plaie au col, et de prévenir le trouble de la digestion au moyen de la trachéotomie (2).

1° La ligature ou la section des deux nerfs pneumogastriques a pour résultat, suivant Haller (3), que les alimens restent dans l'estomac sans être digérés, et qu'ils y passent même à la putréfaction. Un trouble de la digestion a été observé par Wilson Philipp (4) sur des Lapins, par Blainville (5) sur des Pigeons et des Poules, par Dupuy (6) sur des Chevaux et des Brebis, par Legallois (7) sur des Cochons d'Inde et autres animaux. Mais il suit des expériences d'Emmert (8), Broughton (9), Breschet et Edwards (10), Vavasseur (11), Ware et

---

(1) *Annales des sc. naturelles,* t. IV, p. 258.

(2) *Rech. sur la digestion,* p. 129.

(3) *Elem. physiol.,* t. I, p. 462. — *Opera minora,* t. I, p. 350.

(4) *Ueber die Gesetze der Functionem des Lebens,* p. 97.

(5) Gehlen, *Journal,* t. VII, p. 532.

(6) Meckel, *Deutsches Archiv,* t. IV, p. 408.

(7) *Expériences sur le principe de la vie,* p. 214.

(8) Reil, *Archiv,* t. IX, p. 408.

(9) *Journal de* Magendie, t. I, p. 123.

(10) *Annales des sc. nat.,* t. IV, p. 258.

(11) *Archives générales,* t. II, p. 494.

Finlay (1), Mayer (2), Leuret et Lassaigne (3), Breschet, Muller et Diekhof (4), que si la section de ces nerfs affaiblit et ralentit la digestion, elle ne la suspend pas entièrement.

2° L'excision d'une portion du cerveau agit de la même manière, seulement avec plus de force encore, suivant Breschet. Des Canards auxquels Magendie avait enlevé le cerveau et une grande partie du cervelet, vécurent dix jours, et digérèrent très-bien pendant ce laps de temps, tandis qu'une lésion de la moelle allongée portait le trouble dans la digestion. Breschet a remarqué aussi, sur un jeune Chien auquel il avait enlevé un lambeau de la partie postérieure du cerveau et de la moelle allongée, que la viande avalée avant l'opération était encore intacte, au bout de cinq heures, dans la portion cardiaque de l'estomac, tandis qu'elle commençait à être digérée dans la portion pylorique. Enfin Krimer (5) dit avoir observé que la digestion continuait sans le moindre trouble chez une Grenouille à laquelle il avait coupé la tête et lié le cou pour empêcher la perte du sang.

On se demande comment agit ici la lésion du nerf pneumogastrique et de son organe central.

3° Magendie prétend que la section du nerf n'agit sur la digestion qu'en troublant la respiration, et qu'elle n'exerce aucune influence sur la première de ces deux fonctions lorsqu'elle a été pratiquée, non au cou, mais dans la poitrine, au dessous de l'origine des nerfs pulmonaires. Mais, quoique le trouble concomitant de la respiration contribue sans nul doute à déranger encore davantage la digestion, Brachet, Breschet et Vavasseur, après avoir coupé l'œsophage immédiatement au dessus de l'estomac, pour ne laisser échapper aucun filet du nerf, ont cependant trouvé peu ou point digéré le fourrage que l'animal avait pris sept à huit heures auparavant.

4° Wilson et autres admettent que le nerf détermine la sé-

(1) Gerson, *Magazin*, t. XVII, p. 486.
(2) *Zeitschrift fuer Physiologie*, t. II, p. 78.
(3) *Rech. sur la digestion*, p. 133.
(4) Muller, *Handbuch der Physiologie*, t. I, p. 531.
(5) *Versuch einer Physiologie des Blutes*, p. 59.

crétion du suc gastrique. Tiedemann et Gmelin lui assignent pour usage spécial de décomposer les sels neutres du sang, et de procurer ainsi au suc gastrique son acide libre, ce qu'Eberle admet également (1). Mais les observations de Blainville, de Leuret et Lassaigne (2), de Mayer, de Krimer (3), de Prevost et Leroyer (4), de Brachet, de Muller et Diekhof, d'Arnold (5), ont appris que la sécrétion du suc gastrique acide persiste après la section du nerf, bien qu'elle soit moins abondante. Wilson croyait avoir trouvé qu'après la destruction de l'influence nerveuse, le galvanisme rétablit la sécrétion du suc gastrique, et avec elle la digestion; qu'en conséquence l'action du nerf est de nature électrique, et Matteucci comparaît cette action à celle du pôle positif (6). Breschet et Edwards crurent d'abord (7) pouvoir conclure de leurs observations que le galvanisme remplace ici l'influence des nerfs; mais, plus tard (8), ils reconnurent que si cet agent vient réellement en aide à la digestion, le mode d'application des pôles est tout-à-fait indifférent, que par conséquent il n'y a point là de polarité déterminée. D'un autre côté, le galvanisme n'a témoigné aucune influence sur la digestion dans les expériences de Ware et Finlay (9), non plus que dans celles de Muller (10).

5° Le mouvement de l'œsophage, quoiqu'il soit tout-à-fait involontaire, dépend de l'action des nerfs pneumo-gastriques, de telle sorte qu'on peut le provoquer ou l'accroître en irritant ces nerfs, et l'anéantir en les coupant. Dans ce dernier cas, on trouve la partie inférieure du conduit distendue par les alimens pris après l'opération et qui s'y sont accumulés.

(1) *Loc. cit.*, p. 147.
(2) *Loc. cit.*, p. 133.
(3) *Loc. cit.*, p. 58.
(4) *Bibliothèque universelle.* t. XXVII, p. 235.
(5) *Lehrbuch der Physiologie*, t. II, P. II, p. 76.
(6) Froriep, *Notizen*, t. XL, p. 129.
(7) *Archives générales*, t. II, p. 499.
(8) *Annales des sc. naturelles*, t. IV, p. 261, 269.
(9) *Loc. cit.*, p. 486.
(10) *Handbuch der Physiologie*, t. I, p. 532, 618:

Marchant sur les traces de Valsalva, Wilson, Broughton, Diekhof et Astley Cooper attribuent cet effet à la paralysie de l'œsophage, qui ne lui permet pas de chasser les alimens dans l'estomac. Mayer prétend qu'il n'est point paralysé, mais que ses mouvemens, devenus antipéristaltiques, font sortir les substances alimentaires de l'estomac (1). En effet, la section du nerf est ordinairement suivie de vomissemens, qui, d'après Wilson, surviennent de suite quand l'estomac est plein ; au bout de quelque temps, lorsqu'il est vide ; parfois même, comme l'a vu Mayer, le lendemain seulement. Quand la ligature de l'œsophage empêchait l'animal de vomir, Leuret et Lassaigne (2) trouvaient que le fourrage avait remonté jusqu'à la hauteur du lien. Mais le vomissement lui-même peut être considéré, d'après Dupuy et Breschet, comme conséquence de la paralysie, puisque la portion pylorique de l'estomac, qui reçoit des branches des nerfs grands sympathiques et diaphragmatiques, le diaphragme et la paroi musculeuse du bas-ventre ont acquis une prédominance bien prononcée sur la portion cardiaque de l'œsophage (3). Suivant Breschet, ce qui trouble la digestion, c'est la suppression du mouvement de l'estomac qui devrait multiplier le contact des alimens avec le suc gastrique, car la fonction se rétablissait, comme par l'effet du galvanisme, quand on faisait communiquer ensemble les deux bouts du nerf coupé à l'aide d'un fil métallique, ou avec de la soie et du verre, ou quand on fixait le bout inférieur, par le moyen d'un fil, à un muscle dont le mouvement le tiraillait sans cesse. Brachet admet aussi que le nerf détermine la digestion en excitant le mouvement de l'estomac, et qu'on peut rétablir cette fonction par l'irritation, tant mécanique que galvanique, du viscère. Ayant fait manger un Chien, il lui piqua pendant huit minutes l'extrémité du nerf, coupé à la hauteur du cou, puis en excisa un lambeau, irrita de nouveau la surface fraîche pendant le même laps de temps, et continua ainsi durant quatre heures et demie, au bout desquelles il

(1) *Loc. cit.*, p. 96.
(2) *Loc. cit.*, p. 133.
(3) Burdach, *Vom Baue des Gehirns*, t. III, p. 67.

trouva la viande en partie digérée dans l'estomac, et un peu
de chyme passé dans l'intestin grêle. Mais, d'après les expériences de Magendie (1), de Wilson et de Mayer, le mouvement de l'estomac et la propulsion du chyme dans l'intestin
ne sont point arrêtés par la section du nerf. Brachet a même
quelquefois trouvé du chyme dans l'intestin grêle, ce dont il
donne une explication très-forcée, en disant qu'il y a été
poussé, non pas par l'estomac, mais par les alimens pris en
dernier lieu. D'ailleurs, plus d'un fois la digestion est demeurée aussi incomplète quand il irritait le nerf que quand il le
laissait en repos. Wilson assure aussi qu'en répétant les expériences de ce physiologiste, il n'a pas trouvé la digestion différente de ce qu'elle est dans le cas de simple section du nerf.
Arnold, ayant excisé une portion du nerf pneumo-gastrique
au cou, chez des Poules et des Pigeons, a observé, non pas
une suspension complète, mais un affaiblissement considérable de la digestion et du mouvement tant du jabot que du
gésier (2); mais, quand il conclut de là que le nerf influe sur la
digestion par les mouvemens qu'il provoque, on ne peut lui
accorder cette proposition qu'avec de grandes restrictions.
Muller n'a jamais vu l'irritation mécanique ou galvanique du
nerf déterminer les mouvemens de l'estomac, tels qu'on les
observe quand on irrite immédiatement le viscère. Les muscles gastriques agissent donc indépendamment des nerfs ; mais
comme ils ne sont pas tout-à-fait soustraits à leur influence,
ils peuvent quelquefois être déterminés par eux. C'est ainsi
que Bichat a vu l'estomac se contracter, tandis qu'on irritait le
nerf pneumo-gastrique au cou. Les mouvemens de l'estomac
et des intestins ont été également observés, par Tiedemann et
Gmelin, après l'irritation de la portion pectorale du nerf au
moyen du scalpel et de l'alcool. Lorsque Brachet appliquait
les pôles d'une pile voltaïque aux nerfs pneumo-gastriques et
à l'estomac, il ne sentait qu'un léger mouvement de tremblot-
tement au moment où la chaîne se fermait, et Schultz a remarqué (3) que la galvanisation de ces nerfs accroissait bien

(1) *Précis élémentaire*, t. II, p. 21.
(2) *Loc. cit.*, t. II, p. 78.
(3) *De alim. concoct.*, p. 29.

le mouvement péristaltique, mais qu'elle ne le ranimait point lorsqu'il avait déjà cessé. Brachet admet que les mouvemens de la partie supérieure de l'intestin grêle dépendent également de la huitième paire ; mais les expériences qu'il allègue à l'appui de cette hypothèse, et qui établissent un séjour plus prolongé du chyme dans l'intestin grêle après la section du nerf, ne sont pas des preuves suffisantes. Suivant Magendie (1), le mouvement du duodénum n'est point arrêté par cette opération.

6° La portion médiane de l'intestin ne reçoit que des branches du grand sympathique, et comme ces branches renferment des filets de nerfs rachidiens, elle se trouve placée sous l'influence de la moelle épinière. Ce doit être là, suivant Krimer (2), une des conditions de la digestion, attendu que celle-ci continuait, chez des Grenouilles, après la décapitation, quand on avait soin d'entretenir la respiration, mais s'arrêtait sur-le-champs après l'enlèvement de la moelle rachidienne. Brachet pense aussi que ce doit être là surtout la cause du mouvement péristaltique, parce qu'ayant pratiqué la section transversale de la moelle à la hauteur de la dernière vertèbre dorsale, chez un Cabiai, quatre heures après que l'animal eut pris des alimens, il trouva, huit heures plus tard, la portion supérieure de l'intestin grêle vide, et l'inférieure pleine, ainsi que le gros intestin. Mais on voit sans peine que cette dernière observation ne prouve point qu'il y ait eu paralysie de l'intestin grêle, et que la cessation de la digestion et du mouvement péristaltique après la destruction violente de la moelle épinière n'est pas un motif suffisant pour admettre que le cordon rachidien concourt d'une manière essentielle à ces deux fonctions. Lorsque Wilson assommait des Lapins, puis détruisait la moelle épinière avec un fer rouge, ou l'enlevait, en même temps que le cerveau, le mouvement de l'estomac et de l'intestin continuait sant trouble jusqu'à ce que ces viscères se fussent refroidis à l'air. La même chose arrive quand on coupe le tronc du nerf grand sympathique, qu'on lie ou qu'on

(1) *Loc. cit.*, p. 99.
(2) *Loc. cit.*, p. 59.

coupe les branches qu'il envoie à l'intestin, qu'on détruit ses ganglions, et qu'on détache l'intestin lui-même du mésentère, comme l'attestent Bichat, Magendie et Muller. Mais, malgré cette indépendance du mouvement intestinal, il n'en est pas moins soumis à l'influence du système nerveux, seulement à un degré limité. Nous en avons la preuve dans les expériences que Mangili a faites avec le galvanisme simple. Quand les deux métaux hétérogènes étaient appliqués au nerf grand-sympathique, il ne survenait aucun mouvement ; mais si l'on mettait l'un d'eux en rapport avec le nerf, et l'autre avec l'intestin, on voyait apparaître un mouvement faible, qui n'acquérait plus de force que quand on mettait les deux métaux en contact avec l'intestin lui-même. Wutzer et Mayo n'ont vu aucun mouvement succéder à l'irritation des nerfs intestinaux, mais, suivant Muller, l'application d'une forte pile voltaïque ou de la potasse caustique, soit aux nerfs sympathiques, soit au plexus solaire, accroissait le mouvement de l'intestin, et l'excitait de nouveau quand il avait cessé. Wilson a fréquemment remarqué aussi que l'application de l'alcool au cerveau et à la moelle épinière rendait le mouvement péristaltique plus vif, et Schwarz (1) a vu les piqûres du cerveau déterminer quelquefois un mouvement convulsif des intestins. Il en est de même pour la digestion. Les expériences de Wilson nous apprennent qu'elle souffrait quand on avait détruit une grande partie de la moelle épinière. Cette opération, suivant Breschet, la ralentit et l'affaiblit, mais sans l'arrêter complétement. Selon Brachet, après la section de la moelle à des hauteurs diverses, elle continuait presque toujours de s'effectuer aussi bien que si l'on n'eût pratiqué aucune lésion.

7° Dans l'antiquité, on avait fait provenir la digestion de l'afflux des esprits nerveux à l'estomac, et Haller, en rapportant cette opinion (2), ajoute qu'on ne peut ni la réfuter ni la prouver. Cependant les faits qui ont été indiqués plus haut renversent l'hypothèse suivant laquelle l'action nerveuse serait, à proprement parler, le principe actif de la

(1) Burdach, *loc. cit.*, t. III. p. 70.
(2) *Elem. physiolog.*, t. VI, p. 309.

digestion. Baumgærtner reconnaît avec raison que ce qui constitue l'essentiel de cette dernière fonction, c'est l'action vivante et vivifiante des parois de l'estomac sur les alimens ; mais quand il admet que les nerfs gastriques communiquent quelque chose aux substances assimilables, par leur action immédiate, nous ne pouvons voir en cela que la reproduction sous une nouvelle forme de l'antique hypothèse des esprits nerveux. L'organisme vivant digère en vertu d'une force assimilante qui lui est inhérente, et il se crée les moyens d'y parvenir en formant ses propres organes, ses propres liquides ; le jeu de ses organes n'est point isolé, mais tient à tout l'ensemble de la vie ; l'expression de cette liaison est le système nerveux d'un côté et le système sanguin de l'autre ; aussi toute lésion de l'un ou l'autre de ces deux systèmes entraîne-t-elle un dérangement de la digestion. Donc, quand on enlève à l'estomac, par exemple en coupant ses nerfs, un des membres de son organisation, qui ne vit que par ses connexions avec tout l'ensemble de la vie, on ne supprime pas pour cela le pouvoir inhérent en lui et inséparable de sa nature même, mais on le fait agir avec moins de force : sa turgescence devient moins considérable, comme dans tout organe dont la vitalité baisse, et c'est ce qui fait que tous les observateurs l'ont trouvé alors flasque, lisse, sans plis et distendu. On y remarque souvent aussi une congestion passive, due à la prédominance acquise par le système sanguin, qui rend la membrane muqueuse rouge (§ 847, 3°), phénomène signalé entre autres par Broughton, Leuret et Lassaigne, et que Gendrin (1) regarde comme une inflammation qui trouble la digestion.

3° L'influence de la vie animale se manifeste dans diverses affections du cerveau (2), qui entraînent à leur suite, tantôt des vomissemens, tantôt des anomalies de la digestion, avec diarrhée ou constipation. Celle de l'âme n'est pas moins puissante (3). Gosse a confirmé, par l'observation immédiate, le

---

(1) *Hist. anat. des inflammations*, t. I, p. 584.
(2) Burdach, *Vom Baue und Leben des Gehirns*, t. III, p. 68.
(3) Esquirol, *Des maladies mentales*. Paris, 1838, p. 434.

fait généralement connu du trouble que les travaux de cabinet auxquels on se livre aussitôt après le repas apportent à la diges- tion, qui est favorisée, au contraire, par le repos de l'esprit et un léger mouvement. Beaumont (1) a vu, de ses propres yeux, la membrane muqueuse de l'estomac devenir rouge et sèche, ou pâle et terne, par l'effet d'une commotion morale ; il a observé également (2) qu'un exercice modéré fait monter la température de l'estomac d'environ un degré, et marcher la digestion avec plus de vivacité, que le suc gastrique perd son acidité quand le sujet commence à suer, et qu'un mou- vement fatigant ralentit la digestion.

IV. Comme la plante a besoin, pour végéter, de trouver de l'air jusque dans le sol, et que l'action d'un gaz irrespi- rable sur ses racines la fait périr (3) ; comme, en avalant les alimens, on introduit aussi de l'air dans le canal digestif ; comme enfin l'eau n'est une boisson salubre qu'autant qu'elle contient de l'air, il serait possible que l'air atmosphérique eût de l'influence sur la digestion, et qu'il fût décomposé pen- dant le cours de cette opération. Cependant ce n'est là qu'une simple conjecture. Plagge dit bien (4) qu'après la ligature de l'œsophage d'un Pigeon, la digestion de la vesce, préalable- ment introduite dans le jabot, ne fut pas aussi complète qu'elle a coutume de l'être ; mais cette observation ne sau- rait être considérée comme une preuve suffisante. Reich pen- sait que l'acidification du chyme était due à l'oxygène de l'air atmosphérique avalé avec la salive, et Moscati regardait comme une chose probable que la digestion consiste en ce que le suc gastrique abandonne de l'oxygène à la masse alimentaire qui, à son tour, lui livre de l'hydrogène. Schwann (5) a remarqué que, du moins pendant la dissolution des substances nutritives dans du suc gastrique artificiel, il ne se dégage aucun gaz, et qu'il n'y a pas plus absorption de l'oxygène atmosphérique que de celui des substances animales.

(1) *Loc. cit.*, p. 72.
(2) *Ib.*, p. 63.
(3) Raspail, *Nouveau syst. de phys. végétale*, Paris, 1837, t. II, p. 41.
(4) Meckel, *Deutsches Archiv*, t. VII, p. 221.
(5) Muller, *Archiv*, 1836, p. 82.

V. Enfin on a tenté d'attribuer à la rate un rôle dans la digestion. Mais l'extirpation de cet organe n'a troublé la fonction digestive que dans un petit nombre de cas , et la plupart du temps elle est demeurée sans influence (1). Les anciens pensaient que la rate envoie à l'estomac, par les veines gastriques, un suc acide, un ferment, ou une atrabile, qui aide à la digestion (2). Oken (3) prétend qu'elle oxyde le suc gastrique, et qu'elle se comporte envers l'estomac comme l'air par rapport au poumon. Clarke (4) lui assigne pour usage de conserver le superflu de la boisson , afin de le reporter plus tard à l'estomac, pour étendre le chyme. Suivant d'autres, elle attire à elle le sang, qu'elle envoie ensuite à l'estomac pendant le travail de la digestion (§ 742 , 4°). Home (5) ayant vu les matières colorantes qu'il introduisait dans l'estomac , après avoir lié le pylore , reparaître au bout de quelque temps dans l'urine , crut, d'après cela , qu'une partie de la boisson se rend de l'estomac à la rate; mais plus tard il a reconnu que le même phénomène a lieu même après l'extirpation de la rate. Aucune des hypothèses dans lesquelles on fait concourir ce viscère à la digestion ne repose sur la moindre preuve.

DEUXIÈME SUBDIVISION.

DE LA FORMATION DU SANG DANS LE SYSTÈME LYMPHATIQUE.

CHAPITRE PREMIER.

De la différence entre la lymphe , le chyle et le sang.

§ 958. Il y a un fait qui prouve l'identité de la digestion et de la résorption, c'est que leurs deux produits se ressemblent, quant au fond. Le chyle et la lymphe sont des liquides alcalins , contenant des globules, composés d'eau , de fibrine , d'albumine , d'osmazome , de ptyaline et de sels , et qui , par

---

(1) Haller, *Elem. physiol.*, t. VI, p. 421.—Assolant, *Rech. sur la rate*, p. 135.
(2) Haller, *loc. cit.*, t. VI, p. 154.
(3) *Die Zeugung*, p. 167.
(4) Heusinger, *Ueber den Bau und die Verrichtungen der Milz*, p. 113.
(5) *Lectures on comparative anatomy*, t. I, p. 225.

la coagulation de la fibrine, se séparent en caillot et en sérum (§§ 912, 949). Tous deux doivent naissance à l'action vitale dirigée vers le but de la conservation de l'organisme
(§§ 914, 955), sont produits par la transformation des diverses substances existantes (§§ 915, 952), passent ensemble dans
un seul et même système vasculaire, et sont destinés à se convertir en sang, dont ils doivent réparer la perte.

I. Il n'existe entre le chyle et la lymphe qu'une différence
purement relative. Par la résorption, l'organisme reprend les
matériaux organiques usés de sa propre substance, et les reporte dans le torrent de la circulation, pour les vivifier de
nouveau, pour en séparer ce qui n'est plus susceptible de
revivification et l'éliminer au moyen des organes sécrétoires :
par la digestion, il s'empare d'une substance organique étrangère, morte ou tuée par lui, il amène dans son intérieur, dans
le système vasculaire, la matière qu'il a formée, conformément à sa propre nature, qu'il a ainsi rappelée à la vie; et il
chasse ce qui résiste à cette conversion à travers le même canal qui avait servi à recevoir le tout, après l'avoir mêlé avec
ses propres produits sécrétoires. Dans l'un et l'autre acte, il
s'établit un mouvement pendant lequel la vie rajeunit la matière expirante, afin d'entretenir la vitalité du tout et de ses
parties. La résorption est le retour dans le système entoplastique (§ 910, 1°, 2°), qui débarrasse chaque tissu de sa matière morte, et fournit à l'organisme les matériaux d'une nouvelle formation (§ 909, III) ; durant la digestion, la vie est
dirigée vers l'extérieur, opérant une métamorphose au moyen
de laquelle elle se maintient tant dans sa forme individuelle
que dans sa manifestation universelle (§ 955, 12°). Mais la
différence entre les deux produits consiste en ce que le chyle
contient plus de globules, en ce qu'il est plus chargé de substances organiques, notamment de fibrine (dont il renfermait.
0,0037 chez un Cheval, tandis qu'il n'y en avait que 0,0013
dans la lymphe) (1), d'albumine (2) et de matière extractive
(dont le sérum d'un autre Cheval contenait 0,050, tandis qu'elle

(1) Tiedemann, et Gmelin, *Rech. sur la digestion*, t. I.
(2) Scherer, *Journal*, t. V, p. 700.

ne s'élevait qu'à 0,037 dans celui de la lymphe) (1). Il se coagule avec plus de rapidité, et renferme souvent, à l'état de liberté et de suspension, de la graisse, qu'on ne trouve dans la lymphe qu'à l'état de combinaison.

II. Le chyme et la lymphe sont les germes du sang, capables de devenir sang, mais encore à l'état imparfait.

1° Ils diffèrent du sang par leur pesanteur spécifique moindre (suivant Brande, Macaire et Marcet), le nombre moins considérable de leurs globules, enfin la proportion moins élevée de leurs parties solides (0,08 à 0,10, tandis qu'il y en a 0,21 à 0,26 dans le sang), notamment de l'albumine; suivant Reuss et Emmert (2), le sérum du chyle laisse à l'évaporation 0,05 de résidu sec, et celui de la sérosité du sang 0,22. La quantité de leurs sels se rapproche de celle qui existe dans le sang. Les analyses citées précédemment (§§ 684, 912, 949) n'établissent pas qu'ils contiennent moins de fibrine, comme on l'a prétendu. Le chyle contient, souvent du moins, plus de graisse, et toujours plus d'osmazome, que le sang, et la lymphe se rapproche de lui sous ce rapport.

(Cent quarante-deux grammes de chyle provenant d'un Chien, et qui n'était pas encore complétement coagulé, furent mis dans de l'eau, et agités avec elle pendant plusieurs heures, de manière qu'il se forma un liquide faiblement lactescent, dans lequel on apercevait des flocons blancs. Le tout fut filtré à travers du papier joseph, et le résidu pesé; celui-ci s'élevait à un peu plus de deux grains. Deux cent quarante grains de sang du même Chien, qui avait été tué par la section de l'artère crurale, furent battus frais avec une petite baguette de bois, jusqu'à ce qu'il ne se déposât plus de fibrine. On recueillit la fibrine, on la sécha dans du papier gris, et on la pesa; son poids était de dix sept grains et demi. En conséquence, le sang contenait 0,0739 et le chyle 0,0540 de fibrine. Cent cinquante-neuf grains de chyle de Chien, reçus dans un verre de montre, furent exposés à la chaleur, et donnèrent dix-huit grains de résidu sec. Cent soixante-quinze grains

(1) Reil, *Archiv*, t. VIII, p. 170.
(2) Scherer, *Journal*, t. V, p. 166.

de sang, en grande partie artériel, provenant du même animal, laissèrent cinquante-cinq grains de résidu sec, après avoir été traités exactement de la même manière. Les deux résidus furent cassés en petits morceaux et mis dans des flacons bouchés, avec du fort alcool. Au bout de quelque temps on filtra le contenu des deux flacons, et l'on fit évaporer lentement l'alcool, dans des verres de montre. Pendant l'évaporation il ne parut pas de gouttes de graisse sur l'alcool par lequel on avait traité le sang, tandis que l'autre en présenta. Le résidu sec obtenu fut de trois grains et demi pour le chyle, et de deux grains et demi seulement pour le sang. Ces résidus furent redissous dans l'eau, et la teinture de noix de galle, instillée dans la liqueur, en précipita des flocons blancs qui étaient par conséquent de l'osmazome. La quantité de cette dernière était de 0,0220 dans le chyle, et de 0,0111 dans le sang) (1).

2° La cause des différences qui existent entre le sang d'une part, le chyle et la lymphe de l'autre, sous le rapport des qualités, tient principalement à la proportion diverse des matériaux introduits. D'après les analyses élémentaires qui ont été rapportées (§§ 685, 2° ; 950, 10°), le chyle contient plus de carbone et d'oxygène, mais moins d'azote et d'hydrogène, que le sang.

3° Muller a trouvé les globules du chyle et de la lymphe égaux en volume à ceux du sang (2). Wagner les dit plus gros chez les Mammifères en général (3), et H. Nasse chez l'homme en particulier (4), Cruikshank, Krimer (5), Prevost et Dumas, Mayer (6) assurent qu'ils sont plus petits que ceux du sang chez les Mammifères en général ; Krause (7) chez l'homme surtout, Arnold (8) chez l'homme et les Chiens, Mul-

(1) Addition d'Ernest Burdach.
(2) *Handbuch der Physiologie*, t. I, p. 247.
(3) *Beitræge zur vergleichenden Physiologie*, p. 47.
(4) *Zeitschrift fuer Physiologie*, t. V, p. 23.
(5) *Versuch einer Physiologie des Blutes*, p. 127.
(6) *Outlines of human physiology*, p. 160.
(7) *Handbuch der menschlichen Anatomie*, t. I, p. 499.
(8) *Lehrbuch der Physiologie*. Zurich, 1837, t. II, p. 193.

ler (1) chez les Veaux et les Chèvres, Poiseuille (2) chez les
Souris, Wagner (3) chez les Oiseaux, les Reptiles et les Poissons, Muller (4) et Valentin (5) chez les Grenouilles. Mais,
généralement parlant, leur grosseur varie beaucoup, suivant
la remarque déjà faite par Schultz (6) et Blainville (7). Wagner prétend (8) que les différences qu'ils présentent à cet
égard sont infiniment plus considérables que celles qu'on observe parmi les globules du sang, et Muller les a trouvés (9)
la plupart plus petits que ces derniers, quelques-uns d'égale
grosseur, et d'autres plus volumineux. Au reste, ils n'ont pas
non plus une forme si régulière (10); ils sont granulés à la surface, suivant Wagner (11), non aplatis, mais globuleux, et circulaires, même chez les animaux qui ont des globules de sang
elliptiques (12). En outre, ils ne changent pas aussi rapidement
que ces derniers, et l'on peut les tenir des jours entiers sous
l'eau sans qu'ils éprouvent aucun changement (13); Vogel prétend (14) que les globules du chyle et de la lymphe ont 0,0025
à 0,0033 ligne de diamètre (ceux du sang en ont 0,0033),
qu'ils sont granulés, et que l'acide acétique les résout en une
enveloppe et un noyau.

4° Le chyle et la lymphe ne sont pas, selon Muller (15),
aussi fortement alcalins que le sang.

5° La fibrine du chyle n'a pas, d'après Vauquelin (16), la

(1) *Loc. cit.*, p. 247, 543.
(2) Breschet, *Le système lymphatique*. Paris, 1836, p. 30.
(3) *Loc. cit.*, p. 31.
(4) *Loc. cit.*, p. 443.
(5) *Repertorium*, t. II, p. 71.
(6) *Lehrbuch der vergleichenden Physiologie*, p. 117.
(7) *Cours de physiologie*. Paris, 1833, t. I, p. 192.
(8) *Loc. cit.*, p. 25.
(9) *Loc. cit.*, p. 217.
(10) Blainville, *loc. cit.*, t. I, p. 192. — Schultz, *loc. cit.*, p. 117.
Muller, *loc. cit.*, t. I, p. 543.
(11) *Loc. cit.*, p. 47.
(12) *Ib.*, p. 24.
(13) *Ib.*, p. 26.
(14) *Untersuchungen ueber Eiter*, p. 86.
(15) *Loc. cit.*, p. 142, 535.
(16) *Annales du Muséum*, t. XVIII, p. 245.

texture fibreuse, la solidité et l'élasticité qui appartiennent à celle du sang, et ce chimiste assurait, comme aussi Marcet (1), qu'elle passe au bout de quelque temps à un état presque liquide. Ce qui la distingue encore, c'est que, suivant Vauquelin, elle se dissout plus rapidement et plus complètement dans la potasse caustique, sans laisser de résidu; Brande assure qu'elle se dissout de même dans les carbonates alcalins, en dégageant un peu d'ammoniaque (2), ce qu'attestent également Prevost et Leroyer (3). Les acides précipitent de l'albumine de la dissolution. Prout la dit (4) plus difficile à dissoudre dans l'acide acétique, qui, d'après la remarque de Brande, n'en opère la dissolution qu'à l'aide de l'ébullition, et n'en dissout qu'une très-petite quantité, qui se dépose en flocons blancs par le refroidissement. Ces caractères ont déterminé Vauquelin à la considérer comme de l'albumine qui commence à devenir fibrine, la nourriture paraissant être convertie d'abord en albumine, qui passe ensuite à l'état de fibrine. Suivant Brande, elle ressemble plus à la matière caséeuse qu'à la fibrine du sang.

6° L'albumine du chyle paraît ne point être parfaite non plus. Elle est précipitée par l'alcool; traitée par la potasse caustique, elle ne donne, d'après Vauquelin, qu'un liquide lactescent, et qui n'est point transparent, comme celui qu'on obtient de l'albumine du sang. Prout assure que, mise à côté de cette dernière, elle s'en distingue aisément par ses qualités physiques et par sa manière de se comporter avec les réactifs, sans qu'on puisse indiquer aucun caractère chimique déterminé auquel cette différence si sensible se rattache.

7° Le chyle contient ordinairement de la graisse libre, tandis que le sang n'en renferme que dans l'état anormal. La graisse extraite au moyen de l'éther est, d'après Schultz (5), huileuse quand elle provient du chyle, et cristalline quand elle a été fournie par le sang.

(1) *Annales de chimie*, t. II, p. 43.
(2) Schweigger, *Journal*, t. XV, p. 371.
(3) *Biblioth. univ.*, t. XXVII, p. 233.
(4) Schweigger, *Journal*, t. XXVIII, p. 210.
(5) *Das System der Circulation*, p. 41.

8° Enfin Emmert dit que le fer n'est pas combiné d'une manière aussi intime dans le chyle que dans le sang, qu'on peut l'extraire par l'acide nitrique, et le précipiter ensuite par la teinture de noix de galle (1).

(Soixante grains de chyle furent mêlés avec une demi-once d'acide azotique, et, pour avoir un point de comparaison, on mêla ensemble une quantité égale d'acide et une quantité un peu plus considérable de sang. Le chyle ne fut point dissous, mais il se prit en une masse analogue à un grumeau d'albumine bouillie, qui avait peu changé au bout de vingt-quatre heures, et que par cette raison on réduisit en morceaux. Vingt-quatre heures après, le microscope fit apercevoir dans l'acide clair une multitude de très-petits granules, ayant à peu-près un dixième à un huitième du volume d'un globule de chyle, qui, à un grossissement de trois cents diamètres, ressemblaient à de petites perles lisses, mais qui, à un grossissement de cinq cents diamètres, représentaient des globules un peu colorés, non entièrement sphériques. Le sang dans lequel on versa de l'acide, forma instantanément un liquide noir et trouble, et sembla complétement dissous, à cela près de quelques petits grumeaux noirs; au microscope, on découvrit des corpuscules colorés, ayant à peu-près le tiers du volume de ceux du sang, et dont, à un grossissement de cinq cents diamètres, la forme n'était pas régulièrement ronde. Au bout de trois jours, l'acide contenant le chyle avait pris une couleur faiblement verdâtre, et le chyle paraissait dissous, à cela près d'un petit nombre de flocons blancs tombés au fond du vase. On étendit alors les deux dissolutions d'eau, et on les passa à travers un filtre de papier. Après avoir obtenu environ la moitié de ces deux liqueurs, celle du chyle incolore, celle du sang de teinte urineuse, dans lesquelles le microscope ne faisait apercevoir aucune particule, on répartit le tout dans huit verres, de manière que deux continssent la dissolution chyleuse filtrée, deux celle qui n'était pas claire, deux la dissolution filtrée de sang, et deux enfin celle qui n'était point limpide. On

_____

(1) Reil, *Archiv*, t. VIII, p. 162.

versa alors dans l'un des verres du cyanure de potassium , et dans le second de la teinture de noix de galle. Le cyanure de potassium fit prendre sur-le-champ une teinte de vert clair à la dissolution filtrée du chyle , tandis que celle qui n'avait point été filtrée devint d'un bleu foncé, la dissolution filtrée de sang d'un vert foncé, et la non-filtrée d'un vert noirâtre. La teinture de noix de galle détermina dans la dissolution filtrée du chyle un léger trouble passager, suivi d'une coloration permanente en jaune ; elle se mêla avec la dissolution filtrée du sang en produisant un peu d'effervescence et occasionant un trouble laiteux passager ; versée dans les dissolutions non filtrées de chyle et de sang, elle n'y fit naître qu'un trouble persistant et une coloration brunâtre. Au bout de vingt-quatre heures , on apercevait partout une teinte un peu plus foncée, et la couleur bleue de la dissolution non filtrée du chyle avait fait place à une autre d'un brun tirant sur le noir.) (4)

CHAPITRE II.

De la conversion commençante du chyle et de la lymphe en sang.

I. Changemens dans les propriétés.

§ 959. Le chyle et la lymphe, ces germes du sang que l'organisme vivant, obéissant à la tendance qui le pousse à faire tout ce qui peut contribuer à sa conservation , a produit avec de la matière qui avait été organisée, ont besoin , pour arriver à un plus haut degré de développement, de passer dans un laboratoire particulier, qui leur offre les conditions nécessaires à ce développement. Les animaux vertébrés sont dotés pour cela d'un système lymphatique , sorte de matrice dans laquelle s'accomplit l'incubation de l'embryon du sang.

Il a été parlé déjà de la conversion que la lymphe subit dans ce système (§ 946). Quant à ce qui concerne le chyle, ce qui frappe le plus , c'est le changement qu'éprouve sa couleur. Reuss et Emmert (2) ont découvert qu'il rougit à

(1) Addition d'Ernest Burdach.
(2) Scherer, *Journal*, t. V, p. 166.

l'air ; son caillot acquiert d'abord à la surface une teinte rouge, qui peu à peu gagne aussi l'intérieur. La coloration varie sous le rapport de l'intensité et de la nuance, depuis le rose pâle ou le brun faible jusqu'à l'écarlate et au cinnabarin. Macaire et Marcet ont vu le rougissement avoir lieu presque toujours. Muller l'a observé rarement (1). Suivant Tiedemann (2), c'est chez les Chevaux qu'on l'observe le plus fréquemment ; il est plus rare chez les Chiens, et plus encore chez les Brebis. Emmert (3) a même vu le chyle devenir d'un rouge foncé dans le canal thoracique, après que ce dernier était resté exposé à l'air pendant quelque temps, et ce phénomène pouvait être dû à du sang introduit par hasard, puisque, non-seulement la valvule placée à l'embouchure du canal dans la veine sous-clavière s'oppose à ce que le sang passe de celle-ci dans celui-là, mais encore le canal avait été lié à sa partie supérieure avant que le chyle s'y rassemblât de bas en haut, et les vaisseaux sanguins étaient vides, l'animal ayant péri d'hémorrhagie. Il n'est pas rare non plus qu'à l'ouverture des cavités abdominale et pectorale, on trouve le chyle rougeâtre, surtout dans le canal thoracique, et alors, comme l'a observé Seiler, entre autres, ce liquide prend une teinte rouge plus foncée à l'air libre. Monro avait déjà remarqué que quand les viscères d'un Poisson vivant sont demeurés quelque temps exposés à l'air libre, par l'ouverture de la cavité du corps, la partie supérieure du canal thoracique renferme toujours un liquide ayant la couleur rouge du sang ; mais il attribuait ce phénomène à une inflammation et à un épanchement de sang déterminés par l'impression de l'air froid.

1° Reuss et Emmert ont reconnu que le chyle tiré des vaisseaux lymphatiques au voisinage de l'intestin, rougit très-peu à l'air, tandis que celui qui provient du canal thoracique ne tarde pas à prendre une teinte rosée. Vauquelin (4) l'a trouvé

(1) *Handbuch der Physiologie*, t. I, p. 145.

(2) *Rech. sur la digestion*, t. II, p. 87. — Hurtrel d'Arboval, *Dict. de médecine vétérinaire*. Paris, 1839, t. V, p. 558.

(3) Reil, *Archiv*, t. VIII, p. 190. — *Tuebinger Blaetter*, t. I, p. 97.

(4) *Annales du Muséum*, t. XVIII, p. 240.

d'un blanc de lait dans le plexus lombaire, et rougeâtre **vers** le milieu de la hauteur du canal thoracique. La même observation a été faite par Prout (1) et Seiler (2). Emmert a remarqué que le chyle des vaisseaux mésentériques **est celui** qui change le moins à l'air, que celui de la portion abdominale du canal thoracique y devient un peu rougeâtre, et que celui de la portion pectorale y acquiert rapidement une couleur analogue à celle du sang (3). De même, Schultz a vu s'écouler du canal thoracique, ouvert à sa partie supérieure, du chyle d'abord rougeâtre, et ensuite lactescent (4). Mais Tiedemann et Gmelin (5) ont reconnu que le chyle, pris avant qu'il eût traversé les ganglions mésentériques, demeurait blanc à l'air, tandis qu'après son passage à travers ces ganglions, il devenait rougeâtre, et que celui du canal thoracique se colorait en rouge intense.

2° Les mêmes observateurs (6) ont vu le chyle se **coaguler** promptement dans le gaz oxygène, et y prendre une vive couleur de carmin approchant du rouge écarlate ; il avait absorbé pour cela 0,62 de son volume de gaz. Dans l'azote **et** le gaz acide carbonique, il acquit une teinte de cramoisi sale, et le caillot devint violet ; il n'absorba rien du **premier** de ces deux gaz, et prit du second 0,611 de son volume. Dans le gaz hydrogène sulfuré, il prit une couleur verdâtre. Du chyle ayant la couleur du sang ne changeait point lorsque Krimer le tenait dans un vase clos ou dans du gaz hydrogène (7), mais il devenait d'un rouge rosé à l'air libre ; du chyle blanc conserva cette teinte dans le gaz acide carbonique et dans le gaz azote. Retiré au bout de vingt secondes, il rougit après huit à quinze minutes d'exposition à l'air libre ou au gaz oxygène, absorbant de l'oxygène et exhalant de l'acide carbonique.

(1) Schweigger, *Journal*, t. XXVIII, p. 510. — Comparez Raspail, *Nouveau syst. de chimie organique*. Paris, 1838, t. III, p. 253.

(2) *Loc. cit.*, p. 353.

(3) *Loc. cit.*, p. 145.

(4) Rust, *Magazin*, t. XLIV, p. 39.

(5) *Rech. sur la digestion*, t. I, p. 262.

(6) *Ib.*, p. 276.

(7) *Versuch einer Physiologie des Blutes*, p. 121.

3° Si l'on peut déjà conclure de la manière dont les gaz se comportent, qu'il y a ressemblance entre la couleur du chyle et celle du sang, le fait a été démontré encore par Reuss et Emmert, qui ont trouvé que quand on lavait le caillot du chyle rouge, la couleur passait dans l'eau, avec laquelle elle traversait un filtre, qu'elle restait pendant quelque temps étendue d'une manière uniforme, puis qu'elle se fixait au sédiment formé par le repos, et que les acides la détruisaient.

4° D'après les observations de Prout (1) et de Marcet (2), le chyle des Chiens qu'on a nourris de viande devient plus rouge que celui des Chiens qui ont vécu de substances végétales. Leuret et Lassaigne ont remarqué, au contraire, qu'il rougissait sous l'influence d'une nourriture composée de sucre, de gomme, de pomme de terre et de fibrine, tandis qu'il était blanc sous celle du lait, de la graisse, de la viande, des tendons et des cartilages. Tiedemann et Gmelin ont fait des observations analogues (3), et ils ont posé en principe que le chyle rougit d'autant plus, chez les Chevaux et les Brebis, que l'animal a été mieux nourri. La disposition individuelle de la vie peut certainement jouer un grand rôle à l'égard de cette différence, car Gurlt (4) a trouvé, chez deux Chevaux également nourris de paille, que le chyle provenant du canal thoracique de l'un était très-rouge, au lieu que celui de l'autre était blanc et ne changeait point à l'air. Cependant l'assertion de Tiedemann et Gmelin a pour elle les observations d'Emmert (5) et de Schultz (6), d'après lesquelles le chyle affecte une couleur rouge plus prononcée, ou du moins rougit davantage à l'air, chez les animaux qui ont jeûné. Gurlt l'a également trouvé écarlate dans le canal thoracique d'un Poulain qui n'avait point encore tété.

5° Mais il semble paradoxal que le rougissement du chyle, propriété en vertu de laquelle il se rapproche manifestement

(1) *Deutsches Archiv*, t. VI, p. 91.
(2) *Annales de chimie*, t. II, p. 52.
(3) *Rech. sur la digestion*, p. 86.
(4) *Lehrbuch der vergleichenden Physiologie*, p. 138.
(5) Reil, *Archiv*, t. VIII, p. 195.
(6) *Das system der Circulation*, p. 47.

de la nature du sang, soit d'autant moins prononcé que l'hématose marche avec plus de célérité et devient plus complète,
et qu'il le soit d'autant plus que l'inverse a lieu. Il doit donc
dépendre d'autre chose que des alimens et de quelque circonstance inhérente à l'organisme lui-même. Tiedemann et
Gmelin n'ont reconnu dans le chyle que des substances provenant, ou des alimens, ou du sang. Or, comme évidemment
la couleur rouge ne tire pas sa source des alimens, ils la dé-
duisent de la matière colorante du sang artériel (1). Ils admettent que son passage dans le chyle a lieu dans l'intérieur
des ganglions lymphatiques du mésentère ; mais ils pensent
aussi que la rate, considérée par eux comme un ganglion
lymphatique, y contribue également, la lymphe qui en provient contenant de la matière colorante du sang'et rougissant
le chyle au moment où elle arrive dans le canal thoracique.
Suivant eux, le liquide rougeâtre que sécrètent les glandes
du mésentère et la rate doit être d'autant moins apercevable
dans le chyle, que les alimens dissous sont absorbés en plus
grande quantité dans le tube intestinal, parce qu'alors il se
trouve plus étendu et délayé davantage. Muller (2) n'est pas
éloigné d'admettre cette manière de voir ; car il pense que la
fibrine, qui d'ailleurs tient aux globules du sang, pénètre,
peut-être dissoute, à travers les parois des vaisseaux lymphatiques. Du reste, il fait remarquer (3) que, quand on a
trouvé le chyle rougeâtre dans le canal thoracique, cette
teinte pouvait provenir de quelques globules du sang qui s'y
étaient introduits de la veine sous-clavière.

Ainsi, dans cette hypothèse, le rougissement du chyle est
attribué à une couleur déjà existante, et il reste à rechercher
l'origine de celle-ci. Pour ce qui concerne la lymphe de la
rate, elle est généralement incolore suivant Rudolphi et autres. Seiler (4) l'a trouvée telle chez la plupart des Chevaux,
ainsi que chez les bêtes à cornes, les Cochons, les Chiens et

(1) *Loc. cit.*, p. 87.
(2) *Handbuch der Physiologie*, t. I, p. 547.
(3) *Ib.*, p. 445.
(4) *Zeitschrift fuer Natur-und Heilkunde*, t. II, p. 394.

les Chats, et Muller convient que la couleur rouge qu'il a remarquée chez les Bœufs, dans quelques-uns des plus gros vaisseaux lymphatiques de la rate, n'est point constante. Mais, considérée d'une manière générale, l'hypothèse qui attribue le rougissement du chyle à de la matière colorante du sang admise dans le système lymphatique, paraît insoutenable quand on réfléchit que du chyle complétement blanc devient rouge, hors du système vasculaire, par l'action de l'air atmosphérique ou du gaz oxygène. Reuss et Emmert (1) reconnaissaient que ce liquide se perfectionne surtout dans les glandes du mésentère, et pensaient que le perfectionnement qu'il y éprouve tenait soit à l'accession de substances provenant du sang, soit à une action vivifiante exercée par ce dernier. Cette opinion semble être la plus conforme à la vérité. A mesure qu'il s'avance dans le système lymphatique, le chyle devient de plus en plus apte à prendre la couleur du sang, par conséquent aussi à se convertir en sang sous l'influence de la respiration. Cet effet a lieu surtout dans les ganglions du mésentère, et comme ces ganglions sont très-riches en artères, il s'accomplit incontestablement par l'action du sang artériel. Si le chyle rougit, même durant la vie, dans ses vaisseaux, le phénomène doit tenir à ce que le sang artériel, qui n'est séparé de lui que par les parois mêmes des vaisseaux capillaires et des lymphatiques, lui abandonne de l'oxygène, qu'il attire, et qui le rapproche des caractères du sang. Il se passe donc dans les ganglions lymphatiques quelque chose d'analogue à ce qui arrive dans la matrice; dans les uns comme dans l'autre, le sang artériel exerce une influence assimilatrice, en produisant, par une échange de substances qui a lieu au travers des parois vasculaires, une action analogue à celle de l'air atmosphérique, plus faible seulement, et remplaçant ainsi cet air, ou préparant les voies à l'action qu'il doit accomplir plus tard. Comme des vaisseaux sanguins se répandent dans les parois des vaisseaux lymphatiques et de leurs troncs, le sang peut produire des effets semblables à ceux qui se passent dans les ganglions. Qu'il vienne à se

(1) *Loc. cit.*, p. 698.

former beaucoup de chyle , parce que la nourriture est abondante et de bonne qualité , ce liquide coule avec trop de vitesse pour pouvoir éprouver une transformation bien considérable ; mais, lorsqu'il se produit en moindre quantité, il marche plus lentement , et le séjour plus long qu'il fait dans le système lymphatique permet qu'il demeure exposé plus longtemps à l'action de ce système , que par conséquent il acquière à un plus haut degré la capacité de rougir, ou que même il rougisse déjà. Sous ce rapport, il se comporte absolument comme la lymphe qui , lorsque son cours vient à se ralentir , soit par la soustraction des alimens , soit par la dilatation anormale de ses vaisseaux, s'assimile tellement au sang qu'elle rougit quand elle reçoit le contact de l'air (§ 912, 4°), ou que même elle acquiert déjà une teinte rouge dans l'intérieur de ses propres vaisseaux (§ 916 , 3°). Il y a un siècle et demi qu'une observation fort simple avait conduit les physiologistes à cette manière de voir. Hannemann (1), annonçant à Bartholin, en 1673 , que le chyle devenait en quelques heures rouge comme du sang , lorsqu'Elsner l'avait forcé de séjourner dans les vaisseaux lymphatiques, par l'application d'une ligature sur ces derniers , ajoutait : « Ainsi se trouve confir- » mée mon opinion, que c'est le sang qui convertit le chyle » en sang par une sorte d'assimilation , et que toute partie » pourvue de vaisseaux sanguins est en état de former ainsi » du sang ; la forme intrinsèque du sang est déjà inhérente au » chyle, et tend à réaliser complétement son essence, ce à » quoi le chyle est mûr dans l'intérieur de ses vaisseaux. » Mais Bartholin répondit, suivant l'usage, que, dans le cas cité par Hannemann , le chyle avait peut-être été rougi soit par du sang reflué des veines , soit par la putréfaction ; car il ne peut point se former de sang dans le cadavre , et un seul fait ne permet pas d'établir des propositions générales.

§ 960. 1° Les globules augmentent dans le chyle à mesure que ce liquide avance dans le système lymphatique (2) , de manière que leur nombre est plus considérable dans le canal

(1) *Acta hafniensia*, t. II, p. 245.
(2) Arnold, *Lehrbuch der Physiologie*, t. II, p. 475.

thoracique que dans les vaisseaux du mésentère (1), et après
son passage à travers les ganglions qu'avant (2). Si ce fait
prouve que quelques globules naissent dans l'intérieur du système lymphatique, il confirme aussi l'opinion précédemment
émise que le système lymphatique est le lieu où se produisent
tous ces corps en général, tant ceux de la lymphe (§ 916, 2°)
que ceux du chyle (§ 950, 6°). Comme, aux derniers anneaux
de la chaîne animale et au début du développement d'un individu organique, la formation affecte la forme globuleuse,
nous sommes fondés à admettre que le produit de la digestion
débute aussi par une formation de globules. Il apparaît effectivement comme une masse primordiale, qui n'a point encore
de caractère prononcé, qui contient seulement le rudiment
de l'albumine et de la fibrine, et qui par cela même est très-
apte à recevoir toutes sortes de formes ; parvient-il dans les
racines des vaisseaux lymphatiques, où il est étroitement en-
fermé par des parois organiques, mis en rapport aussi intime
que possible avec le sang contenu dans les capillaires, et placé
sous l'influence de la vie générale, son passage à la forme
organique commence par une formation de globules. Cette
formation continue dans toute l'étendue du système lymphatique, mais principalement dans les ganglions, où chaque
vaisseau, en se ramifiant, multiplie les surfaces de contact, et
rend par conséquent plus forte l'action des parois sur le contenu, où le nombre plus considérable des capillaires diminue
l'épaisseur des parois, ce qui permet au sang d'exercer une
influence plus marquée, où enfin, le liquide faisant un plus
long séjour, il a plus de temps aussi pour se transformer.

Comme le nombre des granules augmente dans le chyle
pendant son passage à travers le système lymphatique, tandis que celui des gouttelettes d'huile diminue, Schultz (3)
présume que les globules naissent des gouttelettes, probablement par l'action de l'alcali libre provenant de la lymphe
et du sang ; il admet que la graisse est produite dans l'intes-

(1) *Ib.*, p. 168.
(2) Schultz, *Das System der Circulation*, p. 39.
(3) *Das System der Circulation*, p. 39.

tin, mais encore à l'état liquide et sous une forme cohérente,
de manière à n'apparaître dans le chyle que sous celle de
stries et d'îles, et qu'elle ne prend la forme de globules de
graisse que dans le système lymphatique. Cette hypothèse se
rapproche de celle d'Ascherson (1), qui pense qu'au moment
où le liquide gras et l'albumine viennent à entrer en contact l'un
avec l'autre, il se produit une membrane albumineuse enveloppant une gouttelette de graisse en manière de cellule, de
sorte que, suivant lui, tous les tissus organiques élémentaires,
notamment les globules du sang, sont des cellules contenant
de la graisse liquide. Mais comme on trouve ordinairement
dans la lymphe, et souvent dans le chyle, des globules sans
graisse libre, et que les globules du sang ne renferment pas
de graisse, nous sommes obligés de révoquer cette explication en doute.

2° Le rougissement étant, de toute évidence, un phénomène par lequel le chyle se rapproche de la nature du sang,
dont la couleur appartient à ses globules, on doit s'attendre à
ce que ce soient les globules de la lymphe ou du chyle qui
rougissent au contact de l'air atmosphérique ou sous l'influence de la paroi vivante. Denis (2), Prout (3) et autres
l'admettent en effet. Arnold précise la chose davantage, en disant que les globules du chyle prennent une couleur rouge (4),
et suivant Schmidt (5), Schultz (6), Gurlt (7), Valentin (8),
on trouve aussi quelquefois de véritables globules du sang
dans le chyle. Monro, le premier, a converti la conjecture
précédente en certitude par l'observation immédiate de ce
qui arrive au chyle que le contact de l'air a rougi; il a trouvé,
dans l'expérience, sur des Poissons vivans, qui a été rap-

(1) *Comptes-rendus hebdomadaires des séances de l'Acad. des sciences*,
t. VII, p. 837.— *Application de la chimie à l'étude physiologique du sang
de l'homme*. Paris, 1838, in-8.
(2) *Rech. expérimentales sur le sang humain*, p. 305.
(3) Schweigger, *Journal*, t. XXVIII, p. 210.
(4) *Lehrbuch der Physiologie*, t. II, p. 174.
(5) *Ueber die Blutkœrner*, p. 41.
(6) *Das System der Circulation*, p. 44.
(7) *Lehrbuch der vergleichenden Physiologie*, p. 139.
(8) *Repertorium*, t. I, p. 278.

portée plus haut (§ 959), que la couleur rouge du contenu du canal thoracique adhérait aux globules. Krimer pose également en fait le rougissement des globules du chyle à l'air (1); il a vu aussi, en examinant la lymphe d'une tumeur lymphatique, que l'eau extrayait du caillot rougi à l'air des globules rouges qui se déposaient au fond du vase (2).

3° Il est donc à peine possible encore de révoquer en doute que la formation des globules du sang commence dans le système lymphatique. Mais comme ces globules diffèrent, quant au volume, à la forme et aux propriétés chimiques, de ceux qu'on rencontre dans le système lymphatique, ces derniers, en changeant de couleur, ne sont point encore pour cela devenus des globules du sang. L'observation laissant ici de grands vides, il reste à savoir si au rougissement se joint l'acquisition des autres propriétés des globules du sang, ou si ces propriétés ne se manifestent que plus tard. Rudolphi pense (3) que les globules du chyle ne se transforment pas immédiatement en globules du sang, mais qu'ils se résolvent en sang, et qu'ils sont métamorphosés avec celui-ci dans les poumons. Gruithuisen (4) admet des vésicules sanguines, provenant peut-être du chyle, dans l'intérieur desquelles se produiraient les globules du sang, qu'elles laisseraient échapper en se déchirant. Aucune de ces deux hypothèses ne repose ni sur l'observation immédiate, ni sur l'analogie.

Le volume des globules du chyle varie, suivant Wagner (5), dans les vaisseaux lymphatiques entre 0,0016 et 0,0066 ligne, dans le canal thoracique entre 0,0025 et 0,0050 seulement. Cette variation de volume annonce qu'ils sont encore en train de se former. Ils peuvent être fort petits d'abord, puis croître beaucoup, et enfin se resserrer de nouveau ; mais leur inégalité confirme une conjecture qui se présente naturellement à l'esprit, celle qu'ils ne se produisent et ne se développent pas

(1) *Versuch einer Physiologie des Blutes*, p. 127.
(2) *Ib.*, p. 147.
(3) *Grundriss der Physiologie*, t. II, P. II, p. 281.
(4) *Beiträge zur Physiognosie*, p. 162.
(5) *Beiträge zur vergleichenden Physiologie*, t, II, p. 25.

tous à la fois, et que certains d'entre eux sont plus avancés que les autres. Mais, comme on les trouve la plupart du temps plus petits que les globules du sang, leur développement devrait être accompagné d'un accroissement de volume. Cet accroissement tiendrait, suivant Leeuwenhoek (1), à ce qu'ils se réunissent plusieurs ensemble, au nombre de six, pour produire un globule du sang ; mais aucun fait n'appuie cette hypothèse. D'après Hewson (2), il serait le résultat d'une accession du dehors ; cet écrivain pense, en effet, que les globules de la lymphe et du chyle sont tout simplement des noyaux de globules du sang, et qu'ils se convertissent en vrais globules du sang par l'addition d'une enveloppe colorée. Le fait sur lequel il se fondait était que chaque vaisseau lymphatique sortant d'un ganglion contient beaucoup de globules qui ressemblent à des noyaux de globules du sang par leur volume, leur configuration et leur insolubilité dans le sérum ou les dissolutions de sels neutres. Il admettait que ces globules sont sécrétés dans les ganglions lymphatiques ; par conséquent, il avait perdu de vue qu'on les rencontre dès avant l'entrée de la lymphe dans les ganglions, où ils ne font que croître en nombre. Hewson, ayant aussi découvert des globules du sang complets dans les vaisseaux lymphatiques, supposa, d'après cela, que l'enveloppe colorée se produit dans les ganglions, soit au moyen d'un liquide que ces derniers sécréteraient, soit par l'action de la force plastique des vaisseaux eux-mêmes sur le liquide contenu dans leur intérieur. Mais, suivant lui (3), c'est surtout dans la rate que la matière des enveloppes colorées est sécrétée, et elle passe de là dans le canal thoracique. Cette observation, qui fait intervenir une addition du dehors, et qui est fort commode, a rencontré beaucoup d'accueil dans ces derniers temps. Schultz lui-même l'a adoptée (4): il dit avoir trouvé, dans le système lymphatique des Lapins, non-seulement des gouttelettes d'huile et des globules granulés de

(1) *Philosophical Trans.*, 1674, p. 121.
(2) *Experimental inquiries*, t. III, p. 119.
(3) *Ib.*, p. 131.
(4) *Das System der Circulation*, p. 44,

chyle, mais encore des globules du sang en train de se former, consistant en un globule de chyle qui servait de noyau, et une enveloppe encore mince et faiblement colorée, appliquée plus ou moins immédiatement au noyau. Mais la micrométrie a renversé ces hypothèses mécaniques. Nasse (1) a trouvé les globules du chyle beaucoup trop gros pour qu'ils pussent être les noyaux de ceux du sang. Wagner (2), qui a mesuré les globules du chyle et de la lymphe chez l'homme et chez des animaux des quatre classes de vertébrés, les dit plus gros partout que les noyaux des globules du sang, dont ils excèdent même quatre et cinq fois le volume. Les mesures prises par d'autres ont donné le même résulat. Suivant Valentin (3), les globules de la lymphe ont 0,0600 ligne dans les Salamandres, tandis que les noyaux des globules du sang n'ont que 0,0048 lignes de large sur 0,0050 de long ; et s'il a trouvé le volume des uns et des autres à peu près égal chez la Grenouille, tandis que, selon Wagner, les premiers ont 0,0100 ligne, et les autres 0,0020, on peut considérer cette circonstance comme purement accidentelle. D'ailleurs, dans les trois classes inférieures d'animaux vertébrés, les globules de la lymphe sont circulaires, comme chez les Mammifères, bien que les globules du sang et leurs noyaux soient presque généralement elliptiques. Mais, considérée d'une manière générale, l'hypothèse de deux parties primordialement séparées dans chaque globule du sang, est fort problématique; la séparation du noyau et de l'enveloppe semble devoir être regardée, au contraire, comme le simple résultat d'un commencement de décomposition, ainsi qu'il a déjà été dit ailleurs (§ 688, 7°), et que des recherches récentes l'ont confirmé. Krause (4) n'a jamais pu se convaincre de l'existence d'un noyau dans des globules du sang frais et non décomposés; Wagner (5) dit que la formation du noyau et de l'enve-

---

(1) *Untersuchungen zur Physiologie und Pathologie*, t. I, p. 86.
(2) *Loc. cit.*, p. 31, 48.
(3) *Repertorium*, t. II, p. 71.
(4) *Handbuch der menschlichen Anatomie*, t. I, p. 11.
(5) *Loc. cit.*, p. 14, 45.

loppe est un phénomène de coagulation, une séparation toute artificielle ; Valentin (1) affirme que, dans l'état frais, on ne peut jamais parvenir à isoler ces deux parties avec assez de précision pour qu'il soit possible de juger quel est au juste le siége de la couleur.

Comme nous ne pouvons pas attribuer le rougissement des globules à l'accession d'un liquide, et que nous sommes obligés de le mettre sur le compte de l'action d'un gaz (§ 959, 2°), leur changement de volume, en supposant qu'il s'opérât simultanément avec celui de couleur, ne pourrait consister qu'en une augmentation par gonflement, ou une diminution par resserrement. Il serait possible que, pendant leur transformation en globules du sang, ces corpuscules se condensassent dans l'intérieur et prissent plus d'expansion à la surface. Suivant Wagner (2), leur centre devient plus foncé, et leur périphérie plus claire. Mais il se peut aussi que leur masse s'accroisse peu à peu, indépendamment de la couleur rouge qu'ils acquièrent. Une observation de Gruithuisen semble autoriser à le penser (3). Ce physiologiste a vu, dans du chyle humain qui n'avait encore traversé aucun ganglion, un grand nombre de très-petits corpuscules, dont on ne pouvait pas bien apprécier la forme, à cause de leur petitesse ; après le passage à travers un ganglion, quelques-uns d'entre eux étaient plus volumineux, sans cependant avoir atteint les dimensions des globules du sang. Home (4), en examinant le chyle des ganglions mésentériques d'un homme qui était mort une heure après avoir mangé, y a découvert d'innombrables globules blancs, d'un volume infiniment varié, et dont quelques-uns égalaient les globules de sang en grosseur ; il dit aussi avoir vu qu'au bout de quelques minutes, non-seulement de nouveaux globules se formaient, mais encore les anciens devenaient, par un véritable accroissement de substance, sensiblement plus gros, plus opaques et d'un blanc laiteux.

(1) *Loc. cit.*, p. 485.
(2) *Loc. cit.*, p. 26.
(3) *Medicinisch-chirurgische Zeitung*, 1843, t. II, p. 73.
(4) *Lectures*, t. III, p. 25.

Nous ne pouvons nous empêcher de croire que Home a pris des gouttelettes de graisse pour des globules de chyle, ou qu'il s'est trompé de quelque autre manière.

4° Enfin les globules doivent aussi changer de forme dans leur transmutation. Wagner (1) croit avoir remarqué que ceux du canal thoracique, comparés à ceux d'un ganglion lymphatique, étaient plus aplatis. Il a trouvé aussi, chez des animaux à globules du sang oblongs, particulièrement chez des Reptiles, quelques globules de forme allongée déjà et ayant tous les dehors des plus petits globules du sang, qui de leur côté présentaient souvent une périphérie plus ou moins arrondie (2). Au reste, les globules de la lymphe et du chyle, comme germes de ceux du sang, ont une analogie frappante avec les globules qu'on rencontre dans le sang durant la première période de la vie. Chez l'embryon, les globules du sang commencent par être sphériques, et ils ne deviennent plats que peu à peu. Baumgærtner assure en outre qu'ils sont d'abord granulés. Enfin, chez les Oiseaux, les Reptiles et les Poissons, ils affectent d'abord une forme circulaire, et ce n'est que peu à peu qu'ils en prennent une elliptique. (J'ai trouvé chez les Chiens les globules du chyle contenus dans les vaisseaux lymphatiques du mésentère avant leur entrée dans aucun ganglion, beaucoup plus petits, biens plus clairs, et moins sensiblement grenus que ceux du canal thoracique.) (3).

§ 961. Examinons maintenant le contenu en substances solides.

1° Pour ce qui concerne d'abord l'albumine, Reuss et Emmert (4), Werner (5), Prout (6), Seiler et Ficinus (7), ont remarqué que le chyle provenant du canal thoracique se coagule plus rapidement et plus complétement que celui des vaisseaux lymphatiques du mésentère. Vauquelin a trouvé

(1) *Loc. cit.*, p. 25.
(2) *Loc. cit.*, p. 48.
(3) Addition d'Ernest Burdach.
(4) Scherer, *Journal*, t. V, p. 166.
(5) *Ib.*, t. VIII, p. 31.
(6) Schweigger, *Journal*, t. XXVIII, p. 240.— Raspail, *Nouv. Syst. de chimie organique.* Paris, 1838, t. III, p. 166.
(7) *Zeitschrift fuer Natur-und Heilkunde*, t. II, p. 354.

aussi du chyle plus parfait dans le canal que dans les vaisseaux. Chez un Cheval examiné par Emmert (1), du chyle qui n'avait encore traversé aucun ganglion mésentérique était seulement un peu épais, tandis que celui qui provenait des plexus lombaires formait un caillot mou et rougeâtre, s'élevant à 0,013, qui était converti le lendemain en liquide, et que celui du canal thoracique se coagulait plus vite, donnant 0,018 d'un caillot très-ferme, contractile et presque cinnabarin. Des phénomènes analogues eurent lieu dans un autre cas (2). Tiedemann et Gmelin ont vu le chyle qui n'avait encore traversé aucun ganglion du mésentère, se coaguler lentement et faiblement, tandis que celui qui avait traversé des glandes donnait un caillot plus complet, et que la coagulation de celui du canal thoracique s'opérait instantanément. Ils ont trouvé aussi que celui qui coulait le premier après l'ouverture du canal thoracique était très-liquide et se coagulait plus vite que celui qui venait ensuite et qui avait séjourné moins long-temps dans le canal thoracique (3). Nous avons vu (§§ 912. 3°; 916, 5°) qu'en faisant un plus long séjour dans le système lymphatique, la lymphe aussi devient plus coagulable et plus riche en fibrine.

La fibrine n'apparaît d'une manière sensible que dans le système lymphatique (§ 950, 4°), et comme on a souvent observé que le chyle donne plus de caillot quand la nourriture est peu chargée de principes alibiles que dans le cas contraire (§ 949, 6°), ce serait là une preuve que la fibrine n'est point un produit immédiat de la digestion. Suivant Tiedemann et Gmelin (4), elle provient du sang, et se mêle au chyle dans les ganglions lymphatiques. Cette assertion manque de preuves. Comme, suivant Prout (5), le chyle contient déjà de la fibrine dans les racines des vaisseaux lymphatiques à l'intestin, nous devons admettre qu'elle est produite, dans le sys-

---

(1) Reil, *Archiv*, t. VIII, p. 153.

(2) *Ib.*, p. 175.

(3) *Rech. sur la digestion*, t. I, p. 262.

(4) *Rech. sur la digestion*, t. II, p. 89.—*Handbuch der Chemie*, t. II, p. 1380.

(5) *Loc. cit.*, p. 231.

tème lymphatique, avec les produits immédiats de la digestion. Probablement elle résulte d'une transformation de l'albumine, qui a tant d'analogie avec elle. L'opinion de
Schultz (1), qui la fait provenir de la graisse, est moins vraisemblable.

2° Nous n'avons que des assertions contradictoires en ce
qui concerne les changemens de l'albumine et des matières
extractives. Suivant Prout (2), il ne se produit pas de nouvel albumine dans le système lymphatique, et celle qui
résulte du travail de la digestion ne s'y perfectionne pas non
plus, parce qu'on la trouve en moindre quantité, et moins
développée, dans le chyle des vaisseaux lymphatiques voisins
de l'intestin, que dans le canal thoracique. Emmert a reconnu (3) que le sérum du chyle provenant du plexus lombaire laissait à l'évaporation 0,037, et celui du canal thoracique 0,047 de résidu sec, mais que (4) l'eau bouillante
redissolvait 0,475 du premier de ces résidus, et 0,300 seulement du second, d'où il suit qu'à mesure que le liquide a
cheminé dans le système lymphatique, l'albumine a augmenté,
tandis qu'au contraire l'osmazome et la ptyaline ont diminué.
La lymphe paraît aussi acquérir de l'albumine pendant son
trajet. Mascagni avait remarqué qu'elle se coagule davantage
à la chaleur après avoir traversé plusieurs ganglions lymphatiques. Gmelin (5) a trouvé, sur un Cheval qui était demeuré
vingt-quatre heures sans alimens, que le sérum de la lymphe
du plexus lombaire donnait 0,036 de résidu sec, et celui de
la lymphe du canal thoracique 0,046. Chez un autre Cheval
nourri abondamment (6), le chyle du canal thoracique contenait moins de parties solides dans son sérum que celui des
vaisseaux lymphatiques du mésentère, mais la fibrine y était
en même temps moins abondante, ce qui est contradic-

(1) *Das System der Circulation*, p. 69.
(2) *Loc. cit.*, p. 228.
(3) Reil, *Archiv*, t. VIII, p. 153.
(4) *Ib.*, p. 175.
(5) *Rech. sur la digestion*, t. II, p. 90.
(6) *Ib.*, p. 263.

toire avec les faits rapportés dans le paragraphe précédent. Suivant Arnold (1), la fibrine et l'osmazome augmentent, tandis que l'albumine et la ptyaline diminuent, dans le système lymphatique.

3° Tiedemann et Gmelin (2), Leuret et Lassaigne (3) ont trouvé moins de graisse dans le chyle du canal thoracique que dans celui des vaisseaux du mésentère. Suivant Schultz (4), elle diminue pendant le passage du liquide à travers les ganglions lymphatiques. C'est à cette diminution de la graisse libre, tenue en suspension, qu'il faut sans doute attribuer que Reuss et Emmert (5), Prout (6), Tiedemann et Gmelin ont trouvé le chyle du canal thoracique, et particulièrement son sérum, moins lactescens que ceux des vaisseaux mésentériques. Leuret et Lassaigne se demandent si la graisse transsude à travers les parois du système lymphatique. On serait plus en droit de demander si elle passe seulement à l'état de combinaison, ou si elle subit une décomposition et une transformation. Au reste, les faits qui ont été allégués plus haut (§ 916, 4°) semblent annoncer qu'elle diminue également dans la lymphe.

4° D'après Emmert (7), le chyle du canal thoracique contenait plus de substance solide que celui du plexus lombaire. Le fait paraît très-croyable, car les autres changemens que le chyle éprouve dans le système lymphatique consistent en ce qu'il acquiert plus de ressemblance avec le sang, mais se distingue de lui par la moindre proportion de substance solide (§ 958, 1°); d'ailleurs, il est essentiellement analogue à la lymphe (§ 958, I), laquelle, en séjournant dans le système lymphatique, devient plus riche en parties contenues, et acquiert une pesanteur spécifique plus considérable (§ 912, 1°).

---

(1) *Lehrbuch der Physiologie*, t. II, p. 468.

(2) *Recherches sur la digestion*, t. II, p. 94.

(3) *Loc. cit.*, p. 167.

(4) *Loc. cit.*, p. 39.

(5) Scherer, *Journal* t. V, p. 166. — Reil, *Archiv*, t. VIII, p. 146, 175.

(6) *Loc. cit*, p. 210.

(7) *Loc. cit.*, p. 175.

(Il suffit d'une observation superficielle pour qu'on ne puisse pas méconnaître une différence, sous le rapport du degré de coagulabilité, entre le chyle du canal thoracique et le contenu de la citerne. Le chyle tiré du canal thoracique se convertit, dans l'espace de deux à trois minutes, en un caillot rouge, de consistance gélatineuse, et l'on n'aperçoit point d'abord de sérum. Ce n'est qu'au bout de quelques heures que ce caillot, condensé au point de ressembler à du blanc d'œuf durci, nage dans un liquide limpide comme de l'eau, qui sort de ses interstices, et dont la quantité augmente peu à peu. Le contenu de la citerne, qui a une teinte plus laiteuse, tirant un peu sur le bleuâtre, paraît au contraire toujours plus coulant : il ne se coagule qu'au bout d'environ dix minutes, et généralement alors le caillot nage de suite dans de la sérosité. Je n'ai point trouvé le chyle coagulé dans la citerne, alors même que plusieurs heures s'étaient écoulées depuis la mort de l'animal, tandis que son état de coagulation l'empêchait fréquemment de s'écouler du canal thoracique. Pour examiner de plus près à quoi cette différence pouvait tenir, et surtout pour déterminer la proportion de l'albumine, je recueillis cinquante-huit grains de chyle du canal thoracique d'un Chien, quantité si considérable qu'elle n'avait pu être logée dans le conduit seul, et que la citerne avait dû se vider en grande partie ; je liai ensuite le canal immédiatement au dessus du diaphragme, et j'ouvris l'animal par le côté. La citerne était complétement remplie de nouveau ; elle donna quarante-quatre grains de liquide, que je considérai comme un mélange de chyle et de lymphe, mais arrivé depuis peu des petits vaisseaux dans le réservoir. Les deux portions du liquide furent mises dans des verres de montre, et je versai de l'alcool dessus. Ce menstrue détermina sur-le-champ la formation d'un caillot lactescent, qui, au microscope, montra des filamens composés de très-petits grains. Le liquide des deux verres fut ensuite abandonné à lui-même, à une température de trente degrés R., jusqu'à ce qu'il fût desséché ; le résidu de la première portion s'élevait à onze grains et demi, et celui de la seconde à six grains seulement. Ainsi le contenu, en matière coagulable, était de 0,1982 pour le chyle du canal thoracique, et de 0,1363 pour celui de la citerne) (1).

Tiedemann et Gmelin ont trouvé moins de parties solides dans le chyle du canal thoracique que dans celui des vaisseaux du mésentère : cette anomalie tenait peut-être à quelques circonstances particulières (§ 962, 2°).

II. Moyens de conversion du chyle et de la lymphe en sang.

§ 962. On avait admis jadis que le chyle est étendu d'eau dans les ganglions lymphatiques par un liquide dont ces organes accomplissent la sécrétion, et qui l'empêche de se coaguler, outre qu'il en favorise la progression. Mais Haller s'est convaincu qu'une semblable dilution n'a pas lieu (2). D'autres avaient pensé que le chyle subit une métamorphose, dans les ganglions lymphatiques, par l'accession des esprits animaux. C'était là une hypothèse dont on ne pouvait fournir la preuve. Si nous nous en tenons aux faits réels, voici ce que nous pouvons établir.

1° Il serait possible que la bile prît une certaine part à la transformation du chyle, comme le pensent Berthold (3) et Arnold (4). Haller (5), parmi les motifs qu'il allègue en faveur de l'absorption par les veines, dit que la bile est sécrétée en quantité qui surpasse celle de toute la masse des excrémens, qu'on n'en trouve néanmoins pas dans le chyle, et qu'en conséquence elle doit passer immédiatement dans le sang veineux. Si les cas anormaux, celui par exemple d'occlusion du canal cholédoque (6), sont les seuls dans lesquels toute la bile puisse se mêler, par résorption, avec le chyle, il n'est nullement probable que, dans l'état normal, elle repasse dans le sang veineux avec la totalité de ses parties excrémentitielles. Mais comme le foie est très-riche en vaisseaux lymphatiques, charriant un liquide incolore, dont ils ont opéré la

(1) Addition d'Ernest Burdach.
(2) *Elem., phys.*, t. VII, p. 237.
(3) *Lehrbuch der Physiologie*, t. II, p. 114.
(4) *Lehrbuch der Physiologie*, t. II, p. 166.
(5) *Loc. cit.*, p. 67.
(6) *Rech. sur la digestion*, t. II, 47.

résorption dans la trame organique et indubitablement aussi dans la bile, il peut très-bien arriver qu'en se mêlant avec le chyle ce liquide concoure à sa transformation : cependant nous manquons de preuves à cet égard.

2° L'addition de la lymphe ne peut point être sans influence sur le chyle. Comme elle est plus pauvre que lui en substances organiques (§ 958, I), loin qu'elle puisse le perfectionner en lui en fournissant, elle paraît être cause, au contraire, que le liquide du canal thoracique en contient moins que celui des vaisseaux lymphatiques du mésentère. Mais il n'en serait pas moins possible cependant qu'elle exerçât encore une influence modificatrice sur lui. Reuss et Emmert (1) regardent comme une chose très-vraisemblable que la lymphe contribue à l'assimilation du chyle, qu'elle l'amène à un plus haut degré d'animalisation. Prout dit que tel doit être l'effet des matériaux hors de service, et pour ainsi dire saturés d'animalité, sur les substances qui viennent d'être introduites dans la sphère de l'organisme (2).

3° Nous sommes bien plus fondés encore à admettre (car il faut ici nous borner à des conjectures) que le sang contenu dans les vaisseaux capillaires exerce une action de ce genre sur les parois du système lymphatique, spécialement dans l'intérieur des ganglions (§ 916, 6°). Comme le sang artériel est à la fois le principe nourricier et l'excitant du reste de l'organisme (§ 746), que partout il met en jeu l'activité vitale, tout porte à croire qu'il exerce une influence analogue sur le chyle, et le détermine ainsi à devenir de plus en plus semblable à lui-même.

4° A part même le sang, les parties vivantes d'alentour peuvent contribuer au perfectionnement du chyle.

TROISIÈME SUBDIVISION.

DE LA FORMATION DU SANG DANS LE SYSTÈME SANGUIN.

§ 963. La formation du sang commence au moment de l'entrée dans le système veineux. Le sang nouvellement né

---

(1) Scherer, *Journal*, t. V, p. 698.

(2) *Medico-chirurgical review*, t. XXV, p. 442. — *Dict. de médecine et de chirurgie pratiques*, art. SANG, t. XIV, p. 473.

(pour suivre la comparaison) y entre en communauté avec le vieux sang, arrive avec lui, par les artères, aux différens organes, entre, dans les vaisseaux capillaires, en conflit tant avec eux qu'avec le monde extérieur, et finit par arriver ainsi au terme de son développement. Si, pendant qu'il se trouvait à l'état embryonnaire, l'influence de l'atmosphère sur lui n'avait pu se faire sentir qu'au moyen du sang-mère devenu artériel à l'air, et cela dans les ganglions lymphatiques agissant comme matrice (§ 959, 5°), il entre, aussitôt après sa naissance, en conflit immédiat avec l'atmosphère ; si, durant la première période de son existence, il s'était comporté d'une manière purement passive, ne faisant autre chose que recevoir, il déploie maintenant sa spontanéité en toute liberté, et se montre à la fois vivifié et vivifiant.

Tiedemann et Fohmann (1) admettent que les abouchemens des lymphatiques avec les veines, dans l'intérieur des ganglions (§ 900, 2°), servent à multiplier les voies de passage du chyle et de la lymphe dans le sang, parce que si ces liquides arrivaient sur un seul point, et en grande quantité à la fois, dans le torrent de la circulation, ils agiraient d'une manière nuisible. Mais comme le chyle et la lymphe éprouvent, chemin faisant, une transmutation, il paraît être bien plutôt nécessaire qu'ils parcourent toute l'étendue du système lymphatique, afin de se préparer à entrer dans le sang. On serait tenté de croire que ces abouchemens multipliés ont surtout pour destination, quand le système lymphatique est trop plein, de détourner du tronc une partie de son contenu, qui a déjà subi une transformation dans les ganglions lymphatiques.

1° Haller a vu distinctement du chyle couler dans la veine sous-clavière, et il l'a suivi dans le sang jusqu'au ventricule droit (2). D'autres observateurs (3), Scudamore, Seiler (4), etc., ont également trouvé le sang, et surtout son sérum, colorés

(1) *Anatomische Untersuchung*, p. 40, 85.
(2) *Opera minora*, t. I, p. 184.
(3) Haller, *Elem. physiolog.*, t. II, p. 14.
(4) *Zeitschrift fuer Natur-und Heilkunde*, t. II, p. 354.

en blanc, par du chyle mélangé, plusieurs heures après l'ingestion de la nourriture. Cette couleur pourrait cependant tenir à de la graisse (§ 682, 3°), dont l'origine s'expliquerait de diverses manières ; mais comme on a observé le sang contenant de la graisse dans différens états anormaux, en particulier dans des troubles de la digestion, de la respiration ou de l'hématose, il serait possible qu'ici la graisse du chyle demeurée libre, à cause de la faiblesse de l'assimilation (§ 961, 3°), eût passé dans le sang.

2° Mais on trouve aussi dans le sang des corpuscules qui diffèrent des globules par leur défaut de couleur, leur forme parfaitement sphérique et leur peu de volume, de manière qu'on est obligé de les regarder comme des globules du chyle et de la lymphe. Suivant Wagner (1), leur diamètre est de 0,0016 à 0,0020 ligne, tandis que ceux du sang en ont un de 0,0033 ; ils sont finement granulés, et quelques-uns affectent une forme irrégulière. Nasse ne les a pas trouvés, dans le sérum séparé du caillot, plus gros que l'anneau intérieur des globules du sang complétement développés (2). Muller a rencontré des globules de ce genre chez les Oiseaux et les Grenouilles (§ 691) (3). Mayer a remarqué, en outre, dans les Grenouilles, des globules n'ayant pas plus de 0,0001 à 0,0002 ligne de diamètre, qui reposent sur ceux du sang pendant la circulation, et qu'il considère comme les corpuscules proprement dits de la lymphe (4). Suivant Valentin (5), ce ne sont que des dépôts de la portion de fibrine qui se coagule la première, attendu qu'ils se montrent d'autant plus abondans que la coagulation marche avec plus de rapidité, et qu'ils manquent lorsqu'on ajoute du carbonate de potasse au sang frais. Donné (6) a trouvé, outre les globules du sang et les petits globules du chyle, de nombreux cor-

(1) *Beitræge zur vergleichenden Physiologie*, t. II, p. 20.
(2) *Untersuchungen zur Physiologie und Pathologie*, t. I, p. 76.
(3) *Handbuch der Physiologie*, t. I, p. 543.
(4) Froriep, *Neue Notizen*, t. III, p. 67.
(5) *Repertorium*, t. III, p. 95.
(6) *Comptes-rendus hebdomadaires des séances de l'Ac. des sciences*, t. VI, p. 17.

puscules sphériques, blancs et légèrement granulés, qui sont
un peu plus gros que ceux du sang, affectent, comme eux,
une forme ronde chez les Mammifères et elliptique chez les
autres animaux, n'ont point de noyaux, et ne se dissolvent
pas dans l'eau ; ils étaient vingt fois plus nombreux dans un
cas de cachexie et d'hydropisie qu'ils ne le sont dans le sang
d'une personne en santé. Mandl (1) dit aussi que le sang des
Mammifères contient, indépendamment de ses globules, des
corpuscules plus gros, arrondis et blancs.

D'après les observations de Schultz (2) et de Wagner (3),
les globules du sang forment le courant principal dans l'axe des
vaisseaux, tandis que le sérum coule le long des parois,
contenant des globules épars de lymphe et de chyle, qui
marchent avec bien plus de lenteur que ceux du sang, s'arrêtent souvent, puis se remettent en mouvement (§ 925, 1°).
Weber (4) a observé, chez les Reptiles, que ces globules
marchaient dix à vingt fois au moins plus lentement que ceux
du sang, et que leur mouvement n'était nullement en harmonie avec celui de ces derniers, ce qui lui avait fait penser
qu'ils se trouvaient contenus dans des vaisseaux lymphatiques
particuliers renfermant les vaisseaux sanguins. Mais cette
opinion a été réfutée par Ascherson (5), Wagner (6) et
Mayer (7), qui ont fait remarquer qu'un certain accord a lieu
réellement entre les mouvemens de ces globules et ceux des
granules du sang, qu'on n'aperçoit pas de ligne de démarcation entre les uns et les autres, et qu'il arrive quelquefois à
des globules d'entrer dans le courant central, ou à des granules du sang d'en sortir. Cette dernière observation a été
faite également par Magendie (8), qui d'ailleurs émet l'incroyable opinion que le liquide incolore appliqué aux parois

(1) *Anatomie microscopique*. Paris, 1838, 4ᵉ liv. du Sang, in-fol. —
Traité pratique du microscope. Paris, 1839, p. 113 et suiv.
(2) *Das System des Circulation*, p. 46.
(3) *Loc. cit.*, p. 33.
(4) Muller, *Archiv*, 1837, p. 268.
(5) *Ib.*, p. 453.
(6) *Loc. cit.*, p. 34.
(7) *Loc. cit.*, p. 66.
(8) *Leçons sur les phénomènes physiques de la vie*, t. II, p. 236.

ne se meut,pas du tout. Les globules paraissent avoir une
affinité d'adhésion pour les parois des vaisseaux, que leur
surface granulée favorise peut-être, de sorte que le contact
qui en résulte peut avoir de l'influence sur leur développement ultérieur.

3° A peine est-il permis de douter que le sang contient des
globules de différens âges, les uns qui viennent d'entrer dans
le système lymphatique, d'autres plus avancés dans leur développement, quelques-uns complétement développés, et
certains enfin en train de se décomposer. Mais il ne paraît
pas que le temps soit encore arrivé de déterminer avec précision la marche de leur vie. Suivant Schultz (1), l'enveloppe
colorée, dont le liquide du sang (*plasma*) dissout toujours un
peu, constitue la partie essentielle des corpuscules du sang,
et a une structure organique ; pendant leur jeunesse, ils se
renflent, par l'épaississement de leur enveloppe, deviennent
turgides, et acquièrent une pesanteur spécifique plus considérable ; lorsqu'ils avancent en âge, ils perdent leurs noyaux,
et leurs enveloppes vides finissent par se dissoudre. Autenrieth
prétend (2) que le chyle est converti en sang douze heures
après le repas, parce que plus tard le sérum ne paraît plus
lactescent ; cependant Muller (3) fait remarquer que, même
à cette époque, quand les globules du sang se précipitent
dans le sang qui se coagule avec lenteur, parce qu'on y
a ajouté du carbonate de potasse, le liquide surnageant est
souvent un peu trouble et blanchâtre.

4° (Le sang mort n'exerce absolument aucune influence
sur le chyle. Une goutte de sang frais, ajoutée, sous le microscope, à quelques gouttes de chyle, n'apporta pas le
moindre changement dans l'aspect des globules de ce dernier.
Quelques gouttes de chyle de Lapin furent mêlées avec du
sang récemment tiré d'un autre Lapin ; les globules du premier semblèrent bien ensuite un peu colorés au microscope ;
mais, après qu'on les eut lavés avec de l'eau, ils redevinrent

(1) *Journal de* Hufeland, 1838, p. 4.
(2) *Handbuch der empirischen Physiologie*, t. II, p. 120.
(3) *Handbuch der Physiologie*, t. I, p. 143.

incolores, leur forme n'ayant subi d'ailleurs aucun changement. Des globules du chyle qui étaient demeurés pendant vingt-quatre heures dans du sérum de sang, furent retrouvés avec la même forme qu'auparavant. Il n'a été possible, en examinant au microscope du sang pris de diverses parties, d'apercevoir aucune trace des changemens que le chyle subit après être entré dans le torrent de la circulation. Lorsque j'avais tranché d'un seul coup la tête de Lapins ou de jeunes Chiens, je trouvais des globules du chyle aussi bien dans le cœur gauche que dans le cœur droit et la veine jugulaire; il ne m'était pas possible de découvrir des globules de lymphe dans l'aorte, la veine cave et d'autres vaisseaux, où l'on prétend cependant en avoir aperçu chez l'homme, les Oiseaux, les Reptiles et les Poissons.) (1)

* § 964. Comme le sang tire ses matériaux de deux sources, le monde extérieur, par le moyen de la digestion, et son propre organisme, par celui de la résorption, de même il se perfectionne, et par son conflit avec l'extérieur, dans la respiration (§§ 964-980), et par son conflit avec l'intérieur de l'organisme, dans les sécrétions et dans les ganglions sanguins (§§ 981-983).

Section première.

DU CONFLIT AVEC LE MONDE EXTÉRIEUR OU DE LA RESPIRATION.

I. La respiration fait suite à la digestion. Les deux fonctions consistent en un conflit avec le monde extérieur, par lequel l'organisme se trouve maintenu; mais la première achève ce que la seconde avait commencé. La digestion n'opère que sur des corps à proprement parler palpables, solides et liquides; elle crée et entretient la masse organique. La respiration est un conflit avec un corps aériforme, qui n'accroît point la masse de la matière organique, mais modifie seulement les propriétés de cette matière, et est une condition de sa vitalité. Les alimens sont toujours formés d'une matière organique complexe, engagée dans des combinaisons

(1) Addition d'Ernest Burdach.

chimiques; l'air, au contraire, est un mélange de substances élémentaires, et il n'entretient la vie qu'en vertu de sa matière inorganique. Dans la digestion, l'organisme admet en lui certains produits naturels déterminés; dans la respiration, il entre en communauté avec l'univers, avec l'atmosphère qui entoure de toutes parts le globe terrestre. Si le produit matériel de la digestion dure un certain laps de temps, parce qu'il est obligé de parcourir plusieurs degrés divers de transformation, l'effet de la respiration est plus prompt à se dissiper, le besoin en revient plus souvent et est plus impérieux. De même que la respiration, comparée à la digestion, se rapporte proportionnellement plus à l'activité vitale qu'à la composition organique, de même aussi elle a des rapports intimes avec la vie animale, notamment avec son côté subjectif, le sentiment et le mouvement.

I. La respiration affecte, dans son mécanisme, des formes diverses (§ 965-971), qui ne diffèrent pas essentiellement les unes des autres, qui par conséquent passent souvent de l'une à l'autre, et qui subsistent plus ou moins ensemble dans le même organisme. Comme cette fonction, considérée d'une manière générale, repose sur un conflit de l'organisme avec le milieu extérieur, ses formes fondamentales se rapportent les unes à la nature du milieu agissant, et les autres à l'espèce de substance organique avec laquelle ce milieu entre en conflit.

1° L'eau et l'air, les deux milieux dans lesquels vivent les corps organisés, sont partout unis ensemble, de sorte que l'un admet en soi quelque chose de l'autre, et lui imprime sa forme. Le conflit immédiat avec l'air atmosphérique appartient en propre, généralement parlant, aux organismes supérieurs, et s'accomplit principalement dans des cavités intérieures, qui sont formées de canaux ramifiés et réunis en une masse commune par du parenchyme. Un conflit indirect avec l'atmosphère, par l'intermédiaire de l'eau aérée, appartient davantage aux degrés inférieurs de la vie, et il a lieu surtout au moyen de parties saillantes, appelées branchies, qui consistent tantôt en des plis cutanés, lamelleux ou foliacés, tantôt en des cylindres réunis à la manière d'un pinceau, des branches d'un arbre ou des dents d'un peigne. Les seules branchies proprement dites sont celles qui entrent en conflit avec le milieu par leur face extérieure ; des réseaux de conduits aériens (chez les Insectes), et des ramifications de tubes aquifères (chez les Holothuries), ne méritent pas ce nom, qu'on leur donne quelquefois. Mais la différence n'est jamais que relative. La respiration aérienne immédiate elle-même a pour condition le concours de l'humidité (§ 973, 8°), et les animaux qui respirent l'eau peuvent en partie vivre aussi dans l'atmosphère, pourvu que celle-ci soit chargée d'eau, ou l'organe suffisamment humide. Une respiration aqueuse s'accomplit aussi dans des cavités, par exemple chez certains Mollusques, et une respiration aérienne à la surface de saillies extérieures, comme chez quelques Insectes. Il n'y a qu'une simple différence de quantité quand un réseau vasculaire se trouve étalé à la surface de l'organe respiratoire, ou quand il s'élève en saillie au-dessus de cette surface. D'ailleurs, les deux formes de respiration sont quelquefois réparties aux différens ordres d'une même classe d'animaux, par exemple chez les Mollusques et les Crustacés, dont les uns respirent l'air, et les autres l'eau aérée. La respiration a plus d'intermédiaires encore chez les Entozoaires et les Entophytes, qui, comme l'embryon des Mammifères, profitent de la respiration de l'organisme aux dépens duquel ils vivent et dont les humeurs leur tiennent lieu d'atmosphère.

2° La substance organique qui entre en conflit avec l'air est toujours un produit de la digestion; mais il faut distinguer ici, comme formes principales, la respiration par la masse du corps et la respiration par le sang. La première consiste en ce que l'action de l'air porte sur la substance organique en général, et sur le suc vital qu'elle contient, suc qui n'a point encore acquis sa forme propre, et qui n'est point renfermé dans des vaisseaux particuliers. C'est le cas des animaux chez lesquels les ramifications du canal digestif tiennent lieu de vaisseaux, comme les Méduses, ou dont le système sanguin se trouve limité à un cercle fort étroit, comme les Insectes. Lorsque le sang s'est complétement développé dans sa pleine et entière signification, on le voit aussi entrer en conflit avec l'air, parce qu'il représente alors l'universel dans l'organisme.

CHAPITRE PREMIER.

De la respiration en elle-même.

ARTICLE I.

Du mécanisme de la respiration.

§ 965. Les moyens par lesquels la respiration s'accomplit consistent en des dispositions organiques (§§ 965, 966, 967) et des mouvemens (§§ 968, 971).

I. Organes de la respiration.

Parmi les organes de la respiration, nous distinguons ceux qui mettent le milieu extérieur en contact avec la substance organique (§ 965, 966), et ceux qui mettent la substance organique en conflit avec le milieu extérieur.

A. *Organes pour le milieu extérieur.*

L'organisme offre au milieu ambiant le plus possible de points de contact, soit par un agrandissement de la surface, au côté extérieur ou dans des cavités intérieures, soit en divisant ou la substance qui fait saillie dans ce milieu, ou le milieu qui pénètre dans des canaux. Mais les surfaces appartiennent au système cutané, auquel revient d'ailleurs l'exercice du conflit avec le monde extérieur, et elles font partie de ses deux organes primordiaux, la peau extérieure et le canal digestif (§ 966). Chez les végétaux, les organes de la respiration ne sont point encore rigoureusement séparés de ceux de la nutrition (§ 917, 4°), parce que l'admission de la matière élémentaire dans l'organisme prédomine encore chez ces êtres.

1. ORGANES QUI PARTENT DE LA PEAU.

I. La respiration est au plus bas degré partout où elle s'accomplit à l'aide de la peau ou de la surface extérieure commune.

1° C'est ce qui arrive d'abord dans le cas de la respiration

par la masse même du corps, sans nul organe respiratoire spécial, non seulement chez les végétaux cellulaires et les animaux sans canal digestif (§ 917, 3°), mais encore, généralement parlant, chez les Infusoires, les Polypes, les Entozoaires, les Planaires, les Crustacés inférieurs, et même, à
ce qu'il paraît, dans le cas de la respiration par le sang chez
quelques Annélides, les *Gordius* et les Siponcles surtout. Du
moins n'a-t-on pas encore démontré formellement l'existence
d'organes respiratoires chez tous ces animaux, et si l'on en a
supposé, c'est qu'on croyait impossible qu'ils manquassent.
En tout cas, cet appareil paraît plus tard, dans la série animale, que celui des organes digestifs.

2° Lorsque ces derniers existent, la peau, qui, en leur
absence, s'était chargée seule de la nutrition (§ 917, 4°),
continue toujours d'y contribuer : de même, elle prend encore
part à la respiration quand déjà celle-ci s'accomplit par des
organes qui lui appartiennent en propre. Ceci est vrai surtout
des Reptiles nus et des Poissons. Suivant Humboldt et Provençal (1), des Tanches ont pu vivre pendant cinq heures, sans
beaucoup souffrir, la tête et les branchies hors de l'eau, dans
laquelle le corps seul plongeait ; mais la peau ne pouvait respirer que dans l'eau, et il lui était impossible de le faire aussi
dans l'air, comme il arrive aux branchies humides. Les observations de Spallanzani (2) et d'Edwards (3) ont appris que
la respiration par la peau est essentielle chez plusieurs Reptiles, en particulier chez les Batraciens et les Sauriens. Des
Grenouilles ont survécu plusieurs jours à l'excision de leurs
poumons, tandis que celles qu'on écorchait, ou dont on en-
duisait le corps d'un vernis à l'esprit-de-vin, périssaient en
quelques heures. Lorsqu'on tenait la tête de ces animaux dans
l'air, de sorte qu'ils pussent respirer par leurs poumons, ils
mouraient au bout de sept à vingt-quatre heures si leur corps
se trouvait plongé dans de l'huile ; mais si l'immersion de ce

(1) *Mém. de la Société d'Arcueil*. Paris, 1810, t. II, p. 392.
(2) *Mém. sur la respiration*, p. 72.
(3) *De l'influence des agens physiques sur la vie*, p. 5, 49-55, 67-82, 128.

dernier avait lieu dans l'eau, leur vie se prolongeait durant trois mois et demi. Les Grenouilles n'exécutent aucun mouvement respiratoire dans l'eau, et par conséquent n'y font rien entrer dans leurs poumons : mais elles respirent, par la peau, l'air mêlé à ce liquide. C'est ainsi qu'elles conservent leur vie dans l'eau courante. Renfermées dans de l'eau qu'on avait soin de renouveler chaque jour, elles vécurent ainsi une partie de l'hiver, et ne périrent, au bout de deux mois et demi, que quand on cessa de changer l'eau. Tandis que la peau respire l'eau chargée d'air chez les Grenouilles, elle a besoin de l'air libre chez les Rainettes ; plongées dans l'eau de manière à pouvoir respirer avec leurs poumons, ces dernières ne vivaient que trois à quatre jours. Des Salamandres auxquels on avait enlevé le cœur, et chez lesquelles on empêchait la respiration pulmonaire, vécurent vingt-quatre à vingt-six heures dans l'air, et quatre à cinq seulement dans l'eau. Chez les Oiseaux et les Mammifères il s'opère, dans la peau, un échange de gaz analogue à celui qui s'accomplit dans la respiration (§ 818, II), mais dont les effets ne sont pas les mêmes.

II. La peau, quand elle a pris tout son développement, se soulève, d'une part, en papilles et saillies analogues à des membres, s'affaisse de l'autre en cryptes et canaux de membrane muqueuse. Les organes respiratoires qui partent d'elle se montrent également sous ces deux formes. Les prolongemens de la peau auxquels on donne le nom de branchies sont tantôt libres au dehors, et tantôt couverts.

1° Les cils de certains Infusoires, et les lamelles mobiles, disposées en série, des Acéalèphes Cnophores, sont peut-être des branchies libres avec respiration par la masse de la substance. Ces organes sont plus manifestement accompagnés de respiration par le sang chez les Annélides aquatiques, où ils occupent tantôt la longueur du corps entier (Amphinome), tantôt l'extrémité céphalique (Terebelles), chez plusieurs Gastéropodes, où on les remarque soit sur le dos (Thetis), soit sur les côtés (Pleurobranche), soit disposés en ceinture autour du corps (Phyllidie), enfin chez les Ptéropodes et quelques Crustacés.

2° Les branchies couvertes font le passage aux cavités branchiales. On les rencontre principalement chez les Bivalves,
où, entourées par le manteau, elles pendent des deux côtés
du pied, vers l'ouverture de la coquille ; chez les Crustacés,
notamment les Décapodes, où elles sont couvertes par le bou-
clier dorsal, et les Isopodes, où elles occupent la plupart du
temps le dessous de la queue, couvertes par des lamelles particulières.

Les enfoncemens servent à une respiration par la masse ou
à une respiration par le sang. Dans le premier cas, le milieu,
qui est ou de l'air ou de l'eau, s'introduit dans le corps au
moyen de canaux.

3° On trouve chez les Acalèphes discophores des cavités servant à la respiration aqueuse, qui, par des ouvertures situées
à la face inférieure du corps, reçoivent l'eau, dont l'air agit
sur le produit de la digestion. Quelque chose d'analogue a
lieu aussi chez des animaux qui, bien qu'ayant du sang, ne
possèdent cependant pas de vaisseaux sanguins propres pour
l'organe respiratoire, mais chez lesquels l'eau pénètre dans
la cavité abdominale, et baigne l'organe digestif pourvu de
vaisseaux sanguins : tels sont, par exemple, les Astéries, et
parmi les Annélides, les Thalassimes et les Aphrodites. Il y a
en outre des animaux munis d'autres organes respiratoires,
chez lesquels on rencontre des conduits aquifères, qui ont
probablement les mêmes usages : Delle Chiaje en a vu chez
plusieurs Mollusques, et Baer chez les Moules (1). On ne sait
pas encore bien positivement si les canaux aquifères qui partent, ou de la cavité nasale pour se terminer en cul-de-sac
(Cyclostomes), ou des côtés de l'anus (Raies et Squales), du
cloaque (Crocodile), des parties génitales (Chéloniens), pour
aboutir dans la cavité abdominale, ont de l'affinité avec ceux-là.

6° Les organes respiratoires forment des canaux aériens
chez les Insectes et une partie des Arachnides. Les Insectes
ont la plupart du temps neuf à dix paires de stigmates, de
chacun desquels part un conduit aérien, qui tantôt se réunit
avec les deux canaux les plus voisins de lui pour former un

(1) *Nov. Act-acad. eur*, t. XIII, p. 597.

tronc parcourant la longueur du corps entier, et offrant parfois aussi des dilatations en forme de sac, tantôt se ramifie dans les différens organes. Chez les larves qui vivent dans l'eau, mais puisent l'air à la surface de ce liquide, les stigmates, surtout ceux de l'abdomen, s'allongent en des tubes respiratoires cornés, que l'animal peut faire saillir hors de l'eau. D'autres larves restent dans l'eau, dont elles absorbent l'air, qui est reçu par les commencemens des trachées anastomosées ensemble en forme de réseau.

Les végétaux respirent en général à travers leurs cellules closes. Chez les plus parfaits, l'air pénètre principalement par les stomates, vides intercellulaires, situés à la face inférieure des feuilles, d'où il se répand dans les vides analogues des parties du tronc, ou ce qu'on appelle les conduits intercellulaires ; mais il s'insinue aussi dans les trachées, qui sont également closes (1). Cependant les voies de la sève et celles de l'air ne sont pas tellement distinctes, dans les végétaux, qu'un même espace ne puisse jouer le rôle des unes et des autres à des époques diverses. Les fruits verts n'ont pas de stomates, et cependant ils altèrent l'air comme le font les feuilles munies de ces ouvertures. D'ailleurs, la somme de cette altération n'est point proportionnée au nombre des stomates.

Lorsque des vaisseaux sanguins particuliers se rendent aux enfoncemens de la peau qui reçoivent l'air, tantôt ils forment des ramifications situées dans le plan de la paroi, tantôt ils font saillie à l'intérieur, dans des replis de la peau.

7° La première de ces dispositions donne lieu aux cavités respiratoires qu'on observe chez quelques Gastéropodes respirant l'air (Limaçon, Limace), certains Annélides (Sangsue, Ver de terre), et les Arachnides pulmonaires.

8° De la seconde résultent les cavités branchiales, qui respirent de l'eau chez les Gastéropodes respirant ce liquide, et de l'air chez quelques Arachnides. Parmi ces derniers, on en compte (*Disderia*, *Segestria*) qui, indépendamment des cavités branchiales aériennes, ont aussi des trachées ramifiées.

(1) Comparez Raspail, *Nouv. syst. de physiologie végétale et de botanique*. Paris, 1837, t. II, p. 242. — Dutrochet, *Mém. pour servir à l'hist. anat. et physiol. des végétaux et des animaux*. Paris, 1837, t. I, p. 320.

1. ORGANES PARTANT DU CANAL DIGESTIF.

§ 966. De même que la membrane muqueuse du canal digestif se soulève en villosités, ou se déprime en cryptes muqueuses et conduits sécrétoires, pour l'accomplissement des fonctions qui lui sont propres, de même aussi elle se renverse tant en dehors qu'en dedans pour le service de la respiration.

I. L'organe digestif lui même devient le siége de la respiration, soit exclusivement, soit de concert avec d'autres organes respiratoires. Dans le premier cas, la membrane muqueuse forme des saillies, qui, tantôt représentent des branchies proprement dites, c'est-à-dire des replis munis de vaisseaux sanguins particuliers et saillans dans la cavité digestive, remplie du milieu extérieur, l'eau, tantôt consistant en des canaux aériens, qui séparent l'air de l'eau dans la cavité digestive et le conduisent aux différentes parties du corps.

1° Chez les Tuniciers, à une ouverture buccale admettant la nourriture et l'eau destinée à la respiration, succède une cavité spacieuse, qu'on peut considérer comme cavité buccale, parce que l'œsophage commence à sa partie inférieure, mais qui représente en même temps une cavité branchiale, dont les vaisseaux sanguins font saillie, sous forme de réseau, dans des replis membraneux. Chez les Céphalopodes, on trouve des branchies lamelleuses plus développées, dans une cavité qui admet l'eau destinée à la respiration par deux ouvertures, mais à laquelle aboutissent aussi le rectum, la bourse du noir et les parties génitales, de manière qu'elle représente un véritable cloaque, et qu'elle offre pour ainsi dire la contre-partie de la cavité buccale respiratoire des Tuniciers.

2° Les larves des Névroptères attirent l'eau dans leur rectum, où font saillie les trachées divisées en réseaux et couvertes de membrane muqueuse, qui reçoivent l'air séparé de ce liquide.

3° Une respiration intestinale accessoire s'observe aussi,

parmi les animaux vertébrés , chez le *Cobitis fossilis.* Ce Poisson vient de temps en temps à la surface , y prend de l'air , et en laisse échapper en même temps, par l'anus, une certaine quantité, qu'on voit monter dans l'eau sous forme de bulles ; la respiration branchiale s'interrompt alors , et ne reprend qu'au bout de quelques minutes. Comme le Cobite vit dans des marais , qui se dessèchent en grande partie pendant la saison chaude , il avait besoin de cette respiration aérienne par l'intestin ; mais elle lui est nécessaire même lorsqu'il se trouve dans une quantité suffisante d'eau. Erman (1) a observé qu'il vit plusieurs semaines dans l'eau bouillie et couverte d'une couche d'huile , par sa seule respiration aérienne, sans faire aucun usage de ses branchies ; quand on l'empêchait de venir à la surface , il essayait de respirer avec ces dernières , et périssait. La même chose a lieu sans doute chez d'autres Poissons qui viennent de temps en temps à la surface de l'eau pour y humer de l'air , que plusieurs (*Tetrodon*), font servir à gonfler prodigieusement leur corps , ou qui , chez d'autres (*Cottus Scorpius*), occasione une sorte de grognement lorsqu'on les tire de l'eau (2).

4° Quelques faits sembleraient annoncer qu'une respiration intestinale a lieu aussi chez l'homme. Quoique des gaz se dégagent des alimens pendant le travail de la digestion (§ 947), nous avalons aussi de l'air avec nos alimens et nos boissons. Gosse avalait de l'air en retenant sa respiration , fermant la bouche , appuyant la langue au palais , et exécutant les mouvemens de la digestion. Suivant les observations de Magendie (3), il y a huit à dix hommes sur cent qui peuvent en faire autant. Ordinairement l'air ainsi avalé revient à la bouche , mais parfois aussi il distend les intestins et sort par l'anus. Après l'asphyxie par des gaz délétères , l'acide carbonique surtout (4) , de même qu'à la suite de toute suspension brusque de la circulation pulmonaire , on remarque une forte congestion sanguine dans la membrane muqueuse de l'esto-

(1) Gilbert, *Annalen der Physik*, t. XXX, p. 143.
(2) Rathke, *Beitræge zur Geschichte der Thierwelt*, t. II, p. 56.
(3) *Précis élément.*, t. II, p. 131.
(4) *Dict. de médec. et de chir. pratiques*, art. ASPHYXIE, t III, p. 542.

mac ou des intestins. Plagge était parti de là (1), pour admettre une respiration intestinale chez l'homme; il prétendait que l'œsophage inspire et expire, que si le ventre se gonfle pendant l'inspiration, c'est uniquement à cause de la respiration des intestins, et que le mouvement péristaltique n'est autre chose qu'un mouvement respiratoire. Krimer (2), soutenait l'opinion, non moins hasardée, que les phthisiques suppléent le défaut de respiration en avalant fréquemment de l'air ; à l'en croire, de deux jeunes Chiens auxquels il avait lié la trachée artère, celui dans l'intestin duquel il fit alternativement entrer et sortir de l'air vécut plus long-temps que l'autre. Mais ces assertions manquent de preuve, et l'on peut en dire autant d'une autre hypothèse de Krimer, qui veut que la respiration de l'intestin ne serve qu'à la force musculaire.

II. Aux échelons supérieurs de la série animale les organes respiratoires se développent par des exsertions de l'organe digestif, dont ils représentent d'abord des branches latérales, qui peu à peu acquièrent plus d'indépendance en se resserrant à leur base et se développant davantage. Ces exsertions surviennent ou à l'intestin, ou à l'arrière-gorge.

1° Les Holothuries attirent l'eau servant à leur respiration dans le cloaque, d'où elle passe dans deux conduits latéraux qui se ramifient en manière d'arbres, et se terminent en cul-de-sac.

2° La vessie natatoire des Poissons est, quant à son mode de formation, une véritable exsertion de ce genre, qui seulement part de la partie supérieure de l'intestin, affecte la forme d'un sac, et ne reçoit point d'eau dans son intérieur (§ 383). Elle est réellement un organe de respiration, non pas d'inspiration, mais d'expiration, en ce qu'elle sécrète des gaz du sang contenu dans ses nombreux vaisseaux (§ 847, 7°). Chez les animaux vertébrés, les organes respiratoires sont des branches latérales du commencement du canal digestif, qui tantôt percent la paroi du corps pour apparaître à l'extérieur, tantôt se terminent en cul-de-sac dans l'intérieur du corps.

(1) Meckel, *Deutsches Archiv*, t. V, p. 89.
(2) Horn, *Neues Archiv*, 1821, p. 264.

La première de ces deux dispositions constitue la respiration de l'eau par des branchies : son affinité avec la respiration cutanée fait qu'elle occupe un degré inférieur.

3° Les branchies des Poissons sont des plis de membrane muqueuse, riches en vaisseaux, soutenus par une base osseuse ou cartilagineuse, et qui se continuent d'un côté avec la membrane muqueuse de l'œsophage, de l'autre avec la peau extérieure. Par leur division en filamens ou en lamelles, elles multiplient les points de contact de l'eau, à tel point que, par exemple chez une Raie longue de dix-huit pouces, elles offrent une surface de deux mille deux cent cinquante pouces carrés. Chez les Poissons osseux, l'espace qui les renferme est une simple fente du corps, que quatre arcs osseux, à la surface desquels elles sont implantées, partagent en cinq fissures; cette fente se continue d'un côté avec la cavité gutturale, de l'autre avec la surface extérieure, où elle peut être close et ouverte par un opercule mobile, composé de plusieurs pièces osseuses. Chez les Chondroptérygiens, les branchies sont situées plus profondément dans la paroi du corps, mieux séparées les unes des autres, du canal digestif et de la peau, et représentent plusieurs petits sacs, généralement au nombre de six ou sept, dont chacun aboutit à l'extérieur ou à l'intérieur par une ouverture arrondie, nue ou dépourvue au moins d'opercule complet. Ici donc les organes respiratoires sont des sacs branchiaux (§ 965, 7°), tandis que chez les Poissons osseux ils constituent des branchies couvertes (§ 965, 4°). De même, chez les Plagiostomes, à l'état embryonnaire, ils représentent des branchies libres (§ 965, 3°), saillantes à l'extérieur, qui consistent en filamens simples partant des sacs branchiaux.

4° Cette disposition fait le passage aux branchies libres, qui partent d'arcs branchiaux situés dans des fentes analogues de la paroi du corps, et respirent l'eau au milieu de laquelle elles flottent, tandis qu'il existe en même temps des poumons pour la respiration aérienne : état de choses qui persiste pendant toute la vie chez le Protée et les Reptiles voisins, mais qu'on n'observe chez les autres Batraciens que durant leur vie embryonnaire, qu'ils passent dans l'eau. Le Protée n'a pas besoin de l'air libre dans de l'eau suffisamment aérée, il ne va pas plus souvent que la plupart des Poissons à la surface, pour y humer de l'air, et il rejette la plupart du temps cet air par les fentes branchiales; hors de l'eau, il périt en peu d'heures; cependant on assure que quand on le tient dans une petite quantité de liquide, et qu'on l'habitue ainsi à respirer l'air davantage, ses poumons, fort imparfaits, acquièrent un peu plus de développement.

Les canaux aériens, qui partent du fond de la gorge, et se terminent en cul-de-sac, dans l'intérieur du corps, forment les poumons.

5° Les poumons apparaissent, chez les Reptiles, sous la forme de dilatations de la trachée-artère plissées en dedans, de manière à produire des cellules plus ou moins grandes. C'est là un degré d'organisation qui fait le passage des cavités branchiales aux poumons.

6° Chez les Oiseaux, les poumons constituent pour la première fois une expansion ramifiée des bronches, qui toutefois ne se divisent pas à la manière des arbres, mais traversent les poumons entiers, sans diminuer sensiblement de diamètre, et ne font que fournir des branches latérales. Les plus petites de ces branches ont toutes le même diamètre, ne se divisent plus, et contractent de nombreuses anastomoses les unes avec les autres. A leurs extrémités, on observe des vésicules latérales, riches en vaisseaux, dans lesquelles la respiration a son siége proprement dit. Du reste, les poumons sont petits, ne remplissent pas la cavité pectorale, en occupent le côté dorsal, et ne sont tapissés par la membrane séreuse de la cavité du corps qu'à leurs faces antérieure et inférieure. On remarque à leur face inférieure et postérieure des ouvertures qui mènent des bronches dans les sacs aériens.

7° Chez les Mammifères, les poumons sont plus volumineux; car chez l'homme ils forment un trente-cinquième de la masse entière du corps, tandis qu'ils n'en représentent qu'un quatre-vingt-dixième chez l'Oiseau; avec le cœur, ils remplissent la cavité thoracique. Les sacs de la plèvre les renferment, et font d'eux des organes indépendans; un diaphragme complet les sépare aussi de la cavité abdominale. Les bronches se ramifient à la manière d'un arbre ; leurs extrémités les plus déliées se divisent en plusieurs vésicules, demi-sphériques, serrées les unes contre les autres, et entourées de vaisseaux sanguins ; ces vésicules ont 0,125 à 0,166 ligne de diamètre chez l'homme, suivant Krause (1) ; réunies à la division bronchique sur laquelle elles reposent, et au tissu cellulaire enveloppant, elles forment un lobule, dont le diamètre est d'environ une demi-ligne. Gurlt (2) les dit plus petites chez les herbivores que chez les carnivores : sur des poumons soufflés et desséchés elles avaient, chez le Cochon, 0,072 à 0,077 ligne ; chez le Bœuf, 0,077 à 0,087 ; chez le Cheval, 0,077 à 0,093 ; chez le Chien, 0,077 à 0,248.

B. *Organes pour la substance organique.*

§ 967. Dans la respiration par la masse du corps (§ 964, 2°) il n'y a point encore de dispositions spéciales pour mettre la substance organique en contact avec le milieu extérieur. Mais quand le suc vital est devenu du sang, et que celui-ci a acquis un véritable système vasculaire, ce dernier envoie aussi des branches spéciales aux organes de la respiration, afin que le sang éprouve là les transformations nécessaires à son plein et entier développement. Cette particularité, si importante pour la formation organique, détermine les principales formes de la carrière du sang, que nous avons déjà exposées en traitant du sang (§§ 693-696 ; 764, 1°, 2°), de sorte qu'il suffira d'en rappeler ici les principaux traits.

I. Dans la première forme principale, les organes respiratoires ressemblent aux autres organes sous le point de vue de leur rapport avec le système sanguin. Leurs vaisseaux sanguins, ou les vaisseaux respiratoires, sont des branches de l'organe central du système sanguin, comme ceux des autres parties du corps, et le sang aéré, c'est-à-dire devenu artériel par la respiration, est ramené, soit par des veines particulières, soit par fluctuation, c'est-à-dire par rétrogradation dans les mêmes vaisseaux, vers l'organe central, où il se mêle au

---

(1) *Handbuch der menschlichen Anatomie*, t. I, p. 474.
(2) *Lehrbuch der vergleichenden Physiologie*, p. 168.

sang veineux, au sang revenant des autres organes, dont il diminue la veinosité. Tel est l'état de chose qui paraît avoir lieu chez les Arachnides pulmonaires et les Crustacés inférieurs.

II. La seconde forme principale est caractérisée par une opposition complète entre les vaisseaux respiratoires et le reste du système vasculaire, ou entre l'atmosphère et la substance organique, de sorte que tout le sang veineux subit l'influence de la respiration, et que chacun des autres organes ne reçoit que du sang aéré.

1° A un degré inférieur, l'organe central du système vasculaire se compose uniquement de troncs. C'est ce qui a lieu dans les Échinodermes, par exemple. Chez les Astéries, le vaisseau respiratoire est en même temps le tronc, car il entoure la cavité respiratoire en manière d'anneau, reçoit des veines des organes digestifs et génitaux, et envoie des artères à ces organes. Chez les Holothuries, au contraire, il y a deux troncs, dont chacun se ramifie, d'un côté dans l'organe digestif et génital, de l'autre dans l'organe respiratoire, ce qui rend possible une circulation.

2° Lorsque l'organe central (cœur) fait une opposition déterminée aux vaisseaux sanguins, tantôt il envoie, par sa force musculaire, le sang devenu artériel dans les organes respiratoires aux autres parties du corps, ou celui qui est devenu veineux dans ces derniers aux organes de la respiration, tantôt il pousse à la fois les deux espèces de sang, attendu qu'il est devenu double.

a. Dans le cas d'un cœur appartenant au corps, comme on en trouve un, par exemple, chez les Décapodes, les Gastéropodes, les Ptéropodes et les Ascidies, les troncs des veines du corps deviennent artères respiratoires en se prolongeant, et les veines respiratoires ramènent le sang au cœur.

b. Chez les Poissons, au contraire, les troncs des veines respiratoires se changent en artères du corps, et le sang veineux, ramené par les veines respiratoires, arrive au cœur, qui le chasse immédiatement dans les organes de la respiration.

c. La réunion d'un cœur appartenant au corps et d'un cœur

respiratoire commence chez les Céphalopodes. Ici les veines du corps s'ouvrent dans deux cœurs latéraux, d'où partent les artères respiratoires, mais les veines respiratoires s'abouchent avec le cœur médian, qui fournit l'artère du corps. Chez les Oiseaux et les Mammifères, la réunion est complète, de manière que le cœur appartenant au corps et le cœur respiratoire n'en forme plus qu'un seul, tout en continuant de constituer deux cavités séparées l'une de l'autre.

III. On trouve des degrés intermédiaires là où les vaisseaux respiratoires font bien opposition au reste du système sanguin, mais où cette opposition est détruite en partie par un mélange partiel du sang artériel et du sang veineux.

1° Le mélange peut n'avoir lieu que dans les vaisseaux.

a. Ce cas arrive lorsqu'il existe un cœur appartenant au corps, par le moyen des veines du corps. Ainsi, chez les Bivalves, le cœur, qui est simple, reçoit, par les veines respiratoires, du sang artériel, qu'il pousse dans le corps; mais il reçoit aussi des branches des veines du corps, de manière que la plus grande partie du sang veineux se rend aux organes respiratoires, et qu'une partie aussi se mêle au sang artériel sans parvenir à ces organes.

b. Quand il y a un cœur respiratoire, les branches qui opèrent le mélange des deux sangs partent des artères respiratoires. Chez tous les Batraciens à l'état de têtard, et chez les Protéides pendant toute la vie, le cœur reçoit le sang veineux du corps, qu'il envoie, par un tronc, aux artères respiratoires, tandis que les veines respiratoires se réunissent en un tronc artériel destiné au corps; mais le tronc artériel respiratoire donne aussi des branches aux artères du corps, et par conséquent mêle une partie de son sang veineux avec le sang artériel.

c. La même chose arrive enfin avec le cœur double du Crocodile, l'artère pulmonaire qui sort de son ventricule propre fournissant une branche qui se réunit à l'artère provenant du ventricule aortique, pour constituer le tronc artériel destiné au corps.

2° Chez les autres Reptiles, le mélange des deux sangs s'accomplit dans le cœur.

a. Chez ceux des ordres supérieurs, il a lieu dans le ventricule artériel, l'oreillette du cœur et celle du poumon versant leur sang dans un ventricule commun. Ce dernier est néanmoins divisé en compartimens chez les Ophidiens et les Chéloniens, de manière que le sang de l'oreillette droite passe plus facilement dans l'artère pulmonaire, et celui de la gauche dans l'aorte ; mais l'artère respiratoire fournit une branche (conduit de Botal) à l'aorte. Chez les Sauriens ordinaires les deux artères sont des branches du tronc commun provenant du ventricule unique du cœur.

b. Chez les Anoures, les veines de la respiration et celles du corps aboutissent à une oreillette commune, et le tronc qui sort du ventricule fournit une branche, qui est l'artère pulmonaire, après quoi il continue sa marche en jouant le rôle d'aorte.

II. Mouvement respiratoire.

§ 968. La respiration consiste essentiellement en des mouvemens d'ingestion et d'éjection (§ 847, 1°), par lesquels des matériaux de la substance organique passent dans le milieu ambiant, et des matériaux de celui-ci dans la substance organique. Mais, lorsqu'elle est plus développée, il s'y joint d'autres mouvemens encore ; les uns agissent sur le milieu extérieur, de manière à renouveler continuellement les couches de ce milieu qui entrent en contact avec la surface respiratoire en général et ses divers points ; les autres ont pour but de renouveler sans cesse la substance organique dans la surface respiratoire, afin qu'il y en ait toujours de nouvelles portions qui subissent l'influence du milieu.

A. *Qualité du mouvement respiratoire.*

Les mouvemens respiratoires sont de deux sortes ; les uns appartiennent à la vie organique, et les autres à la vie animale.

I. Les mouvemens de la première espèce, ou ceux qui s'accomplissent sans le concours de l'âme, ont leur unique fondement dans les conditions mêmes de l'organisation.

1° Les uns sont latens, et consistent en un renouvellement

continuel de substance. Partout essentiels, ceux-là sont les seuls que l'on rencontre chez les végétaux.

2° Immédiatement après viennent les mouvemens vibratiles du corps animal qu'on ne peut reconnaître qu'avec le secours du microscope. Des courans d'eau le long des branchies, sans que celles-ci fussent elles-mêmes en mouvement, ont été vus chez les Bivalves, par De Heide, Leeuwenhoek et Erman, par Steinbuch chez les larves de Salamandre. Sharpey, qui les a observés chez des Annélides, des Mollusques et des têtards de Batraciens (§ 764, 3°), a reconnu qu'ils dépendent des mouvemens de cils implantés sur les branchies. Mais c'est aux découvertes de Purkinje et de Valentin que nous devons une connaissance exacte des cils vibratiles. Ces filamens incolores, de substance homogène, longs de 0,001 à 0,010 ligne, serrés les uns contre les autres, et se mouvant, non point isolément, mais par séries entières, existent dans tout le règne animal; partout néanmoins on ne les rencontre que dans certains organes. On les voit à l'appareil respiratoire des Reptiles, des Oiseaux et des Mammifères, quelquefois aussi sur les membranes muqueuses des organes digestifs, urinaires et génitaux femelles, enfin à la peau de certains animaux sans vertèbres. Comme ils existent également dans les ventricules cérébraux des Mammifères, ils paraissent être une manifestation particulière de la vie intérieure de la masse animale, qui peut avoir lieu aux surfaces touchées par des liquides étrangers, dans l'intérêt du travail de la plasticité. Les branchies de plusieurs Mollusques, des larves de Salamandre, etc., ne se meuvent point elles-mêmes; il n'y a que les courans déterminés par leurs cils vibratiles qui renouvellent sans cesse la couche d'eau avec laquelle elles entrent en contact. Celles des Poissons, au contraire, qui sont pourvues d'un appareil spécial de mouvement, n'ont point de cils.

3° Toute membrane muqueuse est en rapport immédiat avec la vie matérielle, car ou elle s'appuie sur des parties du squelette, ou elle est revêtue de fibres mobiles, où elle présente alternativement les deux modes d'entourage. La même chose arrive aux organes respiratoires formés de membrane muqueuse : les tubes ou les sacs s'emplissent et se vident alternativement, que ce soit par l'activité de muscles plastiques, ou par l'élasticité de membranes tendineuses et de feuillets cartilagineux. Suivant Tiedemann (1), les vésicules, les branches et les troncs des organes respiratoires se contractent pendant l'expiration, chez les Holothuries, et se dilatent pendant l'inspiration. De même que Comparetti l'avait observé chez plusieurs Insectes, Rengger (2) a vu, dans les Sauterelles, les trachées se distendre et se resserrer alternativement ; et de ce que les vésicules aériennes naissant des stigmates chez les larves aquatiques, rentrent et sortent alternativement, il a conclu que ces organes jouissaient de l'indépendance. Cependant Burmeister (3) croit que les trachées des Insectes se resserrent uniquement par la pression de la paroi du corps, et qu'elles se dilatent en vertu de leur seule élasticité, ce qui n'est peut-être vrai que de la plupart d'entre celles qui sont rigides ; mais il y en a beaucoup aussi qui ont des parois molles, surtout dans leurs dilatations

11. La périphérie animale opère la respiration par des mouvemens volontaires, que le sentiment du besoin de respirer sollicite, de manière qu'ici la vie plastique et la vie animale entrent en conflit intime. A un degré inférieur de la vie, le besoin de respirer est moins pressant, ce qui fait qu'alors le libre arbitre exerce, sous ce rapport, beaucoup plus d'empire qu'il n'en a chez les animaux plus avancés en organisation.

Quelques mouvemens respiratoires sont généraux. Tels sont les suivans :

1° Ceux qui coïncident avec les mouvemens locomoteurs de l'animal entier, par exemple chez les Méduses, dont la progression s'accomplit au moyen d'extensions et de flexions alternatives, qui servent en même temps à attirer et faire sortir l'eau destinée à la respiration.

(1) *Anatomie der Rohren-Holothurie*, p. 11.

(2) *Physiologische Untersuchungen ueber die [thierische Haushaltung der Insekten*, p. 37.

(3) *Handbuch der Entomologie*, t. I, p. 418.

2° Les mouvemens de la paroi du corps, qui, partout où il existe des organes respiratoires internes, viennent en aide aux mouvemens plastiques; car, en dilatant les espaces intérieurs, ils permettent au milieu extérieur de s'introduire, tandis qu'en les rétrécissant ils forcent ce même milieu de sortir.

D'autres mouvemens sont plus restreints aux organes respiratoires eux mêmes.

3° Tel est le cas des branchies libres, celles, par exemple, de quelques Gastéropodes, qui se meuvent à la façon des membres, et servent même en partie de nageoires.

4° L'entrée et la sortie du milieu ambiant sont déterminées tantôt par des muscles qui agrandissent et resserrent le trou de la respiration, comme chez les Gastéropodes aquatiques; tantôt par des valvules que des muscles peuvent rapprocher et éloigner de l'ouverture, comme chez la plupart des Insectes; quelquefois par des opercules susceptibles de s'abaisser et de s'élever, comme chez les Insectes aquatiques; ailleurs enfin, par des dispositions spéciales, comme chez les Décapodes, où une plaque ovale, placée en manière de luette dans le canal de la cavité branchiale, exécute des oscillations qui font entrer une certaine quantité d'eau, tandis qu'elles en font sortir une autre.

B. *Modalité du mouvement respiratoire.*

§ 969. La manière dont la respiration est accomplie par des mouvemens, varie beaucoup dans les quatre classes d'animaux vertébrés.

I. Chez les Poissons, qui sont dépourvus de cavité thoracique spéciale, ce mouvement a lieu dans la paroi du corps, tout auprès de la tête, et sans le concours des côtes : comme la cavité nasale forme un cul-de-sac, l'eau aérée ne peut qu'être admise par la bouche et expulsée par une autre voie; elle forme donc un courant qui traverse la cavité respiratoire, ainsi qu'on le voit, bien que d'une autre manière, chez les Acéphales et les Céphalopodes. Chez les Poissons osseux, tandis que la fente branchiale est close par son opercule, l'eau passe de l'œsophage dans l'espace respiratoire, attendu que les arcs branchiaux, articulés sur le crâne, s'écartent par un mouvement d'arrière en avant, qui, joint à l'action de l'eau elle-même, fait que les lames de chaque branchie et les filets de chaque lame branchiale s'éloignent les uns des autres, et entrent en contact de tous côtés avec le liquide ; ensuite les arcs branchiaux se reportent de nouveau en arrière, et se rapprochent les uns des autres, ainsi que les lames branchiales, pendant que l'opercule s'abaisse et que l'eau s'échappe par la fente branchiale ouverte. L'entrée de l'eau par la fente branchiale n'est point impossible, mais il paraît que, chez les Cyclostomes surtout, qui peuvent s'appliquer à des corps étrangers au moyen de leur bouche agissant comme ventouse, l'eau destinée à la respiration entre et sort ordinairement par les trous branchiaux extérieurs. Du reste, chez ces animaux comme chez les autres Poissons cartilagineux, il y a des muscles particuliers qui contractent les sacs branchiaux pendant l'expiration, et qui rouvrent les trous branchiaux fermés par des valvules.

II. Chez les Reptiles, chez tous les animaux qui respirent l'air, et chez quelques-uns de ceux qui respirent l'eau, comme les Holothuries et les larves d'Insectes respirant par des trachées dans le rectum, le milieu extérieur sort du corps par la même voie que celle qui lui a servi à s'introduire. Il n'y a point de cage pectorale close, osseuse et mobile par elle-même chez les Anoures, qui ne possèdent qu'un sternum sans côtes ; chez les Ophidiens, qui n'ont que des côtes sans sternum, et chez les Chéloniens, dont les côtes sont confondues en une seule masse avec la carapace. Ici donc les parois de la cavité pectorale ne peuvent concourir que peu ou point à la respiration ; l'air pénètre d'abord par les narines élargies, que leurs muscles circulaires ferment ensuite : puis il passe dans la cavité buccale et l'arrière-gorge dilatée en forme de sac, lequel venant, en même temps que la bouche demeure close, à se resserrer par le moyen des muscles de la langue et de l'hyoïde, l'oblige à s'introduire dans la glotte et les poumons ; pendant l'expiration, ces derniers organes se contractent, et sont aidés en cela par les muscles du tronc.

III. Les poumons des Oiseaux ne remplissent pas la cavité

pectorale, et ils s'ouvrent dans les sacs aériens; mais comme ces derniers s'agrandissent par le soulèvement des côtes et du sternum, et qu'en conséquence ils attirent l'air, les poumons se remplissent de ce dernier, dont l'afflux est favorisé par le raccourcissement qu'impriment à la trachée-artère ses grands muscles longitudinaux. Pendant l'expiration, les sacs aériens sont comprimés par les parois du corps, et les poumons eux-mêmes le sont par des muscles qui s'étendent des côtes à la membrane séreuse étalée sur eux.

IV. L'appareil respiratoire se complète, chez les Mammifères, par le développement de parties qui n'existent qu'à l'état rudimentaire dans le reste de la série animale, savoir le voile du palais, l'épiglotte et le diaphragme; en outre, les poumons remplissent la cavité pectorale, aux parois de laquelle ils sont immédiatement appliqués, ce qui ne les empêche pas de conserver leur indépendance et leur libre mobilité, à cause du repli de la plèvre qui les enveloppe. Toutes les voies aériennes se dilatent et rentrent en dedans pendant l'inspiration, tandis que, durant l'expiration, elles se rétrécissent et se reportent au dehors. Ces mouvemens sont accomplis par l'action réunie de la force musculaire et de l'élasticité, tant des voies aériennes que de la périphérie animale, l'air lui-même y contribuant aussi par sa pression et son ressort.

1° Les Mammifères, en général, respirent ordinairement par le nez, et ils ne respirent par la bouche que quand leur nez ne peut point donner accès à une quantité d'air capable de satisfaire le besoin qu'ils éprouvent. La respiration par la bouche est très-difficile chez les Solipèdes, dont le voile du palais descend jusqu'au larynx; mais, en revanche, ces animaux ont de très-grandes narines, qu'ils peuvent ouvrir largement, et des conduits nasaux spacieux. Elle est impossible chez les Cétacés, attendu que leur épiglotte, montant jusqu'à l'ouverture postérieure des fosses nasales, ferme la glotte du côté de la cavité buccale. Aussi, tandis qu'ils tiennent la bouche dans l'eau, en nageant à la surface, ils respirent par leurs narines saillantes hors du liquide, qui occupent le point culminant de la tête, et peuvent se fermer au moyen d'une valvule; l'air arrive dans un sac analogue au sac branchial, et passe de là dans l'arrière-gorge, de sorte que, quand l'animal expire, on voit s'élever deux colonnes de vapeur, et que l'eau peut aussi être chassée de la cavité buccale par les narines. Chez l'homme, le mouvement des ailes du nez est insensible dans l'état normal : ce n'est que dans la respiration laborieuse qu'il devient plus prononcé, afin d'élargir les narines et de procurer un plus large accès à l'air ; aussi les ailes du nez s'abaissent-elles pendant l'expiration. Lorsque les conduits nasaux n'offrent pas une ouverture suffisante, par exemple, dans le coryza, l'homme respire par la bouche, et si le besoin de respirer se fait sentir d'une manière très-impérieuse, il ouvre largement cette dernière par l'abaissement de la mâchoire inférieure, puis la referme au moment de l'expiration.

2° La langue et l'hyoïde s'abaissent et se reportent en arrière pendant l'inspiration, s'élèvent et reviennent en avant durant l'expiration. Quand on respire par le nez, le voile du palais, tendu perpendiculairement, dirige l'air des fosses nasales vers la glotte. Lorsqu'on respire par la bouche, en se bouchant le nez, le voile du palais s'élève assez pour permettre à la vue de plonger dans l'arrière-gorge, et dirige l'air de la cavité buccale vers la glotte, en l'empêchant de s'introduire dans les fosses nasales. Si la respiration est très-forte, la luette se meut alternativement d'avant en arrière, et d'arrière en avant, en suivant le courant d'air.

3° Dans l'inspiration, le larynx s'abaisse, l'épiglotte se redresse d'arrière en avant, et la glotte devient plus large ; ses lèvres se reportent en dehors par l'écartement des cartilages aryténoïdes (1). Des mouvemens inverses ont lieu pendant l'expiration. Lorsqu'on arrête volontairement la respiration, et qu'on retient son haleine, la glotte est fermée et couverte par l'épiglotte, qui s'abaisse sur elle. La même chose a lieu communément dans l'asphyxie par submersion, car alors l'eau ne pénètre dans les voies aériennes qu'après la mort réelle, quand les muscles de la glotte se relâchent et la laissent libre. Chez les Cétacés, l'épiglotte ferme la glotte dans

---

(1) Mende, *Von der Bewegung der Stimmritze beim Athemholen*, p. 7.

l'état de repos, et ne s'écarte d'elle que pendant l'inspiration.

4° Pendant l'expiration, la trachée-artère est racourcie par les fibres longitudinales qui vont d'un cartilage à l'autre, et qui l'élargissent en même temps. Pendant l'expiration, elle se rétrécit et s'allonge par l'action antagoniste des fibres musculaires obliques qui unissent les deux extrémités de chaque anneau cartilagineux. Ce rétrécissement, qui se propage de bas en haut, expulse le mucus ou le sang, et peut même, après la trachéotomie, faire sortir la canule qu'on a placée dans les voies aériennes. Au reste, lorsqu'une ouverture est pratiquée à la trachée-artère, la respiration peut continuer sans le concours du larynx, et bien même que cet organe demeure immobile.

5° Les côtes, ces prolongemens que les apophyses transverses des vertèbres envoient pour former la paroi viscérale à la poitrine, constituent des arcs, clos par le sternum, qui sont analogues à la mâchoire inférieure, cet autre arc viscéral de la tête, et qui s'élèvent et s'abaissent dans la respiration normale, comme la mâchoire le fait dans la mastication et même dans les cas de respiration difficile. Elles sont placées obliquement, de manière que leur extrémité antérieure, unie immédiatement ou médiatement avec le sternum, se trouve située plus bas que leur extrémité postérieure, articulée avec la colonne vertébrale. Pendant l'inspiration, elles sont soulevées et tirées en dehors par les muscles qui se fixent aux vertèbres supérieures (scalènes, cervical descendant, élévateurs des côtes, dentelé postérieur supérieur), chacune d'elles entraînant celle qui est au-dessous par le moyen des muscles intercostaux. En même temps que les côtes passent ainsi, par la torsion de leur tête, de la direction obliquement descendante à une situation qui se rapproche de l'horizontalité, le diamètre horizontal de la poitrine devient plus grand, surtout en travers. Ce mouvement est si faible dans la respiration calme, que l'œil s'en aperçoit à peine; mais, dans les inspirations profondes, il devient plus sensible; car, vers le milieu de la hauteur de la poitrine, le diamètre transversal, qui n'était que de huit pouces, en acquiert neuf et au-delà. Les côtes soulèvent un peu avec elles la partie supérieure du sternum, et en portent l'extrémité inférieure en avant, de sorte que le diamètre antéro-postérieur de la poitrine, ou la ligne tirée du sternum à la colonne vertébrale, et qui a environ trois pouces, s'allonge d'à peu près trois lignes dans l'inspiration ordinaire, et de près d'un pouce entier dans l'inspiration profonde. Lorsque la respiration devient pénible, des parties autres que la colonne vertébrale se fixent pour aider au soulèvement de la poitrine; la tête est tendue par les muscles de la nuque, afin que le sterno-cléido-mastoïdien élève le sternum et la clavicule, et le sous-clavier la première côte; les omoplates sont fixées en haut, afin que le grand dentelé puisse agir en devant sur les huit côtes supérieures, et le petit pectoral sur la troisième, la quatrième et la cinquième; enfin on s'appuie les bras en avant sur un corps solide, afin que le grand pectoral puisse soulever le sternum et les côtes, depuis la seconde jusqu'à la septième, vers la tête de l'humérus. Le diaphragme agit sympathiquement avec les muscles élévateurs des côtes; en se contractant, et devenant ainsi plus plane, ils s'abaisse vers la cavité abdominale, de sorte que le diamètre vertical de la poitrine, devenu plus considérable, peut s'accroître de plus de deux pouces de chaque côté. Dans l'inspiration ordinaire et calme, la cage pectorale revient à ses diamètres ordinaires; car le diaphragme, dont les contractions cessent, redécrit sa voûte accoutumée dans la poitrine, et les côtes, dont les muscles élévateurs n'agissent plus, reprennent la situation qui leur est assignée par leur disposition mécanique. Dans une expiration plus énergique, les côtes sont tirées de haut en bas par les muscles abdominaux et lombaires, qui s'y rendent perpendiculairement et obliquement du bassin, et pendant ce mouvement, les muscles intercostaux agissent comme ils le font dans l'inspiration, seulement en sens inverse.

6° Les sacs de la plèvre ne contiennent point l'air. Lorsqu'on ouvre sous l'eau la poitrine d'un animal vivant, on ne voit pas s'élever de petites bulles d'air, ainsi qu'il arriverait si la cavité en renfermait dont l'eau prît la place. Un vide existant donc entre les poumons et les parois de la poitrine, la pression de l'atmosphère sur la surface externe de cette dernière les tient appliqués l'un contre l'autre. Suivant Magendie, lorsqu'on met à découvert les muscles pectoraux d'un Chien vivant, on voit, à travers ces organes, que les poumons demeurent constamment en contact avec le diaphragme et avec les parois latérales de la poitrine. Les deux parties étant molles et susceptibles de céder, elles doivent s'adapter l'une à l'autre, de telle sorte que l'une suive les mouvemens de l'autre, et s'étende alors plus qu'elle ne l'est en vertu de sa constitution naturelle. Ainsi le diaphragme ne forme une voûte si saillante dans la cavité pectorale, que parce qu'il suit les poumons, devenus plus courts ; il remonte davantage encore, et détermine une expiration plus profonde, quand la pression de l'atmosphère agit immédiatement sur lui par l'ouverture de la cavité abdominale. Mais vient-on à le percer, de manière que l'air pénètre dans la poitrine, sa tension cesse, et il s'abaisse autant que le lui permet sa cohésion dans l'état de relâchement ; il peut même descendre beaucoup plus bas dans le pneumo-thorax (1). Si quelque motif s'oppose à ce qu'une partie suive l'autre, celle-ci ne peut pas non plus se mouvoir. Quand on a lié la trachée-artère à un animal, il lui devient impossible de dilater sa poitrine, parce que les poumons n'admettent plus d'air, et sont hors d'état d'acquérir un volume plus considérable. Il suit de là que les poumons se comportent d'une manière passive dans l'inspiration, puisqu'ils sont obligés de suivre les parois de la poitrine dans la dilatation que leurs muscles font éprouver à cette dernière ; leurs ramifications bronchiales se dilatent, l'air qu'elles renferment se dilate, et l'air atmosphérique, plus dense, se précipite dans le vide, pour le remplir. Comme la poitrine se dilate surtout à sa région antérieure, en raison de la mobilité des extrémités des côtes, et à sa base par l'action du diaphragme, c'est aussi principalement en avant et en bas que les poumons se portent, ce qui explique pourquoi les adhérences et autres anomalies sont plus rares sur ces points qu'en arrière et en haut (2).

(1) Magendie, *Leçons*, t. I, p. 214.
(2) Autenrieth, *Handbuch der Physiologie*, t. I, p. 274.

Lorsqu'on ouvre la poitrine d'un animal vivant, les poumons s'affaissent, parce que l'air atmosphérique extérieur, qui est plus dense, chasse l'air dilaté et raréfié par la chaleur que leur intérieur renferme. De là vient que les plaies pénétrantes de poitrine deviennent promptement mortelles chez l'homme, quand elles donnent à l'air un libre accès dans les deux sacs des plèvres. Si l'on tient sous l'eau la trachée-artère détachée du corps d'un animal qu'on vient de mettre à mort, on voit, à l'ouverture de la poitrine, l'air qui existait dans les poumons s'échapper sous la forme de bulles.

7° Lorsqu'on fait la même expérience plus tard après la mort, il ne s'échappe plus d'air ; car les poumons sont déjà aussi affaissés qu'ils le deviennent pendant la vie par la pression de l'atmosphère agissant immédiatement sur leur surface extérieure. Cet effet n'est pas le résultat d'une expiration exécutée au moment de la mort : ce qui le prouve, indépendamment de l'état dans lequel les choses se trouvaient à l'instant même de la mort, c'est que les parois de la poitrine sont bien telles qu'on les voit à la suite de l'expiration, mais qu'entre elles et les poumons il y a une distance telle qu'on n'en observe jamais de pareille pendant la vie. Il faut donc que ces organes se soient resserrés, parce que l'air contenu dans leur intérieur a participé au refroidissement du corps entier, que par conséquent il s'est condensé, et n'a plus distendu autant les ramifications des bronches, sans compter que, comme dans tous les cas où des parties jusqu'alors intimement appliquées l'une à l'autre viennent à s'écarter (§ 817, 5°), de l'air s'est dégagé dans les sacs des plèvres, dont les parois l'ont sécrété. Ainsi les poumons sont plus distendus pendant la vie qu'ils ne le seraient en vertu de leur seule texture, et ils se resserrent jusqu'au point qui correspond, à proprement parler, à leur cohésion, dès que la force expansive intérieure (l'air inspiré et échauffé) et la force attractive extérieure (le vide des sacs pleuréaux) ont cessé d'agir. Les poumons donnent des preuves de cette contractilité propre, même après avoir été détachés du corps, puisqu'ils ne tardent pas à chasser l'air qu'on souffle dans leur intérieur. Il est incontestable que leur contractilité agit, durant la vie, dans l'expiration, et qu'elle contribue à rendre le diaphragme plus saillant dans la cavité pectorale. Peut-être aussi la diminution de cette contractilité est-elle la cause de la difficulté de respirer qu'on observe dans certaines maladies, et surtout chez les personnes avancées en âge (1).

Comme les lamelles cartilagineuses des divisions de la trachée-artère s'allongent et s'étendent pendant l'inspiration, il est possible que, durant l'expiration, elles reviennent à la situation que leur assigne leur structure, et que de là résulte la contraction ou le resserrement du poumon entier. Bazin prétend, en outre, qu'au dessous de leur tunique péritonéale, les poumons sont garnis d'une membrane spéciale, appartenant au tissu élastique, qui est bien prononcée chez les grands Mammifères, mais qu'on aperçoit avec peine chez l'homme, à cause de sa ténuité (2).

8° Cependant il n'est pas vraisemblable que les poumons des Mammifères n'obéissent qu'à des lois mécaniques, et se comportent d'une manière absolument passive. On ne peut méconnaître que ces organes déploient une action musculaire propre, pendant l'expiration, chez les animaux des classes inférieures; ainsi, par exemple, les poumons des Reptiles respirent même alors que la cavité thoracique est ouverte, et ils se contractent en vertu d'une force propre, après s'être remplis d'air par des mouvemens de déglutition. A peine donc est-il permis de supposer qu'il n'existe aucune trace de cette activité vitale chez les Mammifères. La force avec laquelle le mucus est chassé des profondeurs de la poitrine, pendant la toux, ne peut pas provenir du diaphragme, puisque ce muscle est relâché dans l'expiration, et cède à la traction des poumons, qui se rapetissent : elle est trop considérable aussi pour qu'il soit possible de l'attribuer à l'action des muscles abdominaux; elle peut encore bien moins tenir à la cessation de l'action des muscles du bas-ventre, et à la tension du tissu ligamenteux et cartilagineux des poumons, dont l'unique résultat est de ramener les ramifications bronchiales de leur dilatation mo-

(1) Magendie, *Leçons*, t. I, p. 8, 169.

(2) *Annales françaises et étrangères d'anatomie*, Paris, 1837, t. I, p. 318.

mentanée au diamètre que leur structure leur assigne dans l'état de repos. L'inspiration de vapeurs âcres occasione immédiatement une constriction spasmodique des bronches, et dans certains spasmes de poitrine le malade sent distinctement ses poumons se resserrer. Or, Reisseisen (1) a démontré, dans le poumon humain, des fibres musculaires, déjà connues de Malpighi, mais niées par Haller (2), qui garnissent les grosses ramifications des bronches, dont elles unissent ensemble les deux extrémités de chaque plaque cartilagineuse, formant ainsi une paroi musculaire au dessus du tissu ligamenteux : dans les petites ramifications, ces fibres s'insèrent aux lamelles cartilagineuses isolées, et elles s'étendent jusqu'aux endroits où il n'existe même plus de ces dernières. Reisseisen rapporte une observation faite sur des animaux, par Varnier', qui a vu les ramifications bronchiques se contracter quand on les irritait par des liqueurs ou des vapeurs stimulantes, ou même seulement à l'extérieur par des impressions mécaniques. Krimer (3) a remarqué que les fibres bronchiales des poumons se contractaient sous l'influence des irritations mécaniques ou électriques : lorsque Wedemeyer (4) faisait agir le galvanisme sur des poumons de Chien ou de Cabiai, détachés du corps, les petites ramifications bronchiques d'une ligne de diamètre éprouvaient une constriction bien sensible, qui n'avait lieu qu'avec lenteur, mais qui allait peu à peu jusqu'à en effacer presque complétement la lumière : les irritations mécaniques et galvaniques n'agissaient point sur la trachée-artère.

Ajoutons qu'il arrive quelquefois aux poumons des Mammifères de présenter encore pendant quelque temps des mouvemens alternatifs, après l'ouverture de la cavité thoracique. C'est un phénomène insolite sans doute, mais qui a été observé dans les temps anciens (5), puis par Houston (6),

(1) *Ueber den Bau der Lungen.* Berlin, 1822.
(2) *Element. physiolog.,* t. III, p. 75.
(3) *Untersuchungen ueber die nœchste Ursache des Hustens*, p. 9, 42.
(4) *Untersuchungen ueber den Kreislauf,* p. 70.
(5) Haller, *Elem. physiolog.,* t. III, p. 226.
(6) *Philos. Trans.,* 1736, no 441.

Bremond (1), Hérissant (2) et Haller, bien que ce dernier ne l'ait pas jugé suffisant pour autoriser à admettre une activité spontanée dans les poumons. On avait vu plusieurs fois les poumons s'échapper de la poitrine pendant le resserrement de cette dernière, et l'on en accusait la pression exercée par le diaphragme. Mais Bremond s'est convaincu qu'alors même que les poumons n'étaient en contact avec aucune partie de la paroi pectorale, ils se distendaient par l'inspiration, et sortaient de la plaie. Florman les a vus aussi continuer de se mouvoir après l'ablation du diaphragme (3), et Rudolphi, naguère encore, après celle de ce muscle et du sternum (4). Williams a reconnu (5) qu'ils faisaient effort vers la plaie pendant la dilatation de la poitrine, qu'ils se resserraient sensiblement pendant le mouvement expiratoire, et que, même après avoir été mis à découvert, ils laissaient apercevoir un léger mouvement vermiculaire. J'ai été témoin du même fait dans une expérience faite par Schultze, mais qui tendait à un tout autre but. Enfin Czermak l'a observé chez un enfant mal conformé, auquel manquaient le diaphragme et la paroi pectorale.

D'après tout cela nous devons admettre que les ramifications de la trachée-artère dans les poumons des Mammifères se distendent, en vertu de lois mécaniques, par l'action de l'air que la dilatation de la poitrine y fait affluer, mais que, dans l'expiration, l'élasticité dont elles sont douées les ramène à leur diamètre naturel, en-deçà duquel même elles sont resserrées par leurs fibres musculaires. Les poumons se comportent donc partout d'une manière passive pendant l'inspiration ; car, chez les Reptiles, l'animal les bourre d'air par des mouvemens de déglutition, et chez les Oiseaux, ce fluide y est appelé par la succion des sacs aériens, dont la dilatation de la poitrine entraîne l'agrandissement. Mais l'expiration est la suite de leur propre activité, et quand celle-ci a assez d'é-

---

(1) *Hist. de l'Ac. des sc.*, 1739, p. 340.
(2) *Ib.*, 1743, p. 73.
(3) Rudolphi, *Anatomisch-physiologische Abhandlungen*, p. 110.
(4) *Ib.*, p. 11.
(5) Froriep, *Notizen*, t. V, p. 322.

nergie, il peut encore s'accomplir un peu de respiration après l'ouverture de la poitrine, parce que les ramifications des bronches, après avoir été contractées par l'action de leurs muscles, reviennent à leur diamètre naturel, en vertu de leur élasticité, et par conséquent attirent aussi l'air. Les fibres musculaires plastiques des ramifications bronchiques réagissent donc contre leur distension par l'air; on peut les considérer comme des muscles respirateurs internes qui accomplissent l'expiration; elles sont antagonistes des muscles respirateurs externes de la poitrine qui exécutent l'inspiration, ou du moins leur action alterne avec celle de ces derniers, ainsi que l'avait déjà démontré Eberhard (1).

9° L'afflux de l'air dans les voies aériennes occasione, de même que celui du sang dans le cœur (§ 706, 2°), un bruit que l'on distingue, à l'aide du stéthoscope, sous la forme d'un murmure : le bruit produit dans la trachée-artère est creux, de même force dans l'inspiration et l'expiration, et perceptible au cou et à la région supérieure du sternum; celui qui naît dans les bronches est plus fort pendant l'inspiration; parce que l'angle de division oppose plus de résistance à l'air entrant qu'à l'air sortant, et on l'entend au milieu du sternum, sous l'aisselle, entre les omoplates; celui qui se développe dans les dernières ramifications et les cellules pulmonaires, est plus sourd, et la même raison fait qu'on ne l'entend, bien que pendant l'inspiration, qu'il est perceptible dans tous les autres points de la poitrine.

C. *Quantité du mouvement respiratoire.*

§ 970. La quantité du mouvement respiratoire n'est pas plus susceptible que celle des autres actions vitales d'être évaluée rigoureusement, parce qu'elle varie, dans chaque individu, suivant les particularités de son organisation et de l'état où il se trouve. On ne peut donc arriver, sous ce rapport, qu'à des déterminations approximatives.

I. La fréquence est en général ce qu'il y a de moins réglé chez les animaux inférieurs, où elle dépend en grande partie

(1) *De musculis bronchialibus*, p. 12.

de la volonté. Suivant Spallanzani (1), le Limaçon n'ouvre et
ne ferme pas son trou respiratoire d'une manière rhythmique :
il le laisse ouvert, tantôt un instant seulement, et tantôt pendant plusieurs minutes. Sorg (2) dit que la chenille du Sphinx
de la tithymale respire vingt fois par minute, le Cerf-volant
vingt à vingt-cinq, la Sauterelle cinquante à cinquante-cinq.
La Grenouille fait quarante à cent mouvemens inspiratoires
dans le même laps de temps (3). Les Poissons meuvent leur
opercule vingt-cinq à trente fois, et quelques-uns jusqu'à
quarante. Les plus gros Oiseaux respirent vingt à trente fois,
les petits trente à cinquante. Le nombre des respirations est
de quatre à cinq chez la Baleine, d'après Scoresby (4), de
sept chez le Hérisson, suivant Gurlt (5), de huit à douze chez
le Cheval et le Bœuf, de dix chez la Chevre et la Brebis, de
vingt-quatre chez le Chien et le Chat. Le terme moyen est de
dix-huit chez l'homme ; Seguin évalue le nombre des respirations de onze à vingt, Laënnec de onze à quinze, Menzies à
quatorze, Magendie à quinze, Allen et Pepys à dix-neuf,
Dalton à vingt, Davy à vingt-six.

11. La quantité d'air inspiré et expiré à chaque respiration
s'élève, terme moyen, à environ dix-huit pouces cubes, de
manière qu'il passe près de quatre cent soixante-six mille
pouces cubes à travers les poumons dans l'espace de vingt-
quatre heures. Abilgaard indique trois à six pouces cubes, (6)
Wurzer six à huit, Davy dix à treize, Allen et Pepys seize et
demi (7), Herbst seize à vingt-cinq (8), Dalton trente, Bostock (9) et Menzies (10, quarante-deux. Ces différences tiennent
principalement à celles de la grosseur du corps, de l'ampleur

(1) *Mémoires sur la respiration*, p. 244.
(2) *Disquisitiones circa respirationem insectorum.* Rudolstadt, 1805.
(3) Edwards, *De l'influence des agens physiques*, p. 52.
(4) *Tagebuch einer Reise auf den Wallfischfang*, p. 192.
(5) *Lehrbuch der vergleichenden Physiologie*, p. 174.
(6) Scherer, *Journal*, t. IV, p. 439.
(7) *Philos. Trans.*, 185, p. 253.
(8) Meckel, *Archiv fuer Anatomie*, 1828, p. 97.
(9) *Versuch ueber das Athemholen*, p. 47.
(10) Crell, *Annalen*, 1794, t. II, p. 33.

de la poitrine, de la force musculaire, du genre de vie habituel, des efforts de la volonté, et de l'appareil employé pour faire l'expérience.

Au reste, il suit des expériences de J. Leroy (1) qu'une violente insufflation d'air amène la mort en peu de minutes, chez certains animaux (Brebis, Chèvres, Cochons d'Inde); une partie des cellules pulmonaires se déchire, et l'air passe ou dans le sang ou dans le parenchyme pulmonaire. Bichat a aussi remarqué que de violens efforts peuvent donner lieu à un emphysème des poumons.

III. Les ramifications de la trachée-artère dans lès poumons sont maintenues ouvertes par les cartilages appliqués à leur surface, de sorte qu'elles ne peuvent jamais se vider entièrement par l'expiration. On se demande donc combien les poumons humains peuvent retenir d'air après l'expiration.

1° Herbst n'a jamais pu faire entrer plus de cent-quatre-vingt-six pouces cubes d'air dans les poumons d'adulte détachés du cadavre (2).

2° Goodwin (3) appliquait un bandage autour du bas-ventre des cadavres, pour prévenir l'abaissement du diaphragme, puis, au moyen de petites incisions faites à la paroi pectorale, il emplissait d'eau les sacs des plèvres. Chez trois pendus, qui étaient probablement morts dans un état de forte inspiration, l'eau occupa, terme moyen, deux cent-soixante-et-deux pouces cubes; elle en occupa cent neuf dans quatre cadavres d'individus morts naturellement, et par conséquent après avoir expiré. Goodwin admit, d'après cela, que ce dernier nombre exprime la quantité d'air qui reste dans les poumons, et que ceux-ci, dans une inspiration ordinaire de quatorze pouces cubes, contiennent cent vingt-trois pouces cubes d'air. Allen et Pepys (4), ayant coupé la trachée-artère sur le cadavre d'un homme robuste, y attachèrent une vessie, et trouvèrent ainsi que les poumons, en

(1) *Journal de* Magendie, t. VIII, p. 97.
(2) Meckel, *Archiv fuer Anatomie*, 1828, p. 104.
(3) Bostock, *loc. cit.*, p. 26.
(4) *Philos. Trans.*, 1809, p. 411.

s'affaissant par l'ouverture de la poitrine, chassaient trente-et-un pouces et demi cubes d'air; après quoi, en comparant leur pesanteur spécifique, leur poids absolu, et la quantité d'eau qu'ils déplaçaient, on trouva qu'ils contenaient encore cinquante-neuf pouces et demi cubes d'air. Donc, il resterait quatre-vingt-onze pouces cubes d'air dans les poumons après une expiration ordinaire, et cent y compris celui du larynx et de l'arrière-gorge, ou même cent huit, à cause de la dilatation que la chaleur fait subir à ce fluide pendant la vie. Ure a retiré cent cinq pouces cubes d'air des poumons d'un noyé.

3° Davy (1) rendait cent quatre-vingt-dix pouces cubes d'air par une expiration aussi forte que possible, à la suite d'une inspiration profonde; soixante-dix-huit lorsque l'inspiration était ordinaire, et soixante-huit encore après une expiration ordinaire. D'après cela, il admet que ses poumons contenaient communément cent dix-huit pouces cubes d'air après l'expiration, et cent trente-cinq après l'inspiration, mais qu'une expiration forcée pouvait y réduire ce fluide à quarante-et-un pouces, et une inspiration également forcée le porter à deux cent cinquante-quatre. Menzies a trouvé qu'après une expiration ordinaire de quarante pouces cubes, on pouvait encore, par des efforts, expulser soixante-dix pouces cubes d'air; et comme il admettait, d'après Goodwin, que, malgré l'expiration la plus forte, les poumons retiennent encore cent neuf pouces cubes d'air, il évaluait leur capacité à deux cent dix-neuf pouces cubes. Bostock (2) pensait qu'on est en état d'expirer cent soixante-dix pouces cubes, ce qui porterait la capacité des poumons à deux cent soixante-dix-neuf, en admettant toujours un résidu de cent neuf. Prout l'estimait également à deux cent quatre-vingts pouces cubes (3). Thomson a trouvé (4) que la plupart des hommes peuvent expirer deux cent pouces cubes d'air à la suite d'une inspiration pro-

(1) *Untersuchungen ueber das Athmen*, t. II, p. 79.
(2) *Loc. cit.*, p. 32.
(3) *Journal complémentaire*, t. XI, p. 223.
(4) Schmidt, *Jahrbuecher der Medicin*, t. IX, p. 149.

fonde. Herbst fit essayer (1) à onze jeunes gens combien ils pourraient rendre d'air en expirant avec autant de force que possible ; le minimum fut de quatre-vingt-dix pouces cubes, et le maximum de deux cent quarante, ce qui donne cent soixante-six pour terme moyen ; il en fit expirer six avec toute la force possible, après une inspiration des plus profondes ; ici le minimum fut de cent vingt pouces cubes, et le maximum de deux cent quarante-quatre, terme moyen cent soixante-sept. Il admet, avec Davy, que quarante-et-un pouces cubes d'air restent dans les poumons après la plus forte expiration, de sorte que la capacité de ces organes, chez un homme, pourrait être de deux cent vingt pouces cubes à deux cent soixante, et même s'élever jusqu'à deux cent quatre-vingts.

D. *Relations du mouvement respiratoire.*

§ 971. Les relations les plus immédiates des mouvemens respiratoires sont celles avec le système nerveux. Pour bien saisir l'action qu'exerce chacune des parties de ce système, la meilleure méthode est de l'étudier en procédant des régions inférieures du tronc vers l'encéphale.

I. Les muscles du bas-ventre viennent au secours du mouvement respiratoire des poumons (§ 860, 7°), et ils dépendent des nerfs thoraciques inférieurs, ainsi que des nerfs lombaires. Leur influence paraît être la plus bornée de toutes. Lorsque Legallois (2) détruisait la partie abdominale de la moelle épinière des Lapins, la respiration était d'abord un peu troublée, mais elle ne tardait pas à redevenir régulière, et la mort arrivait sans qu'il survînt aucun symptôme de suffocation.

II. Les muscles inspirateurs de la poitrine sont sous la domination des nerfs cervicaux inférieurs et des nerfs thoraciques, par conséquent de la portion correspondante de la moelle épinière. Lorsqu'on coupe celle-ci à la hauteur des vertèbres inférieures du cou, ou entre elles et la première

(1) Meckel, *Archiv fuer Anatomie*, 1828, p. 99.
(2) *Expériences sur le principe de la vie*, p. 90, 97, 102.

vertèbre dorsale, les muscles pectoraux cessent d'agir, et la respiration ne s'accomplit plus que par le diaphragme, comme on le savait déjà d'après Galien (1), et comme l'ont confirmé les observations de Cruikshank (2) et de Bichat. La même chose arrivait quand Legallois (3) avait détruit toute la portion thoracique de la moelle.

III. Haller et d'autres avant lui (4) ont vu le diaphragme se contracter par l'effet d'une irritation du nerf diaphragmati-..... La ligature ou la section de ce nerf paralyse ce muscle, et alors les muscles pectoraux agissent seuls dans l'inspiration, mais d'une manière faible, et pendant un laps de temps très-court, comme l'ont remarqué Haller et ses prédécesseurs, Cruikshank (5), Arnemann (6), Bichat et Astley Cooper (7). Comme le diaphragme reçoit quelques filets des nerfs thoraciques, Krimer (8) dit l'avoir vu se contracter encore, bien que plus faiblement, après la section des nerfs diaphragmatiques proprement dits. L'irritation de la portion cervicale de la moelle a déterminé une respiration sifflante (9), et sa destruction ou sa section à la hauteur de la première ou de la seconde vertèbre cervicale, arrête instantanément la fonction (10), ce dont Bichat et Legallois (11), entre autres, se sont convaincus. Les hommes, suivant la remarque de Brodie, périssent également d'asphyxie subite, lorsqu'ils ont eu la moelle épinière déchirée à la hauteur des premières vertèbres cervicales, de même qu'après les luxations ou les fractures de ces os.

IV. Le nerf accessoire de Willis peut concourir aux fortes inspirations en soulevant l'épaule, par le moyen du trapèze,

---

(1) Haller, *Elem. physiol.*, t. III, p. 93.
(2) Reil, *Archiv*, t. II, p. 64.
(3) *Loc. cit.*, p. 53, 89, 95.
(4) Haller, *Elem. physiol.*, t. III, p. 92.
(5) *Loc. cit.*, p. 68.
(6) *Versuch ueber die Regeneration*, p. 7.
(7) *Archives générales*, 2e série, t. I, p. 358.
(8) *Untersuchungen ueber die næchste Ursache des Hustens*, p. 39.
(9) Haller, *loc. cit.*, t. IV, p. 325.
(10) *Ib.*, t. III, p. 240.
(11) *Loc. cit.*, p. 53, 83, 88.

et, quand la respiration est extrêmement pénible , en élevant le sternum et la clavicule , à l'aide du sterno-cléido-mastoïdien; sa section fait cesser cet acte respiratoire, suivant Bell. Mais comme il donne des filets à la huitième paire , peut-être est-ce lui réellement qui provoque les mouvemens qu'on attribue à cette dernière.

V. Le nerf pneumo-gastrique détermine les mouvemens des organes respiratoires eux-mêmes , et il est en conséquence le plus essentiel pour la respiration. Arnemann (1) et Legallois (2) donnent une longue liste de physiologistes qui ont observé les effets de la ligature et de la section de ce nerf. Les expériences dont les résultats doivent être cités ici , ont été faites par Petit (3), Haller (4), Arnemann (5), Cruikshank (6), Haighton (7), Bichat, Dupuytren , Blainville , Emmert (8), Brodie (9), Breschet (10), Dupuy (11), Legallois (12), Wilson Philipp (13) , Magendie (14), Broughton (15), Ware et Finlay (16), Treviranus (17), Krimer (18), Leuret et Lassaigne (19) , Mayer (20) , Brachet, Arnold (21) , Diekhof (22) , et Astley Cooper (23).

(1) *Loc. cit.*, p. 130-139.
(2) *Loc. cit.*, p. 161-183, 202.
(3) *Hist. de l'Acad. des sciences*, 1727, p. 6.
(4) *Opera minora*, t. I, p. 360.
(5) *Versuch ueber die Regeneration*, p. 66-109.
(6) Reil, *Archiv*, t. II, p. 58-75.
(7) *Ib.*, p. 76-81.
(8) *Ib.*, t. IX, p. 398 , t. XI, p. 118.
(9) *Ib.*, t. XII, p. 133.
(10) *Archives générales*, t. II, p. 404.
(11) *Ib.*, t. XIV, p. 289.
(12) *Exp. sur le principe de la vie*, p. 188.
(13) *Ueber die Gesetze der Functionen des Lebens*, p. 96.
(14) *Précis élément.*, t. II, p. 297.—*Leçons*, t. I, p. 215; t. II, p. 223.
(15) *Journal de* Magendie, t. I, p. 123.
(16) Gerson, *Magazin*, t. XVII, p. 486.
(17) *Vermischte Schriften*, t. I, p. 105.
(18) *Physiologische Untersuchungen*, p. 142.
(19) *Rech. sur la digestion*, p. 131.
(20) *Zeitschrift fuer Physiologie*, t. II, p. 71.
(21) *Lehrbuch der Physiologie*, t. II, p. 246.
(22) Valentin, *Repertorium*, t. I, p. 259.
(23) *Archives générales*, 3e série, t. I, p. 358.

1° La section ou la compression prolongée des deux nerfs pneumo-gastriques entraîne la mort. Celle-ci a lieu, la plupart du temps, au bout de dix à vingt heures chez les Lapins, quelquefois au bout de deux à cinq heures, selon Broughton (1), et parfois aussi le troisième jour seulement suivant Mayer (2). Chez les autres Mammifères sur lesquels l'expérience a été tentée, le nerf grand sympathique est renfermé, immédiatement après sa sortie du ganglion cervical supérieur, dans une gaîne qui lui appartient en commun avec la huitième paire, de sorte qu'il a dû être presque toujours coupé en même temps que cette dernière. Les Chiens succombèrent le plus souvent du second au quatrième jour, quelquefois au bout de sept à huit heures, comme l'ont vu Petit (3) et Haighton (4); dans d'autres cas, leur mort n'eut lieu qu'au bout de sept jours, ainsi que l'a observé Cruikshank (5), et un Chien, auquel Mayer s'était contenté de lier le nerf (6), ne périt que le dixième jour. La mort des Chats arrive au bout d'un quart d'heure (7), ou seulement de dix heures; celle des Chevaux, au bout d'une heure ou seulement de deux jours. Les Poules, les Pigeons, les Oies, survécurent deux à cinq jours. Quand on ne coupait qu'un seul des deux nerfs, il y avait des cas rares, semblables à ceux qu'a observés Petit (8), dans lesquels aucun accident ne se manifestait chez les Chiens; presque toujours la respiration éprouvait du dérangement, mais, au bout de quelque temps, elle rentrait dans l'état normal; quelquefois cependant, la mort eut lieu après un laps de temps d'une à trois semaines. La plupart des Lapins périrent du premier au troisième jour; les Chevaux se rétablirent bientôt après avoir éprouvé de la difficulté à respirer; les Oiseaux ne furent point

(1) *Loc. cit.*, p. 127.
(2) *Loc. cit.*, p. 73.
(3) *Loc. cit.*, p. 6.
(4) *Loc. cit.*, p. 76.
(5) *Loc. cit.*, p. 59.
(6) *Loc. cit.*, p. 65.
(7) *Loc. cit.*, p. 74.
(8) *Loc. cit.*, p. 12.

affectés. Lorsque, sur un Chien, on coupait l'un des nerfs, et six semaines après, quand la plaie était cicatrisée, celui du côté opposé, l'animal survivait, selon Cruikshank et Haighton. Des Chevaux auxquels Dupuy coupa simultanément l'un des nerfs en entier, et l'autre à moitié ou aux deux tiers, se rétablirent aussi quelquefois.

2° Après la section des deux nerfs, les mouvemens respiratoires deviennent pénibles et plus rares. Suivant Mayer (1) leur nombre tomba, chez l'Ane, de dix-sept à douze ou neuf le premier jour, et à huit le cinquième ; chez les Chiens, de quarante-huit à dix le premier jour, et quelquefois à huit les jours suivans. L'inspiration exige de plus grands efforts ; l'animal ouvre largement les narines et la bouche, il tend le cou, et ses muscles pectoraux, ainsi que son diaphragme, redoublent d'activité. Suivant Cruikshank et Broughton, l'inspiration est lente et profonde, l'expiration courte, fréquente, forcée, quelquefois accompagnée de mouvemens répétés des muscles abdominaux. La difficulté de respirer augmente pendant les efforts, la course rapide, la préhension des alimens et le vomissement. Krimer assure que l'action du galvanisme sur les nerfs coupés procure plus de liberté à la respiration. Treviranus a vu, chez des Grenouilles auxquelles il avait pratiqué l'opération, les mouvemens de la respiration devenir désordonnés, mais sans cesser entièrement.

3° La conversion du sang veineux en sang artériel diminue plus tôt ou plus tard, et cesse tout-à-fait. Chez les Mammifères, le nez, les lèvres et la cavité buccale deviennent blêmes, plombés ou bleus : il en est de même de la crête des Oiseaux ; le sang prend un caractère veineux dans le système aortique et le cœur gauche. Dupuy avait conclu de là que la lésion du nerf anéantit immédiatement le travail chimique de la respiration, qu'elle détermine même une dégénérescence du sang, puisque celui-ci semble comme dissous, et que des animaux bien portans, dans les veines ou le tissu cellulaire desquels on l'injecte, périssent au bout de quelques jours, offrant les phénomènes de la gangrène. Mais Emmert a prouvé

(1) *Loc. cit*, p. 65.

que le sang demeure vermeil, dans le système aortique, aussi long-temps que les poumons reçoivent encore une suffisante quantité d'air, que, quand il a pris l'aspect veineux, on peut lui rendre sa couleur naturelle au moyen de la respiration artificielle, et que par conséquent sa conversion normale dans les poumons n'est arrêtée que par le trouble des mouvemens respiratoires, ce que Provençal, Dumas, Brodie et autres ont reconnu également. Du reste, Blainville croyait n'avoir observé aucun changement anormal dans le sang après la section du nerf pneumo-gastrique ; mais des faits en très-grand nombre s'élèvent contre cette assertion.

4. Chez les animaux qui sont morts par suite de l'expérience, on trouve les poumons distendus, gonflés, d'un rouge foncé et gorgés de sang. Suivant Defermon, Ware et Finlay, ils étaient moins pleins de sang lorsqu'on les avait exposés à l'influence du galvanisme. Le cœur renferme souvent des caillots de sang, et sa moitié droite est remplie outre mesure de ce liquide. Mayer et Arnold ont quelquefois rencontré des caillots dans les vaisseaux sanguins des poumons eux-mêmes. Les ramifications bronchiques contiennent presque toujours une grande quantité de mucus écumeux, parfois sanguinolent. Ce mucus, suivant l'opinion de Brachet, met obstacle à l'entrée de l'air, empêche par conséquent le sang de devenir vermeil, et devient ainsi la cause de la mort. Mais cette sécrétion copieuse et l'impossibilité de l'expulser supposent un autre état anormal.

Souvent il s'épanche du sang dans le parenchyme des poumons, de sorte que ceux-ci, comme l'a vu Cruikshank, deviennent fermes et denses, qu'ils tombent au fond de l'eau, suivant Wilson Philipp et Legallois, et que, d'après Magendie, ils paraissent hépatisés, ne s'affaissent pas sur eux-mêmes lorsqu'on ouvre la poitrine, ne crépitent point quand on les comprime, et ne peuvent être complétement insufflés. Magendie admet, en conséquence, que la section du nerf trouble la circulation dans les vaisseaux capillaires des poumons, et qu'elle détermine par-là des épanchemens qui s'opposent à ce que l'air puisse entrer. Mais cette hépatisation n'est point un phénomène constant, et on ne l'observe même pas dans le plus grand nombre des cas.

5° Brachet rejette donc l'explication de Magendie, et cherche ailleurs la cause du mucus qui remplit les ramifications bronchiques au point d'interdire tout accès à l'air. Il croit que les poumons ne sont point sollicités à tousser, parce qu'ils ont perdu leur sensibilité; et en effet il a vu les vapeurs de l'acide chlorhydrique, ou de petites boules suspendues dans la trachée-artère, ne point provoquer la toux après la section du nerf. Il assure, en outre, que les animaux n'éprouvent plus, même lorsqu'on les place sous le récipient de la machine pneumatique, ou qu'on leur plonge la tête dans l'eau, l'agitation qu'on remarque chez ceux qui suffoquent, et qu'on ne leur voit faire aucun effort pour attirer l'air dans la poitrine. Brodie avait déjà attribué l'effet mortel de la section à ce que le besoin de respirer n'est plus senti, et Arnold se prononce en faveur de cette opinion. Mais les changemens du mouvement respiratoire, qu'on a coutume d'observer, prouvent bien qu'il y a encore sentiment du besoin de respirer. Brachet n'a fait les observations rapportées plus haut que sur de jeunes Chiens, âgés seulement de trois jours, tandis que ceux qui étaient nés depuis cinq jours, faisaient les efforts ordinaires; or il ne donne qu'une explication forcée de cette différence quand il dit que c'est uniquement par l'effet de l'habitude qu'on voit les muscles respiratoires continuer d'agir, quoique le besoin de respirer ne soit plus senti.

6° Legallois a vu la mort survenir tout aussi promptement après la section du rameau laryngé inférieur qu'après celle du tronc nerveux entier; il l'attribue aussi, dans ce dernier cas, à un resserrement de la glotte, et il a réellement observé, sur un Lapin dont il avait mis la glotte à découvert, qu'après la section du nerf, les cartilages aryténoïdes se rapprochaient au point de ne plus laisser entre eux qu'une fente étroite. Ce qui vient à l'appui de sa manière de voir, c'est que la trachéotomie rend la respiration plus libre, qu'elle paraît aussi prolonger un peu les jours de l'animal, et que quand le nerf a été coupé au-dessous de son rameau laryngé inférieur, on observe d'abord peu ou point de gêne dans la respiration.

Magendie expliquait le phénomène lui-même par un antagonisme entre les muscles et leurs nerfs. Le nerf laryngé supérieur doit, suivant lui, se distribuer aux muscles aryténoïdiens et cricoïdiens ; l'inférieur aux muscles crico-thyroïdiens, de sorte que ceux-ci élargissent la glotte, et ceux-là la resserrent. De là vient, ajoute-t-il, que la section du nerf laryngé inférieur et du tronc entre ce rameau et le larynx supérieur entraîne la paralysie des muscles dilatateurs et la prépondérance des muscles constricteurs. Cependant Schlemm et Arnold ont fait voir que le nerf laryngé inférieur, comme l'avait déjà remarqué Portal (1), donne aussi des filets aux muscles aryténoïdiens, qui rétrécissent la glotte. Cette disposition a été confirmée par Reid (2), qui ajoute que les muscles cricothyroïdiens seuls reçoivent des branches du laryngé supérieur. Krimer prétend avoir vu que la glotte s'ouvrait largement lorsqu'on irritait ou qu'on liait le nerf laryngé supérieur, qu'elle se fermait quand on coupait ce nerf, et que l'inverse avait lieu toutes les fois qu'on agissait de la même manière sur le nerf laryngé inférieur. On ne peut donc, en général, admettre qu'une paralysie des muscles de la glotte, ayant souvent pour résultat l'agrandissement de cette ouverture ; et, en effet, Dupuy, Mayer, Leuret et Lassaigne ont vu qu'après la section du nerf pneumo-gastrique, les alimens qui revenaient à la bouche tombaient dans la trachée-artère, par la glotte. Enfin la section des deux nerfs laryngés inférieurs n'entraîne ordinairement point la mort, et l'on voit même se rétablir, au bout de quelque temps, la voix qui avait été abolie d'abord, soit parce que les deux bouts des nerfs se recollent, soit parce que les nerfs laryngés supérieurs acquièrent à eux seuls le degré d'influence qu'auparavant ils ne possédaient qu'en commun avec les inférieurs. Au reste, Legallois ne considère l'occlusion même de la glotte que comme une cause accessoire de la mort, qui dépend surtout de l'affection des poumons, dont, suivant lui, le tissu est lâche et sans ténacité.

(1) *Cours d'anatomie médicale*, t. IV, p. 207. — Trousseau et Belloc, *Traité de la phthisie laryngée*. Paris, 1837. in 8.

(2) *Archives générales*, 3e série, t. I, p. 214.

7° La paralysie des poumons est incontestablement la cause de la mort. Les poumons, en vertu des fibres musculaires étalées sur les ramifications bronchiques, sont doués d'un mouvement vital, qui consiste en un rétrécissement des voies aériennes, et sur lequel la volonté exerce peu d'influence (§ 969, 7°). Le nerf pneumo-gastrique détermine les mouvemens involontaires de l'œsophage (§ 957, 5°): il doit se comporter de même à l'égard des fibres musculaires plastiques des poumons, et être la cause déterminante de l'action qu'ils déploient pendant l'inspiration, comme l'avait déjà reconnu Bartels (1). Après sa section, les poumons deviennent passifs, ils ne se contractent plus convenablement eux-mêmes, mais ne font que céder au resserrement de la poitrine, occasioné par le relâchement des muscles inspirateurs et l'action des muscles abdominaux (2). De là vient qu'on les trouve extraordinairement distendus après la mort, ou, comme le disent Hallé et Pinel dans leur Rapport sur les expériences de Dupuy, à l'état d'inspiration. Or, comme, pendant l'inspiration, le sang afflue avec plus de force aux poumons, et y séjourne plus long-temps (§ 766, 4°), il doit ici, où l'insuffisance de l'inspiration ne permet pas qu'il soit chassé avec assez de force dans le système aortique (§ 766, 3°), déterminer une congestion passive, par suite de laquelle (§ 843, 4°) s'établissent une sécrétion exagérée et même une infiltration sanguine dans les voies aériennes. Mais la cause essentielle de la mort tient à ce que la conversion normale du sang cesse dans les poumons paralysés : comme les ramifications bronchiques ne se contractent plus par une force qui leur soit propre, l'air décomposé et surchagé de l'acide carbonique du sang veineux, n'est plus complétement expulsé, et par conséquent l'air frais ne peut plus entrer en quantité suffisante. Or, de ce qu'il manque, non pas de l'air en général, mais de l'air respirable, il suit que l'animal doit redoubler ses efforts d'inspiration, qui d'ailleurs, étant plus soumis à l'empire de la volonté, sont aussi ceux qu'on appelle le plus volontiers à son secours dans tous les troubles de la respiration.

(1) *Die Respiration als vom Gehirne abhængige Bewegung*, p. 82.
(2) Reynaud, *Mém. sur l'oblitération des bronches* (Mémoires de l'Acad, royale de médecine. Paris, 1835, t. IV, p. 117.)

VI. Parmi les autres nerfs cérébraux, le facial agit en dilatant les narines et abaissant l'hyoïde et la mâchoire inférieure pendant l'exspiration. La petite portion du trijumeau relève la mâchoire pendant l'inspiration. Le grand hypoglosse contribue aussi aux mouvemens respiratoires, par son action sur les muscles de l'hyoïde et de la langue.

VII. La moelle allongée est le point central des nerfs de la respiration, en sorte que sa destruction arrête sur-le-champ cette fonction, qui, au contraire, persiste encore pendant quelque temps, d'après Legallois, Treviranus, Flourens et Brachet, lorsqu'on enlève les autres parties du cerveau.

VIII. On ne sait rien de l'influence qu'exerce peut-être le nerf grand sympathique. Lorsque Bichat coupait ce nerf, ou que Cooper en pratiquait la ligature, la respiration n'était pas troublée d'une manière sensible. La mort n'arrive pas plus tôt quand on le coupe avec le pneumo-gastrique, que quand on se contente de couper ce dernier seul.

ARTICLE II.

Des phénomènes chimiques de la respiration.

§ 972. Il a été question ailleurs des sécrétions du poumon (§ 843, III; 846, III; 847, 4 ; 848, I, III; 849, 4°; 820, IV.) et de l'absorption que cet organe exerce sur les liquides et les vapeurs (§ 899, III, IV; 903, I,). Nous devons nous occuper ici de l'absorption des gaz par lui, c'est-à-dire de la respiration comme fonction qui concourt immédiatement à la formation du sang par l'introduction de substances nouvelles dans l'économie. Nous apprenons à connaître ce qui arrive dans la respiration en comparant l'air expiré avec l'air inspiré (§ 972), et le sang qui revient des organes respiratoires, qui a été soumis à l'influence de l'air, avec celui qui n'a point encore subi cette influence (§ 973).

I. Changemens de l'air.

I. Voyons d'abord ce qui arrive quand la respiration s'exerce sur l'air atmosphérique.

4° Nous avons déjà dit (§ 840 , 4°) qu'en général les substances expirées égalent ou même surpassent un peu en poids l'air qui a été inspiré, mais que, eu égard au volume, il en entre plus dans les poumons que ces organes n'en rendent. Nous avons encore à ajouter quelque chose sous ce dernier rapport. Les anciens physiciens (Boyle, Mayow, Hales) avaient trouvé que, dans la respiration, l'air perd 0,033 à 0,071 de son volume, parce qu'ils mettaient l'air expiré en contact avec de l'eau qui absorbait l'acide carbonique. Au moyen d'expériences faites avec plus de précision, Davy (1) a reconnu qu'après une inspiration ordinaire de 13 pouces cubes, il expirait 0,3 pouce cube de moins d'air, ou 7,8 pouces cubes par minute, en évaluant à vingt-six le nombre des respirations pendant ce laps de temps : dans une forte inspiration de cent pouces cubes, l'air perdait 1,3, et sa perte était de deux pouces cubes dans une autre de cent quarante-et-un. Cette perte est par minute de cinq à huit pouces cubes, suivant Henderson (2), de 0,19 à 6,20 d'après Allen et Pepys (3), ce qui donne une moyenne de 2,87 pouces cubes. Un autre observateur (4) dit avoir perdu un pouce et demi cube d'air à chaque inspiration ; la vessie employée contenait deux cent cinquante pouces cubes d'air, qui furent inspirés et expirés soixante-dix fois ; après avoir été conservée à la cave pendant vingt-quatre heures, elle n'en contenait plus que deux cent cinquante. Mais cette diminution ne provenait point, sans contredit, de la seule condensation de l'air par le froid, et elle dépendait aussi de ce que du gaz acide carbonique s'était échappé à travers les parois de la vessie. D'après Despretz (5), l'air perdit, à chaque minute, 0,27 pouce cube par la respiration d'un Chien, 0,20 par celle d'un Chat, 0,087 par celle d'un Lapin, 0,19 par celle d'une Chouette, et 0,004 par celle d'un Pigeon.

2° L'air qui revient des organes de la respiration contient moins d'oxygène qu'avant d'y avoir pénétré (§ 840, 2°). La

(1) *Untersuchung ueber das Athmen*, t. II, p. 100.
(2) Gilbert, *Annalen*, t. XIX, p. 418.
(3) *Philos. Trans.*, 1808, p. 253.
(4) *Medico-chirurgical review*, t. XVII, p. 193.
(5) *Annales de chimie*, t. XXVI, p. 351.

diminution est de trois à dix pour cent dans une respiration de l'homme ; suivant Abernethy(1), elle s'élève à un pouce cube, et va jusqu'à deux lorsque la respiration se prolonge davantage ; Dalton l'évalue à un pouce et demi cube, Allen et Pepys à 1,4 pouce cube, Davy à 1,2, 3,8 ou 5 pouces cubes, suivant qu'on a inspiré treize, cent ou cent quarante-et-un pouces cubes d'air, mais seulement à 1,02 pouce cube quand le même air (cent soixante-et-un pouces cubes) a été inspiré et expiré dix-neuf fois. La consommation du gaz oxygène (le poids du pouce cube étant estimé $= 0,42075$ grain) est, d'après les premières indications de Lavoisier et de Seguin(2), de 41427 pouces cubes $= 17430$ grains ; d'après les évaluations subséquentes de ces deux auteurs (3), de 38413 pouces cubes $= 16162$ grains ; suivant Davy, de 45504 pouces cubes $= 19145$ grains ; selon Allen et Pepys, de 39600 pouces cubes $= 16661$ grains. Quoique les dispositions individuelles, l'état momentané de la vie, et les différences nées du mode d'expérimentation, rendent ces données plus ou moins incertaines, cependant les résultats de plusieurs observations peuvent conduire au moins à une approximation ; nous allons donc indiquer ces diverses recherches, en ayant soin, pour rendre la comparaison plus facile, de les rapporter à une même échelle, la consommation d'oxygène pendant l'espace d'une minute, calculée en pouces cubes.

		Pouces cubes.
I. Homme.	HENDERSON (4). 1° Le même air (600 pouces cubes) respiré plusieurs fois	13
	2° Dans une autre expérience faite de la même manière	15,9
	NYSTEN (5). 1° Chez une femme	13,4
	2° Chez un homme à poitrine étroite	14,7

(1) *Chirurgische und physiologische Versuche*, p. 141.
(2) *Hist. de l'Acad. des sciences*, 1789, p. 577.
(3) *Ib.*, 1790, p. 609.
(4) Gilbert, *Annalen*, t. XIX, p. 418.
(5) *Rech. de physiologie*, p. 190.

		3° Chez un homme à poitrine large	16
	Lavoisier et Seguin.	1° Dans leurs premières indications	28,8
		2° D'après leurs indications subséquentes	26,6
	Allen et Pepys.	Dans 19 respirations à 16 pouces cubes	27
	Dalton.	Dans 20 respirations à 30 pouces cubes	30
	Davy.	Dans 26 respirations à 13 pouces cubes	31,6
II. Chiens.	Despretz (1).	1° Chiens de cinq ans	34,2
		2° Chiens de sept à huit mois	2,27
	Legallois (2).	1° Chiens d'un à deux mois	2,34
		2° Chiens d'un à deux mois	1,70
	Edwards (3).	1° Chiens d'un à deux mois, enfermés pendant deux heures	0,032
		2° Chiens enfermés pendant cinq heures	0,016
III. Chats.	Despretz (4).	Chats renfermés pendant 95 minutes	1,71
	Legallois (5).	1° Chats du poids de 10410 grains, pendant 180 minutes	1,22
		2° Chats du poids de 12101 grains, pendant 180 minutes	1,10
IV. Lapins.	Berthollet (6).	1° Pendant 150 minutes	1,55
		2° Pendant 180 minutes	1,17
		3° Pendant 220 minutes	1,11
		4° Pendant 220 minutes	0,07
		5° Pendant 226 minutes	1,25

(1) *Annales de chimie*, t. XXVI, p. 354.
(2) *OEuvres*, t. II, p. 65.
(3) *De l'influence des agens physiques*, p. 644.
(4) *Loc. cit.*, p. 365.
(5) *Loc. cit.*, p. 64.
(6) *Mém. de la société d'Arcueil*, t. II, p. 461.

LEGALLOIS (1).	1° Lapin pesant 15550 grains, pendant 180 minutes	{ 0,85
	2° Lapin pesant 16371 grains, pendant 180 minutes	0,94
	3° Le même, pendant le même laps de temps	0,91
	4° Lapin pesant 19293 grains, pendant 190 minutes	0,88
	5° Lapin pesant 302139 grains, pendant 180 minutes	1,56
DESPRETZ (2).	1° Vieux Lapin, pendant 96 minutes	2,35
	2° Jeune Lapin, pendant 125 minutes	0,38
COLLARD de	(Respiration à l'air libre)	
MARTIGNY (3).	1° Pendant 9 minutes	2,24
	2° Pendant 11 minutes	2,28
	3° Pendant 11 minutes	1,91
	4° Pendant 12 minutes	2,18
	5° Pendant 12 minutes	1,91
	6° Pendant 13 minutes	1,83
	7° Pendant 14 minutes	1,93
	8° Pendant 15 minutes	2,26

V. Cabiai.

LAVOISIER et SEGUIN (4).			0,56—0,83
BERTHOLLET.	1° Cabiai renfermé pendant	90 min.	1,17
	2°	210	1,04
	3°	240	0,63
	4°	240	0,60
	5°	270	0,71
LEGALLOIS (5).	1° Cabiai pesant 6617 grains		0,54
	2° 9967		0,70
	3° 10632		0,73

(1) *Loc. cit.*, p. 63.
(2) *Loc. cit.*, p. 351.
(3) *Journal de physiologie* par Magendie, t. X, p. 153.
(4) *Hist. de l'Acad. des sc.*, 1789, p. 572.
(5) *Loc. cit.*, p. 66.

	Despretz (1).		0,53
	Edwards.	1° Cabiai renfermé, pendant 97 min.	0,06
		2° 103	0,05
		3° 106	0,02
VI. Marmotte.	Saissy (2).		1,80
VII. Hérisson.	Saissy.		1,30
VIII. Muscardins.	Saissy.		0,57
IX. Chauve-souris.	Saissy.		0,29
X. Souris.	Schubler (3).	1° Souris renfermée, pendant 220 min.	0,037
		2° 240	0,032
		3° 243	0,028
		4° 246	0,030
XI. Chouettes.	Despretz (4).		1,71
XII. Pigeons.	Despretz (5).		0,64
	Allen et Pepys.		0,50
XIII. Moineaux.	Edwards (6).	1°	0,038
		2°	0,04
		3°	0,056
		4°	0,055
		5°	0,052
XIV. Verdiers.	Edwards (7).		0,047
XV. Mésanges.	Schubler (8).		0,056

Consommation d'oxygène faite par des animaux à sang froid et invertébrés, dans l'espace d'une heure :

I. Tortues.	Spallanzani (9).	0,163
II. Lézards verts.	Spallanzani (10).	0,009
III. Couleuvres.	Spallanzani (11).	0,131
IV. Salamandres.	Spallanzani (12).	0,043

(1) Loc. cit., p. 353.
(2) Rech. sur les animaux hibernans, p. 19.
(3) Gilbert, Annalen, t. XXXIX, p. 328.
(4) Loc. cit., p. 358.
(5) Loc. cit., p. 357.
(6) Loc. cit., p. 645.
(7) Loc. cit., p. 647.
(8) Loc. cit., p. 343.
(9) Rapport de l'air avec les êtres organisés, t. I, p. 280.
(10) Ib., p. 289.
(11) Ib., p. 198.
(12) Ib., p. 289.

V. Grenouilles.	HUMBOLDT et PROVENÇAL (1).		0,016
	EDWARDS (2).	1° En juin	0,052
		2° Eu juillet	0,039
		3° En octobre	0,026
VI. Tanches.	HUMBOLDT et PROVENÇAL.	1° 7 ensemble dans l'eau pendant 8 1/2 heures	0,135
		2° 7 6	0,148
		3° 3 7 1/2	0,202
		4° 3 5 1/4	0,164
		5° 3 5	0,386
		6° 2 7	0,422
		7° 1 17 seule	0,411
		8° 1 à l'air, terme moyen	0,027
VII. Insectes.	TREVIRANUS (3).	Abeille	0,011—0,027
		Bombus lapidarius	0,026
		Bombus terrestris	0,011
		Mouche	0,004
		Chenille et Papillon du chou	0,016
		Mars	0,026—0,031
		Libellule	0,013—0,016
		Calosome	0,010
		Cétoine	0,005
		Hanneton	0,001
VIII. Mollusques.	TREVIRANUS.	Limace	0,014—0,099
		Limaçon	0,014—0,020
IX. Isopodes et Annélides.	TREVIRANUS.	Cloporte	0,004
		Sangsue	0,010
		Ver de terre	0,004

Quant à ce qui concerne les végétaux, nous savons seulement que la quantité de l'oxygène contenu dans l'air est toujours diminuée par les plantes cellulaires qui ne sont point vertes (plusieurs lichens, quelques algues, les champignons), de même que, chez les végétaux vasculaires, par les racines, les branches effeuillées, les feuilles qui se fanent, les fleurs, les fruits mûrs et les graines qui lèvent, mais que toutes les

(1) *Mém. de la Soc. d'Arcueil*, t. II, p. 389.
(2) *Loc. cit.*, p. 648.
(3) *Zeischrift fuer Physiologie*, t. IV, p. 1.

plantes sans exception la diminuent dans l'obscurité, effet plus sensible de la part des jeunes feuilles que des vieilles, du feuillage des arbres que de celui des herbes, et moins prononcé que partout ailleurs chez les arbres verts, les plantes grasses et les plantes marécageuses (1).

3° Lavoisier avait admis que le gaz azote de l'air atmosphérique n'augmente ni ne diminue pendant la respiration, et la plupart des physiciens ont marché sur ses traces à cet égard. Cependant quelques-uns ont vu ce gaz augmenter. (§ 819, 1°), Priestley croyait pouvoir conclure de ses expériences qu'il diminue. Abernethy (2) a trouvé que l'air expiré ne contenait que 0,725 d'azote, et que par conséquent la respiration lui en avait fait perdre 0,075; mais il n'en pensait pas moins qu'on ne doit point admettre une diminution réelle. Dans les expériences faites par Henderson, après quatre minutes de respiration, la quantité d'azote contenue dans quatre cent soixante-huit pouces cubes d'air, était diminuée de douze à dix-huit pouces cubes, ce qui fait environ 3 à 4,4 pouces cubes par minute. Pfaff a également observé une diminution. Suivant Davy, l'air, dans une inspiration de treize pouces cubes, en perd 0,2 d'azote, ce qui, à vingt-six respirations par minute, ferait 5,2 pouces cubes pour chaque minute : la perte d'azote était de 1,3 pouce cube dans l'inspiration de cent pouces cubes d'air, et de deux pouces cubes dans celle de cent quarante-et-un pouces. Allen et Pepys ont trouvé que l'azote s'élevait à 0,79 tant dans l'air inspiré que dans l'air expiré ; mais comme ce dernier, pendant une inspiration de onze minutes de durée, avait perdu de son volume, malgré l'addition de l'acide carbonique, l'azote, pris d'une manière absolue, avait diminué d'environ dix-sept pouces cubes. Dans un autre cas, où, pendant vingt-quatre minutes et trente-sept secondes, il avait été inspiré neuf mille huit cent quatre-vingt-dix, et expiré neuf mille huit cent soixante-et-douze pouces cubes, l'azote était demeuré le même

(1) V. H. Dutrochet, *Mém. pour servir à l'hist. anat. et physiol. des végétaux et des animaux.* Paris, 2837, t. I, p. 320. — Raspail, *Nouv. syst. de physiol. végétale et botanique.* Paris, 1837, t. II, p. 41 et suiv.

(2) *Chirurgische und physiologische Versuche*, p. 142.

relativement, mais avait subi une diminution absolue d'à peu près quatorze pouces cubes, ce qui fait environ 0,57 pouce par minute. Humboldt et Provençal ont observé une diminution de l'azote dans la respiration des Poissons, mais non dans celle des Grenouilles. Hermann (1) en a remarqué une dans celle des Oiseaux. Spallanzani avait entrevu à cet égard (2), ce qui n'a été reconnu que plus tard par d'autres (§ 819, 1°), que la consommation d'azote n'a pas lieu constamment, qu'en conséquence elle ne fait point partie essentielle de la respiration, qui, au contraire, entraîne toujours, et sans exception, une consommation d'oxygène.

II. D'autres gaz, purs ou mélangés, subissent aussi une déperdition dans l'acte de la respiration.

1° Davy (3) respira pendant une demi-minute, par sept inspirations profondes et prolongées. un mélange de soixante-dix-huit pouces cubes de gaz oxygène et vingt-quatre de gaz azote; l'air expiré contenait 24,7 pouces cubes de moins ; mais, guidé par l'analogie, Davy admit que 13,3 pouces cubes de cette dernière quantité étaient encore dans les voies aériennes, qu'en conséquence la perte réelle se réduisait à 11,4 pouces cubes, ce qui la rendait inférieure à celle de gaz oxygène qu'eût éprouvée l'air atmosphérique. Un mélange de vingt-neuf pouces cubes d'azote et cent trente-trois d'oxygène fut respiré pendant deux minutes ; d'après le même calcul, la déperdition d'oxygène fut de cinquante-sept pouces cubes, tandis que, durant le même laps de temps, il en disparaît soixante-trois de l'air atmosphérique. Cependant l'hypothèse de Davy est refutée par les effets d'une respiration plus prolongée. Allen et Pepys (4) firent respirer pendant neuf minutes et un tiers, à un homme qui fit cent quatre-vingt-quatre inspirations, un mélange de trois mille cent-soixante-dix-neuf pouces cubes d'oxygène et quatre-vingt-un d'azote : l'air expiré contenait cinq cent-vingt-neuf pouces d'oxy-

(1) Gilbert, *Annalen*, CVIII, p. 293.
(2) *Mém. sur la respiration*, p. 88, 158.
(3) *Loc. cit.*, p. 107.
(4) *Philos. Trans.*, 1808, p. 267.

gène de moins : il en avait donc perdu cinquante-six par minute. Dans une autre expérience, où l'air inspiré se composait de 3334,5 pouces cubes d'oxygène et 85,5 d'azote, et qui dura sept minutes vingt-cinq secondes, la perte d'oxygène fut de 632,38 pouces cubes, c'est-à-dire de quatre-vingt-quatre par minute. Un Cochon d'Inde respira pendant soixante-et-douze minutes dans un mélange de 962,6 pouces cubes d'oxygène et 97,4 d'azote (1); la perte fut trouvée de 160,85 pouces cubes, ce qui fait 2,23 par minute; un autre, plus petit, respira dans une moindre quantité de gaz, et la perte ne fut que de 1,62 pouce cube par minute. Suivant Lavoisier (2), un mélange semblable ne perdit que 0,64 d'oxygène par minute, sous l'influence de la respiration d'un Cabiai. Les expériences ultérieures d'Allen et Pepys (3), sur des Pigeons, ont donné pour résultat qu'un mélange de 245,59 pouces cubes d'oxygène et 61,4 d'azote, a perdu 49,89 d'oxygène en soixante-douze minutes, ou 0,69 pouce cube par minute. Nysten (4), après avoir pompé l'air des poumons d'un petit Chien qui pesait six livres et demie, lui fit respirer un mélange de 48,8 pouces cubes d'oxygène et 14,6 d'azote; il trouva ensuite que le premier de ces gaz avait diminué de 43 pouces cubes en une demi-heure, c'est-à-dire de 1,43 par minute. Chez un autre Chien pareil, dont il avait aussi vidé les poumons, et qui respira un mélange de 56,27 pouces cubes d'oxygène et 1,74 d'azote, l'air expiré et l'air pompé des poumons contenaient, au bout de douze minutes, 53,8 pouces cubes d'oxygène de moins, ce qui fait 4,49 pouces cubes par minute.

2° Chez un petit Chien, qui respira cinquante-huit pouces cubes d'azote, après qu'on lui eut pompé l'air des poumons, ce gaz avait diminué, en trois minutes et demie, de 20,7 pouces cubes, = 5,9 par minute.

3° Davy (5) respira cent pouces cubes de gaz oxyde d'azote,

(1) *Ib.*, 1809, p. 415, 418.

(2) *Hist. de l'Acad. des sciences*, 1780, p. 401.

(3) *Philos. Trans.*, 1829, p. 280.

(4) *Rech. de physiologie*, p. 248.

(5) *Loc. cit.*, p. 64.

mêlé avec deux pouces cubes d'air atmosphérique, et trouva soixante-et-onze pouces cubes de moins du premier dans l'air expiré. Après qu'il eut respiré un mélange de 179,5 pouces cubes de gaz oxyde d'azote et 2,5 d'air atmosphérique, le premier avait diminué en quarante secondes de 90,75 pouces cubes. Comme Davy fait entrer en ligne de compte l'air resté dans les poumons, il évalue la perte, dans le premier cas, à 56,3 pouces cubes, dans le second, à 71,4 (1), et la porte, terme moyen, à 120 pouces cubes par minute (2).

4° Davy fit en moins d'une demi-minute sept inspirations rapides dans une masse de 102 pouces cubes de gaz hydrogène; l'air expiré contenait 24 pouces cubes de moins de ce gaz. Six inspirations faites dans le même laps de temps enlevèrent 28,4 pouces cubes d'une masse de gaz de cent-quatre-vingt-deux, et douze inspirations profondes suffirent pour faire subir une diminution de 25,4 pouces cubes à une autre de cent quarante-et-un (3). Suivant Allen et Pepys (4), trente-cinq pouces cubes d'hydrogène disparurent d'un mélange de cinquante-et-un pouces cubes d'azote, cinquante-et-un d'oxygène et cent quarante-sept d'hydrogène, dans lequel un Pigeon respira pendant vingt-six minutes. De 58,9 pouces cubes d'hydrogène que Nysten fit respirer à un petit Chien, après lui avoir vidé les poumons, il n'en restait plus que 53,7 au bout de trois minutes et demie (5).

6° Nysten a également trouvé que la quantité du gaz acide carbonique diminuait dans la respiration (6).

II. Changemens du sang.

§ 973. I. L'effet immédiat de la respiration a été diversement interprété, suivant que l'on considérait la vie sous tel ou tel point de vue.

(1) *Loc. cit.*, p. 83.
(2) *Loc. cit.*, p. 97.
(3) *Loc. cit.*, p. 72.
(4) *Loc. cit.*. 1829, p. 284.
(5) *Loc. cit.*, p. 225.
(6) *Loc. cit.*, p. 224.

1° Les iatro-mathématiciens n'admettaient qu'un changement mécanique de l'air et du sang. Ils niaient donc aussi, avec quelques autres physiologistes, qu'on dût reconnaître une différence essentielle entre le sang artériel et le sang veineux (§ 752, 1°). Le volume moins considérable de l'air expiré leur paraissait devoir être attribué à la diminution de son élasticité. Cette diminution avait pour effet de condenser le sang selon Helvétius, et de l'atténuer suivant Baglivi. Comme les calculs de Hales supposaient que ce liquide circule avec cinq fois plus de rapidité dans les poumons que dans d'autres parties, on pensait que ce surcroît de vélocité opère un mélange plus homogène de ces principes constituans. On croyait encore que son mouvement tient à l'élasticité de l'air mêlé avec lui, et bien qu'il eût été depuis longtemps objecté (1) que l'air n'est point libre dans le sang, qu'il y est au contraire dissous (2), cette hypothèse n'en a pas moins été reproduite par Lau (3), dans les temps modernes. Suivant lui, la contraction que les poumons éprouvent durant l'expiration force l'air à pénétrer dans les orifices béans des vaisseaux et à s'y mêler au sang; l'air l'atténue ainsi, rend sa couleur plus claire, et lui donne, en vertu de son élasticité, l'expansion au moyen de laquelle il entretient le mouvement du cœur et en général la vie.

2° Harvey, Hales et Haller avaient reconnu que la respiration débarrasse le sang des matériaux nuisibles qu'il contient. Mais déjà, depuis Démocrite, on admettait que l'air lui fournit aussi quelque principe nécessaire à la vie, et qu'on désignait sous le nom d'esprit vital ou de pneuma. Au dix-septième siècle seulement la découverte faite par Vanhelmont de diverses sortes de gaz, posa les bases de la connaissance chimique de l'atmosphère, et pendant la seconde moitié de ce siècle on commença en Angleterre à se faire une idée des changemens de composition qui accompagnent la respiration. En effet, Bathurst apprit le premier à connaître

(1) Haller, *Elem. physiol.*, t. III, p. 331.
(2) *Ib.*, p. 336.
3) *Widerlegung der chemischen Ansichten vom Athmen*, p. 22-29.

l'oxygène atmosphérique sous le nom d'air nitreux, puis Mayow montra que cet air est le principe qui occasione la combustion pendant la respiration, et passe dans le sang pour agir comme esprit vital, après quoi Lower démontra que la couleur vermeille du sang dépend de cette action exercée par l'air. Mais les idées mécaniques qui régnaient alors par rapport à la vie, furent cause qu'une centaine d'années s'écoulèrent avant qu'on voulût admettre cette découverte. Ce ne fut qu'au commencement du dix-huitième siècle que les observations de Lower furent confirmées par Cigna : Scheele et Priestley reconnurent les principes constituans de l'atmosphère, et Priestley prouva que la respiration, semblable à la combustion des corps et à la conversion des métaux en oxydes, dépendait d'une absorption d'air déphlogistiqué. Mais Lavoisier développa cette doctrine, et la consolida en la rattachant à un vaste système.

3° Quelques physiologistes opposèrent une théorie dynamique à la doctrine chimique. Walther prétendait (1) que, les vaisseaux sanguins et les canaux aériens étant clos de toutes parts, il n'y a point passage de matières dans le sang, mais seulement changement des proportions intérieures, ayant pour résultat que le sang devient oxygéné et l'air désoxygéné, les poumons décomposant l'air atmosphérique en vertu d'une force qui leur est inhérente. Wilbrand exprima plus formellement encore une opinion analogue, et Brandis (2), marchant sur ses traces, soutint que l'air et le sang échangent leurs polarités, ce qui leur fait éprouver un changement de composition, sans qu'ils reçoivent rien l'un de l'autre, ou se communiquent l'un à l'autre aucune substance pondérable. Wilbrand (3) déclara enfin qu'il n'y a ni oxygène ni carbone, puisqu'on ne peut les voir, puisque la nature lumineuse des élémens est un fait, puisqu'on voit la combustion, et que la respiration consiste en ce que la nature lumineuse inhérente

(1) *Physiologie des Menschen*, t. II, p. 139-151.
(2) *Physiologie*, p. 320.
(3) *Die Natur des Athmungsprocesses*, p. 11, 22.

aux élémens et par suite la vivification intérieure sont communiquées à l'organisme.

II. Mais ni la théorie mécanique, ni la théorie purement dynamique ne suffisent ici, et il y a réellement échange de matière. Ce qui le prouve, c'est que l'air et le sang subissent tous deux un changement de composition dans la respiration.

1° Nous savons d'abord que le sang contient de l'air (§ 683, 2°). Lorsque, par exemple, on emplit un verre jusqu'au bord du sang coulant de la veine, et qu'on bouche hermétiquement ce vase, on voit, suivant Schultz (1), le sang, resserré sur lui-même par le refroidissement, laisser aussitôt dégager des bulles d'air dans le vide qui se produit. La sécrétion d'air (§ 817) en est également une preuve, et l'on voit même, chez certains Reptiles, des bulles d'air circuler avec le sang (2). D'après les observations de Magnus (3), on peut extraire du sang, terme moyen, 0,10, et quelquefois 0,12 de son volume d'air, ce qui n'empêche pas qu'il en contienne encore.

2° Un fait non moins certain, c'est que, mis en contact immédiatement avec l'air, le sang en absorbe quelque chose (§ 678, 1°), non seulement hors du corps, mais même dans les expériences d'infusion (§ 744, 1), où les gaz introduits en petite quantité se dissolvent rapidement dans ce liquide (4). Lorsqu'on met le sang qui coule d'une veine en contact avec un gaz quelconque, tous deux changent, comme pendant la respiration (§ 974, I); l'air atmosphérique, injecté dans le sang d'un animal vivant, subit, dans l'intérieur du système vasculaire, les mêmes changemens qu'il éprouve dans les organes respiratoires; l'air rassemblé, en pareil cas, dans le cœur droit, contenait, d'après Nysten (5), 0,83 d'azote, 0,06 d'oxygène, et 0,11 d'acide carbonique. Tout gaz qui affecte l'organisme d'une manière spéciale, quand on le res-

(1) *Das System der Circulation*, p. 58.
(2) Blumenbach, *Kleine Schriften*, p. 71.
(3) Gilbert, *Annalen*, CXVI, p. 600.
(4) Nysten, *Recherches de physiologie*. Paris, 1811, p. 460.
(5) *Loc. cit.*, p. 453.

pire, produit les mêmes effets lorsqu'on l'introduit immédiatement dans la circulation (1).

3° Il était tout aussi erroné d'admettre des orifices mutuels
aux ramifications bronchiales et aux vaisseaux sanguins pour
l'échange des matériaux, que de nier cet échange parce qu'il
n'existe point de communication librement ouverte. Les branches de l'artère pulmonaire suivent les divisions de la trachée-
artère jusqu'à leurs extrémités en cul-de-sac, ou, aux vésicules pulmonaires, et se divisent sur chacune d'elles en plusieurs rameaux, qui se répandent à leur surface, y forment un
réseau, puis se continuent par l'autre bout avec les veines situées plus en dehors. Elles ont un diamètre de 0,002 à 0,003
ligne, quelquefois même seulement de 0,001, tandis que celui des vésicules est de 0,125 ligne, et l'épaisseur de leurs
parois de 0,005; à 0,010 ligne (2). Avec une telle ténuité des
parois adossées, rien n'est plus facile qu'elles se laissent pénétrer ; les injections passent sans extravasation des artères
pulmonaires, tantôt dans les veines, tantôt dans les bronches;
le premier cas a lieu surtout dans les poumons frais, et le second dans ceux qui sont un peu anciens ; mais il ne s'opère
pas de déchirure, car le liquide coloré passe seul, et la matière colorante qu'on y a ajoutée reste. De même, les poumons
sont sujets à des hémorrhagies, que se soit par déchirure
ou par transsudation. Du reste, Chaussier (3), qu'Abernethy
avait déjà précédé en partie sous ce rapport, présumait que
l'air ou son oxygène est absorbé par les vaisseaux lymphatiques
des poumons, mêlé avec le chyle et la lymphe dans le canal
thoracique, puis mêlé d'une manière plus intime avec le sang
dans les poumons seulement. Mais comme le sang change instantanément de couleur en traversant le poumon qui respire
(§ 974, 2°), de même qu'il le fait lorsqu'on le met en contact
immédiat avec l'air (§ 974, I), il n'y a aucun motif d'admettre ce détour par le système lymphatique.

4° Les gaz pénètrent à travers les substances organiques

(1) *Ib.*, p. 15.
(2) Krause, *Handbuch der menschlichen Anatomie*, t. I, p. 474.
(3) Coutanceau, *Révision des nouvelles doctrines*, p. 70.

dans une proportion déterminée par leurs affinités réciproques. Ainsi Sœmmerring (1) a remarqué que le caoutchouc laisse passer le gaz hydrogène, mais non l'air atmosphérique. Les substances animales surtout sont pénétrables, mais à des degrés divers : suivant Roggers (2), le gaz acide carbonique passe à travers la substance du foie, plus abondamment à travers le péritoine, plus encore à travers la peau et surtout les membranes muqueuses. Le sang, qui se trouve séparé ainsi de l'air extérieur, éprouve les mêmes changemens que s'il était en contact immédiat avec lui. La disparition de l'emphysème du tissu cellulaire sous-cutané donne une idée de la facilité avec laquelle l'absorption de l'air s'accomplit sans ouvertures béantes; il n'est donc pas douteux qu'une pénétration à travers les parois a lieu aussi pendant la respiration, comme dans d'autres opérations de la vie (§§ 877, 904). Lorsque Bichat poussait une grande quantité d'air dans les poumons d'un Chien, et qu'ensuite il bouchait la trachée-artère, il voyait la mort survenir avec les mêmes symptômes qu'après la pénétration d'une grande quantité d'air dans le sang (3), puis trouvait partout ce dernier écumeux et mêlé de bulles d'air. Cependant il pourrait bien se faire qu'une déchirure ait eu lieu dans ces cas et autres analogues observés par Legallois.

4° Priestley savait déjà que le conflit de l'air et du sang n'est arrêté ni par une vessie humide, ni par une couche de sérum étendue sur ce dernier; la réaction ne cesse, suivant Rayer et Young (4), que quand la couche a plusieurs pouces de hauteur. Le caillot desséché avec du papier gris rougit moins à l'air que le caillot humide (5); l'humectation des ramifications bronchiques, par leur exhalation aqueuse (§ 816, III), semble également, comme un certain degré

(1) Denkschriften der Akad. zu Muennohen, t. III, p. 267.
(2) Valentin, Repertorium, t. II, p. 199.
(3) Comparez Bouillaud, Rapport à l'Académie roy. de médecine (Bulletin de l'Académie royale de médecine. Paris, 1838, t. II, p. 182. — Amussat, Rech. sur l'introduction accidentelle de l'air dans les veines. Paris, 1839, in-8.—Mém. de l'Acad. roy. de méd. Paris, 1836, t. V, p. 68.
(4) Journal de chimie médicale, t. VIII, p. 544.
(5) Ib., p. 545.

d'humidité de l'air, avoir de l'importance pour la respiration,
de même que l'endosmose des gaz est favorisée par l'humidité. Les organes respiratoires sont toujours humides, même
chez les animaux inférieurs, par exemple chez les Batraciens
et certains Annélides, en tant qu'ils respirent l'air. Quant aux
Insectes, comme la plupart d'entre eux vivent au milieu d'un
air sec, leur respiration s'accomplit, non pas à la surface,
mais dans l'intérieur de trachées constamment humides (1).
Les branchies des Crustacés sont couvertes, de manière qu'elles
ne se dessèchent pas facilement, et quand la dessiccation
s'empare d'elles, l'animal meurt. Certains Crabes terrestres
ont, d'après Audouin et Milne Edwards, divers organes propres à recevoir l'eau et à la retenir pour l'humectation des
branchies. Quelques Poissons peuvent respirer l'air, mais ils
y périssent quand leurs branchies se dessèchent (2). La respiration même des plantes cesse dans un air parfaitement sec.

A. *Échange de matériaux.*

§ 974. I. Lower reconnut le premier que le sang devient
plus vermeil par l'action de l'air atmosphérique, et Priestley
constata que ce dernier perd alors de l'oxygène, comme
dans la respiration ; découverte qui, confirmée par un grand
nombre d'observateurs, a reçu l'assentiment général. On avait
prétendu que l'acquisition faite par le sang d'une couleur
plus claire à sa surface, provenait uniquement de la pesanteur spécifique de ses parties colorées ; mais Hewson com-
battit cette assertion par une expérience qui consistait à lier
la veine jugulaire d'un animal, et à faire parvenir de l'air au
sang dans la portion située au dessus de la ligature, où ce
liquide devenait vermeil, tandis qu'il conservait sa couleur
noire dans la portion située au dessus.

En essayant naguère encore de rattacher le changement de
la couleur du sang à des circonstances mécaniques, Davy a
également contribué à consolider la doctrine établie par

(1) Straus, *Cons. sur l'Anat. des animaux articulés*, p. 315.
(2) Edwards, *De l'influence des agens physiques*, p. 148. — Milne Edwards, *Hist. des Crustacés*, Paris, 1834, t. I, p. 82.

Priestley (§ 752, 1°) ; car Christison (1) s'est convaincu que le sang veineux s'artérialise lorsqu'on l'agite avec de l'air atmosphérique, tandis qu'il conserve sa couleur noire avec de l'hydrogène, et que quand on agite avec de l'air atmosphérique dix pouces cubes de sang auquel on a enlevé sa fibrine, l'air perd 0,32 à 1,42 pouce cube de son oxygène. Lorsque Hoffmann (2) avait fait rougir du sang veineux par ce procédé, il le voyait repasser en quelques secondes à la couleur noire par l'effet d'un courant de gaz acide carbonique, puis s'éclaircir de nouveau sous l'influence de l'atmosphère.

Il a déjà été parlé (§ 674,1°) des changemens que les propriétés physiques du sang éprouvent dans divers gaz. Nous ajouterons seulement ici qu'en agissant de la sorte, ces gaz subissent eux-mêmes une déperdition. Du gaz oxygène pur, dans lequel Christison avait introduit dix pouces cubes de sang, perdit 0,57 à 1,4 pouce cube. Suivant Davy (3), le gaz acide carbonique, le gaz hydrogène carboné, et le gaz oxyde d'azote, mis en contact avec du sang, éprouvèrent également quelque diminution.

II. Des effets semblables ont lieu dans les poumons eux-mêmes.

1° La respiration artificielle (§ 765, 7°) fait passer le sang noir des animaux morts au rouge vermeil, et diminue la proportion de l'oxygène atmosphérique. Du gaz oxygène que Brodie (4) avait poussé dans les poumons de Lapins, diminua de vingt-cinq à vingt-sept pouces cubes en trente à trente-cinq minutes.

2° Des expériences multipliées ont démontré que la couleur vermeille du sang artériel tenait au renouvellement continuel de l'air dans les poumons. Ainsi, par exemple, lorsque Emmert ouvrait la poitrine à des Lapins vivans (5), de manière que les poumons s'affaissassent sur eux-mêmes, le sang restait noir, même dans les artères. S'il exprimait l'air des

(1) *Archives générales*, t. XXVII, p. 241.
(2) *Ib.*, 2ᵉ série, t. IV, p. 666.
(3) *Untersuchung ueber das Athmen*, t. II, p. 47, 51.
(4) Reil, *Archiv*, t. XII, p. 240.
(5) *Ib.*, t. V, p. 406.

poumons par une compression exercée sur la poitrine, le sang de la carotide paraissait un peu plus foncé au bout de trente-deux secondes, et trente secondes après, il l'était entièrement. Venait-il à lier la trachée-artère, après avoir empli les poumons à l'aide d'un soufflet, le sang de la carotide avait une teinte un peu foncée au bout de quinze secondes, et une couleur presque noire au bout de quarante-cinq secondes; mais si l'on poussait alors de nouvel air dans les poumons, vingt-trois secondes suffisaient pour éclaircir la teinte du liquide, et quarante-cinq pour lui redonner sa couleur naturelle. Bichat coupa, sur des Chiens, la trachée-artère et une artère, auxquelles il adapta des robinets; quand il fermait le robinet de la trachée aussitôt après une inspiration, le sang artériel commençait à noircir au bout de trente secondes, et au bout de soixante à quatre-vingt-dix, il avait tous les caractères du sang veineux: cet effet avait lieu quelques secondes plus tôt, lorsque la trachée-artère avait été fermée à la suite d'une expiration; si l'on retirait l'air des poumons à l'aide d'une seringue, il ne fallait que vingt minutes au sang pour noircir, et il acquérait cette teinte, non peu à peu, mais d'une manière subite: avait-on, au contraire, poussé plus d'air dans les poumons qu'il ne s'en introduit par une inspiration ordinaire, le sang artériel ne commençait à noircir qu'au bout d'une minute, et mettait beaucoup plus de temps à devenir entièrement veineux: si l'on rouvrait la trachée au bout de quelques minutes, on voyait une onde de sang vermeil succéder presque immédiatement à une onde noire, et au bout de trente minutes au plus, le sang des artères avait recouvré sa couleur naturelle; si l'on ne permettait à l'air de s'introduire que par une petite fente, le rougissement avait lieu avec tout autant de promptitude, mais la teinte n'était cependant point aussi vive. Brachet a également vu, sur un Chat, le sang de la carotide noircir deux minutes après la section du nerf pneumo-gastrique, puis redevenir vermeil après la trachéotomie, et passer ainsi alternativement d'une teinte à l'autre suivant qu'on ouvrait ou fermait la trachée-artère. Adaptez, dit Bichat, un robinet à la trachée-artère d'un animal, ouvrez l'abdomen, et fermez le robinet: au bout de deux ou trois minutes, la teinte rougeâtre qui anime le fond blanc du péritoine se change en brun obscur , qu'on fait disparaître et reparaître à volonté en ouvrant le robinet et en le refermant. Bichat a fait la même remarque sur les tissus des reins, des muscles , des nerfs, et sur les bourgeons charnus des plaies. Chez les asphyxiés, la face, la langue et les lèvres sont ordinairement livides , la face interne de l'estomac et de l'intestin plus foncée qu'à l'ordinaire, et les poumons d'un bleu foncé (1). Du reste, Bichat fait remarquer que le sang qui s'écoule dans une opération chirurgicale prend également une teinte plus foncée quand la respiration est troublée.

3° La différence de couleur du sang dans le système aortique et dans celui de la veine cave est moins sensible partout lorsque la masse entière du sang n'entre pas librement en contact avec l'atmosphère dans les organes respiratoires. On s'en aperçoit à peine chez l'embryon (§ 467 , 10°); elle est moins prononcée chez les Reptiles et les Poissons que chez les animaux à sang chaud , moins chez les Cétacés et les Oiseaux plongeurs que chez les Mammifères et les Oiseaux terrestres. Dans l'homme, la cyanose ou maladie bleue est déterminée par tout obstacle quelconque à ce que le sang et l'air entrent parfaitement en conflit ; elle l'est surtout par les vices de première conformation qui empêchent le sang d'arriver aux poumons , comme l'étroitesse et l'occlusion de l'artère pulmonaire, ou qui amènent le mélange du sang veineux avec le sang artériel , comme la persistance du trou ovale ou du conduit de Botal.

III. Comme le sang veineux acquiert la couleur du sang artériel quand on l'expose , hors du corps , au contact de l'air, dont il diminue par là l'oxygène , comme la même coloration a lieu pendant la respiration , déterminée aussi par la présence de l'oxygène , dont la proportion diminue également dans l'air inspiré , comme enfin le sang absorbe les gaz en général , à peine était-il permis de douter que ce liquide absorbe de l'oxygène pendant la respiration , et que c'est là ce qui l'artérialise. Mais il était réservé aux temps les plus rapprochés.

(1) A. Devergie, *Dict. de méd. et de chir. prat.*, Art. ASPHYXIE, t. III, p. 543.

IX. 34

de nous d'établir définitivement cette doctrine sur des expériences directes.

1° Magnus (1), au moyen de la machine pneumatique, a retiré du sang des Chevaux et des bêtes à cornes des gaz acide carbonique, azote et oxygène, dont voici les volumes proportionnels en dix-millièmes.

	Somme des gaz.	Acide carbonique.	Oxygène.	Azote.
Sang veineux de Cheval	794	547 = 0,6889	428 = 0,1613	119 = 0,1498
Sang artériel de Cheval	1051	702 = 0,6679	250 = 0,2378	99 = 0,0943
Sang veineux de Veau	716	556 = 0,7765	95 = 0,1326	65 = 0,0909
Sang artériel de Veau	1163	703 = 0,6045	279 = 6,2398	180 = 0,1557

Ces résultats s'accordent avec les observations faites autrefois par Home (2), d'après lesquelles quatre onces de sang veineux donnèrent cent cinquante grains d'air avec douze grains et demi de gaz acide carbonique, et quatre onces de sang artériel deux cent cinquante-cinq grains d'air, avec dix grains et demi de gaz acide carbonique. Enschut (3) n'a pas trouvé d'oxygène dans le gaz dégagé du sang, mais (4) quarante pouces cubes de sang veineux lui ont fourni un pouce et demi et quarante de sang artériel 0,7 seulement de gaz acide carbonique. Bischoff (5) a retiré du gaz acide carbonique du sang veineux placé sous le récipient de la machine pneumatique, mais il n'en a point obtenu du sang artériel. Les expériences que nous avons rapportées précédemment (§ 875, 9°) ayant déjà donné des résultats semblables, il a fallu une réunion de circonstances particulières pour que Van Maak (6) retirât peu ou point d'acide carbonique du sang veineux.

2° Hoffmann (7) reçut le sang coulant des vaisseaux dans un vase contenant du gaz hydrogène; le veineux dégagea de l'acide carbonique, et l'artériel de l'oxygène. Bischoff (8) est

(1) Gilbert, *Annalen*, t. CXVI, p. 599.
(2) *Lectures on comparative anatomy*, t. V, p. 124.
(3) *Diss. de respirationis chymismo*, p. 85.
(4) *Ib.*, p. 115, 144.
(5) *Commentatio de respiratione*, p. 11.
(6) *Jahrbuecher der Medicin*, t. IX, p. 348.
(7) Froriep, *Notizen*, t. XXXVIII, p. 252.
(8) *Loc. cit.*, p. 17.

parvenu aux mêmes résultats en faisant passer du gaz hydrogène à travers l'une et l'autre espèce de sang. Enschut (1) a extrait du sang veineux, par le moyen du gaz hydrogène ou azote, une quantité d'acide carbonique plus que double de celle qui provient du sang artériel.

3o Suivant H. Davy, le sang artériel dégage du gaz oxygène par l'action de la chaleur ; Enschut (2) a trouvé qu'à une température de 56 degrés R., le sang veineux en donnait 0,050 à 0,100, tandis que le sang artériel n'en fournissait que 0,025 à 0,066.

4o Les résultats de l'analyse élémentaire des deux sangs (§ 878, 3o) sont parfaitement d'accord avec tous ceux qui précèdent. Il en est de même de ceux que Mulder a obtenus (3) en analysant la fibrine.

	Sang veineux.	Sang artériel.
Carbone	53,476	53,019
Hydrogène	6,952	6,828
Azote	15,291	15,462
Oxygène	23,281	24,691

IV. A l'égard de la conversion du gaz oxygène,

1o Seguin et Lavoisier (4) avaient dit qu'il n'était pas prouvé, mais qu'on devait supposer que la combustion opérée dans les poumons produisait de l'acide carbonique, l'oxygène de l'air atmosphérique se combinant avec le carbone des liquides sécrétés dans les ramifications bronchiques. Cette hypothèse fut admise comme un fait expérimental par beaucoup de physiologistes et de chimistes, Prout entre autres (5). Nous avons déjà fait connaître (§ 875, 9o) les argumens qui déposent contre elles, en prouvant que l'acide carbonique se trouve déjà contenu dans le sang veineux, et qu'il n'est que sécrété dans les poumons. Aux observations démontrant (§ 841, 6o, 8o) qu'il se dégage de l'acide carbonique, même pendant l'inspiration du gaz hydrogène et du gaz azote, il faut encore ajou-

(1) *Loc. cit.*, p. 115.
(2) *Loc. cit.*, p. 99, 142.
(3) Gilbert, *Annalen*, t. CXVI, p. 253.
(4) *Hist. de l'Acad. des sc.*, 1790, p. 606.
5) Schweigger, *Journal*, t. XXVIII, p. 235.

ter celles qu'ont faites Muller et Bergemann (4). Nous avons
également vu plus haut que du gaz acide carbonique se dégage
du sang hors du corps, sans l'influence de l'oxygène, et qu'il y
a une plus grande quantité de ce dernier gaz dans le sang artériel que dans le sang veineux. La principale difficulté que présente l'hypothèse d'une sécrétion d'acide carbonique consiste,
d'après Muller, en ce qu'on expire quinze à vingt-deux pouces cubes de ce gaz dans l'espace d'une minute, tandis que,
durant le même laps de temps, le sang qui traverse les poumons ne dépasse point cinq livres, quantité qui ne pourrait
contenir une si grande quantité d'acide carbonique. Mais il
n'y a pas possibilité d'extraire du sang, hors du corps, tout le
gaz qu'il renferme, en sorte qu'on ne saurait déterminer exactement la proportion de ce dernier. D'ailleurs Magnus (2) a
obtenu d'un pouce cube de sang, en vingt-quatre heures,
0,37 pouces cube d'acide carbonique : si nous admettons
qu'une livre de sang (à 1,056 de pesanteur spécifique) occupe
un espace de plus de vingt-quatre pouces cubes, il s'ensuivrait de là que cinq livres de sang contiendraient quarante-
quatre pouces cubes de gaz acide carbonique.

2° L'oxygène passe donc dans le sang, et il n'y est employé ni à former de l'acide acétique qui dégage l'acide carbonique du carbonate de soude en se combinant avec la base
de ce sel, comme l'admettent Tiedemann, Gmelin et Mit-
scherlich (3), ni à dégager le gaz acide carbonique contenu
dans le cruor, comme le pensent Pfaff et Van Maak; car le
dégagement de ce gaz qui a lieu même sans le concours de
l'oxygène, réfute complétement de telles hypothèses. On ne
peut pas non plus, comme il a déjà été dit (§ 752, 4°), admettre celle de Lagrange, qui voulait que l'oxygène absorbé
produisît l'acide carbonique, pendant la circulation, par sa
combinaison avec le carbone du sang, car le sang artériel ne
devient veineux qu'en présence de la substance organique solide. Ainsi, tout en reconnaissant avec Magnus (4) que l'oxy-

(1) *Handbuch der, Physiologie*, t. I, p. 322.
(2) *Zeitschrift fuer Physiologie*, t. V, p. 3.
(6) *Loc. cit.*, p. 588.
(0) *Loc. cit.*, p. 602.

gène n'est employé à la formation de l'acide carbonique que dans les vaisseaux capillaires du système aortique, nous sommes forcés d'admettre, avec Bischoff (1), comme étant l'opinion la plus vraisemblable, que le carbone avec lequel il se combine ainsi chemin faisant, provient des organes. Cependant, comme de l'oxygène se dépose également dans les organes, il se pourrait faire aussi que sa combinaison avec le carbone n'eût lieu que dans la substance de ces derniers, et qu'ainsi l'acide carbonique passât tout formé dans le sang. Prout (2) admet que l'acide carbonique est produit dans les vaisseaux capillaires, pendant la nutrition des organes contenant de la gélatine, celle-ci se formant aux dépens de l'albumine, qui renferme 0,03 à 0,04 de carbone de plus qu'elle.

Au reste, s'il est difficile, et plus, à ce qu'il paraît, dans certains cas que dans d'autres, d'extraire l'oxygène du sang par des moyens artificiels, cette circonstance indique moins un état de combinaison chimique qu'une forte adhésion du gaz ; car nous savons que l'eau elle-même ne laisse pas facilement échapper certains gaz qui sont mêlés avec elle.

3° De l'air atmosphérique pénètre dans le sang pendant la respiration. En effet, d'après ce qui précède, le rapport du sang veineux au sang artériel, eu égard aux gaz en général, est de 100 : 132 ou 162. Configliachi (3) présume que la sécrétion de la vessie natatoire des Poissons tire sa source de l'air atmosphérique non décomposé qui se trouve mêlé avec le sang. De l'air, ou l'un de ses principes constituans, apparaît également partout où un vide se produit dans le système vasculaire (§§ 709, 6°; 715, 2°). Mais on ignore encore si, dans la respiration, le sang absorbe ou de l'oxygène seulement, ou, comme le pense Davy (4), de l'air atmosphérique, dont ensuite ce liquide retiendrait l'oxygène, laissant libre l'azote, qui serait en grande partie expiré.

V. Le sang, de noir qu'il était, devient vermeil ou écarlate dans la respiration.

(1) *Loc. cit.*, p. 40.
(2) *Medico-chirurgical review*, t. XXV, p. 112.
(3) Schweigger, *Journal*, t. I, p. 152.
(4) *Loc. cit.*, t. II, p. 113.

1° Cet effet tient à une absorption d'oxygène et à une exha-lation d'acide carbonique. L'action du gaz oxygène sur le sang est trop évidente hors du corps, pour qu'on puisse la mettre en doute. Le gaz acide carbonique fait prendre une teinte noire à ce liquide, sans le concours d'aucune autre cir-constance quelconque. Or, comme le sang veineux perd de l'acide carbonique dans la respiration, nous sommes en droit d'admettre que cette perte contribue au changement de cou-leur qu'il éprouve. Magnus (2) a vu le sang veineux auquel il enlevait de l'acide carbonique, prendre une teinte plus claire, moins vermeille cependant que celle du sang artériel, ce qui lui fait penser que le changement de couleur ne dépend pas uniquement de l'exhalation d'acide carbonique, mais tient en-core à l'absorption d'oxygène. Bischoff (3) a reconnu que l'en-lèvement de l'acide carbonique ne suffit pas pour produire cet effet; car du sang veineux (5) qu'il en avait dépouillé conser-vait sa teinte noire par le gaz hydrogène; mais on peut douter qu'il ait réussi à enlever autant d'acide carbonique que l'avait fait Magnus.

2° Le sang contient de l'eau et des sels, dont la pré-sence est la condition qui fait que l'absorption d'oxygène et l'exhalation d'acide carbonique déterminent le changement de couleur, ou du moins le rendent possible. Du caillot desséché ne rougit ni à l'air ni dans le gaz oxygène. L'humidité a in-contestablement de l'influence, puisque partout elle favorise l'absorption de l'oxygène, ou même en est l'indispensable con-dition (§ 972, 8°). Mais les sels y prennent part aussi, comme l'ont prouvé Nasse (4) et Stevens (5). Lorsqu'on verse sur le caillot du sang de l'eau distillée, qui s'empare des sels, la couleur ne s'éclaircit point à l'air ou dans le gaz oxygène; mais si on le plonge ensuite dans une dissolution saline, aus-sitôt il devient d'un rouge vermeil. Suivant Stevens, les alca-

(1) *Loc. cit.*, p. 603.
(2) *Loc. cit.*, p. 36.
(3) *Loc. cit.*, p. 33.
(4) Meckel, *Deutsches Archiv*, t. II, p. 452.
(5) *Philos. Trans*, 1835, p. 352.

lis et les acides, notamment l'acide carbonique, noircissent le sang, parce qu'ils en détruisent la neutralité, et les sels neutres sont la condition de sa coloration en rouge clair. Hoffmann (1) a cependant remarqué qu'une trop grande quantité de sel noircissait ce liquide. Mais, d'après Van Maak, la manifestation d'une couleur vermeille par l'action des sels, suppose toujours l'action de l'oxygène. Ces substances ne procurent jamais que la couleur rouge du sang veineux à celui qui a été noirci par l'acide carbonique. Rayer et Young (2) ne regardent pas non plus les sels comme la cause de la coloration, mais seulement comme la condition de l'aptitude du sang à s'oxygéner. Gregory et Irwine (3) ont trouvé qu'il n'est pas possible d'opérer la conversion en sang vermeil par le moyen du sérum ou d'une faible dissolution saline qui lui ressemble, mais qu'une dissolution saturée de sel la détermine, même dans les gaz azote, hydrogène et acide carbonique. Au reste, Bischoff (4) fait aussi remarquer que le sang devenu foncé par l'eau distillée, reprend une teinte un peu plus claire à l'air ou dans le gaz oxygène, mais qu'il acquiert promptement une couleur écarlate dans l'eau salée, sans néanmoins prendre entièrement l'apparence du sang artériel. En outre, le gaz oxygène donnant au sang une couleur complètement artérielle, sans rien changer à la proportion des sels, on doit le considérer comme la cause proprement dite du changement de teinte opérée par la respiration, et comme une condition essentielle à la production de ce même phénomène hors du corps.

B. *Effets des changemens du sang.*

§ 975, I. La couleur n'est pas la seule différence qui existe entre le sang artériel et le sang veineux ; il y en a d'autres encore, à la vérité inconstantes et équivoques, que nous avons

(1) *Loc. cit.*, p. 254.
(2) *Journal do chimie médicale*, t. VIII, p. 545.
(3) Brandes, *Archiv der Pharmacie*, 2e série, t. I, p. 246.
(4) *Loc. cit.*, p. 31.

déjà signalées (§ 751), et sur lesquelles Nasse(1) et Lecanu (2) ont fait de plus amples recherches.

1° Le sang artériel contient moins d'eau, proportionnellement à ses principes solides (§ 751, 10°). Suivant Lecanu (3), l'eau du sang veineux s'élevait à 0,795, et celle du sang artériel à 0,783 chez un Cheval ; à 0,804 pour le premier, et 0,735 pour le second, chez un autre Cheval. Comme l'exhalation aqueuse n'est point aussi considérable dans les poumons qu'à la peau (§ 817, 6°), comme aussi le chyle et la lymphe qui se mêlent au sang peu avant qu'il pénètre dans les poumons, contiennent proportionnellement plus d'eau que lui (§ 949, 14°), il paraît impossible d'expliquer comment la respiration peut accroître la proportion des matériaux solides.

2° La couleur, dont le changement est le phénomène le plus général et le plus évident de la respiration, ayant son siége dans les globules du sang, il est clair que ceux-ci doivent avoir la plus grande part au changement qu'elle subit. Prout (4), entre autres, a reconnu qu'il n'y a que ces globules qui exhalent de l'acide carbonique et absorbent de l'oxygène, le sérum n'occasionant aucun changement dans l'air ambiant avant le moment où il commence à entrer en putréfaction, ou du moins, suivant Berzelius, n'en déterminant qu'un fort peu considérable. Mais Prout croit que la partie colorée entre en conflit avec l'atmosphère sans sortir de sa combinaison naturelle avec les globules du sang, tandis que, d'après Van Maak (5), lorsqu'on met cinq volumes de la dissolution aqueuse de cette partie colorée en contact avec quatre volumes de gaz oxygène, elle en absorbe près de trois, puis devient vermeille par l'addition d'un liquide salin, d'où il conclut que le cruor, chargé de carbone, fournit l'acide carbonique dans la respiration, parce qu'il l'échange contre de l'oxygène. Suivant Schultz (6), les globules du sang, appelés

(1) *Das Blut in mehrfacher Beziehung untersucht*, p. 305-353.
(2) *Etudes chimiques sur le sang*. Paris, 1839, p. 74-86.
(3) *Loc. cit.*, p. 77.
(4) Schweigger, *Journal*, t. XXVIII, p. 222.
(5) *Jahrbuecher der Medicin*, t. IX, p. 348.
(6) *Das System der Circulation*, p. 27, 54, 136.

par lui vésicules respiratoires, sont un peu plus épais, plus
renflés, moins plats et plus riches en matière colorante
dans leur état veineux. Cependant il assure (1) que ce ne sont
pas les anciens globules, gorgés de cette matière colorante,
mais seulement les plus nouveaux, qui subissent une transformation dans l'acte de la respiration, et que ce phénomène tient
à la production de l'enveloppe colorée par la métamorphose
de leur noyau.

Au reste, il existe une plus grande quantité de globules
dans le sang artériel que dans le sang veineux (§ 751, 8°).
Lecanu l'a constaté (2), leur poids étant de 0,106 dans le
sang veineux d'un Cheval, et de 0,122 dans son sang artériel;
de 0,111 dans le sang veineux d'un autre Cheval, et de 0,125
dans le sang artériel.

3° Lecanu (3) a obtenu, dans un cas, 0,005 de fibrine
sèche du sang veineux, et 0,010 du sang artériel; dans un
autre, 0,004 du premier, et 0,005 du second. Non-seulement
la quantité de la fibrine s'accroît par la respiration, mais encore la qualité de cette substance se perfectionne (§ 751, 7°),
et le sang acquiert par là une plus grande coagulabilité
(§ 751, 5°). Ainsi ce liquide est plus veineux et moins coagulable, chez les animaux hybernans, pendant l'engourdissement (§ 612, 4°), et il a souvent perdu totalement la faculté
de se coaguler chez les pendus, les noyés, les sujets asphyxiés
par la vapeur du charbon. On a aussi observé quelque chose
de semblable dans l'asthme.

4° Lecanu (4) et Letellier (5) ont trouvé, comme Denis, Prevost et Dumas, que la respiration diminue, mais non d'un manière constante, la quantité de l'albumine, de l'extractif, de
la graisse et des sels.

5° Mulder prétend que la matière colorante organique ne
change point dans la respiration, que peut-être seulement le
fer est oxydé et dégagé de l'acide carbonique avec lequel il

(1) *Journal de* Hufeland, 1838, 4e cah., p. 13.
(2) *Loc. cit.*, p. 83.
(3) *Loc. cit.*, p. 80.
(4) *Loc. cit.*, p. 32.
(5) *Bulletin de l'Acad. roy. de méd.*, t. I, p. 179 et 607.

était combiné dans le sang veineux. Arnold (1) admet aussi que l'acide carbonique est uni à l'oxydule de fer du cruor dans le sang veineux, et qu'il devient libre pendant la respiration, cet oxydule se transformant en oxyde (comp. § 686, 2°).

II. La conversion du chyle et de la lymphe semble être opérée principalement par la respiration. Une difficulté chronique de respirer entraîne presque toujours l'amaigrissement et la diminution de la quantité du sang. Autenrieth (2) dit que, chez les phthisiques, on voit, long-temps après le repas, du chyle non altéré nager à la surface du sang tiré de la veine. Quand bien même ce qu'il donne pour du chyle serait de la graisse, il n'y aurait rien de changé quant au fond, puisque cette graisse libre appartiendrait au chyle qui n'a point subi de transformation. Mais nos connaissances sont encore fort imparfaites eu égard à ce qui concerne cette métamorphose.

1° Ce qui paraît y avoir de plus certain, c'est la décarbonisation du chyle, puisque, d'après Macaire et Marcet (3) il contient, comme le sang veineux, plus de carbone (0,55) que le sang artériel (0,50), et que de l'acide carbonique s'exhale incontestablement dans la respiration. Le chyle augmente la proportion du carbone dans le sang ; suivant Scudamore et Home (4), il se dégage, quelque temps après le repas, une plus grande quantité d'acide carbonique tant du sang tiré de la veine que de l'urine. Nous pouvons donc bien admettre, avec Spallanzani (5), que la respiration élimine l'excès de cet acide produit à la suite de la digestion. Ce qui nous en fournit la confirmation, c'est que, d'après les faits cités ailleurs (§ 840, 5°), la quantité de l'acide carbonique expiré correspond à celle des alimens qui ont été pris. Prout (6) et Coutanceau (7) objectent qu'on expire continuellement de l'acide

(1) *Lehrbuch der Physiologie*, t. II, p. 252.
(2) Reil, *Archiv*, t. VII, p. 7.
(3) *Annales de chimie*, t. LI, p. 383.
(4) *Lectures on comparative anatomy*, t. III, p. 24;
(5) *Mém. sur la respiration*, p. 218.
(6) Schweigger, *Journal*, t. XXVIII, p. 236.
(7) *Révision des nouvelles doctrines*, p. 43.

carbonique, aussi bien après un jeûne prolongé qu'après l'achevement de la conversion du chyle en sang ; mais cette objection n'aurait de portée qu'autant qu'on n'accorderait pas à la respiration d'autre but que d'agir sur le chyle. Que les animaux s'abandonnent volontiers, après avoir mangé, à un sommeil pendant lequel ils expirent moins d'acide carbonique, ce n'est pas là non plus une difficulté qui doive nous arrêter, car le sommeil n'a lieu d'ordinaire qu'au temps de la digestion stomacale, lorsqu'il n'est point encore arrivé de chyle dans le sang. Quant à ce que disent Lassaigne et Yvart (1), que les animaux expirent moins d'acide carbonique sous l'influence d'une nourriture non azotée et par conséquent moins riche proportionnellement en carbone, ce phénomène ne peut être attribué qu'à la diminution de l'activité vitale.

2° Ce qui concerne les autres principes élémentaires est plus obscur ; car, d'après les analyses que nous avons rapportées (§§ 878, 3°; 950, 10°), le chyle contient plus d'oxygène que le sang, et surpasse même le sang artériel sous ce rapport, chez les animaux herbivores. Il paraît certain que, quand la nourriture est végétale, la respiration consomme moins d'oxygène. On a remarqué que les hommes qui vivaient uniquement de végétaux pouvaient demeurer plus longtemps sous la cloche du plongeur que ceux qui vivent de viande (2). Lassaigne et Yvart (3) assurent aussi que la quantité d'oxygène atmosphérique consommé par les animaux soumis à la nourriture non azotée était d'un cinquième moins considérable que celle qui a lieu sous l'influence d'alimens azotés.

3° D'après ces deux observateurs (4), la quantité de l'azote expiré était la même avec l'une et l'autre nourriture. Cependant il y a moins d'azote dans le chyle que dans le sang, et celui qui existe en plus dans ce dernier doit, suivant l'opinion de Macaire et Marcet, provenir de la respiration, par conséquent avoir été enlevé à l'atmosphère.

(1) *Journal de chimie médicale*, t. X, p. 449.
(2) Froriep, *Notizen*, t. VIII, p. 137.—*Dict. de l'industrie manufacturière*. Paris, 1835, t. III, p. 448.
(3) *Loc. cit.*, p. 274.
(4) *Loc. cit.*, p. 273.

4° Le chyle et la lymphe contiennent plus d'eau que le sang, et sous ce rapport, ils peuvent déjà se rapprocher de lui par suite de l'exhalation aqueuse qui s'effectue dans les poumons.

5° La fibrine se développe en raison directe de la respiration ; encore incomplète chez l'embryon, elle acquiert son plein et entier développement, en même temps que les organes respiratoires, à l'époque de la puberté, devient plus abondante et plus parfaite chez les sujets à large poitrine, et demeure faible toutes les fois que la respiration est troublée, par exemple dans la cyanose. C'est chez les Poissons qu'elle est le moins parfaite, et chez les Oiseaux qu'elle l'est le plus (1). La fibrine, encore incomplète dans le chyle, se perfectionne donc sous l'influence de la respiration. Ce phénomène semble aussi supposer une absorption d'azote, quoique la diminution de l'acide carbonique et de l'eau puisse également y contribuer. Tiedemann et Gmelin (3) pensent que la fibrine se produit aux dépens de l'albumine, par l'effet de l'oxygène qu'on absorbe en respirant; mais cette opinion ne saurait être admise, car la fibrine contient moins d'oxygène que l'albumine (§ 680, 2°).

6° Le chyle et la lymphe contiennent plus d'extractif et de graisse que le sang, dont la décarbonisation peut les rapprocher, sous ce rapport, en faisant peut-être servir ces substances au perfectionnement de l'albumine et de la fibrine.

7° Suivant Fourcroy, le phosphate de fer-blanc du chyle perdrait un peu de son acide par la soude du sang, et, porté ensuite à un plus haut degré d'oxydation par l'oxygène atmosphérique, il prendrait ainsi une couleur rouge, qui deviendrait celle du sang. Arnold (3) admet que le fer en s'oxydant forme l'hématosine avec l'albumine. Cependant l'état du fer dans le sang n'a point encore été constaté d'une manière

(1) Schrœder van der Kolk, *Diss. systens sanguinis coagulantis historiam*, p. 50.

(2) *Rech. sur la digestion*, t. II, p.

(3) *Loc. cit.*, t. II, p. 255.

tellement certaine que nous puissions rien dire de positif relativement à l'origine de la couleur rouge.

(8° La conversion du chyle en sang rouge doit être attribuée principalement à l'influence du gaz oxygène : du moins
ce gaz donne-t-il aux globules du chyle une apparence qui les
fait ressembler beaucoup à ceux du sang. Quelques gouttes
de chyle laiteux provenant de la citerne d'un Chien furent
mises, sur un verre de montre, dans un vase de verre, qu'on
emplit sur-le-champ d'oxygène, et qu'on boucha ensuite hermétiquement. Au bout de vingt-quatre heures, le chyle était
complétement divisé en caillot et sérum, le premier rouge,
le second limpide comme de l'eau. Le rougissement était
moins considérable que je ne m'y attendais ; il ne dépassait
guère celui que j'avais quelquefois observé dans le contenu
du canal thoracique exposé à l'air libre. Mais je fus frappé de
son intensité dans un autre cas, où j'avais employé du chyle
provenant d'un Chien atteint de la maladie, et qui, avant
l'expérience, avait la teinte jaune et la limpidité de l'urine,
sans la moindre apparence laiteuse. Après avoir porté le tout
sous le microscope, j'aperçus d'abord plusieurs gouttes
d'huile éparses à la surface du caillot, et fort grosses, car
elles avaient un cinquantième de ligne de diamètre. Ayant
détaché de plus petites parties du caillot pour les examiner,
je distinguai les globules du chyle convertis en corpuscules
colorés, dont la teinte semblait jaune comme celle des globules du sang vus au microscope; tous étaient de la même
grosseur, et à peine plus petits que ceux du sang; leur surface était lisse et nullement granulée. Ils paraissaient d'abord
sphériques ; mais, lorsque je parvenais à les voir de côté, je
reconnaissais en eux une forme ovalaire allongée : ils étaient
donc lenticulaires, non pas biconcaves comme les globules
du sang des Chiens, mais biconvexes. Ainsi l'influence du
gaz oxygène avait fait perdre aux globules du chyle une
partie de leurs caractères distinctifs, savoir leur inégalité de
volume et l'aspect granulé de leur surface ; elle leur avait
procuré en outre ceux des globules du sang, c'est-à-dire la
coloration et une forme lenticulaire.

Le sérum, vu au microscope, était un liquide incolore et

limpide comme de l'eau, dans lequel on remarquait une multitude de corpuscules arrondis, ayant à peu-près le dixième
du volume des globules du sang, dont les uns nageaient
isolés, et les autres se montraient réunis en grandes masses.

Le chyle, mis dans de l'eau distillée, à travers laquelle on
fit passer un courant de gaz oxygène, ne donna aucun résultat
particulier. On n'aperçut pas de rougissement sensible à l'œil
nu : au contraire, il s'était formé de la fibrine blanche; celle-
ci, vue au microscope, paraissait consister en une masse homogène de très-petits grains : on y remarquait quelques globules, faiblement jaunâtres, de la grosseur d'un globule du
sang. L'eau elle-même renfermait, outre des flocons très-
déliés de fibrine, beaucoup de petits globules analogues à
ceux qu'on découvrait dans le sérum.

Je n'ai point encore réussi à observer immédiatement au
microscope la conversion des globules du chyle par un courant de gaz oxygène dirigé sur ce liquide; le chyle se dessèche trop vite pour cela sur une plaque de verre, et l'eau
qu'on ajoute affaiblit l'action du gaz oxygène. Je n'ai jamais
vu non plus, dans ces expériences, qu'un rougissement partiel, qui était déjà perceptible à l'œil nu.) (1)

CHAPITRE II.

Des rapports de la respiration avec la vie.

ARTICLE I.

Des rapports généraux de la respiration avec l'organisme.

§ 976. I. Certains phénomènes de la nature inorganique,
comme l'excitation de l'électricité, la cristallisation, etc.,
exigent pour condition la présence de l'air, sans laquelle
non plus les premiers germes de la vie ne peuvent s'éveiller,
ni aucune moisissure se développer à la surface des substances en putréfaction, ou aucun animalcule infusoire s'en-
gendrer dans les infusions. De même, la persistance ou la durée

(1) Addition d'Ernest Burdach.

de toute vie quelconque dépend du conflit continuel avec l'atmosphère. C'est à la faveur seulement de ce conflit que le sang acquiert sa couleur vermeille, et, ainsi qu'on l'a démontré ailleurs (§ 743, II), le sang rutilant est le seul capable d'alimenter la vie, attendu que lui seul contient ce qui doit faire pleinement contraste avec les parties solides, que lui seul entre en conflit normal avec elles. La couleur rouge plus ou moins claire annonce donc aussi le plus ou moins d'énergie de la vie, et une asphyxie quelconque, qu'elle tienne à l'inspiration de gaz irrespirables, à l'impossibilité d'admettre l'air dans les voies aériennes, ou à l'impuissance des poumons à l'attirer dans leur intérieur, n'est autre chose qu'une mort de tous les organes sans distinction, par défaut de sang artériel. Le sang veineux, surchargé d'acide carbonique, n'est point absolument hostile à la vie (§ 743, 5°); il ne le devient que parce qu'alors manque le sang artériel saturé d'oxygène. L'asphyxie qui survient dans un air renfermé, n'est pas non plus causée seulement par l'accumulation et l'influence de l'acide carbonique expiré; elle l'est principalement par la diminution de l'oxygène; car, bien qu'on ait soin d'absorber le premier de ces gaz, comme l'a fait Edwards (1), la respiration n'en devient pas moins d'autant plus gênée et difficile que le second diminue davantage. La mort, dans les gaz dépourvus d'oxygène, dépend également, comme l'a dit Bischoff (2), de la seule absence de ce dernier, et non de la rétention dans le sang de l'acide carbonique, qui continue toujours de s'échapper par l'expiration (§ 841, 6°, 8°). Nysten a constaté aussi (3), par des expériences répétées, que du gaz oxygène, introduit immédiatement dans le système veineux, peut remplacer la respiration pendant quelque temps : les Chiens périssaient au bout de cinq minutes dans le gaz azote ; mais, lorsqu'on leur avait préalablement injecté du gaz oxygène dans la veine jugulaire, la mort n'avait lieu qu'au bout de dix

(1) *De l'influence des agens physiques sur la vie*, p. 200.
(2) *Commentatio de respiratione*, p. 40.
(3) *Rech. de physiol. et de chimie patholog.*, p. 149.

minutes; cependant les animaux déjà asphyxiés ne revenaient point à la vie par l'effet de cette injection, qui ne modifiait pas non plus d'une manière sensible la couleur du sang chez les animaux vivans (1). Cette dernière circonstance semble indiquer que le gaz oxygène est plus efficace quand il pénètre en petite quantité, peu à peu et par endosmose, que quand il se trouve mêlé en masse avec le sang.

II. A l'égard de l'action exercée par les diverses sortes de gaz :

1° Le gaz oxygène peut être respiré par l'homme pendant près de dix minutes. Il résulte de là une sensation agréable de chaleur et de bien-être dans la poitrime, et la circulation marche avec plus de vélocité. Chez les animaux qu'on y renferme, il y a d'abord excitation, accélération de la respiration et de la circulation, puis accablement, avec faiblesse et rareté de la respiration ; la mort arrive plus tard que dans l'air atmosphérique non renouvelé, au bout d'à peu près quatre ou cinq heures ; mais elle ne tient ni au défaut de gaz oxygène, ni à la présence de l'acide carbonique expiré ; car, d'après Broughton (2), le gaz au milieu duquel les animaux ont péri est encore capable de rallumer une bougie soufflée, et d'entretenir la vie d'autres animaux aussi long-temps que celle des premiers. Les battemens du cœur sont forts et persistent encore quelque temps après l'extinction de la vie animale ; le mouvement des intestins dure aussi plus long-temps qu'à l'ordinaire ; le sang est écarlate et très-coagulable, même dans le système de la veine cave ; les poumons sont d'un rouge intense et gorgés de liquide, et le cœur droit renferme beaucoup plus de sang que le gauche.

2° Le gaz oxydule d'azote, qui a la propriété d'alimenter la flamme, peut être respiré pendant cinq minutes environ sans inconvénient. Outre une accélération de la respiration, il occasione un trouble des fonctions sensorielles et une sorte d'ivresse. Chez les animaux qu'on y tient enfermés, la mort arrive au milieu de phénomènes semblables à ceux qui sont

(1) *Ib.*, p. 62.
(2) *Archives générales*, t. XXIII, p. 104.

déterminés par le gaz oxygène, seulement avec beaucoup plus de promptitude.

3° Les animaux meurent plus vite encore dans le gaz azote pur. On trouve que le sang se coagule lentement, et qu'il a une couleur foncée ; le cœur droit en regorge. Quelques gorgées de ce gaz peuvent être respirées sans danger.

4° L'homme peut également respirer le gaz hydrogène pendant une demi-minute : il n'en ressent qu'un trouble passager des fonctions sensorielles. Les animaux y périssent comme dans le gaz azote.

5° La mort est plus prompte dans le gaz acide carbonique, et plus rapide encore dans les gaz oxyde de carbone, hydrogène carboné, hydrogène sulfuré, hydrogène phosphoré, et oxyde d'azote (1). On trouve le sang d'une couleur foncée, et accumulé surtout dans le cœur droit. Quelques bouffées de ces gaz déterminent également chez l'homme un trouble de la sensibilité générale, des fonctions sensorielles et de la conscience.

§ 977. Le degré du besoin de respirer varie beaucoup aux divers échelons de la vie.

I. Ces variations se manifestent de plusieurs manières :

1° Elles sont d'abord relatives à la nature du milieu dans lequel l'organisme est appelé à respirer. Si le conflit avec l'atmosphère n'a lieu que d'une manière médiate, la vie se maintient malgré la petite quantité d'oxygène qui lui est offerte. Cette règle s'applique surtout aux Entozoaires et aux embryons, pour lesquels le sang d'un autre organisme, pourvu de gaz oxygène par la respiration, tient lieu d'atmosphère. Mais elle est vraie aussi de tous les animaux qui respirent l'eau. Suivant Humboldt et Provençal, l'eau de rivière contient tout au plus 0,0287 d'air, à la vérité plus riche en oxygène que celui de l'atmosphère, puisqu'il en renferme jusqu'à 0,345 ; l'eau contenant, au dire de Thomson, 0,0311 d'air et 0,290 d'oxygène, d'après ces deux indications, la quantité du gaz oxygène ne s'y élèverait pas à plus de 0,009, c'est-à-dire qu'elle serait vingt-trois fois moins considérable que dans l'atmosphère. Comme le sang des branchies enlève de l'oxygène à l'air dissous dans l'eau, et lui communique de l'a-

(1) *Annales d'hygiène publique.* Paris, 1835, t. XIII, pag. 353.

cide carbonique, l'eau rend ce dernier à l'atmosphère, à laquelle elle soustrait en échange une certaine quantité d'air contenant la proportion d'oxygène qui vient d'être indiquée. Spallanzani (1) a trouvé que deux Moules avaient, dans l'espace de sept jours, enlevé à l'air surnageant l'eau 0,07 de son oxygène, et que quand, au lieu d'air, on répandait de l'azote à la surface de l'eau, elles périssaient au bout de trois jours. Les Poissons meurent dans l'eau privée d'air, telle que l'eau distillée ou bouillie, comme les animaux à respiration aérienne succombent dans le vide. Carradori versa une couche d'huile sur l'eau dans laquelle nageait un Poisson, de manière à empêcher tout contact entre elle et l'atmosphère; le Poisson eut bientôt consommé tout le gaz oxygène contenu dans l'eau, et il périt; après sa mort, on introduisit dans le même liquide un second Poisson, qui n'y vécut pas plus de cinq minutes. On enleva alors la couche d'huile, et sans changer l'eau, on y mit un troisième Poisson, qui eut d'abord de la peine à respirer, mais qui se trouva très-bien dès qu'on eut versé le liquide dans un vase plat, qui, présentant plus de surface, pouvait absorber davantage d'air et exhaler une plus grande quantité d'acide carbonique. Le mouvement favorise l'échange de substances entre l'air et l'atmosphère; aussi parvient-on, par son secours, à maintenir un Poisson en vie dans une masse proportionnellement très-petite de liquide. Les animaux à poumons ne peuvent rester long-temps sous l'eau que quand leur peau est apte à respirer, et cependant ils n'en éprouvent pas moins le besoin de se soumettre à l'action immédiate de l'atmosphère, car les Grenouilles meurent dans l'eau bouillie, couverte d'une couche d'huile, ou hermétiquement renfermée (2). Chez les animaux qui respirent l'air d'une manière directe; le besoin d'oxygène est exactement en rapport avec le séjour que leur organisation tout entière leur assigne; ceux qui doivent vivre dans des profondeurs, des cavernes, des marais, n'ont pas besoin d'une atmosphère si riche en oxygène que ceux qui sont appelés à vivre dans les plaines et sur les montagnes.

(1) *Mém. sur la respiration*, p. 307.
(2) Treviranus, *Biologie*, t. II, p. 469.

9° Lorsque la respiration s'accomplit dans un espace clos, où l'atmosphère ne peut réparer les pertes de l'air décomposé par cette fonction, la mort survient tôt ou tard, dès que le milieu ne contient plus la quantité nécessaire d'oxygène, et qu'il est surchargé d'acide carbonique expiré. En pareil cas donc, un animal périt d'autant plus promptement que la quantité d'oxygène qu'il absorbe et celle d'air carbonique qu'il exhale dans un temps donné sont plus considérables, et qu'il a besoin de rencontrer plus d'oxygène dans le milieu pour pouvoir y respirer. Il vit d'autant plus long-temps, au contraire, qu'il consomme moins d'oxygène, qu'il produit moins d'acide carbonique, et surtout qu'ayant la faculté de continuer à respirer, quelque faible que soit la quantité d'oxygène contenue dans le milieu, il peut vivre jusqu'à ce que la totalité de ces gaz soit épuisée. Cependant il y a d'autres circonstances encore, sur lesquelles nous reviendrons plus loin, qui peuvent hâter ou retarder la mort.

D'après Humboldt et Provençal (1), les Poissons respirent encore dans de l'eau qui ne contient que 0,012 d'oxygène; mais, au-delà de ce terme, l'eau retient le reste du gaz avec tant de force qu'ils ne peuvent plus le lui enlever; alors ils viennent à la surface, afin de respirer l'air immédiatement avec leurs branchies humides.

Les Limaçons, au dire de Vauquelin, ne périssent, dans l'air renfermé, qu'après en avoir consommé tout l'oxygène.

Chez les Insectes, les choses varient beaucoup, suivant que l'animal vit habituellement dans l'air pur ou impur. Dans deux pouces cubes d'air, une Abeille périt en douze heures (2), une Cétoine en dix-sept, un Scarabée en trente-quatre, quand il ne reste plus d'oxygène; dans trois pouces cubes d'air, un Nécrophore vécut cinq jours, sans consommer tout l'oxygène (3).

Les Reptiles, en général, paraissent continuer de vivre tant

(1) *Mém. de la Soc. d'Arcueil*, t. II, p. 379.
(2) *Zeitschrift fuer Physiologie*, t. IV, p. 29.
(3) Sorg, *Disquisitiones physiologicæ circa respirationem insectorum et vermium*, 14, p. 23, 40.

qu'il y a encore un peu d'oxygène dans l'air. Les Batraciens, renfermés dans des corps solides, se contentent de l'air que ces derniers absorbent et qui arrive jusqu'à eux. Edwards (1) a vu des Grenouilles enfermées dans un espace étroit, avec de l'air sec, mourir au bout de trois jours, tandis que leur existence se prolongeait davantage dans du sable sec ; des Grenouilles, des Crapauds, des Salamandres, emprisonnés dans du plâtre, étaient encore vivans au bout de dix jours, mais morts au bout de deux mois. Suivant Buckland (2), des Crapauds renfermés dans des pierres calcaires, couvertes de plaques de verre ou de planchettes, et enterrés à trois pieds de profondeur, vécurent plus d'un an, tandis que ceux auxquels on donna pour prison des silex, succombèrent beaucoup plus tôt. Quant à ceux qu'on a trouvés dans des masses de pierre complétement solides, il est probable qu'une fissure, jadis existante, s'était bouchée depuis peu.

Les Oiseaux sont de tous les animaux, ceux qui forment le plus frappant contraste avec les Reptiles. Ils consomment beaucoup d'oxygène en peu de temps, et périssent lorsqu'ils ont consommé les deux tiers de celui de l'air, c'est-à-dire quand ce dernier n'en contient plus que 0,07. Ainsi, d'après Schubler (3), une Mésange consomme trois pouces et demi cubes de gaz oxygène par heure, et meurt, la plupart du temps, lorsqu'il y a encore 2,27 pouces cubes dans l'air. Suivant Edwards (4), les Moineaux vivent une heure et demie dans cinquante-cinq pouces cubes d'air, où l'on a eu la précaution de mettre de l'alcali caustique, pour absorber l'acide carbonique expiré. Les Cabiais ne périssent qu'après avoir consommé les trois quarts du gaz oxygène (5), c'est-à-dire lorsqu'il n'en reste plus que 0,05 dans l'air. Au dire de Schubler, une Souris consomma deux pouces cubes de gaz oxygène dans l'espace d'une heure, et mourut quoique l'air contînt encore 1,45 pouce cube de ce gaz.

(1) *De l'influence des agens physiques sur la vie*, p. 16.
(2) *Bibliothèque universelle*, t. LI, p. 391.
(3) Gilbert, *Annalen*, t. XXXIX, p. 343.
(4) *Loc. cit.*, p. 190.
(5) Bostock, *Versuch ueber das Athemholen*, p. 89.

Le cas de huit hommes qui demeurèrent enfermés pendant cent trente-six heures sous un éboulement d'une mine de charbon, et qu'on retira près de suffoquer, se plaignant de douleurs en respirant, de céphalalgie, et de pesanteur dans les membres (1), semblerait pouvoir nous apprendre quel est le minimum de la proportion d'oxygène de l'air sous l'influence de laquelle l'homme est capable de vivre ; mais, comme l'espace qui les renfermait avait 375 mètres cubes $=$ 20,848,939 pouces cubes, chacun de ces huit hommes eut par heure 4024 pouces cubes de gaz oxygène ; or, si nous admettons qu'après les deux premières heures, époque à laquelle les lumières s'éteignirent tout-à-coup, l'air ne contenait plus que 0,1 de gaz oxygène, chacun d'eux en eut 1944 pouces cubes : donc, en comparant cette donnée avec les faits cités précédemment (§ 972, 2°), il est clair que ces hommes souffrirent moins du manque d'air respirable que du défaut de nourriture, de chaleur et de lumière.

3° La plupart des Insectes vivent plusieurs heures dans l'air raréfié par la machine pneumatique ; ils finissent toutefois par y tomber dans un état de mort apparente ; mais, même après avoir passé quelques heures dans cette situation, ils reviennent à la vie lorsqu'on les expose au grand air (2). Des Limaçons ne périrent sous le récipient de la machine qu'au bout de quelques jours (3). La mort des Grenouilles et des Salamandres n'eut lieu qu'après une heure et demie à trois heures (4).

4° Les Poissons auxquels on lie les opercules périssent en quinze à vingt minutes ; si on leur tient la bouche ouverte, au moyen d'un petit bâton, ils vivent le double de temps (5). Les Poissons dorés périssent en une demi-heure à une heure et demie dans l'eau complétement purgée d'air, et les Anguilles en deux heures et un quart, d'après Humboldt et Provençal.

(1) *Annales d'hygiène publique et de Médecine légale*, Paris, 1836, t. XVI, p. 206 ; t. XVIII, p. 485.
(2) Straus, *Considérat. sur les animaux articulés*, p. 308.
(3) Spallanzani, *Mém. sur la respiration*, p. 133.
(4) Edwards, *loc. cit*, p. 584.
(5) Nasse, *Untersuchungen zur Physiologie*, t. I, p. 478.

La plupart des Insectes ne tardent pas à être asphyxiés dans l'eau ; mais ils reprennent vie dans l'air, même après être demeurés plusieurs jours dans cet état de mort apparente. Ceux qui passent leur vie dans l'eau périssent quand on les empêche de venir puiser de temps en temps de l'air à la surface. L'huile dont on enduit les stigmates produit le même effet que l'immersion, sur ces animaux (1). Carradori a vu des Grenouilles mourir en sept heures dans l'eau de vases ouverts, en soixante-et-quinze minutes dans celle de vases clos, au bout de vingt minutes dans de l'eau où un animal de leur espèce avait déjà succombé, et en un quart d'heure dans de l'eau bouillie. Les Tortues pélagiques étouffent lorsqu'on les retient quelque temps sous l'eau au moyen d'un filet. Les Oiseaux périssent promptement dans l'eau ; les Plongeurs eux mêmes n'y peuvent pas rester plus de quelques minutes (2); les Mammifères terrestres sont asphyxiés après deux à quatre minutes de séjour dans l'eau : les Cétacés y restent cinq à dix minutes, ou quinze à vingt minutes quand ils cherchent leur nourriture (3); les Phoques, pris sous la glace, la brisent avec leurs griffes, pour pouvoir mettre la tête hors de l'eau, et, lorsqu'ils dorment, ils tiennent la tête hors de l'eau, comme tous les autres Mammifères marins. La plupart des plongeurs de profession ne restent pas plus de deux minutes sous l'eau (4); mais il est très-possible que la pesanteur de la colonne de liquide rende le séjour dans l'eau de mer plus difficile, puisqu'un homme doué d'une forte poitrine est capable de plonger pendant près de huit minutes (?) dans une rivière. Au reste, les hommes, quand ils ne sont pas restés beaucoup plus d'une demi-heure dans l'eau, peuvent aussi être tirés de leur état de mort apparente.

5° Les gaz irrespirables, comme l'hydrogène sulfuré, l'hydrogène carboné, etc., ne sont pas, suivant Straus (5), aussi

(1) Treviranus, *Biologie*, t. IV, p. 151.

(2) Edwards, *loc. cit.*, p. 163.

(3) Scoresby, *Tagebuch einer Reise auf den Wallfischfang*, p. 194.

(4) Haller, *Elem. physiol.*, t. III, p. 268.—Froriep, *Notizen*, t. XLVI, p. 6.

(5) *Loc. cit.*, p. 340.

nuisibles aux Insectes qu'aux animaux vertébrés ; ils ne déterminent souvent qu'une asphyxie, qui se dissipe au grand air. Les Poissons meurent au bout de quelques heures dans le gaz hydrogène pur ou mêlé à l'eau ; leur mort est plus prompte dans le gaz acide carbonique (1). Les Grenouilles tombent en asphyxie dans ce dernier gaz, au bout d'environ neuf minutes, tandis qu'une minute de séjour suffit pour tuer des Pigeons (2).

II. Les circonstances auxquelles se rattache l'intensité du besoin de respiration sont relatives, ou à l'espèce de l'animal, ou à son individualité, ou à des particularités extérieures.

1° A un haut degré d'organisation, lorsque la vie jouit d'une grande activité, et que le développement de la chaleur est considérable, le besoin d'un air chargé d'oxygène se fait sentir d'une manière plus pressante, et la consommation d'oxygène est plus grande. Chez les animaux inférieurs, il suffit, pour entretenir la vie, d'un conflit médiocre avec l'atmosphère, et d'une moindre proportion d'oxygène dans le milieu ambiant. Du reste, le volume du corps influe aussi sur le besoin de ce dernier gaz.

2° A part ces circonstances, il tient au séjour qu'une espèce animale est destinée à habiter, qu'elle éprouve un besoin plus ou moins pressant de respirer; car chaque espèce de milieu sert de séjour à des êtres vivans déterminés. Nous retrouvons aussi çà et là des particularités d'organisation qui font que l'animal peut se passer, pendant quelque temps, de l'air ou de l'eau aérée, et qui se rattachent ou à la disposition des organes respiratoires eux-mêmes, ou à celle du système vasculaire. Il y en a d'abord en vertu desquelles le milieu destiné à être respiré peut être retenu en certaine quantité à la surface ou dans l'intérieur du corps. Les Hydrophiles, en plongeant, emportent avec eux des bulles d'air, qui s'attachent aux poils fins et serrés dont leurs stigmates sont garnis. Les Gyrins sortent de l'eau la partie postérieure de leur corps, soulèvent leurs élytres, de manière à laisser l'air entrer des-

---

(1) *Mém. de la Soc. d'Arcueil*, t. II, p. 394.
(2) Blumenbach, *Kleine Schriften*, p. 89.

sous, les abaissent ensuite, et rentrent dans l'eau avec la provision d'air qu'ils ont faite ainsi (1). Certains Poissons, l'Anguille, par exemple, retiennent l'eau dans leurs branchies, quand ils sont hors de l'eau, et peuvent de cette manière vivre des jours entiers sur la terre. La capacité du système trachéal, chez les Insectes, leur permet de conserver pendant quelque temps, dans leur corps, une certaine quantité d'air non décomposé, qui peut servir à leur consommation pendant que le séjour de l'atmosphère leur est interdit. Les poumons à grandes cellules des Reptiles se comportent de la même manière, surtout la partie postérieure de ceux des Serpens, qui, ne recevant point de vaisseaux sanguins, ne peut évidemment que remplir l'office de réservoirs d'air. Les poumons des Mammifères aquatiques ont également cela de particulier, que les dernières ramifications des bronches offrent encore un diamètre considérable, de sorte qu'elles renferment proportionnellement plus d'air qu'elles n'offrent d'espace pour la distribution des vaisseaux sanguins. Ainsi, chez un Manati long de neuf pieds, la longueur des poumons était de trois, et ces organes, remplis d'air, avaient une capacité de plus de mille pouces cubes.

Des dispositions organiques du système vasculaire permettant à l'animal de se passer pendant quelque temps de la respiration empêchent le sang d'affluer en abondance dans les organes respiratoires, ceux-ci n'en laissant passer qu'une petite quantité, tant qu'ils n'agissent point. Ainsi, chez les Cétacés, les Phoques, les Loutres et les Plongeons, les troncs des veines caves sont fort amples, leurs branches forment des réseaux très-développés, et souvent aussi le cœur droit est très-spacieux (§ 742, 2°). Ici le sang peut être empêché d'arriver aux poumons. Mais ailleurs, chez les Reptiles, par exemple, il peut en être détourné (§ 967, 6°, 7°, 8°). Nous ignorons encore si un rôle analogue appartient aux réservoirs du sang qui s'abouchent dans la veine cave chez certains Poissons (2),

(1) Treviranus, *Biologie*, t. IV, p. 456.
(2) Rathke, *Bemerkungon ueber den innern Bau der Pricke*, p. 71.

et qui, chez les Décapodes, les Céphalopodes, les Bivalves, réunissent le sang avant qu'il coule aux branchies (1).

3° Edwards (2) a fait, comme plusieurs autres observateurs, la remarque que deux individus, d'ailleurs semblables, d'une même espèce, diffèrent beaucoup l'un de l'autre, eu égard à la consommation qu'ils font d'oxygène, quoiqu'ils soient placés au milieu des mêmes circonstances, et que les mouvemens respiratoires aient la même fréquence chez tous deux ; la différence va souvent au point qu'il y en a un qui vit trois fois aussi long-temps que l'autre dans de l'air renfermé. La constitution, le tempérament, les particularités de la vie animale (§ 978, 1°), de la circulation (§ 979, 2°), de la digestion (§ 979, 4°) et des sécrétions, en sont les causes appréciables. L'habitude n'est pas non plus sans influence : un genre de vie sédentaire, le séjour dans un air renfermé et impur, la faiblesse des mouvemens respiratoires, diminuent peu à peu la consommation et par suite le besoin d'oxygène.

4° Spallanzani (3) avait observé que, quand la chaleur est élevée, les animaux éprouvent un plus grand besoin de respiration, consomment davantage d'oxygène, et par conséquent périssent plus vite dans l'air renfermé. Une Chenille, par exemple, consomma, en cinq heures, 0,01 d'oxygène à deux degrés au dessus de zéro, et 0,08 à dix-sept degrés. Suivant Delaroche (4), l'effet est moins prononcé chez les animaux à sang chaud que chez ceux à sang froid. Cependant, d'après Saissy (5), la proportion de la consommation d'oxygène (calculée en pouces cubes) à la température de sept degrés, était à celle qui eut lieu sous l'influence d'une température plus élevée, :: 3 : 7 chez les Chauve-Souris ; :: 20 : 34 chez les Muscardins ; :: 26 : 80 chez les Hérissons ; :: 74 : 107 chez les Marmottes. C'est aussi à cette diminution de l'absorption d'oxygène qu'il tient que les accidens auxquels sont

(1) Meckel, *Archiv fuer Anatomie*, 1828, p. 502.
(2) *Loc. cit.*, p. 486.
(3) *Loc. cit.*, p. 133, 148, 320.
(4) *Nouv. Bulletin de la soc. Philom.*, t. III, p. 331.
(5) *Rech. sur les animaux hyvernans*, p. 29.

sujets les individus atteints de cyanose augmentent pendant la saison froide.

Edwards a confirmé (1) par ses expériences sur des Grenouilles, que quand le libre exercice de la respiration pulmonaire n'a point lieu, la vie est maintenue plus long-temps, par la respiration cutanée, sous l'influence du froid que sous celle de la chaleur. Des Poissons périrent aussi d'autant plus promptement dans de l'eau purgée d'air, que la température était plus élevée. Mais Edwards a observé, en outre, que la saison et l'habitude n'étaient point non plus sans portée. Vers la fin de l'automne, lorsque le temps était froid depuis quelques mois déjà, et qu'en conséquence l'organisme s'était accoutumé à une moindre consommation d'oxygène, la respiration cutanée soutenait la vie des Grenouilles plus long-temps qu'elle ne le faisait en hiver, à la même température de l'eau (2). Il croit pouvoir également conclure de ses expériences que les animaux à sang chaud consomment plus d'oxygène en hiver qu'en été, car des Loriots et des Verdiers, renfermés dans soixante-cinq pouces cubes d'air, périrent vingt minutes plus tôt au mois de janvier qu'au mois d'août (3). Au reste, nous avons déjà vu (§ 839, 6o) que la chaleur extérieure favorise l'exhalation de l'acide carbonique.

5o D'après les observations de Schubler (4), des Souris périrent soixante-et-quinze minutes plutôt dans l'air renfermé qui avait été électrisé, surtout positivement : elles avaient, durant un même laps de temps, consommé plus d'oxygène dans cet air que dans celui qui était sans électricité. La mort des Oiseaux fut accélérée aussi par l'électrisation de l'air, mais seulement d'environ seize minutes, ce dont Schubler attribue la cause à ce que ces animaux sont destinés à vivre dans les hautes régions de l'atmosphère, qui souvent sont fortement électriques.

(1) *Loc. cit.*, p. 26.
(2) *Ib.*, p. 35.
(3) *Ib.*, p. 200.
(4) Gilbert, *Annalen*, t. XXXIX, p. 336.

ARTICLE II.

Des rapports spéciaux de la respiration avec l'organisme.

I. Rapports avec la vie animale.

§ 978. La respiration a des connexions intimes avec la vie animale ;

I. Et d'abord avec l'action cérébrale.

1° Elle influe sur les fonctions de l'encéphale, non pas tant parce qu'elle consiste en un échange de matériaux (§ 847, 7°), que parce qu'elle excite les mouvemens nécessaires pour cela (§ 971). C'est ainsi que l'artériotomie donne quelquefois issue à un sang noir chez les apoplectiques (1). La respiration est plus faible pendant le sommeil (§ 606, 8°). Allen et Pepys ont remarqué, dans leurs expériences, que les animaux expirent moins d'acide carbonique lorsqu'ils sont pris de l'envie de dormir. La respiration baisse encore davantage pendant l'engourdissement hivernal (§ 612, 2°). Des Chenilles qui consommaient 0,09 d'oxygène en dix-huit heures lorsqu'elles jouissaient de leur pleine et entière vitalité, n'en consommèrent plus que 0,07 au moment où elles allaient se changer en chrysalides : quand on bouchait leurs stigmates avec de l'huile, elles périssaient, dans le premier cas au bout de quatre minutes, dans le second au bout de neuf seulement : des chrysalides purent rester deux heures sous l'eau, sans mourir (2). L'exercice des facultés intellectuelles détourne la vie nerveuse des fonctions purement corporelles ; un homme enfoncé dans le calme de la méditation a une respiration faible, à peine perceptible, et ce n'est que de temps en temps, surtout lorsque sa pensée s'arrête un peu, qu'il fait une inspiration plus profonde : des études uniformes et soutenues peuvent donc amener l'asthme. Au contraire, la respiration est rapide et fréquente toutes les fois que le moral et l'imagination sont excités : les inspirations sont profondes et vigoureuses dans la colère et les autres passions stimulantes, courtes et faibles dans la frayeur, la tristesse, le chagrin.

(1) Magendie, *Leçons sur les phénomènes de la vie*, t. I, p. 141. J. Cruveilhier, *Dict. de Méd. et de Chir. pratiques*, art *Apoplexie*, t. III, p. 204.

(2) Spallanzani, *Rapp. de l'air avec les corps organisés*, t. I, p. 24, 41.

2° La respiration n'est pas un besoin aussi impérieux pour la vie plastique que pour la vie animale. Les végétaux n'exigent pas, à beaucoup près, un air aussi riche en oxygène que les animaux, et leur vie se maintient bien plus long-temps dans les gaz irrespirables. Toutes les fois que le conflit avec l'atmosphère n'a lieu que d'une manière médiate (chez les Entozoaires, les embryons et les animaux qui respirent l'eau), il y a limitation des fonctions animales, tandis que le développement de ces dernières entraîne la nécessité d'une respiration plus libre. L'effet des gaz irrespirables, dépourvus d'oxygène libre, se manifeste surtout par le trouble des sens, des facultés intellectuelles et du mouvement volontaire (§ 976, 3°, 4°). L'action cérébrale est sous la dépendance d'un sang parfaitement artérialisé, par conséquent de la respiration (§ 743, 3°), et il n'est pas rare, dans les maladies, de voir les sujets gais et maussades, aptes ou non à déployer les ressources de leur esprit, suivant que leur respiration est libre ou gênée, et que la prédominance appartient au sang artériel ou au sang veineux. Chez les animaux dont le sang artériel est mêlé de sang veineux (§ 967, 4°, 8°), le cerveau, moins actif, paraît ne pas avoir besoin de sang artériel pur, et, par cela même, pouvoir mieux supporter une longue interruption de la respiration. Ici encore nous retrouvons les effets du défaut d'air sur la vie animale. Les Grenouilles vivent sous l'eau courante, parce que leur peau, qui respire l'eau, fait l'office des poumons ; mais leurs sens y sont obtus, et leurs mouvemens d'une lenteur extrême (1).

II. Le mouvement volontaire est lié aussi à la respiration.

1° Non seulement il accélère partout les mouvemens respiratoires, mais encore il accroît l'exhalation d'acide carbonique (§ 847) et l'absorption d'oxygène. Pendant le repos, guin (2) consommait douze cent dix pouces cubes de gaz oxygène par heure : cette consommation s'élevait à trois mille deux cents pouces cubes lorsqu'il gravissait une hauteur de

(1) Edwards, loc. cit., p. 65.
(2) Hist. de l'Acad. des sc., 1789, p. 575.

six cent treize pieds, chargé d'un fardeau de quinze livres, et même à quatre mille six cents quand il se livrait à cet exercice pendant la digestion. Un homme qui se tient tranquille peut, après avoir fait une profonde inspiration, rester une à deux minutes sans respirer; mais il ne le peut pas plus d'une minute s'il se livre à des mouvemens qui exigent des efforts. Il paraît, d'après cela, qu'à [chaque déploiement de l'action musculaire, la quantité de sang artériel qui passe à l'état veineux est plus considérable.

2° Le mouvement volontaire a pour condition l'affluence du sang artériel (§ 743, 4°), d'où il suit que la respiration est aussi la condition de la force musculaire. Le développement des organes respiratoires, dans la série animale, est en raison directe de la facilité et de la vélocité du mouvement volontaire. Si la force musculaire s'accroît par l'exercice, cet effet est dû en partie à l'énergie que ce dernier fait acquérir à la respiration. Lorsque la respiration s'accomplit d'une manière incomplète, par exemple dans la cyanose, les muscles sont minces et sans force, d'un côté parce qu'il se forme trop peu de fibrine, et d'un autre côté parce que les qualités stimulantes du sang ne deviennent point assez prononcées. Hall (1) se faisait une fausse idée de l'irritabilité quand il prétendait qu'elle est en raison inverse de la force de la respiration : la persistance de l'irritabilité des muscles après la mort, n'est effectivement qu'une preuve de la ténacité de la vie (§ 626, II), et si elle est plus considérable lorsque la respiration s'exécute d'une manière incomplète, ces deux phénomènes n'annoncent qu'une seule chose, c'est que la vie en général, et surtout la vie animale, ne sont point encore parvenues à un bien haut degré.

Mais la respiration annonce encore ses connexions intimes avec le mouvement volontaire par l'influence mécanique qu'elle exerce sur lui.

3° D'abord, l'air introduit et retenu dans l'économie, ou sécrété par elle, diminue la pesanteur spécifique du corps, et facilite ainsi la locomotion. Tel est l'effet des réservoirs

_____

(1) Hecker, *Literarische Annalen der Heilkunde*, t. XXXV, p. 489.

d'air situés au-dessus de la cavité digestive, chez plusieurs Acalèphes. Les trachées répandues par tout le corps donnent aux Insectes la légèreté dont ils ont besoin pour voler, et comme, pendant le vol, ce sont principalement les stigmates situés à la poitrine qui accomplissent la respiration, l'air se porte en plus grande quantité dans les ailes que dans les autres parties. Un résultat analogue dépend, chez les Oiseaux, de la longueur presque toujours considérable de la trachée-artère, de la situation des poumons à la partie supérieure du corps ou à la surface dorsale, et de leur communication tant avec les sacs aériens qu'avec l'intérieur des os. L'énergie du vol est proportionnée au développement de ces conditions, et comme les Oiseaux ne peuvent point respirer aussi complétement lorsqu'ils volent, l'air accumulé dans les sacs aériens semble, en passant dans les poumons par l'effet de la compression, suppléer au défaut d'admission de l'air extérieur ; car, lorsque après avoir lié la trachée-artère on ouvre les sacs à air du ventre, ou que l'on coupe soit l'os de la cuisse, soit celui du bras, la respiration s'exécute pendant quelque temps encore par cette voie (1). Tous ces prolongemens des poumons ne sont que des réservoirs d'air qui aident au mouvement : en effet, on y remarque fort peu de vaisseaux, et il n'en revient point de sang artériel, mais seulement du sang veineux. Nous avons déjà vu que la partie postérieure des poumons des Serpens, qui a la forme d'un sac et ne reçoit point de vaisseaux, n'est également qu'un réservoir d'air, qui sert à la nutrition, ou, en cas de besoin, à envoyer de l'air dans la portion respirante de l'organe. On en peut dire autant de la vessie natatoire des Poissons, avec cette seule différence que l'air qu'elle renferme est sécrété du sang (§ 817, 7°), surtout lorsqu'un vide se produit dans son intérieur à la suite de l'expansion que l'animal lui fait acquérir en imprimant à ses côtes un mouvement qui ressemble à celui de l'inspiration et qui agrandit la cavité du corps. Située à la face supérieure ou dorsale du corps, la vessie natatoire favorise la natation, principalement l'ascension dans

---

(1) Hunter, *Observations on certain parts of the animal œconomy*, p. 82.

l'eau , et lorsque, comprimée par les muscles latéraux du tronc , elle condense l'air contenu dans son intérieur ou le force à s'échapper par le conduit aérien , elle rend la descente plus facile à l'animal. Les Poissons qui vivent au fond de l'eau, ont une vessie natatoire plus petite que celle des Poissons qui se meuvent avec vélocité et qui fréquentent les couches supérieures du liquide. Chez ceux qui se tiennent dans le limon , ou qui possèdent une grande force musculaire, soit dans les nageoires, soit dans la queue, ou qui , ayant le corps plat et nageant horizontalement , offrent une large surface à l'eau , cet organe , qui serait alors inutile , n'existe point (1).

La structure spongieuse des poumons chez les Batraciens, les Sauriens et les Chéloniens, et le grand diamètre des ramifications bronchiques chez les Cétacés , sont également des circonstances favorables à la natation. L'air contenu dans le corps de l'homme contribue aussi à lui faciliter l'exercice de la faculté de nager (§ 836 , 2°) ; chez lui , la natation suppose même une inspiration préalable.

4° Il existe quelques animaux chez lesquels le mouvement respiratoire est en même temps mouvement locomoteur. Chez les Méduses, ces deux mouvemens coïncident ensemble , dans les alternatives d'expansion et de contraction du corps. Les Holothuries avancent dans la mer en chassant par l'anus l'eau qu'elles ont introduite dans leur organe respiratoire , dont une branche principale est uniquement destinée à cet usage, puisque , ne recevant pas de vaisseaux sanguins, elle ne saurait servir à la respiration. Il y a des organes respiratoires extérieurs qui jouent , jusqu'à un certain point , le rôle d'organes locomoteurs : tel est le cas des branchies en forme de nageoires qu'on remarque chez les Ptéropodes , et des branchies lamellées , se mouvant l'une après l'autre, qu'on rencontre chez quelques larves aquatiques d'Insectes. Les organes respiratoires des Crustacés prennent part à la fonction des membres , ou du moins se rapprochent d'eux sous le rapport de la conformation et de la situation , ce qui arrive aussi chez beaucoup d'Annélides. Sans compter que le plus libre de tous

(1) Schweigger, *Journal*, t. I, p. 138.

les mouvemens, celui qui produit la voix, part des organes
de la respiration, et que le larynx sert de réservoir à air pour
son accomplissement, les muscles respiratoires de la périphérie du corps se contractent dans les efforts, en même temps
que la glotte se ferme.

II. Rapports avec la vie plastique.

§ 979. Les fonctions plastiques ont des relations étroites
avec la respiration.

1. C'est surtout entre la circulation et cette fonction qu'il
existe des rapports intimes.

1° La circulation est déterminée par la respiration (§ 764).
En effet, pendant l'inspiration, le sang du système des veines
caves se porte en plus grande abondance vers les poumons,
tant parce qu'il est attiré par l'air atmosphérique qui s'est introduit dans ces organes, que parce que l'ampliation des ramifications bronchiques lui permet de trouver plus d'espace
dans les vaisseaux capillaires. Le sang demeure aussi plus
long-temps dans ces derniers, non seulement par l'effet de
dispositions mécaniques, mais encore parce qu'il a besoin d'un
certain laps de temps pour se saturer d'oxygène : lorsqu'on
a rempli d'air les poumons d'un cadavre, les injections,
comme l'ont remarqué Home (1) et Defermon (2), ne passent
plus des artères de l'organe dans les veines, ainsi qu'elles le
faisaient auparavant. L'inverse a lieu pendant l'expiration :
les poumons, en se contractant, chassent le sang que son
conflit avec l'atmosphère a rendu artériel : car la circulation,
considérée d'une manière générale, consistant dans une attraction et une répulsion qui reposent sur des affinités chi-
mico-dynamiques (§ 775, 1°), le sang stagne dans les poumons quand l'affinité qu'il a pour l'atmosphère se trouve diminuée ou détruite par le mélange avec des substances indifférentes (§ 744). Ainsi, lorsque le manque d'air atmosphérique
ou la présence d'un gaz irrespirable l'empêche de subir la
métamorphose qu'il doit éprouver dans les poumons, il n'est

(1) *Lectures on comparative anatomy*, t. V, p. 124.
(2) *Bulletin des sc. méd. de* Férussac, t. XIV, p. 19.

plus ramené, ou ne l'est plus convenablement, par les veines pulmonaires, et la circulation s'arrête. De là vient que, surtout quand l'asphyxie a lieu d'une manière subite et chez un sujet dont la vie jouissait de sa pleine et entière activité, on trouve les poumons, le tronc de l'artère pulmonaire, le cœur droit et le système des veines caves gorgés de sang : cette pléthore partielle se manifeste spécialement à la tête, par l'état vultueux de la face, le gonflement et la procidence de la langue, la saillie des yeux hors des orbites, la réplétion des veines et des sinus du cerveau. Si l'asphyxie s'établit peu à peu, le cœur gauche peut encore attirer le sang des poumons par sa diastole, de manière que la circulation continue pendant quelque temps, et que les phénomènes qui viennent d'être examinés sont moins prononcés. L'action du cœur gauche peut aussi être affaiblie par le sang demeuré veineux : Alison (1) a trouvé, chez un Lapin auquel il avait fait inspirer de l'azote jusqu'à ce que la respiration devînt difficile, et qu'ensuite il avait mis à mort, le cœur droit gorgé de sang, ainsi que l'artère pulmonaire, le mouvement de cette moitié de l'organe très-faible, et celui de la moitié gauche presque entièrement aboli. Cependant cette expérience prouve peu de chose, et, dans tous les cas, l'affaiblissement du cœur n'est qu'une circonstance de second ordre (§ 743, 2°).

2° Les poumons se distinguent par leur richesse en sang, car ils sont destinés à métamorphoser la masse entière de ce liquide, et dans un même laps de temps le cœur droit leur en envoie autant que le cœur gauche en fait parvenir à tout le reste du corps (§ 716, 4°). Ils sont plus fréquemment atteints d'inflammation qu'aucun autre organe ; aussi rien n'est-il plus commun que d'y rencontrer, à l'ouverture des cadavres, des traces de phlegmasie, et surtout des adhérences de la plèvre, même chez des sujets qui n'avaient offert, pendant leur vie, aucun symptôme patent de maladie. L'inflammation accroît bien plus aussi le volume de ces organes que celui d'aucun autre, et la fièvre qui l'accompagne est infini-

(1) Valentin, *Repertorium*, t. II, p. 241.

ment plus vive. Pour que la respiration soit complète , il faut que le sang et l'air se rencontrent en quantité suffisante dans le viscère : elle est incomplète et difficile lorsque le sang y afflue trop , ou n'y afflue pas assez, proportionnellement à l'air (1). Dans ce dernier cas , suivant Bichat, il coule du sang noir au cœur gauche (2). Wedemeyer assure (3) qu'il arrive souvent à une forte hémorrhagie de ne pas troubler la circulation dans les poumons, quoiqu'elle l'ait déjà arrêtée dans d'autres organes ; mais Blundel (4) et Piorry affirment qu'elle rend la respiration difficile, irrégulière, suspirieuse et enfin stertoreuse. D'un autre côté, l'afflux d'une trop grande quantité de sang vers la poitrine oppresse la respiration, et, dans l'apoplexie pulmonaire, où l'asphyxie est produite par la réplétion excessive des poumons, on trouve le tissu de ces derniers plus foncé en couleur et plus dense, outre qu'il y a du sang extravasé dans les cellules aériennes (5). Au reste, quand la circulation s'accélère, et qu'une plus grande quantité de sang prend le caractère veineux dans un temps donné, le mouvement respiratoire devient plus vif, et, d'après les expériences de Davy (6), la consommation de gaz oxygène augmente.

II. La digestion et la respiration, qui représentent les deux principales circonstances de la formation du sang, ne sont, au fond, que des parties d'un tout, la première amenant à l'organisme ce qui doit jouer le rôle de base, et l'autre opérant la transformation de cette base par oxydation. Il y a entre elles le même rapport qu'entre le commencement et la fin, le début et le complément, ce dont la configuration organique offre le symbole chez les animaux inférieurs, où les vaisseaux sanguins ont leurs racines à l'intestin et leurs ramifications aux branchies. A un degré plus élevé de l'échelle animale, les organes des deux fonctions sont plus

(1) Andral, *Précis d'anat. patholog.*, t. I, p. 82.
(2) *Rech. sur la vie et la mort*, p. 183.
(3) Meckel, *Archiv fuer Anatomie*, 1828, p. 350.
(4) *Researches physiological and pathological*, p. 70.
(5) J. Cruveilhier, *Anatomie pathologique du corps humain*, 3ᵉ livraison in-folio, avec pl. col.
(6) *Untersuchung ueber das Athmen*, t. II, p. 96.

étroitement unis ensemble, tant sous le rapport de leur disposition matérielle, que sous celui de leur activité vitale et de la sympathie qui existe entre eux.

1° Les mouvemens respiratoires favorisent mécaniquement la digestion, car le diaphragme et les muscles abdominaux viennent en aide aux mouvemens qui accomplissent et la digestion et l'éjection. Mais la respiration influe aussi sur l'essence même de la digestion; car l'appétit et la faculté digestive croissent dans un air atmosphérique pur, quand les organes respiratoires accomplissent convenablement leurs fonctions, tandis qu'ils diminuent lorsque le sang se rapproche davantage du caractère veineux. Krimer (1) a remarqué que la digestion des Grenouilles était proportionnée à la quantité d'oxygène contenue dans le milieu ambiant.

2° Une digestion plus active détermine, à son tour, une respiration plus puissante. Sorg et Rengger ont reconnu qu'après avoir mangé copieusement, les Insectes, non seulement respirent davantage, mais encore périssent plus tôt dans un air renfermé ou irrespirable, ce qui annonce une consommation plus considérable et un besoin plus pressant de gaz oxygène. L'exhalation du gaz acide carbonique (§ 840, 5°) et la consommation d'oxygène atmosphérique augmentent pendant la digestion. Seguin, dans l'espace d'une heure, consommait douze cent-dix pouces cubes de ce dernier gaz quand il était à jeun, et dix huit à dix-neuf cents pendant le travail de la digestion (2).

III. Du reste, la respiration n'est pas non plus sans influence sur la nutrition (§ 843, 8°), et sur la sécrétion (§§ 843, 9°, 10°; 846, 16°), notamment de la peau (§ 846, 6°), des reins (§ 846, 10°), et du foie (§ 846, 14°).

CHAPITRE III.

De l'essence de la respiration.

§ 980. Examinons maintenant la respiration dans son en : semble.

(1) *Versuch einer Physiologie des Blutes*, p. 41.
(2) *Hist. de l'Acad. des sc.*, 1789, p. 575.

I. Il est clair que, sous le point de vue matériel, c'est une opération générale, c'est-à-dire qui n'appartient en propre ni à l'organisme, ni à la vie, ni à aucun organe déterminé.

1° La substance inorganique, en vertu de l'affinité dont elle est douée, absorbe une quantité déterminée, c'est-à-dire suffisante pour sa saturation, du gaz qui l'entoure, et quand elle se trouve plongée dans un mélange de gaz, elle attire plus des uns, moins des autres, absorbant d'ailleurs l'oxygène de préférence dans l'air atmosphérique. La force avec laquelle elle retient les différens gaz, varie aussi, ou, en d'autres termes, elle ne se les laisse pas tous enlever avec la même facilité. L'eau (§ 882, 1°, 2°) absorbe, proportionnellement à son volume, environ 1,000 de gaz acide carbonique, 0,050 de gaz oxygène, 0,027 à 0,050 d'air atmosphérique, 0,016 de gaz azote, et 0,015 de gaz hydrogène. Elle s'empare des principes constituans de l'atmosphère dans des proportions qui ne sont pas les mêmes pour tous. L'air absorbé par l'eau de rivière contenait, d'après Thomson (1), 0,290 de gaz oxygène et 0,710 de gaz azote; selon Provençal et Humboldt (2), 0,306—0,315 de gaz oxygène, 0,634—6,575 de gaz azote, et 0,060—0,110 de gaz acide carbonique. Cette eau enlève donc à l'atmosphère plus d'oxygène que d'azote, et elle lui en soustrait d'autant plus qu'elle coule avec plus de rapidité, que son cours est plus long. Elle le retient aussi avec beaucoup plus de force : on peut l'en dépouiller complétement par une ébullition prolongée à l'abri du contact de l'air atmosphérique. Quand l'eau est chargée du gaz acide carbonique qui se dégage des minéraux, elle absorbe moins des principes constituans de l'atmosphère : Henry a trouvé que l'air contenu dans l'eau de puits se composait de 0,711 acide carbonique, 0,098 oxygène, et 0,191 azote. L'air mêlé avec l'eau, à une profondeur de deux mille cinq cents pieds, ne contenait plus, d'après Biot (3), que 0,08 d'oxygène, tandis que l'azote s'y élevait à 0,92; le premier de ces deux gaz

---

(1) *Journal de chimie médicale*, 2e série, t. III, p. 57.
(2) *Mém. de la soc. d'Arcueil*, t. II, p. 381.
(3) Gilbert, *Annalen*, t. XXVI, p. 474.

avait été probablement consommé par la respiration des animaux marins.

Les terres absorbent l'oxygène de l'atmosphère, et en des proportions diverses. Suivant Schubler (1), mille grains des substances suivantes, renfermés dans quinze pouces cubes d'air atmosphérique, absorbèrent d'oxygène, en trente jours, savoir : le sable quartzeux 0,24 pouce cube, le gypse, 0,40, le sable calcaire 0,84, l'argile 1,59, le carbonate de chaux 1,62, la terre de jardin 2,60, le terreau 3,04. Les phénomènes furent les mêmes que dans la respiration, c'est-à-dire que l'humidité fut une condition de l'absorption (§ 973, 2°), que la chaleur accrut cette dernière (§ 977, 10°), et que des couches minces de terre ou d'eau n'y mirent point obstacle (§ 973, 6₀).

2° Toute substance organique morte absorbe l'oxygène de l'atmosphère, et exhale de l'acide carbonique (§ 882,4°). Tous les végétaux, leur carbone surtout, agissent de cette manière. Ce dernier attire l'acide carbonique avec plus d'avidité encore que l'oxygène, mais agit avec infiniment moins de force sur l'azote. Spallanzani a démontré (2) que les animaux morts et toutes leurs parties attirent l'oxygène de l'atmosphère : la consommation était plus considérable quand la substance animale avait été hachée, de manière à présenter plus de surface (§ 964, 2°), et elle l'était plus également sous l'influence de la chaleur (§ 977, 10°); cependant elle n'égalait pas celle qui a lieu dans la respiration. Ainsi, par exemple, des Vers de terre qui, pendant leur vie, avaient consommé tout le gaz oxygène de l'air dans lequel on les tenait renfermés, n'en absorbèrent plus que 0,10 après leur mort, et 0,70 quand ils furent tombés en putréfaction (3). Des Limaçons morts en absorbèrent trois à quatre fois moins que des Limaçons vivants (4). Cependant cette règle a quelquefois souffert des exceptions (5).

(1) Schweigger, *Journal*, t. XXXVIII, p. 143.
(2) *Rapports de l'air avec les corps organisés*, t. II, p. 258.
(3) *Ib.*, P. I, p. 7.
(4) Spallanzani, *Mém. sur la respiration*. p. 81.
(5) *Rapports de l'air avec les corps organisés*, t. I, p. 63, 115.

3° Magendie reconnaît que toutes les branches veineuses peuvent respirer lorsqu'elles entrent en contact avec l'atmosphère, et que les poumons sont seulement mieux organisés qu'aucun autre organe pour cela. Arnold (1) a également soutenu que la respiration, comme la digestion (§ 955, 1.), s'étend au-delà de ses organes proprement dits. A la vérité, hors des poumons, le sang artériel contenu dans les vaisseaux capillaires se transforme partout en sang veineux, mais cette conversion n'a lieu que parce qu'ici les organes exercent une plus forte action sur lui. Ainsi Wedemeyer a vu (2), chez les Grenouilles, le sang des veines mésentériques ne devenir vermeil, au contact de l'air atmosphérique, que quand il cessait de couler, c'est-à-dire quand il n'y avait plus de conflit vivant entre lui et la substance organique environnante. On trouve encore, chez l'homme et les Mammifères, des traces de la respiration cutanée (§ 965) qui a lieu chez les animaux inférieurs. Abernethy (3) tint sa main plongée, sous le mercure, dans un vase plein d'air, dont la capacité était de sept onces d'eau ; un sixième du gaz oxygène contenu dans l'air avait disparu au bout de cinq heures, un quart au bout de neuf, et la moitié au bout de douze : parmi les différens gaz, l'oxygène fut celui qui se trouva absorbé avec le plus de force; vinrent ensuite l'acide carbonique, l'oxyde d'azote, l'hydrogène, et en dernier lieu l'azote. Sorg tint pendant quatre heures son bras dans un vase plein de gaz oxygène, et trouva ensuite que les deux tiers de ce gaz avaient disparu. Si l'on plonge un animal, jusqu'à la tête, dans de l'hydrogène sulfuré, on retrouve ensuite ce gaz dans le tissu cellulaire souscutané et dans le sang, comme l'ont observé Emmert (4) et Lebkuchner (5).

Quoiqu'il n'y ait pas de véritable respiration intestinale chez les Mammifères (§ 966, 4°), et que, suivant Bichat, le sang des vaisseaux d'une anse intestinale pleine d'air atmos-

---

(1) *Lehrbuch der Physiologie*, t. II, p. 200.
(2) *Untersuchungen ueber den Kreislauf des Blutos*, p. 243.
(3) *Chirurgische und physiologische Versuche*, p. 117, 128.
(4) *Tuebinger Blætter*, t. I, p. 97.
(5) *Archives générales*, t. VII, p. 424.

phérique ou d'oxygène ne change pas de couleur, cependant le canal digestif exhale des gaz (§ 817, 3°) et en absorbe d'autres. Lorsque Foderà (1) avait introduit de l'hydrogène sulfuré dans une anse d'intestin de Lapin liée aux deux bouts, la mort avait lieu au milieu des symptômes de l'empoisonnement, et l'on ne retrouvait plus de gaz dans l'intestin. Des Chiens dans le rectum desquels Wedemeyer (2) avait injecté du gaz hydrogène sulfuré, périrent en offrant tous les symptômes de l'asphyxie.

L'un et l'autre observateur a obtenu le même résultat après avoir poussé du gaz hydrogène sulfuré dans la cavité abdominale ou dans le tissu cellulaire d'un animal.

L'air atmosphérique que J. Davy (3) avait insufflé dans l'une des plèvres d'un Chien, se composait, quarante-huit heures après, de 0,93 azote et 0,03 oxygène; un mélange de 0,200 d'acide carbonique, 0,632 d'azote et 0,168 d'oxygène, injecté également dans la plèvre d'un autre Chien, se composait, après quarante-huit heures, d'acide carbonique 0,183, azote 0,783, et oxygène 0,034. Ici donc également l'oxygène avait été absorbé en plus grande quantité que l'acide carbonique, et celui-ci en plus forte proportion que l'azote. Davy a observé aussi l'absorption du gaz hydrogène et du gaz oxyde d'azote. Ségalas dit avoir remarqué que les animaux dont on lie la trachée-artère, meurent plus tard lorsqu'on leur ouvre la cavité pectorale, de manière à mettre la surface extérieure des poumons en contact avec l'air atmosphérique; il ajoute que la mort est un peu retardée aussi par l'exposition à l'air des viscères abdominaux ou par l'enlèvement de la peau (4).

II. D'après cela, la respiration est déterminée par l'affinité des substances.

1° Les différens gaz se réunissent en un mélange homogène, phénomène auquel ne s'oppose point une membrane animale tendue entre eux, car l'attraction qu'ils exercent les

(1) *Rech. sur l'absorption*, p. 12.
(2) *Loc. cit.*, p. 445.
(3) *Philos. Trans.*, 1823 p. 500.
(4) *Journal de* Magendie, t. IV, p. 289.

uns sur les autres fait qu'ils la traversent (§ 882, 2°). Quoique cette attraction soit réciproque, il y a cependant des gaz qui l'exercent avec plus de force que d'autres. Suivant Faust, le gaz acide carbonique est attiré par l'air atmosphérique, et l'oxygène par l'azote (1). Stevens prétend que l'oxygène attire aussi l'acide carbonique (2), de manière qu'une portion d'intestin ou le poumon d'un Lapin, qu'on emplit du premier de ces gaz, et qu'on suspend dans l'autre, s'affaisse sur elle-même, tandis que dans le cas contraire elle se gonfle jusqu'au point de crever.

2° Une substance solide ou liquide absorbe un gaz avec lequel elle a de l'affinité; mais si elle contient déjà un autre gaz, elle exhale une plus ou moins grande quantité de ce dernier. Ainsi, tandis que d'autres terres ne font qu'absorber de l'oxygène dans l'air atmosphérique, l'humus laisse en outre échapper de l'acide carbonique. Si l'on introduit de l'eau chargée d'air atmosphérique dans du gaz oxygène, elle absorbe de l'oxygène et exhale de l'azote; de même que, dans du gaz azote, elle absorbe de l'azote et laisse échapper un peu de son oxygène (3).

3° La même chose arrive avec le sang tiré des vaisseaux. Les recherches de Hoffmann (4) nous ont appris que ce liquide a tant d'affinité pour les gaz mêlés avec lui, qu'il en laisse échapper fort peu sous le récipient de la machine pneumatique, tandis qu'il en fournit davantage lorsqu'on l'agite avec une autre espèce de gaz. Chargé d'acide carbonique, il en exhale quand on l'agite avec de l'air atmosphérique; imprégné de ce dernier, il abandonne de l'oxygène dans le gaz acide carbonique. L'azote enlève, par la succussion, du gaz oxygène au sang artériel, et du gaz acide carbonique au sang veineux. Chaque espèce de sang manifeste d'autant plus d'affinité pour un gaz, qu'elle en contient moins; d'après Enschut (5), le sang veineux absorbe plus d'oxygène et moins

(1) Froriep, *Notizen*, t. XXVII, p. 118.
(2) *Philos. Trans.*, 1835, p. 350.
(3) Treviranus, *Biologie*, t. IV, p. 201.
(4) Froriep, *Notizen*, t. XXXVIII, p. 252.
(5) *Diss. de respirationis chymismo*, p. 80, 92.

d'acide carbonique que le sang artériel; quand on a chargé le sang d'acide carbonique, on trouve que celui-ci adhère avec plus de force au sang artériel, et qu'il ne s'en laisse pas aussi complétement dégager que du sang veineux (1). L'oxygène est celui de tous les gaz que le sang attire avec le plus de force, et qui en dégage aussi le plus d'acide carbonique. Sous ce dernier rapport, l'air atmosphérique vient immédiatement après lui; le gaz hydrogène agit plus faiblement, et le gaz azote avec moins de force encore (2).

4° Un échange analogue a lieu, comme nous l'avons déjà dit, dans la respiration de gaz autres que l'air atmosphérique; l'animal qui respire de l'acide carbonique ou de l'hydrogène, expire de l'azote et de l'oxygène (§ 841, 1°, 2°, 9°); celui qui inspire de l'oxygène expire de l'azote (§ 841, 5°), et celui qui inspire de l'azote expire de l'oxygène (§ 841, 7°).

5° Nous sommes donc pleinement en droit d'admettre que la respiration normale consiste en un échange de gaz entre le sang et l'atmosphère, proposition que nous avons développée (§§ 847, 1°; 882, 2°, 6°), que Testa soupçonnait déjà jusqu'à un certain point, et qui a été reconnue de la manière la plus formelle par Treviranus (3), Faust (4), Hoffmann et Magnus (5). Hoffmann fait remarquer que l'azote atmosphérique, qui pénètre bien plus difficilement que l'oxygène à travers une membrane animale, ne peut parvenir dans le sang qu'après que ce dernier gaz a été complètement absorbé, mais que son rôle, dans la respiration, consiste à attirer l'acide carbonique du sang. Coutanceau (6) croit que l'admission de l'oxygène ne peut point provenir d'une affinité entre le sang et l'air, puisqu'elle reste toujours la même, quelle que soit la proportion du gaz dans l'air inspiré; ce-

(1) Enschut, *Dis. de respirationis chymismo*, p. 173.
(2) *Ib.*, p. 146.
(3) *Zeitschrift fuer Physiologie*, t. IV, p. 31. — *Die Erscheinungen des Lebens*, t. I, p. 361.
(4) Froriep, *Notizen*, t. XXVII, p. 120.
(5) Gilbert, *Annalen*, t. CXVI, p. 589.
(6) *Révision des nouvelles doctrines*, p. 446.

pendant il n'y aurait qu'une seule chose à conclure de là, c'est qu'il existerait un point de saturation que le sang tendrait à atteindre en toutes circonstances.

6° La proposition qui vient d'être émise éclaircit certaines particularités qu'on observe dans la respiration. Comme les cavités buccale et nasale, le larynx et la trachée, avec toutes ses ramifications, ont une capacité d'environ cinquante pouces cubes d'air, mais qu'à chaque respiration, l'homme n'inspire et expire que dix à vingt pouces cubes d'air, l'échange ne pourrait porter que sur l'air contenu dans ces voies, et ne s'étendrait point aux quatre-vingts à cent vingt pouces cubes d'air qui entrent continuellement dans les poumons. Mais les différens gaz ayant la propriété de se mêler uniformément ensemble, le mélange a également lieu dans les poumons et dans les voies aériennes.

Dix onces de sang absorbèrent, tantôt 0,57, et tantôt 1,4 pouce cube de gaz oxygène ; cette différence tenait principalement, selon la remarque de Christison (1), au caractère plus ou moins veineux du liquide. Lorsque le sang artériel est devenu moins veineux à cause de l'accélération de la respiration, il n'a pas non plus autant d'affinité pour l'oxygène que quand il a coulé avec plus de lenteur dans les vaisseaux capillaires, et que son conflit avec la substance organique environnante lui a fait subir une métamorphose plus profonde.

Si le sang a été chargé d'air par infusion (§ 744, I), il n'a plus d'affinité pour l'oxygène atmosphérique, et la mort arrive, non pas, comme l'admet Magendie (2), parce qu'il s'est amassé de l'air dans les cavités droites du cœur, mais parce que le sang ne s'artérialise plus dans les poumons, et qu'en conséquence il devient stagnant. On trouve alors du sang brunâtre dans le système aortique, même quand que les mouvemens respiratoires n'ont point été troublés (3). L'infusion de substances indifférentes agit de la même manière (§ 744, VI); après celle de l'huile d'olive ou de matière cérébrale dis-

---

(1) *Archives générales*, t. XXVII, p. 242.
(2) *Leçons sur les phénomènes de la vie*, t. I, p. 59.
(3) Nysten, *Recherches de la Physiologie*, p. 44.

soute, l'animal mourut, offrant tous les symptômes d'une grande gêne de la respiration ; les poumons regorgeaient de sang foncé et visqueux, et le sang était noir dans le système aortique (1).

7° C'est aussi par un échange de gaz qu'a lieu la respiration dans l'eau. Les expériences de Dutrochet (2) nous apprennent que, quand on introduit dans de l'eau une cavité à parois perméables qui renferme un mélange d'oxygène, d'azote et de carbone, des gaz se portent de cette cavité au dehors, et du dehors dans la cavité, jusqu'à ce que la proportion soit la même à l'intérieur et à l'extérieur. Les branchies des Insectes aquatiques renferment, ainsi que leurs trachées, de l'air qui a perdu une partie de son oxygène, et qui est chargé d'acide carbonique ; elles enlèvent donc de l'air à l'eau , mais lui soustraient proportionnellement plus d'oxygène, exhalant de l'acide carbonique et de l'azote, si ce dernier existe en excès, de manière que l'air qu'elles contiennent devient semblable à celui qui est mêlé avec l'eau.

III. Le sang carboneux de l'artère pulmonaire attire l'air plus riche en oxygène, et la pression atmosphérique remplace par un air plus dense celui que la chaleur a dilaté dans l'intérieur des poumons ; d'un autre côté, l'atmosphère, en vertu de son affinité pour le gaz acide carbonique, attire à elle celui que contient le sang. Mais l'organisme influe par sa spontanéité sur ces opérations, qui s'accomplissent à sa périphérie, et qui sont le résultat d'affinités chimiques ; il aide, par des mouvemens propres au jeu de cette attraction mutuelle, de manière que ce soient toujours de nouveau sang veineux et de nouvel air atmosphérique qui entrent en conflit ensemble. Le mouvement de la respiration rend plus considérables et l'exhalation d'acide carbonique et l'absorption d'oxygène. Bichat a observé, chez des animaux auxquels il avait lié la trachée-artère, que le sang paraissait plus tard veineux dans le système aortique, quand ils agitaient fortement la poitrine, attendu que ces secousses multipliaient les points de contact

(1) Magendie, *Leçons sur les phénom. de la vie,*t. I, p. 139, 151.
(2) *Mém. pour servir à l'Hist. anat. et physiol. des vég. et des anim.,* Paris, 1837, t. II, p. 417.

entre l'air et ses canaux. Les attractions du côté du sang et du côté de l'atmosphère se favorisent mutuellement, s'exercent en même temps l'une que l'autre, et jouent même en partie le rôle de condition déterminante l'une par rapport à l'autre; mais le mouvement vivant, qui partout se manifeste par des oppositions alternantes, imprime aussi son caractère au changement opéré dans la matière, de sorte que la force attractive du sang et l'absorption d'oxygène prédominent pendant l'inspiration, tandis que, pendant l'expiration, c'est l'action de l'atmosphère sur l'acide carbonique du sang qui l'emporte. Ce rhythme de la respiration est produit par les alternatives d'action de forces musculaires antagonistes ; dans l'inspiration, la prépondérance appartient à l'organisme, et la périphérie animale entre en jeu avec ses muscles, qui dilatent, qui élargissent, qui président à l'ingestion, tandis que, pendant l'expiration, l'action qui l'emporte est celle des muscles constricteurs, obturateurs, plus particulièrement consacrés à la vie plastique. Mais l'impulsion, d'un côté comme de l'autre, part du système nerveux, dans lequel il faut chercher la cause du rhythme.

1° Martine et Boerhaave (1) s'étaient bornés à l'explication du mouvement respiratoire. Ce mouvement tient, suivant Martine, à ce que le nerf diaphragmatique, comprimé par les poumons, dont l'inspiration a accru le volume, ne peut plus agir sur le diaphragme, qui se relâche. Boerhaave l'attribuait à ce que, pendant l'inspiration, il ne passe point de sang des poumons dans le système aortique, de manière que le cerveau, manquant de ce liquide, cesse d'agir sur les muscles inspirateurs.

2° D'autres ont cherché surtout à expliquer le mouvement de l'inspiration. Roose (2) admettait que le cerveau, dans lequel il y a plus de sang, et qui par conséquent est plus stimulé, pendant l'expiration, sollicite les muscles à exercer le mouvement duquel dépend l'inspiration, et que comme il reçoit moins de sang durant cette dernière, son action sur ces

(1) Haller, *Elem. physiolog.*, t. III, p. 261.
(2) *Anthropologische Briefe*, p. 445.

muscles cesse aussi, ce qui amène l'expiration. Suivant Muller, la moelle allongée est excitée, par le sang artériel qui arrive dans sa substance, à opérer des décharges dans les nerfs respiratoires (1). Rolando (2) croit que le sang veineux détermine dans le nerf pneumo-gastrique, en sa qualité de nerf du sentiment, une excitation qui se propage à la moelle allongée, par laquelle les muscles de la poitrine sont alors provoqués à exécuter le mouvement qui amène l'inspiration. Suivant Arnold aussi (3) les nerfs de la huitième paire transmettent au cerveau le sentiment du besoin de respirer, qui lui-même est provoqué par l'action que l'air incapable de servir à la respiration exerce sur la membrane muqueuse, et par l'accumulation du sang dans les vaisseaux pulmonaires.

3° Comme il entre en action, tant dans l'inspiration que dans l'expiration, des muscles qui sont déterminés par le système nerveux, c'est dans ce dernier système qu'il faut chercher la cause de l'alternance des deux mouvemens. Reconnaissant cette vérité, Haller (4) croyait qu'on ne peut attribuer le rhythme respiratoire qu'à la tendance de l'âme à conserver la vie. Par une dérogation spéciale à ses principes, il allègue ici l'opinion de Stahl, que les actions vitales soustraites à la conscience sont déterminées par l'âme. Mais cette explication, dégagée de toute liaison avec le système auquel elle avait été empruntée, ne saurait satisfaire, non plus que l'hypothèse vague de Blumenbach, qui regardait l'expulsion de l'air vicieux et l'inspiration de l'air pur comme un acte de la force médicatrice de la nature. Il doit y avoir, dans l'action organique et soustraite à la conscience du système nerveux, un rhythme qui influe aussi sur les mouvemens respiratoires, indépendamment de la volonté. C'est ce que reconnaissait jusqu'à un certain point Bartels (5), lorsqu'il faisait dériver le rhythme de la respiration de l'antagonisme et de

---

(1) *Handbuch der Physiologie*, t. II, p. 76.
(2) *Archives générales.* t. V, p. 128.
(3) *Lehrbuch der Physiologie*, t. II, p. 202.
(4) *Loc. cit.*, t. III, p. 262.
(5) *Die Respiration, als vom Gehirne abhængige Bewegung*, p. 99, 141.

l'alternance d'action du cerveau et de la moelle épinière ; mais il allait chercher la cause de cette alternance dans des circonstances purement extérieures ; suivant lui, le cerveau reçoit, pendant l'inspiration, une plus grande quantité de sang artériel, qui stimule les nerfs pneumo-gastriques, et provoque ainsi le mouvement expirateur des poumons (§ 969, 7°) : mais le sang veineux qui s'accumule dans le cerveau met ce viscère hors d'état d'agir, et le paralyse momentanément, de sorte que la moelle épinière, devenue libre d'agir, peut solliciter le mouvement inspiratoire. A cela, nous objecterons que le sang n'afflue pas avec plus de force au cerveau pendant l'inspiration ordinaire, et que quand l'inspiration est prolongée, le sang veineux s'y amasse tout aussi bien qu'il le fait dans l'expiration lorsqu'elle dure trop long-temps (§ 766, I). Du reste, l'hypothèse de Bartels ne saurait rendre raison des mouvemens respiratoires chez les Poissons et autres animaux inférieurs.

4° Les mouvemens de l'inspiration sont opérés non seulement par les muscles du larynx et de la poitrine, mais encore par ceux du nez et de la bouche, lesquels agissent avec plus de force quand une cause quelconque empêche l'entrée de l'air frais dans les poumons, ou la rend difficile, et se livrent même à des efforts considérables quand l'effet produit par eux ne doit aboutir à aucun résultat. Ainsi les mouvemens respiratoires du nez persistèrent chez un Lapin (1) auquel Foderà avait lié la trachée-artère, en ayant soin de l'ouvrir au-dessous de la ligature. Les muscles en question se livrent également à des efforts inspirateurs, quand les extrémités centrales des nerfs qui déterminent leurs mouvemens, ne communiquent plus avec les nerfs des organes respiratoires. Legallois (2) a observé le premier que les animaux continuent encore pendant quelque temps (douze minutes environ) de humer l'air après la décapitation, la section de la moelle épinière à l'occipital, la destruction de la portion cervicale de ce cordon, ou la section des nerfs pneumo-gastriques. Mayer

(1) *Journal complémentaire*, t. XVI, p. 295.
(2) *Expériences sur le principe de la vie*, p. 28, 83-88.

rapporte (1) que ce phénomène dura un quart-d'heure dans la tête coupée d'un jeune Chat. Lorsque Bell avait coupé les nerfs diaphragmatiques et la moelle épinière entre le cou et la poitrine, les muscles des narines, de la gueule et du cou se contractaient d'une manière rhythmique, et après que leur action avait cessé, on la pouvait ranimer au moyen de la respiration artificielle. Muller dit que les mouvemens respiratoires continuaient de s'exercer, avec leur rhythme accoutumé, après qu'il avait coupé les nerfs de la huitième paire, avec leur rameau laryngé supérieur, après même qu'il avait enlevé le larynx et ouvert la trachée-artère. Klein (2) a observé pendant cinq minutes des mouvemens respiratoires bien marqués dans le tronc d'un homme décapité. Il suit de là que les différens points de l'organe central de la sensibilité agissent d'une manière intermittente sur les muscles qui leur sont subordonnés; qu'ils alternent aussi entre eux, de sorte que quand l'un fait agir les muscles de son domaine, l'autre laisse ceux du sien en repos; que cet antagonisme, dans la vie organique du système sanguin, correspond au besoin qu'éprouve l'organisme d'attirer de l'oxygène dans le sang et d'expulser de l'acide carbonique; enfin que chaque point de l'organe central peut, lorsqu'il ne reçoit pas de sang artériel, provoquer de lui-même, et par sa propre spontanéité inhérente, les mouvemens respiratoires placés sous sa dépendance.

IV. Il est probable que nous ne connaissons pas encore parfaitement la composition de l'atmosphère, dans laquelle nous n'avons pu démontrer jusqu'ici que de l'azote, de l'oxygène et de l'acide carbonique. Peut-être y a-t-il en outre des conditions électriques, qui peut-être aussi dépendent de l'action réciproque des divers corps célestes (3). Mais nous ne devons pas fonder la théorie de la respiration sur de simples conjectures, et il faut nous contenter, pour l'établir, des connaissances positives auxquelles nous avons pu arriver jusqu'ici. Or, en partant de là, si l'oxygène ne nous semble pas être le

(1) *Medicinisch-chirurgische Zeitung*, 1815, t. III, p. 192.
(2) *Jahrbuecher der teutschen Medicin*, t. III, cah. I, p. 57.
(3) Treviranus, *Biologie*, t. II, p. 443.

principe même de la vie, comme Girtanner le croyait, nous voyons en lui un corps qui contraste de la manière la plus formelle avec toutes les autres substances, et qui, avant de se mettre en équilibre avec elles, fait naître en elles une tendance à se combiner avec lui, et donne ainsi lieu à une action plus vive. Libre encore dans le sang, où il s'introduit sans combustion, il y provoque un état de tension intérieure et d'excitation chimique, qui se manifeste, dans l'organisme, sous la forme d'une vitalité plus prononcée (§ 752, 7°). Le sang, après s'être épuisé à fournir les matériaux des divers tissus et à parcourir toutes les phases de son conflit avec ceux qui existent déjà, se rafraîchit sous l'influence de l'atmosphère générale (§ 774, 10°). Le sang veineux, attiré par l'air extérieur (§ 764, 2°), se précipite vers les poumons, dans la respiration (§ 766, 1° 2°), s'empare du principe excitant de l'air, l'oxygène, et le reçoit dans la plus essentielle de ses parties constituantes, les globules (§ 774, 7°), afin de pouvoir, dans l'expiration, se précipiter rajeuni vers les organes particuliers qui ont soif de conserver leur existence (§ 766, 3°). Les poumons font donc antagonisme au reste du corps, puisqu'il se passe, dans leurs vaisseaux capillaires, le contraire de ce qui arrive dans tous les autres; et comme la respiration a moins pour effet d'ajouter à la masse organique que de vivifier celle qui déjà existe, d'en accroître l'activité, l'organe central du système nerveux donne, dans presque toute son étendue, l'impulsion aux mouvemens chargés d'accomplir cette fonction. Mais, de même que la respiration, dans ses formes incomplètes, est la condition du développement de l'œuf et de l'embryon (§ 357, 467), de même que son passage à une forme plus parfaite est le premier acte annonçant que la vie commence à acquérir l'indépendance (§ 503), de même aussi un conflit limité et indirect avec l'atmosphère suffit chez les organismes inférieurs, et le besoin d'un conflit plus libre, plus direct, croît à mesure que la vie animale se perfectionne.

Section II.

DU CONFLIT AVEC L'INTÉRIEUR DE L'ORGANISME.

§ 981. Si nous avons des notions assez satisfaisantes par rapport au conflit avec l'atmosphère, qui est l'une des circonstances importantes du plein et entier développement du sang, on n'en peut pas dire autant, à beaucoup près, de l'autre circonstance, c'est-à-dire du conflit avec les parties organiques. D'un côté, il n'y a point ici, comme là, un agent extérieur dont nous puissions étudier la nature avant et après son action sur la substance organique, et d'un autre côté les changemens s'accomplissent peu à peu, de manière qu'ils sont insensibles. Nous en sommes donc réduits presque à des conjectures sur ce sujet.

I. Le sang.

1° Comme les matériaux constituans du sang sont consommés en des proportions diverses par les différens organes, dans la nutrition et les sécrétions, il s'ensuit de toute nécessité que le sang qui revient de chaque organe doit avoir des qualités particulières, bien que l'analyse chimique ne puisse en donner la démonstration. Ces masses diverses de sang se mêlent ensemble dans le système des veines caves, dont la disposition semble calculée de manière à rendre le mélange aussi uniforme que possible. Le sang, y trouvant plus d'espace et une force motrice moins considérable, y séjourne plus long-temps : il coule surtout avec plus de lenteur dans les branches, et l'accélération de son cours est proportionnée à la distance qui le sépare du cœur. Les courans de la veine cave supérieure et de la veine cave inférieure marchent à la rencontre l'un de l'autre, et ils sont en partie refoulés par la systole de l'oreillette droite, rétrogradation possible parce qu'il n'y a point là de valvules qui s'y opposent, comme à l'entrée des veines cardiaques, qui ramènent un sang homogène. L'oreillette droite, non-seulement est plus spacieuse, mais présente aussi davantage de saillies et d'enfoncemens, c'est-à-dire de moyens propres à diviser en quelque sorte le

sang, que la gauche, qui, semblable en cela aux veines cardiaques, ne reçoit non plus son sang que d'un seul organe(1).

2° Dans les cas de plaie envenimée, on s'oppose à l'action
générale du poison par une ligature qui embrasse le membre
blessé. Cependant la circulation n'est point complétement
arrêtée par là dans ce dernier; donc la seule circonstance
qui amène l'innocuité du poison, c'est qu'il se répand avec
plus de lenteur dans le sang (2). Effectivement, en pareil cas,
on peut sans danger enlever de temps en temps la ligature,
de manière qu'il ne puisse arriver qu'une petite quantité de
venin à la fois dans le sang (3). Ajoutons encore que, comme
l'ont expérimenté Magendie (4), Morgan et Addisson (5), le
sang artériel ou veineux d'un animal empoisonné ne produit
aucun symptôme d'empoisonnement lorsqu'on le fait passer
immédiatement dans le système vasculaire d'un animal sain
(§ 897). Il n'est pas vraisemblable que les sécrétions aient si
rapidement enlevé la totalité du poison de la masse du sang
du premier animal, ou que son action sur l'économie ait été
complétement épuisée en si peu de temps, sans que le sang
ait contribué à ce résultat par une influence transformatrice.
De même, tout porte à croire que le sang de la veine cave
s'assimile le chyle et la lymphe, qui n'y affluent que peu à peu
et en petite quantité à la fois, et qu'il communique ses caractères à ces liquides. La même chose arrive aussi sans
doute quand on transfuse un sang étranger; à la vérité,
Blundell (6) a trouvé, chez un Chien auquel il avait laissé
perdre tout son sang, et qu'il avait ensuite rappelé à la vie
en lui injectant du sang humain, que le sang tiré de la carotide, quelques minutes après, ressemblait à celui de l'homme,
et non à celui du Chien, sous le rapport de la promptitude
avec laquelle il se coagulait; mais on devait bien s'attendre à
ce qu'une transformation complète n'eût pas lieu en si peu de

(1) OEuvres de Legallois, t. II, p. 196, 204.
(2) Mayo, Outlines of human physiology, p. 99.
(3) Christison, Abhandlung ueber die Gifte, p. 41.
(4) Journal de physiologie, t. I, p. 60.
(5) Christison, Abhandlung ueber die Gifte, p. 15.
(6) Researches physiological and pathological, p. 89.

temps et dans un cas où le système vasculaire avait été vidé en grande partie.

II. Sécrétions.

§ 982. A l'égard des sécrétions, ils est clair qu'elles ne se bornent pas à maintenir l'intégrité du sang en éliminant les substances étrangères qui ont pu y pénétrer, mais qu'elles rétablissent encore la proportion normale de ses principes constituans, et qu'à cet effet le détritus laissé par les unes est enlevé par d'autres, ce qui ramène le liquide générateur à ses conditions premières (§ 892, 5°). De cette manière, les matériaux éloignés et inorganiques sont entraînés hors du corps sous leur forme primitive, tandis que les organiques sont décomposés et chassés sous la forme de nouvelles combinaisons. Ainsi, par exemple, la sécrétion urinaire devient un moyen de débarrasser le sang de son excès d'eau, de sels et de terres, qu'on voit apparaître dans l'urine sans qu'ils aient changé de nature, au lieu que l'azote devenu en excès dans la fibrine ou l'albumine (§ 879), n'est éliminé qu'après avoir donné naissance à de l'urée et à de l'acide urique. Ces deux derniers principes de l'urine n'ont effectivement point été ingérés avec la nourriture, puisqu'on les rencontre aussi chez les animaux herbivores; une nourriture azotée les engendre seulement en plus grande proportion, sans qu'ils y soient déjà tout formés (§ 853). Ce ne sont pas non plus des produits de la digestion, car on ne les trouve pas dans le chyle, et l'urine en contient davantage le matin, au réveil, qu'immédiatement après la digestion. Enfin ils ne doivent pas naissance à la résorption, car, suivant Lassaigne, le sang veineux et la lymphe en contiennent après même dix-huit jours d'abstinence absolue. Ils se forment donc dans les reins. Mais comme les organes sécrétoires ne sont que les moyens à l'aide desquels s'accomplit ce qui a sa cause réelle dans tout l'ensemble de la vie, toutes les fois que les reins n'agissent point, dans le choléra par exemple, ou après qu'on les a extirpés, de l'urée et de l'acide urique peuvent se produire sur un autre point quelconque et se retrouver ensuite dans le sang.

Le foie surtout paraît avoir des connexions intimes avec le sang et la vie plastique en général. Il existe dans presque tout le règne animal : il se fait remarquer par la multitude des vaisseaux qui s'y distribuent, et toutes les fois qu'il est atteint de maladie, le travail de la plasticité souffre plus ou moins. Évidemment le sang que la veine porte y amène subit un changement considérable, puisqu'il a des caractères qu'on ne remarque point dans le sang des veines hépatiques, non plus que dans celui de la veine cave. On ne pouvait se former qu'une idée fort incomplète de ces particularités au milieu des assertions contradictoires des anciens observateurs (1) : les recherches de Schultz ont singulièrement agrandi le cercle de nos connaissances à leur égard (2). Le sang de la veine porte diffère de celui de la veine cave par sa couleur plus foncée ; il ne rougit pas par les sels neutres, et rougit peu par le gaz oxygène ; son cruor sec n'est pas d'un rouge foncé, mais d'un gris brun sale ; le cruor est plus abondant en proportion de l'albumine, et il se compose de globules lisses, dans lesquels prédomine l'enveloppe colorée, attendu que la dissolution a déjà attaqué le noyau. Il contient moins de parties solides. Il est plus pauvre en fibrine, ce qui fait qu'il ne se coagule pas, ou qu'il donne un caillot qui reste mou et qui se dissout en douze à quatorze heures, ne laissant qu'un sédiment noir. Il contient près du double de graisse, surtout dans sa fibrine, qui a une teinte de brun noirâtre et une consistance onctueuse.

1° L'hypothèse la plus simple est que, par suite de son long séjour, qui tient à la longueur et aux fréquentes anastomoses des vaisseaux intestinaux, à la structure de la rate, et en général à la lenteur de la circulation dans cette fraction du système vasculaire, par suite aussi de la sécrétion si abondante des sucs gastrique et intestinal, et surtout du développement d'un acide libre dans ces sucs, le sang est devenu plus pauvre en oxygène et en azote, qu'il est plus riche en

(1) Haller, *Elem. physiol.*, t. VI, p. 497.
(2) *System der Circulation*, p. 157. — Rust, *Magazin*, t. XLIV, p. 5-42. — *Journal de* Hufeland, 1838, cah. 4, p. 13.

carbone, qu'il a perdu davantage de principes solides, notamment de fibrine, qu'il a acquis plus de graisse, que le foie, de son côté, emploie la graisse et le cruor à la formation de la bile, et qu'il débarrasse ainsi le sang de son excès de carbone. D'après cela, le foie, éliminant le carbone sous forme combustible, ferait opposition aux poumons, qui le chassent du corps sous celle de produit brûlé (1), et il y aurait antagonisme entre ces deux organes, car le foie est plus volumineux chez les animaux qui vivent dans l'eau, dans les marécages ou dans des lieux humides, comme aussi chez l'embryon, que chez ceux qui ont une respiration purement aérienne, la sécrétion de la bile est plus abondante sous l'influence de la chaleur humide, et cette dernière circonstance accroît aussi la fréquence des maladies hépatiques. On objecte que le foie est trop volumineux, proportionnellement à la quantité de bile qu'il produit, pour qu'on puisse croire sa fonction réduite à la seule sécrétion; mais cette difficulté n'a aucune valeur, car la bile étant un liquide beaucoup plus particulier que la plupart des autres humeurs sécrétées, il peut se faire que sa formation exige aussi une quantité de sang plus considérable et un appareil plus volumineux.

2° Comme les veines de l'organe digestif conduisent leur contenu au foie, toute l'antiquité croyait que cette glande reçoit ainsi le produit de la digestion pour le convertir en sang, et pour éliminer, sous la forme de bile, les matériaux incapables de subir la métamorphose. La connaissance acquise du système lymphatique ne fit point abandonner entièrement cette hypothèse. Grimaud (2) et Hartmann (3) admettaient qu'une grande partie du chyle est conduite dans le foie, pour y être assimilée. On assure même encore aujourd'hui que la bile doit se former aux dépens des alimens, notamment le picromel, parce que Lassaigne n'a point rencontré cetle dernière substance dans la bile de l'embryon. Sui

(1) Tiedemann, *Rech. sur la digestion*, t. II.
(2) *Cours complet de physiologie*. Paris, 1818, t. II, p. 265.
(3) *Hypothese ueber die assimilativ blutbereitende Function der Leber.* Léipsick, 1838. p. 14.

vant Haller (1), le foie débarrasse le sang des vapeurs putrides développées dans l'intestin, et selon Prochaska (2), il le dépouille des substances combustibles grossières qui proviennent des alimens. Tiedemann pense que le sang de la veine porte porte au foie les substances étrangères absorbées dans l'intestin, et une portion du chyle, afin que le tout y soit assimilé pas son mélange avec du sang artériel. Denis (3) croit qu'une partie des boissons, la plupart des sels, et les molécules particulières extraites des alimens arrivent au foie, et que là se forme la substance jaune du sérum du sang, qui, par son accession, convertit le chyle en sang. Toutes ces opinions manquent de preuves suffisantes. Chez l'embryon, le sang se forme hors du corps, avant qu'il existe un organe sécréteur de la bile, un foie. Puis la sécrétion biliaire s'établit avant que l'organisme prenne aucune nourriture du dehors. Enfin elle s'accomplit toujours de la même manière, quels que soient les alimens introduits dans l'estomac, et elle est plus abondante dans les cas d'abstinence prolongée que dans toute autre circonstance. Ce n'est donc pas aux substances alimentaires immédiatement qu'elle emprunte ses matériaux. La coloration du sérum en jaune ne suffit pas non plus pour opérer la conversion du chyle en sang. D'un autre côté, les recherches de Schultz sur le sang de la veine porte, et les variations qu'on remarque en ce liquide dans les divers états de la vie, démontrent qu'il n'est point redevable de ses caractères spéciaux à des portions d'alimens ou à du chyle mêlés avec lui. En effet, il est plus foncé, plus aqueux, plus pauvre en fibrine et plus riche en graisse chez les animaux soumis au jeûne, qu'après une alimentation copieuse; ses propriétés particulières ne lui sont donc pas fournies par l'acte de la digestion, mais par son séjour prolongé dans les vaisseaux, par son contact avec la substance organique qui l'entoure, et par la sécrétion qui s'ensuit. Sa graisse aussi diffère de la graisse blanche, et en partie cristalline, qu'on trouve dans le chyle.

(1) *Elem. physiolog.*, t. VI, p. 495.
(2) *Physiologie.* Vienne, 1820, p. 418.
(3) *Archives générales*, 3ᵉ série, t. I, p. 179.

3° Si, d'après cela, il paraît n'être pas essentiel que des substances étrangères soient amenées de l'appareil digestif au foie, ce phénomène peut cependant avoir lieu en certaines circonstances, et les dispositions de l'organe sont telles qu'il ne résulte de là aucun inconvénient. Magendie (1) a trouvé que la même quantité d'huile grasse, d'émulsion cérébrale, de bile ou d'air, qui amène promptement la mort quand on l'introduit dans les veines caves, peut être, injectée sans danger dans la veine porte, et il conclut de là que ces substances étrangères éprouvent une plus grande division dans le foie, qu'elles s'y délaient dans une plus grande masse de sang, avec lequel elles se mêlent d'une manière plus intime.

4° Emmert a observé (2) un fait qui mériterait d'être examiné avec plus d'attention : c'est que la ligature de la veine mésentérique, près de son embouchure dans la veine porte, tue les animaux très-promptement, en trois quarts d'heure au plus, qu'elle détermine une grande faiblesse chez eux, enfin qu'après la mort les vaisseaux sont extraordinairement gorgés de sang, et les intestins parsemés d'ecchymoses, tandis que la ligature de la veine cave à la région rénale n'entraîne pas la mort avant quarante-huit heures, et que le cadavre n'offre point une réplétion aussi marquée des vaisseaux sanguins

III. Ganglions sanguins.

§ 953. 1. L'observation directe nous apprend peu de chose touchant les usages des ganglions sanguins (§ 783), cependant il suffit de considérer les rapports organiques de ces parties, pour acquérir des notions générales à l'égard de leurs fonctions. Les substances qui agissent ici sont du sang artériel et un tissu organique ; les produits sont du sang veineux et de la lymphe.

1° Les ganglions sanguins se présentent donc à nous comme des diverticules du système vasculaire, qui détournent le sang de son droit chemin, et où il acquiert les carac-

(1) *Précis élément.*, t. I, p. 37. — *Leçons*, t. 1, p. 159.
(2) Reil, *Archiv*, t. XII, p. 255.

tères veineux sous l'influence du tissu environnant. Ainsi ces appareils augmentent la veinosité du sang, par conséquent aussi son affinité pour l'oxygène atmosphérique et l'attraction exercée par lui sur le gaz : ils contribuent donc également à exalter la respiration.

2° Il se produit dans les ganglions sanguins un liquide, dont une partie provient du sang, comme sécrétion interstitielle et comme résidu de la nutrition du tissu, et dont l'autre résulte de la fluidification de ce dernier lui-même. Ce liquide étant résorbé, il peut communiquer au chyle et au sang de nouvelle formation le plus haut degré d'animalisation dont lui-même jouit en propre, et, de son côté, être pour ainsi dire rajeuni par ce mélange.

II. A la longue série d'hypothèses que Haller a citées (1) relativement aux usages de la rate, on en pourrait ajouter beaucoup plus que ne le comportent les faits qui conduisent à des conclusions positives. Il est clair que la rate sert à l'œuvre de la plasticité, mais ni la zootomie, ni la pathologie, ni les expériences ne nous procurent des lumières suffisantes sur le rôle spécial qu'elle joue. L'extirpation de cet organe, qu'on a tant de fois pratiquée, et depuis long-temps déjà (2), n'a été funeste que dans des cas rares, et même alors la mort tenait probablement à des circonstances accessoires, comme la perte de sang, la suppuration, etc. Souvent elle n'a entraîné aucun changement appréciable, ni dans l'organisation, ni dans les fonctions, laissant parfaitement intactes la digestion, la nutrition, la force musculaire, la faculté procréatrice, la vivacité. Quand elle a déterminé des dérangemens de la santé, les effets ont beaucoup varié suivant les cas. Ainsi, par exemple, quarante expériences de ce genre, faites à peu de distance les unes des autres par des physiologistes de Paris, n'ont procuré absolument aucun résultat précis (3). La rate paraît donc n'avoir que des rapports de peu d'importance avec la vie, et pouvoir être suppléée par les autres organes.

(1) *Elem. physiol.*, t. VI, p. 423.
(2) *Ibid.*, p. 421.
(3) Assolant, *Rech. sur la rate*. Paris, an x, p. 133.—Ribes, *Mémoires d'anatomie de physiolog. et de pathol.* Paris, 1841, t. II, p. 355.

1° Elle forme un sang qui est veineux à un très-haut degré. Fort souvent, par exemple, dans les expériences de Tiedemann et Gmelin, on n'a pu apercevoir aucune différence entre le sang veineux de la rate et celui de la veine cave. Quant aux cas dans lesquels le premier de ces liquides a offert des caractères particuliers (§ 886, 5°), il est permis de douter qu'ils différassent de ceux du sang des veines mésaraïques, ou du moins aucun fait ne l'établit. Cependant nous voyons dans la rate une organisation (§ 783) qui ralentit le cours du sang, retient plus long-temps ce liquide dans les racines des veines, le rend par conséquent veineux à un degré plus prononcé, et doit en conséquence l'approprier davantage à la production de la bile, ce qui semblerait être confirmé par les phénomènes qu'on a quelquefois observés après l'extirpation de l'organe. Peut-être les branches de l'artère splénique qui vont à l'estomac fournissent-elles à ce dernier viscère un sang plus oxygéné et plus propre à sa sécrétion acide, de telle sorte qu'il y aurait, entre la rate et l'estomac, un antagonisme qui partagerait le liquide sanguin en deux portions douées de qualités différentes. Dans ce cas, la rate contribuerait à la sécrétion du suc gastrique, et exercerait ainsi de l'influence sur la digestion. On pourrait expliquer par là pourquoi les expérimentateurs ont quelquefois observé, après son extirpation, une dilatation des artères gastro-épiploïques (1) et une formation incomplète de chyme, pourquoi aussi les branches gastriques de l'artère splénique sont plus nombreuses et plus longues chez les animaux carnivores (2). Cependant ce n'est là qu'une hypothèse, et l'influence de la rate sur la digestion doit se réduire à bien peu de chose (§ 957. V), puisque les rameaux gastriques de l'artère splénique ne fournissent du sang qu'à une partie de l'estomac, et que le canal digestif envoie aussi du sang au foie pour la formation de la bile.

2° Déjà autrefois on admettait que la rate sécrète un liquide qui passe dans les vaisseaux lymphatiques, ou que les

---

(1) Haller, *loc. cit.*, t. VI, p. 422. — Assolant, *loc. cit.*, p. 54.
(2) Heusinger, *Ueber den Bau und die Verrichtungen der Milz*, p. 23.

veines mènent au foie, et qui contribue à l'hématose (1).
Plusieurs physiologistes modernes pensent également, avec
Tiedemann, que la lymphe de la rate concourt à l'assimilation.
Cette opinion a pour elle la remarque, faite par Hewson (2),
que la lymphe splénique diffère de celle des autres parties
du corps, chez les Bœufs et chez les Chiens, par sa couleur
rouge et par une plus grande coagulabilité. Tiedemann a
observé la même chose chez les Chevaux et les Chiens, Muller (3), chez les bêtes à cornes. Mais Monro a reconnu que
la lymphe de la rate est transparente pendant la vie des animaux, et que ce n'est qu'après son exposition à l'air qu'elle
rougit; Leuret et Lassaigne (4) disent aussi qu'elle n'acquiert
cette teinte que par l'effet de la fièvre ou des tortures de la
vivisection. Seiler (5) a trouvé également qu'elle ne rougit en
général qu'au contact de l'air. Magendie et Tiedemann ayant
établi qu'on ne la voit guère rouge que chez les animaux qui
ont été privés de nourriture pendant long-temps, ce phénomène nous paraît n'avoir rien de particulier, et n'est que la
conséquence de la propriété dévolue à toute lymphe (§ 959,
4°, 5°), propriété qui seulement se prononcerait ici d'une
manière plus sensible.

3° Ainsi, les rapports qu'on avait supposés entre la rate et
l'hématose paraissent n'avoir rien de réel. Hewson croyait
avoir vu des globules du sang dans la lymphe de cet organe;
il admettait (6) que les noyaux de ces globules, formés dans
le thymus et les ganglions lymphatiques, acquièrent, dans les
cellules de la rate, la substance colorée sécrétée par les artères spléniques, que, de cette manière, ils se trouvent pourvus d'une enveloppe et portés au terme de leur développement, et qu'ensuite les vaisseaux lymphatiques de la rate,
jouant le rôle de conduits excréteurs, les conduisent dans le
canal thoracique et delà dans le sang. Voilà pourquoi, sui-

---

(1) Haller, *Elem. physiol.*, t. VI, p. 423.
(2) *Experimental inquiries*, t. III, p. 110.
(3 *Handbuch der Physologie*, t. I, p. 245.
(4) *Rech. sur la digestion*, p. 93.
(5) *Zeitschrift fuer Natur-und Heilkunde*, t. II, p. 353, 394.
(6) *Loc. cit*,, p. 131-137.

vant lui, le sang veineux de la rate n'est point coagulable,
et ne contient pas de globules. Mais, la plupart du temps,
l'hématose n'est pas troublée le moins du monde par l'extirpation de la rate; les globules du sang sont, comme l'avait
déjà fait remarquer Monro, constitués de la même manière
dans les veines de la rate que dans les artères, et ceux qu'on
a trouvés dans la lymphe rougie de cet organe, ne diffèrent
vraisemblablement pas de ceux qu'on observe dans toute autre lymphe devenue rouge. Arnold (1) prétend que la lymphe
splénique, même à l'état incolore, contient, outre les globules lymphatiques, une multitude de corpuscules tout à fait
semblables aux globules du sang pour la forme et le volume,
et qu'en conséquence il se produit réellement des globules
du sang dans la rate. Schultz admet (2) que les globules de
chyle entrés dans le sang se déposent et se transforment
dans la rate, parce que, suivant lui, la lymphe splénique
ne contient presque pas de globules lymphatiques, mais seulement des globules du sang en train de se produire. Ces
deux théories sont encore fort douteuses, par les mêmes
motifs qui militent contre celle d'Hewson.

III. Pour ce qui concerne les autres ganglions sanguins,
on ne connaît nullement la nature de leur sang veineux, et
l'on connaît fort peu leur lymphe : on a seulement observé
le liquide interstitiel qui s'y rencontre, mais sans pouvoir tirer
de là aucune induction, de sorte que toutes les opinions qui
ont été émises sur les fonctions de ces organes se réduisent à
de pures hypothèses.

1° Hewson (3) croyait avoir trouvé des noyaux de globules
du sang dans le liquide interstitiel du thymus et dans les vaisseaux lymphatiques qui partent de ce corps; en conséquence,
il admettait qu'il s'en forme là comme dans les ganglions lymphatiques, et que les lymphatiques les transmettent ensuite
au sang, mais que, pendant les premières périodes de la vie,
où l'accroissement marche avec le plus de rapidité, l'action

(1) *Lehrbuch der Physiologie*, t. II, p. 164.
(2) *Das System der Circulation*, p. 47.
(3) *Loc. cit.*, t. III, p. 78, 128.

des ganglions lymphatiques serait insuffisante, si le thymus ne venait à son secours. Suivant Haugsted (1), l'organe sert à l'assimilation du lait chez l'enfant à la mamelle, parce qu'à cet âge les glandes salivaires ne sont point encore complétement développées, non plus que les ganglions lymphatiques du mésentère. Arnold cherche à concilier ensemble les opinions de Hewson et de Haugsted (2).

2º Hofrichter (3) attribue pour usage à la thyroïde de donner au sang abondant qui y circule avec lenteur un caractère veineux dont le but est de le préparer à la respiration. Treviranus (4) pense qu'elle sert à l'assimilation du liquide absorbé par la peau de la tête, du cou et des membres pectoraux.

3° Ce physiologiste admet que les capsules surrénales remplissent le même office par rapport aux parties inférieures du corps (5). Arnold (6) les croit destinées d'une manière spéciale à l'assimilation de la lymphe qui vient des organes génito-urinaires. Suivant Schmidt (7), la sécrétion qu'elles fournissent a pour usage de procurer au sang les qualités nécessaires pour exciter convenablement le cœur, qualités dont la sécrétion du suc intestinal, de la bile et de l'urine le dépouille.

TROISIÈME DIVISION.

CONSIDÉRATIONS GÉNÉRALES SUR LA FORMATION DU SANG.

§ 984. Au mouvement continuel du sang correspond un changement également non interrompu de sa substance; car, s'il perd continuellement des matériaux, sans cesse aussi il reçoit et des liquides provenant du système lymphatique, et des gaz tirant leur source de l'atmosphère.

(1) *Thymi in homine ac per seriem animalem descriptio.* Copenhague, 1832, p. 282. — Ph. Blandin, *Nouv. élémens d'anatomie descriptive.* Paris, 1838, t. II. p. 341.

(2) *Loc. cit.*, t. II, p. 182.

(3) Meckel, *Deutsches Archiv*, t. IV, p. 168.

(4) *Biologie*, t. IV, p 541.

(5) *Loc. cit.*, p. 545.

(6) *Loc. cit.*, p. 188.

(7) *Diss. de glandulis suprarenalibus.* Francfort-sur-l'Oder, 1785, p. 47.

1° Cet équilibre de perte et d'acquisition fait que le sang se maintient en quantité normale, et que sa formation correspond aux besoins de chaque instant, car elle est plus abondante dans le cas de vacuité des vaisseaux et plus rare dans le cas contraire (§ 906, 4°). En comparant la quantité des déjections alvines avec celles des alimens solides (§ 948, 1°), nous pouvons (puisque les boissons s'échappent promptement par l'urine et la transpiration) évaluer à environ deux livres la quantité de sang réel qui se produit chaque jour chez un homme bien portant. Mais, pour que la vie se maintienne, malgré de fortes hémorrhagies répétées, comme on le voit surtout chez les femmes (§ 179), il faut que la formation du sang dépasse la proportion normale. On a vu des hommes perdre mille livres de sang en une année, trois cent dix en deux mois, soixante-quinze en dix jours (1); la formation journalière de ce liquide devait donc être chez eux de trois à cinq livres au moins. Dans l'état normal, elle est proportionnée à la masse du corps entier; quand cette masse diminue beaucoup, par le fait de l'amputation d'un membre, une partie de la quantité de sang qui jusqu'alors se produisait chaque jour devient superflue, et l'on voit survenir les accidens provoqués par la pléthore des vaisseaux; mais ces accidens diminuent peu à peu, soit que la production du sang rentre dans des limites correspondantes à la masse actuelle du corps, soit que l'organisme s'accoutume à une réplétion plus considérable du système vasculaire; car l'habitude fait un besoin de tout état de choses qui subsiste depuis quelque temps. Des pertes de sang fréquentes exaltent l'irritabilité, à tel point que le moindre accroissement de la quantité de ce liquide fait naître des symptômes de pléthore (§ 741, 6°). Osiander parle d'une femme hystérique qui, ayant remarqué que la saignée lui procurait du soulagement dans ses accès, répéta si souvent les émissions sanguines, qu'au moment où il la vit, elle était depuis plusieurs années déjà obligée de se faire saigner toutes les semaines, parce que, sans cette précaution, la nourriture même la plus simple lui donnait la fièvre. Une fille, citée par

(1) *Biologie*, t. III, p. 503.

Treviranus (1), perdit, pendant six ans, une demi-livre et plus de sang chaque jour, et la cessation de cette hémorrhagie naturelle mit dans la nécessité de recourir aux émissions sanguines. D'un autre côté, nous voyons une grande abondance de sang ne porter aucune atteinte à la santé, quand la matière organique est douée d'une forte cohésion, la complexion sèche, et la fibre rigide : alors le sang retient ses principes constituans avec plus de force, en sorte que les sécrétions, celle surtout de la graisse, sont moins copieuses, tandis que l'organisme supporte mieux la réplétion du système vasculaire.

2° L'organisme tout entier concourt à produire le sang qui lui est nécessaire, les différens organes réunissant leur action pour coopérer à ce but commun. En effet, comme la formation du sang a pour antagoniste sa décomposition, elle trouve sa source là où cette dernière trouve son but. Mais, de même que les substances qui émanent du sang affectent deux directions différentes, les unes, destinées à l'élimination, rentrant dans le monde extérieur (§ 809, 1°), tandis que les autres, consacrées à la formation organique ou à la nutrition (§ 778, 3°), se déposent dans l'intérieur de l'organisme, dont elles alimentent la substance (§ 809, 6°), de même aussi le sang se produit de deux manières, et par le conflit de la substance organique avec le monde extérieur, et par le conflit de cette substance avec elle-même.

§ 985. Le conflit avec le monde extérieur, qui a pour but la formation du sang, et pour condition l'ingestion de substances dont une partie est rejetée au-dehors, s'exerce dans la digestion et la respiration. Ces deux fonctions, confondues ainsi dans un but commun, s'harmonisent l'une avec l'autre de telle sorte qu'une respiration plus complète entraîne une digestion plus active et que l'affection de l'une porte sympathiquement le désordre dans l'autre ; aussi leurs organes sont-ils pour la plupart rapprochés, aussi reçoivent-ils les mêmes nerfs, aussi ont-ils les mêmes appareils pour accessoires (hyoïde, langue, diaphragme), aussi s'entraidentils mutuellement dans les mouvemens de leurs parties péri-phériques. L'équilibre et l'exercice harmonique des deux fonctions sont les conditions d'une hématose normale. Mais comme elles réalisent en sens inverse l'une de l'autre l'idée qui leur appartient en commun à toutes deux, il y a entre elles une véritable opposition de polarité.

1° La digestion est le commencement de l'hématose, et la respiration en est le complément. Dans la première se déploie la puissance de l'organisme, et dans la seconde celle de la nature extérieure. La première s'exerce sur une matière tou-jours complexe sous le point de vue chimique, ne fût-ce que de l'eau pure, au lieu que l'autre a pour objet un simple mélange de substances alimentaires. L'organe de la digestion est partout une cavité, qui reçoit son objet, l'embrasse, l'en-ferme et le domine; celui de la respiration, au contraire, fait saillie à l'extérieur, chez les êtres vivans inférieurs, et l'abandonne à l'influence de l'atmosphère, plus puissante que lui. Les alimens cèdent à la force créatrice de l'organisme, qui, malgré leur diversité, produit avec tous un même sang, une même albumine, une même fibrine, un même cruor (1). La substance animale peut convertir du sucre ou toute autre matière végétale en une substance animale, l'acide lactique, par l'effet du simple contact, faculté qui paraît être inépuisa-ble en elle (2); et quoique, durant son premier période, la vie animale ne puisse se nourrir que d'un liquide analogue au chyle, d'un liquide contenant de l'albumine et de la graisse (matière alibile de l'œuf et lait), cependant on ne saurait dénier à la vie en général le pouvoir de former de la sub-stance organique avec des matières inorganiques (§ 954, II,). Dans la respiration, au contraire, la prépondérance est du côté de l'atmosphère; l'oxygène contracte combinaison avec le sang, sans perdre sa nature propre, et on peut l'en retirer sans qu'il ait changé de nature. La digestion est une opéra-tion complexe, car elle ne peut accomplir la transformation

(1) *Annales de chimie*, t. LI, p. 384.
(2) *Comptes-rendus des séances de l'Acad. des sc.*, t. VIII, p. 960; t. IX, p. 46.

que d'une manière graduelle, et il lui faut livrer son produit au système lymphatique, qui l'élabore encore, puis le transmet au système de la veine cave, lequel enfin vient le soumettre à la respiration. La respiration, au contraire, est une opération simple, mais qui met en jeu la vie tout entière, et qui métamorphose immédiatement le sang, de sorte que ce liquide, en sortant du système aortique, a la puissance d'exciter l'activité vitale dans tous les organes.

2° La digestion s'exerce sur des choses palpables; par la force dont est douée l'organisme individuel, elle convertit une matière solide ou liquide en un liquide plus ou moins épais, qui est la base matérielle du corps : la formation de matière, le côté matériel de l'organisme prédomine ici. Dans la respiration, au contraire, il n'y a que relations de forces et activité passagère : consacrée tout entière à ce qu'il y a d'élémentaire et de général, cette fonction n'accroît pas la masse organique, mais la modifie au point de lui faire acquérir une vitalité plus prononcée; elle l'anime, ou la spiritualise. Aussi son effet n'est-il point permanent, comme celui de la digestion; il ne tarde point à s'éteindre, et comme rien ne peut l'enchaîner, un exercice non interrompu de la respiration est nécessaire à la vie générale. L'eau nourrit, l'air consume (§ 839, 1°).

3° La digestion fait acquérir un produit basique, combustible, varié, et elle a pour intermédiaire une sécrétion acide. La respiration, au contraire, procure à l'organisme l'élément absolument électro-négatif, l'oxygène, par l'intermédiaire d'un sang veineux, que les bases dont il est sursaturé en rendent avide. La première s'empare surtout du carbone, et l'acide carbonique exerce sur elle une action excitante, vivifiante; la seconde procure une issue à l'acide carbonique, et quand ce dernier y intervient en place de l'air, la vie s'éteint.

4° Les deux fonctions impliquent ingestion et éjection, mais en des proportions diverses. Dans la digestion, le corps reçoit plus qu'il n'exhale, tandis que dans la respiration ces deux opérations se font à peu près équilibre; mais ici l'exhalation a plus d'importance pour la vie que n'en a l'éjection par les organes digestifs.

5° Les deux fonctions sont étroitement liées à la vie animale ; mais la digestion, dans laquelle prédomine l'ingestion, se rattache davantage au côté réceptif de cette vie, la sensation, tandis que la respiration, dont l'éjection fait le principal caractère, a plus particulièrement des connexions avec son côté réactionnaire, le mouvement. Les organes digestifs ont un appareil considérable de nerfs, le plexus solaire, et, chez les animaux sans vertèbres, ils sont embrassés par les parties centrales du système nerveux. La respiration, au contraire, dépend plus immédiatement encore du mouvement ; elle prend les muscles de la périphérie à son service, son organe est pourvu d'un appareil squelettique spécial, et chez les animaux qui occupent le bas de l'échelle, il est lié aux membres, ou même représente un membre qui sert en outre à la locomotion.

§ 986. Les organes dans lesquels l'éjection a acquis une prédominance décidée, notamment la peau et les reins, prennent part à la formation du sang, par la fonction qu'ils accomplissent d'éliminer des matériaux du corps. Leur situation par rapport aux organes principaux n'est point la même ; la peau se rattache aux poumons, comme organe aérien, et les reins à l'intestin, comme organes aqueux.

1° En opposition avec la formation organique et les dépôts entoplastiques par lesquels le sang abandonne des matériaux dans un milieu qui n'est extérieur eu égard à lui que d'une manière relative, se trouve la résorption, qui s'empare de ces produits relativement extérieurs, et constitue par conséquent la source intérieure de la formation du sang. La résorption ramène au sang ce qui a rempli sa destination, savoir, le liquide entoplastique entier, tout ce qui, dans les sécrétions dermatiques, n'est pas devenu entièrement étranger à l'organisme et purement excrémentitiel, enfin la substance vieillie et usée des tissus. Considérée dans son essence, c'est une digestion que l'organisme exerce sur son propre corps, une décomposition et une transformation de substances relativement extérieure, avec report vers le sang du produit de la métamorphose ; elle convertit les diverses substances, comme graisse, os, muscles, etc., en un liquide homogène, qu'elle verse dans le torrent de la circulation. Comme digestion de soi-même, comme direction de la force assimilatrice contre la matière du propre organisme, elle suppose un développement plus élevé de la spontanéité et de la vitalité intérieure. On n'en aperçoit aucune trace chez les végétaux, qui ont pour caractère une métamorphose successive, chez lesquels il s'ajoute continuellement de nouvelles formations aux anciennes, sans que celles-ci se dissolvent. Dans le corps animal, à une activité plus vive et à une réceptivité plus impressionable se joint une plus grande aptitude de la substance animale à la décomposition, et comme ici l'activité est devenue permanente, à la formation organique continuelle correspond aussi une décomposition spontanée continuelle, qui marche d'autant plus rapidement que la respiration aérienne est plus parfaite et la vie animale plus énergique. La résorption enlève aux liquides sécrétés ce qui est encore susceptible de se convertir en sang, et par conséquent de servir à l'organisme. Les matériaux détériorés des organes sont ramenés dans le sang, afin de pouvoir être expulsés par une sécrétion dermatique ; cependant ils peuvent encore servir à l'excitation d'un autre organe, ou être en quelque sorte rajeunis, soit par le mélange avec les liquides enlevés à d'autres parties des corps, soit par l'influence du sang dans les ganglions lymphatiques ou le système sanguin lui-même, soit enfin par la respiration. De cette manière, il s'accomplit une circulation de la substance organique ; car de nouveaux matériaux sont puisés dans les sécrétions pour servir à la nutrition, qui, de son côté, leur fournit une partie de ceux dont elles ont besoin.

2° Dans l'embryon, du sang se forme de la substance de l'œuf, et, à ce qu'il paraît, sous l'influence indirecte de l'air atmosphérique ; mais les globules arrondis qu'on aperçoit là ne doivent pas naissance à une transformation des globules vitellins ; ce sont, comme l'a fait voir Valentin, des formations nouvelles. Du sang peut également se produire d'une manière immédiate dans divers tissus accidentels (fausses membranes et bourgeons charnus). Gruithuisen et Home prétendent même avoir été témoins du phénomène, le premier dans des inflammations, le second sur des surfaces suppurantes. Kaltenbrunner (1) le décrit d'après ses observations faites sur les bords des plaies en travail de cicatrisation : les flocons de sang que l'inflammation dépose dans le parenchyme, et en partie aussi le parenchyme lui-même, se convertissent en des particules qui s'unissent de manière à produire de petits grumeaux, exécutent un mouvement oscillatoire, acquièrent peu à peu une forme sphérique et une direction déterminée de leur mouvement, et finissent par représenter un petit courant courbé en arcade, dont les deux extrémités s'abouchent dans les vaisseaux sanguins les plus proches. Dœllinger (2) avait déjà donné une description analogue de la manière dont le sang se forme de la substance organique chez les embryons de Poisson ; une languette de la masse solide entre en mouvement au voisinage du courant sanguin, et oscille d'un côté à l'autre ; ses granules s'écartent les uns des autres, et acquièrent peu à peu une figure déterminée, ovalaire ; ensuite la masse oscillante forme deux petits courans, ayant l'un la direction artérielle, l'autre la direction veineuse, qui s'unissent en arcade à l'une de leurs extrémités, tandis qu'aux deux autres bouts, ils s'abouchent avec une artère et une veine. Comme ces observations n'ont pas encore été répétées, on ne peut point les ranger au nombre des faits impatronisés dans la science, quelque vraisemblables qu'elles soient d'ailleurs. La même réflexion s'applique à la théorie d'Autenrieth (3), qui prétend que du sang se forme dans tous les points du corps animal où surgit une polarité chimique, et que cette polarité s'établit toutes les fois que le liquide animal reçoit du fer, ce métal tenant le milieu entre la série des métaux électro-négatifs et celle des métaux électro-positifs, de manière qu'il est également propre à exciter l'une et l'autre force.

§ 987. 1° Comme les globules sanguins sont caractéristiques pour le sang et lui appartiennent exclusivement, comme ils sont la condition de sa propriété excitatrice et la cause es-

(1) Froriep, *Notizen*, t. XXI, p. 340. — L. J. Sanson, *des Hémorrhagies traumatiques*, Paris, 1836, in-8°.

(2) *Denkschriften der Akad. zu Muennchen*, t. VII, p. 206. —*Was ist Absonderung, und wie geschieht sie ?* Wurzbourg, 1819, p. 25.

(3) Reil, *Archiv*, t. VII, p. 137.

sentielle de son mouvement, de la métamorphose qu'il subit dans la respiration, comme ils sont plus développés aux degrés supérieurs de l'échelle animale (§ 774 , 7°), nous devons reconnaître que leur production est le point culminant de l'hématose. Aussi les trouve-t-on plus abondans, proportionnellement au sérum du sang, pendant l'âge adulte que durant l'enfance et la vieillesse (1); leur nombre, leur rutilance et leur plénitude, chez les individus, varient en raison du degré de la force vitale et de l'énergie du travail de la plasticité (2); de même, leur remplacement marche avec plus de lenteur, et après une perte considérable de sang, la partie aqueuse de ce liquide demeure prédominante pendant long-temps. La marche de leur formation est graduelle aussi, et commence par la production de granules. Comme l'organisme tend, jusque dans ses plus petites parcelles, à prendre une forme régulière déterminée, et que la forme globuleuse, résultat d'une gravitation vers un centre commun, indice, par conséquent, de la domination de l'unité dans l'espace, correspond à son caractère (§ 830 , 6°), c'est sous cette forme que débutent les créations qui lui sont propres. Voilà pourquoi, dans la génération équivoque, les animaux et les végétaux les plus simples (*Monas*, *Protococcus*, etc.) apparaissent sous forme globuleuse, et pourquoi commence également ainsi la formation du sang. Les globules simples du chyle et de la lymphe sont les premières formes que l'organisme crée aux dépens du produit de la digestion et de la résorption, dans les racines des vaisseaux lymphatiques ; ces globules se développent ensuite en parcourant les systèmes lymphatique et sanguin ; il s'y manifeste des oppositions de périphérie et de centre, de profondeur et de largeur, même de longueur et de largeur dans les trois classes inférieures du règne animal, et ils se convertissent ainsi peu à peu en globules du sang, qui servent à la vie sous différens rapports, subissent une décomposition à

(1) Denis, *Rech. sur le sang humain*. Paris, 1830, p. 288.
(2) Haller, *Elem. physiol.*, t. II, p. 56. — *Opera minora*, t. I, p. 181. — Denis, *loc. cit.*, p. 290.

mesure qu'ils remplissent leurs usages (§ 870 , 6°), et font continuellement place à d'autres de formation plus récente.

2° Schultz a établi une hypothèse opposée , fort originale , mais qui ne me semble pas suffisamment justifiée. Suivant lui, le *plasma*, ou la lymphe, la liqueur du sang (§ 664) est le vrai sang , dans l'acception propre du mot (1) ; il a une configuration inhérente et un mouvement organique qu'il s'imprime lui-même ; ses globules oscillent , et son excitation consiste en une attraction et une répulsion de matières étrangères, tandis que les globules du sang n'ont qu'un mouvement passif , et qu'à mesure qu'ils augmentent de volume , la faculté vivifiante et nutritive du plasma diminue (2). Ces globules ne servent qu'à la formation du plasma , et cela par la dissolution de leurs noyaux , que détermine surtout l'air attiré dans la respiration ; une fois la substance dissoute des noyaux transsudée à travers l'enveloppe colorée , celle-ci reste seule , et elle est principalement employée à la formation de la bile.

3° La découverte de l'existence , dans la levure, de globules qui se développent en champignons filiformes, pendant la fermentation , a fait naître aussi des théories relativement à la formation des globules du sang. Suivant Turpin , l'organisme se compose d'une agglomération d'individus vivans qui, séparés les uns des autres , constituent le ferment : la fermentation est une opération vitale , par laquelle se développent des végétaux, et parfois aussi des animaux ; les globules du lait, de la lymphe et du chyle , ainsi que ceux du sang eux-mêmes, sont des corps organiques vivans , et résultent de deux vésicules emboîtées l'une dans l'autre (3).

4° Schwann (4) regarde les globules de la lymphe et du sang, qui sont pour lui la base de tous les tissus organiques, comme étant composés d'un noyau et d'une enveloppe : leur

(1) *Das System der Circulation*, p. 104.

(2) *Ib.*, p. 73-77.

(3) *Comptes-rendus des séances de l'Acad. des sc.*, t. VII, p. 39 . — *Annales des sciences naturelles*, 2e série, t. VIII. p. 338.

(4) *Microscopische Untersuchungen ueber die Uebereinstimmung in der Structur und dem Wachsthume der Thiere und Pflanzen.* Berlin, 1839, p. 75; 194, 203.

formation tient à ce qu'il se précipite d'abord une substance qui produit le noyau, et à la surface de laquelle se dépose ensuite une couche extérieure, constituant l'enveloppe ou la paroi de la cellule.

5° (Les globules de la lymphe et du chyle ne sont évidemment point encore parvenus à une organisation aussi avancée que ceux du sang : nous en avons pour preuve leur défaut de similitude sous le point de vue du volume et de la transparence, comme aussi leur texture grenue plus ou moins prononcée; ils sont encore en train de se développer, tandis que les globules du sang ont atteint déjà leur dernier terme, ce qui fait qu'ils ne peuvent plus éprouver désormais qu'une transformation et une dissolution. Au microscope, les globules de la lymphe et du chyle paraissent des conglomérats de très-petits globules, ayant tout au plus un deux-millième de ligne de diamètre. J'ai aperçu de ces globules dans le chyme de l'intestin grêle, dans celui de l'estomac, après y avoir ajouté de la bile, dans le sérum du chyle exposé à l'influence du gaz oxygène, enfin dans le dépôt du chyle traité par l'éther et l'acide azotique. On se demande si cette agglomération est réelle ou seulement apparente, si les globules du chyle naissent véritablement d'une coalition de granules élémentaires, qui, peu à peu, se confondent ensemble pour ne former qu'un seul globule, ou s'ils ne proviennent pas plutôt d'un noyau primitif, sur lequel se développent plus tard des corpuscules, qui leur donnent l'aspect granulé qu'on remarque en eux quand ils sont parvenus au terme de leur perfection. Je suis intimement convaincu, contre l'opinion de Wagner, que les globules du chyle n'existent point encore, dans l'intérieur du canal intestinal, tels que nous les trouvons dans les vaisseaux lymphatiques; mais si j'ai raison de penser que les granules trouvés par moi dans la substance grisâtre qui adhère à la membrane muqueuse de l'intestin grêle, pendant la digestion, sont des globules du chyle incomplètement développé, on peut très-bien admettre que plusieurs d'entre eux, en sortant de l'intestin, et traversant la substance organique (trajet contre lequel leur petitesse ne permet pas d'objecter l'absence de pores appréciables), se réunissent ensemble pour produire un globule du chyle. Cependant s'il était vrai que ces granules ainsi réunis se consolidassent peu à peu en un noyau, pendant la transformation des globules du chyle en globules du sang, il serait fort étonnant que l'apparence granulée des globules du chyle, loin de diminuer peu à peu pendant leur trajet le long du système lymphatique, devînt au contraire plus prononcée : car elle est très-sensible, par exemple dans les globules du chyle que renferme le canal thoracique, tandis qu'on ne la remarque presque point dans ceux du chyle provenant des vaisseaux lymphatiques de l'intestin, avant leur passage à travers des ganglions. En outre, après avoir traité le chyle par le gaz oxygène, j'ai trouvé dans le sérum une grande quantité de ces petits granules, dont on n'apercevait auparavant aucune trace dans le chyle, tandis que les globules proprement dits du chyle étaient devenus tout-à-fait lisses dans le caillot : on peut donc très-bien admettre que les granules se sont détachés des globules sous l'influence du gaz oxygène ; mais alors comment supposer que ces granules élémentaires aient produit les globules du chyle en se réunissant, pour se séparer ensuite presque tous de ces derniers quand ils viennent à se transformer en globules du sang ? Je me sens donc porté à croire la seconde hypothèse plus exacte que l'autre, et à admettre que chacun des granules élémentaires, aperçus par moi dans le chyme de l'intestin grêle, constitue à lui seul le noyau d'un globule du chyle, et qu'à cet effet il subit, pendant sa sortie même de l'intestin, un changement essentiel ; notamment un grossissement considérable, tenant peut-être à l'accession d'une certaine quantité de la substance organique des parois intestinales, qu'il attire à lui, mais que, dans son trajet à travers le système lymphatique, et vraisemblablement sous l'influence du sang, dans l'intérieur des ganglions lymphatiques, de nouveaux produits se déposent à sa surface sous la forme de granules, et qu'enfin quand ces granules, adhérens à la surface, ont acquis un certain degré de maturité, quand le noyau est prêt à se transformer en un globule du sang, ils se détachent par l'effet de la métamorphose à laquelle donne lieu l'influence du gaz oxygène. Peut-être y aurait-il encore à penser que ces granules détachés, se

développant peu à peu dans le sang , deviennent les corpuscules analogues aux globules sanguins qui ont été vus par
plusieurs observateurs dans le sang, mêlés avec les globules
proprement dits, qu'ils passent dans les lymphatiques qui accompagnent en si grand nombre les vaisseaux sanguins , et
qu'ils sont ainsi ramenés de nouveau dans le canal thoracique.
Cette théorie serait facile à mettre en harmonie avec celle de
Schwann , car elle n'empêcherait pas d'admettre une formation celluleuse dans les globules du chyle : seulement les nouvelles cellules ne se développeraient pas à l'intérieur de la
cellule-mère, comme chez les végétaux , mais à sa superficie.
Le noyau des globules chyleux paraissent être pleins , et non
creux ; mais cette circonstance ne suffirait pas pour repousser
l'analogie dont je viens de parler , si l'on parvenait à découvrir une capsule ou enveloppe extérieure ; peut-être d'ailleurs, en employant de plus forts grossissemens, apercevrait-on
aussi un noyau celluleux. Quant aux granules épars à la surface , et qui se détachent plus tard , ce sont bien certainement des cellules, et leur contenu semble être en grande partie de la graisse, qui sert peut-être aussi à les unir au noyau :
ce qui l'annonce , c'est que la surface du globule de chyle
devient plus sensiblement granuleuse lorsque le globule lui-
même se dessèche, que l'éther détache les granules de la surface des globules , et enfin qu'en traitant le chyle par le gaz
oxygène , on voit de grosses gouttes d'huile nager à la surface) (1).

(1) Addition d'Ernest Burdach.

DE LA DYNAMIQUE.

§ 988. 1° En faisant usage de nos sens, c'est-à-dire **nous** livrant à l'observation, nous parvenons à constater l'existence des divers phénomènes vitaux, et nous nous procurons de cette manière une multitude de notions isolées sur le compte de la vie. La physiologie ne devient une véritable doctrine qu'autant qu'elle compare les faits les uns avec les autres, **en** recherche les conditions, s'attache à découvrir les rapports de causalité qui subsistent entre eux, et acquiert ainsi ce qu'on appelle l'expérience. L'esprit, qui a la conscience de sa destination, n'est pas satisfait de ce que l'expérience **lui** apprend touchant les phénomènes de la vie; il veut encore connaître le lien qui les unit et la cause de laquelle tous dépendent; il veut arriver à se faire une idée nette de la vie dans son ensemble et son essence; il veut, en un mot, élever la physiologie au rang de science. Mais ce but, il ne peut y arriver par la seule pensée : car il ne trouve en lui que les lois générales de l'intelligence ; et bien qu'il reconnaisse que l'esprit, considéré en général, est l'existence suprême, l'existence primordiale, la seule existence vraie, il n'en doit pas moins avouer que cette existence se manifeste en lui sous la forme de l'individualité, que par conséquent elle y est circonscrite dans des bornes déterminées, et que la pensée humaine n'est qu'une forme particulière de l'activité spirituelle. Il se reconnaît bien une émanation de l'esprit primordial; mais, en même temps, il reconnaît hors de lui une autre existence, qui a la même origine, dont cependant la notion ne lui arrive que par la conscience, et ne parvient que par l'intermédiaire des sens à se mettre en contact avec son propre moi. C'est en réunissant avec les produits de sa pensée ce qu'il acquiert par ses sens et son intelligence, qu'il fait de la physiologie une science expérimentale. Effectivement, comme la science ne consiste qu'en ce que l'esprit se retrouve lui-même, elle a deux buts, celui de chercher l'essence et la source de cet esprit dans l'esprit absolu, et celui de chercher l'accomplissement des lois de la pensée dans le monde extérieur. Dirigé par ces vues, nous

608 DE LA DYNAMIQUE.

avons jusqu'ici considéré expérimentalement la succession des phénomènes pendant le cours de la vie (§ 1-657), et les phénomènes continus de la vie matérielle (§§ 658-987), afin d'arriver à réunir les résultats de cet examen en une intuition générale, qui s'offrait déjà d'une manière vague à nous lorsque nous jetions un coup-d'œil rapide sur l'ensemble de chaque sphère.

2° L'esprit est un et intérieur ; conformément à cette essence, il cherche partout à saisir l'unité cachée dans le multiple. Mais l'unité intérieure des phénomènes consiste en un enchaînement de causalité. Reconnaître cet enchaînement est donc le problème sur lequel s'exerce continuellement l'activité de l'esprit. Quand la cause d'un phénomène réside dans l'être même où ce dernier apparaît, nous l'appelons force. Il y a donc là pour nous une idée réelle, dont le rejet n'est qu'une négation de l'enchaînement de causalité, une négation de la raison et de l'intelligence agissant d'après les lois de la raison.

En voulant arriver à la connaissance de la vie par la voie analytique, nous avons d'abord à nous occuper des différentes forces qui agissent en elle.

I. Des forces de l'univers dans la vie.

A. *Forces inhérentes.*

§ 989. Comme corps, l'organisme porte en lui les forces qui sont inhérentes à la matière en général, et ce sont ces forces qui le déterminent dans le monde extérieur. Nous avons donc à chercher en elles la cause prochaine des phénomènes de la vie. Nous reconnaissons un mécanisme dans la manière dont les divers tissus agissent les uns sur les autres par pression et traction ; des actions évidemment chimiques ont lieu dans la digestion, la respiration, la sécrétion et la nutrition.

I. Étudions d'abord l'attraction.

1° L'attraction se manifeste, dans l'intérieur de la substance des tissus, comme cohésion (§§ 829, 1°; 833, I; 843, 11°),

dont la modalité diverse est la source de la faculté de se déplacer, du ressort et de l'élasticité (§ 829, 2°).

2° L'attraction de substances diverses les unes pour les autres, comme celle des parties solides pour les parties liquides (§§ 739, 1°; 758), et de l'organisme pour les substances du
dehors (§ 905), suit les lois de l'affinité (§ 261, 3°). Tantôt
elle n'agit qu'à une faible distance et sur des choses affines,
ce qui constitue l'adhésion (§§ 725; 833, II); tantôt elle va
jusqu'à changer la cohésion, d'où résulte la pénétration
(§ 833, III); tantôt enfin elle s'élève jusqu'à la métamorphose
de la substance, comme combinaison chimique (§ 833, IV).
Un échange mutuel de substances, par affinité double, s'accomplit tant dans l'intérieur de l'organisme (§§ 877, 6°; 915,3°),
qu'entre celui-ci et le monde extérieur (§§ 882, 6°; 980, II);
ou bien il s'établit une alternance de relation (§ 882, XXI),
qui fait qu'une même substance est tantôt abandonnée par
l'organisme au monde extérieur (§ 839, 1°-4°), tantôt enlevée par lui à ce dernier (§ 898, 1°); suivant que cette substance faisant défaut à l'un ou à l'autre, l'attraction pour elle
se trouve accrue de l'un ou de l'autre côté; ou enfin le milieu
extérieur attire de l'organisme tantôt une substance, et tantôt
une autre, suivant qu'il en contient telle ou telle qui a des
affinités soit avec la première, soit avec la seconde (§ 841, 1°,
5°, 7°, 8°).

3° L'attraction du globe terrestre, ou la gravitation, n'est
pas non plus sans influence (§ 729, 3°).

II. La répulsion entre le fluide et le solide fait antagonisme
à l'attraction (§§ 864, 866). La force propulsive déterminée par
le rétrécissement d'une cavité se propage d'après des lois mécaniques (§§ 720; 746, 7°; 748, 2°), et la pression extérieure
chasse les liquides dans un espace devenu vide (§§ 722, 11;
766, 2°). La pression exercée par les tissus organiques
concourt à déterminer l'état des actions vitales (§ 838, 1°),
occasione la tension (§§ 746, 60; 748,1°), favorise la sécrétion
(§ 843, 12°), l'absorption (§ 906, 7°) et la résorption (§ 914,
7°), de même que la pression du milieu extérieur limite l'afflux des humeurs (§ 727, 7°) et les sécrétions (§ 839, 5°),
qu'elle renferme dans leurs proportions normales.

§. 990. I. C'est sur ces particularités et autres analogues que s'appuie le matérialisme, ou l'opinion suivant laquelle la vie n'est autre chose que l'effet de forces matérielles.

1° Descartes, tout en admettant une théorie générale fondée sur l'idéalisme, avait expliqué les phénomènes de la nature par le mouvement continuel et le frottement des différens atomes de la matière primitive. Lorsqu'au dix-septième siècle les mathématiques commencèrent à prendre un plus grand essor, qu'il en eut été fait d'heureuses applications à la physique, et que l'invention des injections et du microscope eut accru la masse des connaissances relativement à la structure organique, on vit paraître l'école iatro-mathématique, à la tête de laquelle se plaça Borelli. Parce que ce physicien avait eu recours avec bonheur aux lois de la mécanique pour expliquer les effets de la force musculaire sur les os, en ce qui concerne la direction et l'énergie du déplacement, on s'empressa d'admettre une cause mécanique de mouvement musculaire lui-même; parce qu'on avait aperçu des phénomènes de statique dans le système vasculaire, on voulut ramener la circulation tout entière aux lois de l'hydrostatique; des observations anatomiques manquant de certitude firent regarder les sécrétions comme des filtrations de parties déterminées du sang à travers des cribles de forme correspondante; enfin des remarques incomplètes sur la force musculaire de l'estomac conduisirent à penser que la digestion consiste, généralement parlant, en une attrition des substances alimentaires.

2° Comme la théorie mécanique de la vie mettait de côté le principe idéalistique de Descartes, qui lui avait préparé la voie, de même l'école chimique du dix-septième siècle abandonna bientôt le spiritualisme de ses fondateurs, Paracelse et Vanhelmont. Quelque incomplète que fussent les connaissances de son temps en chimie, Sylvius les jugea suffisantes pour conclure que la vie est une opération chimique, et que la plupart des phénomènes qu'elle présente sont l'effet d'une effervescence produite par le conflit de l'acide et de l'alcali. Éblouis aussi par les immenses progrès de la chimie au dix-huitième siècle, plusieurs personnes qui n'avaient pris au-

cune part active à ce grand mouvement, par exemple Ackermann, Mongin, Peart, essayèrent de construire une théorie
chimique des phénomènes vitaux qui réduisait presque la
vie à n'être qu'un travail de combustion, et qui en représentait les différens états comme des effets d'oxygénation et
de désoxygénation.

3° Les iatro-mathématiciens avaient presque toujours appelé les théories chimiques à leurs secours; les iatro-chimistes
furent également forcés d'accorder aux mathématiques une
certaine part dans leurs spéculations. Sous ce rapport, Gallini
et Reil ont imaginé des hypothèses plus larges que celles de
leurs prédécesseurs. Gallini attribuait la vie, d'un côté, à la
gravitation récipropre des élémens, de l'autre, à une situation
telle des molécules, qu'elle entraîne des alternatives de contraction et de dilatation. Reil, au moins dans les premiers
temps de sa carrière, faisait dépendre la vie de la composition
et de la forme de la matière organique, des qualités primitives
des élémens de cette matière, et de leur mode d'association.
Sous cette forme, le matérialisme s'en tint, la plupart du
temps, à des assertions générales, et on le vit rarement descendre à l'explication des phénomènes particuliers de la vie.
On procédait de même quand il était question de cette matière organique générale, imaginée par Buffon et Needham,
aux forces particulières de laquelle ses partisans rapportaient
les différens phénomènes de la vie.

II. Il n'est pas douteux que la physiologie s'enrichit d'une
manière positive quand on lui démontre expérimentalement
et avec précision que tels ou tels phénomènes de la vie sont les
résultats de forces matérielles. Mais il est également certain
qu'on la détourne de la vraie route en soutenant hardiment que
l'essence entière de la vie repose uniquement sur ces forces.

1° Les théories mécaniques et chimiques n'expliquent que
la modalité de certains phénomènes vitaux. Elles ne s'attachent qu'aux circonstances les plus prochaines, laissant les
autres sans explication, ou n'établissant à leur égard que des
hypothèses arbitraires. On peut bien démontrer qu'il y a des
lois de statique dans la circulation; mais le mouvement du
cœur, d'où dépend cette fonction, ne reconnaît point une

cause mécanique, et quand on a prétendu en trouver une telle dans l'effervescence du suc nerveux, dans le changement de forme des parties élémentaires du cœur, dans les agitations d'un éther, etc., on n'a fait que bâtir des hypothèses en l'air. La fluidification des alimens est opérée par le suc gastrique acide; mais les lois de la chimie sont impuissantes à nous apprendre pourquoi la formation de ce suc acide a lieu précisément dans l'estomac, et comment se forme son élément organique essentiel, qui ne provient pas des matières alimentaires. Les théories en question éclaircissent certains points de l'histoire d'une opération qui s'accomplit par le concours de plusieurs; la circulation ne dépend pas seulement de l'action mécanique du cœur, mais elle tient encore à la force attractive et répulsive des parties solides vivantes, qui n'est point de nature mécanique; il s'accomplit des combinaisons et des décompositions chimiques dans la vie plastique; mais la chimie ne saurait nous expliquer pourquoi elles ne s'achèvent jamais, pourquoi elles ne se terminent pas par un produit déterminé, pourquoi elles continuent sans interruption. Les théories matérialistiques expliquent les phénomènes particuliers, mais ne rendent pas raison de leurs rapports avec le but commun de l'ensemble de l'organisme; le mécanisme compliqué de la circulation est la condition de la vitalité des organes, et il a évidemment pour but de donner lieu à cette vitalité, comme l'opération chimique de la digestion a pour but la formation du sang, et par elle la conservation de la vie.

2° Le matérialisme ne peut point expliquer la modalité de tous les phénomènes de la vie. La propagation de l'excitement, l'affection consensuelle des organes, l'influence des nerfs, la génération, etc., demeurent inaccessibles aux lois de la chimie et de la mécanique. L'activité plastique et la vitalité ne sont pas toujours en raison directe l'une de l'autre. La digestion, la respiration, la nutrition, la sécrétion et la propagation s'accomplissent, dans la série des êtres organisés, au milieu des nuances les plus variées d'organisation et de composition chimique. Une parfaite similitude des influences extérieures n'empêche pas chaque espèce de créer sa substance avec des proportions d'élémens différentes de celles qu'on observe chez les autres, et quelque variées que soient les circonstances, elle n'en produit pas moins le genre de matière qui lui appartient en propre.

3° Le matérialisme suppose déjà la vie qu'il prétend expliquer ; car l'organisation et les conditions de composition matérielle d'où il en fait dériver les actes sont produites elles-mêmes par l'activité vitale. La matière de l'organisme à procréer ou à nourrir n'existe d'avance ni dans l'œuf ni dans les alimens. L'être organisé, à l'état d'embryon, comme pendant tout le cours de sa vie, crée lui-même son sang. C'est ainsi que les organes sont formés pour la première fois chez l'embryon, reproduits dans les phénomènes de régénération, enfin créés sans interruption, et par cela même d'une manière insensible, pendant la durée entière de la vie. Le composé qui procède du sang est un mixte vivant dans lequel les substances élémentaires sont, non pas combinées ensemble d'après des lois chimiques, mais maintenues à l'état de tension continuelle par le fait même de leur proportionnalité. La vie peut cesser sans nul changement appréciable dans la matière organique, dont aucune influence chimique ne saurait ensuite maintenir ou reproduire la composition.

4° Le matérialisme reconnaît, en dernière analyse, son impuissance à expliquer la vie par les forces générales de la matière ; et, sinon pour suivre sa théorie, du moins pour ne pas se voir crouler, il admet comme cause de la vie une matière organique douée de forces particulières. Mais tout ce qui est particulier rentre dans la catégorie des phénomènes, des faits observables, des notions empiriques ; et expliquer tout n'est autre chose que dériver les faits particuliers d'une cause générale. Donc, assigner une cause spéciale à un phénomène spécial, c'est dire en d'autres termes qu'on ne connaît pas la cause et qu'on renonce à l'explication. Suit-on dogmatiquement cette marche, on en vient à croire qu'on a donné une véritable explication quand on n'a fait qu'entraver le progrès de nos connaissances en leur assignant un terme. Ainsi, par exemple, lorsqu'on admettait une force particulière dans le succin, c'était tout simplement exprimer un fait isolé, l'attraction que l'ambre jaune exerce sur

certains corps légers, et l'on ne parvint à expliquer le phénomène que quand on eut appris à connaître les lois de l'électricité qui agit dans la nature entière. Il n'y a point de matière
organique générale qui circule parmi les êtres vivans ; la matière organique se produit sans cesse dans l'intérieur de ces
êtres ; hors du cercle de la vie, elle se décompose et se résout en ses élémens organiques. La vie a une tendance inces-
sante à l'individualisation ; elle crée partout des formes et
des compositions individuelles ; mais la matière est, par rapport à elle, ce qui varie continuellement, une chose non essentielle (§§ 312, 1° ; 343, II; 473, 10°). Schwann (1) cherche
la cause de la vie non dans la totalité de l'organisme, mais
dans une force inhérente à chaque partie élémentaire, qui
lui permet d'attirer des molécules et de croître ; il se fonde
sur ce que tous les organismes sont composés de parties
essentiellement similaires, qui se forment et s'accroissent d'a-
près des lois au fond identiques. Mais l'organisme ne serait-
il donc qu'un simple agrégat de cellules ? La réunion harmonique de parties élémentaires diverses , à quelques-unes
desquelles appartient la forme celluleuse, que toutes assurément n'affectent pas, est l'expression la plus claire d'un principe ordinateur. L'engrènement des divers systèmes organiques, la segmentation de chacun d'eux, qui fait, par exemple,
que la même substance osseuse, tendineuse et musculaire,
affecte une forme spéciale sur chaque point pour assurer la
liberté des mouvemens ; la réunion des tissus les plus dispa-
rates, des formes les plus variées, des compositions chimiques les plus diverses, depuis le commencement jusqu'à la fin
de l'organe digestif, y compris ses appareils accessoires, en
un ensemble qui concourt au même but ; tout cela ne peut
provenir d'une matière organique générale qui forme des
cellules. « Sans doute, ajoute Schwann (2), la raison exige
» qu'on lui indique la cause de l'harmonie ; mais il lui suffit
» d'admettre que la matière et ses forces inhérentes sont re-
» devables de leur existence à un être raisonnable ; une fois

(1) *Microscopische Untersuchungen*, p. 227.
(2) *Ib.*, p. 224.

» créées, ces forces peuvent produire, d'après les lois d'une
» aveugle nécessité, des combinaisons qui offrent même un
» haut degré d'harmonie ou de convenance individuelle. » La
raison n'est pas aussi facile à contenter que le prétend
Schwann ; elle repousse l'idée de la création, comme acte
accompli, et celle de la force créatrice, comme principe dont
l'action n'a eu lieu qu'avant l'existence des temps (§ 343,
2°, 3°).

B. *Forces adhérentes.*

§ 991. Il y a aussi dans la nature des forces agissantes qui
ne sont ni inhérentes à la matière en général, ni liées à une
espèce particulière de matière, mais qui dépendent d'un état
intérieur d'une matière quelconque, et qui apparaissent ou
disparaissent suivant que les circonstances amènent ou font
cesser cet état, sans qu'aucun changement survienne dans la
substance, et surtout sans qu'elle augmente ou diminue de
poids. Pour les distinguer des forces inhérentes à la matière, nous leur donnerons l'épithète d'adhérentes. Leurs effets, ou les phénomènes dynamiques (magnétisme, électricité,
chaleur, lumière), ne sont point étrangers à la vie organique,
où cependant on ne les trouve que de loin en loin aussi prononcés qu'ils s'offrent à nous dans la nature inorganique.
Lorsque ce cas arrive, les phénomènes en question se montrent bien identiques au fond avec ceux de même nature qui
s'accomplissent dans le monde extérieur, mais ce n'est pas
cependant sans modifications particulières, qui ne peuvent
jamais manquer quand un même effet survient dans des circonstances différentes. Il serait donc possible que les phénomènes dynamiques de l'univers eussent lieu là même où l'organisme ne nous en laisse apercevoir aucune trace sensible,
et que seulement ils affectassent alors une forme spéciale.
Mais si nous pouvons douter qu'on soit en droit de supposer
en pareil cas une influence insensible, l'explication de la
manière dont ils se développent, alors que leurs effets se
prononcent indubitablement, offre de grandes difficultés, et
le terrain sur lequel nous allons nous engager est trop mouvant
pour qu'on y puisse marcher d'un pas sûr.

1. MAGNÉTISME.]

§ 992. L'action du magnétisme dans l'intérieur de l'organisme est problématique, les observations, en petit nombre, qui ont été faites à cet égard étant encore fort incertaines. Partiugdon a remarqué, dans ses cours de physique expérimentale, que le pouce d'une personne attirait l'un des pôles de l'aiguille aimantée, tandis qu'un autre doigt de la même personne le repoussait (1). On se demande si une force magnétique, qui d'ailleurs n'agirait jamais qu'au dedans de l'organisme, et serait par conséquent insensible, s'était, par extraordinaire, développée chez cette personne, au point de pouvoir agir sur des corps étrangers. Béclard a remarqué aussi qu'une aiguille implantée dans un nerf devenait magnétique; et suivant Beraudi, une aiguille d'acier qu'on avait plongée dans le nerf crural d'un Lapin, attira ensuite la limaille de fer : chez les animaux où ce phénomène n'avait pas lieu, il se manifestait par l'insufflation de l'air atmosphérique, et plus encore du gaz oxygène, mais non par celle de l'azote (2). L'application d'aimants a fréquemment produit des effets marqués sur la sphère animale, chez des personnes en santé, et chez d'autres atteintes de douleurs ou de spasmes : on pourrait conclure de là qu'il y a une force magnétique contenue dans l'organisme lui-même. Ce ne sont là que des conjectures ; mais il faut prendre en considération que le magnétisme peut, suivant Coulomb, être démontré dans tous les corps, même lorsqu'il ne tombe pas immédiatement sous les sens, et que ce n'est pas seulement sur une barre de fer plantée verticalement en terre qu'il devient manifeste; car, au dire de Hansteen, tout corps placé dans une situation perpendiculaire, comme une cloison en planches, un mur, un arbre, etc., montre la polarité boréale à son extrémité inférieure, et la polarité australe à la supérieure. Il n'est pas croyable que l'organisme seul fasse exception à la règle ; mais il peut très-bien se faire que cette force générale de la nature agisse en

(1) Froriep, *Notizen*, t. VII, p. 60.
(2) *Ib.*, t. XXV, p. 150.

lui d'une manière spéciale. En effet, si nous remontons à l'idée même du magnétisme, nous voyons en lui le type général de la polarité, la manifestation d'une seule et même force sous deux formes opposées d'activité. Il exprime la division intérieure en deux d'une existence unique, le développement d'antagonismes dans lesquels une même force se manifeste de diverses manières. D'après cela, le magnétisme, image générale de l'existence qui se résout en pluralité, peut se réaliser dans l'organisme par le développement de la polarité, telle qu'on l'observe surtout dans la procréation (§ 325, 4°), la formation de l'embryon (§ 474, 478, 1°), et l'exercice continuel de la nutrition et de l'excrétion (§ 894, 2°).

2. ÉLECTRICITÉ.

§ 993. I. L'électricité suppose un contraste déjà existant, et se manifeste dans deux corps hétérogènes d'une matière quelconque qui se touchent; ces deux corps, en agissant mutuellement l'un sur l'autre, se comportent comme un seul dans leur activité, de manière qu'une polarité se développe dans l'un, et la polarité inverse dans l'autre. L'électricité est le type de toute action réciproque, et l'on peut, à l'aide de moyens artificiels, la mettre en évidence à tout contact de corps hétérogènes, là même où elle ne tombe point sous les sens. Tandis que le magnétisme n'agit que dans l'espace et ne produit par lui-même que du mouvement, l'électricité pénètre plus profondément, et détermine en outre des changemens de combinaison, ainsi qu'un dégagement de chaleur et de lumière. Elle représente l'acte par lequel le dynamisme pur passe à l'état de force chimique, et la force se fixe en une existence matérielle déterminée. D'après cela, elle ne peut pas manquer de se rencontrer dans l'organisme, bien qu'elle s'y présente modifiée d'une manière spéciale. Elle n'apparaît qu'à l'occasion du rapprochement, du contact ou de la pression naturelle de deux corps, dont la substance, la configuration de la surface, le degré de cohésion, la température et la couleur diffèrent, bien qu'ils aient une certaine affinité l'un avec l'autre; elle se manifeste surtout quand les substances affinées tendent à contracter ensemble une combinaison chimi-

que, à la réalisation de laquelle elle s'éteint. Or, ces conditions existent dans l'organisme, où partout on voit des substances diverses entrer en contact les unes avec les autres,
le liquide et le solide alterner ensemble, et différentes parties
élémentaires se mêler ou s'entremêler de mille façons. Plus
un tissu renferme d'élémens divers, et plus sa vitalité est
énergique. Aussi l'organisme présente-t-il des phénomènes
analogues aux effets de l'électricité, propagation du mode
d'activité, mouvement, changement de composition, dégagement de chaleur et de lumière. L'image de l'électricité se
réalise donc dans le conflit organique, et par exemple nous
avons expliqué la génération sexuelle (§ 325, 2°), ainsi que
la circulation, par des organes situés en dehors d'elles
(§ 775, 1°); mais l'opinion que la modalité de la vie en général consiste en une opération électrique galvanique, a été
exprimée surtout, d'après Ritter et Reinhold, par Autenrieth (1), Prochaska (2) et Hartmann (3).

II. Si l'on s'en tient aux phénomènes d'électricité qu'il est
réellement possible de démontrer, nous voyons qu'ils sont plus
prononcés que partout ailleurs dans l'opposition existante entre
les nerfs et les muscles. Cependant, comme ceci rentre dans
le domaine de la vie animale, nous le laisserons de côté, et
nous nous bornerons à ce qui concerne la plasticité.

1° Suivant Pouillet, l'accroissement des jeunes plantes, pendant lequel il se forme de l'acide carbonique, est accompagné d'un dégagement d'électricité, positive dans le gaz, et
négative dans le vase qui renferme le végétal.

2° Pfaff (4) a presque toujours trouvé, dans le corps humain, de l'électricité libre, qui est positive en général, et
qui surpasse rarement en intensité celle que produit avec le
zinc du cuivre mis en communication avec le sol. Elle s'est
montrée plus forte chez les personnes vives, pendant la soirée,

(1) *Handbuch der empirischen Physiologie*, t. I, p. 71.
(2) *Physiologie des Menschen*, p.26. — *Disquisitio anatomico-physiolo-
gica organismi corporis humani ejusque processus vitalis.* Vienne, 1812,
p. 22-85.
(3) *Medicinische Jahrbuecher*, t. III, 2e cah.. p. 57.
(4) Meckel, *Deutsches Archiv*, t. III, p. 162.

et après l'usage de boissons spiritueuses. Ordinairement on ne réussit à la reconnaître qu'avec le secours de l'électromètre : mais elle devient quelquefois si intense, qu'elle se manifeste par des crépitations et des étincelles, quand le sujet dépouille ses vêtemens ou passe un peigne dans ses cheveux. Ce phénomène a lieu principalement par un temps serein, sec et froid ; mais il ne se produit pas à la même époque chez des individus divers, de sorte qu'il dépend de l'état individuel de la vie. On voit aussi parfois des étincelles jaillir quand on frotte à rebrousse-poil des Chiens, des Chats, des Chevaux, etc., tandis que la peau de ces animaux, détachée de leur corps, ne donne lieu aux mêmes effets qu'après un frottement plus fort et plus long-temps continué. Enfin, il y a des cas de combustion spontanée dans lesquels des hommes ont été, pendant leur sommeil, convertis en cendres et en charbons gras, sans qu'on pût découvrir aucune trace de feu capable d'avoir allumé l'incendie (1) : on présume que le corps, amené à un degré insolite de combustibilité, par l'usage surtout des boissons spiritueuses, s'est enflammé sous l'influence d'un feu électrique développé dans son propre intérieur ; et ce qui donne quelque fondement à cette conjecture, c'est qu'on connaît plusieurs exemples d'hommes qui, loin de tout corps en ignition, ont ressenti subitement une commotion électrique, et remarqué en même temps sur les vêtemens une flamme difficile à éteindre.

3° Le sang est porteur d'une électricité qu'on assure ne pas être la même dans le sang veineux (§ 751, 3°) et chez les personnes malades (§ 753), que dans le sang artériel et chez les sujets bien portans. Suivant Dutrochet (2), le noyau de chaque globule du sang possède l'électricité négative, et l'enveloppe l'électricité positive. Gusserow (3) fait remarquer que la matière colorante du sang et la fibrine appartiennent bien à

(1) A. Devergie, *Dict. de méd. et de chir. prat.*, art. COMBUSTION SPONTANÉE, t. V, p. 367. — *Ann. d'hygiène publique et de médecine légale*, t. XX, p. 5 et 240.

(2) *Mém. pour servir à l'hist. anat. et phys. des végét. et des animaux*, Paris, 1837, t. I.

(3) *Die Chemie des Organismus.* Berlin, 1832, p. 207.

la classe des corps neutres, mais que la première se comporte plus électro-positivement que l'autre, et qu'elles produisent ensemble de l'électricité , parce qu'elles ont trop d'affinité l'une pour l'autre pour pouvoir se trouver rapprochées sans contracter une combinaison chimique. Il est plus vraisemblable que de l'électricité se dégage par l'effet de l'antagonisme existant entre les globules du sang et le plasma ou plutôt la substance organique environnante. Hornbeck (1) a vu, comme Dutrochet (2), que quand il exposait du sang à l'action d'une pile voltaïque, les globules rouges étaient repoussés par le pôle positif et attirés par le pôle négatif, que l'inverse avait lieu pour la fibrine et les globules incolores , et que le sérum tenait le milieu sous ce rapport. Comme une commotion modérée accroît l'action galvanique entre les muscles et les nerfs (3), il serait possible que l'impulsion du cœur eût le même effet, tandis que , d'après les conjectures de Berres (4) , le sang peut développer de l'électricité lorsqu'il est en contact avec les parois des vaisseaux capillaires.

4° L'endosmose est sous l'influence de l'électricité (§ 833). Elle en dépend, suivant Becquerel (5), parce que, quand deux liquides hétérogènes , séparés par une membrane animale , agissent l'un sur l'autre , il se dégage de l'électricité , après quoi a lieu la pénétration accompagnée d'un changement de composition. D'après cela , l'électricité jouerait aussi un rôle dans la nutrition et la sécrétion. Ainsi , Edwards (6) considère les réactions acides et alcalines comme des effets d'une décomposition galvanique du sang ; Eberle (7) attribue la formation de l'acide du suc gastrique à la polarité galvanique de l'osmazome et de l'albumine du sang, qui, par leur action réciproque, décomposent le sel neutre et mettent l'acide en liberté.

(1) *Diss. de sanguine.* Copenhague, 1832, p. 33-41.
(2) *Mém. pour servir à l'histoire anatomique et physiologique des animaux et des végétaux.* Paris, 1837, t. I.
(3) Humboldt, *Ueber die gereizte Muskel-und Nervenfaser,* t. I, p. 193.
(4) *Medicinische Jahrbuecher,* t. XV, p. 254.
(5) *Annales de chimie,* t. LII, p. 244. — *Traité expér. d'électricité et de magnétisme.* Paris, 1834, t. II.
(6) *De l'influence des agens physiques sur la vie,* p. 575.
7) *Physiologie der Verdauung,* p. 141.

5° Berthold et Weber ont prouvé que l'opposition électrique que Donné disait avoir observée entre la peau et la membrane muqueuse, tient uniquement à l'inégalité de température. Pouillet (1) a trouvé que quand une aiguille d'acier, enfoncée de six lignes dans le bras, était mise en rapport avec un fil de fer tenu dans la bouche et un multiplicateur, l'aiguille aimantée oscillait, mais que ce phénomène n'avait point lieu lorsque l'aiguille et le fil étaient de platine, d'or ou d'argent, que par conséquent l'apparition de l'électricité se rapportait uniquement à l'oxydation du fer. Persoz (2) n'a pas pu non plus découvrir d'électricité dans le corps humain à l'aide du multiplicateur. Cependant ces expériences négatives ne paraissent point être décisives. Gusserow (3) fait remarquer que la grande facilité avec laquelle la substance animale se décompose, dépend de la faiblesse des affinités chimiques qui en retiennent les élémens combinés, et que par conséquent l'électricité ne peut pas avoir beaucoup d'intensité dans l'organisme animal, puisqu'à l'état de liberté elle dépasserait déjà le degré nécessaire à l'action électro-chimique.

6° Chez certains animaux, l'excitation d'une électricité libre est un résultat de l'organisation même, et tellement forte que l'action au dehors de cette électricité leur sert d'arme offensive et défensive. Elle n'a lieu que par une multiplication de l'enchaînement des parties dissimilaires qu'on observe dans tous les organismes animaux qui n'occupent pas les derniers échelons de la série. Plusieurs Poissons, comme les Torpilles, l'Anguille de Surinam, une espèce de Silure et une espèce de Tétrodon, ont à cet effet des organes spéciaux, consistant en des prismes tendineux à cloisons transversales, avec de nombreux vaisseaux sanguins et nerfs qui proviennent de la cinquième ou de la dixième paire cérébrale, ou des nerfs rachidiens, ou du grand sympathique, et un liquide albumineux gras contenu dans les cellules ; de sorte qu'on ne peut méconnaître l'analogie qui existe entre cet appareil et la pile voltaïque. Le sang ne prend aucune part directe au phéno-

(1) *Journal de physiol.* par Magendie, t. V, p. 112.
(2) *Ib.*, t. X, p. 216.
(3) *Loc. cit.*, p. 196.

mène, car l'effet électrique ne diminue pas quand on empêche le sang d'arriver à l'organe, et il persiste même pendant quelque temps encore après qu'on a enlevé le cœur; mais il cesse dès qu'on coupe les nerfs, ou les lobes postérieurs du cerveau, ou la tête, et les décharges sont subordonnées à la volonté de l'animal. Cependant on en observe aussi quand on irrite les nerfs coupés, et même lorsque, quelque temps après la mort, on fait agir de l'électricité artificielle sur le cerveau communiquant encore avec l'organe électrique par le moyen des nerfs. Quoique la nature réellement électrique des effets de cet organe soit démontrée par la propriété qu'il a de déterminer des secousses dans d'autres corps animaux sans éprouver lui-même aucun mouvement, et par la nature des substances qui lui servent de conducteurs ou d'isolateurs, cependant l'électricité y est modifiée d'une manière spéciale. Suivant Humboldt (1), la sensation qu'elle fait éprouver diffère de celle qu'excite l'électricité artificielle; l'organe donne rarement des étincelles crépitantes, auxquelles on devrait pourtant s'attendre d'après la force de ses commotions; il n'exerce non plus ni attractions ni répulsions, comme d'autres corps électriques, et n'agit point sur l'électromètre. D'après cela, on ne doit pas regarder comme d'un bien grand poids les expériences dans lesquelles le corps humain n'a montré aucun des caractères qui signalent ordinairement l'électricité.

III. En admettant que la modalité du conflit organique est électrique, nous sommes fort éloigné de regarder l'électricité comme la cause de la vie. Elle suppose déjà une différence et une pluralité de tissus, qui sont un produit de cette dernière. Elle donne les actions considérées une à une, mais il faut une autre force pour lier ces actions ensemble de manière à en faire sortir l'unité des fonctions de la vie générale. Si, après l'extinction de la vie générale, un reste de vie partielle se maintient dans le cadavre, ce reste montre encore des phénomènes électriques; une fois les nerfs et les muscles morts, l'électrisation ne provoque plus aucun mouvement en eux, et il n'y a point de décharge électrique qui

(1) *Reise in die Æquatorialgegenden*, t. III, p. 299-322.

soit en état de ranimer un cadavre. L'électricité n'est donc point le principe de la vie ; c'est seulement une forme sous laquelle ce principe se manifeste , une forme d'activité , que l'organisme possède en commun avec les corps inorganiques , mais à laquelle néanmoins il imprime une modification particulière.

3. CHALEUR.

a. *Chaleur en elle-même.*

aa. Phénomènes de la chaleur.

§ 994. Les anciens regardaient la chaleur de l'organisme comme le principe vital ; mais ce n'est qu'une force générale de la nature qui se développe d'une manière particulière et avec des modifications spéciales , par l'exercice de la vie et dans l'intérêt de cette dernière.

I. Partout la vie a besoin d'un certain degré de température extérieure : elle s'éteint par une chaleur trop vive , de même que par un froid trop intense. Ce besoin varie beaucoup chez les divers êtres organisés , dont il y a quelques-uns qui ne peuvent vivre qu'à une température très-élevée , tandis que d'autres n'en supportent qu'une basse. Mais leur température propre n'est point déterminée d'une manière absolue par leur entourage ; elle en est indépendante jusqu'à un certain point , et ordinairement elle est plus élevée que celle du milieu extérieur.

En effet, nulle part sur la terre la chaleur n'est assez forte pour qu'aucun organisme n'y puisse subsister , au lieu que, vers les pôles, elle diminue au point de rendre toute vie impossible. De même , généralement parlant , la vie organique est plus active et plus variée dans les contrées et les saisons chaudes que dans les froides. C'est dans ce rapport que s'exprime le caractère de la vie. D'abord , elle dépend jusqu'à un certain point du monde extérieur : elle a besoin d'un entourage approprié , comme aussi du pouvoir de résister aux circonstances défavorables, tant qu'elles n'ont pas par trop d'empire, et de se maintenir dans une certaine indépendance à leur égard. En second lieu , une température la plupart du temps supérieure à celle du milieu extérieur, correspond aux diverses opérations de la vie; condition de leur accomplissement, elle est, à son tour, produite et entretenue par elles, et constitue par conséquent un membre organique de la vie.

1° La chaleur dilate, ramollit, fluidifie, volatilise; elle donne aux humeurs leur fluidité, rend possible leur pénétration dans les parties solides, leur séparation, leur évaporation, leur changement de composition, et procure au sang l'expansion qui lui est nécessaire, aux parties molles la flexibilité et l'extensibilité dont elles ont besoin. En accroissant l'expansion, elle établit un rapport plus intime, un conflit plus vivant entre les différens membres de l'organisme, dont elle fait sortir chacun de son isolement, et dont elle reporte l'activité au dehors. De cette manière, elle fonde non seulement l'activité des forces chimiques et l'action réciproque des différentes substances, mais encore les phénomènes dynamiques de la vie animale, le sentiment et le mouvement; car son influence ayant pour résultat que chaque membre tend à sortir de ses limites et à entrer en jeu dans d'autres, il résulte de là que tous se rapprochent et s'entrelacent au point de donner lieu à une réaction plus vive.

2° Comme l'organisme est un corps qui se détermine lui-même, la vie produit elle-même la chaleur propre qui est la condition de sa manifestation, et elle la produit, en partie par la nature de ses tissus, en partie par le mode de son activité plastique. Quant au premier point, les tissus organiques sont généralement mauvais conducteurs du calorique, c'est-à-dire peu propres à propager des variations de température ayant leur cause déterminante à l'extérieur. En effet, tandis qu'un corps dense résiste davantage à l'action dilatante de la chaleur, et la conduit aussi avec plus de force, un tissu mou, semblable à la plupart de ceux qui constituent la substance animale, cède davantage à l'influence de la chaleur, et l'absorbe en quelque sorte, de manière qu'il a moins de pouvoir pour la propager. Ainsi la vie elle-même crée une épaisse fourrure pour se garantir des rigueurs de l'hiver qui approche (§ 617). Mais, après la mort, le corps se met, bien que lentement, en équilibre avec la température ambiante. La chaleur est donc produite par l'exercice de la vie, et elle est en raison directe de l'énergie de cette dernière. L'œuf susceptible de se développer hors du corps maternel, résiste bien, jusqu'à un certain point, par sa vitalité, à l'influence de la température extérieure (§ 330); mais, à son début, la vie n'est pas encore assez forte pour développer de la chaleur, et comme elle en a cependant besoin pour sortir de son sommeil et entrer en exercice, les rapports naturels sont disposés de telle sorte que de la chaleur extérieure est communiquée, tant à l'œuf et à l'embryon (§ 358, I) qu'au nouvel individu dégagé de ses enveloppes (§ 517, II). La chaleur du dehors est également une condition de la procréation, et la favorise (§§ 243, 1°; 245, 2°; 296, 1°).

II. La production de chaleur ne manque à aucun des degrés de l'échelle organique.

1° Elle est rarement perceptible chez les végétaux. La différence de température entre ces derniers et l'air, dépend surtout et du peu de pouvoir conducteur de la substance végétale, et de l'immersion des racines dans le sol, dont la température varie moins que celle de l'air. La température de l'intérieur d'un tronc d'arbre est plus élevée que celle de l'atmosphère en été, et plus basse en hiver : la différence est ordinairement d'un degré environ, mais elle va quelquefois bien au-delà : ainsi, d'après Salomé, elle ne variait qu'entre neuf et dix-neuf degrés, tandis que les variations de celle de l'air se trouvaient comprises entre deux et vingt-six degrés ; Schubler (1) l'a trouvée de —1,75 par un froid de treize degrés au-dessous de zéro, et de seize à dix-neuf degrés par une chaleur de vingt-quatre degrés. Elle est plus élevée le matin, plus basse à midi et le soir que celle de l'air, et comme cette différence a lieu aussi en hiver, elle ne saurait dépendre de la transpiration des feuilles (2). Mais Schubler (3) ayant trouvé

____

(1) *Untersuchungen ueber die Temperaturverænderungen der Vegetabilien*, p. 9.
(2) Halder, *Beobachtungen ueber die Temperatur der Vegetabilien*, p. 5.
(3) *Loc. cit.*, p. 6, 8, 13.

la différence entre la température végétale et celle de l'atmosphère d'autant plus considérable que l'arbre était plus gros, qu'on y plongeait le thermomètre plus près de terre, et que la température extérieure avait varié avec plus de rapidité, il considère la chaleur des végétaux comme l'unique résultat d'une faculté conductrice du calorique très-peu développée et des connexions avec le sol ; cependant il fait remarquer que les troncs morts diffèrent à cet égard des troncs vivans, bien que d'une quantité fort peu considérable. Vrolik (1) a trouvé la température plus basse dans l'intérieur d'une feuille de plante grasse qu'à l'air extérieur , et il a vu des feuilles qui résistaient au froid de l'hiver se geler promptement lorsqu'elles avaient été écrasées. La différence de température que Hermbstedt avait observée dans les navets, les carottes, etc., tient uniquement , selon Gœppert (2) , au peu de conducibilité de la substance végétale. Mais une élévation de température de deux à vingt degrés R. a été fréquemment observée dans les fleurs, non seulement de plusieurs espèces d'*Arum* (§ 247,6°), mais encore de diverses autres plantes, telles que le *Colocasia odora*, le *Bignonia radicans*, etc. Gœppert (3) a découvert aussi que, pendant la germination des graines et des tubercules, il se développe une chaleur qui dépasse quelquefois la température extérieure d'environ quinze degrés R., que ce phénomène a lieu aussi dans des plantes où il s'est déjà développé du sucre et dont la végétation a été quelque temps interrompue, qu'on ne l'observe point quand les graines ont été contuses ou traitées par l'alcool , et qu'en conséquence la chaleur n'est pas produite ici par une opération purement chimique. Enfin il s'est convaincu aussi que de la chaleur se dégage pendant toute la durée de l'accroissement; car le thermomètre, placé auprès de plusieurs petites plantes très-serrées les unes contre les autres, s'y élevait d'un à deux degrés

(1) Comparez Reil , *Archiv* , t. III, p. 394. — Raspail, *Nouv. système de physiol. végétale*. Paris, 1837, t. II, p. 355.

(2) *Ueber die Wærmeent wiekelung in den Pflanzen*. Breslau , 1830, p. 164.

(3) *Ueber Wærmeentwickelung in der lebenden Pflanze*. Vienne , 1832.

R. au-dessus de la température atmosphérique. Dutrochet (1) a également démontré, à l'aide de la thermo-électricité, qu'il se produit de la chaleur chez les végétaux.

2° La chaleur a été refusée aux animaux sans vertèbres, ainsi qu'aux Poissons et aux Reptiles, par Treviranus entre autres (2). Si Péron a trouvé une température supérieure de trois degrés à celle de la surface de la mer, dans des amas de Polypes retirés des profondeurs de l'Océan, on pourrait penser que cette chaleur avait été communiquée par le fond de la mer. Mais Spallanzani a reconnu que si un seul Limaçon n'influait pas sur le thermomètre, plusieurs réunis le faisaient monter d'un tiers de degré à un demi-degré. Suivant Hunter (3), il s'éleva de 2,25 degrés F. au milieu de quatre Limaçons, d'un degré au milieu de plusieurs Sangsues, et de deux degrés au milieu de plusieurs Lombrics. Pfeiffer a trouvé la température de la Moule des étangs supérieure de 0,25 degrés R. à celle de l'eau, et Rudolphi (4) celle de l'intérieur du corps d'une Écrevisse plus élevée d'environ six degrés que celle de l'air. Huber, Juch, Rengger, Nobili, Melloni, J. Davy, Newport et Berthold ont démontré qu'il se produit de la chaleur chez les Insectes. Au dire de Berthold (5), la température de cinquante Scarabées était de 0,25 à 0,75, celle de soixante chenilles de 0,5 à 1,5, celle de trente Bourdons de un à deux degrés, celle d'une ruche de sept degrés R. supérieure à celle de l'atmosphère.

3° On avait depuis long-temps déjà observé (6), et les modernes ont constaté de nouveau, que les animaux vertébrés à sang froid ne sont pas totalement dépourvus de chaleur propre. Hunter a remarqué que l'eau qui entoure immédiatement un Poisson gèle plus tard, et que la température est plus élevée

(1) *Comptes-rendus des séances de l'Acad. des sc.*, t. VIII, p. 908. — *Mém. anat. et phys. sur les végétaux et les animaux*, t. I.

(2) *Biologie*, t. V, p. 19.—*Die Erscheinungen des Lebens*, t. I, p. 416.

(3) *Observations on certain parts of the animal œconomy*, p. 105.

(4) *Grundriss der Physiologie*, t. I, p. 173.

(5) *Neue Versuche ueber die Temperatur der kaltbluetigen Thiere.* Gœttingen, 1835, p. 35.

(6) Haller, *Elem. physiol.*, t. II, p. 28.

d'environ 3,5 degrés F. dans l'estomac d'une Carpe qu'elle ne l'est dans l'eau. Despretz (1) évalue la différence à 0,78 C. pour les Tanches et 0,86 pour les Carpes. J. Davy (2) a observé que la température était supérieure à celle de l'eau de 0,2 chez un Poisson volant, de 1,1 chez une Truite, de 1,3 entre les muscles de la queue d'un Squale, et de dix degrés dans la chair d'une Bonite. Suivant Becquerel et Breschet (3), une Carpe avait un demi-degré centigrade de chaleur de plus que l'eau. La même chose a lieu chez les Reptiles. La température de l'air était inférieure de quatre degrés à celle de l'estomac d'une Grenouille, et de dix à celle d'une Vipère, d'après Hunter(4). Edwards dit qu'à quinze degrés centigrades, la température des Grenouilles est plus élevée d'un degré et demi à deux degrés (5). J. Davy a trouvé la chaleur des Lézards supérieure de 1,2 C., celle des Tortues de 0,9 3,9 , celle des Serpens de 1,1-3,9, à la chaleur du dehors. Berthold (6) a fait des observations analogues ; cependant il a remarqué qu'on peut aisément être induit en erreur, les Reptiles ne prenant la température du milieu extérieur qu'avec une lenteur extrême , et parfois seulement au bout de plusieurs heures.

4° La chaleur propre des Oiseaux est de trente à trente-cinq degrés R. ; c'est chez les Palmipèdes qu'on trouve la plus faible proportionnellement, et chez les Passereaux qu'elle est le plus élevée. Elle est de vingt-huit à trente-deux degrés R chez les Mammifères, et chez l'homme, terme moyen, de vingt-neuf à vingt-neuf et demi.

§ 995. Il se développe donc de la chaleur partout où la vie existe. Mais comme nous ne pouvons pas partager l'opinion des anciens, qui la croyaient identique avec le principe de la vie, de même nous ne saurions nous contenter d'une explication générale qui se borne à dire qu'elle est engen-

(1) *Annales de chimie*, t. XXVI, p. 338.
(2) *Ib.*, t. XXXIII, p. 194.
(3) *Archives générales*, 2ᵉ série, t. VIII, p. 255.
(4) *Loc. cit.*, p. 30.
(5) *Loc. cit.*, p. 193.
(6) *Loc. cit.*, p. 40.

drée par la force vitale. En effet, quoique son essence entre dans l'idée de la vie, celle-ci ne peut cependant la produire que par l'intervention des forces générales de l'univers.

I. La chaleur, considérée d'une manière générale, est une force expansive dégagée de tout conflit avec la force contractive. En effet, elle est produite par toutes les circonstances dans lesquelles il y a contraction ;

1° Mécaniquement, par la pression, le frottement, le choc, la percussion ;

2° Chimiquement, par tout conflit de substances hétérogènes affines, qui fait disparaître la différence existante entre ces substances, épuise leur force chimique et opère une condensation ;

3° Dynamiquement, par l'action coërcitive de la terre sur la lumière solaire, et par les conflits des électricités positive et négative qui rencontrent des obstacles à leur neutralisation réciproque.

Pour déterminer quelle est la manière dont la chaleur se développe dans la vie, il faut avoir égard aux différens rapports de cette dernière, en tant qu'ils influent sur le degré de chaleur, et d'abord à ceux de localité.

II. Comme le corps organisé est, à de rares exceptions près, plus chaud que les corps qui l'entourent, il doit les échauffer, et perdre lui-même de la chaleur dans les points par lesquels il est mis en contact avec eux. Il doit donc avoir une température plus élevée dans son intérieur qu'à sa surface, de manière que la chaleur engendrée par lui s'écoule continuellement du dedans au dehors.

III. Par conséquent, la température est plus élevée dans les espaces intérieurs.

1° Le sang de l'homme a une chaleur de trente à trente-un degrés R. ; celui qui coule d'un vaisseau cutané est moins chaud de quelques degrés.

2° Becquerel et Breschet ont trouvé la température des muscles du bras de 29,33 degrés R., et, terme moyen, plus élevée de 1 à 1,7 degré que celle du tissu cellulaire sous-cutané, qui est plus rapproché de la surface du corps, et qui reçoit moins de sang.

3º La chaleur est plus élevée dans l'intérieur des cavités revêtues de membranes muqueuses qu'à leur entrée. Hunter (1) introduisit un thermomètre dans l'urètre, et trouva qu'il marquait 26,6 degrés à un pouce de profondeur, 27,1 à deux pouces, 27,5 à quatre pouces, et 28,8 R. au bulbe. Dans le rectum, la température est la plupart du temps de vingt-neuf degrés et demi ; elle est telle aussi dans la bouche, au dessous de la langue, tandis qu'au dessus de cet organe, elle est moins élevée, à cause de l'air inspiré. Les expériences de Beaumont ont constaté qu'elle est de 30,2 degrés dans l'estomac.

4º La température de l'haleine est, suivant Martin, de vingt-six à vingt-sept degrés, celle de l'urine et du lait, à leur sortie du corps, de 28,6 degrés R., en général.

5º Elle est plus élevée dans le pli des articulations que de l'autre côté ; on l'a trouvée de vingt-deux degrés à l'aisselle, et de vingt-huit au jarret.

IV. Une partie rapprochée du milieu de la longueur du corps, et dont la masse est considérable en proportion de la surface qu'elle présente, est plus chaude qu'une autre partie moins épaisse et plus rapprochée des extrémités.

1º D'après les observations que Martin a faites durant toute une année, la température de la surface extérieure était, au bas-ventre de vingt-huit à trente degrés R., à la poitrine de 26,4 à 29,6, à la main de 23,2 à 29,6, au pied de seize à vingt-sept. J. Davy (2) a trouvé au dessus de l'ombilic vingt-huit degrés, à la poitrine 27,1 à 27,5, à la cuisse 27,5, à la jambe 26,2 à 27,1, au milieu de la plante du pied 25,7.

2º C'est dans les organes qui touchent immédiatement au diaphragme que la température est le plus élevée. Ainsi, d'après Hunter (3), elle était, chez un Chien, de 30,4 dans le rectum, de 30,5 dans la substance du foie, de 30,6 dans l'estomac et le ventricule droit ; chez un Muscardin engourdi(4),

(1) *Observations on certain parts of the animal œconomy*, p. 95.
(2) Meckel, *Deutsches Archiv*, t. II, p. 313.
(3) *Loc. cit.*, p. 102.
(4) *Loc. cit.*, p. 98.

de dix-neuf degrés au milieu de la cavité abdominale vingt-un au-dessous du diaphragme, et vingt-deux au foie. J. Davy (1) l'a trouvée, chez un Agneau tué depuis un quart d'heure, de trente-deux degrés dans le milieu du cerveau, 32,2 dans le rectum, 32,4 à la face inférieure du foie et dans le ventricule droit, 33 dans la substance du foie et du poumon, 33,3 dans le ventricule gauche. On conçoit d'après cela, comment l'homme que Currie (2) exposa tout nu au froid se plaignit principalement de sensations désagréables au creux de l'estomac, et pourquoi l'application d'une vessie pleine d'eau chaude sur cette région fut ce qui lu procura le plus de soulagement.

3° Une différence analogue a lieu entre les vaisseaux sanguins, suivant qu'ils sont plus ou moins rapprochés du cœur. Becquerel et Breschet ont trouvé la carotide plus chaude de 0,15 degrés que l'artère crurale, et la veine jugulaire externe de 0,30 que la veine crurale.

bb. Causes de la chaleur.

§. 996. On pourrait présumer d'après cela que la chaleur a sa source proprement dite dans les organes qui touchent immédiatement au diaphragme, et qu'elle ne fait que se communiquer de là aux autres parties du corps. En effet, on a cru trouver cette source tantôt dans l'estomac, tantôt dans le cœur ou les poumons.

I. Hunter regardait comme une chose très probable que l'estomac est le centre de la chaleur animale. Rigby, avant lui, avait fait provenir cette dernière de la digestion, qui ne lui semblait être qu'un travail de fermentation. Plus tard, Hermbstaedt l'attribua à la décomposition de l'eau dans l'estomac, et au passage de l'oxygène de la forme liquide à la forme solide.

1° On allègue encore, à l'appui de cette hypothèse, que la

(1) *Loc. cit.*, p. 314.
(2) *Philos. Trans.*, 1792, p. 243.

IX.   40

sensation de chaleur part de la région épigastrique, que la chaleur diminue quand la digestion s'accomplit mal, ou après l'usage des purgatifs, que les alimens et les boissons de nature stimulante l'accroissent, que manger réchauffe le corps et le met à l'abri de la congélation, qu'une nourriture trop abondante, surtout animale, échauffe trop et prédispose aux inflammations, et que la peau, comme organe expansif de la chaleur, fait antagonisme, sous ce rapport, à l'estomac, dont, au contraire, les connexions sympathiques avec l'encéphale sont cause que les émotions morales accroissent la chaleur du corps.

2° Plusieurs de ces argumens sont trop insignifians pour mériter qu'on s'y arrête; mais, à part même leur faiblesse, on doit rejeter l'explication, parce que l'énergie de la digestion n'est point en raison directe de la chaleur animale. Les animaux à sang froid sont placés bien plus bas au dessous des animaux à sang chaud sous le rapport de leur chaleur propre que sous celui de leur faculté digestive. Newport (1) nous apprend que la température d'une Chenille qui consomme, en vingt-quatre heures, trois fois son propre poids d'alimens, est de 0,9 a 1,5 degré F., tandis que celle du Papillon, dont la digestion se réduit presqu'à rien, monte jusqu'à cinq ou dix degrés. Beaumont (2) a trouvé, en introduisant un thermomètre dans la fistule gastrique, que la température de l'estomac ne s'élevait pas pendant la digestion. Par conséquent si, comme l'a observé Martin, la température de l'homme à jeun est inférieure à celle de l'homme qui a mangé, qui surtout a pris des alimens confortans et stimulans, cet effet ne tient point à l'action de l'estomac, mais à l'état général de l'excitement. Au reste, il est ordinaire qu'on éprouve des frissons au début de la digestion, et si de la chaleur se fait sentir alors, c'est toujours un phénomène de maladie. Les observations faites par J. Davy (3), sur des peuples divers, ont eu pour résultat que la température de l'homme demeure

(1) Froriep, *Neue Notizen*, t. IV, p. 229.
(2) *Neue Versuche ueber den Magensaft*, p. 45, 91.
(3) *Annales de chimie*, t. XXXIII, p. 181.

la même, qu'il vive de viande, ou de végétaux, ou d'alimens mixtes.

II. La chaleur s'engendrerait dans le cœur, suivant Platon, par le bouillonnement du sang; d'après Sylvius, par la fermentation résultant du mélange du sang de la veine cave supérieure, rendu acide par la lymphe affluente, avec celui de la veine cave inférieure, auquel des matériaux, provenant de la bile ont procuré le caractère alcalin; selon Willis, par la combinaison du soufre contenu dans les alimens avec le sel provenant du ferment de l'estomac. Il y a long-temps déjà qu'on a démontré que toutes ces hypothèses n'ont aucun fondement. L'expérience a appris que le cœur ne peut point être considéré comme le foyer de la production de la chaleur, puisque, d'après les observations de J. Davy (1), la température du ventricule droit n'est que de 32,8 degrés R., tandis que celle du parenchyme hépatique et pulmonaire s'élève à 33 : ces mêmes expériences ayant fait voir que la température du ventricule gauche et du sang de la carotide est de 33,3 degrés, elles établissent que c'est au sang artériel qu'on doit rapporter la cause de la chaleur.

III. Ceci nous conduit à l'hypothèse suivant laquelle la chaleur est produite dans les poumons. Haller, entre autres, fut conduit à cette théorie (2) par la considération de deux faits, savoir que le sang échauffe l'air dans la respiration, et que le sang artériel n'est pas plus froid que le sang veineux.

1° Stahl attribuait le phénomène à la condensation du sang. Crawford, insistant sur l'analogie, déjà entrevue jadis et reproduite par Priestley, entre la combustion et la respiration, soutint que cette dernière fonction est la source de la chaleur animale. Lavoisier, dont les recherches firent mieux connaître les phénomènes chimiques de la respiration et de la combustion, s'occupa aussi des causes auxquelles la chaleur doit être rapportée. Il la fit d'abord provenir uniquement de ce que

(1) Meckel, *Deusches Archiv,* t. II, p. 314.
(2) *Elem. physiol.,* t. III, p. 346.

l'oxygène, qui s'unit au carbone du sang pendant la respiration, laisse dégager, en perdant sa forme de gaz, la chaleur par laquelle il était constitué à l'état de fluide aériforme. Mais plus tard, après avoir calculé avec Laplace la quantité de l'acide carbonique produit par la respiration, recherché combien il se fond de glace pendant la formation d'une certaine quantité de cet acide, et comparé le résultat tant avec le degré de la chaleur animale qu'avec son pouvoir dissolvant de la glace, il trouva que la formation de l'acide carbonique dans la respiration ne suffirait pas pour donner naissance au degré existant de chaleur; en conséquence il admit que le surplus de cette dernière vient de la combustion de l'hydrogène. Despretz (1) a fait des recherches plus exactes encore sur le degré de chaleur qui se développe pendant la combustion d'une quantité donnée de carbone et d'hydrogène, ainsi que sur celle de l'acide carbonique et de l'eau qui sont expirés; le résultat de plus de deux cents expériences a été que si de l'acide carbonique et de l'eau se produisent par combustion dans la respiration, il ne peut provenir de cette source que 0,7 à 0,9 de la chaleur réelle du corps animal, dont il reste par conséquent 0,1 à 0,3 qui doivent prendre naissance ailleurs que dans les poumons. Des recherches analogues de Dulong (2) avaient établi que la formation de l'acide carbonique dans la respiration produit 0,49 à 0,55 de la chaleur des animaux carnivores, et 0,65 à 0,75 de celle des herbivores, et que bien qu'il s'y joigne aussi une formation d'eau, la respiration n'engendre cependant, au total, que 0,69 à 0,80 de la chaleur animale.

2° Mais toute cette théorie s'écroule devant la preuve péremptoire qu'il ne se produit pas d'acide carbonique ni d'eau dans les poumons, et que ces substances y sont seulement dégagées du sang veineux qui les contenait (§ 875 10°; 974 4° — 10°). On ne remarque non plus aucun dégagement de chaleur quand du sang veineux, exposé au contact de l'air

_____

(1) *Annales de chimie*, t. XXVI, p. 338.
(2) *Journal de* Magendie, t. III, p. 50.

atmosphérique, exhale du gaz acide carbonique et absorbe du gaz oxygène.

3° Brodie (1) décapita des animaux, après leur avoir lié les vaisseaux du cou, ou leur coupa la moelle épinière, ou enfin leur inocula, soit du woorara, soit de l'acide cyanhydrique, et trouva que la respiration artificielle, bien qu'elle fît continuer la circulation, n'entretenait pas la chaleur animale, qu'au contraire celle-ci baissait plus rapidement encore que chez d'autres animaux récemment mis à mort, mais dans les poumons desquels on n'insufflait pas d'air. Cependant Hale (2) a bien remarqué qu'un animal soumis à la respiration artificielle d'un air très-froid, après avoir été mis à mort par la section de la moelle épinière, se refroidissait plus vite qu'un autre abandonné à lui-même après sa mort; mais il a rencontré aussi des cas où, dans l'espace d'une heure, la chaleur diminue de dix degrés F. seulement, sous l'influence de la respiration artificielle, et de quatorze degrés et demi sans cette influence. Gamage (3) Emmert (4), Westrumb (5) et Williams ont reconnu que la respiration artificielle ralentit un peu le refroidissement des animaux tués par la section de la moelle épinière. Krimer (6) a trouvé que cette respiration diffère beaucoup de la respiration naturelle, et qu'elle diminue la chaleur, même chez les animaux bien portans. D'après les observations de Wilson (7), les animaux chez lesquels on a pratiqué la section de la portion cervicale de la moelle épinière se refroidissent plus vite, lorsqu'on leur a soufflé de l'air dans les poumons à plusieurs reprises plus ou moins rapprochées, que dans le cas contraire. De tous les physiologistes, Legallois (8) est celui qui a le plus aprofondi cette question, et voici quels sont les résultats auxquels il est

---

(1) Reil, *Archiv*, t. XII, p. 140.
(2) Meckel, *Deutsches Archiv*, p. 211.
(3) *Medicinisch-chirurgische Zeitung*, 1818, t. II, p. 242.
(4) Meckel, *Deutsches Archiv*, t. I, p. 484.
(5) *Ib.*, t. II, p. 533.
(6) *Physiologische Untersuchungen*, p. 176.
(7) *Ueber die Getsetze der Functionen des Lebens*, p. 161.
(8) *OEuvres*, Paris, 1824, t. II, p. 1-91.

arrivé. Les animaux auxquels on tranche la tête, ou coupe la moelle épinière immédiatement derrière l'os occipital, se refroidissent d'ordinaire un peu plus vite par l'effet de la respiration artificielle que quand on n'a pas recours à ce moyen; cependant la différence est tout au plus de deux degrés R. au bout d'une heure et demie. Mais il faut prendre en considération que, la respiration artificielle entretenant la circulation du sang, la transpiration est plus forte, et qu'en conséquence il se perd davantage de chaleur, outre que les conditions dans lesquelles on place ainsi l'animal ne sont point normales. En effet, chez des Lapins vivans qu'on s'était contenté de lier couchés sur le dos, la chaleur diminua d'un à 2, 4 degrés R., dans l'espace d'une heure et demie, parce que la respiration avait été gênée; cependant les animaux consommaient quelquefois autant et même un peu plus plus d'oxygène qu'à l'état de liberté, surtout lorsque les liens étaient peu serrés, l'air chaud, et le temps serein.

4° L'air s'échauffe dans les poumons, et quand on s'est échauffé beaucoup, on éprouve du soulagement en faisant de profondes inspirations. C'est pourquoi les anciens, Platon et Aristote entre autres, attribuaient une influence rafraîchissante à la respiration. Cet effet ne saurait tenir au passage de l'acide carbonique de l'état liquide à l'état gazeux, parce que la quantité de ce gaz est moindre que celle de l'oxygène qui passe de l'atmosphère dans le sang. On ne peut donc s'en prendre qu'à la transpiration pulmonaire; mais celle-ci n'est à celle de la peau que comme 1 : 1,57 (§ 817, 6°), en sorte que le rafraîchissement ne peut s'accroître qu'autant que l'air est renouvelé plus souvent, et que les poumons s'en débarrassent aussitôt qu'il s'est échauffé. Comme la température demeure la même dans les poumons, la perte doit être compensée par quelque chose; mais une seule vérité ressort de là, c'est que la chaleur ne se produit pas moins dans les poumons que dans d'autres organes.

5° Si les poumons avaient pour fonction exclusive de produire de la chaleur, la température devrait y être plus élevée que partout ailleurs. Nous n'attacherons aucune importance aux observations faites par Brodie (1), qui dit que la température y était de 0,9 à 1,3 degré R. moindre que dans la cavité abdominale, car Hale l'a trouvée, au contraire, plus élevée d'un demi-degré. Mais Davy, qui n'a pris aucune part à la discussion sur la production de la chaleur animale dans les poumons, a remarqué dans ces organes la même température que dans le foie.

6° Le plus fort argument qu'on puisse alléguer en faveur de la production exclusive de la chaleur dans les poumons, c'est que, non-seulement le sang artériel est plus chaud que le sang veineux (§ 751, 2°), mais encore le ventricule gauche du corps a une température qui dépasse celle de toutes les autres parties du corps, comme l'a observé Davy (2). Saissy (3) avait également remarqué, chez différens animaux, que la chaleur de l'oreillette pulmonaire l'emportait toujours d'un demi-degré R. sur celle du ventricule aortique. Suivant Becquerel et Breschet, le sang artériel est plus chaud que le sang veineux de 0,7 à 0,8 degré R.

7° Mais, si nous réfléchissons que la température varie souvent beaucoup, dans les diverses parties du corps, sans que les circonstances extérieures exercent aucune influence à cet égard, que, par exemple, elle baisse dans les membres paralysés, croît dans les organes enflammés, devient plus forte à la paume des mains et à la plante des pieds dans la fièvre hectique, augmente à la tête et diminue aux pieds dans le coryza, nous demeurerons convaincus que c'est dans tout l'organisme, et non dans une seule de ses régions, qu'a lieu le dégagement de la chaleur, et que la formation du sang artériel par la respiration n'est qu'une condition de ce dégagement.

§ 997. Le degré de la chaleur animale correspond toujours à l'activité et à l'énergie de la vie.

1° La chaleur est plus considérable chez le nouveau-né (§ 517, 4°, 5°; 534, 4°); elle augmente pendant les progrès de la vie (§ 539, 2°; 556, 3₀), et baisse dans l'âge avancé (4)

---

(1) *Loc. cit.*, p. 140, 144.
(2) Meckel, *Deutsches Archiv*, t. II, p. 314.
(3) *Rech. sur les animaux hybernans*, p. 59.
(4) *Recherches sur les maladies de la vieillesse* (Mém. de l'Acad. Roy. de médecine, Paris, 1840, t. VIII, p. 1 et suiv.).

(§ 588, 4°). Despretz (1) l'a trouvée de 28 degrés R. après la naissance, 29,4 à dix-huit ans ; 30 à trente ans, et 29,6 à soixante-huit.

2° Martin a reconnu qu'elle est moindre d'un degré à un degré et demi chez les sujets d'un tempérament phlegmatique.

3° Il a remarqué aussi que le bas-ventre devenait plus chaud de quelques degrés, sous l'influence des purgatifs, avant qu'il eût paru d'évacuations. Toute stimulation élève également la température de la partie sur laquelle elle agit. La production de la chaleur est déterminée aussi par la constitution plus ou moins excitante de l'atmosphère. Beaumont (2) a trouvé la température de l'estomac de 27 à 28 degrés R. par un temps couvert et humide, de 30, au contraire, par un temps clair et chaud.

4° Une augmentation de la chaleur par tout le corps s'observe chez les animaux en rut (§ 247, 6°), et pendant l'accouplement (§ 283, 2°); il s'en opère une locale dans l'incubation (§ 346, IV), la grossesse (§ 346, 4°), la dentition (§ 543, 5°). Suivant Martin, le lait d'une Chèvre était à 29,5 degrés R. pendant le rut, et à 28 pendant la gestation. La température de la matrice était, selon Granville (3), de 33,7 degrés R. pendant l'accouchement normal, et de 32,4 après la délivrance, de 30,2 dans une fausse-couche à sept mois, de 28,2 dans un accouchement par le forceps, de 39,1 pendant les fortes douleurs, et de 34,6 après la sortie de l'enfant. Elle était de 36,8 degrés à la suite d'un accouchement laborieux.

5° Hunter a observé une élévation de chaleur moins considérable qu'il ne s'y attendait dans des parties d'animaux où il avait déterminé de l'inflammation. Des linges imbibés d'eau à 7 degrés F., et appliqués sur des glandes enflammées, avaient une température de 25 degrés quand on les retira. Suivant Thomson (4), la température du sang s'élève quelquefois à

---

(1) *Annales de chimie*, t. XXVI, p. 338.
(2) *Loc. cit.*, p. 90.
(3) Home, *Lectures*, t. V, p. 200.
(4) *Traité médico-chirurgical de l'inflammation*, Paris, 1827, in-8°.

34 degrés R. dans les maladies inflammatoires (1). Ce liquide se refroidit plus lentement à l'air, selon Lauer (2). Dans les fièvres, la température du corps s'élève parfois de quelques degrés (3). Parrot a trouvé, dans une fièvre intermittente légère, que le rapport de la température, pendant la période du froid, était à celle de la période du chaud :: 22,5 : 29,5 à la main, :: 26 : 30 dans la bouche, :: 29 : 32 à la poitrine. Martin a observé, pendant le froid, 20,8 degrés R. à la main, et 28,8 à la poitrine; pendant la chaleur, 33,5 à la main; pendant la sueur, 25,5 à la main, 27,2 à la poitrine, et 28,8 dans l'urine. La chaleur baisse au moment de la mort (§ 633, 9°). Krimer (4) dit avoir vu la température s'accroître immédiatement avant la mort, chez des animaux auxquels il avait enlevé le cervelet.

6° Certains cadavres se refroidissent avec tant de lenteur, qu'il semble qu'une vie simplement partielle soit capable de développer encore un peu de chaleur (§ 634). J. Davy a ouvert plusieurs cadavres de jeunes gens, deux à six heures après la mort; la température, sous le ventricule aortique, était de vingt-cinq à trente-six degrés R., c'est-à-dire de huit à dix-sept degrés supérieure à celle de l'air. Celle au-dessous du foie était de vingt-quatre à trente-cinq degrés : cependant les maladies qui avaient amené la mort ne permettaient de tirer aucune conclusion relativement à la cause de ces phénomènes (5). Dehaen a également observé des cadavres dont, quinze heures après la mort, la température de la surface dépassait encore de neuf à dix degrés R. celle de l'air.

§ 998. I. Comme il se dégage de la chaleur dans toutes les parties vivantes, mais que le sang est ce qu'il y a de commun dans toutes ces parties, et que l'harmonie entre les circonstances de la vie et l'intensité de la chaleur animale peut être rapportée à un plus ou à un moins d'énergie de la vie du

(1) Krimer, *Versuch einer Physiologie des Blutes*, p. 245.
(2) *Literarische Annalen der Heilkunde*, t. XVIII, p. 282.
(3) Voyez Bouillaud, *Clinique médicale de l'hôpital de la Charité*. Paris, 1837, t. II. p. 166.
(4) *Physiologische Untersuchungen*, p. 158, 173, 556.
(5) *Medicinisch-chirurgische Zeitung*, 1830, t. III, p. 380.

sang, c'est dans ce dernier que nous devons chercher le siége de la production de la chaleur. En effet, le sang, surtout l'artériel, paraît être ce qu'il y a de plus chaud dans le corps, ce qui fait aussi que, quand une hémorrhagie interne arrive, on éprouve un sentiment de chaleur plus forte qu'à l'ordinaire dans les parties touchées par le liquide qui s'épanche.

1° Plus un organe reçoit de vaisseaux sanguins, plus il est chaud; la fraîcheur du nez, dans l'épistaxis, que Hunter (1) allègue contre cet axiôme, tient au peu d'épaisseur de la peau et à l'abondance de la transpiration; là où se trouvent de gros vaisseaux, et où la masse du sang est considérable, la peau sous-jacente a une température plus élevée. Ainsi J. Davy (2) a trouvé 27,1 degrés R. au-dessus de la sixième côte droite, et 27,5 au-dessus de la gauche, dans l'endroit où le cœur bat; 27,5 au milieu de la cuisse, et 28,6 à l'aine; 26,4 au milieu du tibia, et 27,1 au milieu du mollet. Suivant qu'une partie reçoit plus ou moins de sang qu'à l'ordinaire, et qu'elle rougit ou pâlit, sa chaleur augmente ou baisse; l'engourdissement des doigts, qui provient de la vacuité passagère des vaisseaux, est accompagné de froid. Lorsqu'on lie l'artère d'une partie, la chaleur de celle-ci diminue; ainsi, par exemple, la température d'une cuisse atteinte d'anévrysme était de vingt-sept degrés R.; dix minutes après la ligature de l'artère crurale, elle n'était plus que de vingt-quatre, et une demi-heure plus tard de vingt-trois (3). Chez les animaux auxquels Chossat (4) liait l'aorte au-dessus du diaphragme, la chaleur baissait d'environ deux degrés en une heure.

2° Le pléthore est accompagné d'une élévation de la température, qui diminue, au contraire, lorsque l'hématose s'exécute mal, on qu'il y a eu perte de sang. Dans un cas de fièvre, par exemple, la chaleur, après une saignée, tomba rapidement de trente-un à vingt-six degrés, et même à vingt-deux lorsque survient une défaillance (5): pendant une sai-

(1) *Observations on certain parts of the animal œconomy*, p. 91.
(2) Meckel, *Deutsches Archiv*, t. II, p. 313.
(3) Home, *Lectures*, t. V, p. 201.
(4) *Annales de chimie*, t. XVI, p. 48.
(5) Rudolphi, *Grundriss der Physiologie*, t. I, p. 186. — Bouillaud, *Clinique médicale*, t. II, p. 167.

gnée , elle baissa d'un degré et demi , et le lendemain encore elle était moindre que par le passé. Quand Busch faisait périr un Chien et lui ouvrait l'aorte verticale (1), la température du rectum tombait en cinq minutes de 30,6 degrés R. à 28,8 , et elle n'était plus que de 26,6 au bout d'une demi-heure.

3° Mais tous ces effets ne peuvent avoir lieu qu'à la condition d'un certain rapport entre le sang et l'activité vitale. L'accumulation du sang épanché dans les contusions n'occasione pas de chaleur , comme elle fait dans l'inflammation. Un membre dont la principale artère est liée , devient , au bout de quelque temps , plus chaud que celui du côté opposé, parce que, bien qu'il reçoive au total moins de sang , ses vaisseaux capillaires sont plus remplis par les branches collatérales, et que ce surcroît les stimule davantage , à la suite du vide qui vient de s'opérer en eux (2). De même, il arrive quelquefois que la chaleur, qui avait diminué immédiatement après une saignée, devient, au bout d'une ou plusieurs heures, plus forte qu'elle ne l'était auparavant, attendu que, quand la masse du sang se trouve diminuée un peu , la vie de ce liquide acquiert plus d'énergie et le pouls s'élève ; mais si , en général, la chaleur est en raison directe de la plénitude et de la fréquence du pouls , de sorte qu'on la trouve ordinairement plus forte le soir que le matin, cependant il n'est pas rare de rencontrer des exceptions à cette règle , par exemple , dans certaines fièvres qui ont pour point de départ, non pas précisément le système sanguin, mais une affection nerveuse : une opération plastique anormale locale peut , quoique le pouls soit petit , déterminer un développement extraordinaire de chaleur , comme Dehaen l'a observé , par exemple , dans un cas de cancer au sein ; de même aussi la température peut demeurer la même dans une partie, malgré l'excitation du système vasculaire, car Hunter , entre autres (3), a vu la chaleur du rectum ne point changer, quoique le nombre des pulsations fût monté de soixante-treize à quatre-vingt-sept par

(1) *Experimenta quœdam de morte*, p. 21.
(2) *Deutsches Archiv*, t. III, p. 428.
(3) *Observations on certain parts of the animal œconomy*, p. 98.

l'effet d'un souper copieux, largement arrosé de vin. Brodie (1) a trouvé que la respiration artificielle, chez les animaux décapités, ne produisait pas de différence notable dans le refroidissement, soit qu'il laissât persister la circulation, soit qu'il l'arrêtât par une ligature placée à la base du cœur.

II. On a tenté plus d'une fois d'expliquer la production de la chaleur dans le système sanguin par des causes mécaniques. Les iatro-mathématiciens l'attribuaient au frottement du sang contre les parois du cœur et des artères, ainsi qu'à celui des globules du sang les uns contre les autres. Ils se fondaient sur ce que la chaleur dépend de la circulation, sur ce que la température s'accroît par le mouvement et les frictions faites à la peau, enfin, sur ce qu'il y a concordance entre le degré de cette chaleur et la densité des liquides. Mais on leur a objecté que les circonstances mécaniques de la circulation n'ont aucune analogie avec celles au milieu desquelles le frottement fait naître un égal degré de chaleur, et qu'en outre elles ne présentent pas, chez les animaux vertébrés et sans vertèbres, des différences aussi grandes que celles qu'elles devraient offrir pour que la température dépendît d'elles : on a dit que la vélocité du sang n'est point en raison inverse de la température, puisque la Grenouille, dont le cœur bat soixante-huit fois par minute, n'a que fort peu de chaleur, au lieu que celle-ci s'élève à trente degrés chez le Cheval, dont les battemens du cœur ne dépassent point quarante, et que, chez l'homme, la fréquence du pouls varie entre soixante-dix et cent trente, tandis que les limites de la chaleur sont renfermées entre vingt-huit et trente-six degrés ; on a répondu enfin qu'il n'y a point de liquide qui dégage de la chaleur par le fait de ses frottemens contre les parois du canal dans lequel il coule (2). Mais le sang lui-même n'éprouve pas plus qu'aucun autre liquide de frottement capable d'amener un tel résultat, et comme ses globules marchent uniformément dans le plasma, sans se toucher, il n'y a point non plus à admettre de frottement entre eux.

Les fluides aériformes dégagent de la chaleur quand on les

(1) Reil, *Archiv*, t. XII, p. 451.
(2) Haller, *Element. physiolog.*, t. II, p. 293-302.

comprime. Lau (1), s'appuyant sur ce fait, attribue la chaleur animale à la pression du cœur sur l'air contenu dans le sang ; mais l'air a pris la forme liquide dans le sang, et les animaux à sang froid sont précisément ceux chez lesquels il conserve le plus fréquemment l'état aériforme. Winn fait dépendre la chaleur animale des alternatives d'expansion et de contraction des vaisseaux, parce qu'il a vu, dans des morceaux de caoutchouc et d'aorte, ces alternatives exercer de l'influence sur le thermomètre (2) : à cela on peut répondre qu'il ne s'opère point d'expansion et de contraction analogues dans les vaisseaux sanguins. (§ 720, II.)

La chaleur animale est l'effet du frottement des parties solides les unes contre les autres, suivant Fryer, du frottement mutuel des liquides et des solides, selon Barthez. Mais la mollesse des tissus animaux et la facilité avec laquelle ils glissent les uns sur les autres, ne permettent pas l'accomplissement de mouvemens assez violens pour qu'il en résulte un frottement apte à développer de la chaleur. D'ailleurs, si telle était réellement la cause de cette dernière, la température devrait être la même chez les animaux à sang froid que chez ceux à sang chaud, et croître par les progrès de l'âge, qui rendent les parties dures plus sèches et plus rigides (3).

Enfin, Treviranus prétend que la chaleur naît uniquement, chez les Insectes, de ce que ces animaux se frottent les uns contre les autres, parce qu'ils n'influent sur le thermomètre qu'autant qu'ils sont réunis plusieurs ensemble. Mais nous avons vu qu'on ne découvre non plus de chaleur propre, chez les végétaux, qu'autant qu'ils sont très-rapprochés les uns des autres. (§ 994, 3°.)

III. Le sang ne fait, dans les vaisseaux, que se mouvoir, se porter en avant, et devenir un mélange plus homogène. Si donc la chaleur animale se produit en lui, mais non d'une manière aussi mécanique que le peignent les hypothèses précédentes, cet effet ne peut avoir lieu que dans les

(1) *Widerlegung der chemischen Ansichten vom Athmen*, p. 44.

(2) *Philosoph. Magas.*, 3e série, no 14, p. 174.

(3) Bouillaud, *Traité clinique des maladies du cœur*, 2e édit., Paris, 1841, t. I, p. 99 et suiv.

vaisseaux capillaires. A l'appui de cette théorie vient l'observation faite par Becquerel et Breschet, que la température des muscles ne diminue qu'après quinze à dix-huit minutes de compression de leur tronc artériel, par conséquent après que leurs vaisseaux capillaires se sont vidés.

1° Crawford avait posé en principe que la capacité du sang artériel pour le calorique diminue, dans les vaisseaux capillaires, pendant sa conversion en sang veineux, et que de là résulte l'abandon d'une partie de sa chaleur absolue. Cette doctrine, appuyée sur des expériences et des calculs exacts, trouva beaucoup de partisans. Elle semblait, entre autres, répandre du jour sur les fonctions des ganglions sanguins, dans lesquels il ne s'accomplit qu'une transformation de sang artériel en sang veineux. Hofrichter, par exemple (1), regardait la thyroïde comme un organe de production de chaleur, attendu qu'on ne la rencontre pas chez les animaux à sang froid, et que, chez les Oiseaux, elle est remplacée par les sacs à air, qui opèrent également une carbonisation de sang. Mais, d'après les recherches de J. Davy (2), il n'y a, entre le sang artériel et le sang veineux, d'autre différence, eu égard à leur capacité pour le calorique, que celle qui dépend de leur différence de pesanteur spécifique, laquelle est trop faible pour qu'on puisse en faire dériver le dégagement de la chaleur animale. Les contradictions qu'on remarque entre les assertions des observateurs, montrent combien cette différence est peu considérable : suivant Crawford, le sang artériel a plus d'expansion et moins de chaleur libre que le sang veineux, opinion admise aussi par ceux qui développent sa doctrine d'une manière conséquente, comme Coleman, Cooper et Treviranus; mais Nasse le dit plus dense, et des recherches sur l'exactitude desquelles nous pouvons compter (§ 996), ont appris qu'il est plus chaud, bien que Mayer (3) croie à une égalité de température entre les deux sangs. En général, ce qu'on entend par capacité pour le ca-

---

(1) Meckel, *Deutsches Archiv*, t. VI, p. 168.
(2) *Ib.*, t. II, p. 315.
(3) *Ib.*, t. III, p. 456.

lorique semble exiger une autre interprétation. En effet, l'expérience nous apprend que des corps froids peuvent devenir chauds par frottement ou autrement, sans recevoir aucune chaleur du dehors : or, comme il est admis que rien ne peut se créer sans la nature, on pense que la chaleur préexistait déjà dans ces corps, mais sans être appréciable, à l'état latent, de sorte qu'on appelle capacité d'une substance pour le calorique, son aptitude à dégager plus ou moins de chaleur, à prendre plus ou moins facilement un certain degré de température.

2° Treviranus (1) prétend que le sang artériel se resserre sur lui-même quand il se transforme en sang veineux, et que, comme il perd en capacité pour le calorique autant qu'il acquiert en densité, de la chaleur se dégage : delà résulte, suivant lui, que le sang veineux est plus chaud, et que si l'on a trouvé plus de chaleur au sang artériel, c'est que ce liquide commence déjà à se contracter dans l'aorte. Mais si la contraction du sang artériel commençait déjà dans l'aorte, pour s'achever ensuite dans les vaisseaux capillaires, ce sang devrait être toujours moins chaud que le veineux. Aucun développement de chaleur n'a lieu pendant la coagulation du sang (§ 669, 2°), et Treviranus émet une assertion purement arbitraire quand il prétend qu'on ne doit pas considérer cette circonstance comme une objection contre son hypothèse, attendu que la contraction et la coagulation sont deux choses différentes l'une de l'autre.

3° Lagrange pensait que la chaleur se dégage pendant la circulation, par la suite de la combinaison que le carbone et l'hydrogène contractent peu à peu avec l'oxygène admis dans le sang durant la respiration. Suivant Laplace et Hassenfratz, cet effet aurait bien lieu pendant le cours de la circulation, mais il s'accomplirait aussi en même temps dans les poumons.

4° La nutrition a été considérée comme un moyen de production de la chaleur. Castberg, Josse et autres ont soutenu cette opinion, parce que le passage de l'état liquide à l'état solide diminue la capacité des corps pour le calorique. Four-

(1) *Biologie*, t. V, p. 61.

croy, Autenrieth, Hildebrandt, Brandis, Ackermann, etc., la
partageaient aussi, parce que l'oxydation qui accompagne la
nutrition produit le même résultat. Mais la nutrition s'accomplit d'une manière insensible (§ 876, 2°), et si la chaleur en
était le produit, elle devrait être également insensible. Quant
à ce qu'elle consiste en une oxydation, c'est une hypothèse
sans preuves (§ 879, III), et dans tous les cas cette oxydation
ne saurait être assez considérable pour donner lieu à une chaleur de 29 degrés R. A chaque instant de la nutrition, il s'o-
père une fluidification correspondante à la solidification, qui
devrait consommer autant de chaleur que celle-ci en aurait
développé. Cette fonction n'est pas moins vive chez les animaux à sang froid que chez ceux à sang chaud. Pendant la
vie embryonnaire, la solidification est incomparablement plus
active et la production de chaleur plus faible que durant
l'âge mûr. Enfin, dans les fièvres, la nutrition s'arrête, et
dans la fièvre hectique surtout la fluidification l'emporte sur
elle, tandis que le développement de la chaleur s'accroît à un
point extraordinaire.

5° Suivant Paris (1), les sécrétions produiraient de la chaleur, parce que les liquides sécrétés ont moins de capacité pour
le calorique, et Williams adopte cette hypothèse, parce que,
dans les sécrétions comme dans la fermentation et la putréfaction, la substance organique se trouve réduite en matériaux plus simples, composés d'un moindre nombre d'atomes.
Mais Paris n'a comparé la capacité des liquides sécrétés pour
la chaleur qu'avec celle de l'eau, et Nasse (2) a trouvé la
différence trop peu considérable pour qu'il soit possible d'en
dériver la chaleur animale. Quand bien même l'urée et le
picromel contiendraient, comme le dit Williams, moins d'atomes que la fibrine et l'albumine, aux dépens desquelles elles
se forment, elles ne se produisent pas en assez grande abondance pour faire contrepoids à la sécrétion vaporeuse et ga-
zeuse, à celle par conséquent qui diminue la chaleur. D'ailleurs, il n'est pas prouvé que la chaleur qui se dégage dans

_____

(1) *Deutsches Archiv*, t. II, p. 340.
(2) *Ib.*, t. I, p. 500.

la fermentation et la putréfaction dépende du passage de la matière organique à des combinaisons plus simples.

IV. Il n'est pas douteux que la respiration exerce de l'influence sur la production de la chaleur ; car le sang qui revient des poumons est plus chaud que celui qui y arrive. Les deux fonctions sont en raison directe l'une de l'autre dans la série animale. C'est chez les Insectes, parmi les invertébrés, et chez les Oiseaux, parmi les vertébrés, qu'elles sont portées au plus haut degré, et les vertébrés à sang froid se distinguent, non-seulement par leur température plus basse, mais encore par la moindre pureté de leur sang artériel. De même, les deux fonctions sont proportionnées l'une à l'autre aux diverses périodes et dans les diverses circonstances de la vie ; l'aptitude à produire soi-même de la chaleur commence à la naissance, avec la respiration, et se perfectionne en même temps que cette dernière ; elle diminue avec elle pendant l'engourdissement hibernal, et chez les animaux plongés dans ce sommeil léthargique, on parvient à la ranimer, d'après les observations de Saissy et de Prunelle (1), en provoquant une respiration plus forte par des irritations mécaniques ou galvaniques. Cependant la concordance n'est pas tellement parfaite que nous puissions regarder la chaleur comme l'effet immédiat de la respiration.

1° Les Hyménoptères se distinguent par un degré de chaleur plus élevé, quoique l'exhalation d'acide carbonique (§ 818, II) et la consommation d'oxygène soient moins considérables chez eux que chez certains autres animaux sans vertèbres. Les Chéloniens (§ 967) ont une respiration assez énergique pour communiquer à leur sang la couleur qui caractérise le sang artériel, et cependant la température de leur corps s'élève très-peu. Chez les Cétacés, la respiration a peu de fréquence, et le sang une teinte assez foncée ; pourtant la chaleur est considérable. Suivant Allen et Pepys, les Pigeons, malgré leur température élevée, consomment moins d'oxygène et exhalent moins d'acide carbonique, proportionnellement à la masse de leur corps, qu'un Cochon-d'Inde,

(1) *Annales du Muséum*, t. XVIII, p. 54.

dont la chaleur est inférieure de plusieurs degrés à la leur. La proportion de la masse du corps à l'oxygène consommé dans l'espace de trois heures était, d'après les observations de Legallois (1), de 1 : 0,159 chez des Chats, de 0,166 chez le Chien, et de 0,347 chez des Lapins, différences malgré lesquelles tous ces animaux ont à peu près le même degré de chaleur.

2° Lorsque Séguin avait, par des mouvemens exécutés pendant la digestion, élevé la consommation d'oxygène jusqu'à quatre mille six cents pouces cubes par heure, la respiration et le pouls acquéraient plus de fréquence, mais la température changeait à peine. D'un autre côté, la respiration est souvent tout-à-fait naturelle durant la chaleur de la fièvre ; elle est même faible et interrompue dans les fièvres putrides, où la chaleur est brûlante. La chaleur est fréquemment accrue chez les phthisiques. Il y a beaucoup de cas dans lesquels la température ne correspond point à la fréquence de la respiration : ainsi, par exemple, Donné (2) a trouvé, chez quelques malades, que le nombre des respirations variait entre 24 et 32, tandis que les variations de la chaleur n'allaient que de 38 à 37 degrés centigrades. Dans la cyanose, les membres seuls sont moins chauds que chez les personnes en santé ; les parties internes n'offrent pas cet abaissement de température (3), et Nasse (4) a même observé que la température était de 28 degrés R. dans la bouche, immédiatement après un accès de suffocation et quand la couleur bleue de la peau continuait encore à prendre de l'intensité. Chez les asphyxiés qui reviennent à la vie, on voit la chaleur se rétablir avant la respiration (5).

3° Suivant Provençal et Humboldt, les Poissons conservent la température du milieu extérieur, qu'ils respirent ou l'air mêlé avec l'eau, ou l'air atmosphérique pur, le gaz oxygène, le gaz azote. Lavoisier et Seguin n'ont point observé d'aug-

(1) *OEuvres*, t. II, p. 60.
(2) *Hist. de l'Acad. des sc.*, 1789, p. 576.
(3) *Archives générales*, 2ᵉ série, t. IX, p. 146.
(4) Meckel, *Deutches Archiv*, t. I, p. 253.
(5) A. Devergie, *Dic. de méd. et de Chirurgie pratique*, art. ASPHYXIE, t. III, p. 542.

mentation de chaleur chez des Cabiais qui respiraient du gaz oxygène. Selon Prout (1), les boissons spiritueuses diminuent l'exhalation d'acide carbonique, tandis qu'elles accroissent la chaleur. Dans l'asphyxie causée par la respiration du gaz acide carbonique, la chaleur naturelle se maintient (2), et les cadavres des personnes mortes par l'effet de la vapeur du charbon, demeurent très-long-temps chauds. Becquerel et Breschet n'ont pu remarquer de différence de température, chez l'homme et les animaux, dans les vallées profondes et sur les hauteurs considérables, où cependant la respiration est difficile, et par cela même accélérée.

IV. D'après ces faits, et autres du même genre , nous concluons que la respiration ne produit pas immédiatement la chaleur, mais qu'elle est une des conditions de sa production.

1° Crawford est parti de cette idée ; ce qui ne l'a pas empêché de construire sa théorie sur la supposition d'une chaleur propre. Suivant lui, le sang artériel a plus de capacité pour le calorique , ou renferme plus de calorique latent, que le sang veineux , et en conséquence il a pris quelque chose de l'atmosphère pendant la respiration ; comme l'acide carbonique a moins de capacité pour la chaleur que l'air atmosphérique, sa formation par l'oxygène de l'atmosphère met en liberté de la chaleur, qui passe dans le sang (3). Mais les recherches des modernes ont prouvé que l'acide carbonique expiré ne se produit pas dans les poumons , par le fait de la respiration , que la capacité de ce gaz pour le calorique surpasse celle de l'air atmosphérique , et que , sous ce rapport, il n'y a pas de différence essentielle entre les sangs artériel et veineux.

2° Comme la respiration fait acquérir au sang les qualités en vertu desquelles il est apte à maintenir la vie en général (§ 976), nous sommes en droit d'admettre que c'est elle qui le met en état d'exciter l'action vitale de laquelle dépend la production de la chaleur.

(1) Reil, *Archiv*, t. **X**, p. 285.
(2) Schweigger, *Journal*, t. **XV**, p. 78.
(3) Edwards, *De l'influence des agens physiques*, p. 293.

V. Quelques physiologistes ont émis l'opinion que les différentes fonctions plastiques contribuent concurremment à la production de la chaleur ; qu'en conséquence la digestion, l'assimilation, la circulation, la respiration, la nutrition et la sécrétion y prennent part. Toutes ces fonctions en sont incontestablement des conditions, et elles en établissent la possibilité ; mais que ce soient elles qui produisent la chaleur, chacune pour sa part, que chacune d'elles en fasse naître une certaine quantité, et que de la réunion de ces parcelles résulte la température uniforme et constante de vingt-neuf degrés R., c'est ce qu'il est à peine permis d'admettre, puisque ces fonctions ne s'accomplissent pas toujours avec égalité d'énergie, tandis que la température du corps demeure toujours la même. La vie plastique n'est point une opération qui marche d'un pas égal et d'une manière uniforme ; elle embrasse, au contraire, bien des contrastes ; à chaque oxydation correspond une désoxydation, à chaque expansion une contraction, et ce n'est même que par là qu'il devient possible à l'organisme de se maintenir tel qu'il est. Donc la vie matérielle produit de la chaleur sur un point et en détruit sur un autre ; donc elle n'entretient que la température donnée, et ce n'est point elle qui produit le degré de chaleur propre à l'homme et à chaque animal.

§ 999. L'influence manifeste de la vie animale sur la production de la chaleur a déterminé plusieurs physiologistes à considérer cette dernière comme un effet de l'action nerveuse, que les uns, Delaroche par exemple, cherchaient à rendre sensible par une hypothèse, en la disant une oscillation de l'éther, tandis que d'autres, Roose surtout (1), ne l'envisageaient que sous un point de vue purement dynamique, en la désignant par l'épithète de réaction nerveuse.

I. L'observation fait apercevoir une certaine concordance entre la vie animale et la production de la chaleur.

1° L'excitabilité plus grande qui caractérise les tempéramens sanguin et bilieux s'accompagne d'une chaleur supé

---

(1) *Journal der Erfindungen, Theorien und Widerspruechen in der Natur-und Arzveywissenschaft*, t. XVII, cah., p. 16.

rieure à celle qu'on remarque chez les tempéramens phlegmatique et hypochondriaque. Tout ce qui stimule la vie animale, comme les épices et les boissons spiritueuses, échauffe,
et l'application à l'extérieur de substances qui, lorsqu'elles
pénètrent dans la substance animale, affectent principalement
l'action nerveuse, détermine un accroissement local de la
chaleur. Ainsi, d'après Earle (1), le thermomètre monta de
1,3 degré R. dans un bras paralysé auquel on avait appliqué
un vésicatoire. Hood (2) a observé un effet semblable de la
pierre infernale, quand elle était appliquée au voisinage du
nerf principal d'un membre paralysé.

2° La chaleur augmente par l'effet de l'espérance, de la
joie, de la colère et de toutes les passions excitantes : au contraire, la crainte, la frayeur, le chagrin, la diminuent. Martin
a vu la température monter de 28,4 degrés R. à trente dans
un violent accès de colère, et descendre à vingt-sept sous
l'empire de la frayeur, mais se relever bientôt jusqu'à vingt-
neuf. De même, d'après les observations de Currie (3), l'état
moral de l'homme détermine l'aptitude dont il est doué à
maintenir sa chaleur propre. La température de la peau d'un
homme sur lequel il fit des expériences à cet égard, baissa
de 28,4 degrés R. à vingt-cinq, sous l'influence du froid ; la
seconde fois que le sujet, doué d'un caractère craintif, se
soumit à l'expérience, sa chaleur, qui n'était que de 27,5 degrés, tomba à 22,6. Krimer a remarqué, dans les vivisections, par exemple pendant la section du crâne avec la
scie (4), que l'animal, frappé d'anxiété, perd de sa chaleur.
La température d'une ruche s'élève de quelques degrés lorsqu'on irrite les Abeilles, ou qu'elles sont dans l'agitation qui
précède toujours la sortie des essaims.

3° Le sommeil abaisse la température (§ 606, 2°). La main
de Martin marquait 27,3 degrés R. dans une nuit d'insomnie,
et 25,5 seulement après deux heures de sommeil. L'effet est

---

(1) Meckel, *Deutsches Archiv.*, t. III, p. 420.
(2) *Analytic physiology*, p. 12.
(3) *Philosoph. Transact.*, 1792, p. 211-218.
(4) *Physiologische Untersuchungen*, p. 177.

plus marqué encore dans l'engourdissement hibernal (§ 642, 5°); suivant Hunter (1), la température du milieu de la cavité abdominale d'un Muscardin était de 8 à 12 degrés R., l'air extérieur étant à 21,3, et de 23.5 à un froid extérieur de 7,5 degrés; pendant l'engourdissement, elle n'était que de 19,1 degrés, quoiqu'au dehors la chaleur fût de 14,7. Un Hérisson engourdi ne marquait pas plus de 7,3 degrés au-dessous du diaphragme, quoique la température atmosphérique fût de 5,3.

4° Des efforts considérables et prolongés de vision échauffent l'œil, et les travaux intellectuels produisent le même effet sur la tête.

5° Une douleur locale, celle par exemple de la prosopalgie, s'accompagne souvent de chaleur dans la partie souffrante. Earle (2) a trouvé, dans un bras qui causait de vives souffrances à la suite d'une blessure, la température plus élevée de 1,3 degré R. que sous la langue. Les douleurs, au contraire, qui dépendent d'un état spasmodique, surtout des organes digestifs, par exemple celles des calculs biliaires, occasionent du froid.

6° La même chose arrive quand des poisons narcotiques déploient pleinement leur action. Brodie (3) l'a observé après l'insertion de woorora ou de l'huile essentielle d'amandes amères, et Chossat (4) après l'infusion d'une dissolution d'opium.

7° Les affections inflammatoires du système nerveux sont souvent accompagnées d'une grande chaleur. Prevost a trouvé trente-cinq degrés R. sous l'aisselle, dans un cas de tétanos(5). Dans les fièvres nerveuses, la température surpasse le degré ordinaire, et fréquemment à des degrés inégaux selon les parties : Lauer (6) l'a vue de 32 degrés sous l'aisselle et de vingt-huit et demi seulement sous la langue.

(1) *Observations on certain parts of the animal œconomy*, p. 98.
(2) *Loc. cit.*, p. 425.
(3) Reil, *Archiv.* t. XII, p. 240.
(4) *Annales de chimie*, t. XVI, p. 40.
(5) Edwards, *De l'influence des agens physiques*, p. 490.
(6) Hecker, *Literarische Annalen*, t. XVIII, p. 281.

II. L'action musculaire

1° Accroît la température. En faisant de grands mouvemens du corps entier ou des membres, on se préserve du froid et l'on s'échauffe, pourvu que l'air soit à une température moyenne. Beaumont (1) a trouvé qu'en pareil cas la température était d'un degré et demi plus haute qu'à l'ordinaire dans l'estomac, que ce viscère fût plein ou vide. La locomotion n'est pas nécessaire pour cela, et il suffit de la contraction musculaire. Suivant les observations de Peart, on peut, dans une baignoire, élever la température de l'eau de plusieurs degrés par de simples mouvemens des membres pelviens (2). Becquerel et Breschet ont constaté que la température s'élevait d'un demi-degré au moins pendant la contraction d'un muscle : aussi sont-ils tentés d'attribuer à la force musculaire du cœur la chaleur supérieure à celle de tous les autres organes que ce viscère présente, et comme le ventricule aortique est la partie du cœur qui agit avec le plus d'énergie, Nasse (3) présume que c'est à cela aussi qu'on doit rapporter sa température plus élevée. On pourrait faire un pas de plus, et se demander si ce n'est point le mouvement plus rapide du sang artériel qui lui procure plus de chaleur. Busch (4) a trouvé le ventricule aortique vide plus chaud d'environ 0,9 degré R. que le ventricule pulmonaire contenant un peu de sang.

Les observations de Réaumur, de Spallanzani, de Huber et de Treviranus (5) ont mis hors de doute que, même chez les Insectes, la chaleur est accrue par le mouvement.

2° La chaleur est ordinairement un peu moindre dans les membres paralysés que dans le reste du corps, même lorsque la circulation n'y est point affaiblie. Dans un cas observé par Dehaen, un bras paralysé, dont le pouls était normal, n'avait

---

(1) *Neue Versuche ueber den Magensaft*, p. 46.

(2) Humboldt, *Ueber die gereizte Muskel-und Nervenfaser*, t. II, pag. 159.

(3) *Untersuchungen zur Physiologie und Pathologie*, t. II, p. 121.

(4) *Experimenta quædam de morte*. Halle, 1819, p. 21.

(5) *Die Erscheinungen des Lebens*, t. I, p. 416.

qu'une température de dix-huit degrés R. (1) Earle a trouvé, chez un sujet atteint de paralysie du bras gauche, et qui depuis quelques jours déjà était soumis à l'action de l'électricité (2) :

	A GAUCHE		A DROITE
	avant	après	avant et après
	l'électrisation.	l'électrisation.	l'électrisation.
A la main	17,3°	20,0°	26,6°
Au bras	21,3	22,6	28,0
A l'aisselle	26,6	27,1	28,4

Hood a également observé (3), dans une hémiplégie, après l'emploi de la strychnine, que, malgré la force et la plénitude du pouls, la chaleur n'était que de dix-neuf degrés au bras malade, tandis que celui du côté opposé avait une température de vingt-deux degrés.

III. Quant aux expériences directes et aux observations immédiates sur la part que le système nerveux prend à la production de la chaleur :

1° Krimer (4) assure que la chaleur d'un animal auquel il irritait les nerfs cruraux et sciatiques avec la pointe d'une aiguille, monta à trente-et-un degrés R. Suivant Bichat, la pression que la tête luxée d'un os exerce sur le tronc nerveux d'un membre diminue la chaleur de ce dernier, effet qu'Elliot avait dit aussi résulter de la ligature d'un nerf. Chez un homme auquel on avait excisé un pouce de nerf cubital, pour le débarrasser de violentes douleurs qu'il éprouvait, Earle (5) trouva 10,6 degrés R. au côté interne du petit doigt paralysé, 11,1 entre ce doigt et l'annulaire, 12,4 à la surface des autres

(1) Haller, *Elem. physiol.*, t. II, p. 304.
(2) *Loc. cit.*, p. 418.
(3) *Analytic physiology*, p. 12.
(4) *Physiologische Untersuchungen*, p. 146, 173.
(5) *Loc. cit.*, p. 423.

doigts, et 13,3 entre eux. Lorsque Krimer (1) coupait le nerf sciatique d'un Chien, le thermomètre, plongé entre les muscles de la cuisse, marquait 28,4 degrés, et le lendemain 21,3 seulement. Home(2) coupa les nerfs du bois d'un Cerf qui refaisait sa tête ; la température tomba, en trois heures, de 23,4 degrés à 17,7; le troisième jour, elle était de 15,5 ; mais ensuite elle remonta peu à peu. Dans un autre cas, elle tomba de 29,5 degrés à 27,3, le premier jour, et à 27,4 les deux jours suivans, après quoi elle se releva.

2° Provençal a observé une diminution de la chaleur après la section des nerfs pneumo-gastriques, effet que n'entraînait pas la simple dénudation de ces nerfs. Des observations analogues ont été faites par Legallois (3), Chossat (4) et Arnold (5). Suivant ce dernier, la température, chez les Oiseaux, baisse sur-le-champ d'un degré à un degré et demi, puis au bout de vingt-quatre heures de 2 à 2,75 degrés, mais elle finit par revenir à son état primitif. Lorsque Chossat coupait le nerf grand sympathique, ou l'écrasait et le tiraillait, la chaleur de l'animal diminuait en quatre heures d'environ cinq degrés R. (6).

3° Brodie attribuait à l'action cérébrale une influence essentielle sur la production de la chaleur. Il se fondait sur ce que la température baissait d'environ quatre degrés, dans l'espace d'une heure, chez les Chiens et les Lapins qu'il décapitait après la ligature des vaisseaux du cou, bien qu'il eût soin d'entretenir la circulation en ayant recours à la respiration artificielle (7). Comme on pouvait objecter que c'était l'insufflation de l'air qui avait déterminé ce refroidissement, ou que la section des nerfs pneumo-gastriques, lors de la décapitation, avait troublé le travail chimique de la respiration, en occasionant une infiltration des poumons, Chossat pratiqua une section perpendiculaire du cerveau au devant du pont de Va-

(1) *Loc. cit.*, p. 157.
(2) *Lectures*, t. V, p. 195.
(3) *Exp. sur le principe de la vie.* Paris, 1812, p. 219.
(4) *Loc. cit.*, p. 42.
(5) *Lehrbuch der Physiologie*, t. II, p. 246.
(6) *Loc. cit.*, p. 46.
(7) Reil, *Archiv*, t. XII, p. 140-144.

role (1), et entretint ensuite la respiration par des moyens artificiels : la chaleur diminua d'abord d'environ deux degrés R. en une heure, puis baissa peu à peu, et enfin se réduisit, en douze heures, de trente-deux degrés à vingt-quatre, tandis qu'après la section des nerfs de la huitième paire, elle ne diminua que de 0,2 degré dans le cours de la première heure. Lorsqu'il arrêtait la respiration par une commotion du cerveau, et qu'ensuite il la rétablissait par des moyens artificiels, la chaleur baissait de 1,7 degré durant la première heure. Krimer (2) a fait plusieurs expériences analogues. Il a vu que la température tombait de 28,8 à 28 degrés par la trépanation, à 27,5 par la dénudation du cervelet, à 24 par l'ablation d'une partie de cet organe, à 21,7 par la section de la moelle allongée. Dans un autre cas, où il irritait la moelle allongée par des piqûres, la chaleur s'éleva un instant de 16,8 degrés à 19,2; chez un animal qu'il lança contre le carreau, elle monta de 16,4 à 19,5, et chez un autre sur la moelle allongée duquel il versa de l'ammoniaque liquide, la température s'éleva de 20,4 à 21,3 degrés. Autenrieth et Schultz avaient déjà observé que quand ils jetaient avec force un fœtus de chat sur le sol, sa chaleur montait d'environ un degré. Busch (3) a remarqué qu'un coup ou une décharge électrique sur la tête d'un animal accroissait sa chaleur pour un instant, mais qu'elle baissait ensuite avec bien plus de rapidité que pendant l'asphyxie, et que quand elle était déjà tombée très-bas chez un animal égorgé, on pouvait encore l'accroître momentanément par une forte commotion. Nasse (4) a reconnu qu'un coup sur la tête la fait monter d'un degré, et qu'elle s'élève de quatre environ quand on électrise l'animal au moyen de deux baguettes métalliques enfoncées dans le cerveau et la partie postérieure de la moelle épinière.

4° Chossat (5) a trouvé que plus on coupe la moelle épinière

(1) *Loc. cit.*, p. 38.
(2) *Physiologische Untersuchungen*, p. 155.
(3) *Experimenta quædam de morte*, p. 7.
(4) *Untersuchungen zur Physiologie und Pathologie*, t. II, p. 145.
(5) *Loc. cit.*, p. 44.

haut , et plus la température baisse rapidement. Une section pratiquée au-dessous de la septième vertèbre cervicale , la fit baisser de 6,5 degrés , celle au-dessous de la première vertè- bre dorsale de 5,8, et celle au-dessous de la dernière vertè- bre du dos de 0,4. Les expériences de Wilson (1) ont égale- lement donné pour résultat que la destruction d'une portion considérable de la moelle épinière diminue la chaleur.

IV. Quoi qu'il en soit, il n'en est pas moins certain que la chaleur ne se produit point dans le système nerveux , par une force qui appartienne en propre à ce système.

1° On peut déjà le conclure de la température du cerveau , que J. Davy (2) a toujours trouvée inférieure à celle du rec- tum, d'au moins 0,4 degré R., chez les animaux qui venaient d'être mis à mort. Cinq heures après la mort d'un jeune phthi- sique , la chaleur était de 22,2 degrés dans la substance cé- rébrale, de 25,7 au-dessous du foie et du cœur. Dans un au- tre cas, Davy a trouvé la température du cerveau de 16,8 de- grés , et une demi-heure après celle du cœur et du foie de 22,2 (3). Ces observations s'accordent avec le fait bien connu que l'exercice simple de la pensée n'accroît pas la chaleur. La moelle épinière paraît aussi posséder peu de chaleur propre; c'est au dos bien plus souvent qu'à la poitrine qu'on éprouve du froid, et l'on se chauffe de préférence la partie postérieure du corps. Le frisson de la fièvre part aussi de la moelle épi- nière, tandis que la chaleur se fait surtout sentir à la partie antérieure.

2° Le degré de chaleur des divers animaux ne correspond point au développement de leur système nerveux. Ainsi, les Oiseaux qui, sous ce dernier rapport, tiennent le milieu entre les Reptiles et les Mammifères, surpassent ceux-ci eu égard à la température. L'homme, malgré l'éminence de ses facultés mentales, n'a point la chaleur des Oiseaux, ni même de cer- tains Mammifères, et les Poissons les plus vifs, les Lézards les plus agiles sont fort au dessous du plus lent des Mammi- fères, sous le point de vue de la température.

(1) *Ueber die Gesetze der Functionen des Lebens*, p. 127, 211.
(2) Meckel, *Deutsches Archiv*, t. II, p. 344.
(3) *Medicinisch-chirurgische Zeitung*, 1830, t. III, p. 380.

3° Ajoutons encore qu'il a été observé des cas, exceptionnels il est vrai, dans lesquels la section des nerfs d'un membre, au dire d'Arnemann (1), ou la ligature des nerfs pneumogastriques, au rapport de Mayer (2), n'a entraîné aucune diminution de la chaleur. Lawrence a également trouvé celle-ci normale chez un hémicéphale (3).

§ 1000. Si la cause proprement dite de la chaleur animale ne réside, exclusivement, ni dans les formations matérielles (§ 998), ni dans l'action nerveuse (§ 999), chacune influe néanmoins sur elle d'une manière incontestable, et nous sommes par conséquent en droit de la rapporter à leur concours. Muller (4) en cherche la source dans le conflit des nerfs avec les autres tissus.

I. C'est au sang d'abord que nous devons consacrer notre attention. Winkelmann (5) attribuait la production de la chaleur à la prédominance du système nerveux dans son conflit avec le sang artériel rendu par là veineux. Wilson (6) la considérait comme une sécrétion opérée par l'influence des nerfs sur le sang. Wedemeyer (7) la faisait dépendre de l'influence mutuelle de la respiration et de l'action nerveuse sur le sang. Treviranus (8) la rapportait à l'expansion et à la contraction que les nerfs déterminent, suivant lui, dans ce liquide. Enfin, Hood (9) voyait en elle un effet de l'action réunie des nerfs et du sang.

1° Cette opinion semble être réellement la plus conforme à la nature; car les deux systèmes, nerveux et vasculaire sanguin, sont répandus dans tous les organes en proportion de leur vitalité, et la ligature tant de l'artère que du nerf d'un membre diminue la chaleur de celui-ci.

---

(1) *Versuche ueber die Regeneration an lebende Thieren*, p. 267.
(2) Tiedemann, *Zeitschrift fuer Physiologie*, t. II, p. 78.
(3) Treviranus, *Biologie*, t. V, p. 73.
(4) *Handbuch der Physiologie*, t. I, p. 84.
(5) *Entwurf einer dynamischen Pathogenie*, p. 48.
(6) *Loc. cit.*, p. 136.
(7) *Physiologische Untersuchungen ueber das Nervensystem*, p. 144.
(8) *Biologie*, t. V, p. 69.
(9) *Analytic physiology*, p. 14.

2° Le sang doit avoir les qualités nécessaires pour cela , ce qui fait que la digestion est la condition éloignée de la production de la chaleur, et que la respiration en est la condition prochaine. Le sang devenu artériel par la respiration est seul apte à cela , et comme il entre déjà dans les poumons en conflit avec le sang , la production de la chaleur commence en lui , pour se continuer ensuite dans le cœur gauche , le système aortique et les vaisseaux capillaires. J. Davy (1) a trouvé dans le cadavre d'un jeune homme, six heures après la mort, la température de 32,2 degrés sous le foie , de 33,7 sous le ventricule aortique , et de 32,4 seulement dans les poumons pleins de sang extravasé. Cette température plus basse des poumons semble annoncer qu'en sortant du cercle d'action des nerfs, pour s'épancher dans le parenchyme, le sang perd de son aptitude à développer de la chaleur. Il est permis de conjecturer que les globules , qui sont la partie essentielle et à proprement parler vivante du sang, sont aussi celle surtout qui entre en conflit avec les nerfs, et qu'en conséquence à eux se rattache le dégagement de la chaleur, comme le caractère artériel, leur plus ou moins grand nombre correspondant à la température du corps chez les divers animaux considérés d'une manière générale.

II. Le mouvement volontaire ne peut tenir qu'à ce que les nerfs et les muscles , se comportant les uns à l'égard des autres, comme les pôles d'une pile voltaïque, entrent ensemble dans un conflit qui correspond au type de l'électricité en général , mais auquel l'idée de l'organisme imprime néanmoins des modifications. S'il se développe de la chaleur pendant le mouvement musculaire (§ 999, II), celle-ci doit également dépendre de la même cause. Mais , en vertu de l'hématosine et de la fibrine qu'elle contient, la substance musculaire se rapproche beaucoup des globules du sang ; nous pouvons donc admettre aussi entre ceux-ci et les nerfs une sorte de rapport électrique, et considérer ce rapport comme la cause de la chaleur animale.

1° Wilson (2) a observé que du sang artériel frais dans le-

---

(1) *Medicinisch-chirurgische Zeitung*, 1830, t. III, p. 380.
(2) *Loc. cit.*, p. 194.

quel on avait plongé le conducteur d'une pile voltaïque, devenait plus chaud et se refroidissait plus tard, mais que le galvanisme n'engendrait point de chaleur dans du sang veineux. Le galvanisme peut aussi ranimer la chaleur animale quand elle a baissé par l'effet d'une lésion du système nerveux (1), et si un ébranlement du corps donne lieu au même phénomène, c'est probablement par une excitation d'électricité. L'électricité détermine également un accroissement de la température dans le corps vivant. Enfin, Buntzen (2) a observé un développement produit par le conflit électrique de nerfs et de muscles ; ayant coupé les troncs nerveux de la cuisse d'une Vache qui venait d'être tuée, il les arma de zinc, et garnit d'argent les muscles de la jambe ; un thermomètre fut placé dans les muscles de la cuisse ; lorsque l'instrument eut atteint sa plus grande hauteur et commença à baisser, Buntzen réunit les deux armatures, et vit le thermomètre monter de 287 lignes à 296 ; cet effet diminua à mesure que l'excitabilité vitale s'affaiblit.

2° Wedemeyer (3) avait regardé comme la source de la chaleur animale l'électricité qui s'écoule du système nerveux. Delarive (4), considérant que les conditions du galvanisme sont réunies dans le tissu organique, qui représente de véritables appareils voltaïques, que le galvanisme engendre de la chaleur dans la matière inorganique, et qu'il agit fréquemment de même que l'action nerveuse dans le corps animal, croit très-vraisemblable que la chaleur résulte d'une influence électrique mutuelle des nerfs et des artères. Hood partage la même opinion (5).

3° Lorsque de la chaleur se produit dans le monde extérieur, il y a des rapports électriques plus ou moins prononcés. La compression et le frottement développent de la chaleur et de l'électricité. Quand le mode de cohésion change, la portion réduite en vapeur prend l'électricité positive, et la portion

(1) Krimer, *Physiologische Untersuchungen*, p. 159, 180.
(2) *Beitrag zu einer kuenftigen Physiologie*, p. 117.
(3) *Loc. cit.*, p. 150.
(4) *Annales de chimie*, t. XV, p. 108.
(5) *Loc. cit.*, p. 20.

solide l'électricité négative. Dans les opérations chimiques, les bases sont positives, et les acides négatifs. De même, dans l'organisme, la tension électrique réciproque des divers tissus, notamment des nerfs et du sang ou des muscles, produit de la chaleur.

4° De même que toute force quelconque de l'univers se modifie d'une manière spéciale dans chaque cas particulier, en vertu de la diversité qui règne partout dans la nature, de même l'électricité organique n'est pas précisément celle que nous excitons dans nos appareils de physique. Elle offre partout des modifications (§ 993, 6°), et il en est de même de la chaleur. La chaleur du soleil, celle de nos foyers et la chaleur animale font, à égal degré, une impression toute différente sur nos organes. Rumford a trouvé que sa main agissait davantage sur le thermomètre qu'un corps inorganique ou un corps organique mort ayant la même température. Auprès d'un malade atteint de fièvre putride, nous sentons une chaleur toute particulière, désagréable, mordicante, que le thermomètre n'indique pas. Chez les Poissons électriques, on ne remarque une température plus élevée ni dans le corps entier, ni dans l'organe électrique; car, comme une pile voltaïque peut donner des commotions sans élever la température, ainsi ces organes sont propres à produire une décharge au dehors, mais non à exciter leur propre organisme : cependant Davy a prouvé que leur action n'est pas tout-à-fait exempte de dégagement de chaleur (1).

5° Les Poissons et les Reptiles engendrent peu de chaleur, parce que leur cerveau est encore trop petit, proportionnellement au reste du corps, et qu'il n'a point encore assez de puissance comme organe central, d'où il suit que, chez ces animaux, il y a moins d'unité dans la vie, que les parties ne dépendent pas autant du tout, et que la tension entre les nerfs et les muscles est moins considérable. Mais il existe une autre cause de cette production moindre de chaleur chez eux : c'est que le système du nerf grand sympathique est encore trop incomplétement développé, et qu'il n'est pas lié

(1) *Philos. Trans.*, 1834, p. 543.

par des connexions assez intimes avec le système artériel. La
température des Grenouilles n'augmente pas par l'irritation
du cerveau et de la moelle épinière (1), non plus que par le
mouvement volontaire de ces Reptiles. Chez les Oiseaux, la
chaleur animale arrive à son point culminant, d'un côté parce
que le cerveau est plus volumineux que partout ailleurs, en
proportion de la masse du corps, d'un autre côté, parce que
les systèmes sanguin et musculaire sont fort développés,
d'où résulte une tension portée au plus haut degré. De même,
chez les petits Mammifères, où la proportion du cerveau au
reste du corps est considérable, où par conséquent la vie
animale est plus active que chez l'homme, la température est
aussi plus élevée que chez ce dernier, dont l'énergie cérébrale se tourne davantage vers l'intérieur, de sorte qu'il y a
une tension proportionnellement moins forte des nerfs par
rapport au sang et aux muscles.

III. Mais ce que tous les corps organisés ont de commun
ensemble, c'est qu'ils renferment au-dedans d'eux mêmes des
antagonismes qui sont en conflit les uns avec les autres. Dans
les plus inférieurs même, il y a opposition de liquide et de
solide. Ainsi on observe de l'électricité (§ 993, 1°) et de la
chaleur (§ 994, 3°) chez les végétaux, et nous devons admettre que ces deux phénomènes sont en relation de causalité l'un
avec l'autre. Plus les parties organiques sont nombreuses,
plus leur réaction mutuelle et leur dépendance réciproque
sont prononcées, plus aussi les phénomènes d'électricité et
de chaleur deviennent sensibles.

b. *Température extérieure.*

aa. Phénomènes de la température extérieure.

§ 1001. I. Comme les corps, dans leur contact mutuel,
tendent à se mettre en équilibre sous le rapport de la température, celle du corps organique dépend aussi des objets extérieurs, notamment du milieu au sein duquel la vie s'accomplit.

_____

(1) Nasse, *Untersuchungen sur Physiologie und Pathologie*, t. [II,
p. 121.

1° La manifestation de la vie a pour condition matérielle l'état liquide des humeurs, et cet état dépend de la température. A trois degrés R. au-dessous de zéro, le sang se coagule, et à soixante au dessus, l'albumine, qui fait partie de toutes les humeurs, se coagule. Mais la congélation n'est qu'un simple changement de l'état de cohésion, que l'accession d'une température plus élevée peut faire disparaître, tandis qu'une substance coagulée ne peut plus revenir à la forme liquide sans subir une décomposition chimique.

2° Avant que la congélation ou la coagulation ait lieu, les manifestations de la vie deviennent moins sensibles, et ici l'on remarque, sous le rapport des effets, la même différence qu'entre ces deux extrêmes; dans la solidification locale ou générale produite par le froid, l'exercice de la vie n'est que suspendu, tandis qu'une trop forte chaleur épuise la force vitale.

3° Comme la vie affecte partout des formes différentes, la même diversité a lieu également dans ses rapports avec la température extérieure. Chaque espèce de corps organisé a besoin d'un degré spécial de chaleur du dehors, de sorte qu'il en est qui prospèrent à une température haute ou basse sous l'influence de laquelle la vie d'autres n'est point possible. Les sources d'Abano, chaudes à 23 degrés R., nourrissent le *Cyclostomum thermale*, qui se meut également avec vivacité dans de l'eau chaude à trente degrés, et qui ne donne plus aucun signe de vie dans celle dont la température n'est que de dix degrés. Des Mollusques ont été vus par Lamarck (1), des Tortues et des Poissons par Marcescheau, dans des sources dont la chaleur était de vingt-sept et de vingt-huit degrés; des Bivalves, près desquels végétaient des arbrisseaux et des arbres, par Dunbar, dans d'autres dont la température était de cinquante degrés; des animaux de même espèce, par Sonnerat, dans des eaux chaudes à soixante-trois degrés. Au rapport de Forster, le sol avoisinant un volcan marquait soixante-dix-neuf degrés, ce qui ne l'empêchait pas d'être couvert de plantes en fleurs. Humboldt a observé des Poissons vivans dans l'eau rejetée par un volcan qui avait la même tempéra-

(1) *Hist. naturelle des animaux sans vertèbres*, 2e édition, par Deshayes et Milne Edwards. Paris, 1835, t. VI, in-8.

ture. Kirby a vu un *Lyctus juglandis*, qu'il retira d'une couche de fumier chaude, continuer de vivre dans de l'eau bouillante. D'un autre côté, l'Ours blanc, le Renard bleu, le Renne, les Lièvres blancs, les Lagopèdes, supportent un froid qui va quelquefois jusqu'à trente-deux degrés R. au-dessous de zéro.

4° Mais la vie n'est nulle part enchaînée à un degré déterminé de chaleur extérieure. Sa dépendance de la température du dehors a une certaine latitude. L'homme vit dans des contrées où la chaleur s'élève jusqu'à quarante-cinq degrés R., et dans d'autres où le froid va jusqu'à trente-deux degrés au-dessous de zéro; mais ici il ne résiste qu'en se garantissant des intempéries de l'air par des vêtemens et des habitations. On peut admettre qu'à l'état de nudité, il ne saurait vivre à une température supérieure ou inférieure de dix-sept degrés à sa chaleur propre; de sorte que, dans cette condition, onze degrés au-dessus de zéro seraient pour lui le minimum, et quarante-cinq le maximum de la chaleur extérieure supportable. Un homme, sur lequel Currie faisait des expériences [1], ne put rester nu que quelques minutes à l'air marquant cinq degrés R. au-dessous de zéro, et agité par un vent vif, et il ne lui fut pas possible de demeurer au-delà d'une demi-heure dans un bain à trois degrés et demi. Les habitans du Nord restent depuis un quart-d'heure jusqu'à une demi-heure dans un bain de vapeur dont la chaleur dépasse cinquante degrés.

II. La vie a plusieurs manières de se préserver de l'influence nuisible d'une température trop basse ou trop élevée.

1° Dans le règne animal, elle a recours à des actions volontaires, prescrites par l'instinct, ou suggérées par l'intelligence. Les migrations périodiques de certains animaux (§ 648) tiennent en partie au besoin d'un élément plus doux. D'autres animaux ne font qu'abandonner la surface pour se retirer dans l'intérieur de la terre, où règne une température plus uniforme, c'est-à-dire plus fraîche que celle du dehors en été, et plus chaude en hiver; les Poissons gagnent le fond de l'eau, et les animaux terrestres se retirent dans des tanières ou des

(1) *Philos. Trans.*, 1792, p. 204-212.

cavernes quand il fait trop chaud ou trop froid. La paresse que détermine une forte chaleur, porte les animaux à s'abstenir de mouvemens violens, qui les échaufferaient. Pendant le froid, ils retiennent leur chaleur en se ramassant sur eux-mêmes et diminuant ainsi l'étendue de la surface de leur corps exposée à l'atmosphère, en s'entassant les uns sur les autres, ou, enfin, s'ils sont très-sensibles au froid, en garnissant leurs nids de substances qui soient peu conductrices de la chaleur. Il est réservé à l'intelligence humaine de travailler ces substances pour en faire des vêtemens susceptibles de se déplacer avec le corps, et d'échauffer l'air lui-même dans un espace clos.

2° La vie plastique se garantit par une production plus abondante de tissus mauvais conducteurs du calorique. Dans les zones froides, la peau a plus d'épaisseur, il s'amasse au-dessous d'elle un épais coussin de graisse, et elle se couvre d'un pelage plus abondant, plus long, plus soyeux; les poils deviennent aussi plus serrés et plus chauds dans les zones tempérées, à l'entrée de l'hiver (§ 647). Les nègres et les hommes de couleur supportent mieux la chaleur des zones tropicales, parce que leur peau, de couleur foncée, fournit plus de chaleur rayonnante, comme les surfaces couvertes d'aspérités, et dérive par conséquent mieux la chaleur : le pigment, produit nécessaire de la chaleur, devient indispensable pour garantir d'une trop forte action de cette dernière.

3° Une autre garantie tient à la constitution de la vie, qui fait qu'elle maintient sa température propre, ou qu'elle supporte celle du milieu extérieur. La température dans le tronc d'un orme ou d'un sapin peut, sans danger, monter à vingt-trois degrés au-dessus de zéro en été, et baisser à quatorze degrés au-dessous de zéro en hiver : au printemps, les sucs gelés se liquéfient, et la végétation recommence (1). Plusieurs larves d'Insectes, qui passent l'hiver au grand air, peuvent

(1) Schubler, *Untersuchungen ueber die Temperatur verœnderungen der Vegetabilien*, p. 13.—Halder, *Beobachtungen ueber die Temperatur der Vegetabilien*, p. 8. — Raspail, *Nouveau système de physiologie végétale et de botanique*. Paris, 1837, t. II, p. 75.

geler sans périr, tandis que celles qui se réfugient dans des trous pendant cette saison, sont tuées par la gelée (1). Falk assure que des Sangsues et des Lombrics peuvent revenir à la vie après avoir été gelés (2). La même chose arrive aux Entozoaires des animaux à sang froid (3). Chez les animaux vertébrés, une véritable congélation paraît être incompatible avec le maintien de la vie, à moins que les Poissons ne fassent quelquefois exception sous ce rapport.

4° Mais la température propre est chose si peu essentielle chez les Reptiles, que ces animaux peuvent passer de quinze à trente degrés R. sans que leur vie soit compromise. Chez une Vipère, l'estomac et le rectum étaient à — 0,2 degré, après que l'animal fut demeuré exposé pendant une demi-heure à un froid artificiel ; à 16 degrés, sous une température extérieure de 11,5 : à 26,9, sous celle de 33,7 degrés (4). La température d'une Grenouille varie de — 0,4, durant le froid, à + 14,2 pendant la chaleur (5). Un froid très-intense fait périr les Reptiles, et alors seulement leur corps prend la température du milieu environnant (6).

5° Les Mammifères qui s'engourdissent pendant l'hiver appartiennent à diverses familles dont les autres membres ne sont pas sujets au sommeil hibernal, et ils diffèrent de ces derniers, non par des particularités d'organisation, mais seulement parce que leur température, sans être aussi dépendante du milieu extérieur que celle des Reptiles, est cependant infiniment plus variable et flottante que celle des autres animaux à sang chaud. C'est ce qu'on observe surtout chez les Chéiroptères. La température des Chauves-souris tomba en une heure à + 11,4 degrés, par l'effet d'un froid artificiel de — 0,7 R., tandis qu'auparavant elle était de + 27,3, l'air extérieur étant

---

(1) Straus, *Consid. génér. sur l'anatomie comp. des animaux articulés,* p. 353.

(2) Rudolphi, *Physiologie,* t. I, p. 171.

(3) *Ib.,* t. I, p. 172.

(4) Hunter, *Observations on certain parts of the animal œconomy,* p. 104.

(5) *Ib.,* p. 90.

(6) *Ib.,* p. 112.

à 12 (1). Dans ces circonstances, le sommeil d'hiver préserve de la congélation, car la chaleur baisse jusqu'au point où la vie ne peut plus subsister qu'à l'état latent (§ 612 , 5°).

III. Les corps organisés prennent moins, ou prennent plus tard, la température du milieu extérieur que les corps inorganiques. Chez les végétaux et les animaux inférieurs, cet effet n'est point le résultat des qualités physiques (une moindre aptitude à conduire la chaleur et une transpiration moindre), mais se rattache à un mode spécial d'action vitale, quoique ces qualités ne soient pas non plus sans influence, comme le démontrent les observations qui ont été faites sur les végétaux (§ 994 , 3°). Il a déjà été dit précédemment (§ 994 , 4°, 5°) que les animaux sans vertèbres et les vertébrés à sang froid ont ordinairement une température supérieure à celle de leur entourage ; nous n'avons plus qu'une seule chose à ajouter, c'est qu'ils résistent aussi à la chaleur du milieu ambiant, quand elle est trop forte. D'après Rudolphi (2), les Entozoaires paraissent ne point acquérir la chaleur des Mammifères et des Oiseaux dans le corps desquels ils vivent. J. Davy (3) a trouvé qu'à 20 degrés de chaleur extérieure, la température des Scorpions et des Cloportes était de 0,8 à 0,9 degré plus basse, et une Blatte en avait une de 19,3 degrés, quand la chaleur du dehors était de 18,6 et de 23 degrés. Dans de l'eau à 14,6 degrés, la température de l'estomac et du rectum d'une Tanche était de 10,2 degrés (4). Celle des Grenouilles était, suivant Hunter, de 0,8 à 4,5 degrés de chaleur extérieure ; selon Czermak, de 6,5 à 10,5 degrés ; d'après Delaroche, de 16,9 à 28 degrés, et de 17,6 à 29,5 degrés ; selon Davy, de 20 à 21,4 degrés. Les Serpens et Lézards des pays chauds, après qu'ils étaient restés quelque temps sur le sol brûlant, et les Poissons des sources chaudes ont toujours été trouvés moins chauds que leurs alentours (5).

(1) Edwards, *De l'influence des agens phy. sur la vie*, p.148-155, 258.
(2) *Physiologie*, t. I, p. 172.
(3) *Annales de chimie*, t. XXXIII, p. 196.
(4) Hunter, *loc. cit.*, p. 105.
(5) Rudolphi, *loc. cit.*, t. I, p 175.

IV. La chaleur des Oiseaux et des Mammifères ne peut naturellement pas se soustraire entièrement à l'influence de la température extérieure ; cependant elle n'est jamais déterminée par elle que dans certaines limites. Edwards (1) a trouvé, chez des Moineaux , 32,5 degrés en février , 33,6 en avril , et 34,6 R. en juillet : dans les pays froids , ils résistent à un froid considérable , et quand celui-ci arrive à 33 degrés au-dessous de zéro , ils gèlent bien , mais se raniment à la chaleur (2) , tandis qu'une chaleur de quarante degrés les fait périr promptement. La chaleur des Lapins mis en expérience par Delaroche , monta , en une heure et demie , de 25,3 à 28 degrés , la température du dehors étant de 29 degrés ; mais elle ne dépassa pas 31 degrés lorsque celle-ci était plus considérable. Suivant Parry , la chaleur du Renard bleu était de 32,4 à — 5,7 degrés , de 32,8 à — 11,1 , et de 32 à 26,6 ; à — 32 degrés même , où le mercure se congèle , la chaleur des animaux arctiques ne subit qu'une faible diminution

1° La température de l'homme varie , suivant Davy (3) , aux diverses époques de la journée ; mais elle diffère d'autant plus de la chaleur du dehors , que celle-ci est plus faible. Voici ce que Davy a constaté (en degrés centigrades).

	Chaleur du dehors.	Chaleur propre sous la langue.	Différence.
A six heures du matin	16,03	36,65	19,85
A neuf heures	18,88	36,37	17,49
A midi	25,45	36,94	11,49
A quatre heures	26,00	36,94	10,94
A six heures	21,64	37,22	15,58
A onze heures	20,54	36,65	16,11

2° Elle varie de même suivant les saisons, comme la tem-

(1) *Loc. cit.*, p. 489.
(2) Rudolphi, *loc. cit.*, t. I, p. 179.
(3) *Loc. cit.*, p. 481.

pérature extérieure, mais à un bien moindre degré que cette dernière. Franklin a remarqué que, pendant une chaleur d'été de 30,2 degrés R., la sienne n'était que de 28,4. Suivant les observations de Martin, la chaleur de la peau de sa poitrine était en novembre, jusqu'en mars, de 26 à 27,3 degrés R., en avril et mai de 27 3 à 28,6, en juin et juillet de 29,5, en août de 28,6, en septembre de 28,0, et en octobre de 27,3. La température de son urine était ordinairement de 28,6; mais en juillet elle était de 29,2.

3° Une température du corps moins élevée que celle de l'air a été remarquée par Lining à Charles-Town, par Adanson au Sénégal (1), par Ellis dans la Géorgie. Davy a observé, durant la traversée aux Indes orientales, que la température humaine, qui était de 29,3 degrés R. en Europe, montait à 30,2 sous la zone torride, et que même les indigènes de ces contrées en avaient une de 29.5 à 30,6. Suivant les observations d'Eydoux et Souleyet (2), la chaleur diminue lentement lorsqu'on passe dans un climat froid, et augmente avec plus de rapidité quand on passe dans une contrée chaude; mais, au cap Horn, à 0 de température extérieure, elle n'était pas beaucoup plus basse qu'à Calcutta, où l'air marquait 32 degrés. Il résulte aussi des recherches faites par Reynaud, sur douze individus, que la température humaine est, terme moyen, de 29,5 degrés R., depuis 10 jusqu'à 14 degrés de chaleur extérieure, sous la zone tempérée, et de 30 sous la zone torride, la chaleur du dehors étant de 20 à 24. Ross et Parry ne l'ont pas vue non plus diminuer d'une manière sensible au 74° degré de latitude septentrionale, par un froid de 40 degrés au-dessous de zéro.

4° Fordyce est le premier qui ait fait des expériences sur la chaleur artificielle (3). Vêtu seulement de sa chemise, il entra dans une pièce dont l'air était échauffé, par des tuyaux rouges sur lesquels on versait de l'eau, jusqu'à la température de vingt-trois à vingt-cinq degrés R.; au bout de cinq minu-

(1) *Hist. nat. du Sénégal.* Paris, 1757, in-4, p. 26.—Thevenot, *Traité des maladies des Européens dans les pays chauds.* Paris, 1840, p. 60.

(2) *Ann. des sc. naturelles,* 2° série, t. IX, p. 190.

(3) *Philosoph. Trans.*, 1775, p. 113.

tes, il passa dans une seconde où la chaleur était de trente-quatre degrés, puis au bout de dix minutes, dans une troisième où elle s'élevait à trente-neuf degrés, et où il demeura vingt minutes; le thermomètre monta à trente degrés sous sa langue et dans son urine. L'instrument indiquait cette même température un autre jour qu'il était resté pendant un quart d'heure dans un bain de vapeur analogue, à quarante-trois degrés. Il pénétra, de concert avec Blagden, Phipps, Banks et Solander, dans une pièce échauffée à soixante-treize degrés par un poêle en fonte; tous y demeurèrent dix minutes; ce laps de temps écoulé, Solander se tint encore pendant trois minutes à une température de soixante-et-dix-neuf degrés, et Banks à une de soixante-et-dix-neuf et demi, ce dernier pendant sept minutes. Lorsqu'ils passaient leur haleine sur le thermomètre, cet instrument baissait de quelques degrés; la température du lieu diminuait aussi par le fait de leur séjour, et d'autant plus qu'ils y étaient en plus grand nombre. Dans les expériences de Dobson (1), un séjour de dix minutes dans une étuve chauffée à soixante-et-quinze degrés R., porta la température humaine à trente degrés; sous l'influence d'une chaleur de soixante-et-dix-neuf degrés, celle-ci monta en dix minutes à 30, 9 degrés; sous celle de quatre-vingt-cinq degrés, qui fesait fondre la cire en cinq minutes, et coaguler en dix minutes du blanc d'œuf dans un vase d'étain, elle s'éleva, durant le même laps de temps, à 31,1 degrés. Blagden s'est tenu dans un four chauffé de cent vingt-six à cent trente-cinq degrés, où bouillait de l'eau couverte d'une couche d'huile (2). La température de Berger et Delaroche ne monta que de trois à quatre degrés à une chaleur de trente-neuf degrés et au-delà. Lorsque Volkmann (3) avait passé une heure, tout nu, dans un bain de vapeur de trente à quarante degrés, la chaleur ne s'élevait qu'à vingt-neuf degrés dans sa bouche.

5° Quand Hunter (4) prenait dans sa bouche un morceau

(1) *Ib.*, p. 463.

(2) *Ib.*, p. 485.

(3) *Observationes biologicæ de magnetismo animali.* Leipsick, 1826, p. 56.

(4) *Observations on certain parts of the animal œconomy*, p. 94.

de glace de la grosseur d'une noix, la température y descendait de 28,8 à 20 degrés. Après avoir bu une eau minérale froide, la chaleur diminuait sur-le-champ de 1,6 degré aux pieds et aux mains de Martin, de 0,8 au bas-ventre, de 0,4 à la poitrine et dans l'urine, et tandis que les membres recouvraient leur chaleur naturelle au bout de quelques heures, le bas-ventre restait froid jusqu'au dîner ; après avoir mangé chaud, et pris du thé ou du café, l'urine était plus chaude qu'à l'ordinaire de 1,6 degré. Le pénis d'un cadavre échauffé à 26,6 degrés, acquit, suivant Hunter(1), la température de l'eau à huit degrés dans laquelle on le plongea, tandis que la chaleur de celui d'un homme vivant baissa seulement de 26,6 et 11,5 ; dans de l'eau à 38,3 degrés, la chaleur du premier s'éleva à 36,4, et celle du second à 31,2 seulement. Dans de l'eau à trente-quatre degrés, la température de la main augmenta, d'après Gentil (2), d'un degré en dix minutes, et s'accrut encore par la prolongation du séjour. Suivant Martin, les pieds d'un enfant de trois ans, qui marchait sans chaussure, par un froid de — 1,6 degré, marquaient + 10,3 ; sa chaleur était encore de + 6 degrés, à un froid de treize degrés et demi au-dessous de zéro, dont l'intensité faisait exprimer des plaintes à l'enfant. Becquerel et Breschet ont trouvé que la température intérieure du bras ne diminuait que de 0,16 degré dans l'eau à la glace, et ne montait non plus que de 0,16 degré dans l'eau chaude à trente-trois degrés.

bb. Causes de la température extérieure.

§. 1002. Plusieurs circonstances influent sur la conservation de la chaleur propre à l'homme.

1.Au premier rang se placent celles qui sont extérieures.

I° Les substances peu conductrices de la chaleur dont on se couvre le corps, préservent non seulement du froid, mais encore du chaud, et ne deviennent gênantes que quand la chaleur interne s'accroît. Tillet (3) a éprouvé que les animaux

(1) Hunter, *loc. cit.*, p. 96.
(2) Meckel, *Deutsches Archiv*, t. III, p. 459.
(3) *Hist. de l'Acad. des sc.*, 1764, p. 193.

supportent une chaleur plus forte quand on les enveloppe de toile, que quand on les laisse nus. Blagden (1) ne supportait la chaleur de cent vingt-six degrés R., et au-delà, qu'au moyen d'un habillement complet et épais, et cette chaleur lui était infiniment plus désagréable lorsqu'il quittait ses vêtemens.

2o La densité d'une substance est en raison de sa faculté conductrice. De là vient qu'à égalité de température, l'eau chaude échauffe plus que la vapeur aqueuse, et celle-ci plus que l'air; tandis que Banks (2) supportait une chaleur de 39,5 degrés dans l'air, il pouvait à peine tolérer celle de l'alcool échauffé à 43 degrés ; le mercure chaud à trente-neuf lui était insupportable, et tous les métaux contenus dans la chambre étaient si chauds qu'il n'y pouvait toucher. La même chose a lieu pour le froid. Il n'y a que la quantité de la transpiration qui modifie les effets du plus ou moins de densité du milieu ambiant.

3o Le mouvement de l'air accroît les effets de sa température. Dans un four chauffé à cent vingt-six degrés et plus, Blagden (3) ressentait plus vivement la chaleur lorsque l'air était mis en mouvement, soit par lui-même en marchant, soit par l'action d'un soufflet. Currie (4) a reconnu que, sur un vaisseau échoué pendant l'hiver, deux hommes bien portans et robustes, qui restèrent exposés à l'action de l'air, sur la partie saillante hors de l'eau, à une température de—0,8, le vent étant vif et chargé de pluie et de neige, périrent au bout de quatre à sept heures, tandis que le reste de l'équipage, qui était plus ou moins plongé dans l'eau, se tenant à la carcasse et cherchant à combattre le froid par des mouvemens, passa dans cette situation vingt-trois heures, au bout seulement desquelles on put venir à leur secours. Cette observation lui a suggéré une série d'expériences assez grossières, consistant à exposer des hommes nus, tantôt à un vent froid, tantôt à l'action de l'eau froide, bientôt suivie d'un bain chaud:

(1) *Philos. Trans.*, 1775, p. 485.
(2) *Loc. cit.*, p. 119.
(3) *Loc. cit.*, p. 486.
(4) *Loc. cit.*. 1792, p. 199.

le résultat fut qu'un homme qui, au sortir du bain froid, s'exposait au grand air ayant la même température, mais tranquille, ne perdait point de chaleur, tandis que, sous l'influence du vent, alors même que l'air était plus chaud que l'eau, il se refroidissait rapidement de quelques degrés.

4° Currie a remarqué en même temps que la salure de l'eau marine et l'addition du sel à l'eau commune du bain déterminent à la peau une irritation qui agit en sens inverse de l'impression du froid, de sorte qu'alors la température s'abaisse un peu moins.

II. Quant à ce qui concerne les conditions de l'organisme lui-même :

1° Delaroche a répété l'observation déjà faite avant lui par Tillet, que le volume du corps est favorable au maintien de la chaleur propre.

2° Mais c'est surtout l'état des forces vitales qui exerce une grande influence. Currie, par exemple, a trouvé (1) que des jeunes gens qu'il faisait asseoir dans une baignoire, après leur avoir mis un thermomètre sous la langue, et dont il arrosait la tête et les épaules avec de l'eau salée froide, éprouvaient un abaissement de température pendant la première minute, lorsqu'ils étaient peu robustes, tandis que, chez ceux qui jouissaient d'une force vitale plus énergique, la température demeurait la même, et ne tardait pas à s'élever de 0,8 degré R. Une perte de sang, une surexcitation et en général tout ce qui affaiblit la vie, diminue le pouvoir de résister au froid.

3° L'âge influe aussi d'une manière puissante (§§ 517, II ; 534, 4° ; 539, 2° ; 556, 3° ; 560, 5° ; 588, 4°). De même beaucoup de plantes gèlent, au printems, à un degré de froid qui ne leur nuit point en automne, quand leurs sucs sont plus chargés de principes dissous et leurs vaisseaux plus lignifiés (2).

4° Une variation subite de température est moins bien supportée qu'un changement graduel. Currie a vu (3) la chaleur

(1) *Loc. cit.*, p. 217.

(2) Halder, *Beobachtungen ueber die Temperatur der Vegetabilien*, p. 12.

(3) *Loc. cit.*, p. 205, 216.

des hommes qu'il exposait subitement nus à l'action du froid, tomber de vingt-neuf à vingt-quatre degrés R., et quand ces individus se plongeaient ensuite dans un bain à trente-deux degrés, la douleur leur arrachait des exclamations; quand lui-même passait alternativement, mais lentement, d'un bain salé à 1,7 degré dans un autre à 28,4, sa température ne subissait aucun changement. Les arbres gèlent surtout lorsque le froid survient immédiatement après un haut degré de chaleur. Hunter (1) a remarqué que les Lézards et les Serpens périssent quand on les fait passer sans transition de l'engourdissement hibernal à la chaleur. Les hommes asphyxiés par le froid meurent sous l'influence d'une grande chaleur, et il nuit aux plantes elles-mêmes d'être échauffées trop rapidement à la suite du froid.

5º L'habitude exerce une grande influence. Peu de mois passés dans un climat chaud suffisent pour rendre le corps très-sensible au froid, de manière qu'une température extérieure de 14 degrés R. suffise pour empêcher de dormir la nuit à cause de l'impression désagréable qu'elle occasione (2). On peut en venir, par l'effet de l'habitude, à supporter un quart-d'heure de séjour dans un bain à soixante degrés R. Tillet a vu plusieurs boulangers tellement accoutumés à la chaleur du four, qu'ils y restaient cinq à dix minutes par une chaleur de trente-cinq à quarante degrés R. (3), phénomène reproduit sous une autre forme par les jongleurs qui se donnent en spectacle comme des hommes incombustibles. L'émoussement du sentiment joue sans doute aussi quelque rôle dans ces effets : Martin a trouvé, chez un enfant qui marchait nu-pieds, que la chaleur du pied était de 12,6 degrés quand cet enfant se plaignait encore du froid, et qu'ensuite, quand l'habitude faisait qu'il ne sentait plus rien, cette même chaleur n'était que de huit degrés.

6º Mais Edwards a prouvé (4) que l'habitude ne repose pas

(1) *Observations on certain parts of the animal œconomy*, p. 121.
(2) Spix et Martius, *Reise in Brasilien*, t. I, p. 168.
(3) *Hist. de l'Acad. des sciences*, 1764, p. 188.
(4) *De l'influence des agens physiques sur la vie*, p. 252.

uniquement sur une modification de l'aptitude à sentir la chaleur, qu'elle tient encore à un changement dans la production de cette dernière. Un froid subit entraîne bien une diminution de la production de chaleur ; car, par exemple, après une chute dans l'eau froide, on est pendant quelques jours hors d'état de s'échauffer et plus sensible qu'auparavant à un nouveau froid (1); de même, la chaleur extérieure détermine, après l'action du froid, une production plus considérable de chaleur, puisque quand, en de telles circonstances, on expose de nouveau des animaux au froid, leur température s'abaisse d'autant plus lentement qu'ils étaient demeurés plus long-temps exposés à la chaleur (2); cependant il en est tout autrement des variations qui ont lieu durant le cours de l'année; car, somme totale, il s'établit alors un certain rapport de température, qui peu à peu devient dominant : la production de chaleur augmente quand la chaleur extérieure diminue, et *vice versâ*. Ainsi, des Moineaux ayant été exposés au même froid artificiel, leur température baissa, en une heure, de 3,62 degrés en juillet, 1,62, en août, et 0,4 en février (3).

§ 1003. La résistance que l'organisme oppose à la température extérieure tient donc à la mesure de son action, mais elle est singulièrement favorisée par le peu de faculté conductrice de sa substance. Il ne reste donc plus à examiner qu'une seule question, celle de savoir quelle est l'action organique qui résiste à la température.

1° On a désigné ici la digestion et la nutrition. Pendant le froid, dit-on, l'appétit est plus vif, la faculté digestive plus énergique, le besoin plus grand d'une nourriture forte, animalisée, épicée et de boissons spiritueuses : de là vient aussi que la chaleur produite est plus considérable, tandis que l'inverse a lieu sous l'influence d'un temps chaud ; de même aussi, la nutrition se fait mieux pendant le froid, et le corps maigrit durant la saison chaude. Mais la plupart des animaux prennent moins de nourriture en hiver, et sans faire valoir ici

(1) *Ib.*, p. 247.
(2) *Ib.*, p. 250.
(3) *Ib.*, t. II, p. 463.

d'autres argumens encore qui pourraient être allégués (§§ 996, 998), il y a impossibilité que la faculté de maintenir sa température propre pendant un changement momentané de la chaleur extérieure dépende de ces fonctions.

2° La transpiration, passage d'un fluide de l'état liquide à l'état vaporeux, est un moyen de rafraîchissement qui fait antagonisme à la production de chaleur, et qui maintient la température de l'organisme au même point, attendu qu'elle augmente par un temps chaud et diminue par un temps froid. On allègue que comme les affusions froides diminuent la chaleur en accroissant l'évaporation, de même, à l'apparition de la sueur, la chaleur fébrile devient plus supportable, tandis qu'à défaut de transpiration elle peut acquérir un très-haut degré d'intensité sans que la production de chaleur ait précisément besoin d'être augmentée : que les Européens ne conservent leur santé, dans les pays chauds, qu'en adoptant des Orientaux l'usage des onctions et des bains chauds, moyens propres à prévenir une transpiration excessive, avec le refroidissement et la débilité qui s'ensuivent (1); qu'une boisson froide, prise pendant qu'on a chaud, ne nuit qu'autant qu'une transpiration abondante s'est déjà établie par le fait du relâchement, et que le corps est en train de se refroidir ; que, d'après l'observation de Franklin, les moissonneurs de la Pensylvanie peuvent continuer leur travail par une chaleur de trente degrés, tant qu'ils suent, mais sont menacés de mort subite quand leur transpiration s'arrête; enfin que, lors du passage subit dans un climat chaud, la peau se dessèche par l'abondance de l'exhalation, et qu'on ne parvient à prévenir une maladie qu'en buvant beaucoup d'eau (2). Delaroche a observé qu'après une heure d'exposition à une chaleur de vingt-trois degrés et demi, la température d'une Grenouille était tombée, comme celle d'une éponge humide, à dix-sept degrés et demi, et de là il prétendait conclure au moins la possibilité que la chaleur animale fût maintenue dans certaines limites par la transpiration ; cependant il n'a pas trouvé que

(1) Thevenot, *Traité des maladies des Européens dans les pays chauds.* Paris, 18.0, p. 284.

(2) Hood, *Analytic physiology*, p. 26.

la chose se vérifiât chez des animaux à sang chaud; lorsqu'il exposait un alcarrazas plein d'eau à 22,4 degrés, et un Lapin à 25, dans un endroit dont la chaleur fût de vingt-huit degrés et demi, il voyait la température de l'animal monter à vingt-huit, et celle du vase descendre à 20,4. En effet, plusieurs argumens s'élèvent contre cette explication. L'organisme maintient sa température au chaud, alors même que la transpiration est limitée ou suspendue. La température de Fordyce (1) restait la même dans un bain de vapeur à quarante-trois degrés et demi, et comme il était le corps le plus froid qui se trouvât dans la chambre, l'eau ruisselante sur sa peau paraissait n'être qu'un précipité de vapeurs, dont la condensation aurait dû accroître sa propre chaleur. Delaroche objecte, à la vérité, que Fordyce n'a pas pu éprouver les conséquences d'une diminution de la transpiration parce que son séjour dans le bain de vapeur n'a pas duré plus d'un quart-d'heure, et il cite des observations d'après lesquelles la température d'animaux qu'il avait tenus pendant une heure dans des vapeurs aqueuses dont la chaleur était de vingt-quatre à vingt-six degrés, monta de deux à quatre degrés. Cependant, comme cet accroissement de température n'était point assez considérable, il a été obligé d'admettre encore que la transpiration n'avait point été entièrement supprimée. Mais Volkmann (2) ayant arrêté aussi complétement que possible la transpiration par des onctions de tout son corps, pendant un séjour de trois quarts-d'heure à une chaleur de trente-et-un à trente-sept degrés, n'a vu néanmoins sa température monter qu'à trente degrés, c'est-à-dire devenir seulement à la main d'un degré, et dans la bouche d'un demi-degré supérieur à ce qu'elle était auparavant. Enfin, dans l'eau chaude, où l'évaporation est encore plus suspendue, l'organisme ne prend pas la température du liquide, et les animaux qui vivent dans des sources chaudes prouvent que cet effet ne saurait avoir lieu par un séjour de quelques instans. D'après les observations de Volkmann (3), la température demeure la même à l'irruption de la sueur, et

(1) *Loc. cit.*, 1775, p. 114.
(2) *Observationes biologicæ*, p. 59.
(3) *Ib.*, p. 58, 63.

chez un Lapin qu'il arrosa d'éther , la température de la bouche , malgré la forte évaporation qui eut lieu, ne différa point, à une chaleur de quarante degrés, de celle qu'elle avait auparavant, ce qui eut lieu de même chez un autre Lapin dont le corps n'avait pas été mouillé d'éther. Edwards (1) a constaté aussi que la proportion de la transpiration est une circonstance favorable au maintien de la température organique, mais ne peut en être la véritable cause, et que son accroissement garantit bien des degrés extraordinaires de chaleur, mais ne saurait protéger contre celle du climat ou de la saison. Quoique la transpiration augmente sous l'influence de la température extérieure , elle ne dépend cependant point d'elle ; loin de là , elle est déterminée par le degré de l'activité vitale , en sorte qu'elle peut être très-forte même dans un air sec et froid , sans que le corps perde pour cela de sa chaleur.

3° Il n'est pas non plus suffisamment démontré que la constance de la température organique tienne à la respiration. Le froid, dit-on , rend l'air plus riche en oxygène, plus pur de mélanges hétérogènes ; et comme alors toute combustion marche avec plus d'activité , la respiration devient plus vive aussi , et par conséquent la production de chaleur plus considérable ; l'inverse a lieu sous l'empire de la chaleur. Mais, d'après les observations qui ont été rapportées plus haut (§. 977), la consommation d'oxygène est plus grande à une chaleur modérée qu'au froid. Edwards accorde , à la vérité (2), que les Oiseaux renfermés dans une quantité d'air donnée , y éprouvent plutôt une gêne de la respiration et l'asphyxie en hiver qu'en été ; mais il s'est convaincu que ces phénomènes ne dépendent pas de l'impression actuelle de la température extérieure, qu'ils sont le résultat de la modification imprimée à l'activité vitale par la saison , de manière que , pendant l'hiver , même au milieu d'une chaleur artificielle , la consommation d'oxygène est plus considérable, bien que la température organique ne s'élève pas proportionnellement. Au reste,

(1) *Loc. cit.*, p. 254, 385.
(2) *Loc. cit.*, p. 200, 206.

les observations elles-mêmes n'ont point été décisives : ainsi la difficulté de respirer est survenue, chez les Oiseaux, terme moyen, au bout de cinquante-deux minutes et demie en hiver, et de soixante-huit trois quarts en été ; mais, sur dix de ces animaux, il s'en est trouvé trois chez lesquels le phénomène n'eut lieu qu'au bout de soixante et dix à quatre-vingt-trois minutes en été, et deux chez lesquels il se manifesta au bout de quarante-huit à cinquante-neuf minutes déjà en hiver. Legallois s'est efforcé de démontrer que la constance de la température organique dépend de la respiration ; mais il a acquis la conviction que la quantité de l'acide carbonique expiré n'est point en proportion de cette constance (1), et il a fait souvent aussi la même remarque à l'égard de la quantité d'oxygène absorbé, d'où il s'est trouvé conduit, pour sauver son hypothèse, à admettre que quand la respiration devient difficile jusqu'à un certain point par l'accroissement du mouvement respiratoire et par la plus grande quantité d'air introduite dans les poumons, une diminution de la chaleur a lieu, et qu'en conséquence un refroidissement peut s'effectuer, bien que l'oxygène soit consommé en plus grande abondance (2). Fordyce et les autres physiologistes qui ont répété ses expériences ont remarqué que, tandis qu'une chaleur de cinquante-deux à quatre-vingt degrés R. n'élevait leur température que d'une manière insignifiante, leur respiration ne souffrait aucune atteinte, et ne devenait ni difficile, ni accélérée (3).

4° Une explication plus satisfaisante, et en même temps applicable à tous les êtres organisés, est celle qui consiste à admettre que la chaleur résulte du conflit électrique des parties organiques (§ 1000, II, III). Sous l'influence de la chaleur, l'action vitale se porte plus au dehors, la sensibilité est accrue, et il survient de l'accablement, de sorte que quand les rapports avec le monde extérieur deviennent plus intimes, le conflit intérieur diminue, et avec lui la production de la

(1) *OEuvres*, t. II, p. 60.
(2) *Ib.*, p. 41.
(3) *Loc. cit.*, p. 117.

chaleur. Les observateurs qui se sont exposés à une température fort élevée, par exemple (1), se trouvaient accablés à
la suite de leurs expériences, et ceux qui font usage des bains
de vapeurs ne préviennent cet inconvénient qu'à l'aide d'affusions, qui provoquent une tension plus énergique. Les animaux que J. Guyot avait exposés à une grande chaleur étaient
également accablés, et d'après Humboldt (2), le galvanisme
épuise plus rapidement l'action vitale des animaux dans les
climats chauds : ceux chez lesquels cet agent excitait des
mouvemens pendant deux et trois heures en Allemagne, s'y
montraient quelquefois insensibles, en Italie, au bout de vingt
à vingt-cinq minutes. La chaleur accroît la faculté conductrice de l'électricité, qui s'accumule moins dans nos machines
dès que le frottoir est échauffé par le mouvement. Le froid,
au contraire, provoque une réaction vive, et, en limitant le rapport avec la nature extérieure, il active davantage le travail
intérieur de la vie ; la tension des parties organiques les unes à
l'égard des autres augmente, ainsi que leur conflit électrique
mutuel, et en effet ce n'est guère qu'en hiver qu'on a observé
des phénomènes d'électricité libre chez l'homme (§. 993,
2°). D'après cela, le milieu extérieur agit différemment,
à température égale, suivant que la vitalité et le conflit réciproque des parties organiques sont plus ou moins excités :
l'organisme résiste mieux au froid de l'eau quand celle-ci
stimule la peau par le sel qu'elle tient en dissolution ; la vapeur aqueuse diminue le pouvoir excitant de l'air, et par
suite aussi la production de la chaleur, en sorte qu'elle com-
bat l'influence de la chaleur extérieure. Quand le conflit électrique des parties organiques est diminué, il y a aussi moins
d'aptitude à résister à la température du dehors. Ceci s'applique non seulement à l'ensemble de la vie, car pendant le
sommeil on souffre davantage de la chaleur et l'on est plus
exposé à se refroidir par un temps froid, mais encore à l'état
local : d'après les observations d'Earle (3), un malade con-

(1) *Loc. cit.*, p. 487.
(2) *Ueber die gereizte Muskel-und Nervenfaser*, t. I, p. 302.
(3) Meckel, *Deutsches Archiv*, t. III, p. 421.

tracta des ampoules à l'un de ses membres qui était paralysé et froid en l'exposant à une chaleur que son autre bras sain n'avait pas jugée trop forte, et le même effet eut lieu, sous l'influence du froid, chez un individu dont l'un des doigts était paralysé par la section de son nerf. Tous ces faits confirment que le maintien de la température propre dépend en partie du faible pouvoir conducteur de la matière organique, et en partie aussi d'une certaine proportion dans l'activité organique dévolue en commun à tous les membres. La transpiration peut y contribuer pendant la chaleur, car Martin n'a trouvé qu'une chaleur de vingt-huit degrés aux parties de son corps couvertes de sueur, par l'effet du mouvement, tandis que les autres en marquaient vingt-neuf et demi ; mais son rôle est très-borné, surtout en ce qui concerne le maintien de la température organique au froid. Quant à la digestion et à la nutrition, on ne peut les considérer que comme les conditions générales de la production et de la conservation de la chaleur organique.

4. LUMIÈRE.

§ 1004. 1° Plusieurs végétaux et animaux inférieurs sont lumineux, soit que leur lumière tienne à la combustion d'une sécrétion phosphorée, soit qu'elle se dégage par l'effet d'une action électrique. Une circonstance parle en faveur de la première hypothèse (§ 843 VI), c'est que, chez plusieurs des animaux appartenant à cette catégorie, on trouve une matière lumineuse spéciale, qui peut transférer la phosphorescence à d'autres corps, et que la présence ou l'absence de l'oxygène accroît ou supprime le phénomène. L'ébranlement le rend plus prononcé ou le provoque, comme aussi le mouvement volontaire de l'animal lui-même, notamment la contraction du corps chez quelque Méduses ; mais il cesse à la mort, ou peu de temps après, change souvent sans cause extérieure, et se trouve soumis à l'influence de la vie animale. Suivant Macaire (1), la phosphorescence des Insectes dépend de la volonté, car les animaux la font cesser tout à coup quand ils

(1) Gilbert, *Annalen*, t. LXX, p. 269.

entendent du bruit, sans qu'on aperçoive nulle trace de membrane à laquelle cet obscurcissement puisse être attribué. Macartney (1) a également remarqué que le mode et l'intensité de la phosphorescence ne se rattachent à aucune disposition mécanique, que la matière phosphorescente luit même en l'absence de l'oxygène, qu'elle ne prend pas feu à l'approche d'une flamme, et que par conséquent elle ne contient point de phosphore.

2° Chez plusieurs Mammifères on voit les yeux luire dans l'obscurité, surtout quand l'animal est excité, qu'il ressent des désirs, ou qu'il éprouve de la colère. Suivant Gruithuisen, Prevost, Esser et autres, ce n'est qu'un miroitement des rayons lumineux qui pénètrent dans l'œil pendant l'obscurité, et que réfléchit la portion de la choroïde dépourvue de pigment, ou ce qu'on nomme le tapis.

II. Force vitale.

§ 1005. Le corps vivant, en sa qualité de corps, a de commun avec les corps sans vie, de posséder comme eux les caractères généraux de la matière. Les élémens qui entrent dans sa composition sont les mêmes, mais réunis par un mode d'association qui lui appartient d'une manière exclusive, et qui fait que sa substance diffère de toute matière inorganique. Il est soumis aussi à l'action des mêmes forces, mais liées de telle sorte qu'elles paraissent modifiées, ou qu'elles produisent des effets particuliers. Ces élémens et ces forces ne constituent donc que le fond de son existence matérielle; le mode de combinaison est tout spécial, et suppose quelque chose de quoi cette combinaison dépende, qui manque aux corps inorganiques.

I. Jadis on se contentait souvent de considérer comme une force propre ce qu'il y a de commun dans chaque série de phénomènes vitaux. On se bornait à dire que l'organisme possède une force d'assimilation, une force de nutrition, ou une force chylopoiétique. Haller encore admettait, outre l'âme,

(1) *Ib.*, t. LXI, p. 115.

la sensibilité, l'irritabilité et la tonicité, ou la contractilité vivante, comme autant de facteurs de la vie. Cette méthode ne conduisait qu'à une classification des effets de la vie.

II. D'autres, surtout dans les temps modernes, ont reconnu qu'il y a un lien commun, dont l'hypothèse précédente ne tenait aucun compte, et que l'ensemble des phénomènes vitaux doit être dérivé d'un principe unique.

1° Le point de départ de Stahl fut la conviction qu'il ne peut y avoir d'autre source de la vie qu'une cause spirituelle. Mais, comme il ne distinguait point assez l'esprit créateur du monde de l'âme individuelle, que, bien au contraire même, il voyait dans cette dernière le principe de la vie, il s'ensuivait de sa doctrine que l'embryon devait avoir la perspicacité nécessaire à la formation de son corps, que par conséquent les facultés de son esprit devaient, surtout chez les animaux, dépasser de beaucoup celles de l'homme fait. Stahl était obligé de soutenir que l'âme continue par une sorte de routine aveugle ce que sa volonté avait d'abord commencé, et que les végétaux eux-mêmes possèdent une âme.

2° Comme cette doctrine était inconciliable avec les faits connus touchant la vie matérielle et avec les idées reçues sur l'action de l'âme, on en vint à la restreindre de telle sorte que ce ne fut plus l'âme elle-même, mais son organe, le système nerveux agissant sans conscience ni volonté, qu'on considéra comme la chose à proprement parler vivante, et qu'on érigea la force nerveuse en principe de la vie. C'est dans ce sens que Cullen, Unzer et autres ont raisonné en construisant l'édifice de leur pathologie nerveuse. Nous avons examiné la part que l'action du système nerveux prend à la circulation (§ 768 — 772), à la nutrition et à la sécrétion (§ 847; 884; 891), à l'absorption (§ 897), à la digestion (§ 957), à la respiration (968, II; 971; 978, 1°), à la production de la chaleur (§ 999; 1000, I), et nous avons reconnu qu'à part les cas dans lesquels la vie animale vient au secours de la vie matérielle par une provocation de mouvemens, l'action nerveuse n'exerce jamais qu'une influence consensuelle ou antagonistique sur les opérations plastiques, que jamais elle n'en est la cause. Il y a vie sans système nerveux. Ce système ne survient que comme expression d'une unité plus prononcée, qui élève la vie à posséder un intérieur, le sentiment de soi-même, la faculté de se déterminer soi-même. Il naît par le fait de l'activité plastique, se développe par elle, et a constamment besoin d'elle pour déployer son action (§ 743, 3°, 4°; 774, 6° 978, 2°). Donc il est un membre de l'organisme, et à ce titre en conflit, en rapport de réciprocité avec les autres membres. Ayant ses racines dans la plasticité, et dépendant d'elle à tout jamais, il exerce aussi une influence sur elle, en ce sens que, comme antagoniste des organes plastiques, il les excite à manifester leur force propre, et que, comme expression d'une unité intérieure, il dirige leur activité de manière à ce qu'elle soit en harmonie parfaite avec l'état de l'ensemble de la vie. Nous pouvons dire que c'est un subterfuge de l'ignorance, ou si l'on aime mieux du non savoir (§ 884), lorsqu'à défaut d'autre explication, on prétend rapporter les phénomènes de la vie matérielle à une action nerveuse : souvent ceux qui adoptent cette hypothèse érigent en preuve ce qui n'est qu'une simple supposition, par exemple, lorsqu'ils disent que la sécrétion dans les poumons et le rougissement du sang dans la circulation sont indépendans du nerf pneumo-gastrique, et doivent en conséquence dépendre du nerf grand sympathique.

3° La pathologie solidiste, telle qu'elle a été présentée par Kreyssig, Sprengel (1) et autres, avait un horison plus vaste; car elle attribuait une action vivante aux solides en général, et dans sa lutte tant contre les théories chimiques de la vie que surtout contre la pathologie humorale, elle cherchait à démontrer que les rapports de composition sont sous la dépendance de l'action des parties solides. Mais elle tombait dans un autre extrême, en ne considérant les humeurs que comme de simples produits, en faisant trop peu d'attention au rôle qu'elles jouent dans la vie; car solides et liquides sont toujours associés ensemble dans l'organisme, ils sont continuellement en conflit, ils passent sans cesse de l'un à l'autre, ils jouent à chaque instant le rôle de cause les uns à l'égard

_____

(1) *Histoire de la médecine*, trad. par A. J. L. Jourdan, Paris, 1815, t. VI, p. 439.

des autres, et l'on ne peut voir en eux que des membres tous
également nécessaires.

4° Hunter, Hufeland et autres reconnaissaient en conséquence qu'aux humeurs, et surtout au sang, revient une part
essentielle dans la vie, et généralement parlant que la cause de
cette dernière ne saurait résider dans telle ou telle partie, qui
bien loin de là lui doit naissance, mais qu'on ne peut la chercher que dans l'ensemble, dans la totalité de l'organisme.
Tantôt on spiritualisa ce principe vital propre, comme faisait
Willis avec son âme végétative. Tantôt on le personnifia,
comme l'archée de Paracelse et de Vanhelmont. Quelquefois
on le matérialisa, pour en faire l'éther ou l'esprit aérien des
pneumatistes. D'autres le dirent analogue à la cause des phénomènes dynamiques de la nature; Autenrieth par exemple,
l'érigeait en un inpondérable à part. Enfin on l'appela force
plastique, ou force vitale en général. Avec cette hypothèse,
cependant, on n'était pas plus avancé qu'avec l'admission d'une
matière organique spéciale (§ 990), car on ne faisait au fond
que reconnaître une seule chose, savoir que les phénomènes
particuliers de la vie doivent avoir une cause également particulière. On renonçait à toute investigation ayant l'essence de
de la vie pour objet, en dédaignant de rapporter cette essence
à quelque chose de supérieur. Et quand on disait de cette
cause, d'ailleurs inconnue, qu'elle agit à l'encontre des forces
de la nature inorganique, qu'elle subordonne les lois de l'univers à son but, qu'elle en suspend ou dirige l'action, on coupait pour ainsi dire l'existence en deux. Il devenait impossible
de concevoir comment la vie aurait pu venir au monde si elle
lui est absolument étrangère, si elle ne repose pas sur les
mêmes forces que lui, comment elle peut s'y maintenir, si
elle est indépendante de ses lois, comment enfin il peut y
avoir deux légitimités tout-à-fait différentes d'existence.

§ 1006. La vie, comme mode d'existence, doit dépendre
d'un principe universel, d'une cause unique de l'existence en
général. Notre conscience débute par une opposition, par
la distinction du moi et du non moi. Or, comme la concience
est ce que nous savons de plus positif, ce qui, dans notre savoir, nous appartient le plus en propre, et qu'elle sert de base

à toutes nos autres connaissances, nous reconnaissons aussi que la même opposition d'esprit et de corps, d'intérieur et d'extérieur, de force et de matière, d'activité et de repos, se répète partout.

I. Le dualisme s'arrête à ce fait. Il tient l'opposition pour réelle, parce que, contenus dans la conscience, le moi est une certitude immédiate, et le non moi, qui s'oppose à lui, ne saurait être une simple apparence. Mais, tant que la conscience n'est qu'une distinction de l'existence propre et de l'existence étrangère, elle ne se rapporte qu'au phénomène; notre moi se révèle au sens intérieur comme une chose particulière, de même qu'aux sens extérieurs comme une chose étrangère, spéciale. Le dualisme est donc le principe suprême pour tout ce qui est empirique, phénoménal. Mais nous voulons savoir ce qu'il y a d'original dans les faits dont nos sens sont frappés. Notre conscience n'est donc point satisfaite du dualisme; car, tandis que tous ses efforts tendent à découvrir l'unité derrière la pluralité, le dualisme s'en tient à l'observation de la superficie, du multiple. L'opposition ne peut pas être ce qu'il y a de plus élevé, car elle ne fait qu'exprimer des modes divers d'existence, qui supposent une existence générale. L'opposition implique l'idée de limitation, de bornes pour une chose particulière, au-delà desquelles doit se trouver autre chose : or nous cherchons la cause finale, qui ne peut être limitée. Si enfin l'opposition était primordiale et absolue, ses membres ne sauraient rien avoir de commun ensemble; un abîme sans fond les séparerait l'un de l'autre; ils ne pourraient ni se toucher, ni agir l'un sur l'autre.

II. Nous devons donc chercher le primordial au-dessus de l'opposition, dans l'unité. Or cette unité ne peut résider que dans la matière, dans l'idée, ou dans l'identité de l'une et de l'autre.

1° Le matérialisme n'accorde la réalité qu'à ce qui est corps, et trouve la cause de tous les phénomènes de la nature dans les qualités primitives de la nature. Mais, en ne tenant pour certain que l'existence de la matière, et ne croyant à la certitude que de la connaissance de cette matière, il devient le jouet d'une illusion. En effet, ce qu'il y a d'originairement certain pour nous réside dans la conscience de soi-même ; c'est au moi qui s'annonce immédiatement à nous que nous accordons les qualités de la matière. La perception extérieure n'est autre chose que l'information d'un changement survenu dans notre moi sans notre participation ; la chose extérieure qui produit ce changement, ou la matière, est loin de notre moi : ce n'est pas elle que nous connaissons immédiatement, mais seulement l'effet qu'elle exerce sur nous ; les connaissances que nous acquérons par les sens se réduisent tout simplement à nous faire connaître, par une action (la sensation), une autre action (l'étendue, l'impénétrabilité, 2°); celle-ci est donc, à proprement parler, l'objet de notre perception , et nous n'atteignons la matière elle-même que par des suppositions ou des raisonnemens. Il résulte de là que toute matière suppose une force , une cause intérieure d'activité. Remplir l'espace, ce qui forme l'attribut le plus général de la matière , n'est qu'une action , car ce n'est qu'à la condition d'agir que chaque partie de la matière peut s'étendre , et elle ne saurait se maintenir dans l'espace que par la résistance qu'elle oppose à d'autres parties. Ainsi le matérialisme ne peut expliquer que ce qu'il y a de plus prochain dans les phénomènes , et il ne lui est pas donné d'en apercevoir la cause proprement dite. Mais il ne fait que reculer la reconnaissance de cette cause ; car, après s'être nourri pendant quelque temps de fictions sur des molécules, des atomes, des impondérables, il est obligé enfin d'en venir à l'aveu que l'activité de la matière dépend de forces déterminées.

2° L'idéalisme refuse la réalité de la matière, et la déclare une simple limitation de notre moi. Mais une telle limite ne saurait être posée par le moi lui-même ; car le caractère du moi est conscience et liberté ; or les idées des choses extérieures s'engendrent dans notre intérieur, non par un acte de notre propre volonté, mais par des impressions que ces choses font sur nous, Donc si la limite est nécessairement donnée, elle doit aussi avoir de la réalité ; car le moi, qui a une existence réelle, ne saurait être limité et déterminé par un rien , il ne peut l'être que par une autre existence réelle.

3° La doctrine de l'identité n'attribue au matériel, comme à l'idéal, qu'une existence purement relative, et trouve l'absolu dans ce qui est placé au-dessus de l'un et de l'autre, dans ce qui ne se révèle à nous que par une intuition rationelle. Mais, quoique la raison atteigne ce qui est inaccessible à l'entendement, il n'y a point de différence absolue entre elles deux ; elles ne sont que des degrés et des puissances diverses du même esprit ; ce que la première reconnaît par sa force propre ne saurait résister au second, et ce qui est inconciliable avec ses idées ne peut point provenir d'une véritable intuition. Maintenant, l'entendement ne peut rien concevoir qui, sans être ni idéal, ni matériel, soit cependant la base et la racine du matériel et de l'idéal. Aussi toutes les tentatives qu'on a faites pour rendre cette doctrine intelligible ont-elles échoué. A ceux, par exemple, qui disent que l'absolu est la copule vivante de l'idéal et du matériel, on objecte que la copule de deux essences ne peut les comprendre toutes deux entièrement en elle, qu'il ne lui est donné que de représenter certaines faces et certains points de contact qui leur appartiennent en commun. De même, quand on dit que l'absolu est l'indifférence, on n'exprime par-là que la possibilité de se déployer en deux sens opposés, et non la cause du déploiement lui-même.

§ 1007. Mais l'identité peut aussi être de nature telle que l'absolu ne soit point l'indifférence de tous deux, qu'il soit seulement l'infini de l'un ; savoir, que l'idéal soit la chose primordiale, l'unité fondamentale, l'existence véritable dépendante d'elle seule, et que le matériel ne soit, au contraire, que l'idéal phénoménalisé ou passé à la condition de phénomène. Cette vue, qu'on pourrait appeler doctrine de l'unité, se forme dans la série suivante d'idées, qui représente à l'état de liaison ce que nous avons déjà exprimé sous divers rapports en énumérant les divers phénomènes de la vie.

1° Notre esprit a une tendance inséparable de lui, qui lui fait chercher une connaissance supérieure à la perception par les sens, c'est-à-dire une tendance à connaître ce qui précède les choses ou du moins peut-être conçu antérieur à elles, ce qui les produit, ce qui en est la condition, leur origine, leur cause. Il n'y a rien qui soit absolument unique en son genre ; chaque chose a son analogue, et toutes deux procèdent d'un sol commun, ont une même cause ; ce qui même amène immédiatement toute une série de phénomènes suppose, encore une cause qui embrasse un plus vaste cercle d'effets. Ainsi, toutes nos réflexion sur l'essence et le lien de causalité des choses sont un effort pour s'élever de l'inférieur au supérieur, une tendance à parcourir la diversité des phénomènes pour arriver à leur racine commune ; notre intelligence consiste à savoir dériver le particulier du général, le borné de ce qui n'a pas de limites ou du moins en a de plus reculées. Mais, en procédant ainsi de bas en haut, nous ne trouvons pas de fin dans le monde empirique; au lieu d'un véritable point final dans la série ascendante des causes, nous ne voyons partout qu'un enchaînement, une dépendance mutuelle, chaque membre étant lié à des conditions placées hors de lui. Cependant, comme on ne saurait concevoir d'effets sans causes, nous sommes obligés, pour ne pas nous mettre en contradiction avec nous-mêmes, de reconnaître qu'il y a, par de là la sphère de nos sens, quelque chose qui est la cause première de tout l'univers phénoménal, une existence primordiale, de laquelle procède toute existence particulière.

2° Cette existence primordiale doit être unique, doit embrasser le tout ; car s'il y avait quelque chose hors d'elle, elle serait encore dépendante, elle ne formerait pas le dernier anneau de la chaîne des êtres. En sa qualité d'unité embrassant tout, elle n'a point de bornes, elle est éternelle et infinie. A titre de cause première, de principe auquel se rapporte tout ce qui reconnaît une cause, elle ne dépend que d'elle-même : elle a sa cause absolument en elle-même ; ce doit donc être une chose véritablement intérieure, ayant la conscience de soi-même, et jouissant d'une absolue liberté. Comme source de toute existence particulière enfin, elle doit être l'existence en général, l'existence en elle-même, et ne connaître aucune condition ni de quantité, ni de qualité, puisque ce ne sont là que des limitations, que des modes particuliers d'existence comparativement à d'autres.

3° Toute existence particulière, en tant qu'elle procède de l'existence primordiale, doit lui correspondre, mais de telle sorte cependant qu'elle s'en rapproche plus ou moins, qu'elle en porte plus ou moins les caractères, puisqu'à titre de chose spéciale, limitée et subsistante à côté d'autres choses, elle est en possession de qualités déterminées, à un degré également déterminé. Maintenant, nous ne connaissons immédiatement et véritablement qu'une seule existence, celle de notre moi. Si donc le producteur s'imprime dans le produit, et la cause générale dans un effet particulier, les attributs qui appartiennent à notre moi d'une certaine manière et dans certaines limites, doivent appartenir à l'existence primordiale d'une manière absolue et illimitée. Nous reconnaissons notre moi comme un intérieur impénétrable à des sens étrangers, général, et ayant la faculté de se déterminer soi-même; le noyau de notre essence, la raison, crée la pensée primordiale, qui, mise en présence des autres idées, s'annonce comme l'unité suprême, comme une généralité sans bornes, sans limites, reposant en elle seule. Notre existence spirituelle, dont nous avons seuls une connaissance véritable, et à l'égard de laquelle nous jouissons d'une certitude absolue, a donc conditionnellement les mêmes attributs que l'existence primordiale possède absolument; en conséquence, cette dernière est spirituelle : le spirituel ne se manifeste pas immédiatement aux sens, qui ne peuvent le connaître que dans ses effets; donc aussi la chose placée en dehors de l'empire des sens, qui est la source de tout ce dont ceux-ci peuvent être frappés, est spirituelle.

4° Les attributs supposent une essence à laquelle ils soient inhérens : l'existence primordiale elle-même ne peut consister en une abstraction; elle ne peut être unité absolue, infinité, liberté; il faut qu'elle soit un être unique, infini, libre, l'esprit du monde, Dieu.

5° L'attribut de l'être primordial est la liberté, qui implique activité; car l'idée d'une force libre entraîne celle d'action de la part de cette force. Partout où il y a action, il doit y avoir aussi un produit de cette action, un effet; l'action a pris, dans l'effet, une forme particulière, elle s'est renfermée dans certaines limites, elle est devenue finie. Ainsi l'infini, en agissant, doit produire le fini, et comme il est unique, comme il ne ressemble qu'à lui-même, cette émanation du fini doit être inséparable de lui, et par conséquent éternelle ; la créature n'a donc ni commencement ni fin, et le monde n'est point un produit achevé, mais une existence qui se déroule sans cesse. Cette émanation n'est pas non plus une séparation d'avec l'infini, elle en est la manifestation, la révélation, car il ne peut rien y avoir en dehors de l'infini, et le fini ne saurait subsister sans être supporté par l'infini : l'un est la manifestation continuelle de Dieu, et Dieu ne se trouve pas en dehors de l'univers : il y a entre eux le même rapport qu'entre intérieur et extérieur, idée et fait, force et phénomène.

6° Les bornes de l'existence, qui établissent la réalité des choses, sont le temps et l'espace ; le temps et l'espace marquent l'apparition de l'existence comme chose divisée, comme multiple procédant de l'unité primordiale, comme pluralité de choses qui se succèdent l'une à l'autre dans le temps, et sont par conséquent périssables, qui se trouvent placées à côté les unes des autres dans l'espace, et sont par conséquent limitées. En même temps que la diversité, l'existence a acquis une direction et une constitution déterminées : le général est devenu particulier ; ce qui résidait dans l'existence primordiale s'est déployé sous des formes spéciales.

7° La force est la cause intérieure, se manifestant sous la forme du temps, d'effets particuliers, l'unité d'une essence, de laquelle procède la diversité de ses manifestations, le général qui s'exprime dans une série de caractères. Elle est donc, pour un rapport spécial et pour un cercle donné, ce que l'esprit du monde est pour le tout, en général, c'est-à-dire ce qu'il y a d'essentiel, ce qui joue le rôle de cause. Les diverses forces répandues dans l'univers sont donc le premier né de l'idéal, le déploiement immédiat de son activité dans des directions particulières, les rayons qui vont d'un centre unique vers la périphérie. La force est donc la cause agissant dans le temps : considérée comme possibilité, elle donne le pouvoir ; apparaissant en réalité, elle constitue l'activité ; régnant comme nécessité, elle représente la loi.

8° Dans la matière, les forces se neutralisent réciproquement ; comme elles se limitent sans cesse, leur action devient latente ; le cours de leur manifestation dans le temps s'arrête, et il apparaît une existence durable, qui représente une chose extérieure et remplissant l'espace.

9° Comme le temps et l'espace sont les formes nécessaires du fini, rien ne peut être fini, qui ne remplisse un temps déterminé et en même temps un espace déterminé. La force et la matière sont donc partout réunies l'une avec l'autre ; tandis que la matière repose sur des forces qui s'enchaînent réciproquement, les forces ont besoin, pour se manifester, d'une matière qui leur serve de support.

§ 1008. De ce qui précède découle le caractère de la création, telle que l'entendement la conçoit en embrassant toute l'étendue des connaissances acquises par les sens.

I. L'univers est l'ensemble de toutes les choses finies et la manifestation de l'infini. Il réunit donc en lui ce contraste, de sorte que, considéré dans sa totalité, il porte en lui les caractères de l'infini, et partout apparaît fini dans ses parties. Il se compose de choses dont l'existence est limitée dans le temps et l'espace ; mais toutes ces choses particulières sont un infini : elles n'ont, dans leur ensemble, ni commencement, ni fin ; elles sont infinies sous le point de vue de l'espace, et éternelles sous le rapport du temps ; on ne saurait concevoir ni le néant, ni la cessation du temps.

II. L'univers réunit indépendance et dépendance.

1° Une chose isolée ne porte pas en soi la plénitude de l'existence ; elle est bornée en conséquence, déterminée par d'autres choses, et dépendante d'elles ; elle est l'effet d'une autre chose qui l'a précédée ; mais cette dépendance est sans terme, elle embrasse toutes les spécialités, chaque effet devient à son tour une cause ; dans la masse produite par des forces se développent de nouvelles forces ; de là résulte, à travers tous les temps et tous les espaces, un enchaînement non interrompu de causes et d'effets, dont le commencement ne se trouve que dans l'idée infinie.

2° Mais l'univers en général se détermine lui-même : il n'y a et n'arrive donc rien en lui, dont la pleine et entière raison ne soit en lui ; car il n'est pas une chose différente de l'infini, et il est l'infini lui-même se manifestant. Rien ne peut arriver, si ce n'est par les forces de la nature et d'après les lois de la nature.

III. Le monde embrasse l'unité comme expression de l'éternité, et la diversité comme caractère du fini.

1° La diversité se rapporte à la quantité et à la qualité. Parmi les choses il y a pluralité, tant sous le point de vue du nombre et du degré, que sous celui du mode d'existence; mais le propre d'une existence ne peut consister qu'en ce que l'existence primordiale se représente en elle d'une manière particulière, ou que telle ou telle de ses particularités se réalise en elle dans des limites déterminées. Toute chose particulière est donc l'existence primordiale se manifestant dans une direction spéciale et à un degré spécial, un seul rayon réfléchi de cette existence. Mais, prises toutes ensemble, elles amènent toute possibilité idéale à la réalisation complète; comme elles représentent tous les modes possibles d'existence, leur ensemble exprime l'idée de l'existence en général.

2° Une qualité, quelle qu'elle soit, n'est jamais qu'une chose relative, et le particulier n'existe que comparativement; la nature est une, et une existence générale embrasse toutes les spécialités. Comme toutes les particularités proviennent de la même souche, elles ont de l'affinité, elles sont en contact et en conflit les unes avec les autres. Les choses les plus hétérogènes nous montrent un certain rapport sous le point de vue de ce qu'il y a d'essentiel en elles : les lois de la raison sont identiques avec celles du monde matériel; les unes et les autres ne sont les véritables lois de la nature qu'autant qu'on les embrasse dans leur unité.

3° Les choses apparaissent, dans l'univers, sous un point de vue commun, comme établies en série, suivant qu'elles représentent des directions isolées de l'existence primordiale, ou qu'elles sont un ensemble de plusieurs de ces directions, et prennent une part plus large à l'existence générale.

4° La nature comprend partout force et matière, activité et existence; mais l'activité et l'existence, considérées comme une seule et même chose, représentent l'idée qu'on exprime par le mot devenir; donc la nature, qui est infinie, et qui puise en elle-même les motifs de ses déterminations, est une création infinie par ses propres forces, un développement continuel, qui ne se repose jamais.

IV. Les choses particulières agissent, comme telles, conformément à leur spécialité inhérente, de manière que les résultats qui découlent de là ont l'apparence d'être les effets d'un hasard aveugle. Mais les choses particulières sont liées par l'unité de la pensée, et le monde, envisagé dans son ensemble, est l'expression de l'existence spirituelle primordiale, de laquelle il émane. S'il nous est donné d'apercevoir une force spirituelle quelque part hors de nous, nous devons aussi la considérer comme ce qui joue le rôle de cause déterminante dans l'ensemble de l'univers.

1° Or, cette force se manifeste par l'harmonie dans l'univers. Malgré l'infinie variété des phénomènes particuliers, l'univers demeure toujours le même dans sa marche et dans les formes générales de son action; il est l'accomplissement de lois éternelles. Mais la loi est ce qu'il y a de fixe, d'invariable, d'idéal dans le périssable, le variable, le phénoménal. Dire que la loi règne, c'est exprimer en d'autres termes qu'une pensée continue domine au-dessus du particulier, et se réalise par lui.

2° La pensée du tout, composé des choses particulières, est la cause de l'univers. Le général se déploie suivant toutes les directions, et se manifeste par une infinie plénitude d'existence et d'action variée; le particulier développe ses forces, maintient son existence jusqu'à un certain point, et cède ensuite le pas à d'autres particularités, afin que le tout demeure toujours semblable à lui-même.

3° La constitution de l'univers est conforme à ce but. Les choses particulières sont établies de manière qu'elles portent en elles de quoi concourir au maintien de tout; entre elles règne une harmonie qui fait qu'au milieu de la répartition inégale des forces diverses, celles-ci sont cependant en équilibre; de même, les directions d'ensemble sont telles, qu'elles favorisent l'existence des choses particulières.

4° Cet ordre, cette harmonie nous conduisent nécessairement à reconnaître une source spirituelle de toute existence, et comme l'intelligence impartiale est forcément amenée à ce point de vue, l'usage veut qu'en prononçant le mot de nature nous désignions, non pas seulement l'univers comme somme de toutes les spécialités, mais encore, d'un côté, l'harmonie qui en fait l'essence, d'un autre côté, la force créatrice elle-même, comme existence spirituelle primordiale qui se révèle par des buts divers et un ordre légitime (§ 2, II).

§ 1009. 1° La nature se répète dans ses membres, en réunissant plusieurs spécialités pour en former un tout à part, ayant en lui-même la raison de son activité. Chacun de ces tous est l'image de l'univers; mais, par cela même qu'il n'est qu'une copie, il a les formes du fini, il est renfermé dans des limites déterminées, de sorte que chacun est tout, non pas d'une manière absolue, mais d'une manière purement relative, et par comparaison avec le simple. Ces copies ne peuvent pas non plus se ressembler toutes; chacune doit, en vertu de l'infinie variété de la nature, avoir ses particularités propres; chacune doit porter le cachet de l'univers à un degré différent et d'une manière spéciale.

1° Le système des mondes dont notre globe fait partie est une de ces copies. Nous y découvrons une multitude de corps dont chacun a sa densité, son volume, sa situation, son mouvement propres, etc., mais qui sont réunis en un tout pour ainsi dire articulé. L'un agit par gravitation sur les autres, conformément à sa constitution; mais il est à son tour sollicité et déterminé par ceux-ci, et, au milieu de ce conflit, la permanence du tout est établie par l'accord régnant entre les parties, par la légitimité et l'harmonie de leurs orbes. L'ensemble se meut autour d'un corps central, qui est l'expression matérielle de l'unité, mais qui prouve, par son mouvement, que lui-même est subordonné à un autre tout placé plus haut que lui.

2° Dans ce système, notre planète se montre, comme les autres, un membre spécial, qui, à son tour, forme un tout à part, de sorte qu'elle n'est pas déterminée d'une manière absolue par le corps central, mais que sa gravitation vers lui se trouve limitée par un certain degré d'indépendance, et qu'elle se meut autour de lui, dans un orbe elliptique, par la réunion d'une force centripète et d'une force centrifuge. Elle embrasse la terre, l'eau et l'air, qui, dans leur conflit perpétuel, se décomposent et se reproduisent sans cesse, de manière à maintenir le tout. Sa rotation autour de son axe, l'orbe qu'elle décrit, et l'obliquité de l'écliptique ont pour but de mettre tous les points en rapport avec le corps central avec le plus d'uniformité possible.

3° Considérées dans leurs spécialités, les parties de notre planète paraissent absolument dépendantes, une pure matière, qui, en vertu de l'enchaînement des forces, ne jouit pas de la faculté d'agir par sa propre impression, et ne peut le faire que par une impulsion étrangère. Le végétal, l'animal et l'homme se montrent sous un tout autre aspect. Ici l'observation immédiate et l'étude approfondie nous font apercevoir un tout composé de parties qui sont des instrumens destinés à un but déterminé, ou des organes, un tout dans toutes les parties duquel se révèle une disposition harmonique ou une organisation, et qui manifeste sans nulle interruption une activité à lui dévolue en propre, ou la vie. Nous retrouvons dans cet organisme, mais d'une manière limitée, les mêmes attributs qui appartiennent d'une manière absolue à la nature en général. Cet accord nous autorise à reporter l'idée de l'objet de notre observation immédiate par les sens à ce que nous n'avons pu saisir que dans l'intuition intellectuelle. De la sorte, nous reconnaissons l'univers pour un organisme absolu, embrassant tout, et seul véritable organisme, dont la vie infinie se reflète dans des cercles de plus en plus rétrécis, et dans des créatures diverses, de plus en plus correspondantes à sa propre essence. A l'univers appartient la vie absolue, un développement infini d'activités variées, spéciales et agissant comme causes, les unes à l'égard des autres, qui à leur tour entrent en conflit avec leurs propres produits eux-mêmes, et qui, en vertu de leur origine idéale commune, représentent un tout ayant en lui-même la raison de ses dé-

terminations. Il vit parce qu'il est la manifestation, la révélation de l'idée infinie, et parce qu'il vit il travaille sans
relâche à la vivification et à l'organisation de cercles ou
de touts particuliers. Mais comme l'idée primordiale de l'u-
nivers se reflète dans les parties de ce dernier, de même
elle est ce qui produit la vie des êtres organisés, et le
microcosme renferme ainsi en lui des microcosmes qui lui
correspondent. Le principe de la vie, ou la force vitale,
des êtres organisés est donc l'idée primordiale se réalisant
dans des limites déterminées (§ 229, 319, 322, 476, 1°).
De là doivent découler les caractères de la vie (§ 1010, 1013),
tels qu'ils se montrent surtout à ses plus hauts degrés de développement.

§ 1010. La vie individuelle comprend, comme la vie universelle (§ 1008, IV), l'idéal et le matériel.

1° La matière d'un corps organisé n'a pas de stabilité :
sans cesse flottante, elle est continuellement et produite aux
dépens de matières étrangères et détruite (§ 473,910, III). La
seule chose fixe est le type, c'est-à-dire l'expression d'une
idée déterminée par une certaine proportion des parties constituantes dans la composition, la forme et l'activité. Comme
la procréation (§ 321, 476), la régénération, et en général
toute manifestation de la force médicatrice de la nature
(§ 890, II), la vie est une réalisation non interrompue du type
(§ 892). Tandis que les produits de la formation n'arrivent
point à durer, l'idée est la cause continuellement agissante de
cette formation ; elle produit et entretient, pénètre et vivifie
toutes les choses particulières (§ 474, 4°; 475, 4°; 894, 1°).

2° Tout dans l'organisme annonce un but déterminé. Chaque mélange particulier a ses rapports avec l'ensemble ;
chaque forme spéciale sert de moyen pour une activité déterminée, qui à son tour trouve sa cause dans la vie de l'ensemble. Les activités sont des fonctions, c'est-à-dire des directions et des associations déterminées, des déploiemens de
force pour remplir certaines vues. Les parties sont des organes, c'est-à-dire des moyens d'arriver à des buts déterminés,
qui ressortent de l'idée de l'organisme. Suivant que cette idée
est modifiée de telle ou telle manière dans les divers êtres

organisés, l'organisation se modèle aussi diversement : c'est donc un des plus importans résultats de la zootomie d'avoir démontré que la vie subsiste et accomplit ses fonctions malgré la diversité infinie de la configuration, et même sans organes spéciaux. Ainsi, chez les organismes inférieurs, la digestion (§ 947, 3°), la respiration (§ 965, 1°), la distribution du suc vital (§ 692, 1°), et la procréation (§ 947, 24), s'exécutent sans appareils qui leur soient exclusivement consacrés.

3° Tandis que, dans les corps inorganiques, le présent est tout simplement la suite du passé , sans nulle autre relation, il se rapporte toujours, chez les êtres organisés, à un avenir déterminé. Nous en avons la preuve non-seulement dans la formation première de l'organisme (§ 474, 6°), mais encore pendant tout le cours de la vie (§ 892, 1°). La nourriture a pour but de réparer les pertes que le sang a subies ; mais l'estomac la réclame déjà dans un temps où la quantité du sang n'est point encore diminuée ; de même, pendant la digestion stomacale, il y a déjà plus d'oxygène absorbé par la respiration (§ 979, 4°), que ce soit pour remplacer l'acide employé à la formation du suc gastrique, ou pour élaborer le chyle qui doit se produire plus tard.

4° Mais le caractère infini de la force dont le principe vital est le reflet, se révèle surtout dans cette circonstance que l'activité et l'existence, la cause et l'effet, le but et le moyen, l'intention et le résultat, ne forment pas une série simple et se confondent mutuellement ensemble. Ce que l'action vitale a créé, est vivant à son tour, et devient cause de la persistance de l'action ; ce qui est produit entraîne la production d'autre chose (§ 894, 3°), et la vie est entretenue par la vie. Tout est réciproquement but et moyen. Si, par exemple, la respiration, en formant du sang artériel, agit pour l'action cérébrale qui a besoin de ce sang (§ 978, 2°), celle-ci lui sert à son tour pour exciter les mouvemens nécessaires à son accomplissement (§ 978, 1°). Ainsi, tout est véritablement nécessaire dans la vie , c'est-à-dire que tout y est l'inévitable suite de circonstances données, et en même temps indispensable par rapport à ses effets.

5° L'idée de l'organisme se réalise par la réunion des forces générales de l'univers (§ 315, 476, 3°). Tous les degrés de cohésion (§ 829, 1°), toutes les espèces de substances élémentaires (§ 685, II), toutes les forces inhérentes à la matière (§ 989), tous les phénomènes dynamiques (§ 991), se trouvent réunis dans le corps organisé comme ils ne le sont nulle part dans les corps inorganiques, de manière que ce corps, représentant un véritable microcosme, un monde en petit, concentre en lui tout ce que la planète embrasse en elle. Le principe vital ne saurait se manifester immédiatement; étant l'expression de la force générale de la nature, il ne peut le faire qu'au moyen des élémens généraux, de sorte qu'il crée avec ces derniers l'organisation qui doit lui correspondre. C'est lui qui établit les conditions de configuration nécessaires au travail de la plasticité; par exemple, la séparation des masses pour le jeu de l'affinité chimique, l'atténuation des alimens pour la production du chyle, la répartition de l'air dans d'étroits canaux pour la respiration, la séparation de la masse du sang en petits courans pour la nutrition et la sécrétion. Il se sert des forces chimiques, mais ne parcourt pas la série des opérations chimiques jusqu'à arriver à l'indifférence, à la saturation, au repos, et maintient les substances dans un état continuel d'opposition, de tension réciproque. C'est seulement lorsque la force vitale faiblit que les forces de l'univers reprennent leur prépondérance; alors les humeurs obéissent à la loi de la pesanteur, et le composé organique se détruit par la tendance des principes constituans vers l'équilibre chimique.

§ 1011. L'être organisé n'embrasse pas moins que l'organisme de l'univers (§ 1008, III) unité et pluralité (§ 475, 5°).

1° C'est un caractère essentiel d'un corps organisé qu'il réunisse en lui des substances et des formes élémentaires diverses, des solides et des liquides. On y trouve à côté les uns des autres des tissus qui diffèrent sous le point de vue de la forme, de la texture, de la composition, des connexions, de l'emplacement; la tendance à la formation de spécialités s'étend jusqu'aux choses les plus particulières, de sorte que rien ne se répète parfaitement dans un même système, et que la composition, comme la forme, s'y montre diverse en chaque point. L'existence de l'organisme se caractérise également par une diversité continuelle dans le temps, c'est-à-dire par une activité non interrompue (§ 473, 475, 477). La formation dure toujours (§ 876), parce que ce qui se forme ne satisfait ni n'épuise l'activité plastique, qui tend à l'infini. De là vient qu'il y a des organes et des fonctions d'ordre supérieur et d'ordre inférieur, suivant qu'ils renferment en eux une plus ou moins grande diversité, qu'ils ont des caractères plus ou moins spéciaux, qu'ils jouissent d'une vitalité plus ou moins forte, qu'ils ont des rapports plus ou moins éloignés avec la vie générale.

2° La vie est un développement d'oppositions (§ 474, 894, 2°), qui sont dans un état continuel de tension les unes à l'égard des autres, entrent en conflit mutuel, et s'excitent, se déterminent, se limitent réciproquement. Au milieu de tout cela, les spécialités s'harmonisent tellement (§ 475, 1°; 892, 2°, 3°, 5°; 955) qu'elles se calquent les unes sur les autres (par exemple, la forme extérieure des poumons et de la poitrine), et qu'elles agissent toutes de concert dans la vue d'un but commun (par exemple, les différens sucs digestifs, les diverses parties de l'appareil de la digestion, les diverses formations élémentaires qui constituent le tissu de chaque point).

3° En vertu de l'unité qui unit le multiple, chaque point agit sur les autres, de sorte que l'excitement provoqué en lui se propage à ceux-ci, qu'il se transmet ainsi d'un cercle à d'autres de plus en plus spacieux, et qu'un effet local peut finir par devenir général. Mais, indépendamment de tout voisinage, il y a des organes et des fonctions qui sont mis, par les conditions de solidarité régnantes entre eux, dans des relations telles, que les membres opposés l'un à l'autre peuvent venir à se placer dans une situation, ou semblable par consensus, ou contraire pas antagonisme. Quoique ce genre de relation appartienne spécialement à certaines parties de l'organisme, il peut cependant s'établir partout ; car, en définitive, tout dans l'organisme obéit à la loi de la polarité, c'est-à-dire que chaque chose y ressemble aux autres en général, et diffère d'elles en particulier. L'unité dominante peut faire aussi qu'un organe tienne jusqu'à un certain point lieu d'un autre organe (§ 854), c'est-à-dire que l'organisme

péut accomplir une fonction qui entre dans son idée, alors
même que l'organe spécialement destiné à cet office est incapable de la remplir.

4 La vie n'est point ici, ni là; elle est dans tout l'ensemble des fonctions; elle a besoin, pour se soutenir, des diverses activités, dont chacune y contribue d'une manière propre
à elle. Et comme ainsi le tout subsiste par les parties, de
même la partie n'a de valeur et d'existence qu'autant qu'elle
est liée d'une manière vivante avec le tout. Cette réciprocité
du tout et de ses parties s'exprime encore en ceci, que chaque espèce de corps organisé porte en soi, par le cachet
commun de ses diverses parties, un caractère d'ensemble qui
lui est propre, et qu'à son tour chaque partie forme un tout
subordonné, tant en elle-même, au moyen des oppositions
qu'elle renferme, que dans son groupement avec d'autres, et
enfin dans l'association des organes similaires pour constituer
un système organique.

5° Chaque organe participe à la vie. Rien n'étant indépendant dans l'organisme, rien n'y vivant par sa propre force,
rien non plus de ce qui appartient à cet organisme n'est privé
de vie. Mais la diversité qui pénètre partout fait aussi qu'une
grande variété règne entre les parties, sous le point de vue
de l'intimité des rapports qui les unissent au tout. Il y a des
parties plus relevées, plus essentielles, dans lesquelles l'idée
générale se manifeste plus complétement, des centres de vie
où le rapport à l'unité de la vie se prononce davantage, et
d'autres, subordonnées, dans lesquelles l'isolement prédomine, où l'existence vivante avoisine l'existence sans vie.

6° L'organisme ayant pour caractère l'individualité (§ 475,
2°), il forme un tout clos, et se sépare du reste du monde
par des limites bien tranchées, afin de se maintenir dans l'é-
tat qui lui est particulier. De là vient la cloture du système des
vaisseaux sanguins (§ 700) et des lymphatiques (§ 904); de
là vient également que l'admission dans son intérieur par voie
de pénétrabilité (§ 833) est essentielle à l'organisme et repose
sur tout l'ensemble de son caractère.

§ 1012. La détermination par soi-même qui appartient d'une
manière absolue à l'univers, en tant qu'elle est la mise en ac-

tion de son existence primordiale, apparaît chez l'organisme individuel dans les limites du fini, et diminue la dépendance du monde extérieur, qui est le propre de toutes les choses particulières (§ 1008, II).

1° Tout ce qui est créé est dépendant, et sa force ne se manifeste qu'à la condition d'être excitée par une autre force qui lui est opposée. La créature organique a aussi besoin de cette action du dehors pour mettre en jeu son activité vitale; mais elle renferme en elle-même des oppositions qui s'excitent mutuellement à l'activité, de manière que les conditions de son existence et de son action ne sont pas, comme chez les corps inorganiques, exclusivement renfermées dans le monde extérieur, et qu'elles sont en partie aussi inhérentes à elle-même. En conséquence, si l'excitabilité, prise dans l'acception la plus large du mot, ou l'aptitude à manifester sa propre force sous l'influence d'une force étrangère, appartient à toutes les choses, elle se distingue, chez les êtres organisés, tant par la nature de l'excitateur que par le mode de l'excitement. Nous appelons le principe de la vie excitabilité, afin de rendre par là la modalité de sa manifestation; ce terme exprime pour nous l'aptitude à manifester, sous les conditions de certaines influences, les activités qui ont leur fondement dans l'idée de la vie. En conséquence, l'organisme a les facteurs généraux de l'excitabilité, mais d'une manière particulière. L'aptitude à être affecté par des impressions a en lui, avec un plus haut degré de développement et un cercle plus étendu de points de contact, une direction toute spéciale de dehors en dedans, qui fait qu'elle devient réceptivité pour les effets de sa propre activité; donc, en vertu des oppositions qu'il renferme dans son sein, l'organisme trouve en lui-même l'impulsion à agir, de sorte que, moins dépendant de l'extérieur, il est capable d'une action non interrompue. Et le pouvoir d'agir, ou la faculté de réagir, conformément à sa nature, sur les impressions qu'il reçoit, est arrivée, par le développement de sa signification primitive, au point que l'organisme se maintient au milieu des choses étrangères qui font effort pour pénétrer en lui, les soumet, au contraire à son empire, et les transforme.

2° Dans l'assimilation (§ 884, 60), l'organisme exerce une domination sur la matière extérieure, qui est susceptible de métamorphose en général, et de transformation en matière organique en particulier. Cette matière extérieure devient par là étrangère à elle-même; elle se décompose, pour s'incorporer à l'organisme, après avoir subi une métamorphose correspondante au caractère de ce dernier (§ 956). Et l'opération se continue dans l'intérieur, de sorte qu'un tissu s'assimile l'autre, le convertit en sa propre nature, et se l'approprie. Ainsi le sang agit sur la lymphe (§ 909, 4°; 919, 6°) et le chyle (§ 962, 3°), le tissu sur le sang (§ 884, II), la surface suppurante sur le tissu (§ 855), etc. Pendant que les actes de la formation, qui se rapprochent des mutations de la matière inorganique, sont relégués aux surfaces limitantes extérieures, l'organisme exerce surtout dans son intérieur la force qui lui est particulière. Le travail proprement dit de la plasticité ne s'accomplit que dans les interstices des canaux, des utricules, des sacs, en un mot, dans des cavités à parois tournées en face l'une de l'autre; pour céder à l'empire de la substance organique, la matière qui doit subir l'assimilation a besoin d'être entourée par elle de toutes parts (§ 956); plus la cavité est située profondément et étroite, plus la transformation qui s'opère en elle est considérable (§ 883, 1°); ainsi, c'est précisément à l'origine si tenue des lymphatiques de l'intestin grêle, qui est la partie la plus intérieure du canal digestif, que la formation du chyle a son principal siége. Mais la force assimilatrice s'arrête à la matière indécomposable ou incapable de se métamorphoser en substance organique; l'organisme peut même succomber à une assimilation, soit parce qu'il a trop de receptivité et pas assez d'activité propre, comme il arrive à un tissu qui se flétrit d'être réassimilé au sang (§ 914, 5°), soit parce que la matière étrangère oppose une résistance dont elle ne saurait triompher, comme il arrive à certains poisons corrosifs et à certains principes contagieux d'exercer un pouvoir assimilateur sur l'organisme.

3° Mais, dans l'état normal, l'organisme se maintient le même, malgré tous les changemens des conditions extérieures; car il n'emploie les substances étrangères que comme des

matériaux dont il a besoin pour déterminer lui-même sa formation, ou pour opérer lui-même sa conservation (§ 475, 2°;
894, 4°; 955, VII), et il crée son corps par un développement de dedans en dehors (§ 473, 4₀; 645, I).

4° La conservation par soi-même dépend d'un renouvellement continuel, extérieur et intérieur, de substance, d'un conflit chimique, d'un échange de matériaux, tant entre l'organisme et le monde extérieur, qu'entre les différens tissus. Le
sang, ou le suc plastique parvenu à son plein et entier développement, est le centre de ce renouvellement. Sa production, son perfectionnement, sa métamorphose, sa décomposition, sa destruction, sa reproduction constituent toute la
partie matérielle de l'activité vitale ; et de même que cette
succession continuelle de changemens est déterminée par le
principe vital, par l'idée de l'organisme, s'exprimant dans
l'individualité, de même, l'individu embrasse ces divers degrés de formation et englobe simultanément tous les âges de
la matière organique. La circulation du sang est l'expression
matérielle de la division en multiple et de la réduction à l'u-
nité, comme le mouvement vital, toujours actif, jamais en repos, qui l'accompagne, se manifeste par l'expansion et la
contraction continuelles du cœur.

5° La formation appelle à l'existence le particulier, que la
décomposition fait ensuite rentrer dans le général : les tissus
spéciaux repassent, par fluidification, à l'état de ce qu'il y a
de général dans l'organisme, à l'état de sang, de même que
les liquides sécrétés retournent par l'éjection aux conditions
générales de l'univers. Mais la décomposition et la formation
sont à tout jamais unies ensemble; car, au premier éveil même
de la vie, il y a des tissus entiers qui se détruisent peu après
avoir été formés. Toute forme réalisée exprime une chose finie complète ; la continuité de formation annonce qu'il y a au
fond une tendance infinie qui s'agite en dedans de limites déterminées. Au moyen de cette formation continuelle, l'organisme renouvelle sans cesse son existence; il répète sa procréation. De même que la régénération est une répétition de la
première formation (§ 888), la nutrition un analogue de la
génération (§ 955), et la propagation elle-même une simple

direction spéciale de la plasticité (§ 230, 2°), de même la vie matérielle en général nous apparaît comme l'effet de la force procréatrice infinie , qui crée des organismes individuels avec la matière élémentaire (§ 322) et qui conserve ce qu'elle a créé (323), en récréant, par l'assimilation qu'elle fait subir aux choses étrangères , une matière semblable à celle qu'elle perd.

§ 1013. L'idée de l'organisme, qui réside dans l'univers, se réalise dans des cercles de plus en plus resserrés, de manière que ce qui paraît un tout, ne joue que le rôle de partie à l'égard d'un tout supérieur (§ 1008, I).

1° L'individu est un membre organique de son espèce , comme l'organe est le membre d'un système organique, et celui-ci le membre d'un corps organisé. De même que, dans chaque race , le caractère de son espèce se réalise d'une manière qui lui est propre (§ 220), de même il en arrive autant , et d'une manière bien plus prononcée encore, pour les individus, de sorte qu'en vertu de l'inépuisable variété de la nature, nul d'entre eux n'est parfaitement semblable à l'autre (§ 893, 2°), qu'il représente le caractère de son espèce (§ 893) sous une modification spéciale. Comme membres d'un tout, les individus entrent en conflit les uns avec les autres, et le rapport de ce conflit à l'espèce se manifeste immédiatement d'une manière matérielle dans la procréation. Plus le conflit des individus au service de l'espèce est actif, plus il prend les dehors d'un appareil organique, plus aussi l'essence de l'espèce se réalise dans ce dernier, et plus également la vie des individus s'élève.

2° A mesure qu'on monte dans la série , les cercles deviennent de plus en plus grands. Plusieurs genres différens les uns des autres offrent l'idée commune d'un ordre , et ne représentent que des modifications spéciales de cette idée. Les ordres ne sont non plus que des modifications du type essentiel d'une classe déterminée, et ce type n'est à son tour qu'une forme particulière du type commun à tous les êtres organisés. Chaque existence organique possède donc les qualités d'un organisme en général, mais d'une manière finie , à un certain degré , avec un certain mode ; sous le premier point de vue nous reconnaissons une échelle de perfection le

long de laquelle l'idée de l'organisme se réalise. Au bas de
l'échelle, la diversité est plus restreinte ; les actions insépa-
rables de l'existence organique sont encore confondues avec
la vie de l'ensemble, et celle-ci n'a qu'un caractère commun,
ou, si l'on aime mieux, général ; elle s'élève à un plus haut
degré par l'acquisition de formes spéciales pour chaque genre
d'actions, par l'apparition de fonctions déterminées, qui ont
des limites fixes les unes à l'égard des autres, et pour lesquelles se produisent des organes qui en sont les supports ;
la vie progresse ainsi d'autant plus que les oppositions, se
multiplient davantage dans son sein, et que le nombre des
membres dissimilaires va en croissant. Elle s'élève également
dans la même proportion que la domination de l'unité devient
plus prononcée, par conséquent l'union des parties plus intime, leur conflit plus vif, leur coopération dans l'intérêt général plus marquée, et leur dépendance du tout plus sensible, tandis que le tout lui-même devient de plus en plus cir-
conscrit, individualisé, indépendant, et qu'il se pénètre davantage de l'idéal qui fait le fond de toute formation. Cette
échelle des êtres organiques exprime la même pensée que le
développement progressif de l'individu ; les mêmes images
primordiales qui servent de base aux divers âges de la vie
sont aussi réalisées par les différentes formes de l'existence
organique (§ 477, 4°). Chaque espèce d'être organisé marque
un point déterminé dans l'histoire de la vie du globe terrestre, et nous en représente une certaine période : de même
que les espèces figurent les degrés auxquels la création organique s'est fixée dans le cours des temps, de même leur ensemble nous donne une image du développement successif de
la vie sur la terre. Mais il ne s'agit point ici d'une échelle ou
d'une série simple et uniforme ; la diversité des êtres organiques se rapporte toujours simultanément à la qualité ; la formation tend partout à créer des spécialités, en réunissant les
élémens communs dans certaines proportions, de manière que
le degré occupé par chaque être n'est point exprimé par la
réunion de ses qualités, uniformément développées, mais
uniquement par son caractère d'ensemble. Il n'y a donc qu'un
seul règne organique, dont les membres s'entrelacent les uns

avec les autres, et qui, émanés d'une même source, se prêtent mutuellement secours et appui (§§ 263, 1°; 366; 655, 2°;
936).

3° Le règne organique est un produit de la vie planétaire,
qui, à son tour, subsiste comme membre d'un tout supérieur.
Les êtres organisés sont donc plus intimement liés au monde
extérieur que les corps inorganiques, ils ont plus de réceptivité pour ce qui vient du dehors, ils sont plus fortement affectés par tout, et se montrent sensibles à des impressions
plus légères, notamment à celles des phénomènes dynamiques. Mais leur vie a pour condition aussi cette liaison intime
avec l'univers, et elle dépend d'un conflit continuel avec le
dehors, qui s'exprime sous la forme d'ingestion et d'éjection.
Enfin, comme le monde extérieur fournit ce dont l'être organique a besoin, et que celui-ci possède la faculté de satisfaire ses besoins (§§ 357, 594, 3°; 892, 4°; 894, 5°; 955,
976, I), nous reconnaissons qu'entre l'univers et l'existence
organique, comprenant en elle notre vie, il y a une harmonie préétablie, dont la cause est l'être primordial et infini,
qui se révèle comme vie et amour (§ 476, 2°).

FIN DU TOME NEUVIÈME ET DERNIER.

TABLE

DU NEUVIÈME VOLUME.

———

FIN DE LA TABLE DU NEUVIÈME ET DERNIER VOLUME.

TABLE GÉNÉRALE ALPHABÉTIQUE.

7

FIN DE LA TABLE ALPHABÉTIQUE.